"十二五"普通高等教育本科国家级规划教材

"十三五"江苏省高等学校重点教材
新工科建设之路·计算机类专业系列教材

Java 程序设计实用教程

第5版

叶核亚 编著　　陈道蓄 主审

電子工業出版社
Publishing House of Electronics Industry
北京·BEIJING

内 容 简 介

本书是“十二五”普通高等教育本科国家级规划教材。

本书全面介绍Java语言程序设计的基础知识、运行机制、多种编程方法和技术，力求建立牢固扎实的理论基础，系统、有序地进行程序设计和面向对象方法的基础训练；为操作系统、数据库应用、网络通信、Web应用等软件领域的实际应用问题提供基于Java技术的解决方案。

本书主要内容包括Java开发运行环境JDK和MyEclipse，Java语言基础，类的封装、继承和多态，接口、内部类和Java API，异常处理，图形用户界面，多线程，输入/输出流和文件操作，网络通信，数据库应用，Web应用和综合应用设计。这些内容是构成Java应用程序的基本要素和必备知识。

本书可作为普通高等学校计算机及相关专业本科的Java语言程序设计课程教材，或使用Java语言从事软件开发人员的参考书。

图书在版编目（CIP）数据

Java程序设计实用教程 / 叶核亚编著. —5版. —北京：电子工业出版社，2019.1

ISBN 978-7-121-34441-1

Ⅰ. ① J… Ⅱ. ① 叶… Ⅲ. ① JAVA语言－程序设计－高等学校－教材 Ⅳ. ① TP312.8

中国版本图书馆CIP数据核字（2018）第119813号

策划编辑：章海涛
责任编辑：章海涛　　特约编辑：何　雄　穆丽丽
印　　刷：天津千鹤文化传播有限公司
装　　订：天津千鹤文化传播有限公司
出版发行：电子工业出版社
北京市海淀区万寿路173信箱　邮编　100036
开　　本：787×1092　1/16　印张：27　字数：690千字
版　　次：2003年3月第1版
2019年1月第5版
印　　次：2024年12月第15次印刷
定　　价：58.00元

凡所购买电子工业出版社图书有缺损问题，请向购买书店调换。若书店售缺，请与本社发行部联系，联系及邮购电话：（010）88254888，88258888。

质量投诉请发邮件至zlts@phei.com.cn，盗版侵权举报请发邮件至dbqq@phei.com.cn。

本书咨询联系方式：192910558（QQ群）。

前　言

软件设计的思想和方法以及所采用的程序设计语言，都必须跟随软件时代的发展而不断改进和更新。面向对象程序设计方法是目前软件开发的主流方法。Java语言是目前功能最强、应用最广泛的一种完全面向对象程序设计语言，具有成熟而严密的语法体系、跨平台特点和强大的应用系统设计能力。今日Java应用无处不在，Java作为程序设计的首选语言，其重要性毋庸置疑。因此，采用Java语言进行面向对象的程序设计方法训练是十分恰当的，是程序设计系列课程教学改革的必然，完全符合本科培养目标的要求。

开设Java程序设计课程的目的：一是采用Java语言进行程序设计和面向对象方法的基础训练，二是运用操作系统中的线程、文件概念，网络原理，数据库原理等基础理论进行线程、文件、网络、数据库、Web等应用的设计训练。

Java技术不仅能够实现这些功能，还可以使算法表达更简明、更直接，性能更好。

本书是**“十二五”普通高等教育本科国家级规划教材**，可作为普通高等学校计算机及相关专业本科生的Java语言程序设计课程教材。

本书力求展现“**理论基础厚实、全面展现应用技术、加强工程应用能力培养**”的鲜明特色，不仅全面阐述面向对象概念，还通过各种应用实例展示Java技术，充分体现Java语言的优越性，让学生看见、体会并深刻理解，再通过强化实践环节等措施加强工程应用能力的培养，努力探索出一套适合工科院校计算机类专业的教学方案，体现Java作为专业主干课程的重要作用。这也是新工科建设的落实。

（1）理论基础厚实

本书全面、系统地介绍构成Java应用程序的基本要素和必备知识，包括Java跨平台的运行机制、Java语言的语法基础和面向对象基本概念，着重介绍类的封装、继承和多态等面向对象的核心特性，以及接口、内部类、包、异常处理等Java特有的实现机制。

全书结构安排合理，由浅入深，层次分明，章节之间有机衔接，前后呼应，内容涉及的广度和深度符合本科培养目标的要求，配套教学资源齐全。

（2）全面展现Java应用技术

本书介绍Java语言的图形用户界面、多线程、输入/输出流和文件操作、网络通信、数据库应用、Web应用等应用技术。这些知识和技术与现实世界联系紧密，实用性较强，学生易于理解，但实现起来较困难。本书以面向对象理论为基础，以广阔的实际应用为背景，采用一个个贴近生活实际的实例展现Java应用技术，展现面向对象思想的作用和使用方法，说明为什么Java能够在网络环境中被广泛应用，Java的哪些机制使其具有独特的魅力，从而能够更深入地理解面向对象思想的精妙。

（3）加强工程应用能力培养

“Java程序设计”是一门理论与实践并重的课程，不仅要理解基础知识，更要培养软件设计的基本技能。实践性环节是巩固所学理论知识、积累程序设计经验的必不可少的重要环节，是提高程序设计能力和计算机操作技能的有力保障。

注重理论基础和实用技术相结合，注重在实践环节培养程序设计的基本技能，是本书的重要特色。本书将程序设计能力的锻炼和提高设计为一个循序渐进的过程，将基本原理体现在从原理叙述、例题、思考题等课堂讲授环节，到课后习题、上机实验、课程设计等实践性环节，让学生经历"**先见识、再模仿、最后自主创新设计**"的学习过程，并培养良好的程序设计习惯。

每章安排有习题和上机实验题，给出详细的实验训练目标、设计内容和设计要求。实验题精心选择，形式多样，生动有趣，引人入胜，难度逐步增加。

针对课程设计的实践性环节，本书给出了综合应用程序设计实例，详细说明了需求方案、设计目标、设计任务、模块划分、功能实现、调试运行等环节的设计方法，贯彻了理论讲授和案例教学相结合的教学方法，既训练学生具有扎实深厚的基本功，也具有可扩展素质和很强的创新能力。

本书采用的运行环境有 JDK 8、MyEclipse 2015、MySQL 5.7 数据库和 Tomcat 8.0。

这是一本写程序设计的书。程序设计有一些基本原则和道理。程序是设计出来的，程序员必须具备基础知识和基本技能，在写程序之前需要根据实际应用需求，从全局角度通盘规划考虑，精心策划，选择采取什么策略，清楚有哪些方法可以做得成，每种方法都有什么优缺点，明白为什么要这样做，那样做为什么就不可以，等等。

程序中发现错误了怎么办？这是什么错误，是否能改正，如何改正？这种思路的程序是否值得再继续做下去？作为一个有价值的软件系统，程序要能够预见可能出现的错误，不能预见的错误要事后补救。程序员要知道如何避免和如何补救，不能补救的错误要及时放弃，采取别的策略。总之，无论采用什么方法都要把事情做成。

程序写完了，即使调通了，还必须再想想：程序还有哪些不足？还有哪些情况没有考虑到？是否还能进一步提高算法效率？要把事情做成，还要把事情做好，尽一切努力做得更好。不知不觉间，程序设计能力就会提高很多，"轻舟已过万重山"。

写程序是创作，创作过程是艰苦的，也是快乐的。当程序调试通过时，我们感受到成功的喜悦，哼着小曲，自鸣得意，心情畅快，"春风得意马蹄疾"。人的一生能有值得沉浸其中的事业是幸福的。

全书由叶核亚编著，南京大学计算机科学与技术系陈道蓄教授主审。

本书第 1 版于 2003 年出版，岁月如梭，转眼已十多年。感谢电子工业出版社十多年来对我的坚定支持；感谢陈老师认真细致地审阅全稿；感谢王少东、刘晓璐、徐金宝、彭焕峰、刘爱华、温志萍、程初老师和吴尚泽、郁中斐、吴腾阳等同学提供的帮助；感谢众多读者朋友的坚定支持以及提出的宝贵意见。大家对我的指导和帮助使我受益匪浅，受用终身。能与志同道合的人一起讨论共同关心的问题是愉快的，工作也因此变得更有动力。

对书中存在的不妥与错漏之处，敬请读者朋友批评指正。同时，呼吁每位读者购买正版图书，享受正版带来的有用的知识和应有的服务。

本书的全部例题和配套课件可从华信教育资源网站（http://www.hxedu.com.cn）下载，也可发邮件至 yeheya@x263.net 索取。

作　者

目　录

第 1 章　Java 概述

物竞天择，适者生存。同自然界的进化规律一样，程序设计语言、程序设计思想的变化和发展也是随着实际应用需要而变化和发展的。我们今天所看到、所使用的程序设计语言，经历了一系列竞争和淘汰之后仍然存在，说明它们有存在的道理，必定各有所长。这是一种自然选择的结果。

1995 年，Java 语言以一种具有跨平台特性、完全面向对象的程序设计语言问世，展现的是与众不同的全新的面貌，当年就获评十大优秀科技产品。之后凭借跨平台、健壮、安全、高效这些适应网络运行需要的特点，Java 快速成长，不但在 Internet 上游刃有余，而且通过 Java ME、Java SE、Java EE 三大平台，其应用领域全面覆盖嵌入式应用、桌面应用和企业级应用，所表现出的强大的应用系统设计能力，使 Java 无处不在。

本章简要介绍 Java 的特点和核心技术；介绍 Java Application 应用程序的基本形式，以及由虚拟机支持的运行机制；以 Windows 操作系统的 Java SE 版本为例，介绍 JDK 的安装和设置方法，以及编译、运行 Java 应用程序的方法；介绍在 MyEclipse 集成开发环境中编辑、编译和运行 Java 应用程序的方法，以及程序调试技术。

1.1　了解 Java

1.1.1　Java 的诞生和发展

1. 前身

1991 年，Sun 公司成立 Green 项目组，目的是开发嵌入家用电器的分布式软件系统，如交互式有线电视和家用电器的设备控制等，使电器更加智能化。由于这些电子设备品种繁多且标准各异，Green 项目组希望该控制系统具有简单、可靠、安全、容易联网和跨平台等特性，并且具有支持系统开发的编程工具。

Green 项目组最初采用 C++语言开发，由于 C++语言太复杂且安全性差，不能满足要求，于是 Green 项目组研究设计了一种新语言，取名为 Oak（橡树），因为 Green 项目组负责人 James Gosling 办公室窗外有一棵大橡树。

Oak 语言保留了 C++语言的语法，为了简单、可靠、安全等特性，放弃了 C++语言的一些具有潜在危险特性的内容，如资源引用、指针、运算符重载等。Oak 具有的与平台无关的特性，使其适合网络编程。1994 年，Green 项目组用 Oak 编写的 Web 浏览器（称为 HotJava）展示了 Oak 作为 Internet 开发工具的能力。

2. 诞生

由于商标冲突，1995 年，Oak 语言更名为 Java 语言。Java 取名于印度尼西亚的爪哇岛，它盛产咖啡。Java 语言的标志就是一杯热咖啡。美国著名杂志《PC Magazine》将 Java 语言评为 1995 年十大优秀科技产品。

Java 包括 Java 编程语言、开发工具和环境、Java 类库等。JDK（Java Development Kit，Java 开发工具包）提供 Java 运行环境。1996 年，Sun 公司发布 JDK 1.0 和 HotJava。HotJava 通过嵌入在 Web 网页中的 Applet 运行 Java 程序，一年之内，Microsoft、Netscape 等公司的 Web 浏览器宣布支持 Applet，而 IBM、Apple、DEC、Adobe、Silicon Graphics、HP、Oracle 和 Microsoft 等公司相继购买 Java 技术许可证，从此 Java 成为应用广泛的程序设计语言。

3．Java 2 平台

1998 年，Sun 公司发布 JDK 1.2，即 Java 2 SDK（Software Development Kit）。得益于跨平台特性，Java 2 不仅能够应用于智能卡和小型消费类设备，还能够应用于大型服务器系统；提供的接口机制使得软件开发商、服务提供商和设备制造商能够紧密配合，降低了软件开发和维护的工作量。

Sun 公司采取开放策略，在其网站上可以免费获取 JDK，这也是 Java 语言能够迅速发展的一个重要因素。不同的操作系统平台需要使用不同版本的 JDK。

4．Java ME、Java SE、Java EE 三大平台

1999 年，Sun 公司推出的 JDK 1.3 将 Java 平台划分为 J2ME、J2SE 和 J2EE，这三个平台分别定位于嵌入式应用、桌面应用和企业级应用，使 Java 技术获得了最广泛的应用。用户可根据实际应用领域的需求选择不同的 Java 平台。

2004 年，Sun 公司发布 J2SE 1.5，自此 J2SE 1.5 更名为 J2SE 5.0。2005 年，Sun 公司发布 Java SE6，并取消 Java 2 名称，Java 三大平台分别被更名为 Java ME、Java SE、Java EE。

- ❖ Java ME（Java Micro Edition）是适用于小型设备和智能卡的 Java 嵌入式平台，提供智能卡业务、移动通信、电视机顶盒等智能电器控制功能。
- ❖ Java SE（Java Standard Edition）是适用于桌面系统的 Java 标准平台。Java SE SDK 也简称 JDK，为创建和运行 Java 程序提供了最基本的环境，包含 Java 编译器、Java 类库、Java 运行环境和 Java 命令行工具。
- ❖ Java EE（Java Enterprise Edition）是 Java 的企业级应用平台，提供分布式企业软件组件架构规范，具有开放性、可扩展性、集成性和 Java EE 服务器之间的互操作性。

Web 应用是目前展示和操纵数据的主流技术。在 Web 应用开发技术中，Java EE 优势显著，能够满足企业级应用对软件系统在功能、安全性、可靠性、高效性等方面的高要求，Java EE 已成为分布式企业级应用（电子商务）开发技术事实上的工业标准。

Oracle 公司于 2009 年收购了 Sun 公司，于 2014 年发布 JDK 8，于 2017 年 9 月发布 JDK 9。

1.1.2　Java 的特点

随着网络的飞速发展，作为软件开发的一种革命性技术，Java 的地位已被肯定。它在如此短暂的历史过程中，经历如此规模的发展壮大，显然并不是偶然的，其有着内在的基础和外在的机遇。Java 语言建立在成熟的算法语言和坚实的面向对象理论的基础上，具有强大的应用系统设计能力，其具备的跨平台特性、面向对象和可靠性、安全性等特点是它能够充分适应网络需要的无可比拟的优势。Java 成为目前网络编程的首选语言，充分说明了 Java 语言的设

计思想和其具有的特点适应了网络发展的特殊需要。不仅在网络应用方面，还在企业级应用领域，Java 以更简单、更精练的方式实现了 C++语言的所有功能。如今，Java 技术是当今世界信息技术的主流之一。

Java 应用如此广泛是因为其具有多方面的优势。

1. 跨平台特性

跨平台特性，也称为平台无关性，是指一个应用程序能够运行于不同的操作系统平台上，即 Sun 公司设计 Java 的宗旨“Write once，run anywhere”。跨平台特性使 Java 应用程序可以运行在多种操作系统（Windows、UNIX 等）平台上，这是 Java 区别其他高级语言的最重要标志。

Java 采用虚拟机技术支持跨平台特性。Java 虚拟机（Java Virtual Machine，JVM）是一套支持 Java 语言运行的软件系统，定义了指令集、寄存器集、类文件结构栈、垃圾收集堆、内存区域等，提供了跨平台能力的基础框架，如图 1-1 所示。Java 虚拟机运行于操作系统之上。

C/C++、Java 语言的运行方式比较如图 1-2 所示。

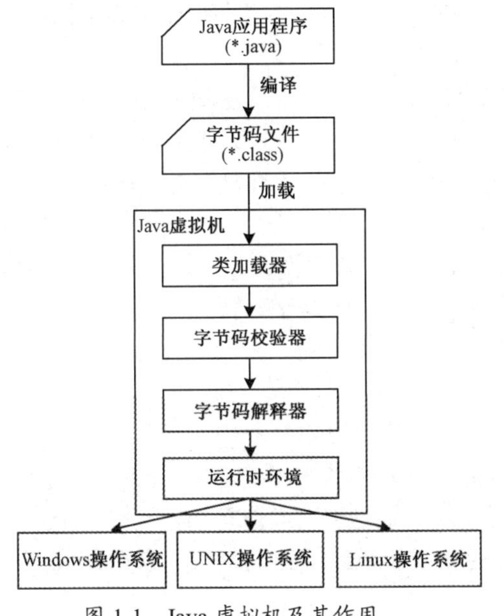

图 1-1　Java 虚拟机及其作用

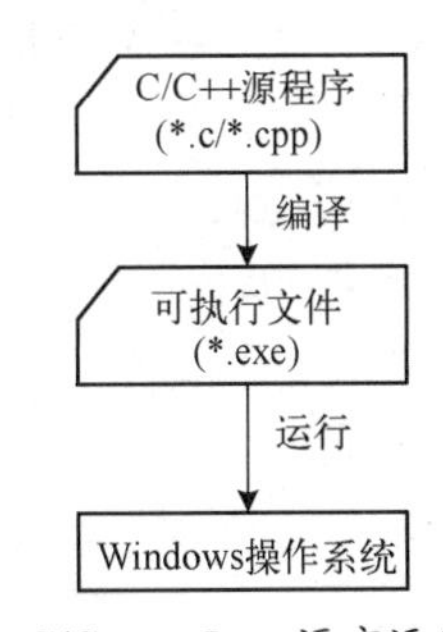

图 1-2　C/C++、Java 语言运行方式比较

Java 虚拟机是怎样运行 Java 程序的？首先来看 C/C++语言的运行方式，以此作比较。

在 Windows 操作系统中，C/C++等其他高级程序设计语言将源程序（*.c / *.cpp）编译生成可执行文件（*.exe，见图 1-2），再由 Windows 直接执行 EXE 文件。其他操作系统的可执行文件格式显然与此不同，如果程序要在不同操作系统之间运行，则必须移植。即使相同的操作系统，程序也会因不同的开发环境而不同。

Java 语言将源程序（*.java）编译生成字节码文件（*.class），也称为类文件，它是 Java 虚拟机的可执行文件格式，与各操作系统平台无关。

Java 虚拟机中的解释器负责解释执行字节码文件，将字节码解释成由本地操作系统支持的机器指令，解释一句，执行一句。因为每种操作系统都配有各自的 Java 虚拟机，所以这种运行方式使得一份 Java 源程序能够在不同操作系统上运行，“Write once，run anywhere”，实现了跨平台特性。

Java 虚拟机执行应用程序具有以下 3 个特点。

❖ 动态性：管理功能全部采用动态方式，如动态分配数组的存储空间、动态创建对象、动态连接数据库等，这些动态特性使 Java 程序适合在网络上运行。

❖ 异常处理：提供可靠的异常处理机制。

❖ 线程：采用多线程方式运行，各线程独立执行，并协调一致地处理共享数据。

Java 语言本身设计也体现出跨平台特性。例如，int 类型占用 4 字节（32 位），与操作系统是 16 位、32 位或 64 位无关。而 C 语言的 int 类型占用的字节数是可变的，与操作系统有关，16 位操作系统的 int 类型占用 2 字节，32 位操作系统的 int 类型占用 4 字节。

2. 完全面向对象和简单性

面向对象是当前软件开发的先进技术和重要方法。面向对象的概念是基于信息隐藏和数据抽象类型的概念，利用类和对象的机制将数据和方法封装在一起，通过统一的接口与外界交互；通过类的继承机制实现代码重用。面向对象方法反映了客观世界中现实的实体在程序中的独立性和继承性。这种方法有利于提高程序的可维护性和可重用性，还有利于提高软件开发效率和程序的可管理性。

Java 语言从 C++语言发展而来，有选择地继承了 C++语言的语法规则和面向对象的基本机制，放弃了 C++语言中一些含义模糊、过于复杂、安全性差、不适合网络应用的规则，但没有放弃与此相关的功能，采用更简单、功能更强、性能更好的方式实现 C++语言的所有功能。

Java 语言对 C/C++语言的基本语法改进说明如下。

① 不支持全局变量和宏替换，使用最终变量代替宏替换，避免全局变量和宏替换副作用。

② 为每种数据类型分配固定长度，实现数据类型的跨平台特性。

③ 进行类型相容性检查，防止不安全的类型转换。

④ 不支持 goto 语句。

⑤ 不支持指针类型，通过引用模型实现了指针的功能。

⑥ 不支持结构类型，使用类代替；不支持联合类型。

⑦ 不支持头文件，用 import 语句声明导入指定包中的类或接口。

⑧ 内存动态存储且自动管理，动态申请数组和对象的存储空间，自动释放空间，没有指针操作方式。

Java 语言是完全面向对象的，所有设计都必须在类中实现，一个 Java 应用程序就是多个类的集合。Java 语言对 C/C++语言的面向对象机制改进说明如下。

① 为 8 种基本数据类型提供相应的基本数据类型包装类，使基本数据类型与类相关联，体现完全面向对象。

② 将数组设计为引用类型，每个数组都有长度属性。

③ 不支持类似 C 语言那样的面向过程设计，不支持全局函数，所有函数都必须写在类中；函数参数不支持默认值形式，避免因默认值造成的二义性；函数内不能用 static 声明局部变量。

④ 不支持友元类和运算符重载，因为友元破坏封装性。

⑤ 提供单继承机制，即一个类只有一个父类，这样使得所有类（包括 Java 声明的类和程序员声明的类）能够形成具有树结构的类的层次体系，Java 为这个树结构设置了根类 Object。Object 类声明对象的基本状态和行为，这些行为可被所有对象继承。子类不能继承父类的构造

方法，但可以继承析构方法；所有成员方法都可在运行时被覆盖，都是 C++含义的虚函数；不支持多继承，提供接口，通过“单继承+接口”方式实现多继承功能。

Java 语言提倡简单性原则，对一个问题只提供一种简单、精练的表达方法，这样使程序简单、直接并且不造成歧义。例如，使用下标形式对数组元素进行操作，则不需要使用指针；方法（函数）采用返回值或引用类型参数返回结果，也不需要使用指针；有了类，则不需要结构类型；构造方法采用重载方式，则不需要采用参数默认值形式，避免产生歧义；通过成员方法实现类的操作，则不需要重载运算符等。因此，放弃结构、指针、多继承等，并没有影响 Java 语言的功能，Java 语言提供的机制具有更强的功能和更高的性能。

3. 可靠性

C++语言在稳定性和可靠性方面最大的隐患是使用指针和内存缺乏自动管理。Java 在语言和运行架构两个级别上提供程序运行稳定性和可靠性保证。

（1）语言级别

Java 语言提供严密的语法规则，在编译和运行时进行严格检查，降低程序出错的可能性。例如，boolean 与 int 类型数据不能进行运算，数组下标不能越界，避免有效数据被覆盖，等等。

Java 语言提供异常处理机制，使程序具备在运行过程中及时发现并处理运行时错误的能力，保证 Java 程序运行的稳定和可靠。

（2）运行架构级别

Java 语言提供的资源回收（garbage collection）机制，对内存资源进行自动管理，跟踪程序使用的所有内存资源，自动收回不再被使用的内存资源。因此，程序中不需要写释放内存空间的语句。Java 自己操纵内存减少了内存出错的可能性，减轻了程序员的工作量，提高了程序运行的可靠性。

4. 安全性

Java 采用域管理方式的安全模型，无论是本地代码还是远程代码，都可以通过配置策略，设定可访问的资源域。这种策略使未经授权的代码不能对用户本地资源进行操作，更好地支持企业级应用，同时消除了区分本地代码和远程代码带来的困难。例如，Applet 应用程序在将远程 Web 页面下载到本地运行时，Java 会进行严格的代码安全性（code security）检测，限制许多可能危害网络安全的操作，如不能访问本地文件、不能建立新的网络连接等。

1.1.3 Java 核心技术

Java 的部分核心技术说明如下。

1. Application 应用程序

Java 应用程序有两种形式：Application 和 Applet。

Application 应用程序能够独立运行，有控制台和图形用户界面两种运行方式。

【例 1.1】 接收命令行参数的 Application 应用程序。

本例演示基于控制台运行的 Application 应用程序，程序及说明如下。

```
// 控制台应用程序，功能是接收命令行参数作为输入数据，逐行输出；若无命令行参数，显示Hello!
public class Hello
```

```
{
    // main()是类首先执行的方法，参数 args 是 String 字符串数组，args 接收命令行参数
    public static void main(String[] args)
    {
        if(args.length==0)                        // 若 args 数组长度为 0，则表示没有命令行参数
            System.out.println("Hello!");         // 输出指定字符串
        else
            for(int i=0; i<args.length; i++)      // 循环，i 范围是 0～数组长度-1
                System.out.println(args[i]);      // 输出每个数组元素（命令行参数字符串）
    }
}
```

① Java 应用程序的结构就是类，由关键字 class 声明类；Hello 是类名，必须符合标识符语法，约定类名首字母大写；关键字 public 表示类的权限是公有的。

② Java 语言是完全面向对象的特性体现在，所有设计都必须在类中实现。类中包含成员变量和成员方法，语句必须写在类的成员方法中。

③ main()是类首先执行的方法，参数 args 是 String 字符串数组，args 接收命令行参数。

④ System.out 是标准输出常量，调用 print()或 println()重载方法，可将基本数据类型、字符数组、字符串及对象等各数据类型参数值转换成字符串输出。

⑤ 文件名为 Hello.java，文件名必须与类名相同。其编译、运行操作详见 1.2 节。

2. 图形用户界面

图形用户界面（Graphical User Interface，GUI）是使用图形方式，提供应用程序与用户进行数据交流的界面，从而实现人机交互，就像 Windows 系统的窗口。

Java 提供窗口、文本编辑框、按钮、菜单等构成图形用户界面的组件类，采用委托事件处理模型响应用户对鼠标、键盘等操作的事件，详见第 6 章。

3. 线程

线程机制将一个进程划分成多个线程，每个线程执行一个特定功能，多个线程并发执行。共享资源的交互线程之间存在两种关系：竞争关系和协作关系。

Java 语言支持线程的并发执行；提供线程同步机制，采用线程互斥解决交互线程竞争共享资源问题；采用线程同步解决交互线程间协作通信问题，详见第 7 章。

4. 流和文件操作

流是指数据传输。按照流的方向性，Java 将流分为输入流和输出流，输入流从外部设备（文件）读取数据，输出流向外部设备（文件）写入数据。不仅如此，在内存的进/线程之间，甚至两台计算机的进/线程之间，也可以使用流进行数据通信。

Java 提供操作系统中文件管理的所有功能，包括对文件进行的顺序存取和随机存取操作，File 类记载文件属性信息，对指定目录的文件列表，打开或保存文件时使用文件对话框组件，文件过滤器等。详见第 8 章。

5. Socket 通信：分布式网络应用

URL（Uniform Resource Locator，统一资源定位符）是文件相对于 Internet 的地址，包括传输协议、主机、端口、文件名等。Java 提供 URL 类，可通过 URL 访问网络上的指定文件。

Socket 通信是指两台计算机的两个进程之间的数据通信。Socket 包含一个主机的 IP 地址和一个端口（进程）。一对 Socket 标识通信的两端：发送进程和接收进程。常用功能有网络聊天程序。

Java 支持 TCP Socket 通信和 UDP Socket 通信。

TCP（Transmission Control Protocol，传输控制协议）是传输层的一个面向连接的协议。TCP Socket 通信，先建立一条 TCP 连接，再使用字节流进行双向数据传输，可实现网络聊天功能。它的原理就像打电话，先拨通对方号码，建立连接后再通话；通话结束，连接中断。

UDP（User Datagram Protocol，用户数据报协议）是传输层的一个无连接的协议。UDP Socket 通信，先将数据组织成数据报（Datagram），再向指定的 Socket 发送数据报；对方接收，解压数据报，获得数据。它的原理就像邮寄包裹，发送方准备包裹，到邮局向对方寄包裹；邮局系统负责层层转运，最终送到指定地点；接收方到邮局取包裹，打开。详见第 9 章。

6．数据库应用

数据库技术是数据管理的技术，有效地管理和存取大量的数据资源。

Java 提供 JDBC，支持数据库应用。JDBC（Java DataBase Connectivity，Java 数据库连接）是 Java 访问关系数据库的应用程序接口，提供多种数据库驱动程序类型，提供执行 SQL 语句来操纵关系数据库的方法，使 Java 应用程序具有访问不同类型数据库的能力。详见第 10 章。

7．Java EE：Web 应用

Web 应用提供 Internet 的浏览服务。Java 早期采用 Applet 技术实现动态 Web 页面设计，目前采用 JSP 等技术实现服务端的动态 Web 页面设计。详见第 11 章。

JSP（Java Server Pages）是 Sun 公司 1999 年推出的一种动态网页技术标准，它在 HTML 文档中嵌入 Java 语言，是运行于 Web 服务端的标记语言。JSP 基于 Java 体系的 Web 开发技术，可以建立跨平台、安全、高效的动态网站。

JSP 的优点包括：① 跨平台特性；② 效率高，一次编译，多次运行。

JavaBean 是 Java 的对象组件技术，提供组件复用的关键技术，类似 Windows 的 ActiveX。EJB（Enterprise JavaBean）提供企业级的 JavaBean。

JSP 支持 JavaBean 和 EJB。

8．JavaMail：邮件服务

JavaMail 提供 E-mail 邮件服务的支持类库，支持 SMTP 和 POP3 协议。

SMTP（Simple Mail Transfer Protocol，简单邮件传输协议）定义邮件用户代理（Mail User Agent，MUA）向 SMTP 服务器发送邮件的操作指令，以及 SMTP 服务器之间的通信规则。

POP（Post Office Protocol，邮局协议）定义邮件用户代理从 POP3 服务器接收邮件的通信规则。

1.2 JDK

JDK 是 Java 开发工具包，包括 Java 类库、Java 编译器、Java 解释器、Java 运行环境和 Java 命令行工具。JDK 提供 Java 程序的编译和运行命令，但没有提供程序编辑环境。

1.2.1 JDK 的安装和设置

1. 安装 JDK

从 Oracle 公司网站 http://www.oracle.com/technetwork/java 下载以下两个文件。

① jdk-8u121-windows-x64.exe，64 位 Windows 的 JDK 8 安装程序。若是 32 位 Windows，则下载 jdk-8u121-windows-i586.exe。

② ../javase/documentation，下载 jdk-8u121-docs-all.zip，JDK 8 API 文档。

运行安装程序，默认安装路径为 C:\Program Files\Java\jdk1.8.0_121。安装过程中，可以设置安装路径及选择组件，默认组件选择是全部安装。🔔**注意：**默认安装路径中包含当前版本信息。安装成功的 JDK 目录结构如图 1-3 所示。

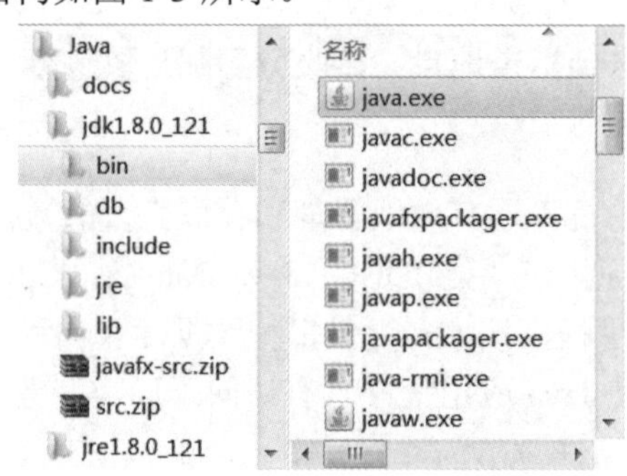

图 1-3 JDK 的目录结构

JDK 的目录结构说明如表 1-1 所示，bin 中包括的主要工具如表 1-2 所示。

表 1-1 JDK 的目录结构

文件/目录名	功 能 说 明	目录名	功 能 说 明
src.zip	核心 API 所有类的源文件	include	编写 JNDI 等程序需要的 C 语言头文件
bin	包含编译器、解释器等可执行文件	jre	Java 运行环境
demo	包含源代码的程序示例	lib	Java 类库

表 1-2 bin 中的主要工具

文件名	功 能 说 明
javac.exe	Java 编译器，将 Java 源程序编译成字节码文件
java.exe	Java 解释器，执行字节码文件对应的 Java 类
appletviewer.exe	Applet 应用程序浏览器
javadoc.exe	根据 Java 源码及说明语句生成 HTML 文档
jdb.exe	Java 调试器，可以逐行执行程序，设置断点和检查变量
jar.exe	压缩文件，扩展名为 JAR（Java Archive, Java 归档），与 Zip 压缩文件格式相同

2. 设置环境变量

由于 Java 是平台无关的，因此安装 JDK 时 Java 不会自动设置路径，也不会修改注册表，需要用户自己设置环境变量，但不需要修改注册表。

在 Windows 中需要设置 path 和 classpath 两个环境变量。path 变量指出可执行文件路径，classpath 变量指出 Java 包的路径。以下介绍设置环境变量的批命令。

（1）编辑批命令文件

创建 E:\myjava 文件夹，在其中新建一个文本文件，文件名是 jdk8.bat，.bat 称为批命令文件。采用记事本程序打开它，添加两行设置命令如下：

```
set path=D:\Program Files\Java\jdk1.8.0_121\bin
set classpath=.;D:\Program Files\Java\jdk1.8.0_121\lib
```

注意： ① D:\Program Files\Java\jdk1.8.0_121 是 JDK 当前安装路径，环境变量值需要根据实际的安装路径而更改。Windows 系统不区分字母大小写，因此变量名和路径字符串中的字母大小写均可。

② path 值中的 “%path%” 表示 path 的原有路径，可以省略。如果省略，同时省略 “;”，此时 path 原路径将不复存在，会影响其他程序运行。

③ 分号 “;” 是两个路径之间的分隔。变量值中不能有多余的分号或空格。

④ classpath 值中的 “.” 表示当前目录，通常写在最前面，作为系统查找类的第一个路径。

⑤ 采用记事本保存文件名时，默认文件类型是.txt。查看文件类型，上述文件名不能是 jdk8.bat.txt。

（2）执行批命令

执行“开始 ▸ 程序 ▸ 附件 ▸ 命令提示符”，打开 MS-DOS 窗口，输入以下命令，执行批命令 jdk8.bat，完成 path 和 classpath 变量的路径设置，如图 1-4 所示。

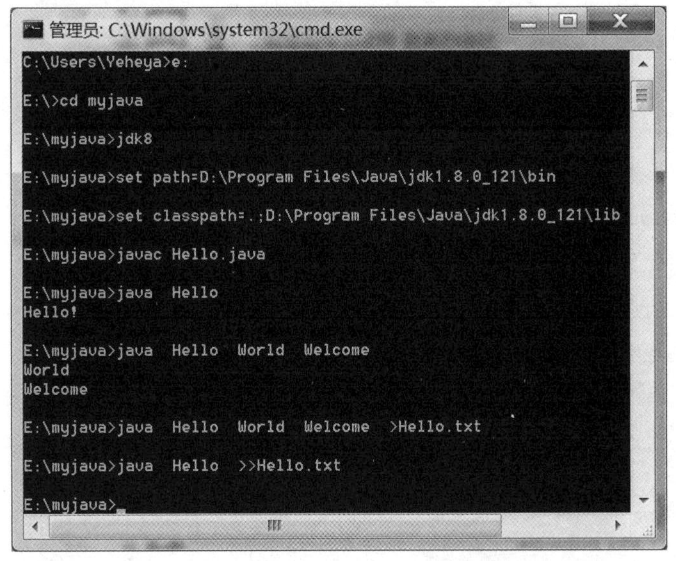

图 1-4　设置环境变量和编译、运行 Application 应用程序

其中，“>” 是 DOS 提示符，每行 “>” 之前的是 DOS 显示的当前路径，“>” 之后的是输入的 DOS 命令（加下画线）。

```
C:\>E:                               // E: 转换盘符
E:\>cd myjava                        // 进入 myjava 文件夹
E:\myjava>jdk8                       // 执行批命令文件 jdk8.bat
```

图 1-4 显示了 jdk8.bat 的执行结果，设置 path 变量路径时没有包含“%path%”。

1.2.2 Application 应用程序的编辑、编译和运行

1. 编辑

采用记事本编辑例 1.1 的 Java 源程序，保存文件名为 E:\myjava\Hello.java。

⚠注意：采用记事本保存时，文件名不能是 Hello.java.txt。

2. 编译

在 MS-DOS 窗口中执行编译命令 javac.exe 编译 .java 文件，输入编译命令如下，见图 1-4。

```
E:\myjava>javac Hello.java                    // 编译 Hello.java 文件
```

如果编译正确，将生成字节码文件 Hello.class。如果系统未找到 javac.exe 命令，说明 Path 环境变量设置不正确；如果程序中有语法错误，系统将终止编译并给出错误信息。

3. 运行

执行命令 java.exe 运行 Application 应用程序的字节码文件.class，输入命令如下，见图 1-4。

```
E:\myjava>java Hello                          // 运行 Hello.class，文件名首字母大写，省略.class
```

Java Application 应用程序从 main()方法开始执行。如果一个类中没有包含 main()方法，则该类不可运行，Java 虚拟机将抛出异常，表示运行错误。

4. 命令行参数

命令行参数是指运行时跟在执行命令后作为输入数据的多个字符串，是控制台应用程序的一种数据输入方式。带参数的运行命令如下，多个字符串参数以空格分隔，运行结果见图 1-4。如果没有命令行参数，则数组长度 args.length 的值为 0。

```
E:\myjava>java Hello World Welcome            // 运行 Hello.class，其后字符串是多个命令行参数
```

5. 运行结果重定向

采用 DOS 重定向运算符“>”可将运行结果写入指定文件，命令如下，见图 1-4。如果指定文件不存在，将创建它，否则重写。

```
E:\myjava>java Hello > Hello.txt              // 将运行结果写入 Hello.txt 文本文件
```

也可采用 DOS 重定向运算符>>，将运行结果添加到指定文件之后，命令如下：

```
E:\myjava>java Hello >> Hello.txt             // 将运行结果添加到 Hello.txt 文本文件之后
```

1.2.3 包

1. 包的概念

一个 Java 应用程序通常需要使用多个类，包括 Java 声明的类和程序员自定义的类，每个类都对应一个 .class 文件。这些类显然不会存放在一个文件夹中。那么，如何表示使用哪个文件夹中的哪个类？Java 采用“包”机制区别类名字空间，说明如下。

① 从逻辑概念看，包（Package）是类的集合，一个包中可以有多个类，类名之间不能相同；不同包中的类名则可以相同。

② 从存储概念看，包是类的组织方式，一个包就是一个文件夹，一个文件夹中存储多个 .class 文件。

包与类的关系就是文件夹与文件的关系。文件是信息集合，文件夹是文件的组织方式。包中可以有子包，子包对应一个子文件夹，构成嵌套结构，称为包等级。子包引用格式如下：

```
包{.子包}
```

其中，包等级之间使用点运算符“.”分隔，“{}”表示可重复0至多次，本书下同。

2. Java API的常用包

API（Application Programming Interface，应用程序接口）定义了许多通用的常量、函数、类、接口等功能，提供给应用程序使用。每种程序设计语言都有各自的API。

Java API提供Java应用程序所需要的常量、类、接口等，统称为类库，按照功能，将类库分为java、javax等包，java包有lang、util等子包。Java API常用包说明如表1-3所示。

表1-3 Java API的常用包

包　名	功能说明
java.lang 语言包	Java语言的核心类库包含Java语言必不可少的系统类定义，包括Object类、基本数据类型封装类、数学运算、字符串、线程、异常处理等
java.util 实用包	工具类库，包含日期类、集合类库等
java.awt 抽象窗口工具包	提供构建图形用户界面的类库，包含组件、事件及绘图功能
java.applet	实现Applet应用程序
java.text 文本包	提供各种文本或日期格式
java.io 输入输出流包	提供标准输入输出流及文件操作类库
java.net 网络包	提供与网络编程有关的类库，包括Socket通信支持、Internet访问支持等
java.sql	提供数据库应用功能的类库
javax.swing	扩充和增强图形用户界面功能的类库

3. 引用包中的类

程序运行时，Java虚拟机默认在当前文件夹中寻找指定类的字节码文件。当需要访问其他文件夹中的类时，不仅要指定文件夹路径，还要在程序中指定包名。

带包名的类或接口的语法格式如下，其中，“|”表示或者，本书下同。

```
包{.子包}.类 | 接口
```

4. 查看Java API

解压JDK文档jdk-8u121-docs-all.zip，打开..\docs\api\index.html文件，在浏览器中查看java.lang包中的Math类，如图1-5所示，左上窗显示Java的包，左下窗显示类，右窗显示类中的方法。java.lang.Math类定义了许多方法实现数学函数的功能。

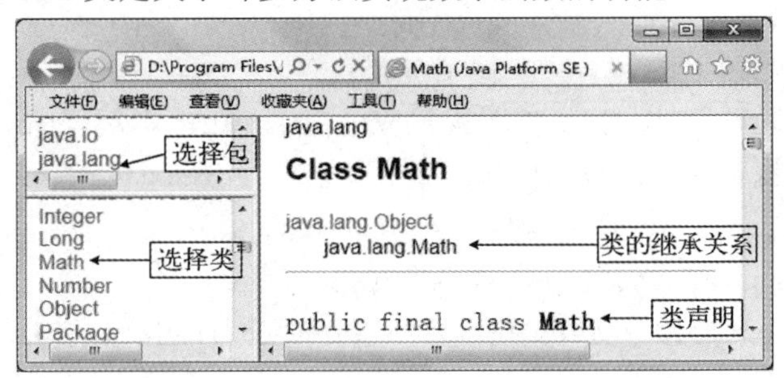

图1-5 查看Java包中的类

注意：文档中标有“Deprecated”的方法已被Java废弃，不建议使用。

5. 查看 Java API 源程序及包等级

Java 类的源代码是公开的，在 JDK 安装路径中的 src.zip 文件包含 API 所有类的源文件。这些源程序文件都是按照包等级组织的，包等级与文件实际存放的文件夹层次是一致的，如图 1-6 所示。在 JDK 安装路径的..\jre\rt.jar 压缩文件中存储的是.class 文件。

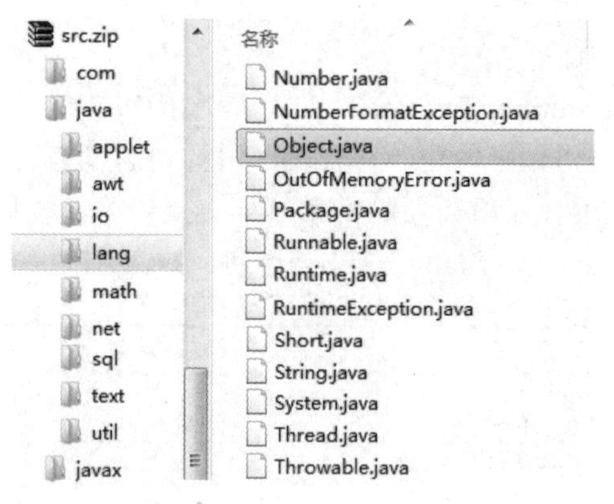

图 1-6 Java 的包等级及对应的文件夹层次

6. 导入包

java.lang 语言包由 Java 自动导入，可省略包名，如 Math.PI、Math.sqrt()等。如果要使用 Java 其他包中的类，必须用 import 语句导入。

import 语句声明导入一个包中的类或接口，语法格式如下，其中，import 是关键字，“*”表示包中的所有类或接口。

```
import 包{.子包}.类 | 接口 | *;
```

import 语句必须写在类声明之前。例如：

```
import java.util.Date;                                // 导入 Java 实用包中的日期类
```

7. 声明类所在的包

package 语句指定当前文件中声明的类或接口所在的包或子包，语法格式如下，其中，package 是关键字。

```
package 包{.子包};
```

在源程序文件中，package 语句只能写一次，且必须写在第一行，即写在类声明之前。多个类可以属于同一个包。

【例 1.2】 创建及使用包。

程序员可以创建包，存放自定义的类提供应用程序使用。本例以 mypackage 包为例，说明创建包、设置环境变量及导入包的操作。

① 创建包并设置 classpath 环境变量。

创建文件夹 E:\myjava\mypackage，包名为 mypackage。

打开之前的 jdk8.bat 批命令文件，在设置环境变量 classpath 的语句最后，增加 mypackage 包的路径“E:\myjava”如下：

```
set classpath=.;D:\Program Files\Java\jdk1.8.0_121\lib;E:\myjava
```

在图 1-4 所示的 MS-DOS 窗口中，再次执行批命令 jdk8.bat。

② 声明 Point 类在 mypackage 包中。

在 E:\myjava 文件夹中创建 Point.java 文件，声明 Point 类如下，类的概念详见第 3 章。

```
package mypackage;                          // 声明当前文件中的类口在 mypackage 包中
public class Point                          // 坐标点类
{
    public int x, y;                        // 成员变量，点的 X 和 Y 方向坐标
    public Point(int x, int y)              // 构造方法，以(x, y)构造 Point 对象
    {
        this.x = x;
        this.y = y;
    }
    public Point()                          // 构造方法，重载，默认值为(0, 0)
    {
        this(0, 0);
    }
    public Point(Point p)                   //拷贝构造方法
    {
        this(p.x, p.y);
    }
    public String toString()                // 成员方法，坐标点字符串描述，形式为(x, y)
    {
        return "("+this.x+","+this.y+")";
    }
}
```

编译 Point.java 命令如下，再将生成的 Point.class 文件移动到 mypackage 文件夹中。

```
E:\myjava>javac  Point.java
```

注意：Point.class 没有包含 main()方法，不能运行。

E:\myjava 中的文件，以及 mypackage 包中的 Point.class，如图 1-7 所示。

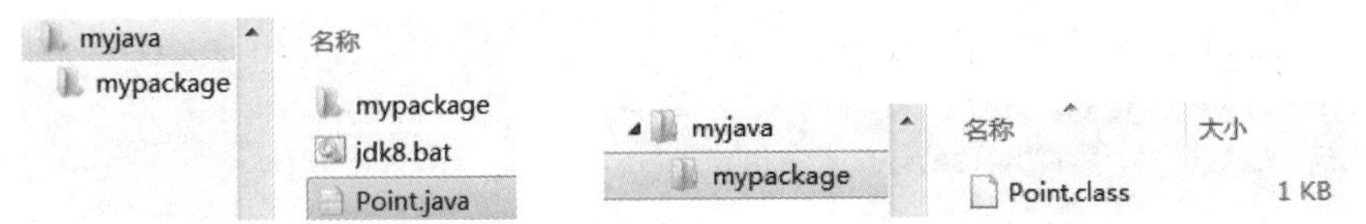

图 1-7　myjava 中的文件、mypackage 包中的 Point.class

③ 导入 mypackage 包中的 Point 类。

在 E:\myjava 文件夹中创建 Line.java 文件，声明 Line 和 Line_ex 两个类如下。

```
import mypackage.Point;                     // 导入 mypackage 包中的 Point 类
public class Line                           // 直线类
{
    public Point point1, point2;            // 直线的两点
    public Line(Point point1, Point point2) // 构造方法，两点确定一条直线
    {
        this.point1 = point1;
        this.point2 = point2;
    }
```

```
    public double length()                             // 返回直线长度
    {
        int  a = point1.x-point2.x, b = point1.y-point2.y;
        return Math.sqrt(a*a+b*b);                     // 数学类Math.sqrt(x)返回x（≥0）的平方根
    }
    public String toString()                           // 直线的描述字符串
    {
        return "一条直线，起点" + point1.toString()+"，终点" + point2.toString() +
               "，长度" + String.format("%1.2f", length());
    }
}
class Line_ex                                          // 调用直线类
{
    public static void main(String[] args)
    {
        Point  point1 = new Point(),  point2 = new Point(40, 30);
        System.out.println(new Line(point1, point2).toString());
    }
}
```

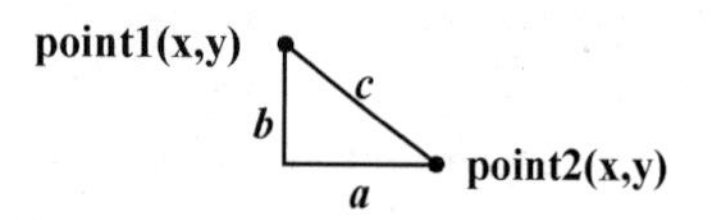

图 1-8　计算直线 Line(point1, point2)长度

其中：

① 若省略 import 语句，则 Point 类必须用全称 mypackage.Point。

② 计算直线 Line(point1, point2)长度的算法描述如图 1-8 所示，设 a、b、c 为直角三角形的三边长度，有 $c=\sqrt{a^2+b^2}$，c 即为所求直线长度。

上述 Line.java 源程序文件中声明了两个类，每个类编译后均生成一个字节码文件。编译 Line.java 命令如下，生成 Line.class 和 Line_ex.class。

```
E:\myjava>javac Line.java
```

运行 Line_ex.class 命令及结果如下。

```
E:\myjava>java Line_ex
一条直线，起点(0,0)，终点(40,30)，长度 50.00
```

注意：如果 main()方法写在 Line 类中，则可运行 Line.class，而不需要 Line_ex 类了。

8．Java 源程序结构

一个 java 源程序文件的结构如下：

```
package          // 声明包，只能一句，且必须是第一条语句。省略时，默认当前包，路径是当前文件夹，没有包名
import                              // 导入包，可多句；若引用当前包中的其他类，可省略
public class 或 interface           // 声明类或接口，公有权限，只能有一个，且文件名必须与类/接口名相同
class                               // 声明类，默认权限，当前包；可多句
interface                           // 声明接口，默认权限，当前包；可多句
```

9．JAR 压缩文件

采用 JDK 的文件压缩命令 jar.exe，可以将若干包（其中.class 文件及子包）压缩成 Java 的压缩文件（.jar）；若要引用 .jar 中的类/接口，需在 classpath 环境变量中设置压缩文件路径。

1.3 MyEclipse

MyEclipse 企业级工作平台（Enterprise Workbench）是功能强大的 Java EE 集成开发环境（Integrated Development Environment，IDE），由 JDK 提供编译和运行环境，支持 Java 应用程序的编辑、编译、配置、运行、调试等，具有代码提示等编辑功能，运行时以抛出异常方式报告错误；此外，支持数据库应用和 Java EE 应用开发，包括编码、调试、测试和部署等功能，支持 HTML、Struts、JSF、CSS、JavaScript、SQL 和 Hibernate。

MyEclipse 的结构特征可分为 7 类：Java EE 模型、Web 开发工具、EJB 开发工具、应用程序服务器的连接器、Java EE 项目部署服务、数据库服务、MyEclipse 整合帮助。

Eclipse 是一个开放的、基于 Java 的可扩展通用开发平台。Eclipse 的设计思想是：一切皆为插件。Eclipse 内核很小，主要功能以插件形式增加，包括图形 API（称为 SWT/JFace）、插件开发环境（Plug-in Development Environment，PDE）、Java 开发环境工具（Java Development Tools，JDT）等。MyEclipse 集成了这些插件，并且支持这些插件很好地协同工作。

1.3.1 MyEclipse 集成开发环境

1．安装 MyEclipse

从 MyEclipse 中文官网 http://www.myeclipsecn.com 下载 MyEclipse 2015 版本的安装文件 myeclipse-2015-stable-3.0-offline-installer-windows.exe，运行后安装 MyEclipse，其中可选择安装路径，其他选项保持默认。

2．启动 MyEclipse

启动 MyEclipse，在 Workspace Launcher 对话框中单击 Browse 按钮，选择一个文件夹作为工作区（workspace），如图 1-9 所示。

图 1-9　选择工作区

3．Java Browsing 透视图

MyEclipse 集成开发环境的 Java Browsing 透视图界面如图 1-10 所示，其中创建了多个项目。

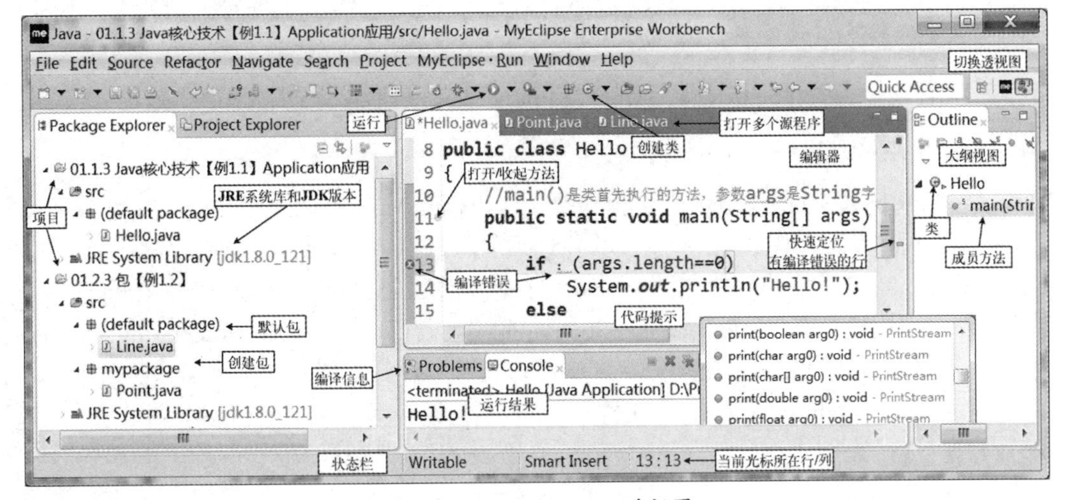

图 1-10　Java Browsing 透视图

MyEclipse 集成开发环境包括菜单栏、工具栏、视图、编辑器、状态栏等。主菜单有 File、Edit、Source、Refactor、Navigate、Search、Project、MyEclipse、Run、Window 和 Help。

视图（view）是 MyEclipse 的功能子窗口，若干视图组合称透视图（perspective）。Java Browsing 透视图用于 Java 应用程序的编辑、编译和运行，包含的视图及功能说明如表 1-4 所示。

表 1-4　Java Browsing 透视图中包含的视图及功能说明

视 图	功 能 说 明
Package Explorer	包浏览视图，显示当前工作区中的所有项目，显示项目中的包和源程序文件；显示 JRE
Navigator	导航视图，显示当前工作区中的所有项目，显示项目中的包和文件列表
Outline	大纲视图，显示编辑器中的当前文件的方法声明，单击方法名可快速定位到指定方法
Problems	问题视图，显示其他项目的编译错误和警告信息
Console	控制台视图，显示控制台程序的运行结果，显示运行时抛出的异常

4．代码提示和源代码查看

MyEclipse 具有代码提示和源代码查看等功能。在编辑器中，当类名或对象名后输入点运算符“.”时，自动出现代码提示窗口，从中可选择需要的方法。当按住 Ctrl 键并单击类名或方法名时，如 String 类或 println()，将打开指定类或该方法所在的类，可以查看该方法声明。

5．项目和工作区

虽然一个源程序文件中可以声明多个类，但仍然不能满足应用需求。通常，一个应用程序需要由多个源程序文件组成，而且还要引用其他包中的类。那么，MyEclipse 如何知道一个应用程序包含多少个文件呢？MyEclipse 采用项目管理机制，以项目（project）为单位管理应用程序，一个项目对应一个应用程序，其中包含多个文件，项目本身保存为项目文件。多个项目则包含在一个工作区中，工作区是指存放源程序文件及配置文件的文件夹。工作区、项目、源程序文件的包含关系如图 1-11 所示。

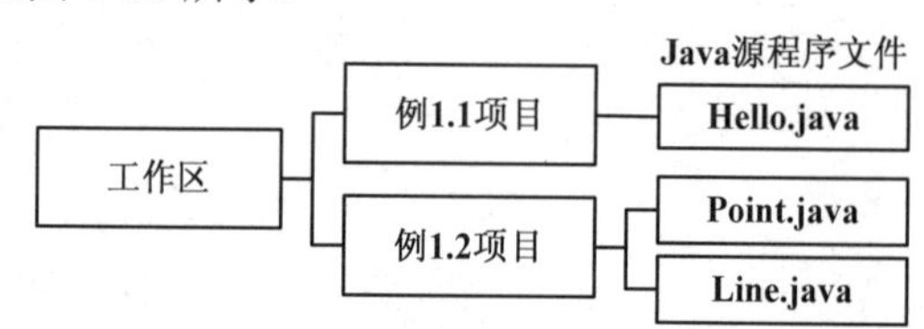

图 1-11　工作区、项目、源程序文件的包含关系

1.3.2　Application 应用程序的编辑、编译和运行

1．新建 Java 项目

执行“File ▸ New ▸ Java Project”菜单命令，打开 New Java Project 对话框，在 Project name 编辑框中输入项目名，如图 1-12 所示，其他选项取默认值，默认使用当前工作区的路径；单击 Finish 按钮，在当前工作区中创建一个新项目，见图 1-10。创建新项目时，将创建与项目同名的文件夹。在图 1-12 中，Project layout 属性的默认项 Create separate folders for sources and class files 表示源文件和类文件分别保存。在当前项目文件夹中创建 bin 和 src 子文件夹，src 中存放源程序文件，bin 中存放 .class 文件，如图 1-13 所示。

2．新建 Java 类

执行“File ▸ New ▸ Class”菜单命令，打开 New Java Class 对话框，在 Name 编辑框中输

图 1-12 创建 Java 项目

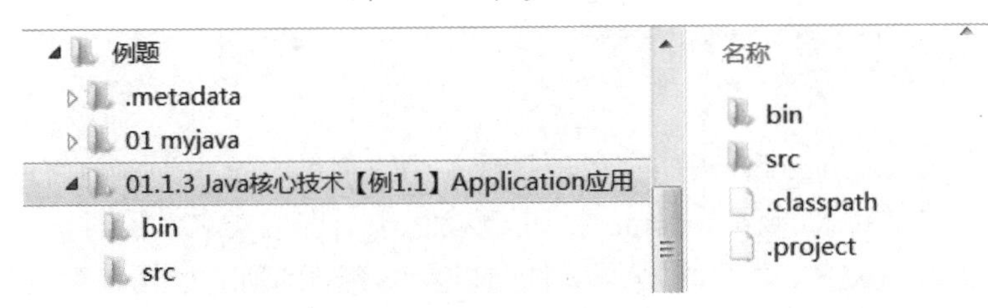

图 1-13 项目对应的文件夹

入类名 Hello，如图 1-14 所示，可选择修饰符，输入父类、接口、类中包含方法等；单击 Finish 按钮，将在 Source folder 编辑框指定的文件夹中创建 Hello.java 文件。

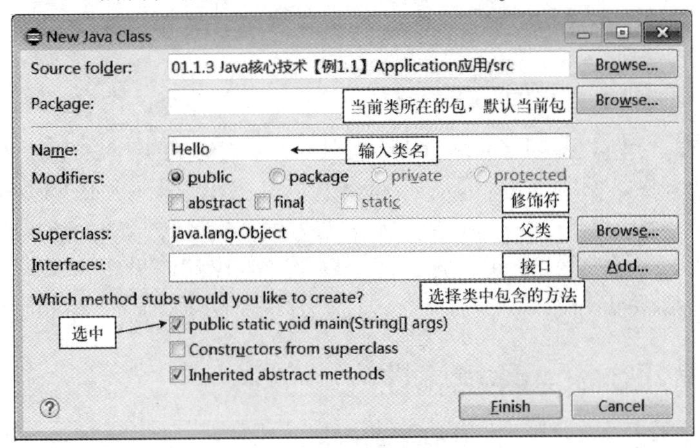

图 1-14 创建 Java 类

3．编辑

在 MyEclipse 的编辑器中输入 Java 程序，执行主菜单 Edit 下的 Undo、Redo、Cut、Copy、Paste、Delete、Select All、Find/Replace 等菜单命令，可以实现撤销、恢复、剪切、复制、粘贴、删除、全部选中、查找和替换等功能。执行 File 下的 Open File、Save、Save As、Save All 等菜单命令，可以打开或保存文件。

执行“Source ▸ Toggle Comment”菜单命令，将选中多行设置为注释行。

在一个工作区中可创建多个项目，可打开多个文件。单击编辑器的文件名标题，可切换文件。选中项目或其中的文件，单击右键，执行其快捷菜单命令“Delete”，可删除它。

4．编译

MyEclipse 默认即时编译，“Project ▸ Build Automatically”菜单默认选中。

如果某行有语法错，MyEclipse 在编辑器左侧行号前以红色的×标记，当鼠标移向×标记时，给出错误信息，见图 1-10；在编辑器右侧滚动条后，也有红色的出错行标记，用于快速定位。程序员必须及时改正语法错，MyEclipse 将重新编译。

5．运行

执行“Run ▸ Run 或 Run As Application”菜单命令，将运行当前源程序，运行结果显示在 Console 视图中，见图 1-10。

运行时，一旦有语义错，MyEclipse 将停止程序运行，在 Console 视图中给出异常类和出错位置。

6．重构

MyEclipse 重构（Refactor）功能实现项目或类的重命名。选中当前项目或源程序文件，执行其快捷菜单命令“Refactor ▸ Rename”，更改当前项目名或类名。同时，与项目对应的文件夹名将被同步更改，类名、对应源程序文件名以及该类名的所有引用也被同步更改。

7．切换工作区

执行“File ▸ Switch Workspace”菜单命令，在图 1-9 所示的对话框中，选择另一个文件夹作为工作区。

8．创建包

创建例 1.2 的项目，执行“File ▸ New ▸ Package”菜单命令，在 New Java Package 对话框的 name 文本行中输入包名 mypackage，在当前项目中创建 mypackage 包，见图 1-10。

选中 mypackage 包，创建 Point 类，则 Java 自动在 Point 类第一行增加以下声明包语句：

```
package mypackage;                              // 声明当前文件中的类在指定包中
```

其他类引用 mypackage 包中的 Point 类时，使用以下导入语句，见例 1.2。

```
import mypackage.Point;                         // 导入 mypackage 包中的 Point 类
```

1.3.3 设置 MyEclipse 环境属性

1．透视图和视图

在图 1-10 所示的 MyEclipse 环境中，可更改各视图的大小；拖动视图到窗口边框，以改变布局。此外，可通过以下操作切换透视图，显示视图。

- 执行“Window ▸ Perspective ▸ Open Perspective”菜单命令，打开指定透视图。
- 执行“Window ▸ Show View”菜单命令，添加显示指定视图。

2．导入已有项目

执行“File ▸ Import”菜单命令，在 Import 对话框中展开 General，选中 Existing Projects into

Workspace 项，如图 1-15 所示；单击 Next 按钮，在出现的如图 1-16 所示的对话框中单击 Browse 按钮，添加已存在的工作区或项目路径，则可导入指定项目。

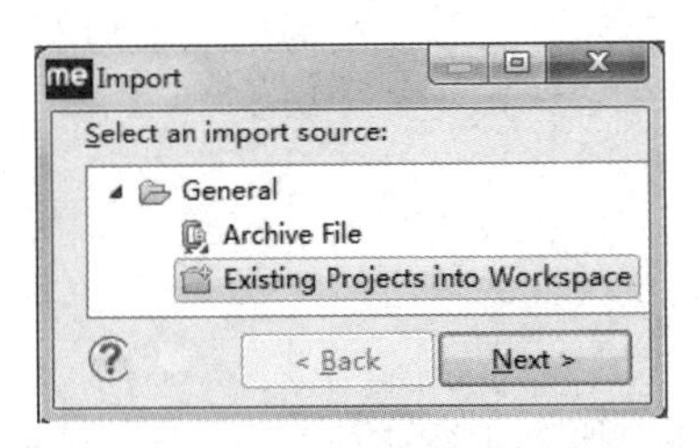

图 1-15　导入已有项目（一）

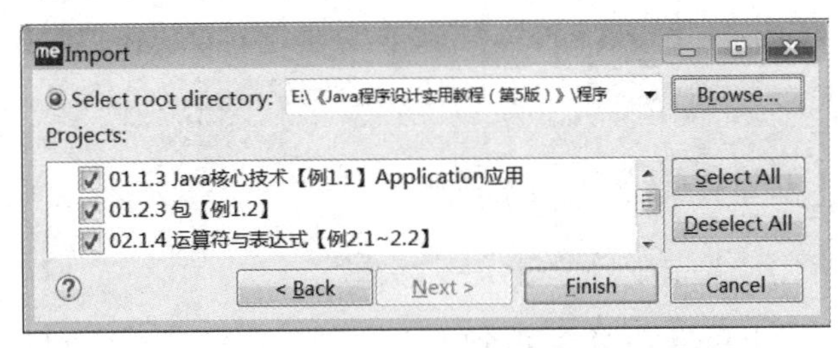

图 1-16　导入已有项目（二）

3．修改编辑区的字体和颜色

执行“Window ▸ Preferences”菜单命令，在 Preferences 对话框的左窗分类树选中“General ▸ Appearance ▸ Colors and Fonts”；右边列表框中选中“Basic ▸ Text Font”，如图 1-17 所示；单击 Edit 按钮，在弹出的“字体”对话框中选择所需字体和颜色。

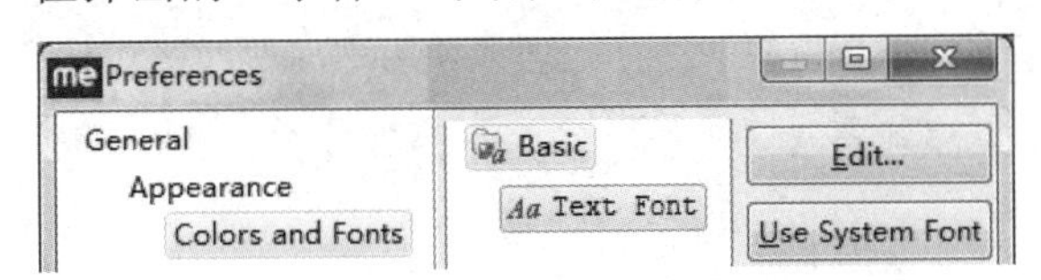

图 1-17　修改编辑区的字体和颜色

4．更新 JDK/JRE

MyEclipse 安装时默认安装了 JDK。如果需要使用更高版本的 JDK（已安装），执行“Window ▸ Preferences”菜单命令，出现 Preferences 对话框，如图 1-18 所示。

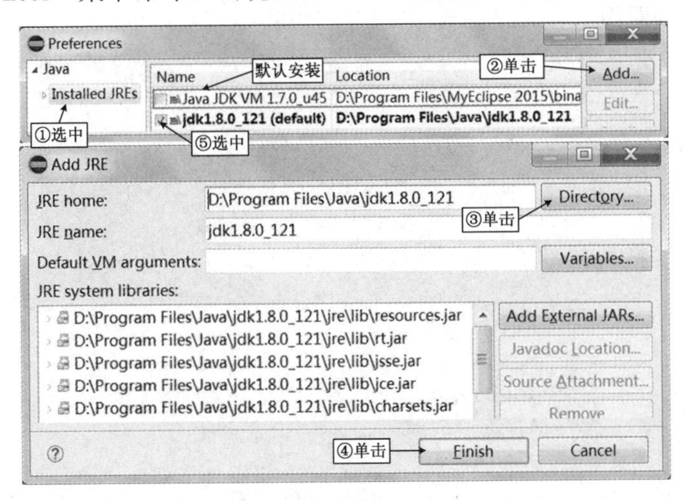

图 1-18　更新 JDK/JRE

在左窗分类树中选中“Java ▸ Installed JREs”；单击右边的 Add 按钮，出现 Add JRE 对话框，选择 Standard VM 项；单击 next 按钮，出现新的 Add JRE 对话框；单击 Directory 按钮，选择 JDK 路径；单击 Finish 按钮，返回到 Preferences 对话框；选中新版 JDK，然后单击 OK 按钮。

5. 查看和设置默认字符集

执行“Window ▸ Preferences”菜单命令，在 Preferences 对话框的左窗分类树中选中“General ▸ Workspace”；右边的 Text file encoding 属性默认是 GBK 字符集，作为文本文件压缩编码的字符集，如图 1-19 所示。如果需要，可选中 Other，然后选择其他字符集。

1.3.4 设置项目属性

1. 当前项目选择 JDK 版本

MyEclipse 环境可使用多个 JDK 版本，每个项目可选择使用哪个 JDK 版本。选中当前项目的“JRE System Library”属性，执行“Properties”快捷菜单命令，在如图 1-20 所示的对话框中可以选择指定版本的 JDK。

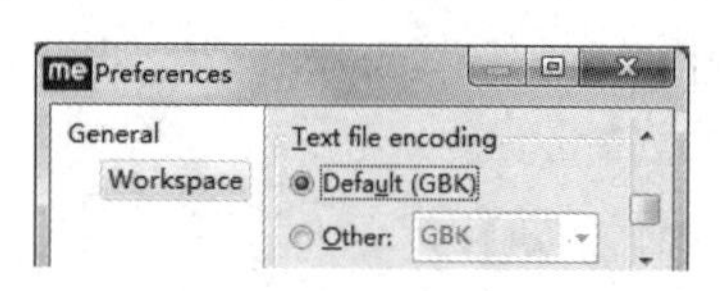

图 1-19 查看和设置默认字符集

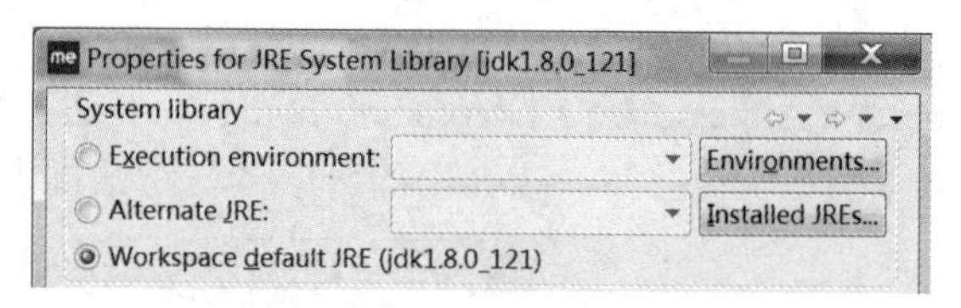

图 1-20 当前项目选择 JDK 版本

2. 设置运行属性

执行“Run ▸ Run Configurations”菜单命令，打开 Run Configurations 对话框，在左窗中选中项目，设置该项目的运行属性，包括选择运行的类、设置命令行参数等。

① 一个项目可包含多个带有 main()方法的类，Java 默认执行当前编辑的类。如果需要选择其他项目或类运行，则在 Main 页上，单击 Browse 按钮选择其他项目，单击 Search 按钮选择带有 main()的类，如图 1-21 所示，再单击 Run 按钮运行。

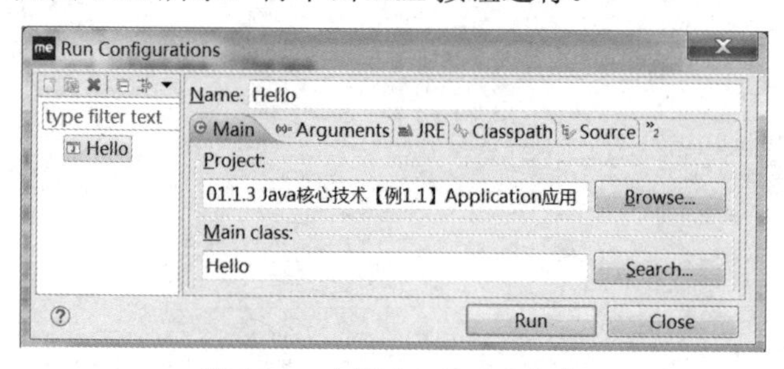

图 1-21 选择运行的项目和类

② 在 Arguments 页的 Program arguments 编辑框中可输入命令行参数。

3. 配置编译路径

若当前项目需要访问其他项目中的类，则必须配置编译路径。例如，第 3 章中的例 3.3 的 Person 类使用例 3.2 的 MyDate 类作为其成员变量的类型。操作步骤是，选中例 3.3 项目，执行其快捷菜单命令“Build Path ▸ Configure Build Path”，在项目属性对话框的 Projects 页中单击 Add 按钮；在 Required Project Selection 对话框中选择例 3.2 等所需项目；返回到例 3.3 项目属性对话框，在 Projects 页中可见选择项目，如图 1-22 所示。这样配置编译路径，可以使得在例 3.3 项目中访问 MyDate 类的权限就如同在当前包中一样。

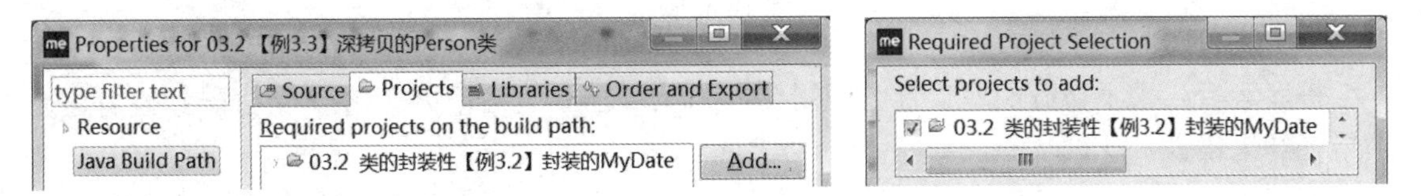

图 1-22 配置编译路径和选择项目

4. 添加 JAR 包

如果当前项目需要添加 JAR 包，则在项目属性对话框的 Libraries 页中单击 Add External JARs 按钮，在弹出的 JAR Selection 对话框中选择 .jar 压缩文件。第 10 章使用 JDBC 时，其项目要添加指定包，详见 10.3 节。

1.3.5 程序调试技术

在软件系统的开发研制过程中，程序出现错误是不可避免的。应用程序的开发过程实际上是一个不断排除错误的过程，只有最大程度地排除了错误才能保证应用程序的正确性。

程序调试技术是发现错误的一种必不可少的工具。通过调试能够确定错误语句所在位置、错误性质、出错原因，为及时改正错误提供帮助。

程序调试能力是程序员必须掌握的一项重要基本技能，与程序设计能力相辅相成。仅仅能写出程序而不能将程序调通，则无异于纸上谈兵。因此，只有具备较强的程序调试能力，才能拥有强大的程序开发能力，才能算是一个合格的程序员。

MyEclipse 集成开发环境提供程序调试功能，允许程序逐条语句地单步运行，也允许设置断点后分段运行。同时，在执行每条语句后，提供所有变量的动态变化值。

1. 程序错误、发现时刻及错误处理原则

程序中的错误有不同的性质，有些错误能够被系统在编译时或在运行时发现，有些错误不能被系统发现。程序员必须及时发现并改正错误，不同的错误需要采用不同的处理方式。

程序写错了是很正常的事，就像每个人都会犯错误一样。但是，聪明的程序员必须知道程序有错，错在哪里，必须有能力改正错误，并且吃一堑长一智，避免下次再犯同样的错误。

当程序不能正常运行或者运行结果不正确时，表明程序中有错误。按照错误的性质，程序错误可以分成三类：语法错、语义错、逻辑错。这三类错误的发现时刻不同，处理错误的方式也不同。

（1）语法错

违反语法规范的错误称为语法错（Syntax Error），如标识符未声明、表达式中运算符与操作数类型不匹配、赋值时变量类型与表达式类型不兼容、括号不匹配、语句末尾缺少分号、else 没有匹配的 if 等。

语法错在编译时发现，又称为编译错。程序员必须及时改正语法错，再重新编译程序。为避免产生语法错误，应严格按照语法规则编写程序，注意标识符中字母大小写等细节问题。

（2）语义错

语法正确但存在语言含义错误称为语义错（Semantic Error），如输入数据格式错、除数为 0 错、变量赋值超出其范围、数组下标越界等。因为在运行时发现，所以又称为运行错。

（3）逻辑错

程序运行结果不正确的错误称为逻辑错（Logical Error），如因循环条件错误导致没有运算结果、结果错误、死循环等。

有些语义错和逻辑错的错误性质和出错位置很难确定，运行系统对逻辑错没有识别能力。找到错误所在位置和出错原因是解决错误的关键。程序员必须凭借自身的程序设计经验，运用开发工具提供的调试功能，确定错误原因及出错位置，及时改正错误。

2. 单步调试

除了执行 Run 命令的程序正常运行方式，即一次运行直至结束，MyEclipse 环境还提供单步运行、分段运行等调试方式。调试界面 Debug 透视图如图 1-23 所示。

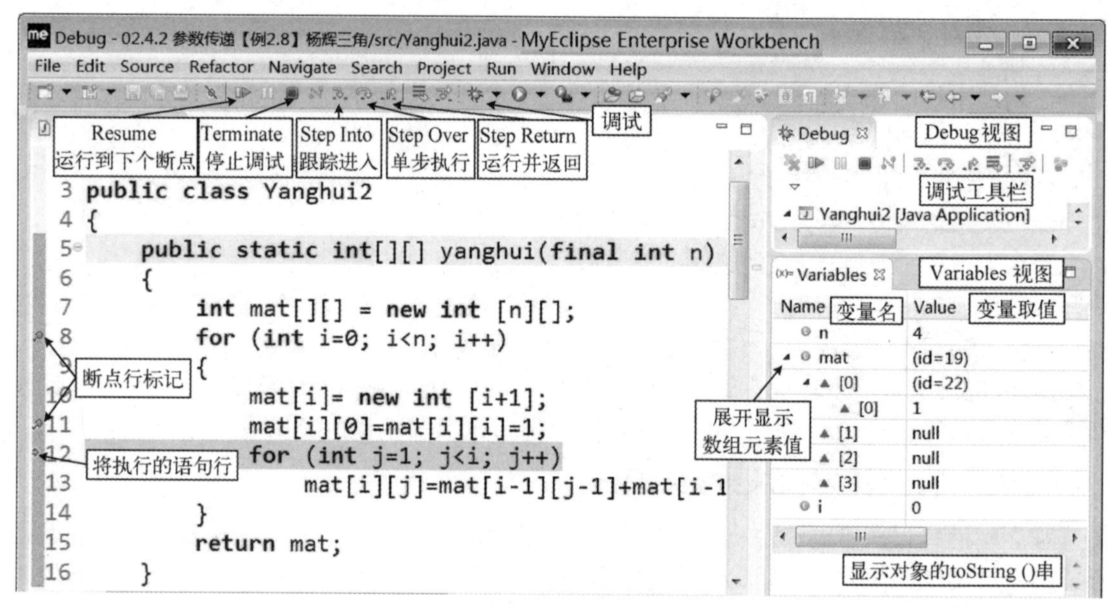

图 1-23 Debug 透视图

Debug 透视图用于调试 Java 应用程序，包括以下视图：

❖ Debug 调试视图，显示调试工具栏和调试信息。

❖ Variables 变量视图，显示当前作用域中的变量及其取值。

若未显示视图，则执行“Window ▸ Show View”菜单命令，可打开相应视图。

调试 Java 应用程序的操作步骤如下。

（1）设置断点

首先，确定调试哪一段程序，将某行语句设置为断点（breakpoint），当程序运行至断点行语句时自动暂停。

设置断点的方法是：将光标设置在指定行，在行号左侧蓝色区域执行快捷菜单命令 Toggle Breakpoint，则在该行之前出现一个蓝色圆点，表示该语句已被设置断点。在断点标记处再次执行快捷菜单命令 Toggle Breakpoint，则清除该断点。

（2）单步运行

执行“Run ▸ Debug”菜单命令，显示 Debug 透视图，程序运行至第一个断点处暂停，待执行语句行左边有一个蓝色箭头，见图 1-23。

单步运行是指逐条执行语句，有以下 3 种方式。

❖ Step Into：当遇到函数调用语句时，跟踪进入函数体内，对函数体进行单步调试。

❖ Step Over：将函数调用作为一条语句，一次执行完，不会跟踪进入函数体内。

❖ Step Return：一次执行完函数体余下的语句序列，并返回到函数调用语句。

执行"Run ▸ Step Into 或 Step Over"菜单命令，执行一条语句后暂停。当遇到函数调用语句时，选择单步运行方式。如果需要调试一个函数，则执行 Step Into 命令，跟踪进入函数体内；如果一个函数已调试通过，则执行 Step Over 命令，将函数调用作为一条语句一次执行完，不跟踪进入函数体内，从而加快调试进程；如果在一个函数体内已发现错误，不需要再单步调试，则执行 Step Return 命令，将函数体余下的语句序列一次运行完，并返回到函数调用语句。

（3）分段运行

单步运行时，一次只执行一条语句，调试速度较慢。如果希望加快调试速度，一次执行若干条语句，则可设置多个断点，将程序分段运行。执行 Run 菜单的以下命令。

❖ Run to Line：运行至光标所在行语句暂停。

❖ Resume：运行至下一个断点暂停，如果没有下一个断点，则运行至程序结束。

❖ Terminate：停止调试，返回编辑状态，所设置的断点仍然有效。

（4）查看变量的当前值

MyEclipse 通过 Console 视图显示输出的程序运行结果，通过 Variables 视图显示当前作用域中所有变量的当前值。这些视图中的显示信息将随着当前执行语句的变化而变化。当作用域改变时，Variables 视图中所显示的变量将不同，由 MyEclipse 自动改变。

MyEclipse 常用菜单命令见附录 F。

习 题 1

1-1　Java 具有哪些适合在 Internet 环境中运行的特点？

1-2　什么是跨平台特性？Java 怎样实现跨平台特性？

1-3　Java 保留、放弃了 C/C++语言中哪些语法和面向对象机制？为什么？

1-4　Java 源程序文件编译后生成什么文件？程序的运行机制是怎样的？与 C++或其他语言有什么不同？

1-5　Java 应用程序有哪两种形式？它们的运行方式有什么不同？

1-6　什么是解释执行？Java 怎样解释执行两种应用程序？

1-7　环境变量 path 和 classpath 的作用分别是什么？

1-8　JDK 的编译和运行程序命令是什么？各针对什么类型文件？

1-9　什么是包？为什么需要包机制？

1-10　Java 对源程序中的声明语句及文件命名规则有什么要求？

1-11　Java API 有哪些包？各有什么功能？怎样使用 Java 定义的类？

1-12　程序中的错误有哪几种？分别在什么时刻被发现？

1-13　在 MyEclipse 集成开发环境中，怎样进行编辑、编译、运行和调试程序的操作？

实验 1　Application 应用程序的编辑、编译和运行

1. 实验目的

了解 Java 语言的特点；理解 Java Application 应用程序的运行原理；掌握在 JDK 环境中编译和运行程序的操作，熟悉在 MyEclipse 集成开发环境中编辑、编译和运行程序的操作。

2. 实验内容

1-14　安装 JDK，在 JDK 环境中运行例 1.1 和例 1.2。

1-15　安装 MyEclipse，在 MyEclipse 环境中运行例 1.1 和例 1.2。

第 2 章 Java 语言基础

Java 语言是完全面向对象的，有选择地继承了 C++语言的基本语法规则、部分数据类型、流程控制语句等，放弃了 C++语言中与面向对象相矛盾、概念模糊、过于复杂、安全性差、不适合网络应用的许多规则，包括全程变量、goto 语句、宏替换、全局函数，以及结构、联合和指针数据类型。

本章介绍 Java 语言的基本语法，包括标识符与关键字、数据类型、变量与常量、运算符、表达式等语言成分，介绍流程控制语句、数组和字符串。这些内容是 Java 程序设计的基础。

2.1 语言成分

2.1.1 标识符与关键字

Unicode 字符编码由国际 Unicode 协会编制，收录了全世界所有语言文字中的字符，是一种跨平台的字符编码，有 16 位和 32 位编码两种方案。

Java 语言的字符集采用 16 位 Unicode 字符编码，其前 128 个字符与 ASCII 字符集相同，之后是其他语言文字，如拉丁语、希腊语、汉字等。ASCII 字符集及其对应的 Unicode 值见附录 A。

1. 关键字

关键字（Keywords）是由 Java 语言定义的、具有特定含义的单词。每个关键字都有一种特定含义，不能被赋予别的含义，如例 1.1 程序中使用的 public、class、static、void 等都是关键字。Java 语言的关键字及说明见附录 B。

2. 标识符

标识符（Identifier）是用户定义的单词，用于命名变量、常量、类、对象、方法等。标识符的命名规则是：以字母开头的字母数字序列，数字包括 0～9；字母包括大小写英文字母、下画线（_）和美元符（$）；区分字母大小写；不能使用关键字；长度不受限制。Java 标识符的语法图如图 2-1 所示，此定义包含关键字。例如，i、x1、x_2、sum 都是标识符，1x、x+y、R[1]、k*都不是标识符，而 VALUE、Value、value 则是不同的标识符。

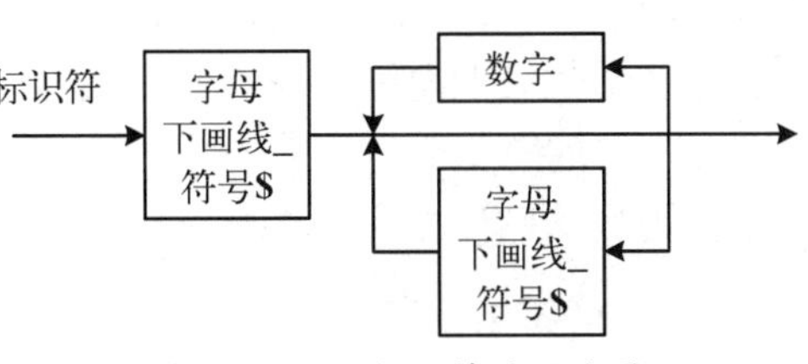

图 2-1 Java 标识符的语法图

Java 语言约定：关键字、变量、对象、方法、包等名字通常全部字母小写；由多个单词构成的标识符，首字母小写，其后单词首字母大写，如 toString；类名首字母大写；常量名全部字母均大写。

3. 分隔符

分隔符（Separator）用于分开两个语法成分。不同的语法成分使用不同的分隔符。例如，关键字、标识符的分隔符是空格，语句的分隔符是“;”，数据的分隔符是“,”等。

4. 注释

注释（Commentary）是程序中用于说明和解释的一段文字，对程序运行不起作用。程序中添加注释的目的是增强程序的可读性。Java 提供 3 种注释方式：单行注释、多行注释和文档注释，不同格式的注释可以嵌套，语法格式如下。

```
//      单行注释，注释号“//”后的一行内容为注释
/*      多行注释，两个注释号之间的一行或多行内容为注释
*/
/**     文档注释，用于从源代码自动生成文档
        执行 javadoc 命令，可根据源代码中的内容生成 Web 网页
*/
```

5. 程序书写风格

程序应该具有良好的风格。“风格”是个很抽象很飘忽的词，每个人都有自己喜欢的风格。但是，作为一个优秀的程序员，书写程序应该遵循一些规则，尽量使程序清楚、结构明晰，简捷明了地表达程序要做什么，增强程序的可读性。

采用缩进格式显示代码的层次关系是一种良好的书写风格。顺序执行的语句要对齐格式，循环体、函数体等语句采用缩进格式显示语句间的层次关系，即以上一句为参照，下一句向右缩进若干空格，其余类推。

2.1.2 基本数据类型

1. 什么是数据类型

数据（Data）是描述客观事物的数字、字符以及所有能输入到计算机中并能被计算机接受的各种符号集合。数据是计算机程序的处理对象。

类型（Type）是具有相同逻辑意义的一组值的集合。数据类型（Data Type）是指一个类型和定义在该类型上的操作集合。数据类型定义了数据的性质、取值范围以及对数据所能进行的运算和操作。例如，Java 语言的整数类型 int，除了数值集合[-2^{31},…,−2,−1,0,1,2,…,$2^{31}-1$]，还包括在这个值集上的操作集合[+,−, *, /, %, =, ==, !=, >, >=, <, <=]。

程序中的每个数据都属于一种数据类型，决定了数据的类型就相应决定了数据的性质以及对数据进行的操作，同时数据受到类型的保护，确保对数据不进行非法操作。

2. 数据类型分类

Java 语言的数据类型分为两大类：基本数据类型和引用数据类型，如图 2-2 所示。

基本数据类型（primitive types）是指每个取值是一个简单值，表示一种含义，其值不可分解。Java 语言定义了 8 种基本数据类型，类型名是关键字。引用数据类型（reference types）有数组、类（class）和接口（interface），保存结构化数据包括地址等引用信息。

Java 语言不支持 C/C++语言中的结构、联合和指针类型，这些类型可分别由类和引用来代替。

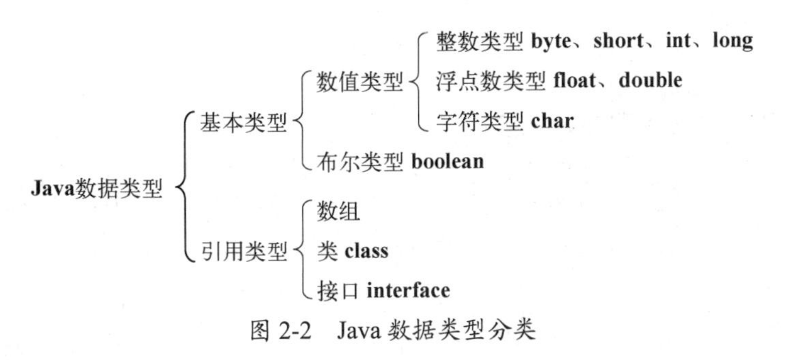

图 2-2　Java 数据类型分类

3. 基本数据类型

以下介绍 8 种基本数据类型的特点和常数取值范围，各类型参与的运算将在 2.1.4 节介绍。

（1）整数类型

数学中的整数包括正整数、零、负整数，数据范围是无限的，从-∞到+∞。

程序设计语言中的整数类型表示有限范围的整数。Java 语言定义了 4 种整数类型，其占用字节数和取值范围如表 2-1 所示，都是带符号位的。

表 2-1　整数类型

整数类型	字节数	取 值 范 围
字节型 bvte	1	−128～127，即-2^{7}～$2^{7}-1$
短整型 short	2	−32 768～32 767，即-2^{15}～$2^{15}-1$
整型 int	4	−2 147 483 648～2 147 483 647，即-2^{31}～$2^{31}-1$
长整型 long	8	−9 223 372 036 854 775 808～9 223 372 036 854 775 807，即-2^{63}～$2^{63}-1$

其中，int 整数占用 32 位，与操作系统是 16 位、32 位或 64 位无关。这样设计体现 Java 的平台无关性。整数默认类型为 int；整数后加后缀 L 或 l（如 99l）表示 long 整数类型。

Java 提供以下十进制、八进制、十六进制的整数表示形式。

① 十进制：用符号位和多个 0～9 数字表示，如+123、−100 等，首位不能为 0。

② 八进制：以 0 为前缀，其后跟多个 0～7 之间的数字，如 0123。

③ 十六进制：以 0x 或 0X 为前缀，其后跟多个 0～9 之间的数字或 a～f、A～F 之间的字母，a～f 或 A～F 分别表示值 10～15，如 0X123E。

（2）浮点数类型

浮点数类型表示有限范围和有限精度的数学中的实数。浮点数有如下两种表示方式。

① 标准记数法：由十进制整数部分、小数点和小数组成，如+1.0、−123.45 等。

② 科学记数法：由尾数、E（或 e）、阶码组成，如−1.2345E+2 表示−123.45。E 之前的称为尾数，表示数据精度，形式为标准记数法的浮点数，整数部分只有个位；E 之后的称为阶码，表示是 10 的次方数，阶码必须是整数。

Java 的浮点数格式遵循 IEEE 754 标准，有两种：单精度浮点数（float）和双精度浮点数（double），如表 2-2 所示。浮点数默认类型为 double，float 浮点数后缀为 F（或 f）。

（3）布尔类型

布尔类型（boolean）表示逻辑量，也称为逻辑型，只有 true 和 false 两个取值。

表 2-2 浮点数类型

浮点数类型	字节数	取值范围
单精度浮点数 float	4	负数范围：$-3.4028234663852886\times10^{38}$～$-1.40129846432481707\times10^{-45}$ 正数范围：$1.40129846432481707\times10^{-45}$～$3.4028234663852886\times10^{38}$
双精度浮点数 double	8	负数范围：$-1.797693134862315 7\times10^{308}$～$-4.94065645841246544\times10^{-324}$ 正数范围：$4.94065645841246544\times10^{-324}$～$1.797693134862315 7\times10^{308}$

（4）字符类型

字符类型（char）表示 Unicode 字符，一个字符占用 2 字节。字符常量有两种表示法：一种是用单引号将可见 ASCII 字符括起来，如'A'、'a'、' '、'+'等；另一种是用 Unicode 值表示，前缀是“\u”，表示范围为\u0000～\uFFFF（即 0～65535），如\u0041 表示'A'。

转义字符是指不可见的 ASCII 控制字符，如换行符等；或已被 Java 赋予特殊含义的字符，如单引号等，转义字符的前缀是“\”。Java 转义字符及其对应的 Unicode 值如表 2-3 所示。每种基本数据类型的字节数都是固定的，不随着操作系统变化而变化，体现跨平台特性。

表 2-3 Java 转义字符

转义字符	指 代	Unicode 值	转义字符	指 代	Unicode 值
\t	制表符 Tab	\u0009	\"	双引号	\u0022
\n	换行符	\u000A	\'	单引号	\u0027
\r	回车符	\u000D	\\	反斜杠	\u005C

2.1.3 变量与常量

算法语言提供常量和变量来存储数据。Java 是强类型语言（Strongly Typed Language），常量名和变量名都是标识符，遵循“先声明、后使用”的原则。

1. 变量

变量（Variable）是指保存在程序中可被改变的数据。变量有 4 个基本要素：名字、类型、值和作用域。变量声明语法格式如下：

```
[修饰符] 数据类型 变量 [=表达式] {, 变量[= 表达式]}
```

说明变量标识符、数据类型或初始值，其中[]表示可选项，{}表示可重复 0 至多次。

变量的数据类型决定了变量的数据性质、取值范围、变量占用内存的字节数，以及变量参与的运算和操作。例如：

```
int  i, j;                           // 声明 2 个变量，未初始化，约定变量名全部字母小写
System.out.println("i="+i);          // 语法错，变量 i 未被初始化
boolean  find = false;               // 声明时为变量赋初值
char  ch = 'A';
```

变量声明位置决定变量的作用域。同一作用域的标识符只能被声明一次，不能重复声明。

2. 最终变量

采用关键字 final 声明的变量只能进行一次赋值，称为最终变量。例如：

```
final int  value;                    // 声明最终变量，声明时没有赋值
value = 100;                         // 最终变量只能进行一次赋值
```

3. 常量

常量（Constant）有两种形式：直接常量和符号常量。

直接常量指在程序中直接引用的常量，包括数值型常量和非数值型常量。其中，数值型常量称为常数，包括整数和浮点数，如 123、-6.84 等。非数值型常量有字符常量、字符串常量和布尔常量，如'V'、"abc"、true 等。字符串常量是由“" "”括起来的字符序列。

符号常量保存在程序中不能被改变的数据，常量名是标识符，用关键字 final 声明。例如：

```
final int  MAX = 100;
final double  PI =3.1415926;
```

Java 语言约定常量标识符全部用大写字母表示。声明符号常量可以提高程序的可读性，使程序易于修改。

2.1.4 运算符与表达式

运算是对数据进行处理的过程，描述各种运算的符号称为运算符（Operator），参与运算的数据称为操作数（Operand），运算符与操作数的数据类型必须匹配才能进行相应运算，否则将产生语法错误。根据操作数的个数，运算可以分为单目运算、双目运算和三目运算。单目运算中，运算符可以出现在操作数的左边或右边；双目运算中，运算符出现在两个操作数的中间。

表达式（Expression）是用运算符将操作数连接起来的符合语法规则的运算式，其中，操作数可以是常量、变量及方法调用，变量必须已有值。

表达式用于描述计算规则，描述对哪些数据、以什么次序、进行什么运算。运算符具有不同的优先级，运算规则是按运算符优先级从高到低的顺序进行计算，同级运算符按从左到右的顺序进行计算。表达式是递归定义的，使用一对“( )”表示其中包含子表达式，即表达式嵌套，子表达式要先计算，计算规则与表达式相同，计算结果将参与括号外的其他运算。

编译系统将对表达式中的操作数类型、运算符性质及运算结果数据类型进行匹配性检查。

1. 运算符

根据运算特性，Java 运算符主要有算术运算符、关系运算符、逻辑运算符、位运算符、赋值运算符、类型强制转换符、条件运算符、括号运算符、点运算符和 new，与 C++语言定义的基本相同，新增字符串连接运算符（+）和 instanceof 运算符，没有 sizeof 运算符。

（1）算术运算符

算术运算完成数学中的加、减、乘、除四则运算。算术运算符（Arithmetic Operator）中，单目运算符有 4 个：+（正）、-（负）、++（自增）、--（自减）；双目运算符有 5 个：+（加）、-（减）、*（乘）、/（除）、%（取余，取相除的余数）。这些运算符适用于数值类型，包括整数、字符和浮点数类型。

“/”有两个含义：整除和实数除，根据操作数类型确定进行哪种运算，即两个整数相除含义为整除，有浮点数参与的除法为实数除法。例如：

```
7 / 2                    // 整除，取商值，运算结果是整数 3
7.0 / 2                  // 实数除法，运算结果是浮点数 3.5
7 % 2                    // 余数为整数 1
-7 % 2                   // 结果为-1，结果符号与被除数相同
```

设 a、b 为两个整数，两个整数整除后的商和余数满足下列数学公式：

```
a = (a / b) *b + a % b
```

运算符++和--实现变量的增 1 或减 1 运算，两个+或-之间不能有空格。例如：

```
int  i = 10;
i++                         // i 值在原值上增 1，等价于 i = i+1
++(i-1)                     // 语法错，++和--仅作用于整数和字符类型变量，不能用于表达式
```

【例 2.1】 求明天、昨天是星期几。

本例说明取余运算的使用场合。设 week 表示今天的星期值，week=1 表示星期一等，则明天、昨天可以分别用下式表示，运算结果的范围是 0～6。

```
(week+1) % 7                // 明天，若 week=6，(week+1)%7=0；其他值运算同 week+1
(week-1+7) % 7              // 昨天，若 week=0，(week-1) % 7=-1，(week-1+7 ) % 7=6；其他值运算同 week-1
```

【思考题 2-1】 ① 怎样用“%”表示当前月份 month 的下月和上月？② 如何求出一个三位数 *n* 的各位数字？

（2）关系运算符

关系运算是指两个数据之间的比较运算。关系运算符（Relational Operator）有 6 种：==（等于）、!=（不等于）、>（大于）、<（小于）、>=（大于等于）、<=（小于等于），它们参与的都是双目运算。基本数据类型的数据都可以参加关系运算，运算结果是布尔类型。字符比较的依据是其 Unicode 值。例如：

```
'a' < 'A'                   // 结果是 false
```

（3）位运算符

位运算是指对整数按二进制的位进行运算，适用于整数类型和字符类型。位运算符（Bitwise Operator）有 7 个：~（非）、&（与）、|（或）、^（异或）、<<（左移位）、>>（右移位）、>>>（无符号右移位）。其中，~进行单目运算，其他运算符进行双目运算。位运算的真值表如表 2-4 所示。

表 2-4 位运算的真值表

A	B	~A	A & B	A | B	A ^ B
0	0	1	0	0	0
1	0	0	0	1	1
0	1		0	1	1
1	1		1	1	0

二进制补码表示的整数位运算（&和 |）举例如图 2-3 所示。

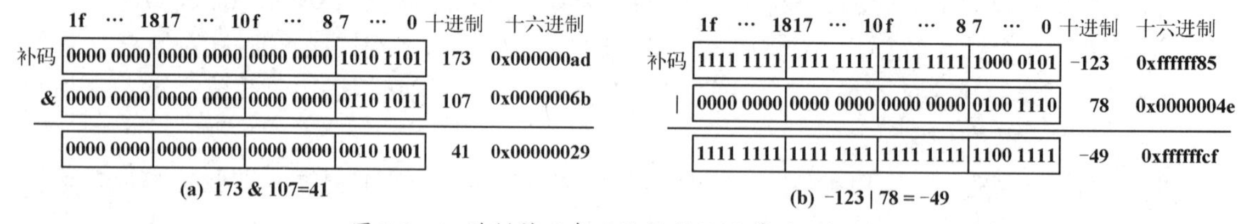

图 2-3 二进制补码表示的整数位运算（&和 |）

再如：

```
~4          // 0…0 00000100 求反结果为 1…1 11111011（-5）
6 ^ 2       // 0…0 00000110 异或^ 0…0 00000010 结果为 0…0 00000100（4）
1<<2        // 0…0 00000001 左移 2 位，低位补 0，结果为 0…0 00000100（4），意为乘法1×2²
-8>>2       // 1…1 11111000 右移 2 位，高位以符号位 1 填充，结果为 1…1 11111110（-2），除法−8/2²
-1>>>30     // 1…1 11111111 右移 30 位，高位以 0 填充，结果为 0…0 00000011（3）
```

（4）逻辑运算符

逻辑运算是指对布尔类型进行的与、或、非、异或等运算，运算结果仍是布尔类型。逻辑运算符（Logical Operator）有 6 个：&（与）、|（或）、!（非）、^（异或）、&&（条件与）、||（条件或）。其中，“!”进行单目运算，其他运算符进行双目运算。逻辑运算的真值表如表 2-5 所示。

表 2-5　逻辑运算的真值表

<table>
<tr><th>A</th><th>B</th><th>! A</th><th>A & B、A && B</th><th>A | B、A || B</th><th>A ^ B</th></tr>
<tr><td>false</td><td>false</td><td>true</td><td>false</td><td>false</td><td>false</td></tr>
<tr><td>true</td><td>false</td><td>false</td><td>false</td><td>true</td><td>true</td></tr>
<tr><td>false</td><td>true</td><td></td><td>false</td><td>true</td><td>true</td></tr>
<tr><td>true</td><td>true</td><td></td><td>true</td><td>true</td><td>false</td></tr>
</table>

当且仅当两个操作数均为 true 时，它们逻辑与&的结果是 true；当两个操作数中至少有一个为 true 时，它们逻辑或 | 的结果是 true；当两个操作数不等时，它们逻辑异或 ^ 的结果是 true。逻辑运算可用于判断某条件是否满足。

&&、|| 运算符具有短路计算功能，指对布尔表达式从左向右依次逐个计算条件是否成立，一旦能够确定结果，就立即终止，不再计算其后各条件。例如：

```
i>=0 && i<=9              // 判断 i 值是否在 0~9 之间。当 i<0 时，结果为 false，不计算 i<=9
ch=='A' || ch=='a'        // 判断字符，忽略字母大小写。当 ch=='A'时，结果为 true，不计算 ch=='a'
```

（5）赋值运算符

赋值（Assignment）运算语法格式如下，其中“=”是赋值运算符，作用是使变量获得值。

```
变量 = 表达式
```

赋值运算次序是从右向左的，即先计算“表达式”的值，再使“变量”获得“表达式”的结果值。赋值运算中的变量必须已经声明过，表达式必须能计算出确定值，并且表达式的数据类型与变量的数据类型必须是匹配的，表达式结果必须在变量所属数据类型的范围内，否则将产生语法错误。赋值运算的结果为变量值。

赋值运算符可以与算术、逻辑和位运算符组合成复合赋值运算符，构成赋值运算的简捷使用方式。复合赋值运算符如表 2-6 所示。

表 2-6　复合赋值运算符

<table>
<tr><th>运算符</th><th>用法</th><th>等价于</th><th>说　明</th><th>运算符</th><th>用法</th><th>等价于</th><th>说　明</th></tr>
<tr><td>+=</td><td>s+=i</td><td>s=s+i</td><td rowspan="6">s、i 可以是整数和浮点数类型</td><td>&=</td><td>a&=b</td><td>a=a&b</td><td rowspan="3">a、b 是布尔类型或整数类型</td></tr>
<tr><td>-=</td><td>s-=i</td><td>s=s-i</td><td>|=</td><td>a|=b</td><td>a=a | b</td></tr>
<tr><td>*=</td><td>s*=i</td><td>s=s*i</td><td>^=</td><td>a^=b</td><td>a=a^b</td></tr>
<tr><td>/=</td><td>s/=i</td><td>s=s/i</td><td><<=</td><td>s<<=i</td><td>s=s<<i</td><td rowspan="3">s、i 是整数类型</td></tr>
<tr><td>%=</td><td>s%=i</td><td>s=s%i</td><td>>>=</td><td>s>>=i</td><td>s=s>>i</td></tr>
<tr><td></td><td></td><td></td><td>>>>=</td><td>s>>>=i</td><td>s=s>>>i</td></tr>
</table>

（6）类型强制转换符

类型强制转换符“()”将一个表达式的数据类型强制转换（cast）为指定数据类型，语法格式及示例如下：

```
(数据类型) 表达式
```

```
(int) (98.4+0.5)                                    // 浮点数按四舍五入方式取整
```

（7）条件运算符

条件运算符“?:”是三目运算，由 3 个操作数参与运算。条件运算表达式格式如下：

```
子表达式1 ? 子表达式2 : 子表达式3
```

条件运算根据给定条件的判断结果确定表达式结果值，“子表达式 1”是给定条件，其值为布尔类型。先计算“子表达式 1”值，若“子表达式 1”值为 true，则将“子表达式 2”值作为表达式结果值，否则将“子表达式 3”值作为表达式结果值。例如：

```
int  i=10, j=20, max = i>j ? i : j;                 // max获得i、j之中的较大值
```

【思考题 2-2】 设 char ch 表示十六进制的一个数字，写出获得 ch 对应整数值的表达式。

（8）括号运算符

圆括号运算符“()”用于改变表达式中运算符的运算次序。方括号运算符“[]”用于表示数组元素。

（9）字符串连接运算符

字符串连接运算符“+”用于连接两个字符串。当用“+”连接一个字符串与一个操作数时，Java 自动将操作数的值转换为字符串。例如：

```
int  i = 10, j = 20, max = i>j ? i : j;             // max获得i、j之中的较大值
System.out.println("max = " + max);                 // 将max值转换为字符串后输出，输出"max = 20"
```

（11）点运算符

点运算符“.”用于分隔包、子包、类及类中成员。

（12）对象运算符

对象运算符 instanceof 判断一个对象是否属于指定类或其子类，运算结果是布尔类型。

（13）new 运算符

new 运算符用于申请数组的存储空间，创建对象。

注意：“,”是分隔符，仅用于分隔表达式，不是运算符，不能出现在表达式中。例如：

```
int  i = 0, j = 0;                                  // 正确，逗号是分隔符
System.out.println(""+(i=1, j=2));                  // 语法错，表达式不能包含逗号
```

【例 2.2】 判断一个年份是否为闰年。

根据天文历法规定，每 400 年中有 97 个闰年。凡不能被 100 整除但能被 4 整除的年份或能被 400 整除的年份是闰年，其余年份是平年。如 1996、2000 是闰年，而 1900 是平年。从 1600 到 1999 的 400 年，能被 4 整除的年份有 100 个，去掉 1700、1800、1900，则共有 97 个闰年。

本例演示布尔类型的逻辑运算。给定年份 year，按上述条件进行逻辑运算，得到布尔类型结果值并输出。调用语句如下，其中，+运算将 boolean 变量 leap 值转换成“true”或“false”字符串。

```
int year=2000;
boolean leap = year%400==0 || year%100!=0 && year%4==0;    //先计算表达式，再赋值；
                    // 带短路功能的逻辑运算，按逻辑运算符出现次序进行运算，此处先计算||，再计算&&
System.out.println(year+" is a leap year? "+leap);
```

运行结果如下：

```
2000 is a leap year? true
```

2．运算符的优先级

每种运算符都有自己的优先级（priority），以决定运算符在表达式中的运算次序。优先级高的先运算，优先级低的后运算。运算符的优先级及结合性如表 2-7 所示。

表 2-7　运算符的优先级及结合性

优先级	运算符分类	运 算 符	结合性
1（高）	双目，括号	. [] ()	左
	单目	++ --	
2		++ -- + - ~ !	右
		new (类型)	
3	双目，乘除	* / %	左
4	双目，加减	+ −	
5	双目，移位	<< >> >>>	
6	双目，关系	< > <= >= instanceof	
7		== !=	
8	双目，逻辑、位	&	
9		^	
10		|	
11	双目，逻辑	&&	
12		||	
13	三目，条件	?:	
14（低）	双目，赋值	= += -= *= /= %= &= ^= |= <<= >>= >>>=	右

3．运算符的结合性

一个运算符到底与其左边还是右边的操作数进行运算？这由运算符的结合性决定。运算符的结合性指定运算符与其操作数的相对位置，有左结合和右结合两种。

（1）单目运算符的结合性

括号[]、()是左结合运算符，操作数在运算符的左边；+、−、~、!、new 和类型强制转换符( )等是右结合运算符，操作数在运算符的右边。

++和--有两种结合性，即 i++、++i，当单独运算时，两者运算结果相同。但是，当++和--与其他运算符结合时，两种结合性的运算结果不同。例如：

```
int  i = 0, j;
j = i++;                              // 左结合，先赋值再自增，等价于 j=i;  i++;
j = --i;                              // 右结合，先自减再赋值，等价于 i--;  j=i;
```

（2）双目运算符的结合性

双目运算符中，只有赋值及复合赋值是右结合运算符，其他双目运算符都是左结合的。由于赋值运算符是右结合的，所以赋值运算可以连续赋值。例如：

```
int  i, j;
i = j = 2;                            // 结果为 i=2, j=2
i += j += 2;                          // 结果为 i=6, j=4
```

4. 运算的类型兼容原则

程序设计语言要求参加运算的操作数的数据类型与运算符匹配。“匹配”是指，不仅包含类型相同，还可以宽容一些，允许不同类型数据间进行混合运算，称为类型兼容，包括类型相容和赋值相容。

（1）类型相容

类型相容（Type Compatibility）是指两个不同的数据类型具有某些相同的性质，其数据能够参加相同的运算，运算结果的数据类型为范围大、精度高的那种数据类型。数值类型的兼容关系如图 2-4 所示。

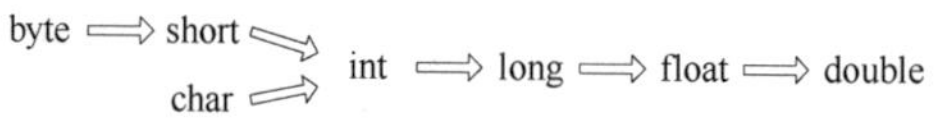

```
byte ⟹ short ⟹
                int ⟹ long ⟹ float ⟹ double
        char  ⟹
```

图 2-4　数值类型的兼容关系

例如：

```
1.0 + 1                  // 整数与浮点数进行算术运算，结果为浮点数 2.0
1.0 == 1                 // 整数与浮点数进行关系运算，结果为 true
```

字符是一种数值类型，可与整数、浮点数进行算术运算、关系运算、位运算，视为 2 字节的无符号整数，范围是 0～65535。例如：

```
'a'+1                    // 字符与整数进行算术运算，结果是 int 型 98
(char)('a'+1)            // 结果是'b'
'a' == 97                // 字符与整数或浮点数进行关系运算，结果为 true
'a' | 2                  // 字符与整数进行位运算，结果是 int 型 99
```

布尔类型不是整数，true 和 false 不能转换成数值 1 或 0；整数不能进行逻辑运算。例如：

```
Boolean  b = 0;          // 语法错“不能将 int 类型转换成 boolean 类型”
true == 1                // 语法错，布尔量与整数不能进行运算
!0                       // 语法错，整数不能进行逻辑运算，~0 是位运算
int i, j, k;
i > j > k                // 语法错，必须写成 i>j && j>k
++i || ++j && ++k        // 语法错，整数不能进行逻辑运算
```

| 和&是多态的，表示位运算或逻辑运算，其含义取决于操作数类型。例如：

```
++i | ++j & ++k          // 整数进行位运算
i>j & j>k                // 布尔类型进行逻辑运算，没有短路计算功能
```

（2）赋值相容

赋值相容（Assignment Compatibility）是赋值运算中当变量与表达式两者的数据类型不相同时，以下两种情况可赋值。

❖ 若变量的数据类型比表达式数据类型的字节数长，Java 自动将表达式结果值转化为变量的数据类型后再赋值；否则将产生语法错误。例如：

```
long  big = 6;           // 6 是 int 类型，自动转化为 long 类型，赋值相容
double  x = 1.0f, y=0;   // 赋值相容
float  z = 0.0;          // 语法错，0.0 默认为 double 类型，赋值不相容
```

❖ 对于整数类型的一个特例是，若整数变量的字节数较短，而表达式结果值在变量类型的范围内，则可赋值。例如：

```
byte b=127;              //127 是 int 类型，在 byte 类型范围内，意即(byte)127，赋值相容
```

5. 运算的正确性判断

即使表达式的语法正确，算法正确，表达式的计算结果也可能因为数据类型取值范围、数据存储格式、数据精度等原因而产生数据溢出等错误，所以程序员必须对运算结果的正确性做进一步判断。

Java 整数的默认类型是 int，而 byte 和 short 类型只是形式上的，取相应 int 值的最低 1 或 2 字节。所有 byte 和 short 整数运算仍然进行 int 类型运算，运算结果是 int 类型，当运算结果在 byte 或 short 数据范围内时，可视为 byte 或 short 类型，否则必须进行类型强制转换。例如：

```
(byte) 127+(byte)127                          // byte 整数按 int 类型运算，结果是 254
byte  b = 127;                                // 127 是 int，在 byte 数据范围内，赋值相容
System.out.println(b+"+1="+(b+1));            // 输出 127+1=128，b+1 运算结果是 int 类型
System.out.println(b+"+1="+(++b));            // 输出 127+1=-128，byte 数据溢出
b = (byte)128;                                // 结果为-128，类型强制转换产生数据溢出错误
```

byte 变量 b 的运算过程如图 2-5 所示，整数以二进制补码表示，++b 实际执行(byte)(b+1)，取 int 类型 128 的最低 1 字节（10000000）看成 byte 整数，首位表示符号，所以 b=−128，byte 整数溢出。

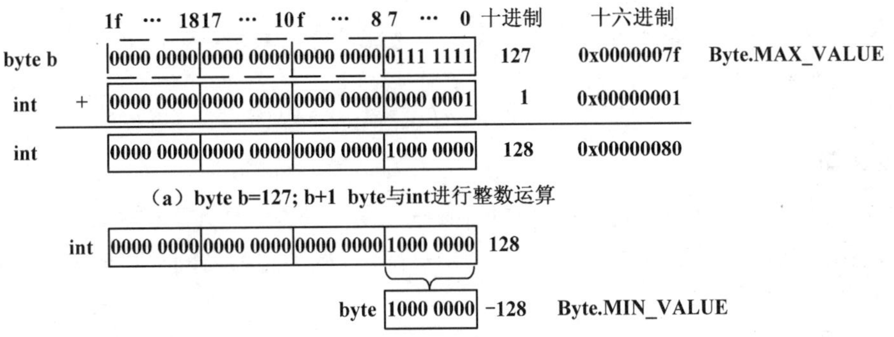

（b）byte b=127; ++b;即 (byte)(b+1)运算结果为−128，取128最低1字节，首位1表示负数

图 2-5 byte 整数运算与数据溢出

由于数据表示精度问题，浮点数应慎用==来比较相等，且浮点数的结合律有时不成立。例如：

```
System.out.println((0.1+0.2)+0.3);                  // 输出 0.6000000000000001
System.out.println(0.1+(0.2+0.3));                  // 输出 0.6
System.out.println((0.1+0.2)+0.3 == 0.1+(0.2+0.3)); // 输出 false，浮点数结合律不成立
```

2.2 流程控制语句

语句（Statement）描述对数据的操作。结构化程序设计采用流程控制语句实现顺序结构、分支结构和循环结构，不通过 goto 实现，由这 3 种基本结构组成的算法结构可以解决任何复杂问题。结构化程序设计方法是软件设计方法的基础。

Java 语言提供简单语句、选择语句、循环语句和转移语句，实现结构化程序设计的顺序、分支和循环结构等流程控制。按照流程控制功能划分，Java 语言的语句分类如图 2-6 所示。

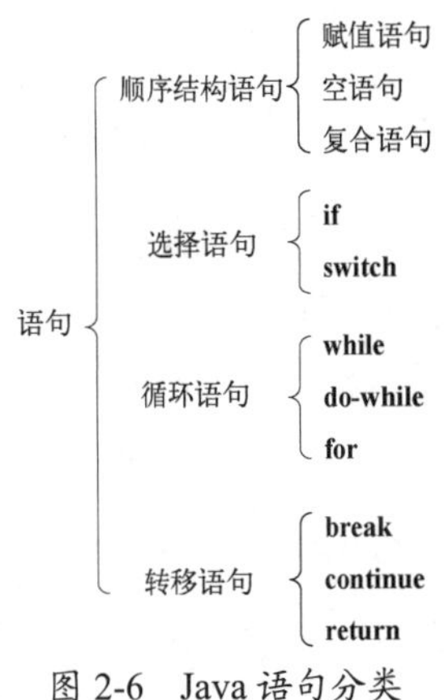

图 2-6 Java 语句分类

按语句的结构特点分，语句可分为简单语句和构造语句。简单语句（Simple Statement）执行一项特定功能操作，不包含其他语句。赋值语句、空语句和转移语句是简单语句。构造语句（Structured Statement）是按照一定的语法规则组织起来的、包含其他语句的语句，有条件地或重复地执行语句序列。复合语句、选择语句和循环语句是构造语句。

Java 语言语句的语法同 C/C++语言，但不支持 goto 语句。

2.2.1 顺序结构语句

顺序结构语句按语句书写次序依次顺序执行，不改变程序的执行流程。顺序结构语句包括赋值语句、空语句和复合语句。

1. 赋值语句

一个赋值表达式在末尾加上一个“;”，就构成一条赋值语句。例如：

```
int  i = 1;
i += 10;
i++;                                    // 具有赋值功能
```

🔔**注意**：C/C++语言中仅用于计算、没有赋值功能的表达式语句，在 Java 中不能作为一条语句，会产生编译错误。例如：

```
i+1;                                    // 语法错，没有赋值功能的表达式不能作为语句
```

2. 空语句

空语句只有“;”，没有内容，不执行任何操作。设计空语句是为了语法需要，增加程序的容错性。例如，以下两个连续“;”不会产生语法错误，因为它们之间存在一条空语句。

```
i = 1; ;
```

3. 复合语句

复合语句（Compound Statement）由一对{ }括起来的语句序列组成一条复合语句，在语法上作为一条语句使用，也称为块（Block）。复合语句的语法格式如下，其中可声明变量，变量的作用域仅限于当前复合语句中该声明语句之后的语句序列。

```
{
    [变量声明或常量声明];
    语句序列;                           // 上述变量作用域仅限于此
}
```

2.2.2 选择语句

选择语句通过判断给定条件是否成立，决定是否执行该选择语句中包含的子句。选择语句有两种：if 语句和 switch 语句。当有两种选择并且需要根据条件决定是否执行时，通常使用 if 语句；当有两种以上选择并且由表达式的值决定是否执行时，通常使用 switch 语句。

1. if 语句

if 语句的语法格式如下，其中 if 和 else 是关键字，else 子句是可选项。

```
if(布尔表达式)
    语句 1;
```

```
[else
   语句 2;]
```

if 语句根据条件来控制程序流程，条件用布尔表达式给出。当“布尔表达式”取值为 true 时，执行“语句 1”；否则执行 else 后面的“语句 2”。表示条件的表达式必须是布尔类型，不能是数值类型；else 子句可选，当“语句 2”为空语句时，省略 else 子句。语法定义中的“语句”可以是一条语句，也可以是复合语句，下同。例如，以下 if 语句求两个整数中的最大值。

```
int  i = 1, j = 2, max;
if(i > j)
    max = i;
else
    max = j;
```

🔔**注意**：“=”和“==”运算含义不同，if、while 等语句中的条件表达式不能是赋值运算，否则产生编译错。例如：

```
if(i = 0)                          // 语法错，i=0 运算结果是 int 类型，不是 boolean
```

当 if 语句有多个判断条件时，这些条件组合起来称为复合条件，相应的布尔表达式需要由多个关系运算经过逻辑运算构成。例如，下式判断 i 是否为一个三位数：

```
if(i >= 100 && i <= 999)
```

if 语句可以嵌套使用。如果 if 语句中包含另一条 if 语句，则构成 if 语句嵌套结构。例如：

```
if(i >= 100)
    if(i <= 999)
```

在两个嵌套的 if 语句中，如果有一条 if 语句省略了 else 子句，则会产生二义性。例如：

```
if(i >= 100)
    if(i <= 999)
        语句 1;
else                               // else 与哪个 if 语句匹配?
    语句 2;
```

Java 语言规定：else 总是与最近的一条 if 语句匹配。所以上一句的 else 应理解为与第二个 if 语句匹配。如果 else 需要与第一条 if 语句匹配，则可写成如下：

```
if(i >= 100)
{
    if(i <= 999)
        语句 1;
}
else
    语句 2;
```

🔔**注意**：缩进的书写格式本身与匹配无关。为了程序可读性，通常缩进格式需要反映 if 语句嵌套的层次关系。

2. switch 语句

一条 if 语句解决了根据一个条件进行判断所形成的两路分支的流程控制问题。如果条件多于两条，必须用多条 if 语句实现多路分支的流程控制。当多路分支由一个表达式的取值决定时，采用 if 语句嵌套结构可以实现所需的功能，但结构不清楚、不简捷。例如：

```
if(i == 1)
    if(i == 2)
        if(i == 3)
```

此时，可采用 switch 语句根据表达式的取值决定控制程序的多路分支流程。

switch 语句的语法格式如下，其中 switch、case、default 是关键字，default 子句是可选项。

```
switch(表达式)
{
    case  常量表达式 1: 语句序列 1;  [break;]
    case  常量表达式 2: 语句序列 2;  [break;]
    ……
    [default:  语句序列;]
}
```

switch 语句的执行过程是，将“表达式”的值按照从上至下的顺序依次与“常量表达式”的结果值进行比较，当“表达式”的值与某个常量值相等时，执行其后的“语句序列”，直到遇到 break 语句或 switch 语句执行完；若没有与表达式值相等的常量值，则执行 default 子句；此时若没有 default 子句，则不执行。

在 switch 语句中，“表达式”和“常量表达式”的数据类型必须是整数或字符类型，不能为布尔类型，并且两者必须类型相容；在语句体中，每个常量表达式出现的先后次序没有限制，但常量结果值必须唯一；不同的常量表达式可以公用一些语句序列；每条分支的语句序列可以 break 语句结束，break 语句的作用是强制退出当前语句。

JDK 7 增强了 switch 语句功能，“表达式”支持 String 字符串（见 2.5 节）。

2.2.3 循环语句

Java 语言提供了 3 种循环语句 while、do-while、for 实现循环结构。它们的共同点是根据循环条件来判断是否执行循环体，除此之外，每个语句都有自己的特点。实际应用中应该根据具体问题的要求选择合适的循环语句。对于有些问题，用 3 种循环语句都可以实现。

1. while 语句

（1）while 语句语法

while 语句的语法格式如下，其中 while 是关键字，“布尔表达式”表示循环体的执行条件。

```
while(布尔表达式)
    语句;
```

while 语句的特点是“先判断，后执行”，当条件满足时执行循环体。当“布尔表达式”取值为 true 时，执行循环体“语句”，然后继续执行；当“布尔表达式”取值为 false 时，循环结束，执行 while 语句的下一条语句。while 语句执行流程如图 2-7 所示。

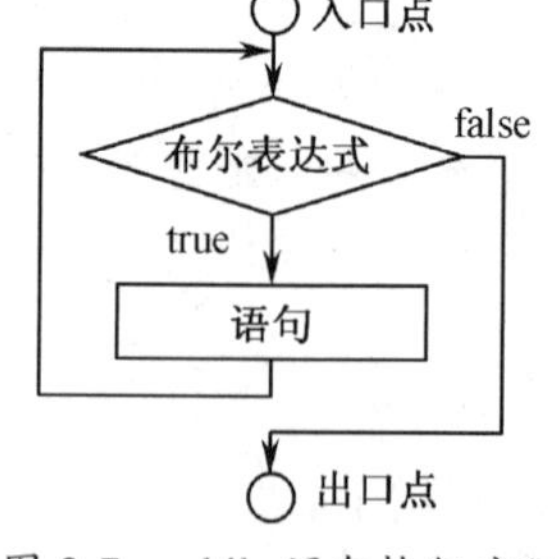

图 2-7　while 语句执行流程

例如，以下 while 语句求 1～10 累加和。

```
int  i = 1, n = 10, sum = 0;
while(i <= n)
{
    sum += i;
    i++;
}
System.out.println("sum = "+sum+"  i = "+i);
```

【思考题 2-3】 ① 如果将循环体内两条语句的次序交换，执行结果如何？如何修改能够实现相同功能？② 输出累加和的计算公式和计算结果。例如：

```
Sum(8) = 1+2+3+4+5+6+7+8 = 36
```

（2）while 语句的循环执行次数

在循环语句中，循环变量的初值、循环变量的变化与循环条件必须匹配。一般情况下，循环条件初值为 true，执行 n 次循环体后变为 false，则循环结束。如果循环条件初值是 false，则不执行循环体语句。例如：

```
int  i = 1, n = 10, sum = 0;
while(i >= n)                          // 循环次数为 0，i=1，sum=0
```

如果循环条件永远为 true，则循环永不停止，这种无限循环的错误被称为“死循环”。例如：

```
int  i = 1, n = 10, sum = 0;
while(i <= n)                          // 循环体中 i 值没有变化，导致循环条件永远为 true，死循环
    sum += i;
```

又如：

```
int  i = 1, n = 10, sum = 0;
while(i >= 0)                          // i 值的变化不能使循环条件最终变为 false，死循环
{
    sum += i;
    i++;                               // 循环变量变化
}
```

上述程序段的循环体中虽然有 i++可以改变循环变量 i 的值，但 i 值的变化也不能使循环条件最终变为 false，从而导致产生死循环错误。

2. do-while 语句

（1）do-while 语句语法

do-while 语句的语法格式如下，其中 do、while 是关键字。

```
do
{
    语句;
} while(布尔表达式);
```

do-while 语句的特点是“先执行后判断”，先执行循环体“语句”，再判断“布尔表达式”的值，如果值为 true，则继续循环，否则循环结束，执行 do-while 语句的下一条语句。do-while 语句执行流程如图 2-8 所示。

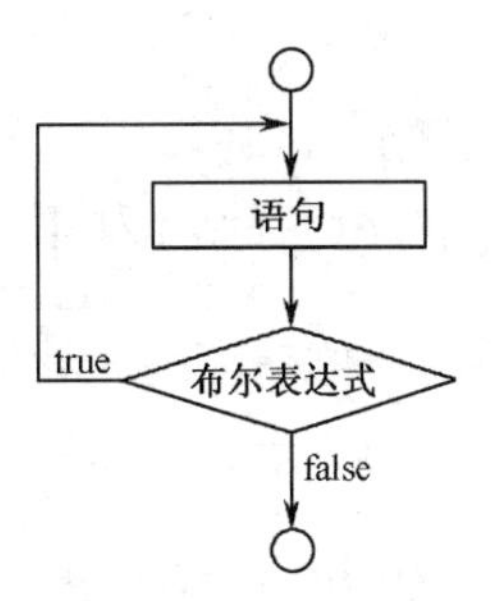

图 2-8　do-while 语句执行流程

求 1～10 累加和的 do-while 语句如下：

```
int  i = 1, n = 10, sum = 0;
do
{
    sum += i;
    i++;
} while(i <= n);
```

（2）do-while 语句的循环执行次数

do-while 语句对循环条件的测试是在执行循环语句之后进行的，称为“先执行后判断”，这意味着一个 do-while 循环至少要执行一次。例如：

```
int  i=1, n = 10, sum = 0;
```

```
do
{
    sum += i;
    i++;
} while(i >= n);                              // 循环体执行 1 次，i=1，sum=0
```

do-while 语句也会出现“死循环”的情况。例如：

```
int  i = 1, n = 10, sum = 0;
do
{
    sum += i;
    i++;
} while(i > 0);                               // 死循环，从算法角度看循环条件永远为 true
```

【例 2.3】 输出 Fibonacci 数列。

Fibonacci 数列为{0, 1, 1, 2, 3, 5, 8, 13, 21, 34, 55, …}，其首两项为 0 和 1，以后各项是其前两项值之和。以下程序输出在 short 类型范围内的 Fibonacci 序列：

```
public class PrintFibonacci
{
    public static void main(String[] args)
    {
        short  i = 0, j = 1;            // 前两项值
        do
        {
            System.out.print(" "+i+" "+j);
            i = (short)(i+j);           // 每项是其前两项值之和
            j = (short)(i+j);           // 两个 short 整数运算结果是 int 类型，类型强制转换后才能赋值
        } while (i>0);                  // short 整数溢出时循环停止，不是死循环
        System.out.println("\n 循环结束，i="+i);
    }
}
```

程序运行结果如下：

```
0 1 1 2 3 5 8 13 21 34 55 89 144 233 377 610 987 1597 2584 4181 6765 10946 17711 28657
循环结束，i=-19168
```

3. for 语句

（1）for 语句语法

for 语句将循环控制变量初值、循环条件和变量的变化规律都以表达式形式写在循环体之前。for 语句的语法格式如下，其中 for 是关键字。

```
for(表达式 1; 表达式 2; 表达式 3 )
    语句;
```

for 语句的 3 个表达式之间用“;”分隔；“表达式 1”给循环变量赋初值；“表达式 2”给出循环条件，结果为布尔值；“表达式 3”给出循环变量的变化规律，通常是递增或递减的。“语句”是循环体。

for 语句的执行过程是：先执行“表达式 1”，为循环控制变量赋初值；再判断“表达式 2”的循环条件是否满足，当“表达式 2”结果值为 true 时，再次执行循环体，然后执行“表达式 3”，改变循环变量的取值，进行下一轮循环；当“表达式 2”结果值为 false 时，循环结束，

程序执行 for 语句的下一条语句。for 语句执行流程如图 2-9 所示。

例如，以下 for 语句求累加和并显示计算公式。

```
int  i = 1, n = 10, sum = 0;
System.out.print("Sum ("+n+")=");          // 显示计算公式
for(i = n, sum = 0; i > 1; i--)            // 循环控制变量递减变化
{
    sum += i;
    System.out.print(i+"+");
}
System.out.println(i + "=" + (sum+i));
```

程序运行结果如下：

```
Sum(10) = 10+9+8+7+6+5+4+3+2+1 = 55
```

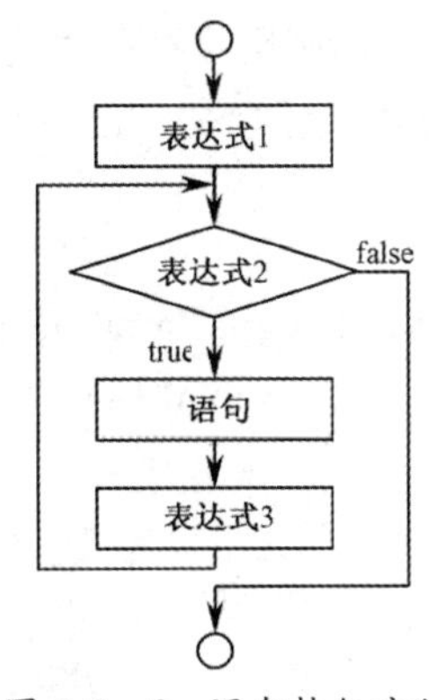

图 2-9　for 语句执行流程

（2）for 语句的循环执行次数

for 语句也是“先判断后执行”，循环执行次数最少是 0；条件不合适时，for 语句也会出现死循环。例如：

```
for(i=0; i < 0; i++)                  // 循环次数为 0
for(i=0; i <= 0; i++)                 // 循环执行 1 次
for(i=0; i < 10; i++)                 // 循环执行 10 次，i 取值为 0～9
for(i=1; i <= 10; i++)                // 实际上循环体只执行了 5 次
for(i=1; i <= 8; i+=2)                // 循环执行 4 次，i 取值为 1、3、5、7
for(i=1; i < 10; i--)                 // 死循环
```

“表达式 3”由 for 语句自动执行，循环体中不需要改变循环变量的值。如果循环体中改变了循环变量的值，则会改变循环的实际执行次数。例如：

```
for(i=1; i <= 10; i++)
    i++;
```

此时，表面看 for 语句的循环次数为 10，但实际上循环只执行了 5 次。不提倡这种做法。

（2）使用 for 语句需要注意的问题

for 语句中，在条件表达式之后没有“;”，在语句之后才有“;”。例如，如果

```
for(i=1; i <= 10; i++);
    sum += i;
```

则循环体为空语句，循环仍然进行了 10 次，使 i 值增大到 11，而对 s 赋值的语句在循环体外，只执行一次，所以上述程序段执行后，变量 sum 的值为 11，不是预期的 55。while 和 do-while 语句也存在类似问题。

for 语句中的“表达式 1”和“表达式 3”都可以包含“,”，并且“表达式 1”还可以声明变量，此处所声明变量的作用域仅限于 for 语句的循环体。例如：

```
for (int i=1, j=1; i <= 10; i++, j++)
```

虽然 for 语句中的 3 个表达式在语法上均可以省略，“;”不能省略，但这样体现不出 for 语句的长处，不是结构化程序设计的好方法，极易产生错误。例如，以下语句构成无条件循环，如果循环体中没有退出循环的语句，则构成死循环。

```
for(; ;)                          // 等价于 while(true)
```

如果循环语句内又有循环语句，则构成多重循环结构。常用的有二重循环及三重循环。

【例 2.4】 求一个日期是星期几。

本例用 3 个整型变量 year、month、day 分别记载一个日期的年、月、日，以 1980 年 1 月 1 日（星期二）为起始日，如果计算至该日期的总天数，则可知该日期是星期几。求总天数的计算公式如下：

总天数 = 平年累计值 + 闰年累计值 + 当年前几月的累计天数 + 本月天数

求总天数 total 的步骤描述如下。

① 求 total 的初值：total 初值=平年累计值＋闰年累计值。

因为平年有 365 天，闰年有 366 天，而 365 % 7=1，所以平年的总天数每年只需累计 1，闰年累计 2 即可。因此，total 的初值如下：

```
total = year-1980+(year-1980+3)/4;
```

其中，year−1980 是 year 与 1980 年相距的年数，即平年累计值；(year−1980+3)/4 是 year 与 1980 年间相距的闰年数，即闰年累计值，当 year 为 1980 时，当年闰年值不计，所以 (year−1980+3)/4 结果值为 0；当 year 为 1981～1983 时，需要计算 1980 年的闰年值，所以 (year−1980+3)/4 结果值为 1。

② 计算当年前几月的累计天数，加到 total 上。

③ 将本月天数加到 total 上。

起始日之前日（1979 年 12 月 31 日）为星期一，所以 week 的初值为 1，计算

```
week = (week+total) % 7;
```

就可得出所求日期是星期几。程序如下：

```
public class ChineseWeek
{
    public static void main(String[] args)
    {
        int  year = 2016, month = 12, day = 31;
        boolean  leap = year%400 == 0 || year%100 != 0 && year%4 == 0;     // 判断闰年
        int  total = year-1980+(year-1980+3)/4;               // 求平（闰）年累计的总天数
        for(int i = month-1; i > 0; i--)                      // 计算当年前 month-1 个月累计的天数
        {
            switch (i)
            {
                case 1: case 3: case 5: case 7: case 8: case 10: total+=31;  break;
                case 4: case 6: case 9: case 11: total+=30;  break;
                case 2: total += leap ? 29 : 28;
            }
        }
        total += day;                                         // 当月的天数
        int  week = 1;                                        // 起始日 1979-12-31 是星期一
        week = (week+total) % 7;                              // 求得星期几
        System.out.print(year+"年"+month+"月"+day+"日  星期");
        switch(week)
        {
            case 0:  System.out.println("日");  break;
            case 1:  System.out.println("一");  break;
            case 2:  System.out.println("二");  break;
            case 3:  System.out.println("三");  break;
            case 4:  System.out.println("四");  break;
```

```
                case 5:  System.out.println("五");  break;
                case 6:  System.out.println("六");  break;
            }
        }
    }
```

程序运行结果如下：

```
2016年12月31日  星期六
```

2.2.4 转移语句

Java 语言提供 3 种无条件转移语句：return、break 和 continue。return 语句用于从方法中返回值，break 和 continue 语句用于控制流程转移。Java 语言不支持 goto 语句。

1．return 语句

return 语句使程序从方法中返回至方法调用处，并为方法返回一个值。语法格式如下：

```
return [返回值];
```

2．break 语句和 continue 语句

在 switch 语句的某个 case 子句中，或在 while、do-while、for 语句的循环体中，如果遇到 break 语句，则立即退出当前 switch 语句或循环语句。

在 while、do-while、for 语句的循环体中，如果遇到 continue 语句，则本次循环结束，回到循环条件，继续判断是否执行下一次循环。因此，break 语句和 continue 语句都改变了结构化的程序执行流程。

注意： 虽然 break 和 continue 语句能够控制循环体的执行流程，但这只是一种补救的办法，不能作为程序设计的主流思想。例如，下面这段程序虽然可执行，但结构很糟糕。

```
for(i=1; i <= 10; i++)
{
    if(i%2 == 0)
        System.out.println(i);
    else
        continue;                          // 继续循环
    if(i > 5)
        break;                             // 退出循环
}
```

这段程序可读性很差，破坏了 for 语句原有的优美结构，造成一种假象，循环体好像执行 10 次，其实不然。因此，在循环体中无条件退出是一种不好的程序设计习惯，降低了可读性。当需要编写大型应用程序时，如果仍然沿用这样的设计思想，则程序结构必将非常混乱。所以，程序设计并不仅是写一段程序，编译通过，有运行结果，就算完成了，我们还必须学习更好的程序设计思想，需要在结构、算法和效率等方面进一步提高，并培养良好的习惯和素质。

2.3 数组

基本数据类型的变量只能存储一个不可分解的简单数据，如一个整数或一个字符等。实际应用程序中需要处理大量数据。例如，将 100 个整数排序，首先遇到的问题是，如何存储这

100个整数？如果用基本数据类型来存储，则必须声明100个整数类型变量，显然，这种设计方式是不可行的。因此，仅有基本数据类型无法满足实际应用需求，需要使用更复杂的构造类型。对于上述需求，采用数组类型则问题将迎刃而解。

数组（Array）是具有相同数据类型的元素的有序集合，数组的元素个数称为数组长度。元素在数组中的位置称为元素的下标，采用一个下标唯一确定一个元素的数组称为一维数组，采用两个下标唯一确定一个元素的数组称为二维数组。一个一维数组占用一块内存空间，每个元素连续存储，即每个元素的存储单元地址是连续的。

Java 的数组是引用数据类型，一个数组变量采用引用方式保存多个数组元素；数组元素的数据类型既可以是基本数据类型，也可以是引用数据类型，对数组元素所能进行的操作，取决于数组元素所属的数据类型。

Java 的数组都是动态数组，在声明数组变量后，使用new运算符申请数组的存储空间。

2.3.1 一维数组

1. 声明一维数组变量

声明一维数组变量的语法格式有以下两种，两者功能相同。

```
数据类型[] 数组变量
数据类型 数组变量[]
```

其中，“数据类型”是数组元素的数据类型，“数组变量”是用户声明的标识符。此处“[ ]”是必需的括号运算符，不是可选项，一对“[ ]”表示一维数组。例如：

```
int x[];  或  int[] x;          // 声明数组变量x，[]中没有长度，x没有获得内存空间
```

上述两种语法在声明数组时没有差别，但声明在同一行中的其他变量有差别，例如：

```
int x[], i = 0;                 // i是int变量
int[] x, i;                     // i是int[]变量
```

2. 使用 new 为数组分配空间

使用new运算符申请数组所需要的内存单元，语法格式如下：

```
数组变量 = new 数据类型[长度]
```

其中，new是关键字，“数据类型”是数组元素的数据类型，该数据类型必须与“数组变量”的数据类型匹配；“长度”是数组申请的存储单元个数，“长度”必须是0或正整数。例如，以下数组x获得5个存储单元的内存空间，存储单元的大小由元素的数据类型决定。

```
x = new int[5];                 // 为数组x分配空间，[]中指定数组长度
```

在声明数组变量时，也可申请存储空间。例如：

```
int x[] = new int[5];
```

3. 数组长度 length

Java 语言自动为每个数组变量提供length属性表示数组占用的存储单元个数。使用点运算符获得数组长度的语法格式如下：

```
数组变量.length
```

4. 数组元素表示及运算

一维数组的一个元素由一个下标唯一确定，语法格式如下：

```
数组变量[下标]
```

其中，“下标”是确定数组元素位置的表达式，其数据类型是整数类型，取值为 0～x.length-1。数组中各元素在内存中按下标的升序顺序连续存放。上述数组 x 的 5 个元素是 x[0]～x[4]。

数组元素可以参加其数据类型所允许的运算。例如，上述数组 x 的元素类型为 int，则数组元素 x[i]能够参加 int 所允许的运算：

```
for(int i=0; i < x.length; i++)
  x[i] = i+1;                          // 对数组元素进行运算
```

声明数组变量、申请数组存储空间、对数组元素的操作如图 2-10 所示。

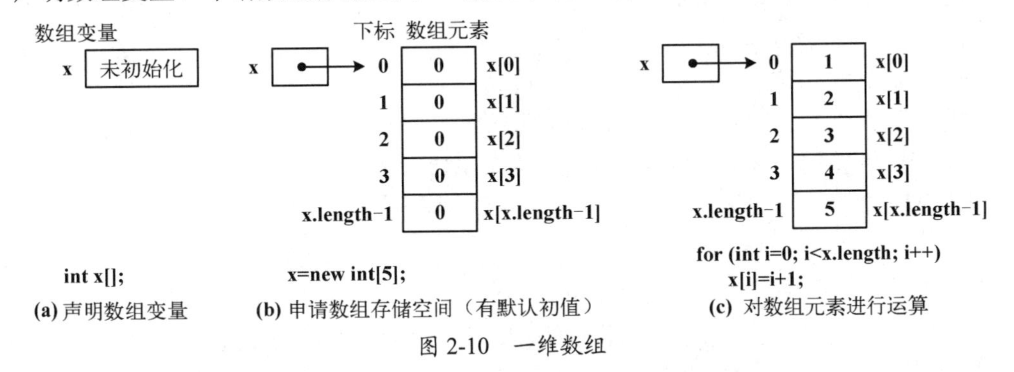

图 2-10　一维数组

Java 将严格检查数组元素下标范围，程序运行时，如果 x[i]的下标 i 取值超出 0～x.length-1 范围，则作为错误处理，产生“数组下标越界”异常，程序运行终止。

5. 数组声明时赋初值

数组变量在声明时可赋初值。例如，以下语句功能相当于图 2-10 所示的多条语句：

```
int  x[] = {1, 2, 3, 4, 5};
```

6. 数组元素的初始化

Java 对所有使用 new 运算符动态分配的存储单元都进行初始化，各变量根据其所属的数据类型获得相应初值。各种数据类型的初始值如表 2-8 所示。

表 2-8　Java 各种数据类型的初始值

数据类型	初始值	数据类型	初始值
byte、short、int、long	0	char	'\u0000'
float	0.0f	boolean	false
double	0.0	引用数据类型	null

【例 2.5】　用一维数组保存 Fibonacci 序列值。

例 2.3 用循环实现了输出 Fibonacci 序列的各项值。如果用一维数组来保存序列的各项值，则更容易表现通项特性。程序如下：

```
public class FibonacciArray
{
    public static void main(String[] args)
    {
        int  n = 25, fib[] = new int[n];
        fib[0] = 0;                                  // 前两项的值
        fib[1] = 1;
```

```
        for(int i = 2; i < n; i++)
            fib[i] = fib[i-1] + fib[i-2];                    // 每项是其前两项值之和
        for(int i = 0; i < fib.length; i++)                  // 输出一维数组
            System.out.print(" "+fib[i]);
        System.out.println();
    }
}
```

7. for 语句作用于数组的逐元循环

Java 自 JDK 5 开始支持 for 语句作用于数组的逐元循环（for each loop），语法格式如下：

```
for(类型  变量 : 数组)                                  // 逐元循环
```

其中，“类型”是“数组”的元素类型，“类型”的“变量”获得“数组”的每个元素。

例如，例 2.5 输出一维数组的 for 语句也可实现如下：

```
for(int value : fib)                                    // 逐元循环，value 逐个引用 fib 数组中的每个元素
    System.out.print(" "+value);
```

8. 数组的引用模型

Java 语言不支持 C/C++语言中的指针类型，所以对数组的操作只能使用下标，不能使用指针。Java 的数组与 C/C++的数组还有一些区别，Java 的数组都是动态数组，并且是引用数据类型。

引用数据类型，与基本数据类型变量的共同点在于都需要声明，都可以赋值。不同点在于，存储单元的分配方式不同，两个变量之间的赋值方式也不同。

（1）基本数据类型变量的传值赋值

基本数据类型的变量获得存储单元的方式是静态的，声明变量就意味着该变量占据了存储单元。变量保存数据值，两个变量之间赋值，传递的是值，如图 2-11 所示。

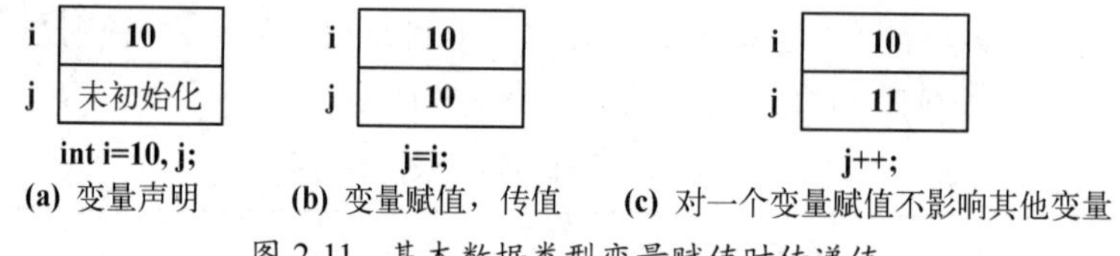

图 2-11 基本数据类型变量赋值时传递值

图 2-11 中声明的两个整数类型变量 i、j 分别获得存储单元，两个变量之间赋值 j=i，意味着变量 j 得到的是 i 的值，之后改变 j 的值对 i 值没有影响。

（2）数组变量的引用赋值

引用数据类型的变量获得存储单元的方式都是动态的，必须使用 new 运算符申请并动态获得存储单元。引用变量保存地址、长度、引用计数等特性。

数组是引用数据类型。一个数组变量引用（Reference）一个数组，含义为数组变量保存一个数组的引用信息，称为数组引用，包括该数组占用的一块存储空间的首地址、长度及引用计数等特性。两个数组变量之间赋值称为引用赋值，传递的值是数组引用，没有申请新的存储空间。例如：

```
int  x[] = {1, 2, 3, 4, 5}, y[], i = 1;
y = x;                              // x 赋给 y 变量的是数组引用，结果 y 也引用 x 拥有的数组，引用赋值
y[i] = 10;                          // 即 x[i]=10
```

设 x 引用数组如图 2-12(a)所示；"y=x" 只是将变量 x 值（数组引用）传递给变量 y，如图 2-12(b)所示，使得数组变量 y 也引用 x 拥有的数组，这导致数组"赋值"的结果和含义与基本类型的不同。之后"y[1]=10"，对 y[i]数组元素的操作实际上也改变了 x[i]数组元素值，见图 2-12(b)。

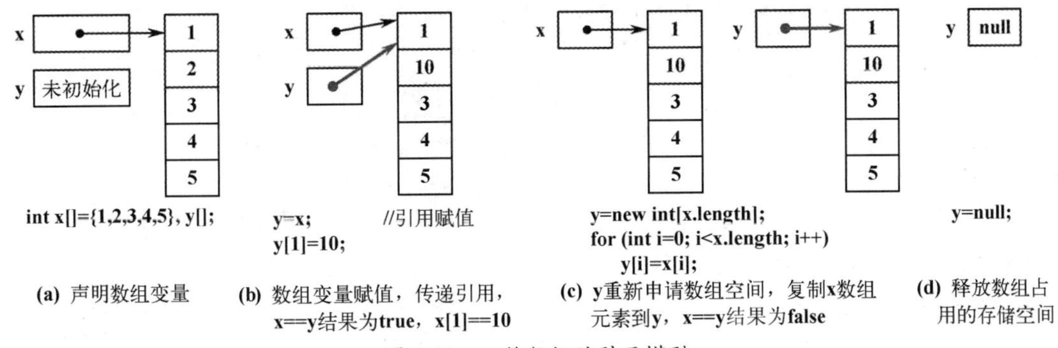

图 2-12 一维数组的引用模型

使用关系运算（==、!=）能够判断两个数组变量是否引用同一个数组。例如：

```
x==y                                        // 结果为 true 时引用同一个数组
```

🔔**注意**：数组没有比较大小的概念，因此不能使用<、<=、>、>=运算符。

数组具有动态特性的好处是，可以再次为数组变量分配存储空间。例如，以下语句再次为数组变量 y 分配存储空间，并将 x 数组的所有元素复制到 y 数组，如图 2-12(c)所示。

```
y = new int[x.length];
for(int i = 0; i < x.length; i++)
    y[i] = x[i];
```

通常，程序不需要释放数组，Java 将自动收回不再使用的数组占用的存储空间。特殊需要时，可将数组变量赋值为 null（引用数据类型空值），释放数组空间，语句如下，如图 2-12(d)所示。

```
y = null;                                   // 对数组变量初始化或释放数组空间
```

2.3.2 二维数组

如果数组元素又是数组，则称为多维数组（Multidimensional Array），常用的是二维数组。声明多维数组时需要标明数组的维数。

1. 声明二维数组

在声明二维数组变量及申请存储空间时，用括号运算符[][]标明二维。例如：

```
int  mat[][], m = 4, n = 5;                 // 声明二维数组变量 mat
mat = new int[m][n];                        // 申请 m×n 个存储单元
```

声明和申请存储空间可以合起来写成以下一句：

```
int  mat[][]= new int[4][5];
```

声明时可以为二维数组赋初值，将值用多层"{ }"（不能省略）括起来。例如：

```
int  mat[][] = {{1,2,3}, {4,5,6}};
```

2. 二维数组的引用模型

二维数组的引用模型如图 2-13 所示。二维数组 mat 由若干一维数组 mat[0]、mat[1]等组成，mat 和 mat[0]均可使用 length 属性表示数组长度，但含义不同。例如：

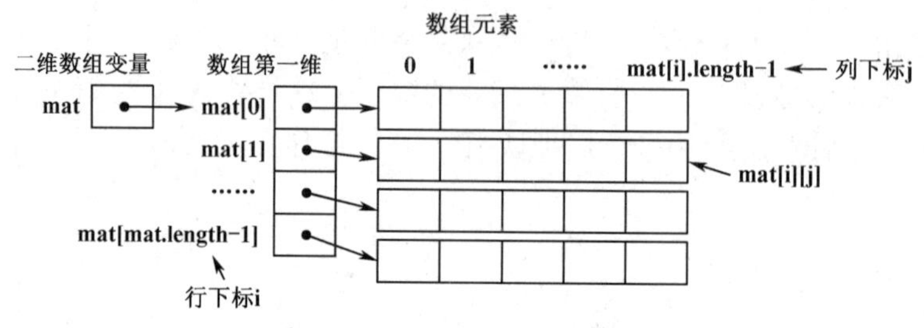

图 2-13　二维数组的引用模型

```
mat.length                                  // 返回二维数组的长度，即二维数组的行数
mat[0].length                               // 返回一维数组的长度，即二维数组的列数
```

二维数组 mat 第 i 行第 j 列元素表示为 mat[i][j]，下标 i 的取值范围是 0～mat.length−1，下标 j 的取值范围是 0～mat[i].length−1。

3. 不规则的二维数组

由于二维数组 mat 中每个一维数组 mat[0]、mat[1]等是分散存储的，因此各一维数组 mat[0]、mat[1]等占用存储空间容量可不相同，可分别申请。例如：

```
int  mat[][] = new int[3][];                // 申请第一维的存储空间
mat[0] = new int[3];                        // 申请第二维的存储空间
mat[1] = new int[4];
```

多次申请二维数组存储空间的过程如图 2-14 所示。

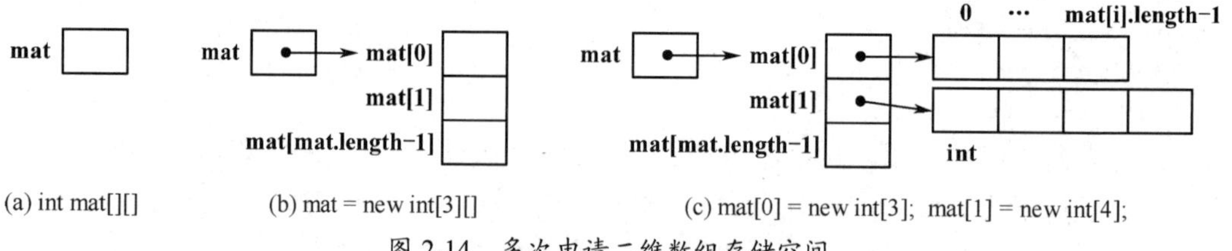

图 2-14　多次申请二维数组存储空间

【例 2.6】 幻方。

（1）题意

n 阶幻方（Magic Square）是指将自然数 $1\sim n^2$ 排列成 $n\times n$ 阶方阵，其各行、各列及两条对角线上的数值之和相等，和数 $S=\frac{1}{n}\sum_{i=1}^{n^2}i=\frac{1}{n}\times\frac{n^2(n^2+1)}{2}=\frac{n(n^2+1)}{2}$，其中 $\sum_{i=1}^{n}i=\frac{n(n+1)}{2}$。洛书（传说大禹治水时洛水神龟所献）上的九宫格（3 阶幻方）和杨辉的 4 阶幻方如图 2-15 所示。

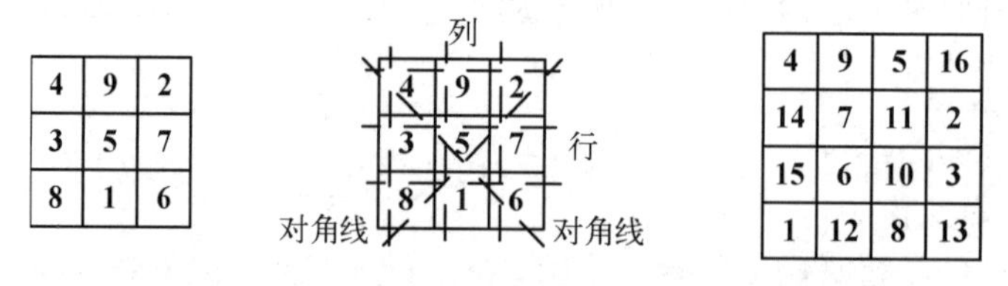

图 2-15　九宫格（3 阶幻方）和杨辉的 4 阶幻方

幻方有许多构造方法。中国南宋数学家杨辉在《续古算法摘奇》（1275 年）中给出九宫格的解法，“九子斜排，上下对易，左右相更，四维挺出”，如图 2-16 所示。

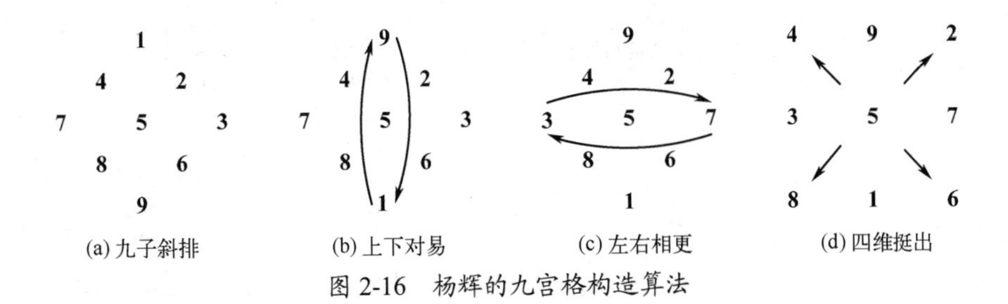

(a) 九子斜排　(b) 上下对易　(c) 左右相更　(d) 四维挺出

图 2-16　杨辉的九宫格构造算法

（2）连续摆数法

连续摆数法（也称为暹罗法）适用于构造奇数阶幻方，构造规律说明如下，构造过程如图 2-17 所示。

① 约定初始位置是第 0 行中间，放置 1。

② 向当前位置的右上方顺序放置下一个数，如 5、6；若下一个位置超出数组下标范围，则将幻方阵沿行、列方向看成环形，下标再从 0 开始计数，如 2、3。

③ 若当前放置数是 n 的倍数，表示一条对角线已满，则下一个位置是本列下一行，如 4、7。

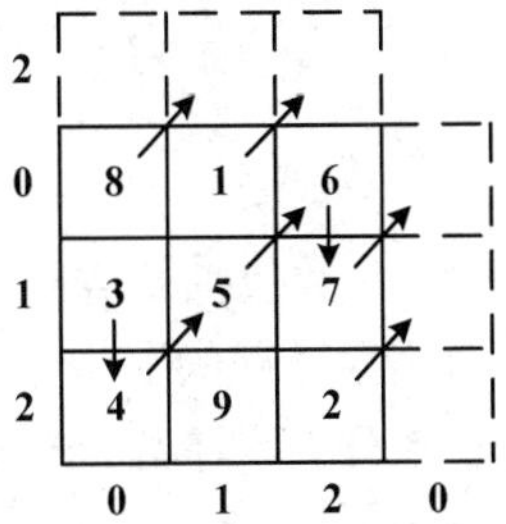

图 2-17　连续摆数法构造奇数阶幻方

采用二维数组存放幻方阵，元素下标 i、j 沿行、列方向看成环形，变化规律如下：

```
i = (i-1+n) % n;                        // 向上一行
j = (j+1) % n;                          // 向右一列
```

程序如下。

```
public class MagicSquare                // 幻方（奇数阶），连续摆数法
{
    public static void main(String[] args)      // 计算n阶幻方，存于mat二维数组
    {
        int  n = 3;                     // n指定阶数（奇数）
        if(n%2 == 0)                    // 若n为偶数，则不操作
            return;
        int[][]  mat = new int[n][n];   // 申请n阶二维数组
        int  i = 0, j = n/2;            // i和j是下标，初始位置是第0行中间
        for(int k=1; k<=n*n; k++)       // k是自然数
        {
            mat[i][j] = k;              // 当前位置取值
            if(k % n == 0)              // 对角线已满
                i = (i+1) % n ;         // 下一个位置向下一行
            else
            {
                i = (i-1+n) % n ;       // 下一个位置是右上方
                j = (j+1) % n;
            }
        }
        // 以下输出二维数组
        for(i=0; i < mat.length; i++)   // 遍历二维数组每行
        {
            for(j=0; j < mat[i].length; j++)    // 访问一行中每列元素
```

```
                System.out.print(mat[i][j]+" ");          // 元素间用空格分隔
            System.out.println();                          // 每行结束输出换行符
        }
    }
}
```

【思考题 2-4】 ① 采用连续摆数法构造 4、5 阶幻方，结果如何？是否正确？② 改变初始位置和下一个数位置的方向，得到多个解。如何修改程序？③ 给定一个二维数组，判断其是否为幻方。④ 写出构造偶数阶幻方（如杨辉 4 阶幻方）的算法。

2.4 静态方法

在程序设计语言中，函数（Function）是实现特定功能的、可被调用执行并能返回值的程序段。函数包括函数声明和函数体。函数声明定义函数名、形式参数列表及返回值类型；函数体由执行操作的语句序列组成。函数执行通过函数调用实现。函数调用时必须指定函数名和实际参数列表，函数执行后返回结果值。函数返回值可以参加其数据类型允许的运算。

Java 语言没有全局函数，函数声明在类中，称为成员方法（Method），有静态方法和实例方法两种。以下讨论静态方法，实例方法详见第 3 章。

2.4.1 方法声明与调用

1．方法声明

方法声明用于命名方法标识符，指定方法的形式参数列表和返回值类型，语法格式如下：

```
[修饰符] 返回值类型 方法([形式参数列表]) [throws 异常类列表]
{
    语句序列;
    [return [返回值]];
}
```

其中，“修饰符”指定方法的访问权限等特性，如关键字 public 声明公有方法，static 声明静态方法等。没有返回值用关键字 void 标记。“形式参数列表”声明形式参数的数据类型，参数名是标识符，多个参数之间以“,”分隔；即使没有参数，“( )”也不能省略；参数没有默认值；可以声明形式参数为 final，在方法体内不能对其赋值。

方法体的“语句序列”描述实现该方法所要求功能的操作，最后用 return 语句给出方法返回值，该值的数据类型必须与方法声明的返回值类型匹配；没有返回值时，省略 return 语句后的“返回值”，也可以省略 return 语句。

在方法体中声明的变量称为局部变量（local variable），局部变量和形式参数的作用域都是局部的，仅限于声明它的方法之内。不能为局部变量声明 public、static 等修饰符。

Java 语言不支持类之外的全局变量。变量的作用域有一定范围，既使得变量不会被非法访问或修改，增加了安全性，也可在不同作用域中声明同名变量，不会互相干扰。

2．方法调用

方法将被调用执行。方法调用必须指定方法名和实际参数列表，语法格式如下：

```
方法([实际参数列表])
```

实际参数可以是常量、变量、表达式和方法调用等，多个参数之间用“,”分隔。

方法调用执行方法体，返回结果值，方法返回值可以参加其数据类型所允许的运算。

🔔注意：return 语句表示方法调用结束，写在 return 后的语句将不会被执行。

3. 声明 main 方法

main()方法必须声明如下，其中参数 args 是一个字符串数组，它接收命令行参数。

```
public static void main(String[] args)
```

main()方法中能够调用该类的其他静态方法，也可通过对象调用实例成员方法（详见第 3 章）。main()方法自己只能被 Java 虚拟机调用执行，不能被其他方法调用。

2.4.2 方法重载

一个类中如果有多个同名方法但带有不同的参数列表，称为方法重载（Overload）。重载方法的参数列表不同是指参数的数据类型或个数或次序不同。重载方法之间必须以参数列表相区别，不能以返回值相区别，即不能有两个参数列表相同但返回值不同的重载方法。例如，java.lang.Math 数学类中有以下多个重载的 abs()方法返回参数 x 的绝对值，参数类型不同，返回值类型同参数类型。

```
int abs(int x)
long abs(long x)
float abs(float x)
double abs(double x)
```

虽然 Math.**abs**()方法有多种声明形式，但都表示相同含义，这就是重载的价值所在，为一个功能提供多种实现形式。程序运行时，究竟执行重载方法中的哪一个，取决于调用该方法的实际参数列表的数据类型、个数和次序。系统执行时调用与形式参数列表相匹配的重载方法。为了程序的可读性，最好重载相同含义的方法。

print()方法的参数允许是任意基本数据类型，就是重载了 print()方法，部分声明如下：

```
public void print(boolean b)
public void print(char ch)
public void print(int i)
public void print(double x)
```

Java 的方法声明没有参数默认值，避免二义性。需要默认值的方法，可重载。

2.4.3 参数传递

1. 实际参数向形式参数传递的原则

方法调用时给出的参数称为实际参数，可以是常量、变量、表达式或方法调用等，多个参数之间用“,”分隔。实际参数必须在数据类型、参数个数及次序等三方面与形式参数一一对应。

方法调用的参数传递原则与赋值相同，即实际参数向形式参数赋值。传递方式因形式参数的数据类型不同而不同，若是基本数据类型，则传递值；若是引用数据类型，则传递引用。在方法体中，如果修改引用类型的形式参数，则同时改变对应的实际参数。

同样，方法返回值也因数据类型不同，分别传递值或引用。

【例 2.7】 一维整数数组排序。

本题目的：① 数组特性，随机存取结构，数组扩容问题。② 数组作为方法的参数和返回值，传递引用。程序如下。

```
public class IntArray1                                        // 一维整数数组
{
    public static int[] random(int n, int range)              // 产生n个0~range之间的随机数，返回一维数组
    {
        int[]  x = new int[n];                                // 申请数组的存储空间，局部变量，动态数组
        while(n > 0)                                          // 循环体中改变n值，不影响n的实际参数
            x[--n] = (int)(Math.random()*range);              // Math.random()返回0~1间的double随机数
        return x;                                             // 返回x引用的数组，未释放数组空间
    }
    public static int[] random()                              // 方法重载，参数取默认值
    {
        return random(10, 100);                               // 产生10个100以内的随机数
    }
    public static void print(final int[] x)                   // 输出一维数组元素，数组作为参数
    {
        System.out.print("{");
        if(x.length > 0)                                      // 数组变量通过length属性获得存储单元数
            System.out.print(x[0]);
        for(int i=0; i < x.length; i++)
            System.out.print(","+x[i]);
        System.out.println("}");
    }
    // 直接选择排序。数组作为引用类型参数，将改变实际参数的元素值
    public static void selectSort(int[] x)
    {
        for (int i=0; i < x.length-1; i++)                    // n-1趟排序，每趟选择局部最小值再交换
        {
            int  min = i;                                     // 设本趟待排序子序列首值最小，贪心选择策略
            for(int j=i; j < x.length; j++)                   // 在从x[i]开始的部分数组元素中
                if(x[j] < x[min])                             // 寻找最小值
                    min = j;                                  // min记下本趟最小值的下标
            if(i != min)                                      // 本趟最小值交换到左边
            {
                int  temp = x[i];
                x[i] = x[min];
                x[min] = temp;
            }
        }
    }
    // 返回将x、y排序数组（升序）归并成的排序数组z，一次归并算法
    public static int[] merge(int[] x, int[] y)
    {
        int  z[] = new int[x.length+y.length], i = 0, j = 0, k = 0;
        while(i < x.length && j < y.length)                   // 将x、y排序数组归并到z中
```

```
            if(x[i] < y[j])                              // 较小值复制到 z 中
                z[k++] = x[i++];
            else
                z[k++] = y[j++];
        while(i < x.length)                              // 将 x 数组中剩余元素复制到 z 中
            z[k++] = x[i++];
        while(j < y.length)                              // 将 y 数组中剩余元素复制到 z 中
            z[k++] = y[j++];
        return z;
    }
    public static void main(String[] args)
    {
        int  n1 = 7, range1 = 100;
        int[]  value1 = random(n1, range1), value2 = random(6, 100);      // 产生随机数
        System.out.print("value1:");    print(value1);
        System.out.print("value2:");    print(value2);
        selectSort(value1);          selectSort(value2);
        System.out.print("sorted value1:");    print(value1);
        System.out.print("sorted value2:");    print(value2);
        System.out.print("merge:");    print(merge(value1,value2));
    }
}
```

程序设计说明如下，参数传递说明如图 2-18 所示。

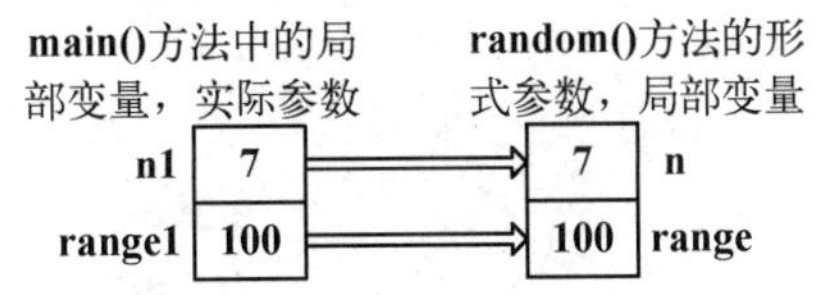

(a) random(n,range)方法，基本数据类型的参数传递值，方法体中改变形式参数不会影响实际参数

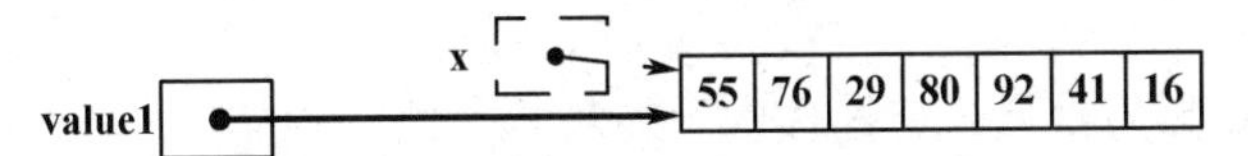

(b) random()方法返回x数组引用，传递给main()方法中的value1数组变量，释放x局部变量，未释放数组空间

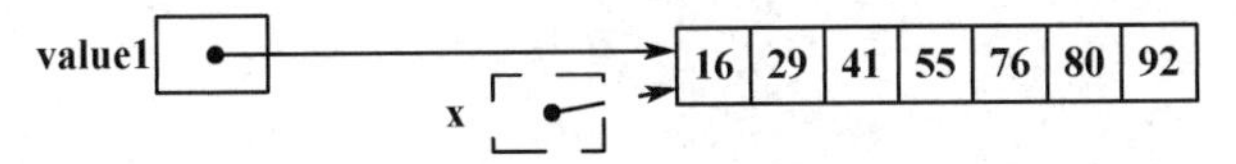

(c) 调用selectsort(value1)方法，实际参数value1向形式参数x传递数组引用，对x排序，作用于value1

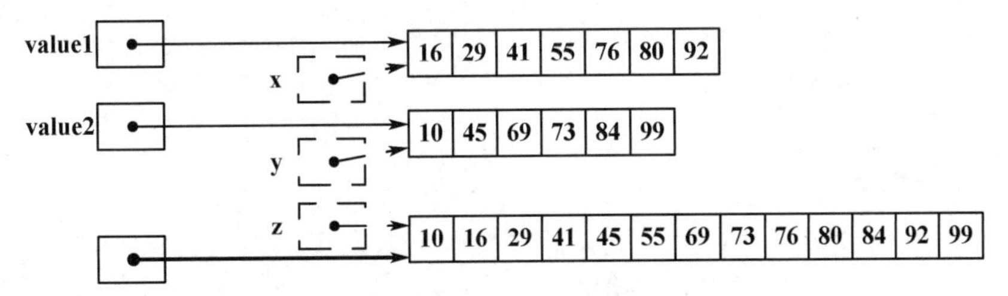

(d) 归并x、y数组到z数组中，返回z数组引用

图 2-18　数组作为方法参数和返回值传递引用

① 基本数据类型参数，传递值，实际参数向形式参数赋值。

random(n, range)方法，形式参数 n 和 range 是基本数据类型，传递值，获得实际参数赋值，如图 2-18(a)所示；值参数的作用域是方法体内，局部的，因此修改 n 或 range 值，不会影响其对应的实际参数。

② 数组作为方法参数或返回值，传递引用，实际参数向形式参数赋值数组引用。

random(n,range)方法声明返回一维数组，返回的是数组引用。在方法体中，声明局部变量 x 数组；方法运行时，为 x 申请动态数组空间，存放随机数；方法运行结束时，将 x 所引用的数组传递给调用者，如图 2-18(b)所示，再释放 x 局部变量自己占用的存储单元，而没有释放其所引用数组的存储空间。print(x[])、selectsort(x[])方法的参数类型都是数组，形式参数 x 获得实际参数传递来的数组引用，如图 2-18(c)所示，意为形式参数 x 和不同作用域的实际参数使用同一个数组，因此，对数组 x 的操作，作用于实际参数数组。例如，selectsort()方法对 x 数组元素进行直接选择排序，修改了 x 元素值，就是对实际参数数组排序。当 selectsort()方法运行结束，返回 main()方法时，实际参数 value1 数组已排好序。

由于每个数组变量都有 length 长度属性，通过 length 属性获得存储单元数，因此数组作为方法参数或返回值类型，任何长度的数组均可，不需再传递数组长度参数。

③ 数组扩充容量问题。

一个数组申请并获得存储空间之后，该数组的地址和长度就是确定的，不能更改。当数组容量不够时，不能就地扩充容量。解决数据溢出的办法是，动态申请另一个更大容量的数组并进行数组元素复制。例如，merge(x, y)方法归并 x、y 数组，由于不能直接扩充 x 数组容量，因此只能申请更大的 z 数组，将 x、y 数组元素复制到 z 数组中，如图 2-18(d)所示。

【思考题 2-5】 实现以下数组排序算法。

```
public static void insertSort(int[] x)                    // 直接插入排序
public static void bubbleSort(int[] x)                    // 冒泡排序
```

2. 常量形式参数

使用 final 声明的形式参数为常量，方法体中不能对其赋值。例如：

```
public static int[] random(final int n, int range)   // 声明n为常量，方法体中不能赋值
{
    n = 10;                                           // 语法错，不能对常量赋值
}
public static void print(final int x[])               // 声明value数组为常量，方法体中不能更改引用
{
    x[0] = 0;                                         // 可以更改常量数组元素值
    x = new int[4];                                   // 语法错，不能对常量赋值，即不能改变数组引用
}
```

3. 可变形式参数

向一个方法传递可变数目的元素，除了数组参数，还可以通过可变形式参数实现。在形式参数类型之后加“...”，表示该形式参数数目可变。可变形式参数只能用在最后一个形式参数位置，并且一个方法最多只能有一个可变形式参数。例如：

```
public static void print(int... x)                    // 可变形式参数，可将x视为int[]类型
```

在方法体中，可将可变形式参数作为一个数组编程。**注意：** int...不能与 int[]重载。

【例 2.8】 杨辉三角。

本题目的：二维数组作为方法的参数或返回值。

杨辉在其《详解九章算法》（1261 年）中定义了以下三角形（后世称为杨辉三角），其中任何一个整数等于它肩膀上的两个整数之和，n=5。

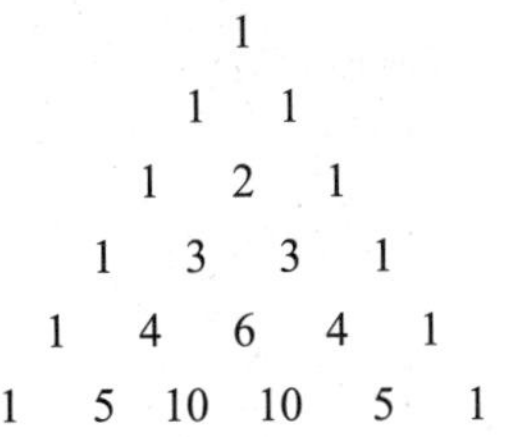

杨辉三角的重要意义在于，其各行是二项式$(a+b)^n$展开式（n=0, 1, 2, ,3, …）的系数表。n=2 和 3 的展开式分别为：$(a+b)^2=a^2+2ab+b^2$，$(a+b)^3=a^3+3a^2b+3ab^2+b^3$。

本例采用二维数组存储杨辉三角，前 6 行占用的二维数组结构如图 2-19 所示。

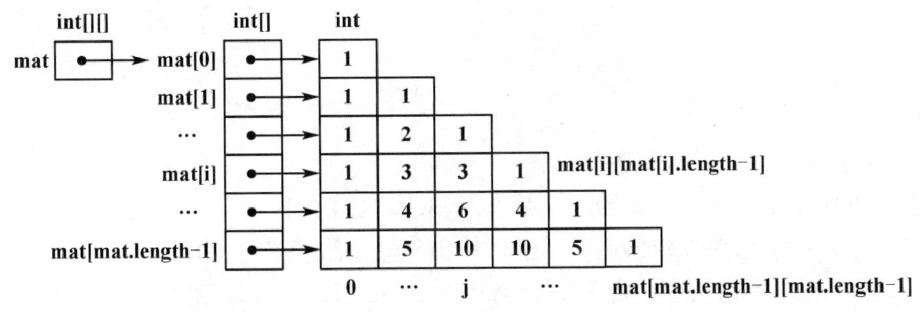

图 2-19　下三角形二维数组的存储结构（杨辉三角）

这种二维数组结构要先指定第一维长度，再多次分别申请各一维数组占用的存储空间，长度不同。程序如下。

```
public class Yanghui2                                   // 杨辉三角，使用下三角形的二维整数数组
{
    public static int[][] create(final int n)          // 计算n行杨辉三角，返回n行下三角二维数组
    {
        int[][]  mat = new int [n][];                   // 申请第一维的存储空间。局部变量，动态数组
        for(int i=0; i < n; i++)
        {
            mat[i] = new int [i+1];                     // 申请第二维的存储空间，每次长度不同
            mat[i][0] = mat[i][i]=1;
            for(int j=1; j < i; j++)
                mat[i][j] = mat[i-1][j-1]+mat[i-1][j];
        }
        return mat;                                     // 返回二维数组引用，未释放数组空间
    }
    public static void print(int[][] mat)               // 输出二维数组，杨辉三角每行带有前导空格
    {
        for(int i=0; i < mat.length; i++)           // 以下String.format()格式化输出方法说明详见2.5节
        {
            System.out.print(String.format("%"+(mat.length-i+1)*2+"c",' '));    // 输出前导空格
            for(int j=0; j < mat[i].length; j++)
```

```
                System.out.print(String.format("%4d", mat[i][j]));      // 以4位宽度输出十进制整数
            System.out.println();
        }
    }
    public static void main(String[] args)
    {
        Yanghui2.print(Yanghui2.create(4));
    }
}
```

2.4.4 递归方法

1. 递归定义

递归（Recursion）是数学中一种重要的概念定义方式，用一个概念本身直接或间接地定义自己。数学中许多概念是递归定义的，例如，阶乘 $n!$和 Fibonacci 数列的第 n 项递归分别递归定义为：

$$n!=\begin{cases}1 & n=0,1\\ n\times(n-1)! & n\geqslant 2\end{cases}\qquad f(n)=\begin{cases}n & n=0,1\\ f(n-1)+f(n-2) & n\geqslant 2\end{cases}$$

递归定义必须满足以下两个条件：

① 边界条件：至少有一条初始定义是非递归的，如 1!=1。

② 递推通式：由已知函数值逐步递推计算出未知函数值，如用$(n-1)!$定义 $n!$。

边界条件与递推通式是递归定义的两个基本要素，缺一不可，递归定义只有具备了这两个基本要素，才能在有限次计算后得出结果。

2. 递归算法

存在直接或间接调用自身的算法称为递归算法（Recursive Arithmetic）。递归定义的问题可用递归算法求解，按照递归定义将问题简化，逐步递推，直到获得一个确定值。例如，设 $f(n)$方法求 $n!$，递推通式是$f(n)=n\times f(n-1)$，将$f(n)$递推到$f(n-1)$，算法不变，最终递推到$f(1)=1$获得确定值；再在返回过程中，计算出每个$f(n)$的结果值返回给调用者，最终获得 $n!$结果值，递归结束。5!的递归求值过程如图 2-20 所示。

【例 2.9】 采用递归算法求 Fibonacci 数列的第 n 项，如图 2-21 所示。

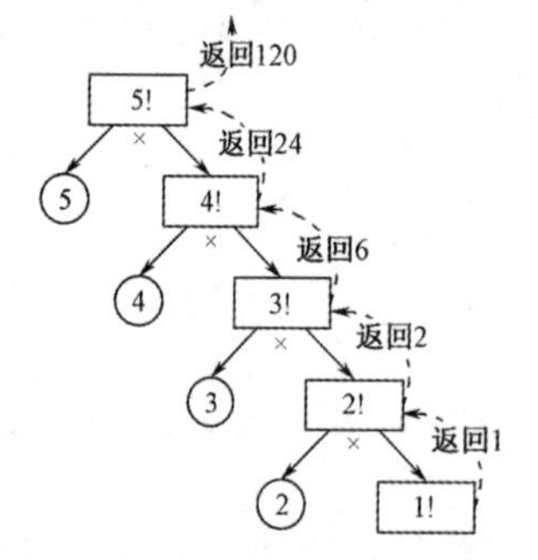

图 2-20 5!的递归求值过程

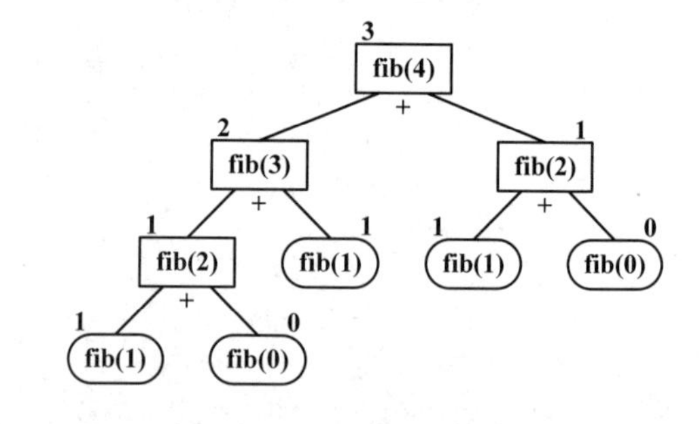

图 2-21 计算 Fibonacci 数列第 n 项，fib(4)递归求值过程

计算 Fibonacci 数列第 n 项的递归方法声明如下。

```
public static int fib(int n)                    // 返回Fibonacci数列第n（≥0）项，递归方法
```

```
{
    if(n==0 || n==1)                    // 递归边界条件，结束条件
        return n;
    return fib(n-2)+fib(n-1);           // 递推通式，递归调用
}
```

2.5 字符串

字符串是字符的有限序列。

1. 字符串常量

字符串常量是由“""”括起来表示的字符序列，其中可包含转义字符，如"hello!"、"汉字\n"、""（空串）等。字符串只能在同一行内，不能换行。字符串长度（Length）指其中包含的字符个数，空串长度为0。

约定字符串中首个字符的序号为0，而-1表示某字符不在指定字符串中。

串str中由任意连续字符组成的一个子序列称为str的子串（Substring），子串序号指该子串的首个字符在指定串中的序号。例如，"at"是"data"的子串，"at"在"data"中的序号为1。

2. String字符串的赋值和连接运算

（1）字符串常量，默认数据类型是String类

Java默认字符串常量的数据类型是java.lang.String类。**注意：**区分字符常量和字符串常量，两者数据类型不同，表示形式不同。只有空串""，没有''（两个连续的单引号）。例如：

```
char  ch = '汉';              // 字符常量，单引号括号，2字节Unicode编码，长度1
String  str = "a";            // 字符串常量，双引号括号，默认数据类型是String类
```

（2）赋值运算和连接运算

String是Java的一个特殊类，Java不仅为之约定了常量形式，还重载了“=”赋值运算符和“+”、“+=”连接运算符，使String变量能够像基本数据类型变量一样，进行赋值和运算，这是其他对象所没有的特性。例如：

```
String  str1 = "abc";         // 声明变量时赋初值，重载“=”，字符串变量赋值为字符串常量
String  str2 = str1;          // 对象引用赋值
str2 = str1 + "xyz";          // 重载“+”，连接两个字符串，"abc"+"xyz"结果为"abcxyz"
str1 += "xyz";                // 重载“+=”，连接字符串并赋值
int  i = 10;
str1 = "i=" + i;              // “+”自动将其他类型值转换为字符串，str1结果为"i=10"
```

注意：只有+=能够用于字符串变量，其他复合赋值运算符均不能用于字符串变量。

（3）引用模型

String表示常量字符串类，属于引用数据类型，进行连接等字符串运算，将重新分配存储空间保存运算结果字符串，其引用模型如图2-22所示。

（4）字符串不是字符数组

与C/C++语言不同，Java的字符串不是字符数组，不能以数组下标格式str[i]对指定i位置的字符进行操作。例如，以下语句有语法错：

```
str1[0] = 'a';                          // 语法错误，没有str1[0]表示方式
```

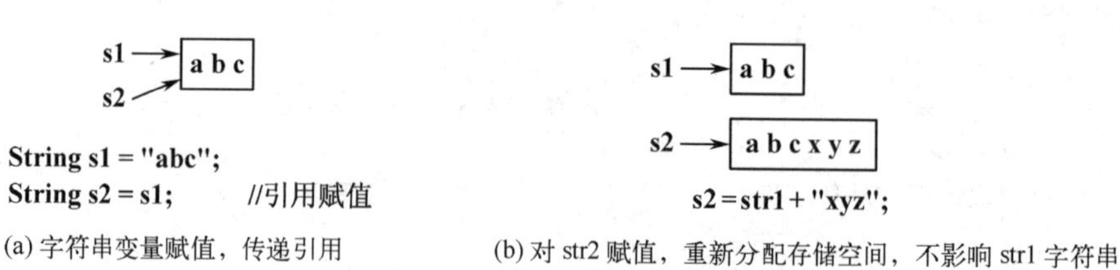

图 2-22　String 常量字符串的引用模型

3. String 类的成员方法

（1）声明

String 类声明以下成员方法，提供求串长度、取字符、求子串、比较相等操作。有关类的概念见第 3 章，String 类的更多方法见第 4 章 4.3.1 节。

```
// 字符串类
public final class String implements java.io.Serializable, Comparable<String>, CharSequence
{
    public String(char[] value)                         // 由 value 字符数组构造字符串
    public int length()                                 // 返回字符串的长度
    public char charAt(int i)                           // 返回第 i（≥0）个字符
    public boolean equals(Object obj)                   // 比较当前串与 obj 引用的串是否相等
    public String substring(int begin, int end)         // 返回从 begin（≥0）开始到 end-1 的子串
    public String substring(int begin)                  // 返回从 begin 开始到串尾的子串
    // 返回 format 指定格式字符串，可变形式参数
    public static String format(String format, Object... args)
}
```

（2）调用

字符串变量通过调用 String 类中的成员方法，执行指定操作，语法格式如下：

```
字符串变量.方法([实际参数列表])
```

例如，例 2.4 中也可调用 charAt()或 substring()方法获得星期几，语句如下：

```
int  week = 1;
String str = "日一二三四五六";                              // 每汉字的字符长度为 1
System.out.println("星期"+str.charAt(week));               // charAt(1)获得指定位置字符'一'
System.out.println("星期"+str.substring(week, week+1));    // substring(1, 2)获得子串“一”
```

【思考题 2-6】　执行以下语句后，str 值是什么？

```
String  str = "            Welcome ";
str = str.substring(1)+str.substring(0, 1)
```

（3）format()方法格式化字符串

String 的静态方法 format()返回指定格式的字符串，format 格式字符串定义为：

```
%[参数索引$][宽度][.精度]变换类型
```

“变换类型”取值有：b（boolean）、c（字符）、C（字母大写）、d（十进制整数）、o（八进制整数）、x（十六进制整数）、e（浮点数指数形式）、f（浮点数小数形式）、s（字符串字母小写）、S（字符串字母大写）。参数索引指定第几个参数，省略时为默认次序。当指定宽度不足时，以实际宽度显示。调用语句见例 2.8。

【例 2.10】　字符串与整数（二进制）的转换。

从键盘或命令行输入，得到的都是字符串。如果需要输入整数或浮点数，就要将输入的

字符串转换成整数或浮点数。

本例功能：① 按 radix 进制将字符串转换成整数；② 将整数转换成 radix 进制形式字符串。

（1）按 radix 进制将整数字符串转换成整数

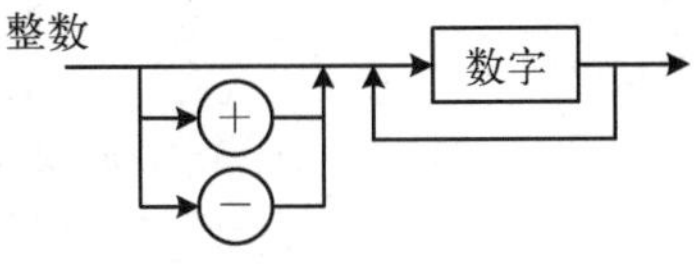

图 2-23 整数语法图

以字符串表示的整数语法图如图 2-23 所示，当 2≤radix≤10 时，radix 进制的数字范围为 0～radix-1；十六进制的数字范围是'0'～'9'和'a'～'f'或'A'～'F'。

从整数字符串 $a_n a_{n-1} \cdots a_1 a_0$ 通过 x 进制幂的展开式 $y = a_n \times x^n + a_{n-1} \times x^{n-1} + \cdots + a_1 \times x^1 + a_0 \times x^0$ 获得其表示的整数值，y 表示结果。例如，$(01111011)_2 = (2^6+2^5+2^4+2^3+2^1+2^0)_{10} = (123)_{10}$，$(123)_{10} = (1\times10^2+2\times10^1+3\times10^0)_{10}$，$(7c)_{16} = (7\times16^1+11\times16^2)_{10} = (123)_{10}$。

Java 约定，int 整数有十、八、十六进制 3 种形式，十进制整数以正负号及 1～9 开头，八、十六进制整数分别以 0、0x 或 0X 为前缀，见 2.1.2 节。

声明 MyInteger 类如下，其中 parseInt(str)方法获得字符串 str 表示的整数，算法根据前缀字符自动识别十、八、十六进制，用 radix 变量表示进制，首先识别进制及符号位，再逐位识别 radix 进制数字，通过循环按幂的展开式获得其整数值。

```
public class MyInteger
{
        if(str==null || str.isEmpty() || str.equals("0x") || str.equals("0X"))
            throw new NumberFormatException("\""+str+"\", 不能转换成整数");
    // 返回将字符串 str 转换的整数，自动识别十、八、十六进制（分别以正负号及 1~9、0、0x 开头）。若
    // str 不能转换成整数，则抛出数值格式异常
    public static int parseInt(String str) throws NumberFormatException
    {
        char  ch = str.charAt(0);                          // 获得首字符，识别进制
        int  value = 0, i = 0, sign = 1, radix = 10;
        // 十进制以正负号及 1~9 开头
        if(ch>='1' && ch<='9' || ch=='+' || ch=='-'
        {
            if(ch=='+' || ch=='-')                      // 跳过正负号
                i++;                                    // i 记住当前字符序号
            sign = ch=='-' ? -1 : 1;                    // 识别正负号，记住正负数标记
        }
        else if(ch=='0')                                // 八进制数以 0 开头。0 认为是八进制，结果是 0
        {
            radix = 8;
            i++;
            //十六进制以 0x 或 0X 开头。ch=...赋值运算的结果值为变量值
            if(i<str.length() && ((ch=str.charAt(i))=='x' || ch=='X'))
            {
                radix=16;
                i++;
            }
        }
        else
          throw new NumberFormatException("\""+str+"\", "+radix+"进制整数不能识别\'"+ch+"\'字符");
        while(i < str.length())                            // 获得无符号整数绝对值
        {
```

```
            ch = str.charAt(i++);
            if(ch >= '0' && ch-'0' < radix)      // 当radix≤10时，radix进制只要识别数字0~radix-1
               value = value*radix+ch-'0';                    // value记住当前获得的整数值
            else if(radix == 16 && ch >= 'a' && ch <= 'f')
               value = value*radix+ch-'a'+10;           // 十六进制还需要转换'a'~'f'表示的整数值
            else if(radix == 16 && ch >= 'A' && ch <= 'F')
               value = value*radix+ch-'A'+10;
            else
              throw new NumberFormatException("\""+str+"\", "+radix+"进制整数不能识别'"+ch+"\'字符");
         }
         return value*sign;                             // 返回有符号整数值
      }
   }
```

MyInteger.parseInt(str)方法声明抛出NumberFormatException数值格式异常，当str不能转换成整数时，如"123x"，则抛出异常，详见第5章。

（2）将整数转换成radix进制形式字符串

前导课程我们学过，采用“除2取余法”可以将正整数转换成二进制。那么，负整数是如何存储和运算的？

计算机对于整数的存储和运算采用的是二进制补码，以最高位0/1来识别正/负整数，正整数的补码是其原码，最高位是0；负整数的补码是其原码（无符号）求反加1，最高位是1。

将整数value转换成二进制补码字符串的算法描述前两步如图2-24所示，采用位运算，每次获得二进制个位，转换0/1字符，存储在字符数组buffer中。该算法与按十进制形式依次求整数个位原理相同，只不过每次求的是二进制位。求整数value十进制个位的表达式是value % 10，取余运算；求整数value二进制个位的表达式是value & 1，位运算与。

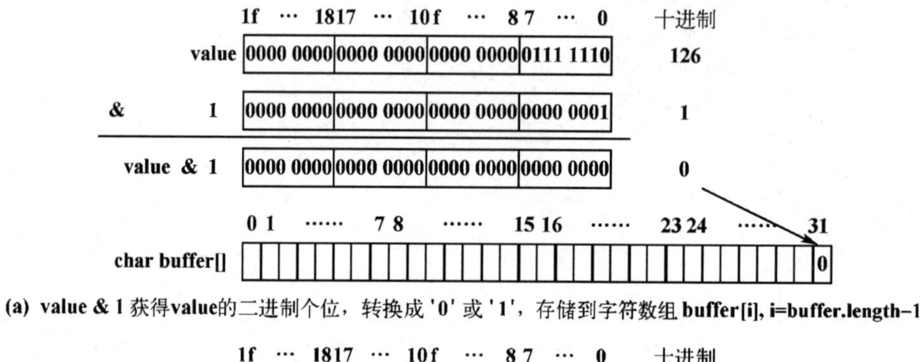

(a) value & 1 获得value的二进制个位，转换成'0'或'1'，存储到字符数组buffer[i], i=buffer.length−1

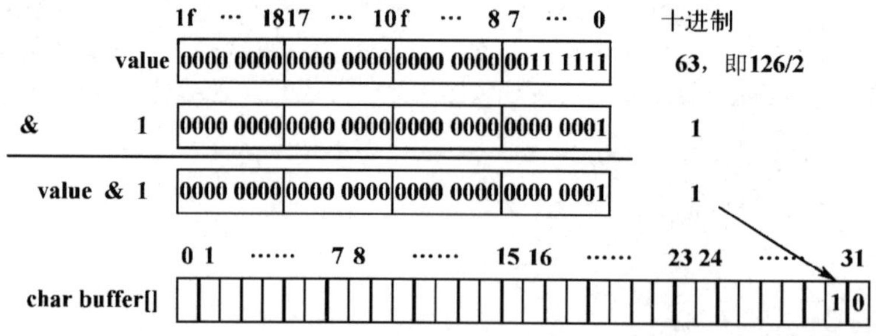

(b) value>>>1，value右移1位，高位补0，即value/2；重复执行(a)操作，i--

图2-24　采用位运算获得126二进制补码形式字符串算法的前两步

① value & 1 获得 value 的二进制个位，转换成'0'或'1'，存储在 buffer[i]，i=buffer.length−1。

② value>>>1，value 右移 1 个二进制位，高位补 0，即 value/2；i--，重复执行操作①。重复执行操作 32 次。

因为，结果字符串是动态逐位产生的，采用字符数组存储比使用 Sring 的+运算效率高。

该算法也适用将整数转换成四、八、十六进制形式字符串。设 radix 表示进制，mask=radix−1，表示 radix 进制的最大数字，n 获得 mask 的二进制位数，当 radix=2 时，mask=1，n=1；当 radix=16 时，mask=15，n=4。获得整数十六进制形式字符串的算法描述如图 2-25 所示。

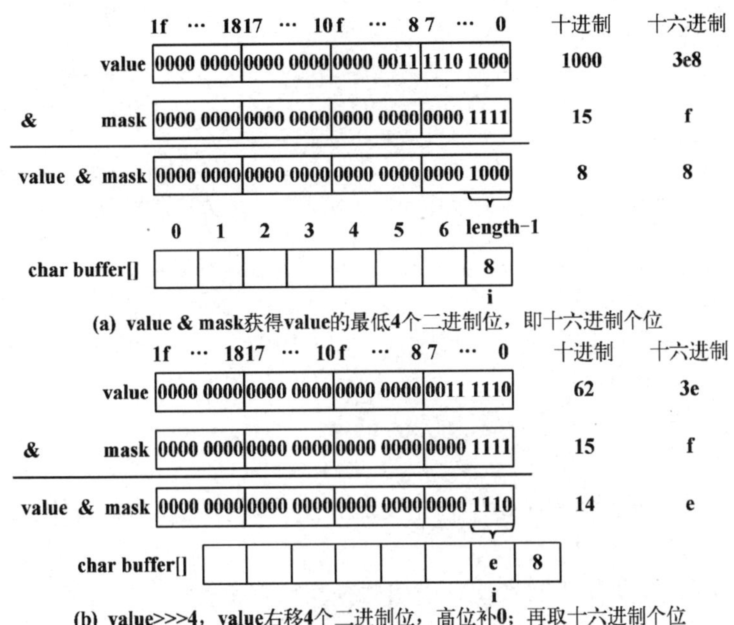

图 2-25 采用位运算获得 1000 十六进制补码形式字符串算法的前两步

① value & mask 获得 value 的 radix 进制个位，转换成 radix 进制数字字符，存储在 buffer 字符数组 buffer[i]，i=buffer.length−1。

② value>>>n，value 右移 n 个二进制位，即 1 个 radix 进制位，高位补 0，即 value/radix；i--，重复执行操作①。

获得整数的 radix 进制字符串需要重复执行操作 32/*n* 次。当 radix=2 时，每次获得一个二进制位，value 右移 1 位，循环 32 次；当 radix=8 时，每次获得 3 个二进制位，value 右移 3 位，循环 11 次。当 radix=16 时，每次获得 4 个二进制位，value 右移 4 位，循环 8 次。

MyInteger 类声明 toString(int value, int radix)方法如下：

```
// 返回整数 value 的 radix 进制补码形式字符串，正数或 0 的高位以 0 填满至 32 个二进制位；
// radix 取值为 2、4、8、10、16；采用位运算；采用字符数组存储结果字符串。
public static String toString(int value, int radix)
{
    if(radix == 10)
        return value+"";                          // 返回将 value 值转换成十进制字符串，"+" 运算功能
    if(radix == 2 || radix == 4 || radix == 8 || radix == 16)
    {
```

```
        int  mask, n = 0;                              // mask获得radix进制的最大数字
        for(mask = radix-1; mask > 0; mask>>>= 1)
            n++;                                       // n获得mask的二进制位数，即2^n=radix
        mask = radix-1;
        char  buffer[] = new char[(int)(32.0/n+0.5)];  //存储一个int表示为radix进制的各位
        for(int i=buffer.length-1; i >= 0; i--)
        {                                  // 除radix取余法，余数存入buffer字符数组（逆序），高位补0
            int  bit = value & mask;                   // 获得radix进制的个位数字
            // 将0~9、10~15转换为'0'~'9'、'a'~'f'
            buffer[i] = (char)(bit<=9 ? bit+'0' : bit+'a'-10);
            value>>>= n;                               // 右移n位，高位补0，即value除以radix
        }
        if(radix == 2 || radix==4)                     //二、四进制没有前缀
            return new String(buffer);                 // 返回由字符数组构造的字符串
        if(radix == 8)
            return "0"+new String(buffer);             // 返回字符串，八进制前缀是"0"
        return "0x"+new String(buffer);                // 返回字符串，十六进制前缀是"0x"
    }
    throw new IllegalArgumentException("radix参数值"+radix+"表示的进制无效。");    // 无效参数异常
}
```

习 题 2

（1）语言成分

2-1 什么是标识符？标识符与关键字在定义和使用方面有何区别？为什么算法语言需要标识符？

2-2 Java语言的基本数据类型有哪些？引用数据类型有哪些？

2-3 short和char的取值范围有何不同？

2-4 为什么需要常量或变量？声明常量或变量时，为什么必须给出其所属的数据类型？

2-5 什么是变量的作用域？声明变量时，如何确定变量的作用域？

2-6 什么是最终变量？如何声明最终变量？

2-7 Java语言的运算分哪些类型？各有哪些运算符？

2-8 分析基本数据类型与引用数据类型的主要特点，说明这两种变量的差别。

2-9 设“int i;”，写出下列问题对应的表达式：

① 判断i为奇数或偶数；

② 判断i是否是一个三位数。

2-10 设“char ch;”，写出下列问题对应的表达式：

① 判断ch是一个十（十六）进制的数字字符；

② 判断ch是一个大（小）写字母；

③ 判断ch是一个英文字母，不论大写或小写；

④ 将一个十（十六）进制的数字字符ch转换成对应的整数类型值。

（2）流程控制语句

2-11 说明while、do-while和for三种循环语句的特点和区别。

（3）数组，静态方法

2-12 作为引用数据类型，数组变量与基本数据类型的变量有哪些区别？

2-13 与C/C++语言的数组相比，Java语言的数组做了哪些改进？具有怎样的优越性？

2-14 Java方法的参数能够作为输出型参数吗？

（4）字符串

2-15 Java语言的String字符串有哪些特点？比C/C++语言的字符数组有哪些优越之处？

2-16 怎样将数值类型的数据转换成字符串？采用以下语句是否可行？

```
int  i = 10;
String  str = (String)i;
```

2-17 能否以s[i]格式读写String字符串中的字符？为什么？

2-18 怎样比较两个字符？怎样比较两个字符串？有几种比较字符串的方法？

实验2 Java程序设计基础

1．实验目的

掌握Java语言的基本语法，掌握基本数据类型的使用方法；熟练运用分支、循环等语句控制程序流程；掌握数组类型的声明和动态内存申请，理解数组的引用模型；掌握方法声明和调用规则，掌握基本类型和引用类型作为方法参数和返回值的传递规则；熟悉String类中的方法，熟练使用对字符串变量进行的操作。

掌握在MyEclipse集成开发环境中编辑、编译、运行和调试程序的操作；掌握使用命令行参数作为输入数据的方法；熟悉程序调试技术，查看运行过程中的变量值，找出程序错误位置和出错原因。

2．实验内容

（1）流程控制语句

2-19 分别用for、while和do-while循环语句以及递归方法计算$n!$，并输出算式。

2-20 输出九九乘法表。

2-21 输出n行数字塔，n=4时形式如下：

```
      1
    1 2 1
  1 2 3 2 1
1 2 3 4 3 2 1
```

（2）静态方法

2-22 验证哥德巴赫猜想。哥德巴赫猜想说明如下：

① 任何大于2的偶数都可以表示为2个素数之和，如16=3+13，16=5+11。

② 任何大于5的奇数都可以表示为3个素数之和，如11=2+2+7，11=3+3+5。

2-23 输出400以内的Smith数。Smith数是指满足下列条件的可分解的整数：其所有数位上的数字和等于其全部素数因子的数字总和。例如，9975是Smith数，9975=3*5*5*7*19，即9975的数字和=因子的数字总和=30。

2-24 求500以内的亲密数对。

“亲密数对”指两个整数互为因子和，即若A的因子和是B，而B的因子和是A，则称A和B是一对亲密数，A的因子包括1，但不包括A自身，如220和228是亲密数对。若A=B，则A与自身是亲密数对，此时称A为完全数，它是亲密数对的特例，如6是完全数，6的因子为1、2、3，因子和也为6。

（3）一维数组、静态方法

2-25 将指定范围内的所有素数（升序）存储在一维数组。

2-26 采用一维数组输出等腰三角形的杨辉三角。

2-27 循环移位方阵。生成随机数序列，使用一维数组存储，将元素序列输出成循环移位方阵，指定移位方向和移动位数。例如，将{1, 2, 3, 4}序列元素按右移一位方式输出的循环移位方阵如下：

```
1  2  3  4
4  1  2  3
3  4  1  2
2  3  4  1
```

2-28 求解Josephus环问题。

Josephus环问题：古代某法官要判决 n 个犯人的死刑，他有一条荒唐的法律，将犯人站成一个圆圈，从第 s 个人开始数起，每数到第 d 个犯人，就拉出来处决，再从下一个开始数 d 个，数到的人再处决……直到剩下最后一个犯人予以赦免。

采用线性关系标记 n 个人以及删除过程中的变化情况。设 n=5，s=0，d=3，5个人分别标记为ABCDE，Josephus(5, 0, 3)环问题及求解过程如图2-26所示。使用一维数组存储，数组下标按循环方式递增。对于 n、s、d 的任意一组值，显示出环者次序，给出最终的赦免者。

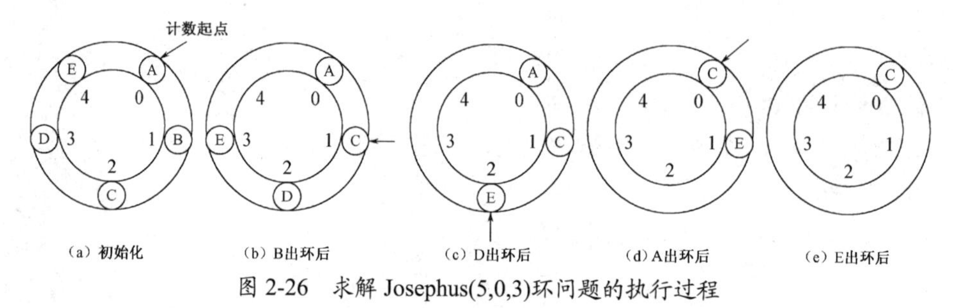

图2-26 求解Josephus(5,0,3)环问题的执行过程

（4）二维数组、静态方法

2-29 找出一个二维数组的鞍点。鞍点指某数组元素的值在该行上最大、在列上最小。也可能没有鞍点。

2-30 输出螺旋方阵，采用二维数组存储。螺旋方阵将从1开始的自然数由方阵的最外圈向内螺旋方式地顺序排列。例如，4阶螺旋方阵有以下两种排列形式，方向不同。

```
1   2   3   4        1   12  11  10
12  13  14  5        2   13  16  9
11  16  15  6        3   14  15  8
10  9   8   7        4   5   6   7
```

2-31 下标和相等的数字方阵。例如，4阶方阵有以下两种排列形式，方向不同。使用二维数组存储并输出。

1	2	6	7		1	3	4	10
3	5	8	13		2	5	9	11
4	9	12	14		6	8	12	15
10	11	15	16		7	13	14	16

（5）递归方法

2-32　声明求最大公约数的递归方法，写出求两个整数 *a*、*b* 的最小公倍数、三个整数最大公约数的调用语句。

2-33　求 *n* 个整数的最大公约数。

（6）字符串

2-34　输出几个元素的无重复全排列。例如，数据集合{1,2,3}的无重复全排列为：123，132，213，231，312，321。

2-35　中文大写金额。

声明 RMB 人民币类如下，实现其中成员方法。

```
public class RMB                                   // 人民币类
{
    // 返回金额 x 的中文大写形式字符串，如 x=123.45，转化为“壹佰贰拾叁元肆角伍分”
    public static String toString(double x)
}
```

考虑以下多种数据情况实现算法。

① 整数金额省略小数部分，添加“整”字。例如，123 表示为“壹佰贰拾叁元整”。

② 若金额中含有连续的 0，则只写一个“零”。例如，10005 表示为“壹万零伍元整”。

③ 10 的省略表示形式。例如，110 表示为“壹佰壹拾元整”，而 10 则表示为“拾元整”。

2-36　判断回文字符串。回文字符串“从前向后读”和“从后向前读”都相同。

2-37　获得实数字符串表示的数值。两种实数表示的语法图如图 2-27 所示。

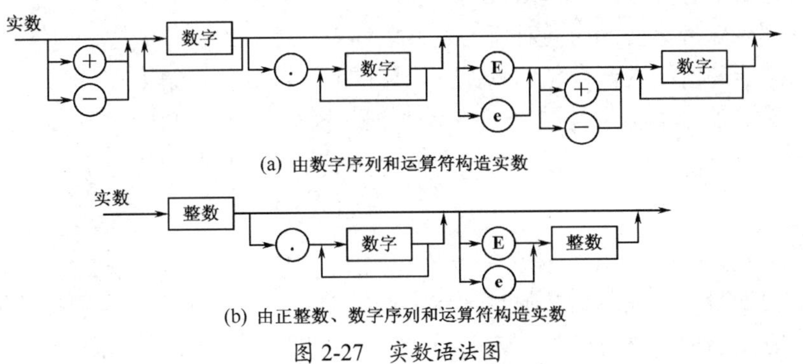

(a) 由数字序列和运算符构造实数

(b) 由正整数、数字序列和运算符构造实数

图 2-27　实数语法图

第 3 章　类的封装、继承和多态

面向对象程序设计（Object Oriented Programming，OOP）是基于对象概念的软件设计方法。在面向对象概念中，类（Class）是描述对象的数据类型，用于刻画一组对象的属性和行为，类具有封装性、继承性、多态性和抽象性，从而提供软件的可复用性、增强软件的可扩充性、提高软件的可维护性。

Java 语言的面向对象机制从 C++语言发展而来，完善了 C++语言的类的封装、继承、多态和抽象等基本概念，放弃了 C++语言的多继承、友元和运算符重载等易产生歧义且安全性差的诸多特性。Java 语言采用“单继承+接口”的方式实现多继承功能，提供资源自动管理和异常处理机制，这些措施使 Java 语言更健壮、更安全、更高效。

本章介绍面向对象的基本概念和类的设计方法，包括类的封装、继承、多态和抽象原则。

3.1　类和对象

面向对象程序设计思想将现实世界中的实体单位抽象成对象（Object）。对象具有属性和行为能力，属性指对象所持有的值或状态，行为指对象在持有值上所进行的操作。对象具有保持自己状态的能力。对象之间的关系有包含、继承和关联。

类是描述对象的数据类型，刻画一组具有共同特性的对象。

任何一个对象都有其所属的类。类是静态概念，对象是动态概念。对象是系统运行的基本成分。每个对象都有生存周期，都会经历一个从创建、运行到消亡等状态的变化过程。对象在自身内部封装了状态信息，并保持直到对象消亡。在对象生命周期中，对象可被多次调用，每次状态改变都能保持记忆。面向对象的运行系统由一组对象合作完成，对象之间通过发送、接收消息等信息传递机制进行合作，以提交计算任务和获取计算结果。

Java 程序设计的基本单位是类。一个 Java 程序就是一个类定义，所有概念都必须封装在类中。Java 语言不支持 C/C++语言的结构（struct），一个类就是一个结构。

3.1.1　类

类使用成员变量存储表示对象属性和状态的数据，使用成员方法表示对数据的操作，成员变量和成员方法统称为类的成员（Member）。

Java 类的结构由类声明和类体组成，语法格式如下，其中“{}”是必需的。类体包括成员变量和成员方法声明。

```
类声明
{
    成员变量的声明;
    成员方法的声明及实现;
}
```

1. 声明类

声明类的语法格式如下，使用关键字 class 定义一个类名标识符，同时说明该类的访问权限、与其他类的关系等属性。

```
[修饰符] class 类<泛型> [extends 父类] [implements 接口列表]
```

其中，“[ ]”表示可选项，“类”“泛型”“父类”“接口”都是标识符，Java 约定类名标识符首字母大写；“修饰符”是一些说明类属性的关键字，如 public 访问权限、abstract 抽象类、final 最终类等；“泛型”是类的类型参数，带参数的类称为泛型类，就像 C++语言中的模板类；泛型参数类型是类，写在一对“<>”中。

2. 声明成员变量和成员方法

声明成员变量的语法格式如下（说明见 2.1.3 节）：

```
[修饰符] 数据类型 变量 [= 表达式] {, 变量[= 表达式]}
```

成员方法用来描述对成员变量进行的操作。声明成员方法的格式如下（说明见 2.1.4 节）：

```
[修饰符] 返回值类型 方法([形式参数列表]) [throws 异常类列表]
{
    语句序列;
    [return [返回值]];
}
```

例如，以下声明日期类 MyDate，其中包括 3 个成员变量 year、month、day 分别存储一个日期的年、月、日的值，成员方法 set()设置日期值。

```
public class MyDate                              // 类声明
{
    int  year, month, day;                       // 成员变量
    void set(int y, int m, int d)                // 成员方法，设置日期值
    {
        year = y;
        month = m;
        day = d;
    }
}
```

3. 成员方法重载

一个类中的成员不能有二义性，成员变量不能同名，但成员变量与成员方法可以同名，例如，MyDate 类中可以声明 year()方法返回年份。

一个类中可以有多个同名的成员方法，前提是参数列表不同，称为类的成员方法重载，重载的多个方法为一种功能提供多种实现。重载方法之间必须以不同的参数列表（数据类型、参数个数、参数次序）来区别。例如，MyDate 类可声明多个重载的 set()方法如下：

```
void set(int y, int m, int d)
void set(int m, int d)                           // 重载方法，参数个数不同
void set(int d)
void set(MyDate date)                            // 重载方法，参数的数据类型不同
```

编译时，编译器根据方法实际参数列表的数据类型、个数和次序，确定究竟执行重载方法中的哪一个。如果两个方法的参数列表相同，编译器不能唯一识别，则不是重载，将产生编译错误。例如，以下两个方法声明有语法错.

```
void set(int y, int m, int d)
void set(int m, int d, int y)                        // 语法错，参数列表相同，不能重载
```

Java 不支持为方法的形式参数指定默认值。以下声明有语法错：

```
void set(int y=0, int m=0, int d=0)                  // 语法错，参数不能指定默认值
```

3.1.2 对象

类是一种数据类型，声明一个类就是定义了一个数据类型。类的实例（Instance）是类的取值，对象就是类的变量，一个对象能够引用一个实例，就像一个 int 变量 i 能够保存 int 类型的一个常数。

使用对象的过程是，先声明对象所属的类，动态申请创建一个指定类的实例，并使对象引用该实例，再访问对象的成员变量，调用对象的成员方法，使用完后释放对象。

1．声明对象

与声明变量的语法格式相同，声明对象的语法格式如下：

```
类  对象
```

例如，以下声明对象仅仅说明了对象所属的类，必须通过赋值才能使对象获得实例。

```
MyDate d1;                                           // 声明 d1 是 MyDate 类的一个对象
```

2．构造实例

使用 new 运算符可调用类的一个构造方法，创建该类的一个实例，为实例分配内存空间并初始化，再将该实例赋值给一个对象，语法格式如下：

```
对象 = new 类的构造方法([实际参数列表])
```

例如：

```
d1 = new MyDate();                                   // 创建类 MyDate 的一个实例赋值给对象 d1
MyDate d1 = new MyDate();                            // 声明对象、创建实例并赋值（引用实例）
```

3．引用对象的成员变量和调用成员方法

对象获得一个实例后，就可以使用点运算符“.”引用对象中的成员变量和调用成员方法了，语法格式如下：

```
对象.成员变量
对象.成员方法([实际参数列表])
```

例如：

```
d1.month = 10;                                       // 引用成员变量
d1.set(2017, 1, 1);                                  // 调用类的成员方法
```

4．对象引用模型

类是引用数据类型，一个对象引用一个实例，含义为对象保存该实例的引用信息，包括首地址、存储单元的存储结构、引用计数等信息。两个对象之间的赋值是引用赋值，传递的值是对象引用，使得两个对象引用同一个实例，没有创建新的实例。例如：

```
MyDate d2 = d1;                                      // 对象引用赋值
d1 = null;                                           // d1 赋值为空，没有引用实例
```

对象的引用模型如图 3-1 所示。

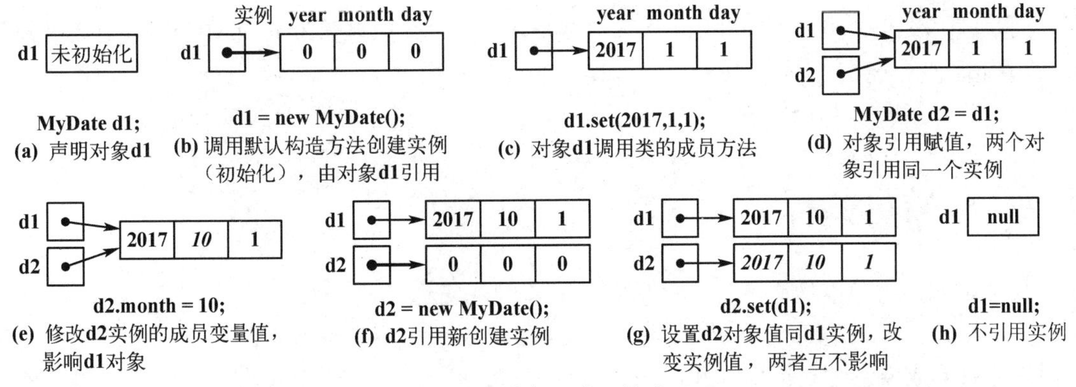

图 3-1 对象的引用模型

【例 3.1】 声明日期类及使用日期对象。

实际应用中，我们经常会遇到对日期数据的操作，如判断闰年、计算两个日期值相距的天数、计算某日期多少天以后的新日期值等。本例通过声明 MyDate 类，演示类的声明格式、创建对象、引用对象成员变量、调用对象成员方法等语法。MyDate 类声明如下：

```
public class MyDate                                        // 日期类声明
{
    int  year, month, day;                                 // 成员变量，表示年、月、日
    void set(int y, int m, int d)                          // 成员方法，设置日期值
    {
        year = y;
        month = m;
        day = d;
    }
    void set(MyDate date)                                  // 将当前对象值设置为参数值，重载
    {
        set(date.year, date.month, date.day);              // 调用重载的同名成员方法
    }
    public String toString()                               // 返回描述对象字符串，中文日期格式
    {
        return year+"年"+month+"月"+day+"日";
    }
    public static void main(String[] args)
    {
        MyDate d1 = new MyDate();                          // 声明对象、创建实例、引用赋值
        System.out.println("d1: "+d1.toString());
        d1.set(2017, 1, 1);                                // 调用类的成员方法
        MyDate d2 = d1;                                    // 对象引用赋值
        System.out.println("d1: "+d1.toString()+", d2: "+d2.toString());
        d2.month = 10;                                     // 修改实例成员变量值
        System.out.println("d1: "+d1+", d2: "+d2);         // 输出对象字符串描述，默认调用 d1.toString()
        d2 = new MyDate();                                 // 创建另一个实例
        d2.set(d1);
        System.out.println("d1: "+d1+", d2: "+d2);
    }
}
```

【思考题 3-1】① MyDate 没有声明构造方法，为什么能够使用 new MyDate()创建实例？② 如果 toString()方法实现为如下，会怎样？

```
return year+'-'+month+'-'+day;
```

3.2 类的封装性

封装是面向对象的核心特性，是信息隐藏思想的具体实现技术。

类的封装（Encapsulation）包含两层含义：第一，将数据和对数据的操作包装成一个对象类型，使对象成为包含一组属性和操作的运行单位；第二，实现信息隐藏，类既要提供与外部联系的方法，也要尽可能地隐藏类中某些数据和实现细节，以约束外部的可见性。

封装提供软件模块化的设计机制。面向对象程序设计的任务就是设计类，由类组装成软件系统。一个类包括多个实现特定功能的模块；一个软件系统，根据实际需求，选择多个类中的功能模块进行组装，各模块之间通过参数传递进行配合，协同工作。

信息隐藏的目的是使设计和使用分离，使用者需要知道"做什么"，包括有哪些类、每个类的特点、每个类提供了哪些常量和成员方法等，而不需要知道这些方法的实现细节。设计者不仅知道"做什么"，还需要知道"怎样做"，要考虑类怎样定义、类中有哪些数据和方法、它们的访问控制权限、方法如何实现等问题。类及类公有成员的声明就是设计者与使用者之间的一种约定。

Java 提供构造方法、析构方法、方法重载、设置访问控制权限等措施对类进行封装。

3.2.1 构造与析构

类的构造方法（Constructor）用于创建类的一个实例并对实例的成员变量进行初始化。构造方法与其他成员方法的不同之处是：构造方法与类同名；构造方法通过 new 运算符调用。

1. 声明及调用构造方法

一个类可声明多个构造方法对成员变量进行不同需求的初始化，构造方法不需要写返回值类型，因为它返回的就是该类的一个实例。例如，MyDate 类声明以下构造方法：

```
public MyDate(int year, int month, int day)      // 声明构造方法，方法名同类名，初始化成员变量
{
    set(year, month day);                         // 调用 set()方法，为成员变量赋值
}
```

使用 new 运算符调用指定类的构造方法，实际参数列表必须符合构造方法声明。例如：

```
MyDate d1 = new MyDate(2017, 10, 1);             // 创建实例并初始化成员变量
```

2. 默认构造方法

当一个类没有声明构造方法时，Java 自动为该类提供一个无参数的默认构造方法，对各成员变量按其数据类型进行初始化，整数、浮点数、字符、布尔和引用数据类型的初值分别为 0、0.0、'\u0000'、false 和 null。例如，例 3.1 的 MyDate 类没有声明构造方法，却可用以下调用语句创建一个实例：

```
MyDate d1 = new MyDate();                        // 声明对象、创建实例、引用赋值
```

如果一个类声明了构造方法，则 Java 不再提供默认构造方法。例如，当 MyDate 类声明了构造方法 MyDate(int, int, int)时，上述创建实例语句将产生“未定义构造方法 MyDate()”的语法错误。

一个类需要声明无参数的构造方法为成员变量赋默认值。例如，MyDate 类声明无参数的构造方法如下：

```
public MyDate()                                  // 无参数的构造方法，为成员变量赋默认值
```

3. 拷贝构造方法

类的拷贝构造方法是指，参数是该类对象的构造方法，它将创建的实例初始化为形式参数的实例值，实现对象复制功能。MyDate 类的拷贝构造方法声明如下：

```
public MyDate(MyDate date)                       // 拷贝构造方法，创建新实例，值同参数实例
{
    year = date.year;
    month = date.month;
    day = date.day;
}
```

调用语句如下：

```
MyDate d2 = new MyDate(d1);                      // 调用拷贝构造方法复制实例
```

功能相当于以下两句：

```
MyDate d2 = new MyDate();                        // 创建实例，默认日期值为(1970,1,1)
d2.set(d1);                                      // 以 d1 对象引用的实例值设置 d2 引用的实例
```

4. 构造方法重载

Java 语言支持构造方法重载，重载的构造方法提供创建实例时的多种初始化方案，如指定若干参数的构造方法、无参数构造方法、拷贝构造方法等。由于 Java 语言不支持会产生歧义的参数默认值，因此这些构造方法必须重载，参数列表必须不同。编译时，Java 语言根据实际参数列表确定到底调用哪一个构造方法。

5. 析构方法

类的析构方法（Destructor）用于释放实例并执行特定操作。一个类只能有一个析构方法，不能重载。Java 语言约定，析构方法声明如下：

```
public void finalize()                           // 析构方法
```

通常，当对象超出它的作用域时，Java 将执行对象的析构方法。一个对象也可以调用析构方法释放对象自己。例如：

```
d1.finalize();                                   // 调用对象的析构方法
```

Java 的资源自动管理机制能够跟踪存储单元的使用情况，自动收回不再被使用的资源。所以，通常类不需要设计析构方法。如果需要在释放对象时执行特定操作，则类可以声明析构方法。不能使用已被析构方法释放的对象，否则将产生运行错误。

3.2.2 对象的引用和运算

1. this 引用

Java 类的成员方法与 C 语言中的函数的重要区别就是，Java 的每个成员方法都可以使用

代词 this 引用该方法的调用对象，称为“this 引用”，其有以下 3 种用法。

（1）指代对象

this 用于指代调用成员方法的当前对象自身。语法格式如下：

```
this
```

（2）访问本类的成员变量和成员方法

通过“this 引用”访问当前对象的成员变量，调用当前对象的成员方法。语法格式如下：

```
this.成员变量
this.成员方法([实际参数列表])
```

一个成员方法中，若没有与成员变量同名的局部变量或形式参数，则 this 引用可以省略。当局部变量或形式参数与类的成员变量同名时，方法体中默认的是局部变量或形式参数，而要访问类的成员变量必须使用 this 引用。

（3）调用本类重载的构造方法

“this 引用”还可用在重载的构造方法中，调用本类已定义的构造方法。语法格式如下：

```
this([实际参数列表])
```

例如，使用 this 引用将 MyDate 类的多个重载构造方法改写如下：

```
public MyDate(int year, int month, int day)          // 指定参数的构造方法，参数与成员变量同名
{
    this.year = year;                                // this.year 指当前对象的成员变量，year 指参数
    this.month = month;                              // this 引用不能省略
    this.day = day;
}
public MyDate()                                      // 无参数构造方法，指定默认日期，重载
{
    this(1970, 1, 1);                                // 调用本类已声明的构造方法
}
public MyDate(MyDate date)                           // 拷贝构造方法，重载
{
    this(date.year, date.month, date.day);           // 调用本类已声明的构造方法
}
```

注意：在构造方法中，this()必须是第一行语句；不能使用 this 调用当前的构造方法。

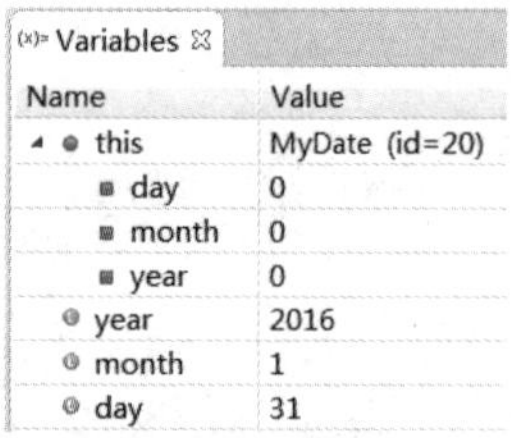

(x)= Variables ☒

Name	Value
▲ ● this	MyDate (id=20)
■ day	0
■ month	0
■ year	0
◎ year	2016
◎ month	1
◎ day	31

图 3-2　查看 this 引用实例的成员变量值

其中，MyDate(int year, int month, int day)方法中，year 等形式参数与 MyDate 类 year 等成员变量同名，使用 this 引用可区分两者，如 this.year 访问的是类的成员变量，如图 3-2 所示，此时不能省略 this 引用。

2. 对象的关系运算与比较相等

基本数据类型和引用数据类型的关系运算（==、!=、<、<=、>、>=）含义不同，如图 3-3 所示。

① 基本数据类型使用==、!=运算符比较两个变量值是否相等，如图 3-3(a)所示；使用<、<=、>、>=运算符比较两个变量值的大小。

② 类（引用数据类型）使用==、!=运算符比较两个对象是否引用同一个实例，如图 3-3(b)所示；不能使用<、<=、>、>=运算符。Java 语言不支持 C++语言的运算符重载功能。比较对象（实例值）大小的功能见 4.3.1 节。

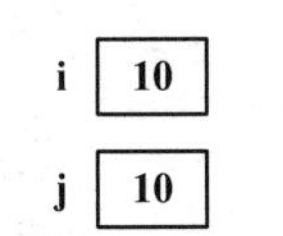

int i=10, j=i;
(a) 基本数据类型变量，i==j比较两变量值是否相等，不比较地址

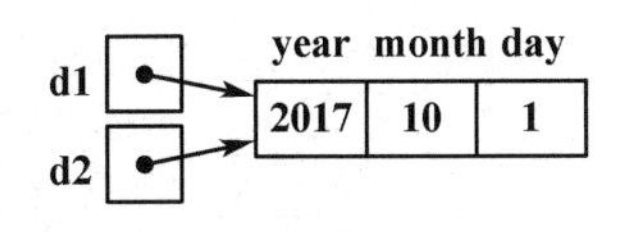

MyDate d2 = d1;
(b) 对象赋值，两个对象引用同一个实例，d1==d2？true，d1.equals(d2)返回true

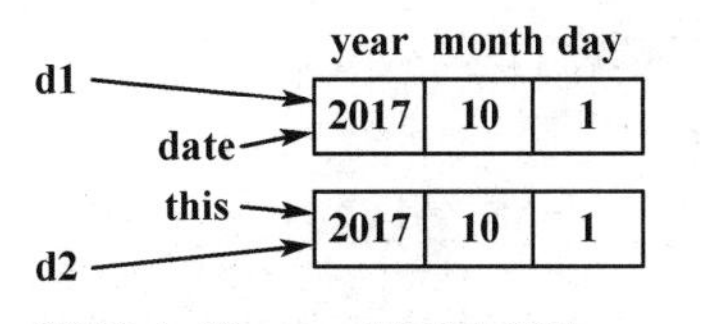

MyDate d2 = new MyDate(d1);
(c) d2引用由d1拷贝构造的实例，d1==d2？false，d1.equals(d2)返回true

图 3-3　对象比较引用与比较实例值是否相等

③ 当两个对象分别引用一个实例时（如图 3-3(c)所示），Java 语言约定，由每个类的 equals(obj)方法实现比较它们的实例值是否相等的功能，包括引用同一个实例和分别引用两个实例的两种情况。一般情况下，两个实例值相等是指它们的各成员变量值分别对应相等。

例如，MyDate 类的 equals(date)方法声明如下，参与比较的两个实例分别由 this 和参数 date 引用，方法体中给出 this 引用的两种用法。

```
// 比较 this 与 date 日期值是否相等，若 this 与 date 引用同一个实例，则相等；若它们分别引用两个实例，则分
// 别比较它们的各成员变量值是否对应相等
public boolean equals(MyDate date)                    // 比较 this 与 date 日期值是否相等
{
    // this 指代调用当前方法的对象，this.year 等访问当前对象的成员变量（此 3 处 this 可省略）
    return this == date || date != null && this.year == date.year
                                && this.month == date.month && this.day == date.day;
}
```

3. instanceof 对象运算符

对象运算符 instanceof 判断一个对象所引用的实例是否属于指定类，运算结果是 boolean 类型。例如：

```
d1 instanceof MyDate                                  // 结果是 true，d1 是 MyDate 类的实例
```

3.2.3　访问控制

在 C/C++语言中，一个全局变量能被当前文件中的任何函数所修改，产生函数副作用，导致程序运行的不确定性。全局变量是导致软件维护困难的一个重要因素。Java 语言不支持类之外的全局变量。同样，一个对象的成员变量和成员方法，如果没有限制，能被其他任何类访问，那么软件维护也将异常困难。

Java 语言为类及其成员提供公有、保护、缺省和私有等多级访问控制权限（也称为可见性），用于声明该类或成员能被其他哪些类访问，实现信息分级隐藏技术。

包（Package）封装了一组类型，提供了这些类型的命名空间，即一个包中的各类型具有唯一名称。包中的类可选择是否对外部可见。

1. 类的访问控制权限

类有两种访问控制权限：公有和缺省。公有权限使用 public 修饰符，可被所有包中的其他类访问；缺省权限没有修饰符，仅能被当前包（当前文件夹）中的其他类访问。

一个源程序文件中可以声明多个类，但用 public 修饰的类只能有一个，且该类名必须与文件名相同。例如，在 MyDate.java 文件中可声明多个类如下：

```
public class MyDate                          // 公有权限的类，可被所有包访问
class MyDate_ex                              // 缺省权限的类，仅能被当前包访问
```

2. 类中成员的访问控制权限

一个类的所有成员都可被本类的代码访问。为了控制其他类的访问，类的成员有 4 种访问控制权限，说明如下。

① private 声明私有成员，该成员仅能被当前类的成员访问，这是类希望隐藏的部分。

② 没有修饰符表示缺省权限，说明该成员能被当前类以及当前包中的其他类访问，也称在当前包中可见。

③ protected 声明保护成员，该成员能被当前类及其子类或当前包中的其他类访问，也称在子类中可见。

④ public 声明公有成员，该成员可被所有类访问。

private 权限将访问控制的最小范围限制在一个类中，缺省权限将访问范围扩大至当前包，protected 再将范围扩大至子类，public 指定最大范围。访问控制的范围变化如表 3-1 所示。

表 3-1　类中成员的 4 级访问控制权限及范围

权限修饰符	当前类	当前包	其他包的子类	所有类
private（私有）	✓			
缺省	✓	✓		
protected（保护）	✓	✓	✓	
public（公有）	✓	✓	✓	✓

注意： public 等权限修饰符不能用于修饰方法体中的局部变量。因为局部变量的作用域仅限于当前方法，对其他类不可见，不存在其他类对它的访问。

3. 声明 set()和 get()方法存取对象的属性

对象可以有多个属性，各属性的数据类型可不同；不同的对象具有不同的属性。例如，日期有年、月、日等属性，MyDate 类声明 year、month、day 成员变量表示年月日属性，但是由 3 个整数构成的不一定是日期，其他类调用以下语句对 month 成员变量赋值，虽然没有语法错误，却造成逻辑错误。

```
d1.month = 13;                               // 没有语法错误，却造成逻辑错误
```

因此，MyDate 类必须将成员变量设计为私有权限如下，使得只有 MyDate 类自己能够对其成员变量进行操作，保证日期正确。

```
private int year, month, day;                // 私有的成员变量
```

同时，MyDate 类必须声明若干公有成员方法，提供获得和设置各种属性的功能。Java 语言约定，设置和获得对象属性的方法分别是 set()和 get()。例如，MyDate 类声明若干 set()和 get()方法存取对象的年、月、日属性如下：

```
public void set(int year, int month, int day)          // 设置日期值
public void set(MyDate date)                           // 设置日期值，重载
public int getYear()                                   // 获得年份
public int getMonth()                                  // 获得月份
public int getDay()                                    // 获得当月日期
```

2 个 set()方法的两组参数列表不同，所以它们可以重载；而获得年、月、日属性的 3 个

get()方法的参数列表相同，所以它们不能重载，方法名必须不同。

3.2.4 静态成员

1. 静态成员定义和访问格式

Java 类中的成员分为两种：实例成员和静态成员。使用关键字 static 声明的成员称为静态成员（也称为类成员），否则称为实例成员。

实例成员属于对象，只有创建了实例，才能通过对象访问实例成员变量和调用实例成员方法，本章前面讨论的成员变量和成员方法都是实例成员。

静态成员属于类，即使没有创建实例，也可以通过类名访问静态成员变量和调用静态成员方法。例如，在 Math 类中声明静态成员常量 PI 表示 π，声明如下，引用格式为 Math.PI。

```
public static final double PI = 3.14159265358979323846;    // Math类声明静态成员常量PI表示π
```

在类内部，可直接访问静态成员，省略类名。静态成员也可以通过对象引用。

注意： ① 在静态成员方法体中，不能访问实例成员，不能使用 this 引用。② static 不能修饰方法的局部变量。

2. 静态初始化块

在声明时可对静态成员变量赋初值，也可使用 static 声明静态初始化块，对静态成员变量进行初始化，语法格式如下，其中只能访问类中的静态成员，且不能引发检测性异常，在类加载时执行。

```
static                                          // 静态初始化块，类加载时执行一次
{
    静态成员变量初始化;
}
```

【例 3.2】 封装的日期类。

本例对例 3.1 中的 MyDate 类进行封装，包括设计并重载构造方法，为成员变量和成员方法设置访问控制权限，使用 this 引用增强程序的可维护性，声明静态成员等。程序如下。

```
public class MyDate                             // 日期类，公有，与源程序文件同名
{
    private int year, month, day;               // 年月日，私有成员变量
    private static int thisYear;                // 当前年份，私有静态成员变量
    static                                      // 静态成员变量初始化
    {
        thisYear = 2018;
    }
    public MyDate(int year, int month, int day) // 构造方法，指定日期
    {
        this.set(year, month, day);             // 调用本类的成员方法
    }
    public MyDate()                             // 无参数构造方法，指定缺省日期，重载
    {
        this(1970, 1, 1);                       // 调用本类已声明的其他构造方法
    }
    public MyDate(MyDate date)                  // 拷贝构造方法，日期同参数，重载
```

```
{
    this.set(date);
}
public void set(int year, int month, int day)      // 设置日期值。算法不全，改进见5.2.3节
{
    this.year = year;                               // this.year指当前对象的成员变量，year指参数
    this.month = (month >= 1 && month <= 12) ? month : 1;
    this.day = (day >= 1 && day <= 31) ? day : 1;  // this引用不能省略
}
public void set(MyDate date)                        // 设置日期值，重载
{
    this.set(date.year, date.month, date.day);     // 调用同名成员方法，不能使用this()
}
public int getYear()                                // 获得年份
{
    return this.year;
}
public int getMonth()                               // 获得月份
{
    return this.month;
}
public int getDay()                                 // 获得当月日期
{
    return this.day;
}
public String toString()                            // 中文日期格式字符串，2位月日
{
    return year+"年"+String.format("%02d", month)+"月"+ String.format("%02d", day)+"日";
}
public static int getThisYear()                     // 获得今年年份，静态方法
{
    return thisYear;                                // 访问静态成员变量
}
public static boolean isLeapYear(int year)          // 判断指定年份是否闰年，静态方法
{
    return year%400 == 0 || year%100 != 0 && year%4 == 0;
}
public boolean isLeapYear()                         // 判断当前日期的年份是否闰年，重载
{
    return isLeapYear(this.year);                   // 调用静态方法
}
// 比较当前日期值与date是否相等。参数类型待改进，见3.4.4节
public boolean equals(MyDate date)
{   // this指代调用当前方法的对象
    return this == date || date != null && this.year == date.year
                && this.month == date.month && this.day == date.day;
}
public static int daysOfMonth(int year, int month)     // 返回指定年月的天数，静态方法
{
```

```
        switch(month)                                          // 计算每月的天数
        {
            case 1: case 3: case 5: case 7: case 8: case 10: case 12:  return 31;
            case 4: case 6: case 9: case 11:  return 30;
            case 2:  return MyDate.isLeapYear(year) ? 29 : 28;
            default:  return 0;
        }
    }
    public int daysOfMonth()                                   // 返回当月天数
    {
        return daysOfMonth(this.year, this.month);
    }
    public void tomorrow()                  // 将this引用实例的日期改为之后一天日期，没有返回值
    {
        this.day = this.day%this.daysOfMonth()+1;
        if(this.day == 1)
        {
            this.month = this.month%12+1;                      // 下个月
            if(this.month == 1)                                // 12月的下月是明年1月
                date.year++;
        }
    }
    public MyDate yesterday()                                  // 返回当前日期的前一天日期
    {
        MyDate date = new MyDate(this);     // 执行拷贝构造方法，创建实例，没有改变this
        date.day--;
        if(date.day == 0)
        {
            date.month = (date.month-2+12)%12+1;               // 上个月
            if(date.month == 12)                               // 1月的上月是去年12月
                date.year--;
            date.day = days Of Month(date.year, date.month);
        }
        return date;                                           // 返回对象date引用的实例
    }
}
class MyDate_ex                                                // 当前包中的其他类，缺省权限
{
    public static void main(String[] args)                     // main方法也是静态成员方法
    {   // 调用静态方法
        System.out.println("今年是"+MyDate.getThisYear()+"，闰年? "+MyDate.isLeapYear(MyDate.getThisYear()));
        MyDate d1 = new MyDate(2017, 12, 31);                  // 调用构造方法
        System.out.println(d1.getYear()+"年，闰年? "+d1.isLeapYear());     // 调用实例成员方法
        MyDate d2 = new MyDate(d1);                            // 调用拷贝构造方法复制实例
        System.out.println("d1: "+d1+", d2: "+d2+", d1==d2? "+(d1==d2)+ ", d1.equals(d2)? "
                          +d1.equals(d2));                     // 区别关系运算==与比较相等方法
        System.out.print(d1+"的明天是 ");
        d1.tomorrow();
        System.out.println(d1+"\n"+d2+"的昨天是"+(d2=d1.yesterday()));
    }
}
```

本例源程序文件 MyDate.java 中包含两个类，与源程序文件同名的 MyDate 类权限为 public，另一个类 MyDate_ex 的访问权限只能为缺省。编译生成两个字节码文件 MyDate.class 和 MyDate_ex.class，将这两个字节码文件保存在一个文件夹中，意味着这两个类在同一个包中。MyDate.class 中没有 main()方法，不可运行。运行包含 main()方法的 MyDate_ex.class，结果如下：

```
今年是 2019，闰年？false
2017 年，闰年？false
d1: 2017 年 12 月 31 日，d2: 2017 年 12 月 31 日，d1==d2？false，d1.equals(d2)？true
2017 年 12 月 31 日的明天是 2018 年 01 月 01 日
2018 年 01 月 01 日的昨天是 2017 年 12 月 31 日
```

程序设计说明如下。

（1）实例成员与静态成员

MyDate 类的 thisYear 是静态成员变量，通过类名引用，如 MyDate.thisYear，与实例无关。year、month、day 是实例成员变量，不同实例的成员变量占用不同的存储单元，如 d1.year 与 d2.year 是两个变量。实例成员变量与静态成员变量的存储结构不同，如图 3-4 所示。

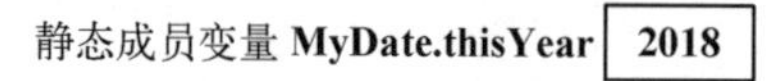

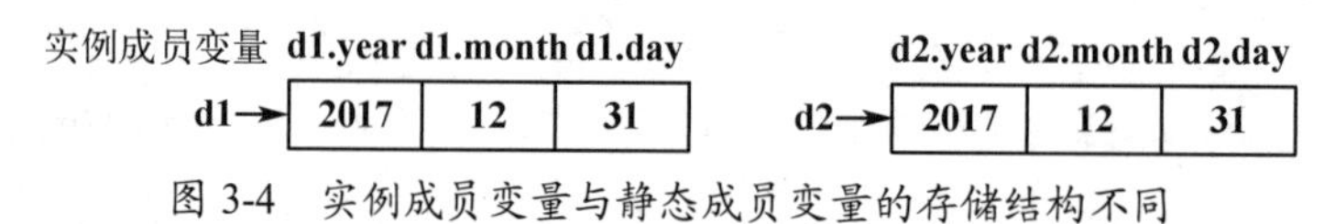

图 3-4　实例成员变量与静态成员变量的存储结构不同

实例成员方法 isLeapYear()与静态成员方法 isLeapYear(year)重载，调用方式不同：

```
MyDate.isLeapYear(MyDate.thisYear)        // 通过类名调用静态成员方法，引用静态成员变量
d1.isLeapYear()                           // 通过对象调用实例成员方法
```

（2）方法调用和返回时传递对象引用

Java 的类是引用数据类型，当对象作为方法的调用者、方法参数和返回值时，传递规则同赋值，即传递对象引用。以下通过 MyDate 类的多个方法说明，传递对象引用描述如图 3-5 所示。

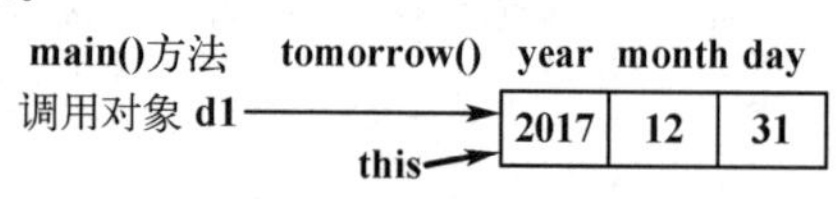

d1.tomorrow();

(a) 通过对象调用实例方法，传递规则等价于赋值this=d1，传递对象引用，两个作用域

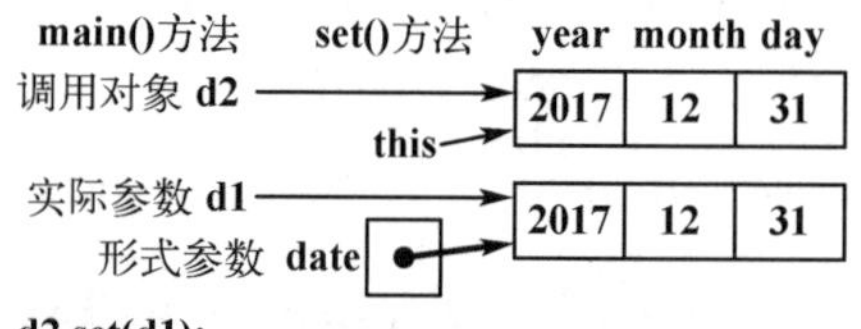

d2.set(d1);

(b) 对象d1作为方法参数，传递规则等价于date=d1，将实际参数d1引用的实例传递给形式参数date

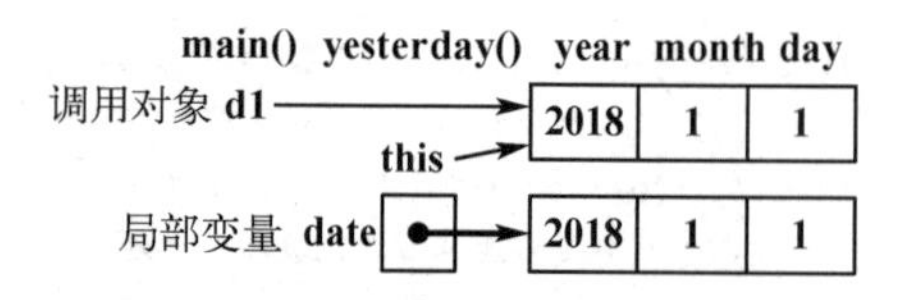

d2=d1.yesterday();

(c) date=new MyDate(this);执行拷贝构造方法，创建实例，没有改变this。

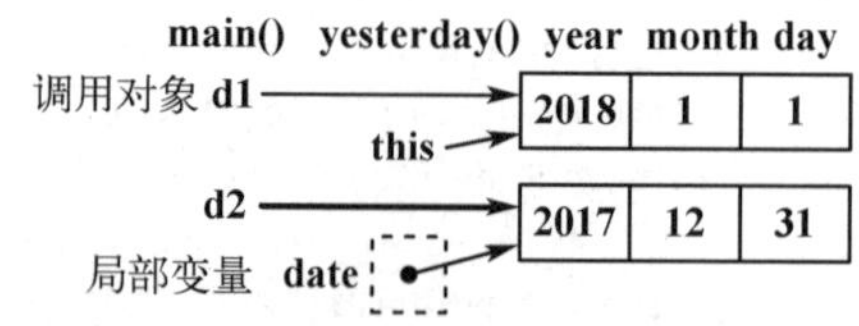

d2=d1.yesterday();

(d) 改变局部变量date引用的实例值；该方法声明返回对象，即返回date引用的实例给d2，传递规则等价于d2=date

图 3-5　方法调用与返回时传递对象引用

① tomorrow()方法，对象作为方法的调用者。

“d1.tomorrow()”通过 d1 对象调用 tomorrow()方法，传递规则等价于赋值 this = d1，将调用对象 d1 引用的实例传递给 tomorrow()方法的 this，d1 和 this 分别在 main()和 tomorrow()两个作用域中引用同一个实例，修改 this 引用的实例等价于修改 d1 引用的实例，如图 3-5(a)所示，因此 tomorrow()方法不需要声明返回值。

② set(date)方法，对象作为方法的参数。

调用语句“d2.set(d1);”中，d1 对象是该方法的参数，传递规则等价于赋值，即 date=d1，将实际参数 d1 引用的实例传递给形式参数 date。在 set(date)方法体中，修改 date 引用的实例等价于修改实际参数 d1 引用的实例，如图 3-5(b)所示。

③ yesterday()方法，对象作为方法的返回值。

yesterday()方法声明返回 MyDate 类的对象，它是如何返回对象的？方法体中声明 date 局部变量，当 yesterday()方法运行结束时，date 超出作用域时其存储空间将被释放，为什么能够返回 date 对象？

调用语句“d2=d1.yesterday();”在 yesterday()方法体中声明 date 局部变量，new MyDate(this)执行拷贝构造方法，创建实例，没有改变 this；更改 date 实例值，当方法返回时，返回 date 引用的实例给 d2。当方法运行结束时，释放 date 占用的存储空间，但并没有析构原被 date 引用的实例，因为该实例仍然被使用，由 d2 引用。

（3）日期类的设计问题讨论

虽然用 3 个整数表示一个日期符合人的思维习惯，但很多运算实现困难，如判断日期是否正确、求多少天之前/后的日期等。限于篇幅，MyDate 类的 set()方法的算法不完整：其一，仍然会产生诸如“2013-2-30”之类的错误日期；其二，将“2013-12-32”之类的错误日期改为“2013-12-1”，虽然得到一个正确日期，但这是一种不好的程序设计习惯，因为“2013-12-1”并不是调用者希望的数据，而且调用者并不知道数据被修改了。正确的处理方式应该是抛出异常，详见第 5 章。本例这样设计只是为了演示类的封装性。实际上，没有一个算法语言采用 3 个整数存储日期值，通常使用一个长整数或浮点数存储日期值。Java 使用长整数表示日期值，详见第 4 章。

（4）类封装的优点

MyDate 类隐藏类的成员变量并提供成员方法对成员变量进行操作，充分体现出类封装的设计思想。其一，从类的设计者角度看，一个类的成员变量由该类自己进行操作，可以保证数据的正确、完整及一致，同时声明公有的成员方法供其他类调用，一个类必须功能强大、算法完善、容错性强以及抗干扰能力强；其二，从类的使用者角度看，一个类应该使用方便并且稳定性好，而不需要看见方法的实现细节。对于封装好的类，即使改变了成员变量，或者改变了成员方法的实现算法，只要方法声明不改变，就不会对调用语句产生任何影响。换言之，封装减少了外部程序对类中数据的依赖，这就是类的抽象性、隐藏性和封装性。

【思考题 3-2】 MyDate 类增加以下方法，public 权限。

```
int getWeek()                           // 返回this对应的星期几，范围为0~6
String toWeekString()                   // 返回this对应星期几的中文字符串
boolean before(MyDate date)             // 判断this是否在date日期之前
MyDate daysAfter(int n)                 // 返回this之后n天的日期
MyDate daysBefore(int n)                // 返回this之前n天的日期
```

```
int yearsBetween(MyDate date)                    // 返回this与date日期相距的年数
int monthsBetween(MyDate date)                   // 返回this与date日期相距的月数
int daysBetween(MyDate date)                     // 返回this与date日期相距的天数
```

3.2.5 浅拷贝与深拷贝

一个类的拷贝构造方法，使用一个已知实例对新创建实例的成员变量逐域赋值，这种方式称为浅拷贝。当对象的成员变量是基本数据类型时，两个对象的成员变量已有存储空间，赋值运算传递值，所以浅拷贝能够复制实例。例如，调用以下语句，MyDate类的浅拷贝语句执行情况见图3-3(c)。

```
MyDate d2 = new MyDate(d1);
```

当对象的成员变量是引用数据类型时，浅拷贝不能实现对象复制功能，需要深拷贝。设Person类使用字符串和MyDate对象作为成员变量，声明如下：

```
public class Person
{
    String  name;                                          // 姓名
    MyDate  birthdate;                                     // 出生日期，MyDate类见例3.2
    public Person(String name, MyDate birthdate)           // 构造方法
    {
        this.name = name;
        this.birthdate = birthdate;                        // 引用赋值
    }
    public Person(Person per)                              // 拷贝构造方法，复制对象
    {
        this(per.name, per.birthdate);                     // 浅拷贝，引用日期实例
    }
}
```

调用语句如下，执行情况如图3-6所示。

```
Person p1 = new Person("李小明", new MyDate(1994, 3, 15));
Person p2 = new Person(p1);                               // 执行拷贝构造方法
```

① new Person(p1)执行Person类的拷贝构造方法，由于对象引用赋值，使得p2.name和p1.name引用同一个字符串，p2.birthdate和p1.birthdate引用同一个日期对象。

② 执行以下语句，改变p2对象的成员变量值，两者对p1实例的影响不同。

```
p2.name = "张小明";              // 赋值，创建新实例；因无法修改String中字符，不改变p1.name
p2.birthdate.set(2001, 2, 27);   // 改变p2.birthdate，同时改变了p1.birthdate，导致逻辑错误
```

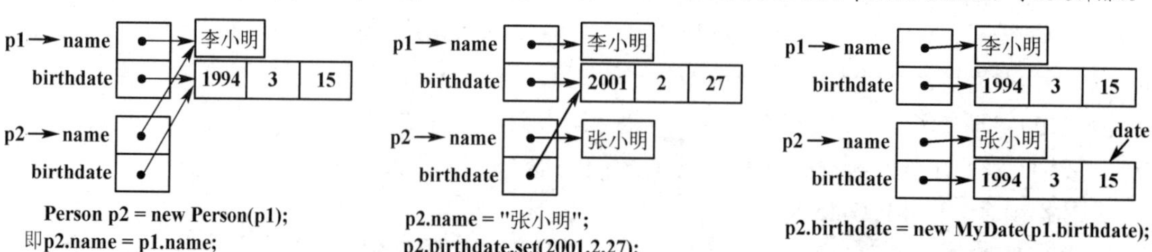

图3-6 当成员变量是引用类型时，深拷贝才能复制实例

由于 String 是常量字符串类，因此它没有提供更改串中字符的方法，对字符串的连接、求子串等运算，都将创建一个新的字符串实例。

③ 执行以下语句，为 p2.birthdate 创建另一个 MyDate 实例，之后任何对 p2 的操作将不会影响 p1 对象。

```
p2.birthdate = new MyDate(p1.birthdate);                      // 创建日期实例
```

因此，当一个类包含引用数据类型的成员变量时，该类的拷贝构造方法不仅要复制对象的所有非引用成员变量值，还要为引用数据类型的成员变量创建新的实例，并初始化为形式参数实例值，这种复制方式称为深拷贝。

Java 语言不提供默认拷贝构造方法。因为 Java 语言的类采用引用模型，当对象作为方法的参数和返回值时，传递对象引用，不需要复制对象，没有执行拷贝构造方法。

【例 3.3】 Person 类，使用对象作为成员变量并实现深拷贝。

本例声明 Person 类如下，使用字符串和 MyDate 对象作为成员变量，实现深拷贝。每个 Person 实例中包含一个 MyDate 实例表示生日属性，其中创建 MyDate 实例必须显式调用 MyDate 构造方法，Java 不会自动调用成员对象的构造方法。

```
public class Person
{
    public String  name;                                    // 姓名，实例成员变量，保护成员
    public MyDate  birthdate;                               // 出生日期，MyDate 类见例 3.2
    public String  gender, province, city;                  // 性别，省份、城市
    private static int  count = 0;                          // 静态成员变量，本类及子类实例计数
    // 构造方法
    public Person(String name, MyDate birthdate, String gender, String province, String city)
    {
        this.set(name, birthdate, gender, province, city); // 调用本类声明的成员方法
        count++;                                            // Person.count
    }
    public Person(String name, MyDate birthdate)            // 构造方法，重载
    {
        this(name, birthdate, "", "", "");                  // 调用本类已声明的构造方法
    }
    public Person()                                         // 构造方法，重载
    {
        this("", new MyDate());
    }
    public Person(Person per)          // 拷贝构造方法，重载，复制对象。深拷贝，创建日期实例，图 3-6(c)
    {
        this(per.name, new MyDate(per.birthdate), per.gender, per.province, per.city);
    }
    public void finalize()                         // 析构方法
    {   System.out.println("释放对象 ("+this.toString()+")");
        Person.count--;
    }
    // 显示对象数，静态成员方法；只能访问静态成员变量，不能访问实例成员，也不能使用 this
    public static void howMany()
```

```
    {
        System.out.print(Person.count+"个 Person 对象，");
    }
    // 设置属性
    public void set(String name, MyDate birthdate, String gender,String province,String city)
    {
        this.name = name==null?"":name;              // 将空对象转换成空串，避免 equals()抛出空对象异常
        this.birthdate = birthdate;                  // 引用赋值，不用深拷贝，可修改
        this.gender = gender==null?"":gender;
        this.province = province==null?"":province;
        this.city = city==null?"":city;
    }
    public void set(String name, MyDate birthdate)          // 设置属性，其他成员变量取默认值，重载
    {
        this.set(name, birthdate, "", "", "");
    }
    public String toString()                         // 描述对象字符串，成员变量之间以逗号","分隔
    {
        return this.name+","+(this.birthdate==null?"":birthdate.toString())+","+
                                            this.gender+","+this.province+","+this.city;
    }
    public static void main(String[] args)
    {
        Person p1 = new Person("李小明", new MyDate(1994,3,15));
        Person p2 = new Person(p1);                  // 拷贝构造方法
        Person.howMany();                            // 通过类名调用类成员方法
        System.out.println("p1: "+p1+"; p2: "+p2+"\np1 ==p2? "+(p1 ==p2)+ "; p1.name ==p2.name? "
                    +(p1.name == p2.name)+", p1.birthdate == p2.birthdate? "
                    +(p1.birthdate == p2.birthdate));               // 显示引用关系
        // 以下修改 p2 的姓名和生日
        p2.name = "张"+p2.name.substring(1);         // 改姓，一个汉字长度为 1 字符
        MyDate  date = p2.birthdate;                 // 获得日期，传递日期对象引用
        // 更改 date 值，将影响 p2.birthdate 实例值，因为 date 与 p2.birthdate 引用同一个实例
        date.set(date.getYear()+2, date.getMonth(), date.getDay());
        System.out.println("p1: "+p1+"; p2: "+p2);
        p1.finalize();                               // 调用析构方法，释放对象
        Person.howMany();                            // 通过类名调用静态成员方法
    }
}
```

程序运行结果如下，深拷贝执行情况如图 3-6(c)所示。

```
2 个 Person 对象，p1: 李小明,1994 年 03 月 15 日,,,; p2: 李小明,1994 年 03 月 15 日,,,
p1==p2? false; p1.name==p2.name? true; p1.birthdate==p2.birthdate? false
p1: 李小明,1994 年 03 月 15 日,,,; p2: 张小明,1996 年 03 月 15 日,,,
释放对象 (李小明,1994 年 03 月 15 日,,,)
1 个 Person 对象，
```

注意：在 JDK 中编译和运行时，当前文件夹中必须有 MyDate.class 文件。

在 MyEclipse 中，本例项目需要设置编译路径包括例 3.2 的项目，使用菜单命令“Build Path ▸ Configure Build Path...”，详见 1.3 节。

【思考题 3-3】 为 Person 类增加以下方法。

```
public int getAge(int year)                // 返回当前对象在 year 年份的年龄
public int getAge()                        // 返回当前对象今年的年龄，重载
public int olderThen(Person per)           // 返回 this 与 per 对象出生年份差值，按年龄比较大小
public boolean equals(Person per)          // 比较当前对象与 per 引用实例对应成员变量值是否相等
```

3.3 类的继承性

继承（Inheritance）是面向对象的核心特性，是实现抽象和共享、构造可复用软件的有效机制，可以最大限度地实现代码复用。

3.3.1 由继承派生类

继承提供在已有类的基础上创建新类的方式。根据一个已知的类由继承（Inherit）方式创建一个类，使新建的类自动拥有被继承类的全部成员，被继承的类称为父类或超类（Superclass），通过继承产生的新类称为子类（Subclass）或派生类。

使用关键字 extends 声明一个类继承指定的父类，语法格式如下：

```
[修饰符] class 类<泛型> [extends 父类] [implements 接口列表]
```

Java 的类是单继承的，一个类只能有一个父类。子类继承了父类成员，还可以定义自己的成员。

【例 3.4】 Student 类继承 Person 类。

本例声明 Student 类继承 Person 类，演示类的继承关系以及继承原则。程序如下：

```
public class Student extends Person                    // Student 类继承 Person 类（见例 3.3）
{
    private String speciality;                         // 专业，子类增加的成员变量
    public static void main(String[] args)
    {
        Person per = new Person("李小明", new MyDate(1994, 3, 15));
        Student stu = new Student();                   // 默认构造方法，执行父类构造方法 Person()
        stu.set("张莉", new MyDate(1998, 4, 5));       // stu 对象调用父类的成员方法
        stu.speciality = "计算机";
        Student.howMany();                             // 继承父类静态方法，执行 Person.howMany()
        System.out.println("per: "+per.toString()+"; stu: "+stu.toString());
        stu.finalize();                                // 继承父类的析构方法
        Student.howMany();
    }
}
```

🔔注意：在 JDK 中编译和运行时，当前文件夹中必须有 MyDate.class 和 Person.class 文件。在 MyEclipse 中，本例项目的编译路径需要包括例 3.2 项目和例 3.3 深拷贝的 Person 类。

程序运行结果如下：

```
2 个 Person 对象，per: 李小明,1994 年 03 月 15 日,,,; stu: 张莉,1998 年 04 月 05 日,,,
释放对象 (张莉,1998 年 04 月 05 日,,,)
1 个 Person 对象，
```

【思考题 3-4】① 上述 main()方法中已经为 stu.speciality 赋值了，为什么没有输出它？怎样为 Student 类增加的 speciality 成员变量设置并输出值？② Student.howMany()方法怎样为 Student 类的实例计数？

3.3.2 继承原则及作用

1．继承原则

继承的基本原则说明如下。

① 子类继承父类所有的成员变量，包括实例成员变量和静态成员变量。

例如，例 3.4 中虽然 Student 类只声明一个成员变量 speciality，但实际上有 7 个成员变量，从父类 Person 继承了 6 个成员变量：实例变量 name、birthdate、gender、province、city 和静态成员变量 count。

② 子类继承父类除构造方法以外的成员方法，包括实例成员方法和静态成员方法，包括析构方法。通过子类对象可以调用父类的成员方法，如 stu.toString()、stu.set(name, birthdate)、stu.finalize()等。

③ 子类不能继承父类的构造方法。

因为父类的构造方法只能用于创建父类实例并初始化，不能用于创建子类实例。例如，设 Person 类声明 Person(String, MyDate)构造方法，当其子类没有声明 Student(String, MyDate)构造方法时，下列语句错误：

```
Student stu = new Student("李小明", new MyDate(1994,3,15));     // 语法错，构造方法参数不匹配
```

因此，子类必须声明自己需要的构造方法，创建子类实例并初始化子类声明的成员变量。

④ 子类可以增加成员，子类不能删除从父类继承来的成员，但可以重定义它们。

2．继承的作用

继承是类与类之间存在的一种关系。继承在父类与子类之间建立了联系，子类对象即父类对象，子类自动拥有父类除构造方法外的全部成员，包括成员变量和成员方法等，使父类的特性和功能得以传承和延续；子类不能删除但可以更改从父类继承来的成员，使父类成员适应新的需求；子类也可以增加自己的成员，使类的功能得以扩充。

Java 只允许类之间单继承，即一个子类只有一个父类。父类与子类是一对多的关系，一个父类可以有多个子类，每个子类又可以作为父类再有自己的子类，这些类组成具有层次关系的树结构，Java 约定该树的根是 Object 类。具有继承关系的、相距多个层次的类之间分别称为祖先（Ancestor）类和后代（Descendant）类，父类也称为直接祖先类。

例如，设 Student 和 Teacher 类都继承 Person 类，Person 是父类，Student 和 Teacher 是子类；Student 和 Teacher 类又可以再有各自的子类，所形成的树形结构的类层次如图 3-7 所示，Person 类与 Student 的子类构成祖先与后代的关系。

继承是实现软件复用的重要措施，增强了软件的可扩充能力，提高了软件的可维护性。后代类继承祖先类的成员，使祖先类的优良特性得以代代相传。如果更改祖先类中的内容，这些修改过的内容将直接作用于后代类，后代类不需进行维护工作。同时，后代类可以增加自己的成员，不断地扩充功能；或者重写祖先类的方法，让祖先类的方法适应新的需求。因此，祖先类通常用于通用功能设计，后代类用于特定功能设计。

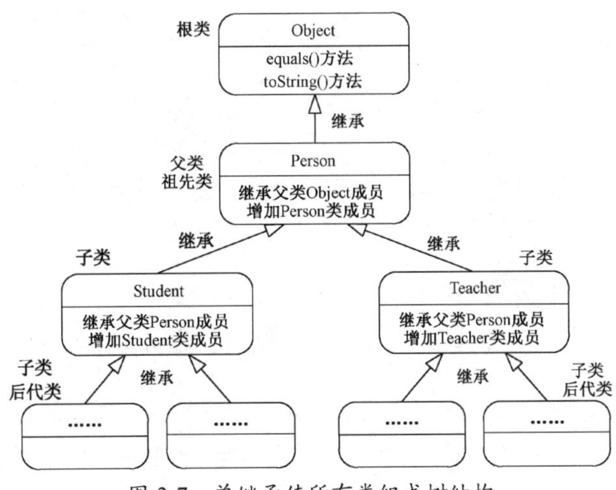

图 3-7　单继承使所有类组成树结构

3. Object 类

Object 类定义对象的基本状态和行为，没有成员变量，提供一组供所有对象继承的方法，包括通用工具方法和支持线程方法。部分声明如下：

```
public class Object
{
    public Object()                                        // 构造方法
    public String toString()                               // 返回描述当前对象的字符串
    public boolean equals(Object obj)                      // 比较当前对象与 obj 是否相等
    protected void finalize() throws Throwable             // 析构方法
}
```

当一个类没有声明父类时，Java 默认该类的父类是 Object。例如，下列两种声明等价：

```
public class Person                                        // 默认其父类是 Object
public class Person extends Object
```

因此，其他类都是 Object 的子类，都从 Object 类继承了 equals(obj)和 toString()等方法。

4. 子类对父类成员的访问权限

子类对从父类继承来的成员的访问权限，取决于父类成员声明的访问权限。子类能够访问父类的公有和保护成员，不能访问父类的私有成员。说明如下。

① 子类不能访问父类的私有成员（private），包括成员变量和成员方法。

例如，Person 类声明成员变量 count 为私有的，Student 类不能访问它，但可以调用父类的公有成员方法间接访问父类私有成员变量，如 Person.howMany()。此处，Person 类的 count 必须声明为私有的，因为 count 用于统计对象个数，在特定方法中进行++、--运算，如果声明为非私有的，Person 类将失去控制权，不知道何时会被谁修改，无法保证计数结果正确。

② 子类能够访问父类的公有成员（public）和保护成员（protected）。

例如，Person 类的 name、birthdate 等成员变量也可声明为 protected，可被其子类访问。

③ 子类对父类的缺省权限成员的访问控制，以包为界分为两种情况：可以访问当前包中父类的缺省权限成员，不能访问其他包中父类的缺省权限成员。

类中成员的访问控制权限体现封装的信息隐蔽原则：如果仅限于本类使用，声明成员为 private；如果可被子类使用，声明成员为 protected；如果可被所有类访问，声明成员为 public。

3.3.3 子类的构造方法

子类对象包含从其父类继承来的成员变量，以及子类声明的成员变量，子类构造方法必须对所有这些成员变量进行初始化。而父类声明的成员变量应该由父类的构造方法进行初始化，因此子类构造方法需要调用父类的某个构造方法。如果子类的构造方法没有显式调用父类的某个构造方法，Java 默认调用父类无参数的构造方法。

1. 使用 super()调用父类构造方法

在子类的构造方法体中，可以使用“super 引用”调用父类的构造方法。语法格式如下：

```
super([实际参数列表])
```

例如，Student 类可声明构造方法如下，super()调用必须是第一条语句。

```
public Student(String name, MyDate birthdate, String speciality)     // 构造方法
{
    super(name, birthdate);                          // 调用父类指定参数的构造方法
    this.speciality = speciality;
}
```

2. 默认执行 super()

在以下两种情况下，Java 默认执行 super()，调用父类无参数的构造方法。

① 当一个类没有声明构造方法时，Java 为该类提供默认构造方法，调用 super()执行父类无参数的构造方法。Java 为 Student 类提供的默认构造方法声明如下：

```
public Student()                                     // Java 提供的默认构造方法
{
    super();                                         // 调用父类构造方法 Person()
}
```

例如，以下 new Student()调用 Student 类的默认构造方法，执行父类构造方法 Person()，为 stu 创建实例的初值是("", (1970, 1, 1), "", "", "")。

```
Student stu = new Student();                         // 调用 Student 类的默认构造方法，执行 Person()
```

如果 Person 类声明了其他参数列表的构造方法，但没有声明 Person()构造方法，则上述语句产生语法错误。因此，一个类通常需要声明无参数的构造方法，即使自己不用，也要为子类准备着。

Person 类的默认构造方法声明如下，调用的是 Object 类的构造方法 Object()。

```
public Person()                                      // Java 提供的默认构造方法
{
    super();                                         // 调用父类构造方法 Object()
}
```

② 如果子类的构造方法没有调用 super()或 this()，Java 将默认调用 super()。例如，Java 在以下 Student 类的构造方法中，第一句将默认调用 super()。

```
public Student()
{
    super();                                         // Java 默认调用
    this.speciality = "";
}
```

子类 Student 的构造方法调用父类 Person 的某个构造方法如图 3-8 所示，先调用成员对象

的构造方法，再逐级调用父类的某个构造方法。

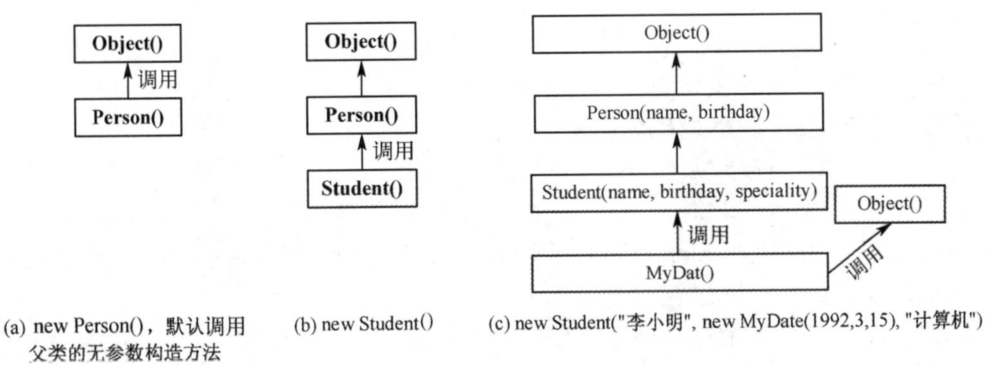

图 3-8　子类构造方法逐个调用成员对象和父类的构造方法

3.4　类的多态性

多态（Polymorphism）意为一词多义，程序设计中指“一种定义，多种实现”。例如，运算符“+”有多种含义，究竟执行哪种运算取决于参加运算的操作数个数及数据类型。

```
+1                                  // 正，单目运算
1+2                                 // 加法运算，双目运算，操作数是数值
"1"+"2"                             // 字符串连接运算，双目运算，操作数是字符串
```

多态性是面向对象的核心特征之一，主要有方法的多态和类型的多态。方法的多态包括方法的重载和覆盖，为一种功能提供多种实现；类型的多态表现为，子类是一种父类类型。

3.4.1　子类声明多态成员

1．子类声明的成员与父类同名，多态成员

当子类从父类继承来的成员不能满足子类需要时，子类不能删除它们，但可以重定义它们，使父类成员能够适应子类新的需求。子类重定义父类成员的设计方法是，子类声明与父类同名的成员，包括以下情况。

（1）子类声明的成员变量与父类同名，则隐藏父类的成员变量，变量类型可以不同。

（2）子类声明的成员方法与父类同名，有以下两种情况，以参数列表是否相同区别。

① 如果参数列表相同，则覆盖（Override）父类的成员方法，返回值类型必须与父类方法的返回值类型赋值相容，否则编译器会指出存在二义性的语法错误。覆盖父类方法时，子类方法的访问权限不能小于父类方法的访问权限。

② 如果参数列表不同，则重载（Overload）父类的成员方法。

子类继承了父类的成员，如果子类又声明了与父类同名的成员变量 x，覆盖了父类的成员方法 f()，则子类实际上有两个 x 和两个成员方法 f()，这就是多态，默认访问/调用子类声明的 x 或 f()方法。

2．super 引用

当子类有多态成员时，在子类的实例成员方法中，需要调用父类成员，可使用“super 引

用”，语法格式如下：

```
super.成员变量                          // 当子类隐藏父类成员变量时，引用父类成员变量（被隐藏了）
super.成员方法([实际参数列表])          // 当子类覆盖父类成员方法时，调用父类成员方法（被覆盖了）
```

super 将当前对象作为其父类的一个实例引用。🔔**注意：在静态方法中不能使用 super。**

【例 3.5】 Student 类声明多态成员。

在例 3.4 中，Student 类从 Person 继承来的 set()和 toString()方法不能满足需要，两者都只能访问父类声明的 name 和 birthdate 等成员变量，不能访问子类声明的 speciality 成员变量。因为这两个方法是由父类 Person 声明的，显然不可能包含对子类 Student 成员变量的操作，所以 Student 类需要重定义从父类继承来的 toString()等方法。

MyEclipse 设置编译路径包括项目：例 3.2 的 MyDate，例 3.3 深拷贝的 Person 类。程序如下。

```
public class Student extends Person
{
    public String  department, speciality, number;   // 系、专业、学号
    public boolean  member;                          // 团员
    private static int  count = 0;                   // Student 类对象计数，私有、静态，隐藏
    public Student(String name, MyDate birthdate, String gender, String province, String city,
            String department, String speciality, String number, boolean member)  //构造方法
    {   // 调用父类同参数的构造方法，Person.count++；由各类分别初始化自己声明的成员变量
        super(name, birthdate, gender, province, city);
        this.set(department, speciality, number, member);
        count++;                                     // 默认 Student.count，隐藏 Person.count
    }
    public Student()
    {
        super();                                     // 默认调用 Person()
        this.set("", "", "" , false);                // 初始化子类成员变量
        Student.count++;
    }
    // 构造方法，由父类 Person 实例提供初值；深拷贝 person
    public Student(Person person, String department, String speciality, String number, boolean member)
    {
        super(person);                    // 调用父类的拷贝构造方法。无论父类成员何种权限，都能执行
        this.set(department, speciality, number, member);
        Student.count++;
    }
    public Student(Student stu)                      // 拷贝构造方法，深拷贝
    {
        this(stu, stu.department, stu.speciality, stu.number, stu.member);  // stu 传递子类对象
    }
    public void finalize()                           // 析构方法，覆盖父类的析构方法
    {
        super.finalize();          // 调用父类析构方法，Person.count--；此时无 Person.count 访问权限
        Student.count--;
    }
    public static void howMany()                     // 显示父类和子类的对象数，覆盖父类静态方法
    {
        Person.howMany();                            // 调用父类的静态成员方法，不能使用 super
```

```
        System.out.println(Student.count+"个 Student 对象");
    }
    // 设置各属性值; 重载父类 set()成员方法, 参数列表不同
    public void set(String department, String speciality, String number, boolean member)
    {
        this.department = department == null ? "" : department;
        this.speciality = speciality == null?"" : speciality;
        this.number = number == null ? "":number;
        this.member = member;
    }
    public String toString()                    // 描述对象字符串, 覆盖父类方法
    {
        return super.toString()+","+this.department+","+this.speciality+","+this.number+ (member?",团员":"");
    }
    public static void main(String[] args)
    {
        Person per = new Person("李小明",new MyDate(1994,3,15),"男","湖南省","长沙市");
        Student stu1 = new Student(per,"计算机系","计算机科学与技术专业","211994001",true);
        Student stu2 = new Student(stu1);                          // 拷贝构造方法
        stu2.set("张莉",new MyDate(1998,4,5),"女","湖北省","武汉市");  // 调用父类的成员方法
        stu2.set("经济管理系","信息管理专业","321998003",true);         // 调用子类重载的成员方法
        Student.howMany();                          // 调用子类静态成员方法
        System.out.println("per: "+per.toString()+"\nstu1: "+stu1.toString()+"\nstu2: "+stu2);
        stu2.finalize();                            // 调用子类的析构方法
        Student.howMany();
    }
}
```

程序运行结果如下：

```
3 个 Person 对象, 2 个 Student 对象
per: 李小明,1994 年 03 月 15 日,男,湖南省,长沙市
stu1:李小明,1994 年 03 月 15 日,男,湖南省,长沙市,计算机系,计算机科学与技术专业,211994001,团员
stu2: 张莉,1998 年 04 月 05 日,女,湖北省,武汉市,经济管理系,信息管理专业,321998003,团员
释放对象 (张莉,1998 年 04 月 05 日,女,湖北省,武汉市,经济管理系,信息管理专业,321998003,团员)
2 个 Person 对象, 1 个 Student 对象
```

父类 Person 声明的成员与子类 Student 声明的成员如图 3-9 所示。

程序设计说明如下。

① 子类隐藏父类成员变量。

Student 类声明的静态成员变量 count 隐藏了父类的静态成员变量 Person.count。在 Student 类中实际有两个 count：Person.count 和 Student.count。可使用 this 或 super 引用区分它们，通常用于实例成员变量。例如：

```
this.count                            // 指代 Student.count, 隐藏 Person.count
super.count                           // 指代 Person.count (可访问时)
```

Person.count 和 Student.count 分别统计各自类的对象数，由于 Student 对象即是 Person 对象，所以，当创建或撤销一个 Student 实例时，不仅要改变 Student.count，还要改变 Person.count，因此，在 Student 构造方法和析构方法中，要分别调用 Person 的构造方法或析构方法。根据封装原则，将两个 count 都声明为私有，因两者的作用域不同，即使同名也不会产生混淆。

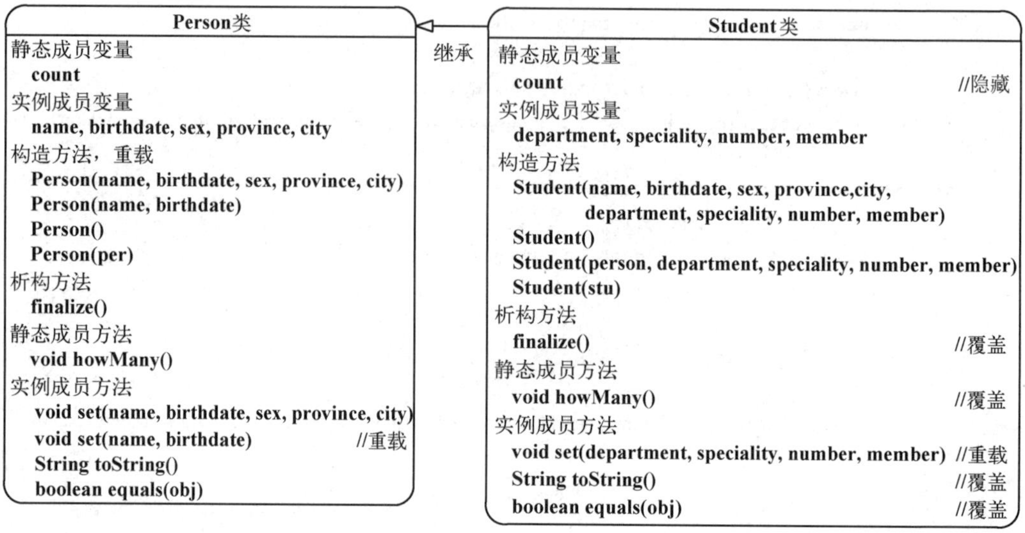

Person类

静态成员变量
　count
实例成员变量
　name, birthdate, sex, province, city
构造方法，重载
　Person(name, birthdate, sex, province, city)
　Person(name, birthdate)
　Person()
　Person(per)
析构方法
　finalize()
静态成员方法
　void howMany()
实例成员方法
　void set(name, birthdate, sex, province, city)
　void set(name, birthdate)　　//重载
　String toString()
　boolean equals(obj)

继承

Student类

静态成员变量
　count　　//隐藏
实例成员变量
　department, speciality, number, member
构造方法
　Student(name, birthdate, sex, province,city,
　　　department, speciality, number, member)
　Student()
　Student(person, department, speciality, number, member)
　Student(stu)
析构方法
　finalize()　　//覆盖
静态成员方法
　void howMany()　　//覆盖
实例成员方法
　void set(department, speciality, number, member)　//重载
　String toString()　　//覆盖
　boolean equals(obj)　　//覆盖

图 3-9　父类 Person 成员与子类 Student 成员的关系

② 子类覆盖父类成员方法。

Student 类继承的静态成员方法 howMany()、实例成员方法 toString()及析构方法 finalize()，都需要扩充父类方法的功能，因此，Student 类声明与父类同名的成员方法，参数列表完全相同，它们均覆盖了与父类同名的成员方法。

子类覆盖父类方法，既可以完全重写，也可以扩展父类方法的功能。在实例方法体中，使用 super 调用父类的同名成员方法，实现扩充父类成员方法的功能，如 super.finalize()、super.toString()等。

③ 子类重载父类成员方法。

当子类重定义父类的成员方法时，如果参数列表不同，则子类重载继承来的该成员方法。所以，子类中有多个重载的成员方法。例如，Person 类和 Student 类分别声明以下 set()方法，它们的参数列表不同，是重载关系。

```
public void set(String name, MyDate birthdate, String gender, String province,String city)//Person 类声明
public void set(String department,String speciality,String number,boolean member)//Student 声明，重载
```

当子类成员方法重载父类同名成员方法时，重载的多个同名成员方法之间能够通过调用时的实际参数列表而互相区别，不需要使用 super 引用。

子类能够继承并覆盖父类的析构方法，但不能重载析构方法。

3.4.2　类型的多态

1. 子类对象即是父类对象

子类对象包含了父类的所有成员变量，继承关系表示子类是父类的一种特殊类型，子类对象“即是”父类对象；反之则不然，父类对象显然不是它的子类对象。例如，Student 类是一种特殊的 Person 类，一个 Student 实例既属于 Student 类，也属于 Person 类。例 3.5 中，每创建一个 Student 实例，Person.count 计数也要增加 1。

当创建一个类的实例时，也隐含地创建了其父类的一个实例，因此子类构造方法必须调用其父类的一个构造方法。

对象运算符 instanceof 判断一个实例是否属于指定类，包括其子类实例。例如：

```
new Person() instanceof Person          // 结果是 true
new Student() instanceof Person         // 结果是 true，子类对象即是父类对象
new Person() instanceof Student         // 结果是 false，父类对象不是子类对象
```

2. 父类对象引用子类实例

子类对象即父类对象，表现为父类与子类之间具有赋值相容性，即父类对象能够引用子类实例，反之不行。意为可出现父类实例的场合，也可出现子类实例。例如：

```
Person per = new Student();             // 赋值相容，子类对象即是父类对象
Student stu = new Person();             // 语法错，赋值不相容，父类对象不是子类对象
```

再扩展到 Object 类，由于所有其他类都是 Object 的子类，因此一个 Object 对象能够引用任何类的实例。例如：

```
Object obj = new Person();              // 赋值相容，子类对象即是父类对象
```

“即是”性质也表现在方法调用的参数传递过程中。

已知 Person 类声明以下成员方法：

```
public int olderThen(Person per)        // 返回 this 与 per 对象的年龄差值，按年龄比较对象大小
```

其中，Person 类的形式参数 per 可引用其子类 Student 实例。例如：

```
Person  per = new Person("李小明", new MyDate(1994, 3, 15));
Student  stu1 = new Student("张莉", new MyDate(1998, 4, 5)), stu2=…;
per.olderThen(stu1)                     // 参数为子类对象,赋值相容,传递等价于“形式参数 per=实际参数 stu1”
stu1.olderThen(per)                     // 子类对象调用父类方法，参数为父类对象
stu2.olderThen(stu1)                    // 子类对象调用父类方法，参数为子类对象，参数赋值相容
```

3.4.3 何时确定执行哪个多态方法？怎样执行

1. 编译时多态和运行时多态

编译器或运行系统，何时确定执行多态方法中的哪一个？这分为两种情况，在编译时能够确定执行多态方法中的哪一个，称为编译时多态；编译时不能确定，必须到运行时由运行系统才能确定的，称为运行时多态。

方法重载都是编译时多态。编译器根据调用方法的语法规则，即实际参数列表的数据类型、个数和次序，确定执行重载方法中的哪一个。

方法覆盖表现出两种多态性，当对象引用本类实例时，为编译时多态；当对象引用子类实例时，为运行时多态。例如，设 per、stu 对象引用本类实例，编译器将在对象所属的类中，寻找调用方法，检查以下语句的语法是否匹配。

```
per.toString()                          // 编译时多态，调用 per 所属的类 Person 的 toString()方法
stu.toString()                          // 编译时多态，调用 stu 所属的类 Student 的 toString()方法
```

2. 运行时多态的意义及其执行过程

当以下父类对象 obj 引用子类实例时，obj.toString()究竟执行谁的 toString()方法？

```
Object  obj = new Student(…);           // 父类对象 obj 引用子类实例
obj.toString()                          // 执行谁的 toString()？编译器认为执行 Object 的 toString()
```

从编译系统角度看，obj 声明为 Object 对象，而 Object 类声明了 toString()方法，所以 obj.toString()执行 Object 类的 toString()方法，没有编译错误。如果功能仅限于此，则父类对象引用子类实例就没有意义了。

运行时多态性是指，当父类对象obj引用子类实例、通过obj调用多态方法时，Java虚拟机在运行时确定执行obj引用实例所属类的方法实现，即：

```
obj.toString()                          // 运行系统希望执行obj引用实例所属类Student的toString()
```

那么，Student类是否声明了toString()方法？如果没有声明该方法，执行谁的？如何寻找？

寻找obj.toString()匹配执行方法的过程如图3-10所示，从obj引用实例所属的类开始寻找toString()匹配的方法执行，如果当前类中没有匹配方法，则沿着继承关系逐层向上追溯，依次在其父类或各祖先类中寻找匹配方法，直到Object类。

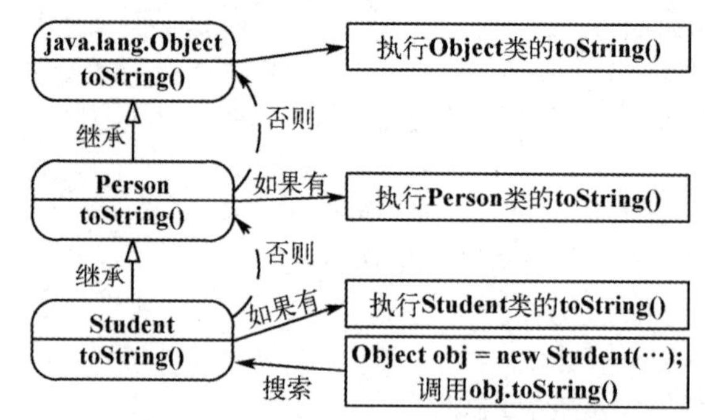

图3-10　运行时多态，寻找(new Student()).toString()匹配的执行方法

进一步，以下语句希望通过per对象调用子类Student增加的set()方法，结果会怎样？

```
Person  per = new Student(…);
per.set("经济管理系","信息管理专业","003",true);         // 语法错，因为Person类没有声明该方法
```

因此，父类对象只能执行那些在父类中声明、被子类覆盖了的子类方法，如toString()，不能执行子类增加的成员方法。所以，Object类对象obj只能调用Object类声明的方法，如toString()和equals()等方法。

运行时多态的意义：① 在父类中约定通用的方法声明，如Object类声明toString()方法，并为子类提供默认实现。② 子类继承父类方法，说明多个子类具有共同的行为能力；子类覆盖父类方法，提供不同的方法实现，体现子类的个性，由运行系统确定执行多态的方法实现。

3.4.4　多态的方法实现

从类的使用者角度看，方法的多态性使一个功能具有统一风格，不仅在一个类中，也在父类与多个子类之间具有相同的约定。从类的设计者角度看，类的继承性和多态性使类易于扩充功能，增强了软件的可维护性。

由前述已知，Object类声明了toString()和equals()等方法，那么，Object类为什么要声明这些方法？Object类中的toString()和equals()等方法是怎样实现的？它们对于子类的作用是什么？子类又如何使用它们？

1．多态的toString()方法

输出对象信息是每个类都需要的基本功能。Java语言实现该功能的机制说明如下。

① 约定对象的输出方式是，每个类实现toString()方法给出其对象的描述字符串，这样会避免像C++语言的重载输出流（不是默认功能）。

② Object类声明toString()方法如下，其作用是，为子类提供默认的toString()方法。

```
public String toString()                    //返回当前对象的描述字符串
{  // 返回由当前对象所属类名和十六进制的散列码组成的描述对象信息的字符串
   return this.getClass().getName() + "@" + Integer.toHexString(this.hashCode());
}
```

一个类如果没有声明 toString()方法，它继承父类直到 Object 类的 toString()方法。但是，显然，Object 类的 toString()方法实现不能满足其各子类的个性要求。

③ 一个类需要覆盖父类或 Object 类的 toString()方法，给出符合自己类需求的 toString()方法实现；调用语句 obj.toString()的执行是运行时多态的，寻找 obj.toString()匹配执行方法的过程见图 3-10。

2. 多态的 equals(Object)方法

比较对象相等也是每个类都需要的基本功能。Java 语言实现该功能的机制与 toString()方法相似。首先，约定 equals()方法比较对象相等，避免像 C++语言的重载"=="关系运算符（不是默认功能）；再由 Object 类声明 equals(Object)方法为子类提供默认 equals(Object)方法；各子类可覆盖 equals(Object)方法，给出符合自己类需要的方法实现。调用语句 obj1.equals(obj2)的执行也是运行时多态，寻找匹配执行方法的过程类似图 3-10。

（1）Object 类的 equals(Object)方法声明及其作用

Object 类声明 equals(Object)方法如下：

```
public boolean equals(Object obj)           // 比较 this 与 obj 对象是否相等
{
   return this == obj;                      // 若 this 和 obj 引用同一个实例，则返回 true
}
```

Java 语言约定，equals()方法的含义与"=="关系运算不同，但 Object 类的 equals()方法实际上进行的是"=="关系运算，比较两个对象是否引用同一个实例。由于 Object 类没有成员变量，其 equals()方法只能比较对象引用，这是对各子类均适用的规则。

Object 类声明 equals(Object)方法的作用如下。

① 为子类提供默认 equals(Object)方法。当一个类没有声明 equals()方法时，继承父类直到 Object 类的 equals(Object)方法。

② 为子类覆盖提供方法声明，运行时多态。

通常，子类需要自己特定的比较对象相等规则，如比较指定若干成员变量值是否相等，则可覆盖父类或 Object 类的 equals(Object)方法。例如，String 类声明覆盖 equals(Object)方法如下：

```
// 比较 this 与 obj 引用的串是否相等。算法依次比较两串各对应位置字符是否相同，以及两串长度是否相同。覆盖
public boolean equals(Object obj)
```

（2）子类覆盖 Object 类的 equals(Object)方法

① Person 类不需要声明 equals(Person)方法。如果 Person 类声明 equals(Person)方法如下：

```
public boolean equals(Person per)       // 比较 this 与 per 是否相等，算法比较对应各成员变量是否相等
{
   return this == per || per != null && this.name.equals(per.name) && this.birthdate.equals(per.birthdate)
          && …; // 其中，name 等执行 String 类的 equals(obj)，birthdate 执行 MyDate 类的 equals(obj)
}
```

问：上述方法与 Person 类从 Object 类继承的以下 equals(Object)方法是什么关系？

```
public boolean equals(Object obj)                // 比较 this 与 obj 对象是否相等，实现为 this==obj
```

由于参数列表不同，两者是重载关系。此时 Person 类中有 equals(Person)和 equals(Object)两个成员方法，两者约定的功能相同，但实现不同，这将引起混乱。根据 Java“简单性原则”，一个功能只用一种方法声明，不同类之间的方法实现是运行时多态的。那么，在上述两个方法中选择哪一个？如何选择？

从语法上看，由于 equals(Object)方法参数可接受 Person 及子类实例，因此没有必要声明 equals(Person)方法；而从语义上又需要 equals(Person)方法功能，很矛盾。解决这个问题的办法是，将两者合而为一，采用 equals(Object)方法声明和 equals(Person)功能实现，即每个类覆盖 equals(Object)方法。只有参数列表相同，才能覆盖父类方法，才能运行时多态。例如，String 字符串类覆盖了 equals(Object)方法，例 3.2 的 MyDate 类也应该覆盖 equals(Object)方法。

② Person 类必须覆盖 equals(Object)方法。Person 类声明覆盖 Object 类的 equals(Object)方法如下：

```
// 比较 this 与 obj 对象是否相等，覆盖 Object 类的方法
// 当参数 obj 引用 Person 实例时，算法逐域比较各成员变量对象值是否相等
public boolean equals(Object obj)
{
    if(this == obj)                              // this 指代调用当前方法的对象
        return true;
    if(obj instanceof Person)                    // 当 obj 引用实例属于 Person 及其子类（包括 Student）
    {
        Person  p = (Person)obj;                 // 类型强制转换，p 也引用 obj 引用的实例
        return this.name.equals(p.name) && this.birthdate.equals(p.birthdate) && this.gender.equals(p.gender)
                         && this.province.equals(p.province) && this.city.equals(p.city);
                 // 其中,name 等执行 String 类的 equals(obj),birthdate 执行 MyDate 类的 equals(obj)
    }
    return false;
}
```

（3）子类扩展父类的 equals(Object)方法

Student 类覆盖父类的 equals(Object)方法如下，扩展其功能，先执行父类的 equals(Object)方法，再比较自己增加的成员变量。

```
// 比较 this 与 obj 对象是否相等。当 obj 引用 Student 实例时，逐域比较各成员变量对象值是否相等。覆盖
public boolean equals(Object obj)
{
    if(this == obj)
        return true;
    if(obj instanceof Student)                   // 当 obj 引用实例属于 Student 及其子类，不包含 Person 类
    {
        Student stu = (Student)obj;              // 类型强制转换，stu 也引用 obj 引用的实例
        return super.equals(stu)                 // 调用父类方法，以下调用 String 类的 equals(Object)
                && department.equals(stu.department) && speciality.equals(stu.speciality)
                && this.number.equals(stu.number) && this.member==stu.member;
    }
    return false;
}
```

上述方法实现不支持 Student 实例与其父类 Person 实例比较。

【例 3.6】 对象数组的输出、查找和合并算法。

本例目的和功能如下：

① Object 对象数组作为方法参数和返回值，讨论 Object[]通用性。

② 用于对象数组的输出、查找及合并的通用算法。

③ toString()和 equals(Object)方法作用于所有对象的运行时多态应用。

MyEclipse 设置编译路径包含项目：例 3.2、例 3.3、例 3.5。程序如下。

```
public class ObjectArray                          // 为对象数组声明通用方法，Object[]类型参数
{
    // 输出对象数组，空对象输出"null"; 方法参数类型是 Object[]，适用于所有对象数组
    public static void print(Object[] objs)
    {
        if(objs != null)
            for(int i=0; i < objs.length; i++)
                System.out.println(objs[i] == null ? "null" : objs[i].toString());
                                          // objs[i]可引用任何实例，objs[i].toString()方法运行时多态
    }
    public static Object[] concat(Object[] objs1, Object[] objs2)   // 返回合并的对象数组，通用功能
    {
        if(objs1 == null)
            return objs2;
        if(objs2 == null)
            return objs1;
        Object[] result = new Object[objs1.length+objs2.length];
        int  i = 0, j = 0;
        for(j=0; j < objs1.length; j++)
            result[i++] = objs1[j];                          // 对象引用赋值
        for(j=0; j < objs2.length; j++)
            result[i++] = objs2[j];
        return result;                                       // 返回对象数组引用
    }
    // 输出 objs 对象数组中所有与 key 相等的元素，顺序查找算法; equals(Object)方法应用
    public static void searchPrintAll(Object[] objs, Object key)
    {
        if(objs != null && key != null)
            for(int i=0; i < objs.length; i++)
                if(objs[i] != null && key.equals(objs[i]))   // equals()运行时多态，执行 key 比较规则
                    System.out.println(objs[i].toString());  // toString()方法运行时多态
    }
    public static void main(String[] args)
    {
        Person  per = new Person("李小明",new MyDate(1994,3,15));
        Person[]  pers={per, new Student(per,"","计算机","", false)};
        Student[] stus={new Student("张莉",new MyDate(1998,4,5),"","","","","信息管理","", false),
                    new Student("朱红",new MyDate(1995,3,12),"","","","","通信工程","",false)};
        Object[] objs = concat(pers, stus);            // 返回合并的对象数组，数组元素对象引用
        stus[1].birthdate.set(new MyDate(2001,10,1)); // 修改出生日期，影响 objs 数组元素，引用
```

```
            print(objs);
            Person[] keys = {new Person(per), new Student((Student)pers[1])};      // 深拷贝，查找对象
            for (int i=0; i < keys.length; i++)
            {
                System.out.println("查找: "+keys[i].toString()+", 结果:  ");
                searchPrintAll(objs, keys[i]);              // 查找执行 keys[i]所属类的对象比较规则
            }
            Student.howMany();
        }
    }
```

程序运行结果省略，程序设计说明如下。

① 对象数组元素赋值，对象引用赋值。

main()方法中，pers 和 stus 分别声明为 Person 数组和 Student 数组，Person 数组可以保存 Person 和 Student 两类对象。调用 objs = concat(pers, stus)语句，复制合并 pers 和 stus 数组元素到 objs 对象数组（创建存储空间）中，如图 3-11 所示（省份、城市等成员变量未画出）。由于对象引用赋值，合并后，pers、stus 和 objs 数组共用对象，修改 stus[1]的出生日期，也影响了 objs 对应的数组元素。

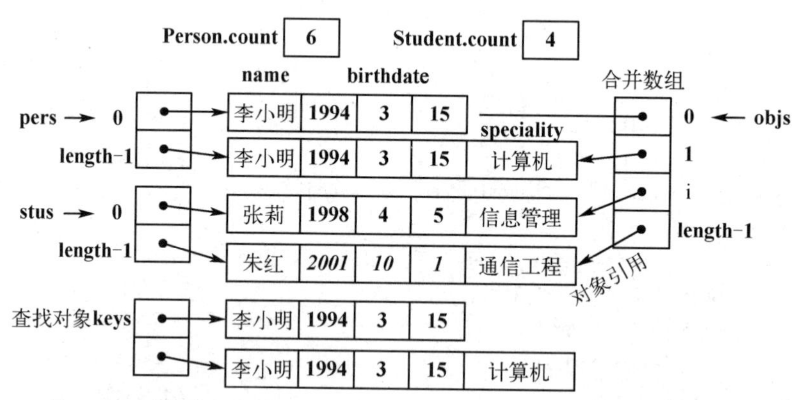

图 3-11 对象数组保存 Person 及其子类对象，对象数组的查找和合并

② Object[]适用于所有对象数组的基础是运行时多态。

print(Object[] objs)、searchPrintAll(Object[] objs, Object key)和 concat(Object[], Object[])方法的参数类型都是 Object[]，它们能够对任何元素类型、任意长度的对象数组进行操作。元素 objs[i]可引用任何实例，元素赋值 result[i]=objs1[j]以及 objs[i].toString()和 key.equals(objs[i])方法均适用于任何对象，objs[i].toString()和 key.equals(objs[i])方法表现运行时多态，一种语法形式在运行时分别执行多个类的方法实现。

③ 调用 equals()方法的对象决定比较规则。

〖问〗在 searchPrintAll(objs, key)方法体中，采用 key.equals(objs[i])或 objs[i].equals(key)进行比较，含义和结果是否相同？

〖答〗不同，因为 equals()方法运行时多态，由调用对象决定比较规则如下，Person 类与 Student 类的比较规则不同。

```
if(key.equals(objs[i]))       // 执行 key 引用实例所属类的比较规则，一次查找比较规则相同
if(objs[i].equals(key))       // 执行 objs[i]引用实例所属类的比较规则，一次查找比较规则不同
                              // 例如，在图 3-11 中，objs[0]引用 Person 实例，objs[1]引用 Student 实例
```

【思考题 3-5】 ① 若 Student 类没有覆盖 equals(Object)方法，运行例 3.6 程序，运行结果有什么不同？为什么？② 增加以下方法，public static 修饰。

```
void print(Object[][] objs)                       // 输出二维对象数组
// 以下顺序查找对象数组中首次出现的与 key 相等元素，若查找成功，则返回元素，否则返回 null
Object search(Object[] objs, Object key)
Object[] searchAll(Object[] objs, Object key)     // 查找并返回 objs 数组中所有与 key 相等对象
void removeAll(Object[] objs, Object key)         // 删除 objs 数组所有与 key 相等对象
boolean equals(Object[] x, Object[] y)            // 比较 x、y 数组各对应元素值是否相等
double average(Person[] pers)                     // 返回 Person 对象数组的平均年龄
Person oldest(Person[] pers)                      // 返回年龄最大的对象
```

3.5 类的抽象性

现实世界有多种实体，各类实体之间具有各种复杂的关系。面向对象程序设计要把现实世界中的实体抽象为问题域的类，用对象表达实体的属性和操作，用类与类之间的关系表达实体间的关系，类也可以描述抽象的概念。

抽象是研究复杂对象的基本方法，也是一种信息隐蔽技术，从复杂对象中抽象出本质特征，忽略次要细节，使某些信息和实现细节对于使用者不可见。抽象层次越高，其软件复用程度也越高。抽象数据类型是实现软件模块化设计思想的重要手段。一个抽象数据类型是描述一种特定功能的基本模块，可由各种基本模块组织和构造起来一个大型软件系统。

3.5.1 用继承刻画包含关系

一个复杂的实际应用系统通常需要设计并实现许多概念，其中有些概念具有包含关系。例如，图形包含直线、椭圆、三角形、矩形和多边形等，它们之间的包含关系如图 3-12 所示。

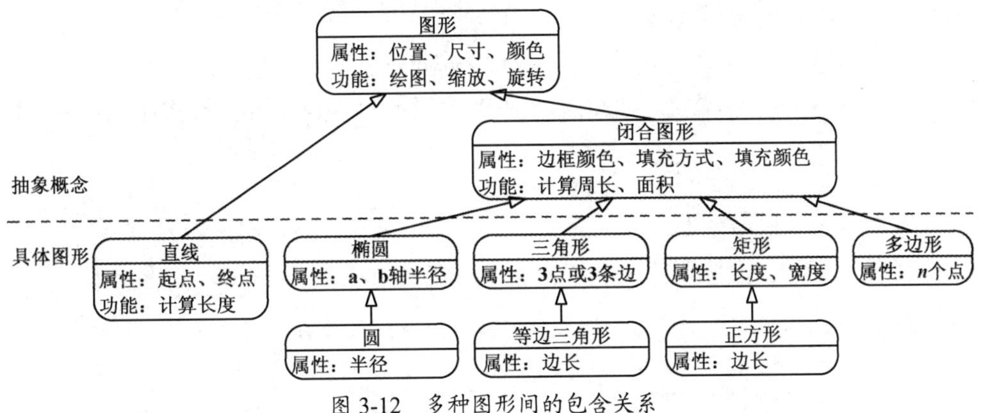

图 3-12　多种图形间的包含关系

每种图形都有位置、尺寸、颜色等属性，以及绘图、缩放、旋转等功能，而能够绘制的图形都是具体的、有形状的，画不出一种没有具体形状的、没有大小尺寸的图形。因此，图形是一种抽象概念，用于描述所有图形共同具有的属性和功能。同样，闭合图形也是抽象概念，有计算周长和面积的基本功能，椭圆、三角形、矩形和多边形等都是特定的闭合图形，有各自的计算周长和面积公式。

面向对象程序设计用类描述一种实体的属性和操作实现，如可声明矩形类、椭圆类等，实体间的包含关系可用类的继承关系来刻画，因为子类是一种特殊的父类类型。“抽象类”用于描述抽象概念。可声明类的继承特性，包括抽象类和最终类。

3.5.2 抽象类

使用关键字 abstract 声明的类称为抽象类，使用 abstract 声明的成员方法称为抽象方法。抽象方法只有方法声明没有方法体。例如，以下声明 ClosedFigure 是抽象类，其中包含 area() 抽象方法，抽象方法声明以“;”结束，没有方法体。

```
public abstract class ClosedFigure                 // 闭合图形抽象类，public在abstract之前
{
    public abstract double area();                 // 计算面积，抽象方法，以分号";"结束
}
```

注意：构造方法、静态成员方法不能被声明为抽象方法。

抽象类不能被实例化，即不能创建抽象类的实例。例如，下列语句产生语法错误：

```
ClosedFigure  cfig = new ClosedFigure();          // 语法错，抽象类不能被实例化
```

抽象类通常包含抽象方法，也可以不包含抽象方法。但是，包含抽象方法的类必须被声明为抽象类。如果一个类声明继承一个抽象类，它必须实现父类的所有抽象方法，否则该类必须声明为抽象类。

抽象类与抽象方法的作用何在？抽象类没有实例，抽象方法没有具体实现，为什么要声明抽象类与抽象方法？

抽象类中，声明抽象方法是为子类的共同操作约定的一种方法声明；子类继承抽象类的抽象方法，继承了父类的约定，再根据自身的实际需要给出抽象方法的具体实现。不同的子类可有不同的方法实现。总之，抽象方法不仅使子类具有共同的行为能力，还能实现运行时多态，“一种声明，多种实现”。

【例 3.7】 图形抽象类及其子类。

本例演示抽象类与抽象方法的作用。声明图形抽象类及其子类如下，抽象类及其子类的继承关系如图 3-13 所示。各图形构造方法的参数说明如图 3-14 所示。因篇幅所限，省略部分方法实现。

① Point 坐标点类，声明省略，详见例 1.2。

② 声明 Figure 图形抽象类如下，其中声明 point1 坐标点表示图形位置。

```
public abstract class Figure                       // 图形抽象类
{
    public Point point1;                           // 坐标点，表示位置
    // 构造方法，不能是抽象方法。保护权限，不能创建实例，子类调用。方法体略
    protected Figure(Point point1)
    public String toString()                       // 对象描述字符串，输出点位置。子类备用
    {
        return this.point1==null ? "" : this.point1.toString();  // 若point1为空对象，则输出空串
    }
}
```

Figure 类没有包含抽象方法，不能创建实例。构造方法的权限可声明为 protected，表示不能用于创建实例，只留给子类调用。

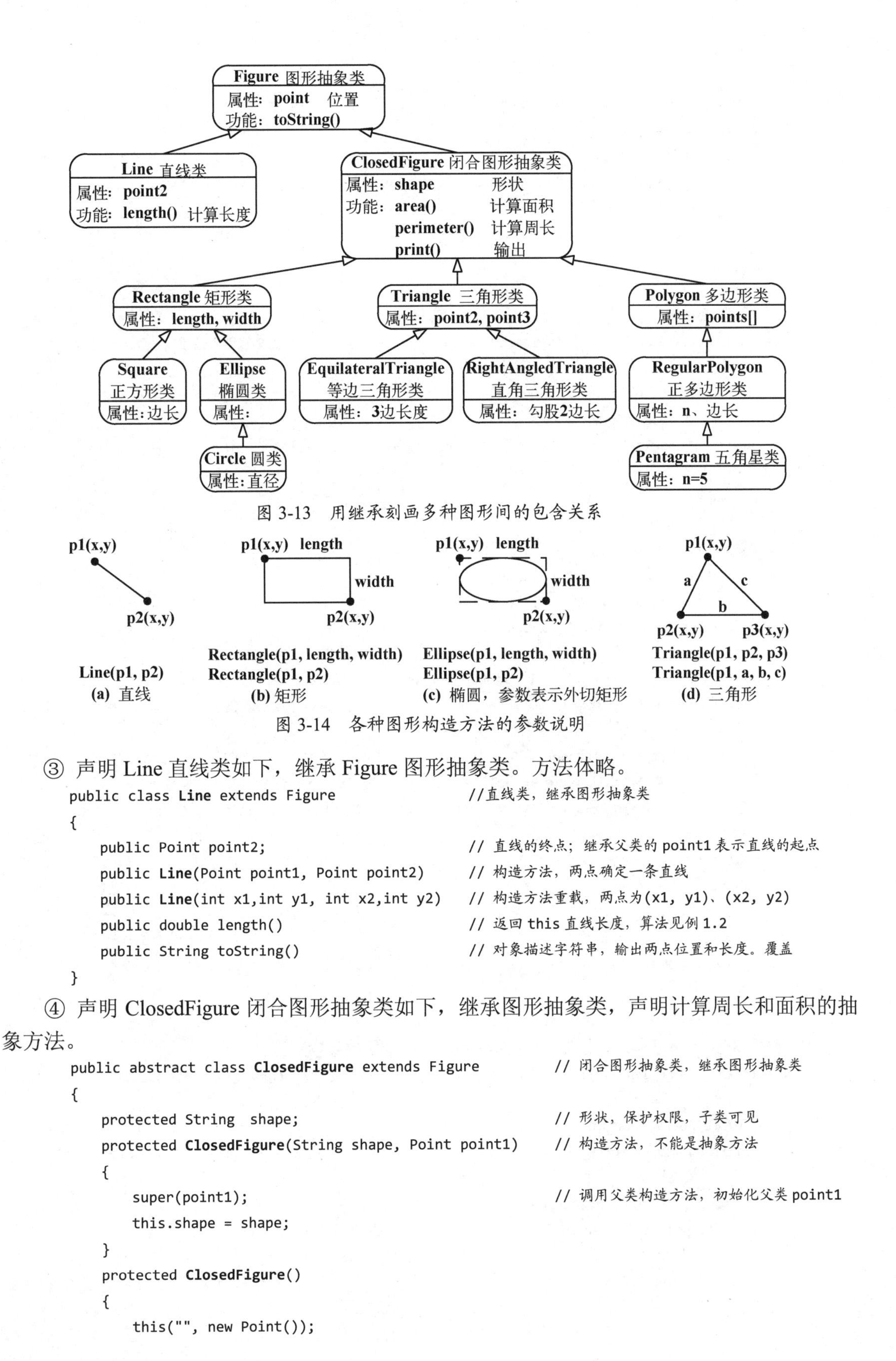

图 3-13 用继承刻画多种图形间的包含关系

图 3-14 各种图形构造方法的参数说明

③ 声明 Line 直线类如下，继承 Figure 图形抽象类。方法体略。

```
public class Line extends Figure                       //直线类，继承图形抽象类
{
    public Point point2;                               // 直线的终点；继承父类的 point1 表示直线的起点
    public Line(Point point1, Point point2)            // 构造方法，两点确定一条直线
    public Line(int x1,int y1, int x2,int y2)          // 构造方法重载，两点为(x1, y1)、(x2, y2)
    public double length()                             // 返回 this 直线长度，算法见例 1.2
    public String toString()                           // 对象描述字符串，输出两点位置和长度。覆盖
}
```

④ 声明 ClosedFigure 闭合图形抽象类如下，继承图形抽象类，声明计算周长和面积的抽象方法。

```
public abstract class ClosedFigure extends Figure            // 闭合图形抽象类，继承图形抽象类
{
    protected String  shape;                                 // 形状，保护权限，子类可见
    protected ClosedFigure(String shape, Point point1)       // 构造方法，不能是抽象方法
    {
        super(point1);                                       // 调用父类构造方法，初始化父类 point1
        this.shape = shape;
    }
    protected ClosedFigure()
    {
        this("", new Point());
```

```
    }
    public abstract double perimeter();                     // 计算周长，抽象方法
    public abstract double area();                          // 计算面积，抽象方法，以“;”结束
    public void print()                                     // 输出对象属性及周长和面积，调用抽象方法
    {  // 下句中toString()继承Figure类，输出点；toString()、perimeter()、area()子类覆盖，运行时多态
        System.out.println(this.shape+this.toString()+", "
                        +String.format("周长%1.2f, 面积%1.2f",this.perimeter(),this.area()));
    }
}
```

⑤ 声明Triangle三角形类如下，继承闭合图形抽象类。

```
public class Triangle extends ClosedFigure                  // 三角形类，继承闭合图形抽象类
{
    public Point point2, point3;                            // 三角形的3个点，继承point1
    protected double a,b,c;                                 // 3条边长度
    public Triangle(Point p1, Point p2, Point p3)           // 3个点构造一个三角形
    {
        super("三角形", p1);
        this.point2 = p2;
        this.point3 = p3;
        this.a = new Line(p1,p2).length();
        this.b = new Line(p2,p3).length();
        this.c = new Line(p3,p1).length();
    }
    public Triangle(Point point1, double a, double b, double c)      // 参数a、b、c指定三条边长度
    public String toString()          // 对象描述字符串，包括3点位置和3边长度属性。覆盖，扩展功能
    {
        return "(3点坐标"+super.toString()+","+ (this.point2==null ? "" : this.point2.toString())+
              ","+(this.point3==null ? "" : this.point3.toString())+", 3边长"
              +String.format("%1.2f, %1.2f, %1.2f)", this.a, this.b, this.c);
    }
    public double perimeter()                                        // 返回三角形周长
    public double area()                                             // 返回三角形面积
    {
        double  s = (a+b+c)/2;                              // 求三角形面积的海伦公式
        return Math.sqrt(s*(s-a)*(s-b)*(s-c));              // Math.sqrt(x)返回x的平方根
    }
}
```

⑥ 声明Polygon凸多边形类如下，继承闭合图形抽象类。

```
public class Polygon extends ClosedFigure                   // 凸多边形类，继承闭合图形抽象类
{
    private Point[] points;                                 // 多边形的各点坐标，边数为数组长度
    public Polygon(Point[] points)                          // 由points数组中的多点构造多边形
    {
        super("多边形", points[0]);                         // points[0]赋值给继承的point1
        this.points = points;                               // 引用赋值
    }
    public String toString()                                // 对象描述字符串，包括多点位置属性。覆盖
    {
```

```
        String str = "("+points.length+"个点"+this.points[0].toString();
        for(int i=1; i < points.length; i++)
            str += ", "+this.points[i].toString();
        return str+")";
    }
    public double perimeter()                                    // 返回多边形周长
    {
        double  perim = 0;
        for(int i=0; i < points.length; i++)                     // 周长=每条直线长度之和
            perim += new Line(points[i], points[(i+1)% points.length]).length();
        return perim;
    }
    public double area()                                         // 返回凸多边形面积
    {
        double sum=0;
        for(int i=1; i < points.length-1; i++)                   // 面积=points.length-2 个三角形面积之
和
            sum += new Triangle(points[0], points[i], points[i+1]).area();   // 以 points[0]为基点
        return sum;
    }
}
```

其中，采用剖分算法计算凸多边形面积，计算将凸多边形分割成 points.length−2 个三角形的面积之和，算法描述如图 3-15 所示。该算法计算凸多边形面积时，以谁为基点都可以；但计算凹多边形面积时，剖分算法会因基点不同而不同，必须做更多判断。

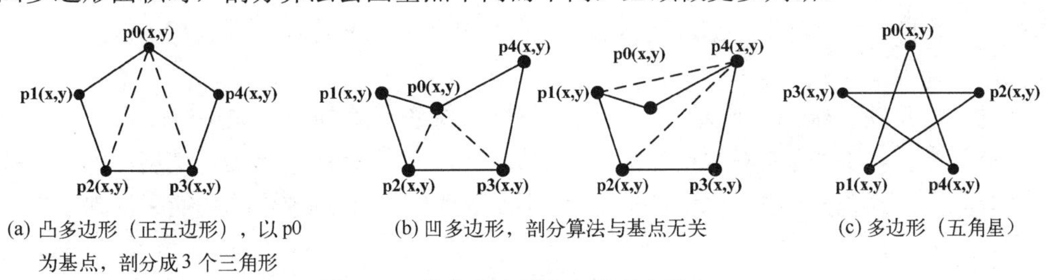

(a) 凸多边形（正五边形），以 p0 为基点，剖分成 3 个三角形　　(b) 凹多边形，剖分算法与基点无关　　(c) 多边形（五角星）

图 3-15　计算多边形面积的剖分算法

⑦ 抽象类的对象引用子类实例。ClosedFigure 抽象类的 main()方法如下：

```
public static void main(String[] args)                          // 抽象类中可以包含 main()方法
{
    Point point1 = new Point(100, 100);
    ClosedFigure cfig = new Triangle(point1, new Point(100,130), new Point(140,130));//引用三角形
    cfig.print();                     // 输出对象属性，其中 toString()、perimeter()、area()运行时多态
    Point[] pentagon={point1, new Point(200,100), new Point(250,150), new Point(200,200), new Point(100,200)};
    cfig = new Polygon(pentagon);                                        // cfig 引用五边形实例
    cfig.print();
}
```

其中，cfig 声明为 ClosedFigure 抽象类的对象，cfig 能够引用 ClosedFigure 的子类实例，包括矩形、椭圆、三角形、多边形等类的实例；调用 cfig.print()方法，其中的 cfig.toString()、cfig.perimeter()和 cfig.area()方法表现运行时多态性，执行 cfig 引用实例所属的类的方法实现，

计算 cfig 引用实例的周长和面积，如椭圆周长和面积、矩形周长和面积等。

程序运行结果如下：

```
三角形(3 点坐标(100,100),(100,130),(140,130)，3 边长 30.00,40.00,50.00)，周长 120.00，面积 600.00
多边形(5 个点(100,100),(200,100),(250,150),(200,200),(100,200))，周长 441.42，面积 12500.00
```

【思考题 3-6】 ① Figure 类增加以下抽象方法。

```
public abstract void draw(java.awt.Graphics g); // 绘图，参数类型说明详见 6.4 节
public abstract void revolve(int angle);        // 旋转，angle 参数指定角度
public abstract void zoom(int percentage);      // 缩放，percentage 参数指定百分比
```

② Line 类增加以下方法。

```
public boolean contains(Point point)          // 判断 point 点是否在 this 直线上
public Point intersects(Line line)            // 返回 this 与 line 直线相交的点，若不相交，则返回 null
public double distance(Point point)           // 返回从 point 点到 this 直线的距离
```

③ ClosedFigure 类增加以下方法。

```
public int compareTo(ClosedFigure cfig)           // 按面积比较对象大小
public abstract boolean contains(Point point);  // 判断 point 点是否在 this 闭合图形区域内
```

④ 声明 Rectangle 矩形类、Square 正方形类、Ellipse 椭圆类、Circle 圆类、EquilateralTriangle 等边三角形类、RightAngledTriangle 直角三角形、RegularPolygon 正多边形类、Pentagram 五角星类，继承关系见图 3-13。

综上所述，Figure 和 ClosedFigure 抽象类为子类约定共同的属性，以及描述共同操作的抽象方法声明，各子类给出各自的不同实现，使抽象方法在子类中表现出运行时多态性，如计算面积的语法都一样，都调用 area()方法，运行时将执行调用对象的 area()方法实现，或计算矩形面积，或计算椭圆面积等。这就是多态，一个功能约定一种方法声明，却可以对应多种不同的实现，不会混淆。

上述过程反映了采用面向对象思想设计软件系统的普遍规律，先进行需求分析，建立对象及其关系模型，再用面向对象语言的类描述并实现，所设计的多个类及其层次关系与分析阶段建立的对象及其关系模型一致。这种直接用代码刻画和封装抽象结构的能力反映了软件技术的进步和发展。

3.5.3 最终类

1. 声明最终类

使用关键字 final 声明的类称为**最终类**，最终类不能被继承，即不能有子类。例如：

```
public final class Math extends Object          // 数学类，最终类
public class MyMath extends Math                // 语法错，最终类不能被继承
public final class Circle extends Ellipse       // 圆类，最终类，不能被继承
```

如果不希望一个类被继承，可声明该类为最终类。习惯上将 public 放在 final 前面。

注意：抽象类不能被声明为最终类。

2. 声明最终方法

使用 final 声明的成员方法称为最终方法。最终方法不能被子类覆盖。最终类中包含的都是最终方法。非最终类也可以包含最终方法。例如：

```
public class Square extends Ellipse             // 非最终类
```

```
{
    public final double area()                         // 最终方法，不能被子类覆盖
}
```

习 题 3

（1）类的封装性

3-1 什么是类？什么是对象？它们之间的关系是怎样的？

3-2 作为引用数据类型，在赋值和方法的参数传递方面，对象与基本数据类型的变量有什么不同？

3-3 以下方法能否实现交换两个对象的功能？为什么？

```
public static void swap(Object x, Object y)          // 交换对象x和y值
{
   Object  temp = x;
    x = y;
    y = temp;
}
public static void swap(Object[] objs, int i, int j) // 交换对象objs[i]和objs[j]值
{
    if (objs!=null && i>=0 && i<objs.length && j>=0 && j<objs.length && i!=j)   // 避免下标越界
    {
        Object temp = objs[j];
        objs[j] = objs[i];
        objs[i] = temp;
    }
}
```

3-4 面向对象技术有哪些核心特性？

3-5 什么是封装？为什么将类封装起来？封装的原则是什么？有哪些封装手段？

3-6 类的构造方法和析构方法有什么作用？它们分别被谁调用？它们的访问权限范围是怎样的？是否每个类都必须声明构造方法和析构方法？没有声明构造方法和析构方法的类执行什么构造方法和析构方法？构造方法和析构方法的继承性是怎样的？

3-7 说明一个类的默认构造方法的必要性。Java在什么情况下提供默认构造方法？

3-8 Java类中的方法与C++中的函数有什么差别？

3-9 为什么Java语言不提供默认拷贝构造方法？当对象作为方法的参数和返回值时，参数是如何传递的？

3-10 this引用有什么作用？this引用有几种使用方法？举例说明。

3-11 Java语言定义了几个关键字用于表示几种访问权限？各表示什么含义？类有几种访问权限？类中成员有几种访问权限？分别使用什么关键字表示？

3-12 如果MyDate类声明如下，有哪些错误？为什么？

```
private class MyDate
{
    public int  year, month, day;
    void set(int y, int m, int d=1)
```

```
    {
        int  year = y;
        month = m;
        day = d;
    }
    public static void main(String args[])
    {
        MyDate d1, d2 = …;
        System.out.println("d1: "+d1.toString()+", d2:  "+d2+", d1>=d2? "+(d1>=d2));
    }
}
```

3-13 为什么 MyDate 类中，可以重载 set()方法，而不能重载 get()方法？

3-14 说明静态成员与实例成员的区别。

（2）类的继承性

3-15 什么是继承？继承机制的作用是什么？子类继承了父类中的什么？子类不需要父类的成员时怎么办？能够删除它们吗？Java 语言允许一个类有多个父类吗？

3-16 子类能够访问父类中什么样权限的成员？

3-17 一个类如果没有声明父类，那么它的父类是谁？

3-18 声明 Object 类的作用是什么？Object 类中声明了哪些方法？Object 类在 Java 类层次体系中的地位是怎样的？Object 类没有成员变量，其构造方法 Object()有什么作用？

（3）类的多态性

3-19 如果子类声明的成员与父类成员同名会怎样？

3-20 super 引用有什么作用？super 引用有几种使用方法？在什么情况下需要使用 super？举例说明。

3-21 什么是多态性？什么是方法的重载？方法的重载与覆盖有何区别？

3-22 什么是运行时多态？方法的重载和覆盖分别在什么时候能够确定调用多态方法中的哪一个？为什么？

3-23 设“Object obj = "abc";”，下列语句有什么错误？如何改正？

```
System.out.println(obj.toString()+"长度为"+obj.length());
```

3-24 Object 类为什么要声明 toString()和 equals(Object)方法？Object 类中的 toString()和 equals()等方法是怎样实现的？它们对于子类的作用是什么？子类又如何使用它们？

3-25 Person 类能否声明以下两个 equals()方法？为什么？它们是怎样的关系？在什么情况下被调用？Person 类是否必须声明以下两个 equals()方法？

```
public boolean equals(Person per)
public boolean equals(Object obj)
```

3-26 如果某方法与继承来的方法有相同名字，而参数不同，两者是什么关系？举例说明。

3-27 如果某方法与继承来的方法之间只是返回值不同，会怎样？能运行吗？举例说明。

（4）类的抽象性

3-28 什么是抽象类？抽象类中是否必须有抽象方法？抽象类中的方法都是抽象方法吗？抽象类和抽象方法的意义何在？

3-29 以下 ClosedFigure 类声明有什么错误？

```
public abstract class ClosedFigure
{
    public abstract ClosedFigure();
}
```

3-30　什么是最终类？最终类中的方法都是最终方法吗？最终类的意义何在？

3-31　关键字 final 有几种用法？分别用于声明（修饰）哪些语法成分？

3-32　Java 语言为什么不支持指针？C++语言的指针类型存在哪些潜在的错误？没有指针，Java 语言如何实现在 C++语言中用指针实现的功能？例如，通过指针访问数组元素，通过指针使用字符串，函数参数传递地址，函数的输出型参数，函数返回构造数据类型等。

3-33　Java 语言为什么不支持 C++语言的运算符重载特性？

实验 3　类的封装、继承和多态

1. 实验目的

掌握类的声明格式和多种封装措施，理解对象的引用模型；掌握类的继承原则，正确使用重载和覆盖等多态概念设计可复用方法，理解运行时多态性概念；掌握声明抽象类和最终类的方法，理解抽象类和最终类的作用。

掌握在 MyEclipse 集成开发环境中，通过设置编译路径引用其他项目中声明的类。

2. 实验内容

（1）类的封装性

3-34　声明复数类 Complex，成员变量包括实部和虚部，成员方法包括实现由字符串构造复数、复数加法、减法、字符串描述、比较相等、计算复数的模 $\sqrt{实部^2+虚部^2}$ 等操作。复数语法图如图 3-16 所示。

3-35　声明银行账户类 Account，成员变量包括账号、储户姓名、开户时间、身份证号码、存款余额等账户信息，成员方法包括开户、存款、取款、查询（余额、明细）、销户等操作。

3-36　声明颜色类。

24 位真彩色的一种颜色由（红、绿、蓝）三元色值组成，称为 RGB 值，采用 1 字节存储一种单色值，范围是 0～255；用一个 int 整数存储一种颜色，结构为：最高字节全 1，其后 3 字节分别存储红、绿、蓝三元色值，RGB 整数结构如图 3-17 所示，0xff0000ff 表示蓝色，RGB 值为(0, 0, 255)。

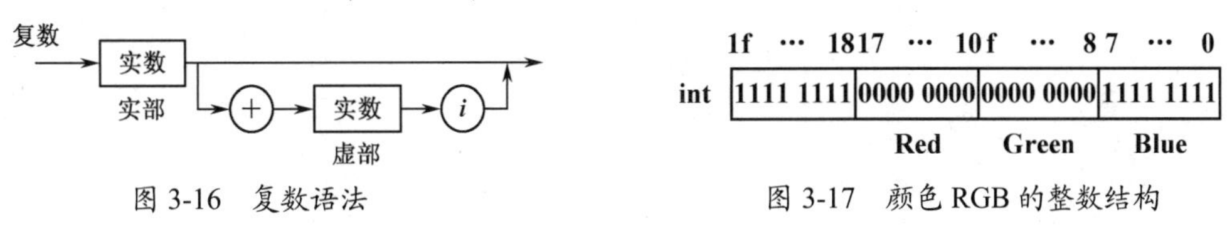

图 3-16　复数语法　　　　图 3-17　颜色 RGB 的整数结构

（2）类的继承性和多态性

3-37　声明像素类。

像素是一个带颜色的坐标点。声明像素类 Pixel 如下，继承 Point 类（见例 1.2）。

```
public class Pixel extends Point                    // 像素类
{
    private Color color;                            // 像素颜色
    public Pixel(Point point, Color color)          // 构造方法
    public Pixel()
}
```

3-38 Student 类增加功能如下：

① 学号以各专业、年级分类自动编号。

② 实现以多种条件进行查找，例如，只比较姓名，查找姓“李”的人，查找某年出生的人，查找某省某市人，等等。

③ 增加多门成绩变量；按照专业分别统计不同班级的学生成绩。

3-39 声明 Friend 类，表示朋友的姓名、性别、电话号码和关系等信息。

3-40 声明 GoodFriend 类，继承 Person 类，增加电话号码和关系等成员变量。

第 4 章　接口、内部类和 Java API 基础

本章介绍 Java 接口和内部类，以及 Java API 语言包和实用包中的接口和类。接口提供了方法声明与方法实现相分离的机制，使实现接口的多个类具有共同的行为能力，能够实现运行时多态，“一种声明，多种实现”。接口机制使 Java 具有多继承的能力。内部类使类具有嵌套结构。

4.1　接口与实现接口的类

计算机系统是由硬件和软件相互交织形成的集合体，软件、硬件具有层次结构，每层都具有一组功能并对外提供相应接口，接口对层内隐蔽实现细节，对层外提供使用约定[5]。

接口（interface）是一组抽象方法、常量和内嵌类型的集合。接口是一种数据类型，采用抽象形式来描述约定，因此接口只有被类实现之后才有意义。接口提供方法声明与方法实现相分离的机制，使得接口中声明的抽象方法能够在实现接口的类中表现运行时多态。

1. 声明接口

使用关键字 interface 声明接口，语法格式如下，其中 [ ] 表示可选项。

```
[public] interface 接口<泛型> [extends 父接口列表]
{
    [public] [static] [final] 数据类型 成员变量=常量值;
    [public] [abstract] 返回值类型 成员方法[(参数列表)];
}
```

例如：

```
public interface Area                                    // 可计算面积接口
{
    public abstract double area();                       // 抽象方法，计算面积，以“;”结束
}
public interface Perimeter                               // 可计算周长接口
{
    public abstract double perimeter();                  // 抽象方法，计算周长
}
```

声明接口说明如下：

① 接口中的成员变量都是常量，声明时必须赋值，默认修饰符为 public static final，不能声明实例成员变量。

② 接口中的成员方法都是抽象的实例成员方法，默认修饰符为 public abstract，不能声明为 static。

③ 接口中不能包含构造方法，因为构造方法不能是抽象的。

④ 接口的访问控制权限是 public 或缺省。

⑤ 接口没有任何具体实现，也就不能创建实例。

Java 有一组“-able”接口，各表示一种对象属性，如 Cloneable（可克隆）、Comparable（可比较）、Runnable（线程可运行）、java.io.Serializable（对象可序列化）等。其中，Cloneable 和 Serializable 接口没有常量，也没有声明方法，称为标记接口，用于标记某个属性。

2. 声明实现接口的类

关键字 implements 用于声明一个类实现多个指定接口，语法格式如下，多个接口之间用“,”分隔。

```
[修饰符] class 类<泛型> [extends 父类] [implements 接口列表]
```

接口通常约定某个性质或做某件事；类声明实现指定接口，说明该类具有这些接口约定的性质。例如，例 3.7 声明的 ClosedFigure 闭合图形抽象类，可声明实现 Area 和 Perimeter 接口如下，表明其具有计算面积和计算周长的功能。

```
// 闭合图形抽象类，继承图形抽象类，实现可计算面积接口和可计算周长接口
public abstract class ClosedFigure extends Figure implements Area, Perimeter
```

ClosedFigure 类继承关系如图 4-1 所示。

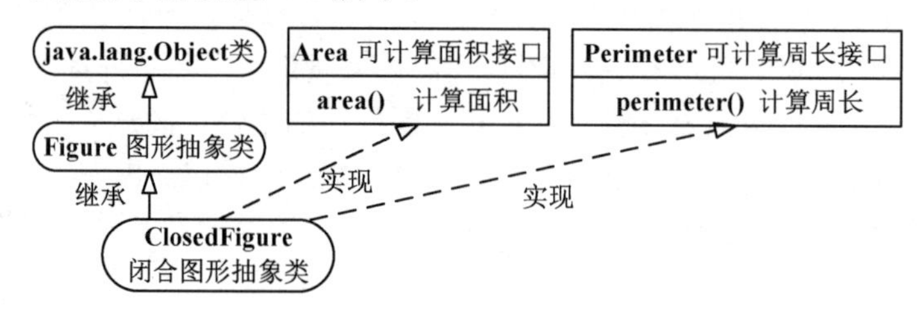

图 4-1 ClosedFigure 类的继承关系

非抽象类如果声明实现多个接口，则它必须实现（覆盖）所有指定接口中的所有抽象方法，方法的参数列表必须相同，否则必须声明为抽象类。ClosedFigure 类声明实现 Area 和 Perimeter 接口，但没有实现这些接口中的抽象方法，所以 ClosedFigure 类必须声明为抽象类。

【例 4.1】 Area、Volume 接口与实现这些接口的柱体类。

① 声明 Volume 接口如下，可计算体积。

```
public interface Volume                              // 可计算体积接口
{
    public abstract double volume();                 // 抽象方法，计算体积
}
```

② 声明柱体类 Cylinder，实现 Area 和 Volume 接口。

声明柱体类 Cylinder 如下，其中成员变量 cfigure 指定柱体的底面图形，引用 ClosedFigure 闭合图形抽象类的子类实例，如矩形、椭圆、三角形、多边形等，ClosedFigure 类声明见例 3.7；成员变量 height 表示柱体的高度。MyEclipse 设置编译路径包含项目：例 3.7。

Cylinder 柱体类声明实现 Area 和 Volume 接口，Cylinder 类的继承关系如图 4-2 所示，将 Area 接口中的 area()抽象方法实现为计算柱体的表面积，并且实现了 Volume 接口中计算体积的抽象方法，所以 Cylinder 类不是抽象类。计算柱体的表面积和体积需要调用底面图形的周长和面积。

```
// 柱体类，实现可计算面积接口和可计算体积接口
public class Cylinder extends Object implements Area, Volume
{
```

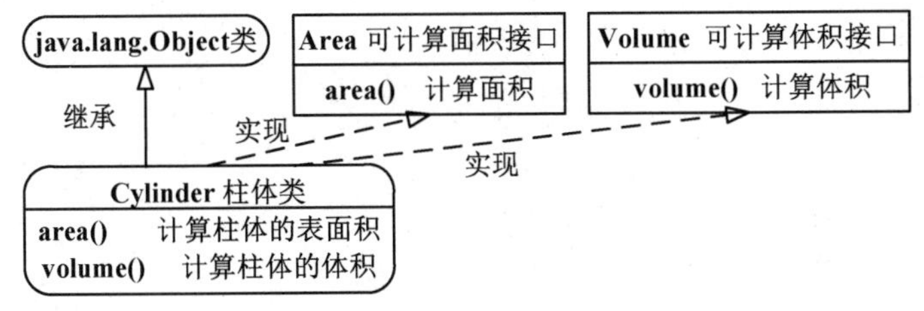

图 4-2 Cylinder 类的继承关系

```
    // 以下声明抽象类对象 cfigure，引用闭合图形抽象类（见例 3.7）的子类对象，指定底面图形
    protected ClosedFigure  cfigure;
    protected double  height;                               // 高度
    public Cylinder(ClosedFigure cfigure, double height)    // 构造方法
    {
        this.cfigure = cfigure;
        this.height = height;
    }
    public double area()                               // 计算柱体的表面积，实现 Area 接口中的抽象方法
    {
        return cfigure.perimeter()*this.height + 2*cfigure.area();  // perimeter()计算底面图形周长
    }
    public double volume()                             // 计算柱体的体积，实现 Volume 接口中的抽象方法
    {
        return cfigure.area() * this.height;           // area()计算底面图形面积
    }
    public String toString()
    {
        return this.getClass().getName()+"底面是"+this.cfigure.toString()+"; 高"+this.height;
    }
}
```

3. 接口是引用数据类型

由第 3 章所述，类是 Java 的一种引用数据类型，声明一个类 C 就是定义了一个类型，该类型的值集为类 C 及其所有子类的实例，该类型的操作集为类 C 中声明的所有方法。

接口也是 Java 的一种引用数据类型，声明一个接口 I 就是定义了一种类型，该类型的值集为所有实现接口 I 的类及其子类实例，该类型的操作集为接口 I 中声明的所有方法。

如果类 C 实现了接口 I，那么类 C 及其子类的实例既属于类 C 的类型，也属于接口 I 的类型。这是 Java 语言的类型多态形式。例如，声明 Area 接口对象 ar 如下，ar 能够引用实现 Area 接口的类及其子类的实例。

```
Point point = new Point(100, 100);
ClosedFigure cfig = new Ellipse(point, 10, 20);     // 父类对象 cfig 引用椭圆子类实例
Area ar = cfig;                  // Area 接口对象 ar 引用实现 Area 接口的 ClosedFigure 类的 Ellipse 子类实例
                                 // Ellipse 实例，既属于 ClosedFigure 类，也属于 Area 接口，类型多态
ar.area()                                           // 计算椭圆面积，运行时多态
Cylinder cylinder = new Cylinder(cfig, 10);         // 椭圆柱
ar = cylinder;                                      // ar 引用实现 Area 接口的 Cylinder 类的实例
ar.area()                                           // 计算椭圆柱面积，运行时多态
```

4．接口是多继承的

接口的继承性是多继承，一个接口可以继承多个父接口。例如：

```
public interface Solid extends Area,Volume                    // 立体接口，继承 Area 和 Volume 接口
```

则 Solid 接口中有 area()和 volume()两个抽象方法。

声明 Globe 球类如下，实现 Solid 接口。接口多继承及 Globe 类的继承关系如图 4-3 所示。

```
public class Globe extends Object implements Solid        // 球类，实现 Solid 接口
```

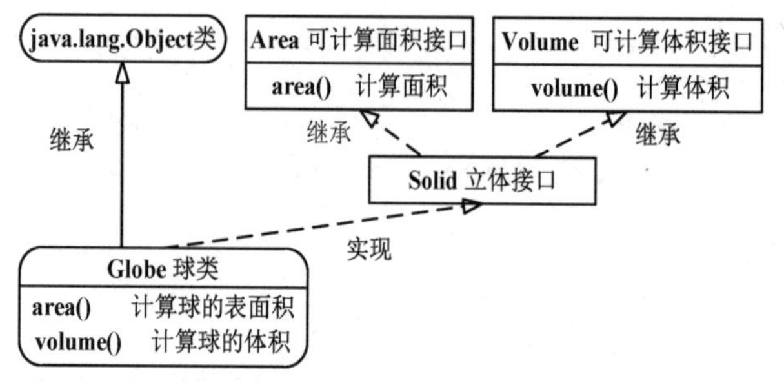

图 4-3　接口的多继承及 Globe 类的继承关系

【思考题 4-1】 实现 Globe 类，计算球的表面积 $4\pi r^2$，计算体积 $\frac{4}{3}\pi r^3$。

5．接口的作用

上述 Area 接口被多个类实现；Area 接口对象 ar 能够引用实现 Area 接口及子接口的类及其子类实例；通过接口对象 ar 调用 Area 接口声明的 ar.area()方法，方法执行是运行时多态的，运行时执行 ar 引用实例所属类的 area()方法实现，如图 4-4 所示。

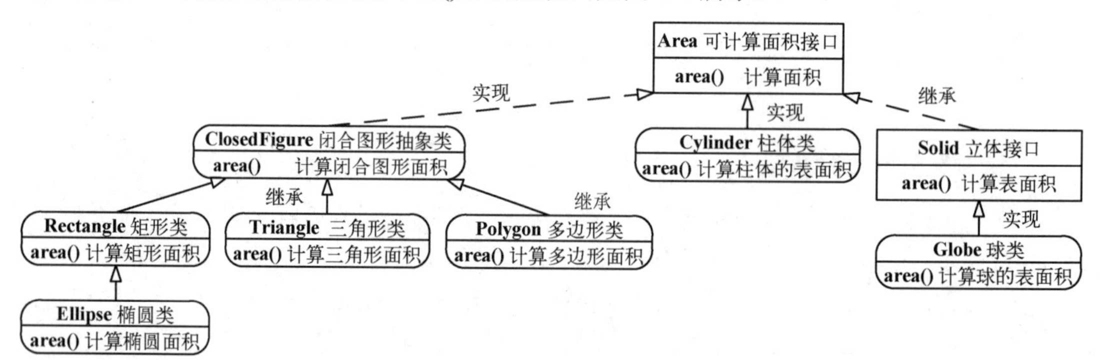

图 4-4　Area 接口声明的 area()抽象方法，在实现该接口的多个类中表现运行时多态

Volume 接口 vol 同理。声明接口对象 vol 如下，volume()方法在实现 Volume 接口的多个类中表现运行时多态，如图 4-5 所示。

```
Volume vol = cylinder;          // Volume 接口对象 vol 引用实现 Volume 接口的 Cylinder 类的实例
vol.volume()                    // 计算（椭圆柱、长方体、三棱柱）体积，运行时多态
                                // 当 cylinder.cfigure 分别引用椭圆、矩形、三角形时
Globe globe = new Globe(10);    // 球
ar = globe;                     // ar 引用实现 Area 接口 Solid 子接口的 Globe 类的实例
vol = globe;                    // vol 引用实现 Volume 接口 Solid 子接口的 Globe 类的实例
ar.area()                       // 计算球的表面积，运行时多态
vol.volume()                    // 计算球的体积，运行时多态
```

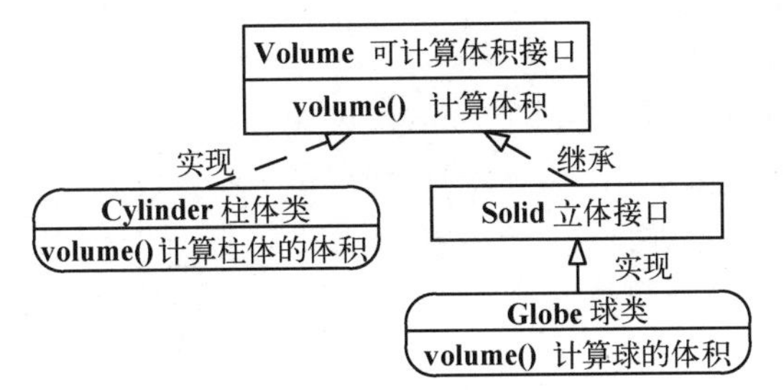

图 4-5　Volume 接口声明的 volume()抽象方法，在实现该接口的多个类中表现出运行时多态性

类所继承的父类以及所实现的全部接口被称为它的父类型，反之，该类就是其父类型的子类型，接口也是其继承的全部父接口（父类型）的子类型。子类型包含其父类型的全部属性和功能，子类型对象即父类型对象。因此，父类型对象可引用子类实例。

父类型为子类型提供基本属性和基础功能。即使父类型（如抽象类和接口）无法提供方法实现仅约定方法声明（抽象方法），也是有意义的。抽象方法将方法的声明与实现相分离，使得实现方法的多个类具有共同的行为能力，能够实现运行时多态，“一种声明，多种实现”。这就是在抽象类和接口中声明抽象方法的作用。

6. 接口与抽象类的区别

从语法和作用上看，接口与抽象类很像，都是通过抽象的约定来定义类型，从而提供方法声明与方法实现分离的机制。那么，它们有何差别？

① 抽象类为子类约定方法声明，抽象类可以给出部分实现，包括构造方法等；抽象方法在多个子类中表现出多态性。类的单继承使得一个类只能继承一个父类的约定和实现。

② 接口为多个互不相关的类约定某一特性的方法声明，在类型层次中表达对象拥有的属性。接口没有实现部分。接口是多继承的。一个类实现多个接口，就具有多种特性，也是多继承的。

7. 单继承和多继承

（1）类的单继承的优点

Java 的类是单继承的，接口是多继承的。一个类继承一个父类或实现多个接口，一个接口继承多个父接口，都是对类型的扩展。

接口为操作描述抽象的约定，没有实现。多继承使得一个接口能够继承多个父接口的抽象约定。

类不仅有约定，还有实现。一个类继承一个父类，不仅继承了父类的约定，还继承了父类的实现。单继承使得一个类只能继承一个父类的实现，使得每个类与其子类和后代类构成一棵具有层次结构的树。Object 类被默认为其他类的父类或祖先类，从而将 Java 语言的所有类合并在一棵大树上。Object 类是这棵大树的根，它为子类提供所有对象都适用的方法。

当一个接口对象调用该接口中约定的方法时，在实现该接口的多个类中表现出运行时多态性。例如：

```
Area ar = new Circle(new Point(100, 100), 10);          // 圆
ar.area()                                                // 执行Ellipse类的area()方法，计算椭圆面积
```

编译时，编译器检查 Area 接口对象 ar 引用实例所属的类是否实现 Area 接口，ar 调用的 area()方法是否在 Area 接口中声明，这样能够确定 ar.area()方法有实现版本，但执行哪种实现

还不能确定。

运行时，系统从 ar 引用实例所属的类 Circle 开始寻找匹配的方法执行，实现运行时多态。如果 Circle 类中没有匹配方法，则沿着继承关系逐层向上，依次在父类及各祖先类中寻找匹配方法，总能找到。类的单继承使得这条搜索路径是线性的。由于接口中的方法都是抽象方法，因此显然不需要在接口中寻找执行方法，并且接口的多继承对搜索执行路径没有影响，如图 4-6 所示。

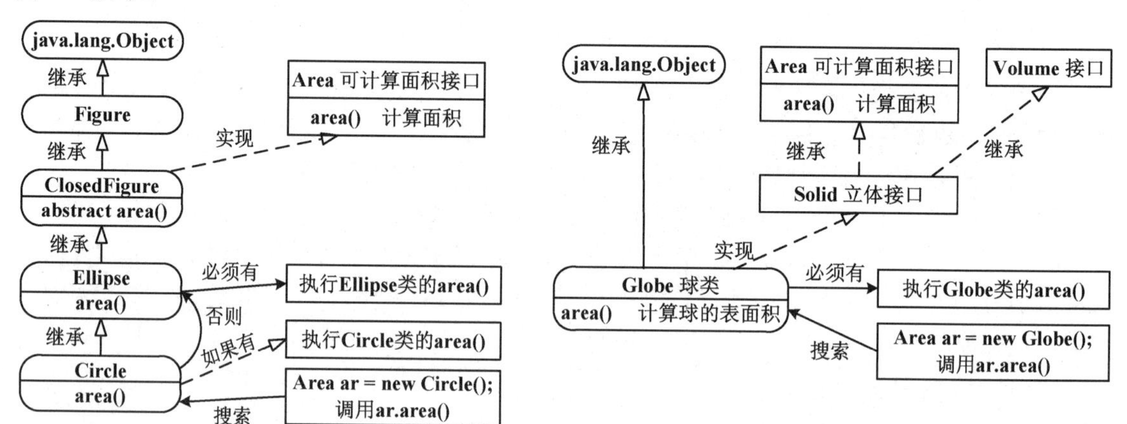

图 4-6 类的单继承与接口的多继承对多态方法运行时搜索路径的作用

（2）接口的多态性*

接口的多态性描述如图 4-7 所示。

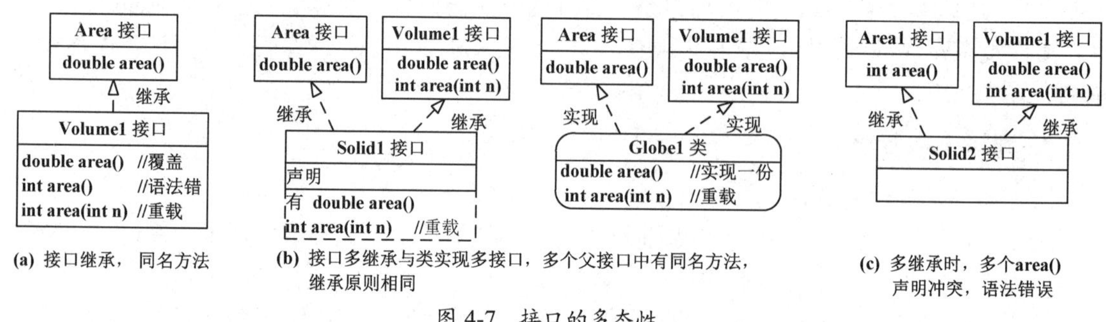

图 4-7 接口的多态性

① Volume1 接口声明继承 Area 接口，声明与父接口同名的 area()抽象方法。当子接口声明与父接口同名方法时，这些同名方法的关系有覆盖和重载两种多态，视参数列表而定，与类继承时的规则相同。其一，覆盖，如 double area()，前提是子接口方法的参数列表和返回类型均与父接口方法相同；如果参数列表相同而返回值类型不同，如 int area()，则有语法错误，存在二义性。其二，重载，如 int area(int n)，前提是方法名相同而参数列表不同。

② Solid1 接口声明继承多个接口如下：

```
interface Solid1 extends Area, Volume1 { }
```

Area 和 Volume1 父接口存在同名方法 area()，两个父接口中的 area()方法声明相同，不冲突。Solid1 接口继承来的方法是 double area()和 int area(int n)，两者重载。

同理，Globe1 类声明实现 Area 和 Volume1 多个接口，多个父接口中存在的同名方法 area()

声明相同，则 Globe1 类只需给出一份 area()方法实现。

③ Solid2 接口声明继承 Area1 和 Volume1 接口，但是两个父接口中声明的同名方法 area()，参数列表相同而返回值类型不同，有二义性，不能覆盖。Solid2 接口有语法错误。

因此，接口的多继承不存在二义性问题。

（3）类的多继承存在二义性问题[*]

如果一个类能够继承多个父类，当多个父类中存在相同的成员方法时，如 Globe 类继承 Area 和 Volume 类，两个父类都声明 area()方法，如图 4-8 所示，子类究竟执行哪个父类中的方法实现？这是类的多继承存在的二义性问题。

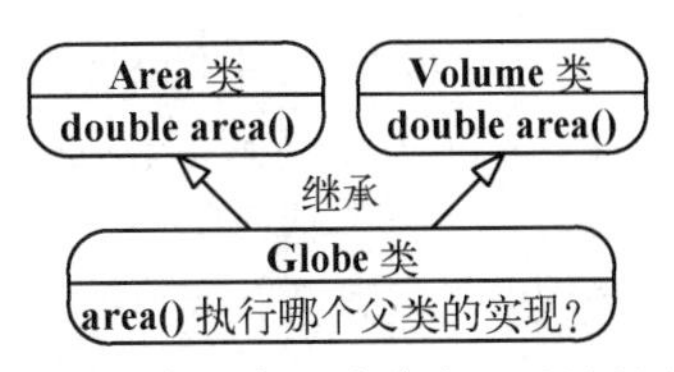

图 4-8　类的多继承存在二义性问题

C++语言支持类的多继承，一个类可同时继承多个父类，存在成员方法的二义性问题。通过继承关系的许多类组成非线性图结构，因此不存在一个类似 Object 的根类作为所有类的父类或祖先类，就无法为所有子类提供共同的属性和基本操作实现。再者，每个类与其父类和祖先类构成一棵树，使得寻找多态方法匹配执行的路径有多条，将搜索一棵树，因此运行效率低。

多继承产生问题的根源在于对实现的继承。Java 采用接口实现多继承，只继承约定而不继承实现。即使一个类实现的多个接口中包含相同的方法声明，该类只给出一种方法实现，没有二义性。换言之，即使其中存在约定冲突，也不存在实现冲突，对系统运行没有影响。

4.2　内部类和内部接口

内部类（Inner Class）和内部接口是声明在其他类或接口内部的内嵌类型（Nested Type），包含内嵌类型的类或接口称为外层类型（Enclosing Type）。

内嵌类型有两个目的：类型嵌套和对象嵌套。静态内嵌类型用于定义类型的嵌套结构，实例内嵌类型用于定义对象的嵌套结构。例如，以下声明像素类 Pixel 作为外部类，其中包含两个内嵌类型，一个颜色常量内部接口和一个颜色内部类。

```
public class Pixel                                          // 像素类，外层类型，外部类
{
    public static interface ColorConstant                   // 颜色常量接口，静态内部接口，类型嵌套
    public static class Color extends Object implements ColorConstant     // 颜色类，静态内部类
}
```

外层类型包含内嵌类型，两者构成嵌套结构，内嵌类型是外层类型的成员。因此，内嵌类型既有类型的特性，也有类中成员的特性。

1. 作为类型的特性

① 内嵌类型不能与外层类型同名。

② 内部类中可以声明成员变量和成员方法，内部类成员可以与外部类成员同名；内部接口中可以声明成员常量和抽象成员方法。

③ 内部类可以继承父类或实现接口。

④ 可以声明内部类为抽象类，该抽象类必须被其他内部类继承；内部接口必须被其他内部类实现。

2. 作为成员的特性

① 使用点运算符“.”引用内嵌类型，语法格式如下：

```
外层类型.内嵌类型
```

例如，引用 Pixel 类中的 Color 内部类格式是 Pixel.Color。

② 内嵌类型具有类中成员的 4 种访问控制权限。当内部类可被访问时，才能考虑内部类中成员的访问控制权限。

③ 作为成员，内嵌类型与其外层类型彼此信任，能访问对方的所有成员。

④ 内部接口总是静态的。内部类可声明是静态的或实例的，静态内部类能够声明静态成员，但不能引用外部类的实例成员；实例内部类不能声明静态成员。

⑤ 在实例内部类中，使用以下语法格式引用或调用外部类当前实例的成员变量或实例成员方法：

```
外部类.this.成员变量                              // 引用外部类当前实例的成员变量
外部类.this.实例成员方法(实际参数列表)              // 调用外部类当前实例的成员方法
```

【例 4.2】 像素类，声明颜色常量内部接口和颜色内部类。

（1）颜色的 RGB 值及存储

24 位真彩色的一种颜色由（红、绿、蓝）三原色值组成，称为 RGB 值，用 1 字节存储一种单色值，范围是 0～255；用一个 int 整数存储一种颜色，结构为：最高字节全 1，其后 3 字节分别存储红、绿、蓝三原色值，颜色 RGB 整数结构如图 4-9 所示，0xffff0000 表示红色，RGB 值为(255,0,0)。

	1f … 18	17 … 10	f … 8	7 … 0
int	1111 1111	1111 1111	0000 0000	0000 0000
		Red	Green	Blue

图 4-9 颜色 RGB 整数结构

由三原色值合成的 int 类型的颜色 RGB 值需要进行移位运算。设 int red 表示单字节的红色值，合成算法是：取其最低 1 字节，向左移 16 位（(red & 0xFF)<<16），就是红色在颜色 RGB 中的值，如图 4-10 所示。同理，绿色要左移 8 位。反之，若需从颜色值中获得 RGB 三原色值，则红、绿、蓝色分别向右移动 16、8、0 位，再取最低 1 字节。

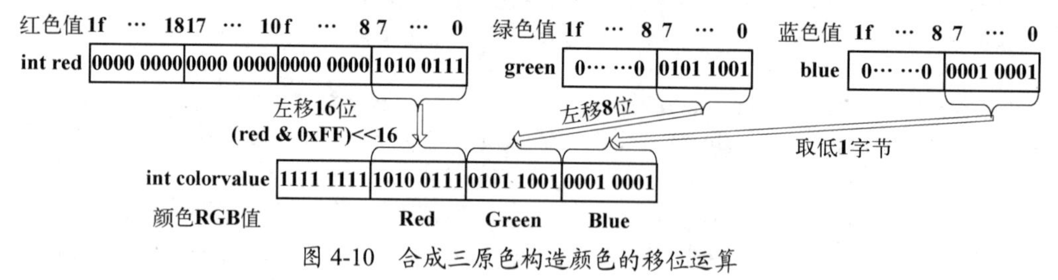

图 4-10 合成三原色构造颜色的移位运算

（2）像素类

像素是一个带颜色的坐标点。声明像素类 Pixel 如下，继承 Point 类（见例 1.2），其中包含一个颜色常量内部接口和一个颜色内部类。MyEclipse 设置编译路径包含项目：例 1.2。

```
import mypackage.Point;                          //导入例 1.2 项目 mypackage 包中的 Point 类
public class Pixel extends Point                 // 像素类，外层类型，外部类
{
    private Color color;                         // 像素的颜色
    public static interface ColorConstant        // 颜色常量接口，静态内部接口，类型嵌套
    {
        public static final int BLACK = 0xff000000;   // 颜色常量，黑色
```

```
    public static final int RED   = 0xffff0000;          // 红色
    public static final int GREEN = 0xff00ff00;          // 绿色
    public static final int BLUE  = 0xff0000ff;          // 蓝色
    public static final int WHITE = 0xffffffff;          // 白色
}
// 颜色类，实现颜色常量接口，静态内部类，类型嵌套；若实例内部类，则对象嵌套
public static class Color extends Object implements ColorConstant
{
    private int value;                                   // 颜色值
    public Color(int rgb)                                // 以整数表示的颜色值构造
    {
        this.value = 0xff000000 | rgb;
    }
    public Color(int red, int green, int blue)           // 以红、绿、蓝三原色构造
    {
        this.value = 0xff000000 | ((red & 0xFF)<<16) | ((green & 0xFF)<<8) | blue & 0xFF;
    }
    public Color()                                       // 构造方法，默认黑色
    {
        this(BLACK);                                     // 即 ColorConstant.BLACK，使用接口常量
    }
    public int getRed()                                  // 返回颜色对象的红色值
    {
        return (this.value>>16) & 0xFF;
    }
    public int getGreen()                                // 返回颜色对象的绿色值
    {
        return (this.value>> 8) & 0xFF;
    }
    public int getBlue()                                 // 返回颜色对象的蓝色值
    {
        return  this.value & 0xFF;
    }
    public String toString()                             // 对象描述字符串，形式为“[红,绿,蓝]”
    {
        return  "[r="+getRed()+",g="+getGreen()+",b="+getBlue()+"]";
    }
}                                                        // Color 内部类结束
public Pixel(Point p, int colorvalue)                    // 构造像素对象，以整数表示颜色
{
    super(p);                                            // 调用 Point(Point)拷贝构造方法
    this.color = new Color(colorvalue);
}
public Pixel()
{
    this(new Point(), ColorConstant.BLACK);              // 使用内部接口常量，不能省略接口名
}
public String toString()
{   // 即使 color.toString()是私有的，此处也能调用内部类的私有成员方法
```

```
        return "像素"+super.toString()+", 颜色"+ this.color.toString();
    }
    public static void main(String[] args)
    {
        System.out.println(new Pixel().toString());              // 默认Point(0,0), 黑色
        Point point = new Point(100,100);
        Pixel pixel = new Pixel(point, Pixel.ColorConstant.RED);   // 使用颜色常量接口中的颜色整数
        System.out.println(pixel.toString());
    }
}
```

Color 内部类和 ColorConstant 内部接口编译生成的字节码文件名分别为 Pixel$Color.class 和 Pixel$ColorConstant.class。

程序设计说明如下。

① 使用内部接口中的常量。ColorConstant 内部接口中声明的颜色常量都是静态成员。实现 ColorConstant 接口的 Color 类中可以直接引用常量。例如，BLACK 即 ColorConstant.BLACK。Pixel 类没有声明实现 ColorConstant 接口，它必须通过接口名才能引用常量。

② 内部类的访问权限：外部类能够访问内部类的私有成员。Color 内部类作为 Pixel 外部类的成员，相对于其他类的可见性由 Color 类的访问权限确定，若为 private 权限，则 Pixel 类外的其他类不能访问 Color 类及其成员。而 Color 内部类中成员的访问权限对于它的外部类是无效的，因为内嵌类型与其外层类型彼此信任，能访问对方的所有成员。例如，即使 Color 类的 toString()成员方法声明为 private，但 Pixel 仍然可以调用它，toString()方法中调用语句如下：

```
this.color.toString();
```

③ 静态内嵌类型用于定义类型的嵌套结构。本例声明 Color 为静态内部类，可将 Pixel.Color 作为类型使用，声明对象并创建实例的语句如下：

```
Pixel.Color color = new Pixel.Color(255,255,255);         // 以红、绿、蓝三原色值构造颜色对象
pixel = new Pixel(p,color);     // Pixel(Point, Color)构造方法仅当 Pixel.Color 声明为 static 时可用
```

4.3 Java API 基础

4.3.1 java.lang 包中的基础类库

java.lang 语言包是 Java 语言的核心类库，包含 Java 语言必不可少的系统类定义，包括 Object 类、基本数据类型包装类、数学类、字符串类、线程类、异常类等。java.lang 包中的类和接口说明如表 4-1 所示。以下介绍语言包中的部分类及其方法，其他类及其方法声明详见后续章节和附录 E。

1. Object 类

Object 类是由 Java 所有类组成的具有层次关系的树的根类，因此 Object 是其他类的默认父类或祖先类，定义了一组适用于所有对象的方法供子类继承。第 3 章介绍了 Object()、toString()、equals()和 finalize()等方法，此外 Object 类还声明以下方法：

```
package java.lang;                                    // 声明在 java.lang 语言包中
public class Object
```

表 4-1　Java.lang 包中的类和接口

类　名	功　能
Object 类	所有类的根，其他类的祖先类，为子类提供对对象操作的基本方法
Math 数学类	提供一组数学函数和常数
Comparable 可比较接口	约定对象比较大小的方法
Byte、Short、Integer、Long、Float、Double、Character、Boolean	基本数据类型的包装类，封装基本数据类型
String、StringBuffer 字符串类	分别提供常量字符串和变量字符串的操作方法
System 系统类	声明标准输入/输出常量，有终止程序运行、复制数组、获得当前时间、获得系统属性等方法
Class 类操作类	提供类名、父类及类所在的包等信息
Error 错误类和 Exception 异常类	Exception 类处理异常，Error 类处理错误
Thread 线程类和 Runnable 接口	提供多线程环境的线程管理和操作的类和接口
Cloneable 克隆接口	支持类的克隆，标记接口
Runtime 运行时类	提供访问系统运行时环境

```
{
    public final Class<?> getClass()            // 返回当前对象所属的类的 Class 对象
}
```

getClass()方法返回 this 对象所属的类，返回值类型是 Class 类，Class 是类的操作类，<>括号中是 Class 类的泛型参数，Class<?>语法解释见 4.4 节。

2. Math 数学类

Math 类声明如下，提供 E、PI 常量和一组数学函数。

```
public final class Math extends Object                          // 数学类，最终类
{
    public static final double E = 2.7182818284590452354;       // 静态常量 e
    public static final double PI = 3.14159265358979323846;     // 静态常量 π
    public static double abs(double x)                          // 返回 x 的绝对值|x|，有重载方法
    public static double random()                               // 返回一个 0.0~1.0 之间的随机数
    public static double pow(double x, double y)                // 返回 x 的 y 次幂
    public static double sqrt(double x)                         // 返回 x 的平方根值
    public static double sin(double x)                          // 返回 x 的正弦值
    public static double cos(double x)                          // 返回 x 的余弦值
}
```

Math 是最终类，不能被继承，其中方法都是静态最终方法，通过类名调用，如 Math.abs()。abs()等方法有 int 等多种基本类型参数的重载方法。

3. Comparable 可比较接口

Java 通过 Object 类的 equals(Object)方法，支持任意类比较两个对象是否相等的功能，并提供了默认实现。Java 不支持任意类比较对象大小，不支持类重载>、>=、<、<=运算符。

Java 通过 Comparable 接口的 compareTo()方法约定两个对象比较大小的规则。Comparable 接口声明如下，其中泛型参数 T 通常是实现该接口的当前类，因为只有相同类的两个对象才具有可比性。

```
public interface Comparable<T>                // 可比较接口，T 通常是实现该接口的当前类
```

```
{
    public abstract int compareTo(T tobj);             // 比较 this 与 tobj 两个对象的大小
}
```

只有实现 Comparable 接口的类的两个实例才能调用 compareTo()方法比较对象大小。

MyDate 类增加声明以下方法比较对象大小，其中 compareTo(date)方法给出当前对象 this 和参数 date 比较大小的规则，返回值为-1、0、1，分别表示小于、相等、大于三种结果。

```
public class MyDate implements Comparable<MyDate>
{                                                      // 其他声明省略，详见第 3 章
    public int compareTo(MyDate date)                  // 约定比较日期大小的规则，返回-1、0、1
    {
        if(this.year==date.year && this.month==date.month && this.day==date.day)
            return 0;                                  // 相等，与 equals()方法约定的规则相同
        return (this.year>date.year || this.year==date.year && this.month>date.month ||
                this.year==date.year && this.month==date.month && this.day>date.day) ? 1 : -1;
    }
}
```

【思考题 4-2】 ① Person 类按出生日期比较对象大小。② 例 3.7 的 ClosedFigure 闭合抽象类按面积比较对象大小。③ 声明 AbstractVolume 抽象类，实现 Volume 可比较接口，按体积比较对象大小。

4．基本数据类型的包装类

Java 为每种基本数据类型声明了一个对应的类，称为基本数据类型的包装类（Wrapper Class），共 8 个：Byte、Short、Integer、Long、Float、Double、Character、Boolean。下面介绍 2 个。

（1）Integer 整数类

Integer 是 int 类型的包装类，声明如下，它使用一个私有最终变量存储 int 整数值。

```
public final class Integer extends Number implements Comparable<Integer>//int 类型的包装类；最终类
{
    public static final int MIN_VALUE = 0x80000000;              // 最小值常量，值为-2^31
    public static final int MAX_VALUE = 0x7fffffff;              // 最大值常量，值为 2^31-1
    private final int value;                                     // 私有最终变量，构造时赋值
    public Integer(int value)                                    // 由 double 值构造浮点数对象
    {
        this.value = value;                                      // 只此处赋值一次
    }
    public Integer(String str) throws NumberFormatException     // 由字符串 str 构造整数对象
    {
        this.value = parseInt(str, 10);    }
    public int intValue()                                        // 返回当前对象中的整数值
    {
        return value;
    }
    // 以下将 str 字符串按十进制转换为整数，若不能转换，则抛出数值格式异常
    public static int parseInt(String str) throws NumberFormatException
    // 以下将 str 字符串按 radix 进制转换为整数，str 是 radix 进制字符串（带正负号），radix 取值为 2～16
```

```
public static int parseInt(String str, int radix) throws NumberFormatException
public String toString()                    // 返回整数值的十进制字符串
public static String toBinaryString(int i)  // 返回 i 的二进制补码字符串，i≥0 时，省略高位 0
public static String toOctalString(int i)   // 返回 i 的八进制补码字符串，i≥0 时，省略高位 0
public static String toHexString(int i)     // 返回 i 的十六进制补码字符串，i≥0 时，省略高位 0
public boolean equals(Object obj)           // 比较两个对象是否相等，覆盖 Object 类中方法
{
    if(obj instanceof Integer)
        return value == ((Integer)obj).intValue();
    return false;
}
public int compareTo(Integer iobj)                // 比较两个对象值大小，返回-1、0 或 1
{
    return  this.value < iobj.value? -1 : (this.value== iobj.value ? 0:1);
}
}
```

其中，Integer 类的静态方法 parseInt()和实例方法 intValue()都可以将一个字符串转化为 int 类型的值，调用语句如下：

```
int i = Integer.parseInt("123");
int j = new Integer("123").intValue();
```

（2）Double 浮点数类

Double 是 double 类型的包装类，声明如下：

```
public final class Double extends Number implements Comparable<Double>
{
    private final double value;                                          // 私有最终变量，构造时赋值
    public Double(double value)                                          // 由 double 值构造浮点数对象
    public Double(String str) throws NumberFormatException               // 由 str 串构造浮点数对象
    public static double parseDouble(String str) throws NumberFormatException // 将 str 转换为浮点数
    public double doubleValue()                                          // 返回当前对象中的浮点数值
}
```

5. String 字符串类

String 类的特点是常量字符串，其成员变量 value 字符数组是最终变量，串中各字符是只读的。当构造串对象时，对字符数组进行一次赋值，其后不能更改。String 类只提供了 charAt(i)取字符操作，不提供修改字符、插入串、删除子串操作。第 2 章介绍了 String 类的求串长度、取字符、求子串、连接串、比较相等方法。此外，String 类还声明以下方法。

```
// 常量字符串类，最终类
public final class String implements java.io.Serializable, Comparable<String>
{
    private final char[] value;                       // 字符数组，最终变量
    public String()                                   // 构造方法，构造空串
    public String(String original)                    // 拷贝构造方法
    public boolean isEmpty()                          // 判断是否空串
    public String toUpperCase()                       // 返回将所有小写字母转换成大写的字符串
    public String toLowerCase()                       // 返回将所有大写字母转换成小写的字符串
    public boolean equalsIgnoreCase(String str)       // 比较 this 与 str 串是否相等，忽略字母大小写
    public int compareTo(String str)                  // 比较 this 与 str 串的大小，返回两者差值
```

```
    // 判断this是否以prefix为前缀子串，即由this的前prefix.length()字符组成的子串是否与prefix相等
    public boolean startsWith(String prefix)
    public boolean endsWith(String suffix)        // 判断this是否以suffix为后缀子串
    public int indexOf(int ch)                    // 返回ch在字符串中首次出现的序号
    public int indexOf(int ch, int begin)         // 返回ch在字符串中从begin开始首次出现的序号
    public int indexOf(String str)                // 返回this中首次与str串匹配子串的序号
    public int lastIndexOf(int ch)                // 返回ch在this中最后出现的序号
    public int lastIndexOf(String str)            // 返回this中最后与str串匹配子串的序号
    public String trim()                          // 返回this删除所有空格后的字符串
    public String[] split(String regex)           // 以regex为分隔符拆分串，返回拆分的子串数组
}
```

字符串可以比较大小。字符串不能使用关系运算符<、<=、>、>=比较大小。例如：

```
"abc"<="axy"                                      // 语法错，运算符<=不能应用于对象
```

String 类实现 compareTo()方法比较字符串大小。设有 str1、str2 两个字符串，str1.compareTo(str2)方法从 value 字符数组下标 0 位置开始，依次比较两个字符串各对应位置上的字符，下标递增变化，分为以下 3 种情况。

① 若 str1、str2 各对应位置的字符均相同，且两者长度相同，则 str1.compareTo(str2)返回 0，表示 str1、str2 相等。例如：

```
"abc".compareTo("abc")                            // 结果为0，相等
```

② 若遇到首个不同字符的下标为 i，str1.compareTo(str2)返回 i 位置不同字符的差值，即 str1.charAt(i)−str2.charAt(i)。例如：

```
"abc".compareTo("adc")                            // 结果为-2（'b'-'d'），前者"小"
```

③ 若 str1 是 str2 的前缀子串，或 str2 是 str1 的前缀子串，则 str1.compareTo(str2)返回两者长度的差值，即 str1.length()−str2.length()。例如：

```
"abcde".compareTo("ab")                           // 结果为3（"cde"的长度），前者"大"
```

【思考题 4-3】 Person 类按姓名比较对象大小。

6. StringBuffer 字符串缓冲区类

String 对象存储常量字符串，实例一旦创建，就不能修改。Java 还声明了 StringBuffer 字符串缓冲区类，采用缓冲区存储可变长的字符串，可以改变字符串对象中的指定字符，可以插入或删除子串，当缓冲区容量不能满足要求时，将自动扩充容量。采用缓冲区方式存储字符串，可以避免在运算时频繁地申请内存。

7. Class 和 Package 类

Class 类提供一组方法获得当前类的信息，包括类名、父类及类所在的包（Package 类）等，以及对类操作的通用方法。Class 及 Package 类部分声明如下：

```
public final class Class<T>
{
    public String getName()                       // 返回当前类名字符串
    public Class<? super T> getSuperclass()       // 返回当前类的父类的Class对象
    public Package getPackage()                   // 返回当前类所在的包
}
public class Package extends Object
```

```
{
    public String getName()                                  // 返回包名字符串
}
```

当创建一个类的对象时，Java 同时自动创建该类的一个 Class 对象。Class 类没有构造方法，Class 对象由一个实例调用 Object 类的 getClass()方法获得。例如，任何一个对象都可以调用下列语句返回当前对象所属类名字符串：

```
this.getClass().getName()                                    // 返回 this 引用实例所属类的类名字符串
```

其中，当前对象 this 调用 Object 类中的 getClass()方法返回当前对象所在的类，返回值类型是 Class，再调用 Class 类中的 getName()方法返回该类的名称，返回值类型是 String。类似地，下列调用返回当前对象所属类的父类名或包名字符串：

```
this.getClass().getSuperclass().getName()                    // 返回 this 引用实例所属类的父类名字符串
this.getClass().getPackage().getName()                       // 返回 this 引用实例所属类所在的包名字符
串
```

8. System 系统类

System 类提供标准输入输出常量和访问系统资源的方法。System 是最终类，其中声明 3 个标准输入常量 in、标准输出常量 out，方法都是静态的，System 类部分声明如下：

```
public final class System extends Object                     // 系统类，最终类
{
    public final static InputStream in = nullInputStream();      // 标准输入常量
    public final static PrintStream out = nullPrintStream();     // 标准输出常量
    // 以下将 src 数组从 srcPos 下标开始的 len 个元素复制到 dest 数组从 destPos 开始的存储单元中
    public static viod arraycopy(Object src, int srcPos, Object dst, int dstPos, int len)
    public static void exit(int status)                          // 结束当前程序运行
    public static long currentTimeMillis()                       // 获得当前日期和时间
    public static Properties getProperties()                     // 获得系统全部属性
    public static String getProperty(String key)                 // 获得指定系统属性
}
```

其中，arraycopy()方法复制数组，例如：

```
int x[]={1,2,3,4,5}, y[];
System.arraycopy(x,0,y,1,4);              // 将 x 数组的前 4 个元素复制到 y 数组下标从 1 开始的若干存储单元中
```

getProperty(String key)方法获得指定系统属性，key 部分取值为："java.version"指 java 运行时环境版本，"java.vm.version"指 java 虚拟机实现的版本，"java.class.path"指 java 类的路径，"os.version"指操作系统的版本。例如，下列语句输出操作系统和 Java 版本：

```
System.out.println(System.getProperty("os.name")+","+System.getProperty("java.vm.version"));
```

4.3.2 java.util 包中的工具类库

java.util 实用包提供了实现各种实用功能的类，主要有日期类、数组类和集合类等。

1. 日期类

java.util 包的日期类包括 Date、Calendar 和 GregorianCalendar，它们描述日期和时间，提供对日期值的许多操作方法，如获得当前日期、比较两个日期、判断日期的先后等。

Java 以一个长整型表示一个日期，该长整型表示从格林威治时间 1970-1-1 00:00:00 开始至某时刻的累计毫秒数。System.currentTimeMillis()方法返回表示当前日期和时间的长整数。

（1）Date 类

Date 日期类部分声明如下：

```
public class Date extends Object implements java.io.Serializable, Cloneable, Comparable<Date>
{
    public Date()                                   // 构造方法，获得系统当前日期和时间
    {
        this(System.currentTimeMillis());
    }
    public Date(long date)                          // 构造方法，以长整数创建Date对象
    public int compareTo(Date date)                 // 比较两个日期大小，返回0、1、-1
}
```

（2）Calendar 类

Calendar 类用于需要将日期值分解的情况，Calendar 类声明了 YEAR 等多个常量，分别表示年、月、日、星期等日期的一部分。Calendar 抽象类声明如下：

```
public abstract class Calendar implements Serializable, Cloneable, Comparable<Calendar> //日历类
{
    public static final int YEAR                    // 年，常量。其他常量有：MONTH（月）、DATE（日）、
              // HOUR（时）、MINUTE（分）、SECOND（秒）、MILLISECOND（百分秒）、DAY_OF_WEEK（星期）
    public static Calendar getInstance()            // 返回表示当前日期的实例
    public int get(int field)                       // 返回日期指定部分，field取值为Calendar常量
    public void set(int field, int value)           // 设置field表示的域值
    public final Date getTime()                     // 返回Date对象
    public final void setTime(Date date)            // 以Date对象设置日期和时间
    public final void set(int year, int month, int day)                        // 设置日期
    public final void set(int year, int month, int day, int hour, int minute)  // 设置时间
}
```

Calendar 是抽象类，调用 getInstance()方法创建一个子类实例后，再调用 get()方法通过常量参数获得日期或时间的指定部分。

在 JDK 1.1 后的版本中，Java 放弃了以 Date(int year, int month, int date)构造的日期，同时 Date 类中的许多方法被 Calendar 类中的方法代替，如 Date 类中的 getYear()、setYear()方法被 Calendar 类中的 get()、set()取代。

【思考题 4-4】 例 3.2 的 MyDate 类声明返回当天日期的方法如下：

```
public static MyDate today()                        // 返回当天日期
```

（3）GregorianCalendar 类

Calendar 类的子类 GregorianCalendar 表示 Gregorian 日期和时间，声明如下：

```
public class GregorianCalendar extends Calendar
{
    public GregorianCalendar()                      // 以当前日期时间创建对象
    public GregorianCalendar(int year, int month, int day)      // 指定日期
    // 指定时间
    public GregorianCalendar(int year, int month, int day, int hour, int minute, int second)
    public boolean isLeapYear(int year)             // 判断是否闰年
}
```

例如，例 3.2 的 MyDate 类的 static{}中，获得今年的年份，以下两条语句均可。

```
thisYear = java.util.Calendar.getInstance().get(Calendar.YEAR);      // 获得当前日期对象的年份值
```

```
thisYear = new java.util.GregorianCalendar().get(Calendar.YEAR);     // 获得当前日期对象的年份值
```

【例 4.3】 日历。

本例使用 3 种方式获得当前日期和时间：System.currentTimeMillis()以及 java.util 包中的 Date 和 Calendar 类，使用 java.text 包中的 SimpleDateFormat 类指定中文日期格式，并输出当天的中文日期，制作当月的日历。java.text.SimpleDateFormat 简单日期格式类声明如下：

```
public class SimpleDateFormat extends DateFormat
{
    public SimpleDateFormat(String pattern)                    // pattern 指定日期格式
    public final String format(Date date)
}
```

其中，pattern 指定日期格式，如"yyyy 年 MM 月 dd 日 E HH 时 mm 分 ss 秒"表示 4 位年份、2 位月份、2 位日期、星期、24 小时制、2 位分钟、2 位秒。

程序如下。

```
import java.util.*;                                         // 导入实用包
import java.text.SimpleDateFormat;                          // 导入文本包中的简单日期格式类
public class MonthlyCalendar
{
    public static void main(String[] args)
    {
        String  datestr = "yyyy 年 MM 月 dd 日 E  HH 时 mm 分 ss 秒";
        SimpleDateFormat datef = new SimpleDateFormat(datestr); // 日期时间格式
        System.out.print("今天是"+datef.format(new Date()));     // 当前日期和时间
        long now = System.currentTimeMillis();                 // 当前时间的毫秒数
        datef = new SimpleDateFormat("yyyy 年 MM 月 dd 日 E");    // 日期格式
        System.out.println("，明天是"+datef.format(new Date(now+24*60*60*1000)));
        MonthlyCalendar.print(new GregorianCalendar());        // 输出当月的月历
    }
    public static void print(Calendar calendar)                // 输出指定月份的日历
    {
        int  year =calendar.get(Calendar.YEAR);                // 年
        int  month = calendar.get(Calendar.MONTH)+1;           // 月
        calendar.set(year, month-1, 1);                        // 设置为当月 1 日
        int  week = calendar.get(Calendar.DAY_OF_WEEK)-1;      // 当月 1 日是星期几
        System.out.println(year+"年"+month+"月的日历\n  日  一  二  三  四  五  六");
        if(week>0)
            System.out.print(String.format("%"+4*week+"c", ' '));// 前导空格
        int  days = MyDate.daysOfMonth(year, month);           // 计算出当月的天数
        for(int i=1; i <= days; i++)                           // 输出日历
        {
            System.out.print(String.format("%4d", i));
            if((week+i)%7 == 0)
                System.out.println();
        }
        System.out.println();
    }
}
```

程序运行结果如下：

```
今天是2018年03月28日星期三 15时01分13秒，明天是2018年03月29日星期四
2018年3月的日历
  日  一  二  三  四  五  六
                  1   2   3
  4   5   6   7   8   9  10
 11  12  13  14  15  16  17
 18  19  20  21  22  23  24
 25  26  27  28  29  30  31
```

【思考题 4-5】 ① 输出下个月的日历。② 输出某年的年历，每行显示 3 或 4 个月份。

2. Comparator 比较器接口

java.util.Comparator 比较器接口声明如下：

```
public interface Comparator<T>                                  // 比较器接口
{
    public abstract boolean equals(Object obj);                 // 比较两个比较器对象是否相等
    public abstract int compare(T tobj1, T tobj2);              // 指定比较两个对象大小的规则
}
```

一个类实现 java.lang.Comparable 接口，只能提供一种比较对象大小的规则。例如，前述 Person 类声明实现 Comparable<Person>接口，compareTo()方法按姓名或者按出生日期比较对象大小，只能约定一种规则。

如果 Person 类既要按姓名比较，也要按出生日期比较对象大小，可声明多个比较器类，提供多种比较 Person 对象大小的方法。例如：

```
public class CompareName implements java.util.Comparator<Person>         // 姓名比较器类
{
    public int compare(Person per1, Person per2)                // 按姓名比较 Person 对象大小
    {   return per1.name.compareTo(per2.name);                  // 调用 String 类的 compareTo()
    }
}
public class CompareBirthdate implements java.util.Comparator<Person>   // 出生日期比较器类，省略
```

3. Arrays 数组类

java.util.Arrays 类提供数组填充、比较、排序、查找等操作。Arrays 类的所有方法都是静态方法，都提供多种基本数据类型及 Object 类型参数的重载方法。

（1）排序

Arrays 类声明以下重载 sort()方法，对 value 数组排序（默认升序）。

```
public static void sort(int[] value)                            // 有7种基本数值类型的重载方法
public static void sort(Object[] value)                         // 默认 value 数组元素实现 Comparable 接
口
public static <T> void sort(T[] value, Comparator<? super T> comp)      // 由 comp 比较 T 对象的大小
```

sort()方法提供 int、double、char 等 7 种数值类型和 Object 类参数的重载方法。基本数据类型的数组元素由>、>=、<、<=关系运算比较大小。sort(Object[])方法默认对象数组元素类型实现了 java.lang.Comparable 接口，由 compareTo()方法比较对象大小。

当遇到不同类的对象无法比较大小时，sort()方法将抛出 ClassCastException 异常。

（2）二分法查找

Arrays 类声明以下重载 binarySearch()方法，采用二分法查找算法在 value 排序数组中查找

key 值，若查找成功，则返回元素下标，否则返回-1 或超出数组下标范围的值。

```
public static int binarySearch(int[] value, int key)       //在 value 排序数组中，按二分法查找 key
public static int binarySearch(Object[] value,Object key) // 默认 value[]元素及 key 实现 Comparable 接口
public static <T> int binarySearch(T[] value, T key, Comparator<? super T> comp)  // 由 comp 比较 T 大小
```

🔔注意：二分法查找算法的前提是数组排序，查找操作所需的比较对象大小规则必须与 value 数组在排序时的比较对象大小规则相同。

【例 4.4】 泛型对象数组的排序和二分法查找算法实现，应用多种比较对象大小的规则。

本例目的：演示 Comparable 和 Comparator 接口的使用方法。

技术要点：① 实现 Arrays 类中对 T[]数组进行排序和二分法查找算法；② 通过 Person 对象数组的排序和二分法查找，说明有些类需要多种比较规则。

MyEclipse 设置编译路径包含项目：例 3.2、例 3.3、例 3.5。

（1）T[]数组的排序和二分法查找算法实现。

```
import java.util.Comparator;                    // 比较器接口
public class CompareArray                       // 数组类，元素可比较大小，实现排序和二分法查找算法
{
    // 对 value 对象数组排序，泛型 T 必须实现 Comparable<? super T>接口；
    // asc 指定排序次序，取值 true（升序，默认）或 false（降序）。直接插入排序算法
    public static <T extends java.lang.Comparable<? super T>> void sort(T[] value)
    {
        sort(value, true);                      // 对象数组排序，默认升序
    }
    public static <T extends java.lang.Comparable<? super T>> void sort(T[] value, boolean asc)
    {
        for(int i=1; i<value.length; i++)       // n-1 趟扫描
        {
            T  x = value[i];                    // 每趟将 value[i]插入到前面排序子序列中
            int  j = i-1;
            while(j >= 0 && (asc ? x.compareTo(value[j])<0 : x.compareTo(value[j])>0))
                value[j+1] = value[j--];        // 将前面较大/小元素向后移动
            value[j+1] = x;                     // x 值到达插入位置
        }
    }
    // value 排序（升序）对象数组从 begin 到 end 范围，二分法查找关键字为 key 的元素，若查找成功，则返回下
    // 标，否则返回-1；若 begin、end 省略，则表示 0～value.length-1；比较器对象 c 提供比较对象大小的方法
    public static <T> int binarySearch(T[] value, T key, java.util.Comparator<? super T> c)
    {
        return binarySearch(value, 0, value.length-1, key, c);
    }
    public static <T> int binarySearch(T[] value, int begin, int end, T key, Comparator<? super T> c)
    {
        if(key != null)
        {
            while(begin <= end)                     // 边界有效
            {
                int  mid = (begin+end)/2;           // 中间位置，当前比较元素位置
                if(c.compare(key,value[mid]) == 0)  // 对象比较大小，若相等，则
                    return mid;                     // 查找成功
```

```
                if(c.compare(key,value[mid])<0)          // 若key对象小，则
                    end = mid-1;                         // 查找范围缩小到前半段
                else
                    begin = mid+1;                       // 否则查找范围缩小到后半段
            }
        }
        return -1;                                       // 查找不成功
    }
}
```

（2）Person 类按姓名比较对象大小，Person 对象数组按姓名排序和查找。

Person 类声明实现 Comparable 接口如下，按姓名比较对象大小。

```
public class Person implements Comparable<Person>
{
    public int compareTo(Person per)           // 比较对象大小，实现Comparable接口
    {
        return this.name.compareTo(per.name);  // 比较姓名串大小，调用String类的compareTo()
    }
}
```

设有 Person 对象数组 value，调用语句如下，对 Person 对象数组进行排序和二分法查找操作，默认由 Person 类的 compareTo()方法按姓名比较对象大小。

```
Person[] value={new Person(…), new Student(…), new Student(…), …};    // 对象数组，见例3.6
Arrays.sort(value);                                  // value对象数组按姓名升序排序
int i=Arrays.binarySearch(value, new Person("白杨", null));   // 在value中以二分法查找Person对象
```

（3）Person 类按出生日期比较对象大小，Person 对象数组按出生日期排序和查找。

对 Person 对象数组进行排序和二分法查找操作，调用语句如下，由实现 Comparator 接口的比较器对象 new CompareBirthdate()提供 compare()方法按出生日期比较 Person 对象大小。

```
Arrays.sort(value, new CompareBirthdate());       // value对象数组按出生日期升序排序
MyDate  date = new MyDate(1994,3,15);
i = Arrays.binarySearch(value, new Person("", date), new CompareBirthdate()); // 二分法查找
```

也可使用 CompareName 比较器类，按姓名比较 Person 对象大小。

【思考题 4-6】 ① 实现 Person 对象数组分别按省份、城市等排序和查找。② 上述 Person 类声明的比较对象大小的方法，能否作用于 Student 类？为什么？Student 类如何按姓名、出生日期、学号、系、专业等比较对象大小和相等？

4.4 泛型**

泛型（Genericity）是对类型系统的一种强化措施，通过为类、接口及方法设置类型参数（Type Parameter），泛型使一个类或一个方法可在多种类型的对象上进行操作，从而减少数据类型转换，避免类型转换的潜在错误，增强编译时刻的类型安全，增加软件可复用性，提高代码的运行效率。而 C++语言使用类模板和函数模板实现泛型设计。

1. 泛型声明

泛型指类、接口及方法声明的类型参数。带有泛型参数的类、接口及方法声明的语法格式如下，其中“<>”必需，通常使用单个大写字母作为类型参数，多个类型参数以“,”

分隔。

```
[修饰符] class 类<类型参数列表> [extends 父类] [implements 接口列表]
[public] interface 接口<类型参数列表> [extends 父接口列表]
[public] [static] <类型参数列表> 返回值类型 方法([参数列表]) [throws 异常类列表]
```

泛型的类型参数声明格式如下，用于限定泛型的特性。其中，多个父类型以“&”连接。

```
类型变量 [extends 父类型列表]
```

2. 泛型的必要性

Java 自 JDK 5 开始支持泛型。当时也有观点认为，Java 不需要使用泛型，有 Object 类及继承和接口就够了。那么，泛型是否有必要？它在概念上是否与 Object 类重复？以下以对象数组为例讨论泛型及其必要性、泛型的继承性等问题。

（1）Object[]对象数组

声明一个 Object 对象数组 value 如下，数组元素能够引用任何类的实例。

```
Object[] value={new Object(),"xyz", new Integer(123)};    // Object[]元素可引用任何类的实例
value[i].toString()                                        // 运行时多态
value[1].length()                                          // 编译错,Object 类没有声明 length()方法
```

value[i]调用 Object 类声明的 toString()和 equals()等方法，根据 value[i]元素引用实例所属的类，执行子类覆盖的方法实现，表现运行时多态性。

当 Object[]作为一个方法的形式参数时，其实际参数可以是任何类的对象数组。例如：

```
public static void print(Object[] value)                   // 输出对象数组
```

但是，Object 数组存在两个问题不能满足实际应用需要。其一，Object 数组元素 value[i]引用任何类的实例，造成一个数组的元素类型各不相同；其二，数组元素 value[i]只能调用 Object 类声明的 toString()和 equals()等方法，不能调用实例所属类的方法，限制了对象数组的功能。因此，Object 数组适用于只需调用 toString()和 equals()方法的应用问题。

（2）Comparable[]对象数组

如果一个对象数组需要比较元素大小，显然 Object 数组不行，需要声明 Comparable 数组。例如：

```
public static void sort(Comparable[] value)          // 对象数组排序，数组元素必须可比较大小
```

调用语句如下：

```
Comparable[] value={"abc", "xyz", "def", "ghi", new Integer(123)};     // 数组元素类型不同
value[0].compareTo(value[1])                          // 两个数组元素可比较对象大小
```

Comparable 是接口，value[i]数组元素能够引用那些实现 Comparable 接口的类的实例，value[i]调用 compareTo()方法，根据 value[i]元素引用实例所属的类，执行该类的 compareTo()方法实现，表现出运行时多态性。

Comparable 数组也存在元素类型不同的问题，例如：

```
value[3].compareTo(value[4])                          // String 实例与 Integer 实例不可比，抛出异常
```

采用泛型可限制一种特殊数据类型，解决数组元素类型不同的问题。

（3）Comparable<T>

Comparable<T>表示限制类型为 T 的一种 Comparable<T>接口对象。例如：

```
Comparable<String> str="abc";                         // String 实现了 Comparable<String>接口
Comparable<Person> per = new Person("李明",null);      // Person 实现了 Comparable<Person>接口
```

泛型T的实际参数必须是类，不能是int、char等基本数据类型。如果需要表示基本数据类型，则必须采用基本数据类型包装类，如Integer、Character等。

【思考题4-7】 以下声明是否正确？为什么？

```
Comparable<Person> per = new Student("张莉", null, "女", "", "", "经济管理", "", "", true);
```

（4）T extends Comparable<T>，具有比较对象大小特性的一种类型

T extends Comparable<T>声明T是实现Comparable<T>接口的类，具有比较对象大小的compareTo(T)方法。例如，以下方法对T[]对象数组排序，数组元素必须可比较大小。

```
public static <T extends Comparable<T>> void sort(T[] value)              // T对象数组排序
```

已知：

```
public class Person implements Comparable<Person>           // 实现可比较接口，按姓名比较对象大小
public class Student extends Person                          // Student类继承Person类
{
    public int compareTo(Person per)                  // 继承，按姓名比较对象大小，per可引用Student实例
}
```

调用语句如下，则T[]的实际参数能否是Person[]和Student[]？

```
Person[] pers = {new Person(…), new Student(…), ……};
sort(pers);              // 正确，因为Person实现Comparable<Person>，满足T extends Comparable<T>
Student[] stus = {new Student(…), ……};
sort(stus);              // 编译错，因为Student继承Person类，实现Comparable<Person>接口，没有
                         // 实现Comparable<Student>接口，不满足T extends Comparable<T>语法
```

由结果可知，T[]的实际参数可以是Person[]，不能是Student[]，为什么？出现了什么错误？

其一，错误原因是Student类不满足T extends Comparable<T>语法。

泛型参数T的作用是限制一种类型，语法上的T不包括T的子类，所以对于Comparable<T>而言，Comparable<Person>和Comparable<Student>是两种类型，Comparable<Student>不是Comparable<Person>的子类。

如果Student类要满足T extends Comparable<T>语法，作为T的实际参数，则Student应该声明实现Comparable<Student>接口如下，提供compareTo(Student)方法实现。

```
public class Student implements Comparable<Student>         // 提供compareTo(Student)方法
```

而现在Student继承Person类，已实现Comparable<Person>接口，如果再声明实现Comparable<Student>接口如下：

```
public class Student extends Person implements Comparable<Student>
```

等价于如下声明，声明实现两个不同类型的Comparable<T>，有语法错误：

```
public class Student extends Person implements Comparable<Person>, Comparable<Student> // 语法错
```

所以，Student继承Person类后，语法上就无法声明实现Comparable<Student>接口。

其二，Student继承Person类，继承了父类的compareTo(Person)方法，Person类型对象可引用Student实例，所以从语义角度看，Student不需要实现Comparable<Student>接口。

那么，如何解决此处语法上的冲突？解决办法是，将T extends Comparable<T>语法限制放宽为T extends Comparable<? super T>，这就要用泛型的继承性概念。

3. 泛型的继承性

虽然Student是Person的子类，但Comparator<Student>不是Comparator<Person>的子类。那么，Comparator<T>的父类是谁？

Java 约定泛型的类型参数用"?"通配符表示通配类型（Wildcard Type），代表能够匹配任何类型。"?"有以下两种限定通配符用法，表示泛型的继承性。

```
? extends T                         // ?表示T及其任意一种子类型，T称为?的上界
? super T                           // ?表示T及其任意一种父类型，T称为?的下界
```

Comparator<? extends Object> 简写为 Comparator<?>，因此 Comparator<?> 是所有 Comparator<T>的父类型。

例如，修改前述 sort()方法声明如下：

```
public static <T extends Comparable<? super T>> void sort(T[] value)      // T对象数组排序
```

其中，T extends Comparable<? super T>表示将 T extends Comparable<T>的语法限制放宽，只要存在 T 的某个父类"? super T"实现了 Comparable<?>接口，则 T 类继承了 compareTo(?)方法。

此时，Student[]能够作为 T[]的实际参数。因为 Student 类实现了 Comparable<Person>接口，满足 T extends Comparable<? super T>，即存在 Student 的某个父类实现了 Comparable<?>接口，此处的"?"是 Person，则 Student 有 compareTo(Person)方法可用。

同理，使用比较器的排序方法声明如下，参数类型必须是 Comparator<? super T>。

```
public static <T> void sort(T[] value, Comparator<? super T> c)          // T对象数组排序
```

综上所述，泛型是必需的，通过为类、接口及方法设置类型参数，对类型进行抽象，提供适合更广泛类型的设计模板，增强编译时刻的类型安全，避免类型转换的麻烦和潜在错误。

习题 4

（1）接口与实现接口的类

4-1 什么是接口？接口有什么作用？接口有哪些特点？接口具有怎样的继承性？接口中能否写构造方法？接口与抽象类有什么区别？

4-2 接口不能被实例化，为什么能够声明接口对象？接口对象引用谁的实例？举例说明接口是引用类型。

4-3 什么是单继承？什么是多继承？为什么 Java 语言的类采用单继承，接口采用多继承？

4-4 指出以下声明中的错误。

```
protected interface Area
{
    public static int left;
    public static final int RIGHT;
    public Area()
    private double area();
    public static abstract double perimeter();
}
new Area()
```

4-5 举例说明 Java 声明了哪些接口，各起什么作用。

（2）内部类和内部接口

4-6 在什么情况下需要声明内部类？内部类有哪些特性？

4-7 内部类编译后生成的文件名是什么？

4-8 外部类能够访问其内部类的私有成员吗？内部类能够访问其外部类的私有成员吗？

（3）Java API 基础

4-9　Java API 采用什么组织方式？默认导入的包是什么？

4-10　Java 为什么要将 Math 类声明为最终类？Math 类中有哪些常用方法？

4-11　Java 为什么需要声明基本数据类型的包装类？基本数据类型的包装类有哪些？

4-12　当两个串的对应位置字符都相同而长度不等时，哪个较“大”？举例说明。

4-13　怎样将数值类型的数据转换成字符串？怎样将字符串转换成数值类型的数据？

4-14　对数值、变量或对象进行比较操作，什么时候采用 6 个关系运算符或调用 equals()、compareTo()方法？是否每个对象都可以调用 equals()和 compareTo()方法？为什么？这两个方法在进行比较操作时有什么差别？它们在每个类中的含义都相同吗？

4-15　System 类、Class 类各有哪些功能？在之前的程序中已用到这些类的哪些常量或方法？

4-16　怎样引用 java.util 包的类？

4-17　怎样表示日期与时间数据？怎样获得当前日期和时间？怎样获得当前日期的年月日？

4-18　java.util.Comparator<T>接口有什么作用？在什么情况下需要使用？

（4）泛型

4-19　泛型有什么作用？在什么情况下需要使用泛型？

4-20　设 Student 是 Person 的子类，Comparator<Student>是 Comparator<Person>的子类吗？Comparator<T>的父类是 Comparator<Object>吗？是什么？

实验 4　接口与实现接口的类

1. 实验目的

理解接口的作用，理解接口和实现接口的类的关系，掌握声明接口、一个类实现多个接口的声明和使用方法；理解内嵌类型的概念，掌握声明内部类的方法；理解 Java 包的概念和作用，熟悉 Java 语言包和实用包中的常用类。

2. 实验内容

4-21　声明圆椎体类，实现 Area 和 Volume 接口，计算表面积和体积，按体积比较大小。

4-22　求平均值接口与实现该接口的类。

声明 Averagable 接口如下，约定求数组元素平均值的方法。

```
public interface Averagable                                         // 求平均值接口
{
    public abstract double average(double[] value, int n);      // 求数组前n个元素的平均值
    public abstract double average(double[] value);             // 求数组元素的平均值
}
```

声明以下实现 Averagable 接口的类，提供多种计算平均值的规则。

```
public class AverageAll implements Averagable                       // 求所有元素的平均值
public class AverageExceptMaxMin implements Averagable              // 去掉最大值和最小值，再求平均
```

4-23　Complex 复数类声明实现 Comparable<T>接口，提供按模比较复数大小的方法。

4-24　实现以下方法，产生互异的、或排序的随机数序列。

```
public static Integer[] random(int n, int max)                  // 产生n个max以内的随机数
public static Integer[] randomDifferent(int n, int max)         // 产生n个max以内的互异随机数
```

```
public static Integer[] randomSorted(int n, int max)          // 产生n个max以内的排序随机数
public static Integer[] randomDifferentSorted(int n, int max)  // 产生n个max以内的互异排序随机数
```

4-25 将 Java 语言的所有关键字保存在一个字符串数组中，对其按升序排序，再采用顺序查找或二分法查找，判断一个字符串是否是 Java 语言的关键字。

4-26 实现以下功能。

```
// 返回数组元素最大值下标
public static <T extends Comparable<? super T>> int max(T[] value)
// 返回数组元素最小值下标
public static <T extends Comparable<? super T>> int min(T[] value)
// 判断T[]是否排序，asc取值true（升序，默认），false（降序）
public static <T extends Comparable<? super T>> boolean isSorted(T[] value, boolean asc)
// 将元素x插入到value排序对象数组前n个元素中，插入位置由x值大小决定
public static<T extends Comparable<? super T>> void insert(T[] value, int n, T x)
// 在value排序数组begin~end范围内，二分法查找key元素，若查找成功，则返回下标，否则返回-1
public static <T> int binarySearch(T[] value, T key, java.util.Comparator<? super T> c)
public static <T> int binarySearch(T[] value, int begin, int end, T key, Comparator<? super T> c)
// 输出value对象数组中所有与key相等的元素，顺序查找算法
public static <T extends Comparable<? super T>> void searchPrint(T[] value, T key)
public static <T> void searchPrint(T[] value, T key, java.util.Comparator<? super T> c)
```

第 5 章　异常处理

软件系统提供给用户的是一套完善的服务，一个实际运行的软件系统应该不仅具有满足用户需求的强大功能，还必须具有高度的可靠性、稳定性和容错性。这就要求软件系统不但自身不能有错误，而且要具备较强的抗干扰能力。即使在用户操作出现错误，或遇到不可抗拒的干扰时，软件系统也不能放弃，必须尽最大努力排除错误继续运行。只有具备这样素质的软件系统才会具有强盛的生命力和广阔的应用空间。

支持软件系统的程序设计语言也必须具备这样的素质。Java 语言的语法体系是严密的，语法检查是严格的，不仅在编译时能够检查出所有语法错误，更重要的是，它在运行时能够捕获到所有运行错误，异常处理提供语言级对运行时错误的处理机制，内存自动管理提供内存资源使用的安全性。这使得采用 Java 语言开发的软件系统具有高度的可靠性、稳定性和容错性。

本章重点介绍 Java 语言的异常处理，如异常的种类、异常的抛出、捕获及处理运行机制。

5.1　异常处理基础

5.1.1　异常处理机制的必要性

1. 面向过程语言错误处理方式的缺陷

面向过程语言提供的错误处理方式是不完全的，不能保证及时发现错误并制止错误蔓延。例如，问 C 语言中以下语句是否能够运行？

```
int  x[10], i = 10;
x[i] = 99;                              // 执行，对 x[10]赋值。逻辑错误，x[10]下标越界
```

由于 C 语言在运行时没有进行数据范围检查，当数组下标越界时，实际上在对数组以外的存储单元进行操作，导致逻辑错误。

因为 C 语言本身完全放弃了数据类型的范围检查，所以系统不能识别下标越界的错误，继续运行，不仅将数组下标越界等语义错演变成为逻辑错，还因为更改了其他数据（数据拥有者不知情）而使错误进一步蔓延，导致更严重后果。诸如此类问题还有很多，如指针等，因此 C 语言不健壮、不安全，存在致命性缺陷。

C 语言不进行范围检查是基于程序运行效率的考虑。因为时代背景不同，在当时 CPU 速度很低的情况下，如果运行时每步都要进行范围检查，需要花费很多时间。C 语言要求程序必须识别和处理所有错误，这样语言本身防范错误的责任就推给了程序员，使程序质量完全依赖于程序员。程序员必须考虑并防范所有错误，为每个应用程序设置语言一级的错误处理机制，这对程序员的要求太高。

1.3.5 节将程序错误分成三类：语法错、语义错、逻辑错。在程序开发过程中，程序员必须发现并改正语法错和逻辑错。对于运行时遇到的语义错：其一，程序只能防范和处理其中一部分，如除数为 0 和下标越界等，程序能够事先判断和控制这些错误。C 语言提供的避免错误

的手段只有if语句，程序必须事先判断可能遇到的错误，使用if语句避免它们。例如：

```
int  x[10], i = 10;
if(i >= 0 && i < 10)                          // 给定执行条件，事先判断，避免下标越界错误
    x[i] = 99;
```

而含有错误处理的程序，代码臃肿，逻辑复杂，掩盖了算法描述，可读性差，软件无法维护和升级。

其二，程序不能处理的错误有数值格式错误、文件不存在等，这些是程序无法事先判断和控制的，不能用 if 语句事先判断来避免。面向过程语言没有提供对这些错误的处理机制，只能任凭这些错误导致程序运行中断。

2. 面向对象语言的异常处理思想

面向对象语言必须提供语言级用于防范和处理错误的异常处理机制，因为在现在网络系统的时代背景下，硬件性能大幅提高，程序正确性、可靠性和稳定性比程序效率更重要。

异常处理是一种处理运行错误的机制。Java语言将运行错误封装成若干错误类和异常类；运行时一旦发现错误或异常，则抛出，不会执行错误语句；程序通过异常处理语句捕获并及时处理运行错误。异常处理机制的优越之处体现如下。

① 从语法角度看，异常处理语句将程序正常代码与错误处理代码分开，使程序结构清晰，算法重点突出，可读性强。

② 从运行效果看，异常处理语句使程序具有处理运行错误的能力。即使发生了运行错误，应用程序能够捕获异常并及时处理异常，使程序从运行错误中很好地恢复并继续运行，而不会导致程序运行非正常终止。如果当前方法没有能力处理异常，还可以将异常传递给调用者处理。

3. Java语言是安全的

Java 语言是可靠的、稳定的和安全的，提供严密的语法规则，放弃了 C++语言的全程变量、goto语句、宏替换、全局函数以及结构、联合和指针数据类型等语法，减少了错误。Java语言在编译和运行时严格检查错误，能够发现所有语法错和运行错，包括 C++语言不能发现的运行错误，如数组下标越界等。

Java语言提供异常处理机制，使程序能够处理运行错误，保证程序可靠、健壮地运行。Java提供内存自动管理方式，自动跟踪程序使用的所有内存资源，当内存资源不再被使用时自动回收，而不需要写释放内存语句，既减少了程序员的工作量，也提高了可靠性和安全性。

根据错误性质，Java将运行错误分为两类：错误和异常。

5.1.2 错误

错误（Error）是指程序运行时遇到的硬件错误，或操作系统、虚拟机等系统软件错误，或操作错误。错误对于程序而言是致命的，错误将导致程序无法运行。

java.lang.Error是错误类，当产生错误时，Java虚拟机抛出Error类对象。主要错误类有：

- NoClassDefFoundError类定义未找到错误。当没有找到.class文件或运行没有main()方法的.class类时抛出。
- OutOfMemoryError内存溢出错误。当用new申请分配内存且没有可用内存时抛出。
- StackOverflowError栈溢出错误。当递归函数不能正常结束时抛出。

Java 程序本身不能对错误进行处理，只能依靠外界干预。

5.1.3 异常

异常（Exception）是指在硬件、操作系统或虚拟机等系统软件运行正常时，程序产生的运行错误（语义错误）。例如，整数进行除法运算时除数为 0，操作数超出数据范围，输入数据格式错误，打开一个文件时发现文件不存在，网络连接中断，数据库连接中断等。

异常对于程序而言是非致命的，异常处理机制能够使程序捕获和处理异常，由异常处理代码调整程序运行方向继续运行。

1. 异常类

java.lang.Exception 异常类是 Java 语言定义的所有异常类所构成树层次结构的根类，其他异常类是 Exception 的子类或后代类，异常对象中包含错误的位置和特征信息。Exception 是 Throwable 类的子类，异常类的层次结构如图 5-1 所示。

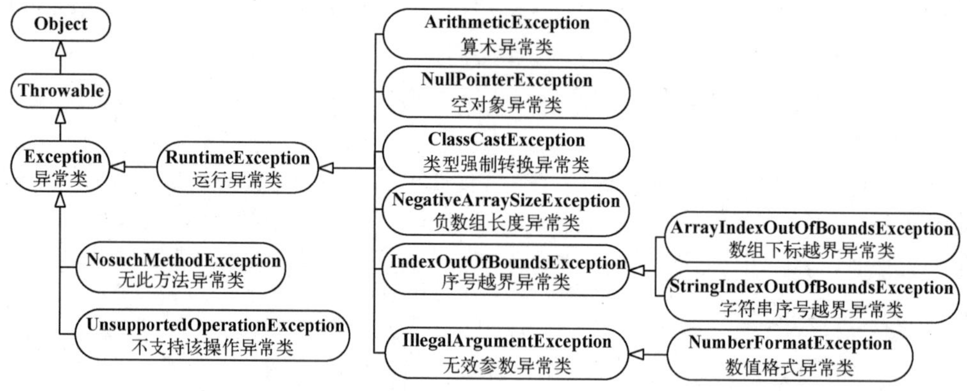

图 5-1　异常类层次结构（默认 java.lang 包）

Throwable 及其子类 Exception 声明如下：

```
public class Throwable implements Serializable
{
    public String getMessage()                   // 获得异常信息
    public String toString()                     // 获得包含异常类名的异常信息
    public void printStackTrace()                // 显示异常栈跟踪信息，同 Java 虚拟机抛出的
}
public class Exception extends Throwable
{
    public Exception()
    public Exception(String message)             // message 指定异常信息
}
```

Java 语言定义的异常类主要分为运行异常和非运行异常。运行异常是指由程序本身错误或数据错误所引发的异常，这类异常程序设计时大多可以避免；非运行异常是指由程序运行环境错误引发的异常，这类异常必须捕获并处理。

2. RuntimeException 运行异常类

运行异常都是 RuntimeException 的子类，说明如下。

（1）ArithmeticException 算术异常

当除数为 0 时，进行除法运算会产生错误，分为以下两种情况：

```
3/0                          // 整数除法或取余运算，除数为 0 时抛出 ArithmeticException 算术异常
3/0.0                        // 浮点数除法，除数为 0 时运算结果为 NaN（不确定值）或 Infinity（无穷大）
```

（2）NullPointerException 空对象异常

如果对空数组中元素进行操作，或通过空对象调用方法，则抛出 NullPointerException 空对象异常。例如：

```
int[]  x = null;
x[0] = 1;                                   // 对空数组的元素进行操作，抛出空对象异常
String  str = null;
str.length()                                // 通过空对象调用方法，抛出空对象异常
```

（3）ClassCastException 类型强制转换异常

当进行类型强制转换时，如果遇到不能进行的转换操作，则抛出 ClassCastException 类型强制转换异常。例如：

```
Object  obj = new Object();
String  str = (String)obj;                  // obj 不能转换成 String 对象，抛出类型强制转换异常
```

（4）NegativeArraySizeException 负数组长度异常

当申请数组存储空间时，如果指定的数组长度是负数，则抛出 NegativeArraySizeException 负数组长度异常。例如：

```
int[] x = new int [-1];                     // 抛出负数组长度异常
```

（5）ArrayIndexOutOfBoundsException 数组下标越界异常

当访问数组元素时，如果下标越界，则抛出 ArrayIndexOutOfBoundsException 数组下标越界异常。例如：

```
int[]  x = {1,2,3,4};
for(int i=0; i < 5; i++)
    System.out.println("x["+i+"]="+x[i]);   // 抛出数组下标越界异常
```

（6）StringIndexOutOfBoundsException 字符串序号越界异常

调用 charAt(i)、substring(begin, end)等方法对指定字符串进行操作时，如果字符的序号越界，则抛出 StringIndexOutOfBoundsException 字符串序号越界异常。例如：

```
"abc".charAt(-1)                            // 抛出字符串序号越界异常
```

【例 5.1】 程序应避免的异常分析。

本例目的：即使算法正确，也会产生运行错误。对于上述 6 种能够预见的异常，程序应该考虑周到进行事先处理，尽量避免发生异常。

问：以下方法在什么情况下会产生怎样的异常？如何避免？

```
public static double average(int[] value)       // 求整数数组元素平均值
{
    double  sum = 0.0;
    for(int i=0; i < value.length; i++)
        sum += value[i];
    return sum / value.length;
}
```

答：

① 若 value == null，则 value.length 和 value[i]抛出空对象异常。

② 采用 i<value.length 条件表达式，避免产生数组下标越界异常。

③ 避免除数为 0 的运算错误。

仅当整数相除且除数为 0 时，Java 抛出算术异常。

上述浮点数除法运算 sum/value.length，若 value.length == 0，除数为 0 的结果为 NaN，是一个不确定值，没有抛出异常。下列两种声明都将使数组元素个数为 0：

```
int[] value = {};                              // value!=null, value.length==0
value = new int[0];                            // value!=null, value.length==0
```

因此，对于除数为 0 的运算错误，处理方式是，采用 if 语句进行事先处理，从而避免除数为 0 错误，在各种情况下都给出明确的运算结果。在上述方法体第一句增加以下语句。

```
if(value.length == 0)                          // 避免除数为0运算错误
    return 0.0;
```

【思考题 5-1】 ① 实现以下方法。

```
// 求value整数数组元素的加权平均值，weight数组元素指定value数组相应元素的权值；
// 若value元素个数为0，则返回0.0；
// 若weight为null，则默认权值为1，即求value数组元素的平均值；
// 若weight数组元素个数不够，则默认权值为1；若weight数组元素个数超过，则忽略不用
public static double weightedAverage(int[] value, int[] weight)
```

② 上述方法在计算过程中可以输出以下算式。

```
weightedAverage(value, wight) = (10*10+20*11+30*12+40*13+50*14+60*15+70*1)/7 = 410.0
weightedAverage(value, null) = (10*1+20*1+30*1+40*1+50*1+60*1+70*1)/7 = 40.0
```

（7）NumberFormatException 数值格式异常

Integer、Double 类分别声明以下 parse…(str)方法，将字符串 str 转换为整数/浮点数，如果 str 字符串不符合数值格式，则抛出 NumberFormatException 数值格式异常。

```
public static int parseInt(String str) throws NumberFormatException
public static double parseDouble(String str) throws NumberFormatException
```

以下调用语句指定的字符串均不能转换成数值，抛出 NumberFormatException 异常。

```
int  i = Integer.parseInt("123a");             // 不能将字符串转换成整数，抛出数值格式异常
double  x = Double.parseDouble("123.45x");     // 不能将字符串转换成浮点数，抛出数值格式异常
```

调用 Integer.parseInt(str)语句，编译器只能检查 str 是否符合字符串类型语法，而 str 引用的实际字符串究竟能不能转换成整数，只有到运行时才能知道。因此，程序无法用 if 语句进行事先处理，只能在运行时进行异常处理。如果程序没有处理，意味着交由 Java 虚拟机处理。

对于无法预见的、由特殊环境错误造成的异常，程序必须进行异常处理，确保正常运行，保证程序的可靠性和安全性。其他如文件不存在、网络连接中断、数据库连接中断等异常，如果没有处理，则不能通过编译。

5.2 异常处理措施

Java 语言的异常处理机制包括异常类体系、异常处理的 try 语句、抛出自定义异常对象的 throw 语句、声明方法抛出异常的 throws 子句和自定义异常类。这些功能不仅能够捕获并处理异常，还能够主动抛出异常，也能够将异常传递给调用者。

异常对象会经历抛出、捕获及处理的过程。创建一个异常类对象的过程称为抛出（Throw）异常；获得异常对象的过程称为捕获（Catch）异常；对异常对象执行操作的过程称为处理异常，异常对象由捕获它的语句进行处理。通常这几个过程分别由不同方法或 Java 虚拟机完成。

5.2.1 异常处理语句

Java 提供 try-catch-finally 语句来捕获和处理一个或多个异常，语法格式如下：

```
try
{
    存在潜在异常的语句;
}
catch(异常类 异常对象)
{
    捕获异常对象并进行处理的语句;
}
finally
{
    最后必须执行的语句，无论是否抛出异常，是否捕获到异常;
}
```

其中 try、catch、finally 是关键字，catch 子句可以有多个，finally 子句可以省略。

try-catch-finally 将正常执行语句与异常处理语句分离，增强程序可读性。说明如下：

- try 子句包含可能抛出异常的语句序列。
- catch 子句捕获并处理指定类型的异常对象，参数是 Exception 类及其子类的实例，多个 catch 子句可以分别处理多种不同类型的异常对象。
- finally 子句包含最后必须执行的语句序列，无论是否抛出异常，是否捕获到异常。

【例 5.2】 数值格式异常处理。

本例对数值格式错误进行异常处理，程序如下。

```
public class IntArray5                                // 一维整数数组
{
    public static int[] getInts(String[] str)         // 返回字符串数组 str 中的所有整数
    {
        if(str == null || str.length == 0)
            return null;
        int  x[] = new int[str.length], n = 0, i = 0; // x 数组的长度同 str，可能超长
        while(i < str.length)                         // 此处可使用 for，省略以下 finally 子句
        {
            try
            {
                x[n] = Integer.parseInt(str[i]);      // 按十进制转换成整数，不能转换时抛出异常
                n++;                                  // n 记录整数的个数
            }
            catch(NumberFormatException ex)           // 捕获并处理 parseInt()抛出的数值格式异常
            {
                System.out.println("\""+str[i]+"\"字符串不能按十进制转换为整数，"+ex.toString());
            }
            catch(Exception ex)                       // 捕获并处理所有其他异常
```

```
        {
            ex.printStackTrace();                  // 显示异常栈跟踪信息，同 Java 虚拟机抛出的
        }
        finally                                    // 最后执行子句，可省略
        {
            i++;
        }
    }
    if(n == x.length)                              // 当 x 数组放满整数时
        return x;
    int[]  y = new int[n];                         // 当 x 数组不满时，复制数组，去除最后多余存储单元
    System.arraycopy(x,0,y,0,n);                   // 将 x 数组从 0 开始 n 个元素复制到 y 数组从 0 开始处
    return value;                                  // 返回包含所获整数个数的数组
}
public static void main(String[] args)
{
    String[]  valuestr = {"10","20","30","40","50","x","60","70"};
    int[]  value = getInts(valuestr);              // 返回字符串数组 valuestr 中的所有整数
    System.out.print("value[]数组：");
    IntArray1.print(value);                        // 输出数组元素，方法体见例 2.7，{,}
}
}
```

MyEclipse 设置编译路径包含项目：例 2.7。程序运行结果如下：

```
"x"字符串不能转换为整数，java.lang.NumberFormatException: For input string: "x"
value[]数组：{10,20,30,40,50,60,70}
```

try-catch-finally 语句的流程如图 5-2 所示，执行过程说明如下。

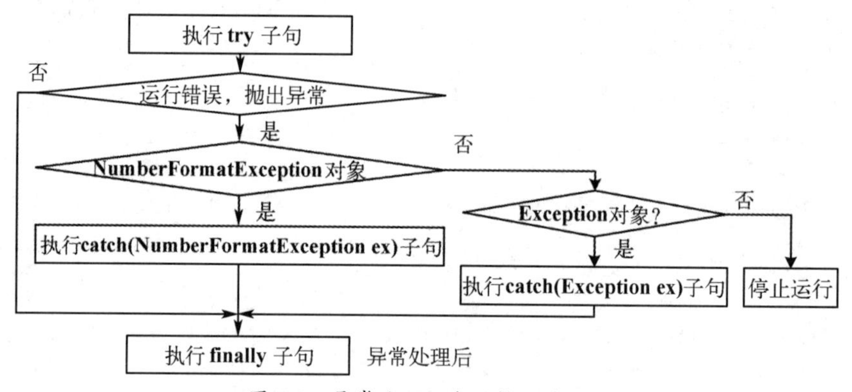

图 5-2　异常处理语句的执行流程

① 执行 try 子句中的语句序列，如果 parseInt(str)方法运行正常（如 str="10"），将其返回值赋值给 i；最后执行 finally 子句（如果有）。

② 执行 try 子句，如果 parseInt(str)方法有运行错误（如 str="x"），则 Java 虚拟机抛出一个 NumberFormatException 异常实例，中断 try 子句中后续语句执行；转去执行 catch 子句。

③ 将抛出的异常实例类型与各 catch 子句的参数类型依次进行匹配，若匹配成功，则捕获该异常，执行相应 catch 子句，进行异常处理，否则进行下一次匹配；最后执行 finally 子句（如果有）。例如，parseInt("x")方法抛出的 NumberFormatException 异常对象，将被

catch(NumberFormatException ex)子句捕获并处理；如果没有该子句，则被 catch(Exception ex)子句捕获并处理。

一个异常对象只能被一个 catch 子句捕获，之后不再进行匹配操作，其他 catch 子句或外层的 try 语句将不能再捕获该异常。因此，多个 catch 子句需要按异常类从子类到父类的次序依次排列。如果所有 catch 子句都没有捕获抛出的异常，则由 Java 虚拟机捕获并处理，导致程序运行终止，就像没有使用 try 语句。因此，通常最后一个 catch 子句的异常类是 Exception，能够捕获并处理所有异常对象。

【思考题 5-2】 ① 修改例 5.2 中的异常处理语句，当不能将 str 按十进制转换成整数时，将其按十六进制转换成整数。② 当不能将 str 按十进制转换成整数时，将其转换成浮点数。

5.2.2 抛出异常

1. 抛出异常对象的 throw 语句

异常对象可以由 Java 虚拟机抛出，也可以由程序主动抛出。如果程序中存在逻辑错误但不是 Java 的异常，程序也可以采用 throw 语句主动抛出一个异常对象。

throw 语句抛出一个异常对象，语法格式如下，其中 throw 是关键字。

```
throw 异常对象
```

例如，修改例 3.2 的 MyDate 类中的 set()方法声明如下：

```
public void set(int year, int month, int day)          // 设置日期
{                                                       // 其他语句省略
    if(month < 1 || month > 12)
        throw new Exception("月份错误");
}
```

如果 month 参数超出指定范围，则抛出 Exception 异常对象，向调用者指出错误类型。同样，如果 day 超出范围，也可抛出异常。

由 throw 语句抛出的异常对象也必须由 try 语句捕获并处理。异常抛出和处理既可以在一个方法中，也可以分别在不同的方法中。

2. 方法声明抛出异常的 throws 子句

如果一个方法抛出异常，而该方法没有能力处理该异常，则可以在方法声明时，采用 throws 子句声明该方法将抛出异常。带有 throws 子句的方法声明语法格式如下，其中 throws 是关键字，“异常类列表”是方法要抛出的异常类，多个异常类用“,”分隔。throws 子句不是一条独立的语句。

```
[修饰符] 返回值类型 方法([参数列表]) [throws 异常类列表]
```

例如，上述 set()方法体中抛出异常，如果该方法体内没有处理异常，则 set()方法必须使用 throws 子句声明抛出异常如下：

```
public void set(int year, int month, int day) throws Exception
```

set()方法抛出的异常由该方法的调用者处理。如果调用者也无法处理，可以声明再将该异常抛出。例如，以下 MyDate 构造方法调用 set()方法，但它无法处理异常，再声明抛出。

```
public MyDate(int year, int month, int day) throws Exception
{
    this.set(year, month, day);
```

```
}
```

同理，如果 main()方法中调用声明抛出异常的方法而无法处理相应异常，则声明抛出异常如下：

```
public static void main(String args[]) throws Exception
{
    System.out.println(new MyDate(2017,2,29).toString());
}
```

main()方法抛出的异常由 Java 虚拟机捕获，处理结果是终止程序运行。

throws 子句的作用是，声明方法抛出指定异常，则方法的调用者必须捕获并处理该异常，这样实现了异常对象在方法之间逐级向上传递。

5.2.3 定义异常类

前述 set()方法通过 throw 语句抛出的 Exception 异常只能在以下 catch 子句中被捕获：

```
catch(Exception ex)                          // ex 是 Exception 异常对象，可引用所有异常实例
{
    if(ex.getMessage().equals("月份错误"))      // 使用 ex 异常信息识别异常对象
}
```

catch(Exception ex)子句可捕获到所定义的所有异常对象，由 ex 引用。那么，如何才能知道 ex 是哪一类的异常对象？使用 ex.getMessage()通过异常信息字符串来识别。

当 Java 语言提供的异常类不能满足需要时，更好的办法是，应用程序自定义异常类，由 catch 子句捕获并处理。自定义的异常类必须是 Exception 的子类。

【例 5.3】 自定义异常类，日期类的异常处理。

本例为 MyDate 类处理日期格式异常，先声明日期格式异常类，再修改 MyDate 类的某些成员方法，当指定参数不能构造日期时，抛出日期格式异常并使该异常对象在调用方法间传递。

① 声明 DateFormatException 日期格式异常类如下，程序存放在例 3.2 项目中。

```
// 日期格式异常类，继承无效参数异常类，只需要声明构造方法，作用是声明异常类名
public class DateFormatException extends IllegalArgumentException
{
    public DateFormatException(String message) {  super(message);  }
    public DateFormatException() {  super();  }
}
```

声明继承 IllegalArgumentException 的异常类，Java 语言不强制调用者必须捕获，如果调用者没有捕获，则由 Java 虚拟机捕获并处理；如果声明继承 Exception 的异常类，则调用者必须捕获，否则编译不通过。

② MyDate 类修改 set()方法声明如下，抛出日期格式异常类，向调用者传递异常。

```
// 设置日期，若参数不能构造日期，则抛出日期格式异常
public void set(int year, int month, int day) throws DateFormatException
{
    if(year <= -2000 || year > 2500)
        throw new DateFormatException(year+"，年份不合适，有效年份为-2000~2500。");
    if(month < 1 || month > 12)
        throw new DateFormatException(month+"月，月份错误");
    if(day < 1 || day > MyDate.daysOfMonth(year, month))
```

```
        throw new DateFormatException(year+"年"+month+"月"+day+"日，日期错误");
    this.year = year;
    this.month = month;
    this.day = day;
}
```

③ 调用方法处理异常，若不能处理则声明抛出日期格式异常，再向调用者传递异常。

```
// 构造方法，若参数不能构造日期，本方法无法处理异常，则再次抛出日期格式异常
public MyDate(int year, int month, int day) throws DateFormatException
{
    this.set(year, month, day);                        // 该方法声明抛出日期格式异常
}
// 构造方法，由 datestr 字符串构造日期，默认日期字符串格式为"yyyy 年 MM 月 dd 日"；若 datestr
// 中的年、月、日子串不能转换成整数，则抛出数值格式异常；若不能构造日期，则抛出日期格式异常
public MyDate(String datestr) throws NumberFormatException, DateFormatException
{
    if(datestr.isEmpty())
        throw new DateFormatException("空串，日期错误");
    // 在 datestr 串中从 i 开始查找指定字符，汉字字符长度为 1
    int  i = datestr.indexOf('年'), j = datestr.indexOf('月',i), k = datestr.indexOf('日',j);
    int  year = Integer.parseInt(datestr.substring(0,i));          // 年
    int  month = Integer.parseInt(datestr.substring(i+1,j));       // 月
    int  day  = Integer.parseInt(datestr.substring(j+1,k));        // 日
    this.set(year, month, day);                      // 若参数不能构造日期，则抛出日期格式异常
}
```

如果 main()方法没有捕获异常，也可使用 throws 子句，将异常交由虚拟机处理。例如：

```
public static void main(String[] args) throws NumberFormatException, DateFormatException
{
    new MyDate("2019 年 2 月 29 日");
}
```

程序运行过程中，抛出以下异常后终止运行：

```
Exception in thread "main" DateFormatException: 2019 年 2 月 29 日，日期错误
```

在 Person、Student 等类中，创建 MyDate 实例、调用 set()等方法时，也要捕获并处理 DateFormatException 异常。如果没有捕获该异常，则意味着交由 Java 虚拟机处理。

习 题 5

（1）异常处理基础

5-1 Java 语言为什么要采用异常处理机制？异常处理的目的是什么？异常处理是怎样实现的？异常处理机制能够解决程序中遇到的所有错误吗？哪些错误不是异常处理能够解决的？哪些异常是应该避免而不捕获的？哪些异常是必须处理的？举例说明。

5-2 运行没有 main()方法的类会怎样？

5-3 RuntimeException 运行异常类有哪些子类？举例说明这些运行异常的抛出情况。

5-4 怎样处理除数为 0 异常？怎样处理数组下标越界异常？

5-5 为什么将字符串转换成数值类型时会抛出异常？抛出什么异常？将数值转换成字符串

时会抛出异常吗？为什么？

5-6 说明采用什么语句能够捕获并处理异常？

5-7 以下语句将抛出什么异常？

```
String  str == "";
char  ch = str.charAt(0);
```

5-8 以下语句欲将字符串 str 转换成整数，有什么错误？如何改正？

```
String  str == "123";
int  i = (Integer)str;
```

（2）异常处理措施

5-9 执行以下语句，抛出的异常对象被谁捕获？

```
try
{
    int  i = Integer.parseInt("123a");
}
catch(Exception ex) { }
catch(NumberFormatException ex) { }
```

5-10 关键字 throw 和 throws 分别表示什么含义？两者有何差别？

5-11 一个方法如果不能处理异常，它该怎么办？

5-12 什么情况下需要自定义异常类？

实验 5 异常的抛出、捕获并处理

1. 实验目的

了解程序运行过程中出现的各种错误，针对不同的错误，采取不同的手段排除错误；理解异常处理机制的运行方式；掌握异常的抛出、捕获及处理方法；熟悉自定义异常类的作用，具备发现及处理程序错误的能力，使应用程序具有稳定性和可靠性。

2. 实验内容

5-13 修改例 3.7 各图形类的构造方法如下，若参数不符合要求，抛出无效参数异常。

```
// 构造点，若 x<0 或 y<0，则抛出无效参数异常
public Point(int x, int y) throws IllegalArgumentException
// 以下构造矩形，若 length<0 或 width<0，则抛出无效参数异常
public Rectangle(Point point1, int length, int width) throws IllegalArgumentException
// 以下由三点构造一个三角形；当三点共线不能构成一个三角形时，则抛出无效参数异常
public Triangle(Point point1, Point point2, Point point3) throws IllegalArgumentException
// 以下构造多边形，由 points 数组指定多点；若少于 3 点，或不能构成多边形，则抛出无效参数异常
public Polygon(Point[] points) throws IllegalArgumentException
```

5-14 在 Complex 复数类（见实验 3-34 题）中增加以下方法。

```
// 以下由 str 构造复数，当 str 串不能转换时，抛出数值格式异常
public Complex(String str) throws NumberFormatException
```

第 6 章　图形用户界面设计

图形用户界面（Graphical User Interface，GUI）提供应用程序与用户进行数据交流的界面，由组件组成。组件需要响应指定事件。

本章介绍 Java 的多种组件，包括窗口、框架、对话框、面板、文本行、按钮、组合框、列表框、表格及菜单组件等；介绍用于控制组件相对位置的布局管理器；介绍委托事件处理模型；介绍在组件上绘制图形的方法。

6.1　AWT 组件及属性类

图形用户界面（Graphical User Interface，GUI）是使用图形方式借助窗口、文本行、按钮、菜单等标准界面元素和键盘、鼠标操作，提供应用程序与用户进行数据交流的界面，实现人机交互，应用程序既能够显示数据，也能够获得用户输入的数据和需要执行的命令。构成图形用户界面的基本元素是组件，图形用户界面应用程序的运行过程是事件驱动的。

Java 图形用户界面的组件类和事件类由 java.awt 和 javax.swing 包共同提供。java.awt 称为抽象窗口工具集（Abstract Window Tookit，AWT），主要包括组件、事件处理模型、图形和图像工具、布局管理器等，其中的组件通常称为 AWT 组件。AWT 早在 JDK 1.0 时就有了，但其组件和事件模型均不够完善。JDK 1.1 用委托事件模型取代了 JDK 1.0 的层次事件模型。JDK 1.2 的 Swing 组件（javax.swing 包）扩展了 AWT 组件的功能。

6.1.1　AWT 组件

java.awt 包主要由组件类、事件类、布局类、菜单组件类等组成。java.awt 包中主要的类及组件类的继承关系如图 6-1 所示。

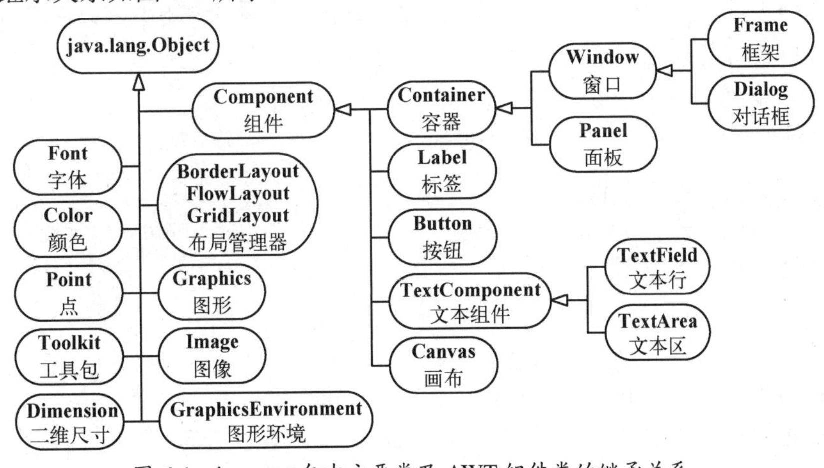

图 6-1　java.awt 包中主要类及 AWT 组件类的继承关系

1. 组件

组件（Component）是构成图形用户界面的基本成分和核心元素。组件是具有以下特性的对象：运行时可见，具有坐标位置、尺寸、字体、颜色等属性，可以拥有并管理其他组件，可以获得输入焦点，可以响应事件等。

Component 组件类是所有组件构成树层次结构的根类，是抽象类，声明如下，为子类提供对组件操作的通用方法，包括：设置组件位置和大小、标题文本字体和颜色、背景颜色等属性值，响应鼠标或键盘事件，组件画图等。

```
public abstract class Component implements ImageObserver, MenuContainer, Serializable  //组件类
{
    public int getWidth()                                        // 获得宽度
    public int getHeight()                                       // 获得高度
    public void setSize(int width, int height)                   // 设置宽度为 width、高度为 height
    public int getX()                                            // 返回位置的 X 坐标值
    public int getY()                                            // 返回位置的 Y 坐标值
    public void setLocation(int x, int y)                        // 设置位置为(x, y)
    public void setBounds(int x, int y, int width, int height)   // 设置位置和宽度、高度
    public Color getForeground()                                 // 获得文本颜色
    public void setForeground(Color color)                       // 设置文本颜色为 color
    public Color getBackground()                                 // 获得背景颜色
    public void setBackground(Color color)                       // 设置背景颜色为 color
    public Font getFont()                                        // 获得字体
    public void setFont(Font font)                               // 设置字体为 font
    public void setVisible(boolean visible)                      // 设置是否可见
    public void setEnabled(boolean enabled)                      // 设置是否有效状态
}
```

组件在容器中的位置(x, y)是指组件左上角点相对于容器的坐标。容器的坐标系如图 6-2 所示，水平方向是 X 轴，垂直方向是 Y 轴，左上角点坐标是(0, 0)，区域内的任一点坐标用(x, y)表示。

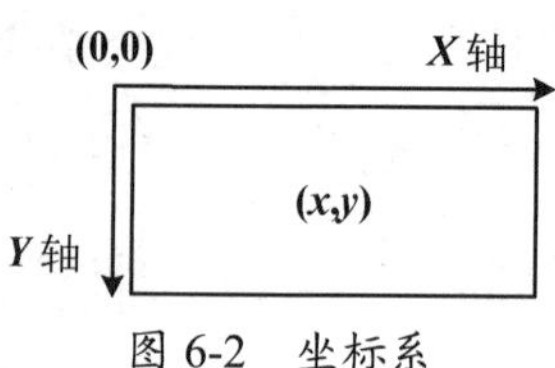

图 6-2　坐标系

2. 容器

容器（Container）是一种能够容纳其他组件的特殊组件，在其可视区域内显示其他组件。容器中各组件的大小和位置由容器的布局管理器进行控制。一个容器中可以放置其他容器，使用多层容器可以表达复杂的布局。

Container 容器类是 Component 组件类的子类，声明如下。

```
public class Container extends Component                  // 容器类
{
    public void setLayout(LayoutManager layout)           // 设置布局管理器为 layout，其类型是接口
    public Component add(Component comp)                  // 添加 comp 引用的任意组件
    public void remove(int i)                             // 删除第 i（i≥0）个组件
}
```

3. 窗口和面板

Container 容器类的子类有：Window 窗口类和 Panel 面板类。

窗口有标题栏和关闭控制按钮，有边框，可添加菜单栏；窗口可以独立存在，运行时可以被移动、被改变大小。窗口是顶层容器，窗口不能包含在其他容器中。Window 类声明如下：

```
public class Window extends Container implements Accessible     // 窗口类
{   // 设置窗口相对于组件 comp 的位置。若 comp 为 null，则将窗口置于屏幕中央
    public void setLocationRelativeTo(Component comp)
}
```

面板没有标题，没有边框，不可添加菜单栏；面板不能独立存在，必须包含在其他容器中。一个窗口可以包含多个面板，一个面板可以包含另一个面板。Panel 类声明如下：

```
public class Panel extends Container implements Accessible      // 面板类
{
    public Panel()                                  // 构造方法，默认 FlowLayout 布局，居中对齐
    public Panel(LayoutManager layout)              // 构造方法，layout 指定布局管理器
}
```

4. 框架和对话框

Window 窗口类的子类有：Frame 框架和 Dialog 对话框。

框架是一种窗口，用于 Java Application 应用程序的主窗口，带有最大化、最小化和关闭控制按钮。Frame 框架类声明如下：

```
public class Frame extends Window implements MenuContainer      // 框架类
{
    public Frame()                                  // 构造方法，默认 BorderLayout 布局
    public Frame(String title)                      // 构造方法，title 指定标题
    public String getTitle()                        // 获取标题
    public void setTitle(String title)              // 设置标题
    public void setResizable(boolean resizable)     // 设置是否可变大小，默认 true
}
```

对话框也是一种窗口，但不能作为应用程序的主窗口，通常依附于一个框架，当框架关闭时，对话框也关闭。对话框界面简单，没有最大化和最小化按钮。对话框有模式（Modal）窗口属性，特点是总在最前面，如果不关闭模式对话框，则不能对其他窗口进行操作。

Dialog 对话框类声明如下，其构造方法必须指明对话框所依附的框架。

```
public class Dialog extends Window                              // 对话框类
{
    public Dialog(Frame owner)          // 构造，owner 指明拥有对话框的框架，默认 BorderLayout 布局
    public Dialog(Frame owner, String title)          // title 指定对话框标题
    public Dialog(Frame owner, boolean modal)         // modal 指定模式窗口，默认 false
    public Dialog(Frame owner, String title, boolean modal)
}
```

Frame 和 Dialog 实例默认是白色背景、最小化的、不可见的，调用 setSize()方法设定窗口大小，调用 setBackground()方法设置背景颜色，调用 setVisible(true)方法使窗口可见。

5. 标签

标签组件用于显示字符串。标签只能显示信息，不能用于输入。Label 类声明如下：

```
public class Label extends Component implements Accessible          // 标签类
{
    public static final int LEFT=0, CENTER=1, RIGHT=2;     // 对齐方式常量，左对齐、居中、右对齐
    public Label()                                         // 构造方法
    public Label(String text)                              // text 指定字符串，默认左对齐
    public Label(String text, int align)                   // align 指定对齐方式，取值为 Label 常量
    public String getText()                                // 获得字符串
```

```
    public void setText(String text)                      // 设置字符串为text
}
```

6. 文本行

文本行是一个单行文本编辑框，用于输入一行文字。TextField类声明如下：

```
public class TextField extends TextComponent               //文本行类
{
    public TextField()                                      // 构造方法
    public TextField(String text)                           // 构造方法，text指定显示字符串
    public TextField(int columns)                           // 构造方法，columns指定宽度（字符数）
    public TextField(String text, int columns)              // 构造方法
    public String getText()                                 // 获得字符串
    public void setText(String text)                        // 设置字符串为text
}
```

7. 按钮

按钮用于显示操作命令，执行一种特定操作。Button按钮类声明如下：

```
public class Button extends Component implements Accessible         // 按钮类
{   public Button(String text)                                  // 构造方法，text指定标题
}
```

图形用户界面的应用程序运行时所产生的错误和异常，分别由java.awt包中的AWTError和AWTException类处理。

【例6.1】 加法运算器。

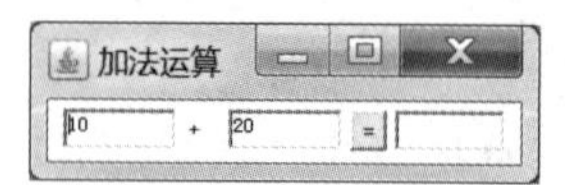

图6-3 加法运算器

本例目的：认识Java组件，设计窗口界面，体会功能欠缺。

功能说明：创建一个Frame框架对象，作为应用程序的主窗口，如图6-3所示，设置窗口标题、尺寸、位置、布局等属性，添加标签、文本行和按钮组件。程序如下。

```
import java.awt.*;                                          // 导入AWT包

public class AddFrame extends Frame                         // 加法运算器框架类，继承框架类
{
    public AddFrame()                                       // 构造方法
    {
        // 以下设置框架的标题、尺寸、位置、背景色、布局等属性
        super("加法运算");                                   // 设置框架标题
        this.setSize(400, 100);                             // 设置组件尺寸
        this.setLocation(300, 240);                         // 设置组件的显示位置
        this.setLayout(new FlowLayout());                   // 设置框架流布局，居中
        // 以下在框架上添加标签、文本行、按钮等组件
        this.add(new TextField("10", 8));                   // 添加文本行(初值，宽度)
        this.add(new Label("+"));                           // 添加标签组件
        this.add(new TextField("20", 8));
        this.add(new Button("="));                          // 添加按钮（标题）
        this.add(new TextField(10));                        // 添加文本行（初值默认为""）
        this.setVisible(true);                              // 显示框架，必须在添加组件后
    }
    public static void main(String[] arg)
    {
```

```
        new AddFrame();
    }
}
```

程序运行时，能够移动该窗口，最大化或最小化现再恢复窗口，拖动窗口边框改变大小。

【思考题 6-1】 ① AddFrame()构造方法中如果只有一条“this.setVisible(true);”语句，则运行结果是怎样的？如果只有设置框架属性语句，没有添加组件语句，运行结果又是怎样的？

② 当改变窗口大小时，组件位置会发生变化，如图 6-4 所示。解决办法：布局管理。

③ 单击“=”按钮，没有响应，没有计算结果。解决办法：编写动作事件处理方法。

④ 单击窗口关闭按钮，没有关闭窗口。解决办法：编写窗口关闭事件处理方法。

⑤ 只显示了“+”运算符，希望提供算术运算。解决办法：使用组合框选择运算符，如图 6-5 所示。

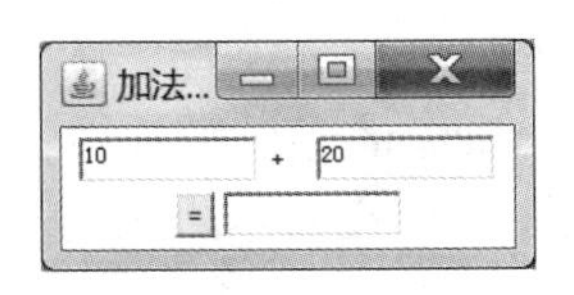

图 6-4　当改变窗口大小时，组件位置会变化

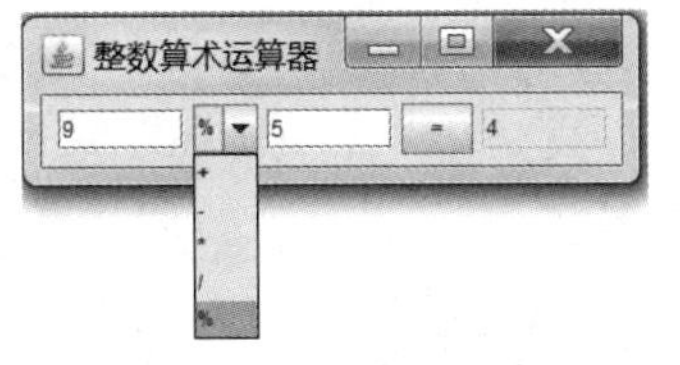

图 6-5　整数算术运算器

⑥ 在文本行中输入的是字符串，如果输入字符串不能转换成整数/浮点数，则抛出异常。解决办法：处理数值格式异常。

6.1.2　布局管理

当一个窗口中的组件较多时，界面应该简洁整齐，布局合理。Java 采用布局管理器（Layout Manager）对容器中的组件进行相对布局，约定组件之间的相对位置。若改变容器大小，随之改变组件大小，或者改变组件之间的相对位置，保证组件不会被遮盖并且容器中没有空白区域。

Java 提供了多种风格的布局管理器，用于指定一种组件之间的相对位置。java.awt 布局管理器类主要有 FlowLayout 流、BorderLayout 边、GridLayout 网格。

布局是容器类的特性，每种容器都有默认布局。Window 窗口类的默认布局是 BorderLayout，Panel 面板类的默认布局是 FlowLayout。如果一个容器需要改变其默认布局管理器，可以调用 Container 容器类的 setLayout()方法。

1. 流布局

FlowLayout 流布局管理器提供按行布置组件方式，将组件按从左至右顺序、一行一行地排列（见图 6-3），当一行放满时再放置到下一行（见图 6-4）。当改变容器大小时，组件的相对位置随容器大小而变化，呈现一行或多行，组件保持自己的尺寸。面板默认流布局。

FlowLayout 类声明如下：

```
public class FlowLayout implements LayoutManager, Serializable   // 流布局管理器类
{
    public static final int  LEFT = 0, CENTER = 1, RIGHT = 2; // 对齐方式常量，左对齐、居中、右对齐
    public FlowLayout()                                  // 构造方法，默认居中
    public FlowLayout(int align)                         // align 指定对齐方式，取值为对齐方式常量
}
```

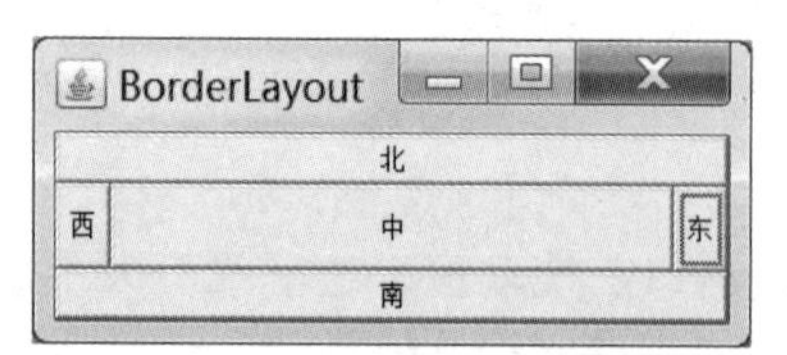

图 6-6　BorderLayout 边布局管理器

2．边布局

BorderLayout 布局管理器将容器划分为 5 个区域：东、南、西、北和中部，如图 6-6 所示，组件占满一条边或中间部分。当改变容器大小时，四边组件的长度或宽度不变，中部组件的长度和宽度随容器大小而变化。窗口默认边布局。

BorderLayout 类声明如下：

```
public class BorderLayout implements LayoutManager2, Serializable  // 边布局管理器类
{
    public static final String  NORTH = "North";            // 位置常量，注意，字符串首字母大写
    public static final String  SOUTH = "South", EAST = "East", WEST = "West", CENTER = "Center";
    public BorderLayout()                                   // 构造方法，组件之间的间距为 0 像素
}
```

Container 容器类声明以下添加组件方法，仅用于 BorderLayout 布局，其中 constraints 参数指定 comp 组件添加到边布局容器的位置，取值为 BorderLayout 类的常量，默认为 CENTER。

```
public void add(Component comp, Object constraints)      // 添加 comp 到容器的 constraints 位置
```

例如，调用语句如下，设 this 引用一个 Frame 实例，采用 BorderLayout 布局。

```
this.add(new Button("东"), BorderLayout.EAST);           // 组件添加在框架东边
this.add(new Button("南"), "South");
this.add(new Button("中"));                              // 默认位置为 BorderLayout.CENTER
```

【思考题 6-2】 如果例 6.1 中没有以下语句，运行结果是怎样的？为什么？

```
this.setLayout(new FlowLayout());                       // 设置框架流布局
```

因为窗口默认采用边布局，this.add(comp)方法省略了位置常量，将所有组件都放置在框架的中部区域，后放置的组件覆盖了先前放置的其他组件，因此，窗口显示的是最后添加的一个组件。

3．网格布局

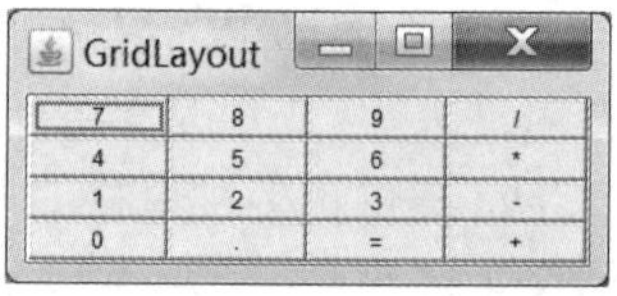

GridLayout 布局管理器将容器划分为大小相等的若干行若干列的网格，如图 6-7 所示，组件大小随容器大小而变化。

图 6-7　GridLayout 网格布局管理器

GridLayout 类声明如下：

```
public class GridLayout implements LayoutManager, Serializable      // 网格布局管理器类
{
    public GridLayout(int rows, int columns)                // 构造方法，rows、columns 指定行数和列数
}
```

GridLayout 布局的组件放置次序是行优先，从第一行开始，从左至右依次放置，一行放满后自动转入下一行，每个组件占满一格。如果组件数超过网格数，则布局管理器会自动增加网格数，增加的原则是保持行数不变；反之，一些网格将空置。

例如，图 6-7 网格布局的调用语句如下，设 this 引用一个 Frame 实例。

```
this.setLayout(new GridLayout(4,4));                      // 设置 4 行 4 列的网格布局
String[]  str = {"7","8","9","/","4","5","6","*","1","2","3","-","0",".","=","+"};
for(int i=0; i < str.length; i++)
    this.add(new Button(str[i]));                         // 依次添加组件
```

Container 容器类声明以下添加组件方法，i 指定组件的序号位置，仅用于 FlowLayout 和 GridLayout 布局。

```
public Component add(Component comp, int i)          // 添加comp作为容器的第i(≥0)个组件
```

实际应用中，需要充分利用各种布局特点，组合多种布局管理器，实现复杂布局。

6.1.3 颜色和字体

1. 颜色

Color 颜色类表示24位真彩色，颜色RGB整数结构见图4-9。Color类声明如下：

```
public class Color implements Paint, Serializable                    // 颜色类
{
    public final static Color  white = new Color(255, 255, 255);     // 声明颜色常量
    public final static Color  WHITE = white;                        // 声明常量大小写同义
    // 声明black、red、yellow、green、blue、pink、orange、magenta、cyan、gray等常量，省略
    public Color(int red, int green, int blue)                       // 以三原色构造对象
    public Color(int rgb)                                            // 以RGB值构造对象
    ……                                    // 其他成员方法声明见实验3-36，实现见例4.2，省略
    public Color brighter()                                          // 使颜色变浅
    public Color darker()                                            // 使颜色变深
}
```

例如，例6.1的构造方法中可以增加以下语句，设置组件的背景颜色。

```
this.setBackground(Color.lightGray);                          // 设置组件的背景颜色为浅灰色
```

2. 字体

Font 字体类声明如下，一种字体由字体名、字形（粗体或斜体）、字号等属性组成。

```
public class Font implements java.io.Serializable                    // 字体类
{
    public static final int  PLAIN = 0, BOLD = 1, ITALIC = 2;        // 字形常量：常规、粗体、斜体
    public Font(String name, int style, int size)                    // 参数指定字体名、字形、字号
    public String getName()                                          // 返回字体名称
    public int getSize()                                             // 返回字体大小
    public int getStyle()                                            // 返回粗、斜体值
}
```

6.2 事件处理

6.2.1 委托事件模型

Java 采用委托事件模型（Delegation Event Model）进行事件处理。

1. 事件和事件源

事件（Event）是指一个状态的改变，或者一个活动的发生。产生事件的组件称为事件源（Event Source）。例如，用户使用鼠标左键单击窗口的关闭按钮，产生窗口关闭事件，事件源组件是框架；用户单击一个按钮，产生动作事件，事件源组件是按钮。许多事件由用户操作触发，如单击、窗口关闭等；有些事件由系统触发，如定时器的时间到了等。

2. 事件类和事件监听器接口

Java 将事件封装成事件类，并为每个事件类定义一个事件监听器接口（Listener Interface），约定事件处理方法，指定产生事件时执行的操作。

ActionListener 动作事件监听器接口声明如下，其中 actionPerformed()约定动作事件的事件处理方法，其参数 event 是一个 ActionEvent 事件类的对象。

```
public interface ActionListener extends EventListener           // 动作事件监听器接口
{
    public abstract void actionPerformed(ActionEvent event);    // 动作事件处理方法
}
```

WindowListener 窗口事件监听器接口声明如下，约定多个窗口事件的处理方法。

```
public interface WindowListener extends java.util.EventListener     // 窗口事件监听器接口
{
    public abstract void windowOpened(WindowEvent event);        // 打开窗口后执行的事件处理方法
    public abstract void windowActivated(WindowEvent event);     // 激活窗口后执行
    public abstract void windowDeactivated(WindowEvent event);   // 变为不活动窗口后执行
    public abstract void windowIconified(WindowEvent event);     // 窗口最小化后执行
    public abstract void windowDeiconified(WindowEvent event);   // 窗口恢复后执行
    public abstract void windowClosing(WindowEvent event);       // 关闭窗口时执行
    public abstract void windowClosed(WindowEvent event);        // 关闭窗口后执行
}
```

一个描述图形用户界面的类声明实现一个事件监听器接口，意味着该类将响应指定事件并提供事件处理方法。此外，必须指明哪个组件要响应该事件。

3. 组件注册事件监听器

组件能够响应的事件是有约定的，如按钮能够响应动作事件，窗口能够响应打开和关闭等窗口事件；显然，按钮不能响应窗口关闭事件。一个组件能够响应多个事件，不同的组件响应不同的事件。如何表达哪个组件要响应哪个事件？

各组件类中声明的注册事件监听器方法，表示该组件要响应指定事件。例如，Button、TextField 等类有以下注册动作事件监听器方法，由参数 listener（ActionListener 接口对象）提供动作事件处理方法。

```
public class Button extends Component implements Accessible     // 按钮类
{
    public void addActionListener(ActionListener listener)      // 注册动作事件监听器
    public void removeActionListener(ActionListener listener)   // 取消动作事件监听器
}
```

Window 类有以下注册窗口事件的方法，由参数 listener（WindowListener 接口对象）提供窗口事件处理方法。

```
public class Window extends Container implements Accessible     // 窗口类
{
    public void addWindowListener(WindowListener listener)      // 注册窗口事件监听器
    public void removeWindowListener(WindowListener listener)   // 取消窗口事件监听器
}
```

调用语句如下：

```
button.addActionListener(this);                 // button 按钮注册动作事件监听器，响应动作事件
frame.addWindowListener(this);                  // frame 框架注册窗口事件监听器，响应窗口事件
```

程序运行时，button 按钮和 frame 框架将被监听。当用户单击 button 按钮时，执行 this 对象实现的 actionPerformed()方法；当用户单击 frame 框架窗口的关闭按钮时，执行 this 对象实现的 windowClosing()方法。

一个组件如果要响应多个事件，可以注册多个事件监听器；多个组件如果要响应同一个事件，可以注册同一个事件监听器。Java 将事件只传递给已注册的组件进行处理。事件处理方法既可以由本类实现，也可以委托其他类实现，多个类可分工合作。

【例 6.2】 Unicode 字符编码查询器。

本例说明按钮组件如何响应及处理动作事件，框架如何响应及处理窗口关闭事件。程序运行窗口如图 6-8 所示，2 个文本行分别显示字符和其 Unicode 编码，2 个按钮分别实现字符与 Unicode 编码的双向转换。程序如下。

图 6-8　Unicode 字符编码查询器

```
import java.awt.*;
import java.awt.event.*;
// 字符编码查询器框架类，继承框架类；声明实现 ActionListner 接口表示要响应动作事件
public class QueryFrame extends Frame implements ActionListener
{
    private TextField text_char, text_uni;                       // 显示字符和编码文本行
    private Button button_char, button_uni;                      // 查询编码和字符按钮
    // 上述对象在构造方法中创建引用的实例，在事件处理方法中使用，所以声明为成员变量
    public QueryFrame()                                          // 构造方法
    {
        super("字符编码查询器");                                  // 以下设置框架的标题等属性
        this.setBounds(300,240,310,90);                          // 设置框架的位置和尺寸
        this.setBackground(Color.lightGray);                     // 设置框架的背景颜色为浅灰色
        this.setLayout(new GridLayout(2,3));                     // 框架网格布局，2 行 3 列
        // 以下在框架窗口上添加两行组件，每行各有一个标签、文本行、按钮组件
        this.add(new Label("字符", Label.RIGHT));                 // 添加标签组件（右对齐）
        this.text_char = new TextField("汉字",10);                // 文本行组件
        this.add(this.text_char);
        this.button_char = new Button("查询 Unicode 码");         // 按钮组件
        this.add(this.button_char);
        this.button_char.addActionListener(this);   // 按钮注册动作事件监听器，委托 this 对象处理事件
        // 以下再添加一行标签、文本行、按钮组件
        this.add(new Label("Unicode 编码", Label.RIGHT));
        this.add(this.text_uni = new TextField(10));
        this.add(this.button_uni = new Button("查询字符"));
        this.button_uni.addActionListener(this);    // 按钮注册动作事件监听器，委托 this 对象处理事件
        this.setVisible(true);                                   // 显示框架窗口
        this.addWindowListener(new WinClose()); // 框架注册窗口事件监听器，委托 WinClose 对象处理事件
    }
    // 动作事件处理方法，实现 ActionListener 接口。
    // 单击按钮和文本行时触发执行，event.getSource()返回单击的那个按钮（事件源组件）
    public void actionPerformed(ActionEvent event)
    {
        if(event.getSource() == this.button_char)     // 单击“查询 Unicode 码”按钮，比较引用
        {
            String  str = this.text_char.getText();              // 获得文本行字符串
            if(!str.isEmpty())        // 输入非空串执行操作，功能同!str.equals("")，不能用 str!=""
            {
```

```
                char  ch = str.charAt(0);                    // 获得首字符
                this.text_char.setText(""+ch);               // 重新设置文本，显示字符
                this.text_uni.setText(""+(int)ch);           // 显示 ch 的 Unicode 码
            }
        }
        else if(event.getSource() == this.button_uni)       // 单击“查询字符”按钮
        {
            String  str = this.text_uni.getText();           // 获得文本行字符串
            if(!str.isEmpty())
                // 将 str 字符串转换成整数，未处理异常；再显示为该整数的 Unicode 编码的字符
                this.text_char.setText(""+(char)Integer.parseInt(str));
        }
    }
    public static void main(String[] arg) {  new QueryFrame();  }
}
// WinClose.java，实现窗口事件监听器接口的类，关闭窗口时，结束程序运行
import java.awt.event.*;
public class WinClose implements WindowListener
{
    public void windowClosing(WindowEvent event)            // 关闭窗口时执行的事件处理方法
    {
        System.exit(0);                                      // 结束程序运行
    }
    public void windowOpened(WindowEvent event) { }          // 打开窗口后执行
    public void windowActivated(WindowEvent event) { }       // 激活窗口后执行
    public void windowDeactivated(WindowEvent event) { }     // 变为不活动窗口后执行
    public void windowIconified(WindowEvent event) { }       // 窗口最小化后执行
    public void windowDeiconified(WindowEvent event) { }     // 窗口恢复后执行
    public void windowClosed(WindowEvent event) {}           // 关闭窗口后执行
}
```

本例实现了按钮动作事件、窗口关闭事件的响应和处理，两者的委托事件处理模型描述如图 6-9 所示，说明如下。

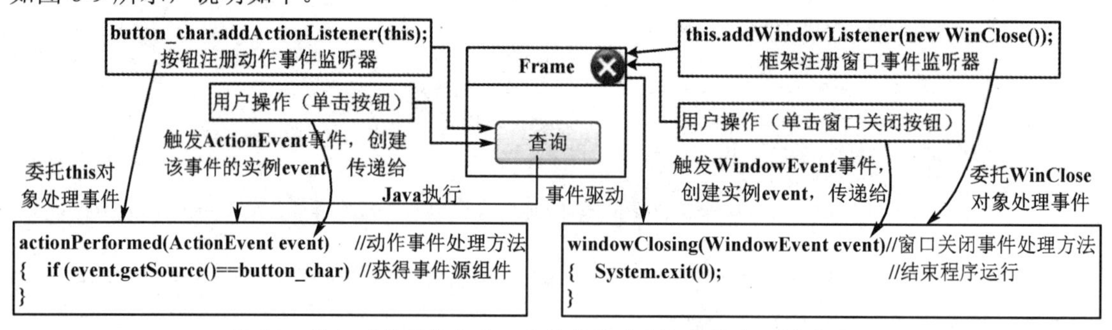

图 6-9　按钮动作事件和窗口关闭事件的委托事件处理模型描述

① 按钮响应和处理动作事件。

QueryFrame 类声明实现 ActionListener 接口，表示将响应并处理动作事件。两个按钮都注册了动作事件监听器如下，参数 this 表示事件处理方法委托 this 对象实现。

```
button_char.addActionListener(this);           // 按钮注册动作事件监听器，委托 this 对象处理事件
```

单击两个按钮会触发动作事件，执行 actionPerformed()事件处理方法，但是两个按钮执行

不同的操作，因此 actionPerformed()方法要识别当前单击的是哪个组件。调用 event.getSource()方法获得产生该事件的事件源组件，即识别出用户单击的那个按钮，再分别执行相应的操作。

每个应用程序的按钮响应动作事件，要做的操作不同，访问私有成员，所以，只能由当前应用程序提供动作事件处理方法，不能委托其他类处理，即 addActionListener()方法的参数必须是 this。此时 this 指代 QueryFrame 类实例，QueryFrame 是声明实现 ActionListener 接口的类，因此，this 引用实例肯定有动作事件处理方法 actionPerformed()。

② 窗口响应和处理关闭事件。

框架声明注册窗口事件监听器如下，表示框架要响应窗口事件，其事件处理方法委托参数 WinClose 类的实例提供。

```
this.addWindowListener(new WinClose());        // 框架注册窗口事件监听器，委托 WinClose 对象处理事件
```

WinClose 类声明实现 WindowListener 接口，提供关闭窗口的 windowClosing()事件处理方法；其他方法被实现为空方法。单击窗口的关闭按钮，则执行 WindowListener 接口的窗口关闭事件处理方法，终止当前程序运行，析构所有对象，关闭窗口。

窗口关闭事件是所有应用程序都要处理的事件，处理方式相同。所以，应用程序可以委托其他类（如 WinClose）处理。

【思考题 6-3】 ① 修改 QueryFrame 类声明，实现 WindowListener 接口，给出窗口关闭事件处理方法。

② 文本行注册动作事件监听器对象，在文本行中按回车键，执行动作事件处理方法。

③ 增加一个文本行组件，以十六进制形式显示字符的 Unicode 编码。

④ 当改变框架大小时，设置其中所有组件的字体字号，使之随着框架尺寸而改变大小。

⑤ 当输入的编码字符串不能转换成整数时，处理数值格式异常。

4．图形用户界面的运行由事件驱动

具有图形用户界面的程序，其运行过程由事件驱动（Event Driven），由各种用户操作触发相应事件，执行约定的事件处理方法。一个组件的多个事件之间，多个组件的多个事件之间，事件处理方法的执行次序是有规律的，说明如下，执行流程如图 6-10 所示。

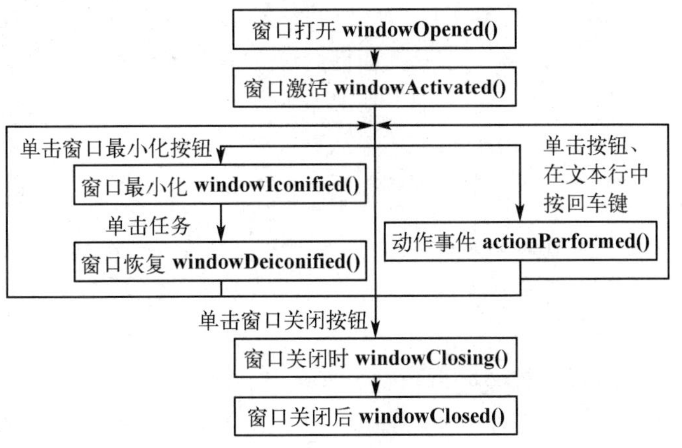

图 6-10　事件驱动的执行流程

① 不同组件的事件或同一组件的不同事件具有约定的执行次序。例如，运行一个应用程序，首先执行打开窗口 windowOpened()和激活窗口 windowActivated()方法；再执行组件的相

关事件处理方法；最后执行关闭窗口的 windowClosing()和 windowClosed()事件处理方法。

② 各组件的事件处理方法是否执行、执行次序以及执行次数，取决于用户操作。例如，如果用户单击某个已注册的按钮，则执行 actionPerformed()方法，否则不执行。

③ 在一个事件处理方法中，按照语句次序顺序执行。

6.2.2 AWT 事件类和事件监听器接口

1. AWT 事件类及其根类

Java 的 AWT 事件类和事件监听器接口定义在 java.awt.event 包中，其中的事件类及其层次结构关系如图 6-11 所示。

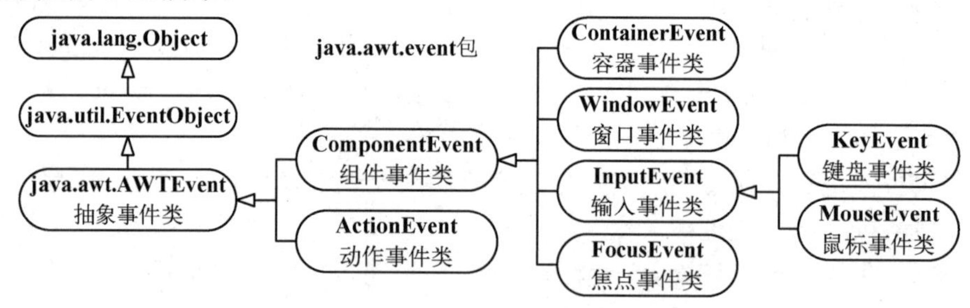

图 6-11 AWT 事件类及其层次结构

java.util.EventObject 是 Java 事件类树的根类，即所有事件类的祖先类，声明如下：

```
public class EventObject implements java.io.Serializable      // 事件类
{
    public Object getSource()                                 // 返回产生事件的事件源组件
}
```

java.awt.AWTEvent 事件抽象类是 AWT 事件类的父类或祖先类。java.awt.event 包的每个事件类都有一个对应的事件监听器接口，事件监听器接口声明若干事件处理抽象方法。

2. 动作事件

ActionListener 动作事件监听器接口前已声明，触发动作事件的用户操作有：单击按钮，单击菜单项；文本行中按 Enter 键；选中复选框，选中单选按钮；组合框选择数据项，组合框中按 Enter 键；定时器定时。

ActionEvent 动作事件类声明如下：

```
public class ActionEvent extends java.awt.AWTEvent            // 动作事件类
{
    public String getActionCommand()                          // 获得事件源组件（按钮等）的标题
}
```

3. 组件事件

ComponentListener 组件事件监听器接口声明如下：

```
public interface ComponentListener extends java.util.EventListener  // 组件事件监听器接口
{
    public abstract void componentResized(ComponentEvent event);    // 改变组件大小
    public abstract void componentMoved(ComponentEvent event);      // 移动组件
    public abstract void componentShown(ComponentEvent event);      // 显示组件
    public abstract void componentHidden(ComponentEvent event);     // 隐藏组件
```

```
}
```

4. 鼠标事件

鼠标事件监听器接口有两个，声明如下：

```
public interface MouseListener extends java.util.EventListener       // 鼠标事件监听器接口
{
    public abstract void mouseClicked(MouseEvent event);              // 鼠标单击
    public abstract void mousePressed(MouseEvent event);              // 鼠标按下
    public abstract void mouseReleased(MouseEvent event);             // 鼠标释放
    public abstract void mouseEntered(MouseEvent event);              // 鼠标进入
    public abstract void mouseExited(MouseEvent event);               // 鼠标离开
}
public interface MouseMotionListener extends EventListener           // 鼠标移动事件监听器接口
{
    public abstract void mouseMoved(MouseEvent event);                // 鼠标移动
    public abstract void mouseDragged(MouseEvent event);              // 鼠标拖动
}
```

MouseEvent 鼠标事件类声明如下：

```
public class MouseEvent extends InputEvent                           // 鼠标事件类
{
    public int getX()                                                 // 返回鼠标单击点的 X 坐标值
    public int getY()                                                 // 返回鼠标单击点的 Y 坐标值
    public int getButton()       // 返回单击鼠标的键值，值 1、2、3 分别对应鼠标左键、中键、右键
    public int getClickCount()                                        // 返回鼠标单击次数
}
```

5. 键盘事件

KeyListener 键盘事件监听器接口声明如下：

```
public interface KeyListener extends EventListener                   // 键盘事件监听器接口
{
    public abstract void keyTyped(KeyEvent event);                    // 从键盘输入一个字符
    public abstract void keyPressed(KeyEvent event);                  // 按下键盘上的一个键
    public abstract void keyReleased(KeyEvent event);                 // 释放键盘上的一个键
}
```

接口提供方法声明与方法实现相分离的机制。Java 通过事件监听器接口约定事件以及事件处理方法声明；而事件处理方法实现由程序员编写，对同一个事件，每个图形用户界面的处理方式不同。因此，事件监听器接口中约定的事件处理方法，在每个响应事件的图形用户界面应用程序中表现出多态性。接口是多继承的，一个类可以声明实现多个接口，一个应用程序可以响应多个事件。从事件监听器接口的设计和使用，可进一步理解 Java 接口的意义和作用。实际上，事件监听器接口并不仅仅是语法定义，Java 已在事件监听器接口中封装了消息处理等实现，这些实现对程序员是隐藏的。否则，仅有抽象方法如何响应事件？我们自己声明的接口就不能响应事件。

6. 组件注册事件监听器

各组件类分别声明注册事件监听器的 addListener()方法，表示该组件要响应指定事件。例如，Button、TextField 类声明 addActionListener()方法注册动作事件监听器，Window 类声明

addWindowListener()方法注册窗口事件监听器。每个 addListener()方法都有一个对应的 removeListener()方法取消事件监听器。

Component 组件类声明以下方法，所有的组件都可注册这些事件监听器，对应的 removeListener()方法省略。

```
public abstract class Component implements ImageObserver, MenuContainer, Serializable  // 组件类
{
    public void addComponentListener(ComponentListener listener)        // 注册组件事件监听器
    public void addKeyListener(KeyListener listener)                    // 注册键盘事件监听器
    public void addMouseListener(MouseListener listener)                // 注册鼠标事件监听器
    public void addMouseMotionListener(MouseMotionListener listener)    // 注册鼠标移动事件监听器
}
```

6.3 Swing 组件及事件

AWT 组件不是跨平台的，从外观到控制都依赖本地操作系统，称为重型（Heavyweight）组件。每个 AWT 组件在运行时都有一个同位体（Peer）负责与本地操作系统进行交互，而本地操作系统负责显示和操作组件，这就导致 AWT 组件在不同的操作系统具有不同的外观，而且组件功能依赖于本地操作系统。例如，例 6.2 的 Frame、Button 等 AWT 组件按 Windows 风格显示。

为了实现图形用户界面的跨平台特性，JDK 1.2 推出了 Swing 组件，Java 建议用 Swing 组件代替 AWT 组件设计图形用户界面。

Swing 组件是用纯 Java 实现的轻型（Lightweight）组件，没有本地代码，不依赖本地操作系统的支持。Swing 组件在不同的操作系统表现一致，并且有能力提供本地操作系统不支持的其他特性，支持可插入的外观感觉（Pluggable Look and Feel，PL&F）。

Swing 库是 AWT 库的扩展，所有 Swing 组件都实现了 Accessible 接口，支持可存取性；可以为 Swing 组件设置多种边框；支持键盘操作；按钮、标签等组件能够添加图标对象。

Swing 部分组件采用简化的 MVC（Model-View-Controller，模型-视图-控制器）设计模式，如 JSpinner、JList、JTable、JTree 等，组件包括视图和控制器功能，数据项则由一个相关模型存储和管理，提供插入和删除等操作。

Swing 组件类在 javax.swing 包及其子包中，Swing 事件类在 javax.swing.event 包中。

6.3.1 Swing 组件类关系和顶层容器

1. Swing 组件类关系

javax.swing 包提供数量众多的接口、类和组件，主要类及组件类的关系如图 6-12 所示。

Swing 组件包含顶层容器和轻型组件。顶层容器是轻型组件存在的框架，容纳 Swing 组件，它们提供了绘制轻型组件的区域，也提供了放置菜单栏、布局管理、事件处理、画图等特性。Swing 组件以“J”开头，JComponent 是 Swing 轻型组件的根类，JComponent 是继承 AWT 的容器类 java.awt.Container，所以 Swing 组件都是容器。

JComponent 类声明如下，增加了设置边框等功能。

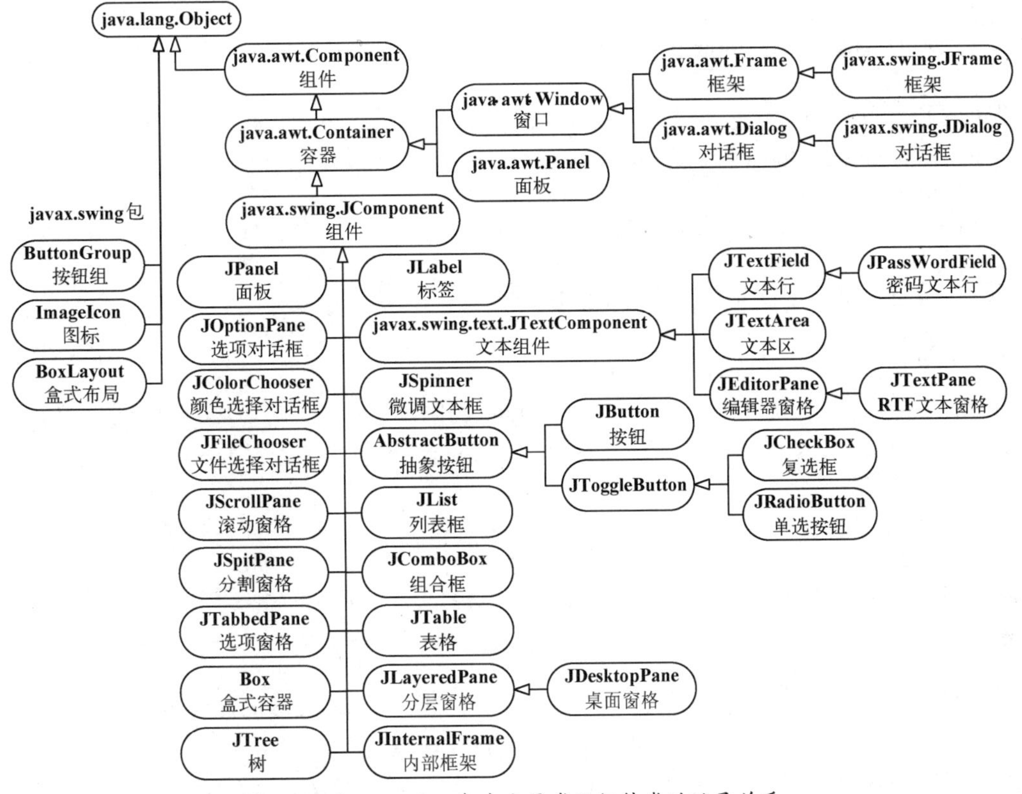

图 6-12　javax.swing 包中主要类及组件类的继承关系

```
public abstract class JComponent extends Container implements Serializable    // Swing组件的根类
{
    public void setBorder(Border border)                                  // 设置组件的边框风格
}
```

2. Swing 顶层容器

基于 Swing 组件的图形用户界面采用 JFrame 框架作为主窗口。

JFrame 框架和 JDialog 对话框是 Swing 顶层容器，它们都是 java.awt.Window 的子类，而不是 javax.swing.JComponent 的子类，这两个组件仍然是重型组件。因此，不能直接将 Swing 组件添加到 JFrame 和 JDialog 顶层容器中，而是加到顶层容器包含的称为内容窗格（content pane）的容器中，内容窗格是一个轻型组件。

JFrame 和 JDialog 的用法类似于 Frame 和 Dialog，主要有以下两点差别。

① 内容窗格。以下方法返回 JFrame 和 JDialog 的内容窗格，之后在内容窗格中添加 Swing 组件。

```
public Container getContentPane()                    // 返回JFrame/JDialog的内容窗格
```

② 窗口关闭方式。JFrame 和 JDialog 声明如下方法，指定窗口关闭事件处理方式。

```
public void setDefaultCloseOperation(int operation)
```

其中，operation 参数取值为 WindowConstants 接口声明的四个常量之一，该接口声明如下：

```
public interface WindowConstants                      // 窗口常量接口
{
    public static final int  DO_NOTHING_ON_CLOSE = 0;      // 什么也不做
    public static final int  HIDE_ON_CLOSE = 1;            // 隐藏窗口
```

```
        public static final int  DISPOSE_ON_CLOSE = 2;          // 释放窗口
        public static final int  EXIT_ON_CLOSE = 3;             // 结束程序运行
    }
```

例如，JFrame 和 JDialog 通常采用以下的窗口关闭方式，单击窗口关闭按钮将执行指定操作，实现了 WindowListener 接口的 windowClosing(WindowEvent event)方法功能。

```
    jframe.setDefaultCloseOperation(EXIT_ON_CLOSE);         // 设置 JFrame 关闭方式为结束程序运行
    jdialog.setDefaultCloseOperation(HIDE_ON_CLOSE);        // 设置对话框关闭方式为隐藏，不结束运行
```

6.3.2 文本显示和编辑组件及事件

1. 标签

JLabel 标签是文本显示组件，与 java.awt.Label 用法基本相同。增加的功能是，JLabel 标签能够容纳一个 Icon 图标组件，这个特性体现了 Swing 组件是容器。JLabel 类及与图标有关的方法如下：

```
    public JLabel(String text, Icon icon, int align)        // 构造方法，icon 指定图标
    public Icon getIcon()                                   // 获得图标
    public void setIcon(Icon icon)                          // 设置图标
```

2. 图标

Icon 图标接口描述固定尺寸的图标。图标是一种图像，ImageIcon 图像图标类声明如下，实现 Icon 图标接口，读取 JPG 或 GIF 图像文件创建图标对象。

```
    public class ImageIcon extends Object implements Icon, Serializable, Accessible  // 图像图标类
    {   public ImageIcon(String filename)                  // filename 指定图标文件名
    }
```

3. 文本行和文本区

文本编辑组件主要有：JTextField、JPasswordField 和 JTextArea。

① JTextField 是单行文本编辑框，用法与 java.awt.TextField 基本相同。增加以下方法：

```
    public void setHorizontalAlignment(int align)          // 设置水平对齐方式
```

其中，align 指定水平对齐方式，取值为 JTextField 常量：LEFT、RIGHT、CENTER。

② JPasswordField 是 JTextField 的子类，用于输入作为密码的一行字符串，不显示原字符，以“*”代替。

③ JTextArea 文本区是一个显示纯文本的多行文本编辑框，它的基本操作与文本行类似，增加了接收换行符的多行控制，声明如下：

```
    public class JTextArea extends JTextComponent          // 文本区类
    {
        public JTextArea()                                  // 构造方法
        public JTextArea(String text)                       // text 指定初始显示文本
        public JTextArea(int rows, int columns)             // rows、columns 指定行数和列数
        public JTextArea(String text, int rows, int columns)
        public void append(String text)                     // 将指定字符串 str 追加到文本区
        public void setLineWrap(boolean wrap)               // 设置文本区是否自动换行
    }
```

文本行和文本区的父类 javax.swing.text.JTextComponent 声明如下：

```
    public abstract class JTextComponent extends JComponent implements Scrollable, Accessible
```

```
{
    public String getText()                                  // 获得文本行字符串
    public void setText(String text)                         // 设定文本行字符串
    public void setEditable(boolean edit)                    // 设置是否可编辑，默认 true，可编辑
    public void cut()                                        // 剪切
    public void copy()                                       // 复制
    public void paste()                                      // 粘贴
    public void getCaretPosition()                           // 获得当前光标位置
    public void addCaretListener(CaretListener listener)     // 注册文本编辑事件监听器
}
```

4. 文本编辑组件响应的事件

（1）CaretEvent 文本编辑事件

当用户在 JTextField、JTextArea 中编辑时，每操作一个字符，将触发一次 CaretEvent 文本编辑事件。JTextComponent 类的 setText(String)方法也触发 CaretEvent 事件。

CaretListener 文本编辑事件监听器接口中只有一个 caretUpdate()方法，声明如下：

```
public interface CaretListener extends java.util.EventListener      // 文本编辑事件监听器接口
{
    public abstract void caretUpdate(CaretEvent event);              // 文本编辑事件处理方法
}
```

（2）ActionEvent 动作事件

由于 JTextField 文本行只允许输入一行内容，当用户按 Enter 键时，将触发 ActionEvent 动作事件。而 JTextArea 文本区允许输入多行内容，当用户按 Enter 键时，表示输入换行符，所以不会触发动作事件。如果要在 JTextArea 文本区输入完成后对内容进行处理，可添加按钮，通过按钮的动作事件进行处理。

【例 6.3】 中文大写金额。

本例目的：演示 Swing 图形用户界面应用程序设计，包括输入数据、显示结果、响应事件以及异常处理。

功能说明：输入一个实数表示金额，每输入一个字符就显示该金额的中文大写形式，运行窗口如图 6-13 所示。

图 6-13 中文大写金额

界面描述：在窗口中，“金额”文本行可编辑，作为数据输入的编辑框；“中文大写”文本行仅显示结果，不可编辑。金额文本行响应文本编辑事件。当输入数据错误时，捕获并处理数值格式异常，弹出消息对话框，显示提示信息。当改变框架大小时，设置其中所有组件的字体字号，使之随着框架尺寸而改变大小。

技术要点：① 文本编辑事件处理，组件事件处理；② 数值格式异常处理；③ 定制消息对话框，采用实例内部类形式，对象嵌套。程序如下。

```
import java.awt.*;
import java.awt.event.*;
import javax.swing.*;
```

```java
import javax.swing.event.*;

//中文大写金额框架类，继承框架类；响应文本编辑事件（也可响应动作事件）、组件事件
public class MoneyJFrame extends JFrame implements CaretListener, ComponentListener
{
    private JTextField text_money, text_str;                    // 两个文本行
    private MessageJDialog jdialog;                             // 对话框，内部类对象

    public MoneyJFrame()
    {
        super("中文大写金额");
        this.setBounds(300,240,360,110);                        // 窗口的大小和位置
        this.setBackground(java.awt.Color.lightGray);           // JFrame 背景色默认浅灰
        this.setDefaultCloseOperation(EXIT_ON_CLOSE);           // 单击窗口关闭按钮，结束程序运行
        this.addComponentListener(this);                        // 框架注册组件事件监听器，改变字号

        // 以下设置框架的内容窗格为流布局且右对齐，在内容窗格中添加组件
        this.getContentPane().setLayout(new FlowLayout(FlowLayout.RIGHT));
        this.getContentPane().add(new JLabel("金额", JLabel.RIGHT)); // 添加标签（右对齐）
        this.text_money = new JTextField("12345678.90", 40);
        this.getContentPane().add(this.text_money);
        this.text_money.setHorizontalAlignment(JTextField.RIGHT);   // 设置水平方向右对齐
        this.text_money.addCaretListener(this);                     // 文本行注册编辑事件监听器

        this.getContentPane().add(new JLabel("中文大写", JLabel.RIGHT));
        this.text_str = new JTextField(40);
        this.text_str.setHorizontalAlignment(JTextField.RIGHT);
        this.text_str.setEditable(false);                           // 只能显示，不允许编辑
        this.getContentPane().add(this.text_str);
        caretUpdate(null);                                          // 执行文本编辑事件
        this.setVisible(true);
        this.jdialog = new MessageJDialog();            // 创建对话框对象，调用内部类的私有构造方法
    }

    private class MessageJDialog extends JDialog        // 消息对话框，私有实例内部类，对象嵌套
    {
        private JLabel  jlabel;                                     // 显示消息的标签
        private MessageJDialog()                                    // 内部类的构造方法
        {
            // 下句中的MoneyJFrame.this 引用外部类当前对象（对话框依附的框架）；true 表示模式窗口
            super(MoneyJFrame.this, "提示", true);
            // MoneyJFrame.this 引用外部类当前对象（对话框依附的框架）；true 表示模式窗口
            this.setSize(420, 110);
            this.jlabel = new JLabel("", JLabel.CENTER);            // 标签的字符串为空，居中对齐
            this.getContentPane().add(this.jlabel);                 // 对话框的内容窗格添加标签
            this.setDefaultCloseOperation(HIDE_ON_CLOSE);           // 关闭方式是隐藏，不结束运行
            // 对话框注册组件事件监听器，委托外部类的 this 对象处理事件
            this.addComponentListener(MoneyJFrame.this);
        }
        private void show(String message)                           // 对话框显示消息
        {
            this.jlabel.setText(message);                           // 标签显示消息
            // 对话框位置在框架的右下方，MoneyJFrame.this.getX()、getY()获得框架位置
```

```
            this.setLocation(MoneyJFrame.this.getX()+100, MoneyJFrame.this.getY()+100);
            this.setVisible(true);                                   // 显示对话框
        }
    }                                                                // MessageJDialog 内部类结束
    public void caretUpdate(CaretEvent event)                        // 文本编辑事件处理方法
    {
        String  money = this.text_money.getText();                   // 获得输入金额字符串
        if(money.isEmpty())
            this.text_str.setText("");
        else
            try
            {
                double  x = Double.parseDouble(money);        // 将money串转换成浮点数，可能抛出异常
                this.text_str.setText(RMB.toString(x));       // 获得x的中文大写形式
            }
            catch(NumberFormatException ex)                   // 捕获数值格式异常
            {   // 显示对话框，调用内部类的私有方法
                this.jdialog.show("\""+money+"\" 不能转换成浮点数。");
            }
    }
    // 以下方法实现组件事件监听器接口。
    //当改变框架大小时，设置其中所有组件的字体、字号，使之随着框架尺寸而改变大小
    public void componentResized(ComponentEvent event)
    {
        Component  comp = event.getComponent();               // 获得事件源组件，引用JFrame或JDialog
        int  size = (comp.getWidth()+comp.getHeight())/40; // 估算字号
        Font font = new Font("宋体", 1, size);                // 字体
        if(comp instanceof JFrame)                            // comp==this
        {
            int  n= this.getContentPane().getComponentCount();  // 获得框架内容窗格中的组件个数
            for(int i=0; i < n; i++)                          // 设置框架内容窗格中所有组件的字体
                this.getContentPane().getComponent(i).setFont(font);
        }
        else if(comp instanceof JDialog)
            this.jdialog.jlabel.setFont(font);                     // 设置对话框中标签组件的字体
    }
    public void componentMoved(ComponentEvent event) { }           // 移动组件
    public void componentShown(ComponentEvent event) { }           // 显示组件
    public void componentHidden(ComponentEvent event) { }          // 隐藏组件
    public static void main(String[] arg) {  new MoneyJFrame();  }
}
public class RMB                                                   // 人民币类
{
    public static String toString(double x)                        // 返回金额x的中文大写形式字符串
    {
        String  yuan = "亿仟佰拾万仟佰拾元角分";                    // 中文金额单位，汉字字符长度为1
        String  digit = "零壹贰叁肆伍陆柒捌玖";                     // 中文大写
        String   result = "";                                      // 存储结果
        int  y = (int)(x*100);                                 // 浮点数扩充100倍后取整（保留两位小数）
        // 以下循环，从y的低位到高位，每次获得y的个位都转换成中文金额，再连接成字符串
        for(int i = yuan.length()-1; y > 0 && i > 0; i--, y /= 10)
```

```
            result = ""+digit.charAt(y % 10)+yuan.charAt(i)+result;
        return result;
    }
}
```

程序设计说明如下。

① 文本行响应文本编辑事件。

JTextField 能够响应 ActionEvent 动作事件和 CaretEvent 文本编辑事件，当在文本行中按 Enter 键时，触发动作事件，执行 actionPerformed()方法；当修改 JTextField 时，每次修改都将触发 CaretEvent 事件。程序中，为 text_money 注册了文本编辑事件监听器，而 text_str 只显示不输入，所以不需要注册。

② 处理输入错误。

文本行中的数据都是字符串，在输入数值时，需要将文本行中的字符串转换成数值。调用 Double.parseDouble()方法，当遇到不能转换的字符串时，抛出 NumberFormatException 异常。本例处理异常的方法是，弹出一个提示信息对话框，提醒用户输入数据错误，请用户重新输入。这样，程序就不会因为输入数据错误而突然停止运行。

事件处理方法中必须处理异常。不能声明事件处理方法抛出异常，因为接口中声明的抽象方法没有抛出异常。例如：

```
public void caretUpdate(CaretEvent event)          // 实现 CaretListener 接口声明的事件处理方法
// 当前类声明的成员方法，与 CaretListener 接口无关，不能覆盖 caretUpdate(CaretEvent)方法
public void caretUpdate(CaretEvent event) throws NumberFormatException
```

③ 使用对话框。

对话框是依附于框架的窗口，对话框的显示和关闭方式与框架不同，其他使用方法类似。

- 框架是应用程序的主窗口，应用程序开始运行时就要显示框架，所以显示框架语句写在构造方法中。单击框架的关闭按钮，则应用程序运行结束。
- 对话框通常是在一定条件下弹出的，所以构造方法中创建一个对话框对象但不显示，当输入数据有错误时才显示对话框。单击对话框的关闭按钮，则隐藏当前对话框对象。

④ 实例内部类表示对象嵌套。

声明 MessageJDialog 为实例内部类，则该内部类与其外部类 MoneyJFrame 构成对象嵌套关系，每个 MoneyJFrame 对象中都有一个 MessageJDialog 对象。也可声明 MessageJDialog 为 static，则该内部类与其外部类构成类型嵌套关系，其中不能使用 MoneyJFrame.this 引用当前外部类实例，必须声明 JFrame 变量。

⑤ 框架响应组件事件

当改变框架大小时，设置其中所有组件的字体、字号，使之随着框架尺寸而改变大小。

【思考题 6-4】 修改 MessageJDialog 类声明，或者声明为 static，或者声明为公有外部类。

5. 微调文本行组件及事件

（1）微调文本行组件

JSpinner 微调文本行组件在文本行编辑框右边带有一对上/下箭头按钮，使用箭头按钮，或键盘的上/下方向键，都可以从一个有序序列中微调选取值，也可直接输入。声明如下：

```
public class JSpinner extends JComponent implements Accessible       // 微调文本行类
{
    public JSpinner()                                    // 默认 SpinnerNumberModel 数值序列模型
```

```
    public JSpinner(SpinnerModel model)                       // model接口对象指定数据序列模型
    public Object getValue()                                  // 获得值
    public void setValue(Object obj)                          // 设置值为obj
    public void addChangeListener(ChangeListener listener)    // 注册改变事件监听器
}
```

（2）数值序列模型

SpinnerModel 数据序列模型接口为 JSpinner 提供序列值，包括 SpinnerNumberModel 数值序列模型、SpinnerDateModel 日期序列模型等类。SpinnerNumberModel 类声明如下：

```
public class SpinnerNumberModel extends AbstractSpinnerModel implements Serializable
{
    public SpinnerNumberModel(int value, int min, int max, int step)  // 值、最小值、最大值、步长
}
```

（3）改变事件监听器

当改变 JSpinner 值时触发 ChangeEvent 事件，操作有：单击 JSpinner 上/下按钮，按键盘的上/下方向键，在 JSpinner 文本行中输入后，单击 Enter 键。

ChangeListener 事件监听器接口声明如下：

```
public interface ChangeListener extends java.util.EventListener      // 改变事件监听器接口
{
    public abstract void stateChanged(ChangeEvent event);      // 值或状态改变时触发，事件处理方法
}
```

6.3.3 按钮组件

Swing 的按钮组件包括 JButton 按钮和选项按钮组件 JCheckbox、JRadioButton，它们都是 AbstractButton 抽象按钮类的子类。

1. 按钮

JButton 是普通按钮组件，用法与 java.awt.Button 基本相同。增加的功能是，JButton 按钮表面可以带图标，指定图标的构造方法声明如下：

```
public JButton(String text, Icon icon)                    // 按钮构造方法，icon指定图标
```

2. 复选框

JCheckbox 复选框实现多项选择，即一组数据项中的各项之间没有联系，一个数据项选中与否的状态不会影响到其他数据项的状态。JCheckBox 复选框表现为一个带标签的方框□，☑表示选中，□表示没选中，单击可改变状态。JCheckBox 类声明如下：

```
public class JCheckBox extends JToggleButton implements Accessible  // 复选框类
{
    public JCheckBox(String text)                             // text指定标题
    public JCheckBox(String text, boolean selected)         //selected指定选中状态,默认false
    public JCheckBox (String text, Icon icon, boolean selected)  // icon指定图标
}
```

其中，selected 取值为 true 时，为选中状态；否则为不选中状态，默认值为 false。

3. 单选按钮

JRadioButton 单选按钮实现单项选择，即一组数据项中的各项之间有联系，任何时刻最多只有一个数据项被选中。一旦重新选择了数据项，则先前被选中的数据项随即自动变为“不选

中”状态。例如，性别组中只有男和女两个数据项，每次只能选择其中之一。

JRadioButton 单选按钮表现为一个带标签的圆框○，⊙表示选中，○表示没选中，单击可改变状态。JRadioButton 类声明如下：

```
public class JRadioButton extends JToggleButton implements Accessible     // 单选按钮类
{
    public JRadioButton(String text)                                       // text 指定标题
    public JRadioButton(String text, boolean selected)                // selected 指定选中状态,默认 false
    public JRadioButton (String text, Icon icon, boolean selected)         // icon 指定图标
}
```

如何知道多个单选按钮是一组的？判断多个单选按钮是否同组的依据是，它们是否被包含在同一个逻辑意义的按钮组中，只有在同一个按钮组中的多个单选按钮的选中状态才是互斥的。因此，单项选择需要由 JRadioButton 类和 ButtonGroup 按钮组类共同实现，多个单选按钮不仅要添加到同一个容器中，还要包含在同一个 ButtonGroup 按钮组中。ButtonGroup 类声明如下，它不是组件。

```
public class ButtonGroup extends Object implements Serializable          // 按钮组类
{
    public ButtonGroup()
    public void add(AbstractButton button)                      // 添加 button 按钮到当前按钮组中
    public void remove(AbstractButton button)                   // 删除 button 引用按钮
}
```

4. 抽象按钮类

AbstractButton 抽象按钮类定义按钮和菜单项的一般行为，声明如下：

```
public abstract class AbstractButton extends JComponent implements ItemSelectable, SwingConstants
{
    public String getText()                                     // 获得按钮标题
    public void setText(String text)                            // 设置按钮标题为 text
    public boolean isSelected()                                 // 返回是否选中状态
    public void setSelected(boolean selected)                   // 设置是否选中状态
    public void addActionListener(ActionListener listener)      // 注册动作事件监听器
}
```

AbstractButton 的 3 种按钮都可以注册动作事件监听器。当用户单击复选框或单选按钮时，将改变它们的状态，触发 ActionEvent 事件。

6.3.4 列表框和组合框组件及事件

当可供选择的数据项较少且数据项名称和数目确定时，通常使用复选框和单选按钮。当数据项较多时，通常使用 JList 列表框或 JComboBox 组合框组件。

1. 列表框及其事件

（1）列表框

JList 列表框组件能够容纳并显示一组数据项，从中选择一个或多个数据项，默认为多项选择。JList 的数据项具有线性关系，每个数据项对应一个序号（≥0）。

JList 类声明如下，包括构造、选中、注册事件监听器等方法，T 表示数据项的数据类型。

```
public class JList<T> extends JComponent implements Scrollable, Accessible     // 列表框类
```

```
{
    public JList(T[] items)                                // 构造方法，items 对象数组提供列表框数据项
    public JList(ListModel<T> listmodel)                   // 构造方法，listmodel 指定列表框模型
    public T getSelectedValue()                            // 返回首个选中项对象；没有选中返回 null
    public int getSelectedIndex()                          // 返回首个选中项序号（≥0），没有选中则返回-1
    public void setSelectedIndex(int i)                    // 选中第 i（i≥0）项
    public void setSelectedValue(Object obj, boolean scroll)   // 选中与 obj 匹配项，scroll 指定滚动
    public void setSelectionMode(int mode)                 // 设置选择模式，默认多项选择
    public void addSelectionInterval(int i, int j)         // 添加选中的第 i~j（0≤i≤j）项
    public void clearSelection()                           // 清除所有选中状态
    public void addListSelectionListener(ListSelectionListener listener)//注册列表框选择事件监听器
}
```

其中，设置列表框为单项选择模式，mode 取值 ListSelectionModel.SINGLE_SELECTION。多项选择的使用方法见 12.3.2 节。

（2）列表框模型

JList 的数据项由列表框模型存储并管理，数据项具有线性关系，有次序且元素可重复。当改变列表框模型中的数据项时，自动更改 JList 的显示。

ListModel 列表框模型接口约定了对 JList 数据项的操作方法。DefaultListModel 类实现了 ListModel 接口，提供添加和删除数据项等方法，声明如下：

```
public abstract class AbstractListModel<T> extends Object implements ListModel<T>, Serializable
public class DefaultListModel<T> extends AbstractListModel<T>   // 默认列表框模型类
{
    public DefaultListModel()                          // 构造方法
    public int getSize()                               // 返回列表框的数据项数
    public T getElementAt(int i)                       // 返回第 i（i≥0）项
    public void setElementAt(T item, int i)            // 设置第 i（i≥0）项为 item
    public int indexOf(Object item)                    // 返回 item 首次出现序号
    public int indexOf(Object item, int i)             // 从 i（i≥0）开始搜索，返回 item 首次出现序号
    public void insertElementAt(T item, int i)         // 插入 item 作为第 i（i≥0）项
    public void addElement(T item)                     // 添加 item 数据项
    public void removeElementAt(int i)                 // 删除第 i（i≥0）项
    public boolean removeElement(T item)               // 删除首次出现的元素为 item 数据项
    public void removeAllElements()                    // 删除所有数据项
}
```

（3）列表框选择事件

使用鼠标单击列表框数据项，则选中该项，将触发 ListSelectionEvent 列表框选择事件，执行 ListSelectionListener 列表框选择事件监听器接口中的 valueChanged()方法，接口声明如下：

```
public interface ListSelectionListener extends EventListener        // 列表框选择事件监听器接口
{
    public abstract void valueChanged(ListSelectionEvent event);     // 列表框选择事件处理方法
}
```

调用 setSelectedIndex(i)和 setSelectedValue(obj, scroll)方法设置列表框选中项，触发列表框选择事件。设某项已选中，若再次选中它，则不会触发列表框选择事件。

2. 组合框

JComboBox 组合框由一个文本行和一个列表框组成，表现为一个右边带向下箭头的文本

行。组合框既可以像文本行一样直接输入数据，也可以像列表框一样选择数据项，只是列表框平时是隐藏的，当用户单击箭头时，才显示下拉列表框。

（1）组合框

JComboBox 类声明如下，包括构造、选中、注册事件监听器等方法，其中泛型参数 T 表示数据项的数据类型。

```
public class JComboBox<T> extends JComponent
        implements ItemSelectable, ListDataListener, ActionListener, Accessible   // 组合框类
{
    public JComboBox()                                        // 构造方法
    public JComboBox(T[] items)                               // items 对象数组提供组合框数据项
    public JComboBox(ComboBoxModel<T> model)                  // model 指定组合框模型
    public void setEditable(boolean edit)                     // 设置可否编辑，默认 false（不可编辑）
    public void addActionListener(ActionListener listener)// 注册动作事件监听器
    // 以下对数据项操作
    public Object getSelectedItem()                           // 返回选中数据项对象
    public void setSelectedItem(Object item)                  // 设置 item 对象为选中数据项
    public int getSelectedIndex()                             // 返回选中数据项序号（≥0）
    public void setSelectedIndex(int i)                       // 选中第 i（i≥0）项
    public int getItemCount()                                 // 返回数据项数
    public T getItemAt(int i)                                 // 返回第 i（i≥0）项
    public void addItem(T item)                               // 添加 item 数据项
    public void removeItem(Object item)                       // 删除 item 数据项
    public void removeItemAt(int i)                           // 删除第 i（i≥0）项
    public void removeAllItems()                              // 删除所有数据项，触发动作事件
}
```

（2）组合框响应动作事件

以下操作改变了组合框的选中数据项，都将触发动作事件，执行 actionPerformed()方法。

① 在组合框的下拉列表中选择数据项。

② 当组合框可编辑时，在文本行中按 Enter 键。

③ 调用 setSelectedIndex(int)、setSelectedItem(Object)方法设置指定数据项为选中状态。

④ 当组合框空时，调用 addItem(item)方法添加数据项。

⑤ 调用 removeItem(Object)、removeItemAt(int)或 removeAllItems()方法，删除最后一项。

6.3.5 中间容器

1. 滚动窗格

JScrollPane 滚动窗格是带有滚动条的视图容器，用于为其他组件提供可滚动视图。JScrollPane 自动管理垂直和水平滚动条，只要组件内容超过视图大小，就会自动显示水平或垂直滚动条。JScrollPane 类声明如下，构造方法参数指定滚动窗格中的组件。

```
public class JScrollPane extends JComponent implements ScrollPaneConstants, Accessible
{
    public JScrollPane(Component view)                    // 创建滚动窗格，显示 view 组件内容
}
```

JTextArea、JList 等组件没有带滚动条，可以将它们放置在 JScrollPane 滚动窗格中。

2. 分割窗格

JSplitPane 分割窗格是包含两个组件的容器，组件之间有分隔条，拖动分割条可以改变组件大小。JSplitPane 类声明如下，构造方法参数指定水平分割或垂直分割。

```
public class JSplitPane extends JComponent implements Accessible
{
    public final static int  VERTICAL_SPLIT = 0;            //垂直分割常量
    public final static int  HORIZONTAL_SPLIT = 1;          // 水平分割常量
    public JSplitPane()                                     // 构造方法
    public JSplitPane(int orientation)                      // 参数指定分割方向，取值为上述分割常量
    public JSplitPane(int orientation, Component left, Component right)   // left、right 指定组件
    public void setDividerLocation(int location)            // 设置分割条位置（单位是像素）
    // 若 expand=true，提供一键展开按钮，快速展开/折叠分隔条；默认 false
    public void setOneTouchExpandable(boolean expand)
}
```

JSplitPane 的两个常量 VERTICAL_SPLIT 和 HORIZONTAL_SPLIT 分别表示垂直或水平分割，垂直分割时，两个组件从左到右排列；水平分割时，两个组件从上到下排列。

如果希望分割两个以上的组件，则可采用多个嵌套的分割窗格。

6.3.6 定制对话框

1. 选项对话框

JOptionPane 定制多种形式的标准对话框，消息、确认和输入对话框如图 6-14 所示。

(a) 消息对话框

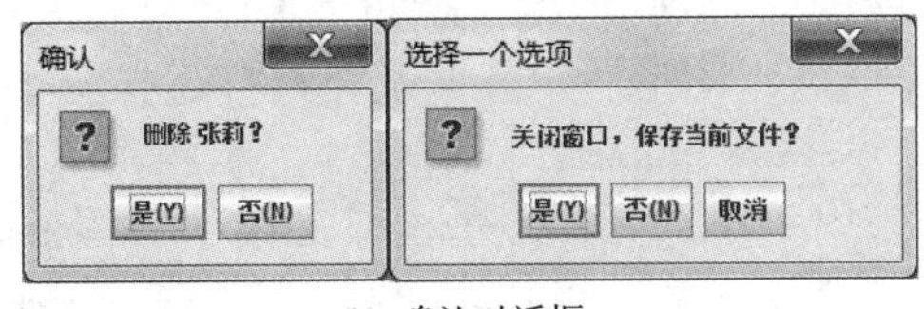

(b) 确认对话框

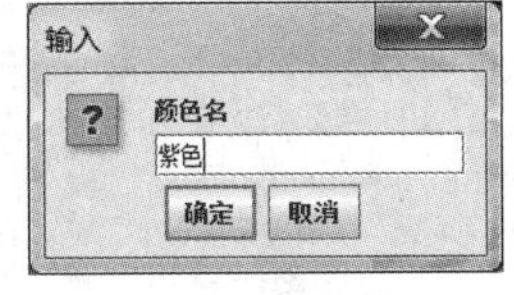

(c) 输入对话框

图 6-14　JOptionPane 的三种标准对话框

(1) 消息对话框

消息对话框用于显示指定信息，带有一个“确定”按钮。JOptionPane 类声明以下静态方法，显示消息对话框，其中，参数 parent 指定对话框所依附的组件，message 指定显示消息。

```
public static void showMessageDialog(Component parent, Object message)        // 显示消息对话框
```

例如，图 6-14(a)的调用语句如下，实现例 6.3 中 MessageJDialog 的功能。

```
JOptionPane.showMessageDialog(this, "\""+s+"\" 不能转换成浮点数，请重新输入!");
```

(2) 确认对话框

确认对话框用于询问用户对于一个问题的多种选择，带有“是”“否”和“取消”按钮。JOptionPane 类声明以下静态方法，显示确认对话框。

```
public static int showConfirmDialog(Component parent, Object message)        // 显示确认对话框
public static int showConfirmDialog(Component parent, Object message, String title, int option)
```

其中，title 指定对话框标题；option 指定选项按钮集合，取值为 JOptionPane 常量 YES_NO_CANCEL_OPTION（默认）、YES_NO_OPTION 等；单击“是”“否”、“取消”按钮，分别返回 0、1、2。例如，图 6-14(b)调用语句如下：

```
int  i = JOptionPane.showConfirmDialog(this, "删除? ", "确认", JOptionPane.YES_NO_OPTION);
```

```
int  i= JOptionPane.showConfirmDialog(this, "保存当前文件？");   // 默认 YES_NO_CANCEL_OPTION
```

（3）输入对话框

输入对话框用于输入一个字符串，带有一个文本行和“确定”“取消”按钮。JOptionPane类声明以下静态方法，显示输入对话框。

```
public static String showInputDialog(Component parent, Object message, Object obj)  //输入对话框
```

其中，obj指定初始字符串；单击“确定”按钮返回输入字符串，单击“取消”按钮返回null。

例如，图6-14(c)调用语句如下：

```
String  colorname = JOptionPane.showInputDialog(this, "颜色名", "蓝色");
```

2. 颜色选择对话框

JColorChooser颜色选择对话框类声明以下静态方法。

```
public static Color showDialog(Component parent, String title, Color color)
```

其中，参数parent指定对话框所依附的组件，title指定对话框标题，color指定颜色初值。

显示颜色对话框如图6-15所示。若选择一种颜色并单击“确定”按钮，则返回选中颜色；若单击“取消”按钮，则返回null；然后关闭对话框。

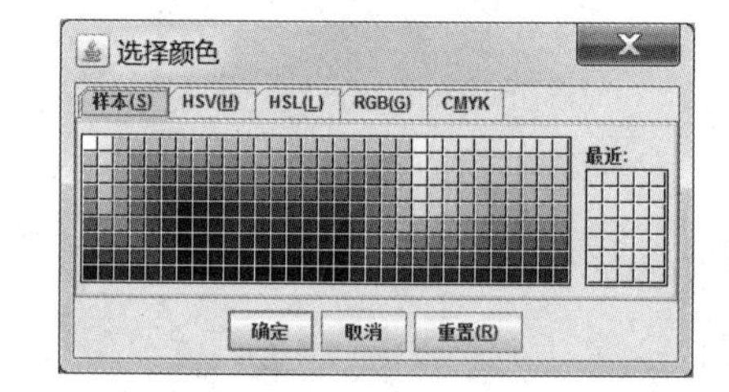

图6-15　JColorChooser选择颜色对话框

【例6.4】 Person对象信息管理。

本例目的：演示文本行、面板、单选按钮、列表框、组合框、选项对话框、分割窗格等组件，以及流、边、网格布局的使用方法。

功能说明：① 制作PersonJPanel面板，编辑Person对象信息；② 设计PersonJFrame框架，管理一组Person对象信息。图形用户界面及布局描述如图6-16所示。

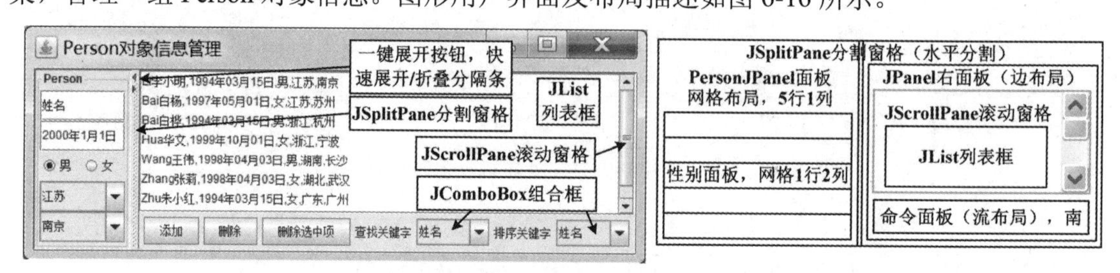

图6-16　Person对象信息管理的图形用户界面及布局描述

界面描述：在框架内容窗格中添加水平分割的分割窗格，左边添加PersonJPanel面板，显示Person对象信息；右边添加一个边布局的面板，中部添加包含列表框的滚动窗格；南边添加一个流布局的命令面板，其中包含添加、删除按钮和选择查找、排序关键字的两个组合框。

技术要点：① PersonJPanel面板中输入出生日期字符串，从中获得MyDate值要处理数值格式异常和日期格式异常。说明MyDate类以及自定义日期格式异常的使用场合。

② PersonJPanel面板中，省份组合框响应动作事件，并与城市组合框关联，当选择省份时，更改城市组合框数据项为当前省份的城市。

③ PersonJFrame框架中，对列表框元素进行插入、删除等操作。删除有两种方式：根据元素的位置或值；查找、排序组合框，使用多种规则比较对象相等和大小。

MyEclipse设置编译路径包含项目：例3.2的MyDate类，例3.3的Person类，例3.5的Student类，例4.4的Person类的比较器对象。

（1）PersonJPanel 对象信息面板类

声明 PersonJPanel 面板如下，显示和编辑一个 Person 对象信息。设置为 5 行 1 列网格布局，依次添加姓名文本行、出生日期文本行、性别面板、省份和城市组合框组件，其中性别面板（1 行 2 列网格布局）上放置两个单选按钮，处理了出生日期字符串的数值格式异常和日期格式异常；省份组合框响应动作事件，当选择省份时，更改城市组合框数据项为当前省份的城市。程序如下。

```
import java.awt.*;
import java.awt.event.*;
import javax.swing.*;
import javax.swing.border.TitledBorder;                                    // 带标题的边框
// Person 对象信息面板类，继承面板类，响应动作事件
public class PersonJPanel extends JPanel implements ActionListener
{
    private JTextField  text_name, text_date;                              // 姓名、出生日期文本行
    private JRadioButton[]  radios;                                        // 性别按钮数组
    public JComboBox<String>  combox_province, combox_city;                // 省份、城市组合框
    private static String[] provinces={"江苏", "浙江",…};                   // 存储多省及城市，其他省略
    private static String[][] cities={{"南京","苏州","无锡"}, {"杭州","宁波","温州"}, …};

    public PersonJPanel()                                                  // 构造方法
    {
        this.setBorder(new TitledBorder("Person"));                        // 设置面板具有带标题边框
        this.setLayout(new GridLayout(5, 1));                              // 面板网格布局，5 行 1 列
        this.add(this.text_name = new JTextField("姓名"));
        this.add(this.text_date = new JTextField("2000年1月1日"));

        String[]  str = {"男", "女"};
        JPanel  rbpanel = new JPanel(new GridLayout(1,2));                 // 性别面板，1 行 2 列网格
        this.add(rbpanel);
        ButtonGroup bgroup = new ButtonGroup();                            // 按钮组
        this.radios = new JRadioButton[str.length];
        for(int i=0; i < this.radios.length; i++)
        {
           rbpanel.add(this.radios[i] = new JRadioButton(str[i]));         // 单选按钮，默认不选中
            bgroup.add(this.radios[i]);                                    // 单选按钮添加到按钮组
        }
        this.radios[0].setSelected(true);                                  // 单选按钮选中
        this.add(this.combox_province = new JComboBox<String>(PersonJPanel.provinces));  // 省份
        this.add(this.combox_city = new JComboBox<String>(PersonJPanel.cities[0])); // 城市组合框
        this.combox_province.addActionListener(this);                      // 省份组合框监听单击事件
    }
    public void set(Person per)                              // 设置各组件分别显示per对象的属性
    {
        if(per == null)
            return;
        this.text_name.setText(per.name);
        this.text_date.setText(per.birthdate.toString());
        if(per.gender.equals("男"))
            this.radios[0].setSelected(true);
        else
```

```
            this.radios[1].setSelected(true);
        this.combox_province.setSelectedItem(per.province);          // 触发动作事件
        this.combox_city.setSelectedItem(per.city);
    }
    public Person get()                              // 返回各组件表示属性值的Person对象，处理日期格式异常
    {   //获得单选按钮表示的性别字符串
        String  gender = radios[0].isSelected() ? radios[0].getText() : radios[1].getText();
        try
        {   // 若text不能构造日期，将抛出两种异常，见例5.3
            MyDate birthdate = new MyDate(this.text_date.getText());
            return new Person(text_name.getText(), birthdate, gender,
                              (String)combox_province.getSelectedItem(),
                              (String)combox_city.getSelectedItem());
         }
        catch(NumberFormatException ex)                               // 捕获数值格式异常，Java声明
        {
            JOptionPane.showMessageDialog(this, ex.getMessage()+" 字符串不能转换成整数。");
        }
        catch(DateFormatException ex)                                 // 捕获日期格式异常，见例5.3
        {
            JOptionPane.showMessageDialog(this, ex.getMessage());
        }
        return null;
    }
    // 动作事件处理方法，在组合框的下拉列表中选择数据项时执行
    public void actionPerformed(ActionEvent event)
    {
        int  i = this.combox_province.getSelectedIndex();          // 省份组合框的当前选中项序号
        if(cities != null && i != -1)
        {
            this.combox_city.removeAllItems();                       // 清除城市组合框中原来的所有内容
            for(int j=0; j < PersonJPanel.cities[i].length; j++)
                this.combox_city.addItem(PersonJPanel.cities[i][j]);      // 城市组合框添加数据项
        }
    }
}
```

（2）PersonJFrame对象信息管理框架类

声明PersonJFrame对象信息管理框架类如下，响应按钮动作事件和列表框选择事件，操作及功能说明如下。

① 单击命令面板中的“添加”按钮，将PersonJPanel面板各组件表示信息合成一个Person对象，并添加到列表框模型中。

② 单击“删除”按钮，在列表框模型中删除与PersonJPanel面板指定属性相等的Person对象，由Person类的equals(Object)方法判断对象是否相等。

③ 单击“删除选中项”按钮，删除列表框选中对象。

④ 在查找关键字组合框中选择“姓名”或“出生日期”作为查找条件，根据PersonJPanel面板指定姓名或出生日期值在列表框模型中查找，若查找成功，将列表框中满足条件的所有Person对象设置为选中状态。

⑤ 在排序关键字组合框中选择“姓名”或“出生日期”作为排序依据，对列表框模型中所有 Person 对象进行排序，排序规则不同，分别按姓名或出生日期比较对象大小。

⑥ 选中列表框数据项，设置 PersonJPanel 各组件取值为列表框选中 Person 对象属性。

```
import java.awt.*;
import java.awt.event.*;
import javax.swing.*;
import javax.swing.event.*;
// Person对象信息管理框架类，继承框架类，响应动作事件、列表框选择事件
public class PersonJFrame extends JFrame implements ActionListener, ListSelectionListener
{
    protected JList<Person>  jlist;                        // 列表框
    protected DefaultListModel<Person>  listmodel;         // 列表框模型
    protected PersonJPanel  person;                        // Person对象信息面板
    protected JComboBox<String>[]  comboxs;                // 查找、排序依据组合框
    private static Equalable[]  equal = {new EqualName(), new EqualBirthdate()};     // 稍后说明
    private static Comparator[] comparators={new CompareName(), new CompareBirthdate()}; // 例4.4

    public PersonJFrame(Person[] pers)                      // 构造方法，pers指定对象数组
    {
        this(pers, new PersonJPanel());                     // 创建Person对象信息面板
    }
    public PersonJFrame(Person[] pers, PersonJPanel person)// 思考题6-5的person引用子类实例
    {
        super("Person对象信息管理");
        this.setSize(700, 300);                             // 设置窗口大小
        this.setLocationRelativeTo(null);                   // 将窗口置于屏幕中央
        this.setDefaultCloseOperation(EXIT_ON_CLOSE);       // 单击窗口的关闭按钮，结束程序运行
        // 以下在框架内容窗格中添加分割窗格，其左边添加Person对象信息面板
        JSplitPane split = new JSplitPane(JSplitPane.HORIZONTAL_SPLIT);   // 水平分割窗格
        this.getContentPane().add(split);                   // 框架内容窗格中添加分割窗格
        this.person = person;                               // Person对象或其子类信息面板
        split.add(this.person);                             // 分割窗格，左边添加Person对象信息面板
        split.setDividerLocation(110);                      // 设置水平分隔条的位置
        split.setOneTouchExpandable(true);                  // 提供一键展开按钮，快速展开/折叠分隔条
        // 以下创建添加在分割窗格右边的面板，其中包含列表框和南部的命令面板
        JPanel rightpanel=new JPanel(new BorderLayout()); // 右面板边布局，包含列表框和命令
        split.add(rightpanel);                              // 分割窗格，右边添加右面板
        this.listmodel = new DefaultListModel<Person>();   // 创建空的列表框模型
        if(pers != null)
            for(int j=0; j < pers.length; j++)
                this.listmodel.addElement(pers[j]);         // 列表框模型添加数据项
        this.jlist = new JList<Person>(this.listmodel);    // 创建列表框，指定列表框模型
        this.jlist.addListSelectionListener(this);          // 列表框监听选择事件
        rightpanel.add(new JScrollPane(this.jlist));        // 右面板添加包含列表框的滚动窗格
        JPanel cmdpanel = new JPanel();                     // 命令面板，默认流布局（居中）
        rightpanel.add(cmdpanel, "South");                  // 右面板南边添加命令面板
        // 以下在命令面板上添加按钮和查找、排序组合框
        String[][] str = {{"添加","删除","删除选中项"}, {"查找关键字","排序关键字"}, {"姓名","出生日期"}};
        for(int i=0; i < str[0].length; i++)                // 添加按钮
        {
```

```
            JButton  button = new JButton(str[0][i]);
            button.addActionListener(this);
            cmdpanel.add(button);
        }
        this.comboxs = new JComboBox[str[1].length];
        for(int i=0; i < str[1].length; i++)              // 添加查找、排序关键字组合框
        {
            cmdpanel.add(new JLabel(str[1][i]));
            cmdpanel.add(this.comboxs[i]=new JComboBox<String>(str[2]));
            this.comboxs[i].addActionListener(this);      // 组合框监听动作事件
        }
        this.setVisible(true);
    }
    public PersonJFrame()
    {
        this(null, new PersonJPanel());                   // 创建 Person 对象信息面板
    }
    // 列表框选择事件处理方法，选中列表框数据项时触发执行
    public void valueChanged(ListSelectionEvent event)
    {
        this.person.set(this.jlist.getSelectedValue());   // 按列表框选中项设置 Person 面板各组件取值
    }
    public void actionPerformed(ActionEvent event)        // 动作事件处理方法，单击按钮，选择组合框
    {
        if(event.getSource() instanceof JButton)          // 单击了按钮
        {
            Person  per = null;
            switch(event.getActionCommand())              // JDK 8，switch 条件表达式可以是 String
            {
                case "添加":                              // 单击“添加”按钮
                    if((per = this.person.get()) != null) // per 获得 Person 实例，运行时多态
                        this.listmodel.addElement(per);   // 列表框模型添加 Person 对象
                    break;
                case "删除":                              // 单击“删除”按钮
                    remove(this.listmodel, this.person.get());   break;
                case "删除选中项":
                    this.removeSelected(this.jlist, this.listmodel);    break;
            }
        }
        else if(event.getSource() instanceof JComboBox)         // 查找和排序组合框
        {
            jlist.clearSelection();                             // 清除所有选中状态
            if(event.getSource() == this.comboxs[0])            // 查找组合框
            {
                int  i = this.comboxs[0].getSelectedIndex();    // 获得查找关键字序号
                selectAll(this.listmodel, this.jlist, this.person.get(), equal[i]); //选中所有匹配对象
            }
            else if(event.getSource() == this.comboxs[1])       // 排序组合框
            {
                int  i = this.comboxs[1].getSelectedIndex();    // 获得排序关键字序号
                sort(this.listmodel, comparators[i]);           // 列表框模型数据项排序
```

```
        }
    }
}
// 在listmodel列表框模型中删除与obj相等的数据项，通用方法
public <T> void remove(DefaultListModel<T> listmodel, T obj)
{   // 弹出确认对话框，见图6-14(b)，单击“是”按钮返回0，单击“否”按钮返回1
    if(obj != null && JOptionPane.showConfirmDialog(this, "删除 "+obj.toString()+"? ",
            "确认",JOptionPane.YES_NO_OPTION) == 0)
    {   // 在listmodel列表框模型中删除首个与obj指定对象相等的数据项，
        // 顺序查找算法，默认调用obj的equals(Object)方法比较对象相等
        boolean  remove = this.listmodel.removeElement(obj);
        JOptionPane.showMessageDialog(this, remove?"删除成功":"查找不成功，没有删除");
    }
}
// 将jlist列表框选中项行数据在listmodel列表框模型中删除，通用方法
public <T> void removeSelected(JList jlist, DefaultListModel<T> listmodel)
{
    if(this.listmodel.getSize() == 0)                          // 返回列表框数据项数
        JOptionPane.showMessageDialog(this, "列表框为空，不能删除");
    else
    {
        int  i = this.jlist.getSelectedIndex();                // 列表框选中的数据项序号
        if(i == -1)
            JOptionPane.showMessageDialog(this, "请选中列表框数据项");
        else
        {
            String  str = this.jlist.getSelectedValue().toString(); // 列表框选中的数据项字符串
            if(JOptionPane.showConfirmDialog(this, "删除第"+i+"项("+str+")? ", "确认",
                JOptionPane.YES_NO_OPTION)==0)          // 确认对话框，单击“是”按钮，则返回0
                this.listmodel.removeElementAt(i);      // 删除列表框第i数据项
        }
    }
}
// 以下两方法是对列表框模型数据项进行排序和查找的通用算法。
// 在列表框模型中，顺序查找并选中所有与key相等数据项。由比较器eq比较T对象是否相等
public <T> void selectAll(DefaultListModel<? super T> listmodel, JList<? super T> jlist,
                                                  T key, Equalable<? super T> eq)
{
    int  n = listmodel.getSize();                              // 返回列表框的数据项数
    for(int i=0; i < n; i++)
        if(eq.equals(key, (T)listmodel.getElementAt(i)))       // 比较两个T对象是否相等
            jlist.addSelectionInterval(i, i);                  // 列表框添加选中第i项（多选状态）
}
// 将listmodel列表框模型数据项排序，由Comparator<? super T>接口对象c比较T对象大小
// listmodel引用赋值，在方法体中修改其数据项，作用于实际参数
public <T> void sort(DefaultListModel<? super T> listmodel, Comparator<? super T> c)
{
    for(int i=0; i < listmodel.getSize()-1; i++)               // 直接选择排序算法
    {
        int  min = i;
        for(int j=i+1; j < listmodel.getSize(); j++)
```

```
                if(c.compare((T)listmodel.getElementAt(j), (T)listmodel.getElementAt(min))<0)
                    min = j;
            if(min != i)
            {
                T  temp = (T)listmodel.getElementAt(i);
                listmodel.setElementAt((T)listmodel.getElementAt(min), i);
                listmodel.setElementAt(temp, min);
            }
        }
    }
    public static void main(String[] arg)
    {
        Person[]  pers = {new Person(…), new Student(…), …};        // 对象数组，元素省略，见例 3.6
        new PersonJFrame(new PersonJPanel(), pers);
    }
}
```

（3）约定多种比较 Person 对象相等和大小的方法

第 4 章介绍了比较对象相等及大小的方法，本例的删除、查找和排序操作需要使用这些规则比较对象，说明如下。

① equals(Object)方法比较所有成员变量值，以区分对象。

以下语句在 listmodel 列表框模型中删除首个与 obj 指定对象相等的数据项。

```
boolean  remove = this.listmodel.removeElement(obj);
```

首先在 listmodel 中顺序查找与 obj 指定对象相等的数据项，查找算法默认调用 obj 对象的 equals(Object)方法比较是否相等，如果有相等数据项，则删除之。

当 equals(Object)方法不能唯一识别对象时，则删除的是顺序查找到的首个与 obj 指定对象相等的数据项，这时可能会错误删除其他对象。例如，如果 Person 类声明的 equals(Object)方法只比较姓名，则导致可能会删除同姓名的其他对象。因此，每个类的 equals(Object)方法应该比较所有成员变量值，唯一识别对象。

② 多规则排序。

本例对列表框中的 Person 对象分别按姓名、出生日期排序。sort()方法适用于多种规则排序。4.3.2 节声明了实现 Comparator 接口的 CompareBirthdate、CompareName 类，分别作为按出生日期、姓名比较 Person 对象大小的比较器。

③ 多规则查找。

与多规则排序相似，本例也对列表框中的 Person 对象分别按姓名、出生日期进行查找。查找操作只比较对象的某个或某些成员变量值，作为查找依据。那么，如何为 Person 类提供多种比较对象相等的规则？

仿照 Comparator 接口，声明 Equalable 可比较对象相等接口如下：

```
public interface Equalable<T>                              // 可比较对象相等接口
{
    public boolean equals(T t1, T t2);                     // 比较 t1、t2 对象是否相等
}
```

声明两个类实现 Equalable 接口如下，分别按姓名或出生日期比较 Person 对象相等，提供多种查找依据。

```
public class EqualName implements Equalable<Person>        // 按姓名比较 Person 对象是否相等
```

```
{
    public boolean equals(Person p1, Person p2)
    {
        return p1.name.equals(p2.name);              // 比较姓名字符串相等，调用String类equals()
    }
}
public class EqualBirthdate implements Equalable<Person>     // 按出生日期比较Person对象是否相等，省略
```

selectAll()方法适用于多种规则查找。

6.3.7 菜单组件

除了标题栏和内容窗格，窗口的顶部还可以有菜单、工具栏，底部还可以有状态栏等。菜单定义对窗口的一系列操作命令；工具栏可包含按钮等组件；状态栏显示状态信息。

1. 使用菜单的两种方式

菜单通常有两种使用方式：窗口菜单和快捷菜单。

（1）窗口菜单

窗口菜单是相对于窗口的，它出现在窗口的标题栏下，总是与窗口同时出现。

窗口菜单由 JMenuBar 菜单栏、JMenu 菜单和 JMenuItem 菜单项等组件组成。窗口上添加菜单栏，菜单栏中添加菜单，菜单中添加菜单项或子菜单，这样形成了窗口菜单的多层结构。菜单栏添加在窗口上方，不受布局管理器控制。

（2）快捷菜单

快捷菜单是相对于组件的，当鼠标指向某个组件时，单击鼠标右键，弹出的菜单称为快捷菜单。快捷菜单也是由若干菜单项组成的，其结构相对简单，通常最多只有二级子菜单。

javax.swing 包中提供的多种菜单组件及其类层次关系如图 6-17 所示。

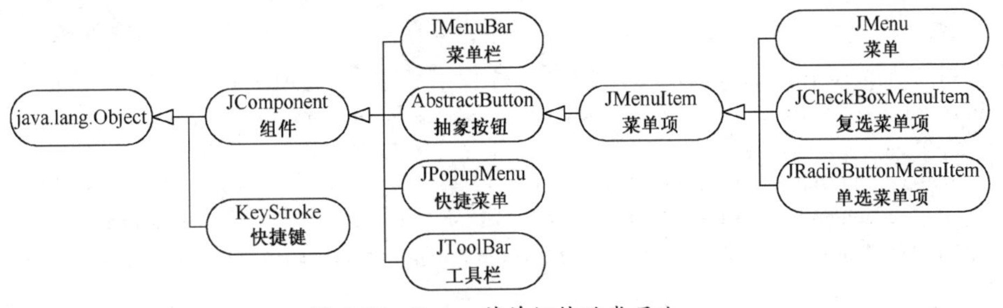

图 6-17　Swing 菜单组件的类层次

2. 菜单栏

JMenuBar 菜单栏是窗口中用于容纳 JMenu 菜单的容器，JMenuBar 类声明如下：

```
public class JMenuBar extends JComponent implements Accessible,MenuElement     // 菜单栏类
{
    public JMenuBar()
    public JMenu add(JMenu menu)                                              // 添加菜单
}
```

JFrame 类声明以下 setJMenuBar()方法，将菜单栏放置在框架窗口上方。

```
public void setJMenuBar(JMenuBar menubar)                                     // 添加菜单栏
```

3. 菜单

JMenu 菜单是一组 JMenuItem 菜单项或子菜单的容器，每个菜单带一个标题。JMenu 类声明如下：

```
public class JMenu extends JMenuItem implements Accessible,MenuElement          // 菜单类
{
    public JMenu(String text)                              // text 指定菜单标题
    public JMenuItem add(JMenuItem item)                   // 添加 item 菜单项
    public void addSeparator()                             // 添加分隔线
    public JMenuItem insert(JMenuItem item, int i)         // 插入 item 菜单项作为第 i（i≥0）项
    public void insert(String text, int i)                 // 插入标题为 text 菜单项作为第 i 项
    public void remove(JMenuItem item)                     // 删除 item 菜单项
}
```

菜单提供 add()方法来添加菜单项或子菜单。如果一个菜单中加入另一个菜单，则构成二级菜单。

4. 菜单项

JMenuItem 菜单项是组成菜单或快捷菜单的最小单位。一个菜单项对应一个特定命令，单击菜单项则执行其对应的菜单命令。JMenuItem 类声明如下：

```
public class JMenuItem extends AbstractButton implements Accessible,MenuElement  //菜单项类
{
    public JMenuItem(String text)                          // text 指定菜单项标题
    public JMenuItem(String text, Icon icon)               // icon 指定图标
    public void setAccelerator(KeyStroke keyStroke)        // 设置快捷键
}
```

菜单项类是抽象按钮类 AbstractButton 的子类，因此可在菜单项上注册动作事件监听器。

5. 选择菜单项

除了 JMenuItem，Java 还提供了两种可选择的菜单项：复选菜单项和单选菜单项。

JCheckboxMenuItem 复选菜单项是带复选标记的菜单项，声明如下：

```
public class JCheckBoxMenuItem extends JMenuItem implements SwingConstants, Accessible
{
    public JCheckBoxMenuItem(String text)                              // text 指定标题
    public JCheckBoxMenuItem(String text, boolean selected)            // selected 指定选中状态
    public JCheckBoxMenuItem(String text, Icon icon, boolean selected)     // icon 指定图标
}
```

JRadioButtonMenuItem 单选菜单项是带单选标记的菜单项，声明如下：

```
public class JRadioButtonMenuItem extends JMenuItem implements Accessible
{
    public JRadioButtonMenuItem(String text)                           // text 指定标题
    public JRadioButtonMenuItem(String text, boolean selected)         // selected 指定选中状态
    public JRadioButtonMenuItem(String text, Icon icon, boolean selected)   // icon 指定图标
}
```

与 JRadioButton 单选按钮一样，一组单选菜单项也要包含在一个 ButtonGroup 按钮组中。

6. 快捷菜单

JPopupMenu 快捷菜单也是一组菜单项或子菜单的容器。但是，快捷菜单不添加在菜单栏

上，而作用于一个组件；快捷菜单不与窗口同时显示，而是由用户单击鼠标右健时弹出；快捷菜单也不受布局管理器控制，显示快捷菜单时，必须指定其位置。

JPopupMenu 类声明如下：

```
public class JPopupMenu extends JComponent implements Accessible,MenuElement
{
    public JPopupMenu()
    public JMenuItem add(JMenuItem item)              // 添加菜单项
    public void addSeparator()                        // 添加分隔线
    public void show(Component invoker, int x, int y)// 在(x,y)位置处显示，invoker 指定所依附的组件
}
```

java.awt.Component 组件类提供了以下 add()方法用于任何组件添加快捷菜单：

```
public void add(PopupMenu popup)                      // 添加快捷菜单
```

7. 工具栏

JToolBar 工具栏是一种容器，其中可添加组件，可拖动之放置在窗口上方，声明如下：

```
public class JToolBar extends JComponent implements SwingConstants, Accessible
{
    public JToolBar()                                 // 创建工具栏，默认水平方向
    public void addSeparator()                        // 添加分隔线
    public void setFloatable(boolean floatable)       // 设置工具栏是否能拖动，默认 true
}
```

运行时，当工具栏的拖动属性为 true 时，按住工具栏的标志块，可将工具栏拖动至窗口的四边，也可呈浮动状态。

【例 6.5】 文本编辑器。

本例目的：演示文本区、复选框、菜单、快捷菜单等组件和字体类的使用方法。

功能说明：为简单文本编辑器制作格式工具栏，对文本区中的选中字符串进行剪切、复制、粘贴等操作；改变文本区中的字体、字号、字形等，当字号值出错或不合适时，弹出消息对话框。运行窗口如图 6-18 所示。

图 6-18 文本编辑器及布局描述

界面描述：框架内容窗格默认为边布局，北边添加一个工具栏，模拟 Word 格式工具栏，其中有字体和字号组合框、2 个字形复选框、3 个颜色单选按钮和 2 个带图标的按钮；框架内容窗格中部添加 1 个文本区，文本区只能以 1 种字体格式显示字符串。

框架添加菜单栏，菜单栏添加文件、编辑等菜单，每个菜单都有各自的菜单项，其中字形和颜色是子菜单，分别添加若干复选菜单项或单选菜单项。窗口菜单结构如图 6-19 所示。

技术要点：① 字体名组合框获得当前操作系统所有字体名字符串。

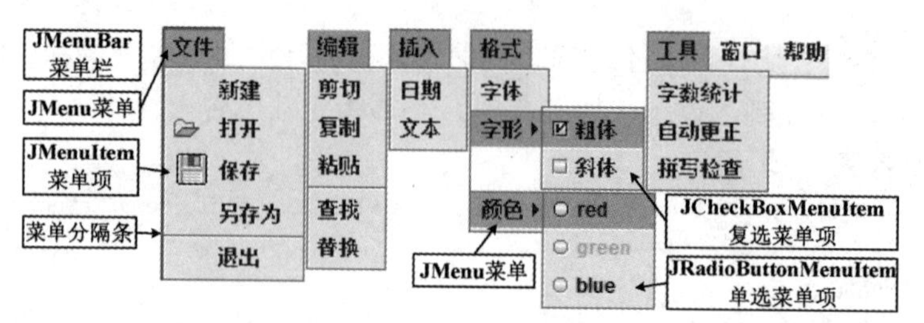

图 6-19　窗口菜单结构

② 字号组合框元素类型是整数，可排序，采用二分法查找并插入不重复数据项值；当输入字号值不合适时，抛出异常并处理。

③ 采用位异或运算改变粗体、斜体等字形。

程序如下。

```
import java.awt.*;
import java.awt.event.*;
import javax.swing.*;

//文本编辑器框架类，继承框架类，响应动作事件、鼠标事件
public class EditorJFrame extends JFrame implements ActionListener, MouseListener
{
    private JComboBox<String>  combox_name;                    // 字体名组合框，数据项类型为String
    protected JComboBox<Integer>  combox_size;                 // 字号组合框，数据项类型为Integer
    private JCheckBox[]  checkbox;                             // 字形复选框数组
    private JRadioButton[]  radios;                            // 颜色单选按钮数组
    protected Color[]  colors = {Color.red, Color.green, Color.blue};     // 颜色常量对象数组
    private String[]  colorname = {"red", "green", "blue"};              // 颜色常量名字符串数组
    protected JTextArea text;                                  // 文本区
    protected JPopupMenu  popupmenu;                           // 快捷菜单
    protected JMenu[]  menus;                                  // 菜单数组
    private JCheckBoxMenuItem[]  cbmenuitem;                   // 复选菜单项数组
    protected JToolBar  toolbar;                               // 工具栏

    public EditorJFrame()
    {
        super("文本编辑器");                                    // 默认BorderLayout布局
        this.setSize(800,600);                                 // 设置窗口大小
        this.setLocationRelativeTo(null);                      // 窗口居中
        this.setDefaultCloseOperation(EXIT_ON_CLOSE);          // 窗口关闭时，程序结束
        // 以下添加工具栏，包含字体、字号组合框，字形复选框，颜色单选按钮，打开、保存按钮
        this.toolbar = new JToolBar();                         // 工具栏，默认水平方向
        this.getContentPane().add(this.toolbar,"North");       // 框架内容窗格北边添加工具栏
        GraphicsEnvironment ge=GraphicsEnvironment.getLocalGraphicsEnvironment();
        String[] fontsName=ge.getAvailableFontFamilyNames();   // 获得所有系统字体名的字符串
        this.combox_name = new JComboBox<String>(fontsName);   // 组合框显示系统字体
        this.combox_name.addActionListener(this);              // 字体名组合框监听动作事件
        this.toolbar.add(this.combox_name);                    // 工具栏添加字体名组合框

        Integer[]  sizes = {20, 30, 40, 50, 60, 70};           // 字号
        this.combox_size = new JComboBox<Integer>(sizes);      // 字号组合框
        this.combox_size.setEditable(true);                    // 设置组合框可编辑
        this.combox_size.addActionListener(this);              // 字号组合框监听动作事件
```

```
    this.toolbar.add(this.combox_size);

    String[]  stylestr = {"粗体", "斜体"};                  // 字形
    this.checkbox = new JCheckBox[stylestr.length];        // 字形复选框数组
    for(int i=0; i < stylestr.length; i++)
    {
        this.toolbar.add(this.checkbox[i] = new JCheckBox(stylestr[i]));
        this.checkbox[i].addActionListener(this);          // 复选框监听动作事件
    }
    ButtonGroup bgroup_color = new ButtonGroup();          // 按钮组
    this.radios = new JRadioButton[this.colorname.length]; // 颜色单选按钮数组
    for(int i=0; i < this.radios.length; i++)
    {
        this.radios[i]=new JRadioButton(this.colorname[i]); // 颜色单选按钮
        this.radios[i].setForeground(this.colors[i]);       // 设置单选按钮的文本颜色
        this.radios[i].addActionListener(this);
        bgroup_color.add(this.radios[i]);                   // 按钮组添加单选按钮
        this.toolbar.add(this.radios[i]);                   // 工具栏添加单选按钮
    }
    this.radios[0].setSelected(true);                       // 设置单选按钮为选中状态

    JButton bopen = new JButton("打开", new ImageIcon("open.gif"));    // 按钮包含图标
    bopen.addActionListener(this);
    this.toolbar.add(bopen);                                // 工具栏添加按钮
    JButton bsave = new JButton("保存", new ImageIcon("save.gif"));
    bsave.addActionListener(this);
    this.toolbar.add(bsave);
    // 以下在框架内容窗格中部添加文本区
    this.text = new JTextArea("Welcome 欢迎");
    this.text.addMouseListener(this);                       // 文本区监听鼠标事件
    this.getContentPane().add(new JScrollPane(this.text)); // 框架添加包含文本区的滚动窗格
    this.text.setForeground(colors[0]);                     // 设置文本区颜色
    this.addMenu();                                         // 添加窗口菜单和快捷菜单
    this.setVisible(true);
}
private void addMenu()                                      // 添加窗口菜单和快捷菜单
{
    // 以下创建窗口菜单，将菜单栏添加到框架
    String[] menustr = {"文件", "编辑", "插入", "格式", "工具", "窗口", "帮助"};
    String[][] menuitemstr = {{"新建", "打开", "保存", "另存为", "|", "退出"},
            {"撤销","恢复","|","剪切","复制","粘贴", "|","查找","替换"}, {"日期","文本"},
            {"字体"}, {"字数统计","自动更正","拼写检查"}, {}, {}};
    JMenuBar  menubar = new JMenuBar();                     // 菜单栏
    this.setJMenuBar(menubar);                              // 框架上添加菜单栏
    this.menus = new JMenu[menustr.length];                 // 菜单数组
    JMenuItem[][] menuitems = new JMenuItem[menuitemstr.length][];    // 菜单项二维数组
    for(int i=0; i < menuitemstr.length; i++)               // 添加菜单和菜单项
    {
        this.menus[i] = new JMenu(menustr[i]);              // 菜单
        menubar.add(this.menus[i]);                         // 菜单栏中加入菜单
        menuitems[i] = new JMenuItem[menuitemstr[i].length];
        for(int j=0; j < menuitemstr[i].length; j++)
```

```
        {
            if(menuitemstr[i][j].equals("|"))
                this.menus[i].addSeparator();                    // 加分隔线
            else
            {
                menuitems[i][j] = new JMenuItem(menuitemstr[i][j]);    // 创建菜单项
                this.menus[i].add(menuitems[i][j]);              // 菜单项加入到菜单中
                menuitems[i][j].addActionListener(this);         // 菜单项监听动作事件
            }
        }
    }
    menuitems[0][1].setIcon(new ImageIcon("open.gif"));         // 设置菜单项的图标
    menuitems[0][2].setIcon(new ImageIcon("save.gif"));

    JMenu  menu_style = new JMenu("字形");
    menus[3].add(menu_style);                                  // 加入到菜单中，成为二级菜单
    String[]  stylestr = {"粗体", "斜体"};
    this.cbmenuitem = new JCheckBoxMenuItem[stylestr.length];
    for(int i=0; i < stylestr.length; i++)
    {   this.cbmenuitem[i] = new JCheckBoxMenuItem(stylestr[i]);        // 字形复选菜单项
        menu_style.add(this.cbmenuitem[i]);
        this.cbmenuitem[i].addActionListener(this);            // 菜单项监听动作事件
    }

    JMenu menu_color = new JMenu("颜色");
    menus[3].add(menu_color);
    ButtonGroup buttongroup = new ButtonGroup();               // 按钮组
    for(int i=0; i < this.colorname.length; i++)               // 添加单选菜单项
    {
        JRadioButtonMenuItem rbmi = new JRadioButtonMenuItem(this.colorname[i]);
        buttongroup.add(rbmi);                                 // 按钮组中添加单选菜单项
        menu_color.add(rbmi);                                  // 菜单中添加单选菜单项
        rbmi.setForeground(this.colors[i]);
        rbmi.addActionListener(this);
    }
    // 以下创建快捷菜单，作用于文本区组件
    this.popupmenu = new JPopupMenu();                         // 快捷菜单对象
    String[]  menuitems_cut = {"剪切", "复制", "粘贴"};
    JMenuItem[]  popmenuitem = new JMenuItem[menuitems_cut.length];
    for(int i=0; i < popmenuitem.length; i++)
    {
        popmenuitem[i] = new JMenuItem(menuitems_cut[i]);
        this.popupmenu.add(popmenuitem[i]);                    // 快捷菜单中添加菜单项
        popmenuitem[i].addActionListener(this);
    }
    popmenuitem[0].setAccelerator(KeyStroke.getKeyStroke(KeyEvent.VK_X,
                                  InputEvent.CTRL_MASK));      // 设置快捷键 Ctrl+X
    this.text.add(this.popupmenu);                             // 文本区中添加快捷菜单
}
public void actionPerformed(ActionEvent event)                 // 动作事件处理方法
{
    if(event.getSource() instanceof JRadioButton)      // 单击颜色单选按钮
```

```
            this.text.setForeground(((JComponent)event.getSource()).getForeground());
                                                        // 设置文本区的文本颜色同选中按钮
        else if(event.getSource() instanceof JMenuItem)    // 单击菜单项
        {
            switch(event.getActionCommand())               // JDK 8，switch 条件表达式可以是 String
            {
                case "退出":
                    if(JOptionPane.showConfirmDialog(this, "终止当前程序运行？","确认",
                        JOptionPane.YES_NO_OPTION)==0)     // 确认对话框，单击"是"按钮，则返回 0
                        System.exit(0);                    // 单击"是"按钮，结束程序运行
                case "剪切": this.text.cut();    break;     // 将选中文本剪切送系统剪贴板
                case "复制": this.text.copy();    break;    // 将选中文本复制送系统剪贴板
                case "粘贴": this.text.paste();             // 将剪贴板的文本粘贴在光标当前位置
            }
        }
        // 以下当单击与字体有关的组合框、复选框时，修改文本区的字体
        else if (event.getSource() instanceof JComboBox<?> || event.getSource() instanceof
JCheckBox)
        {
            int  size = 0;
            String  fontname = (String)this.combox_name.getSelectedItem();      // 获得字体名
            Object  obj = this.combox_size.getSelectedItem();   // 获得字号组合框选中项，或输入值
            if(obj != null)               // 执行 combox.removeAllItems()方法将导致 obj == null
            {
                try
                {
                    if(obj instanceof Integer)                  // 判断 obj 是否引用 Integer 实例
                        size = ((Integer)obj).intValue();       // 获得整数值
                    else if(obj instanceof String)              // 字号组合框输入字符串
                        size = Integer.parseInt((String)obj);   // 获得字号
                    if(size<20 || size>200)                     // 若字号超出范围，抛出异常
                        throw new Exception(size+" 字号超出 20～200 范围。");
                    java.awt.Font font = this.text.getFont();   // 获得文本区的当前字体对象
                    int  style = font.getStyle();               // 获得字形
                    switch(event.getActionCommand())            // 复选菜单项和复选框
                    {
                        case "粗体": style ^= 1;  break;         // 异或^是整数位运算，见 2.1.4 节
                        case "斜体": style ^= 2;
                    }
                    this.text.setFont(new Font(fontname, style, size));     // 设置文本区字体
                    insert(this.combox_size, size);    // 将输入字号插入到字号组合框，不插入重复项
                }
                catch(NumberFormatException ex)                 // 捕获数值格式异常
                {
                    JOptionPane.showMessageDialog(this, ex.getMessage()+"不能转换成整数。");
                }
                catch(Exception ex)                             // 捕获所有类型的异常
                {
                    JOptionPane.showMessageDialog(this, ex.toString());
                }
            }
```

```
        }
    }
    // 设组合框数据项按T升序排序，将x插入到组合框数据项中，不插入重复项；采用二分法查找算法，二分法插入排
    // 序一趟。x为null时抛出空对象异常。combox引用赋值，在方法体中修改其数据项，作用于实际参数。通用方法
    public <T extends Comparable<? super T>> void insert(JComboBox<T> combox, T x)
    {
        int  begin = 0, end = combox.getItemCount()-1, mid = end;  // begin、end获得数据项序号边界
        while(begin <= end)                                        // 边界有效
        {
            mid = (begin+end)/2;                                   // 中间位置，当前比较元素位置
            if(x.compareTo(combox.getItemAt(mid)) == 0)            // 比较对象大小，若相等
                return;                                            // 则查找成功，不插入
            if(x.compareTo(combox.getItemAt(mid)) < 0)             // 若x对象小
                end = mid-1;                                       // 则查找范围缩小到前半段
            else
                begin = mid+1;                                     // 否则，查找范围缩小到后半段
        }
        combox.insertItemAt(x, begin);                   // 查找不成功，将x插入在组合框的第begin项
    }
    // 以下方法实现MouseListener鼠标事件接口
    public void mouseClicked(MouseEvent event)                     // 鼠标单击事件
    {
        if(event.getButton() == 3)                                 // 单击的是鼠标右键
            this.popupmenu.show(this.text, event.getX(), event.getY()); // 在鼠标单击处显示快捷菜单
    }
    public void mousePressed(MouseEvent event) { }
    public void mouseReleased(MouseEvent event) { }
    public void mouseEntered(MouseEvent event) { }
    public void mouseExited(MouseEvent event) { }
    public static void main(String arg[]) {  new EditorJFrame();  }
}
```

程序设计说明如下。

① 获得本地操作系统的所有字体。

本例构造方法中，使用以下语句获得本地操作系统的所有字体字符串：

```
GraphicsEnvironment  ge = GraphicsEnvironment.getLocalGraphicsEnvironment();
String[]  fontsName = ge.getAvailableFontFamilyNames();            // 获得系统字体
```

其中，GraphicsEnvironment类描述操作系统的图形设备环境和字体集合，包含以下方法：

```
public static GraphicsEnvironment getLocalGraphicsEnvironment()      // 返回本地图形环境
public abstract String[] getAvailableFontFamilyNames()          // 返回包含本地所有字体名的数组
```

② 使用位运算更改字形。

Font字体类中包含字体名称、字号、字形等属性，getStyle()方法返回其中的字形整数值。字形整数的第0位表示粗体，第1位表示斜体。工具栏的两个复选框分别表示粗体与斜体字形，单击一个复选框，对字形进行按位异或运算^（见2.1.4节），使得粗体与斜体的属性互不干扰，如图6-20所示。

③ 当字号值不合适时抛出异常。

在组合框中输入字号，如果输入的字符串不能转换为整数，Java会抛出数值格式异常，

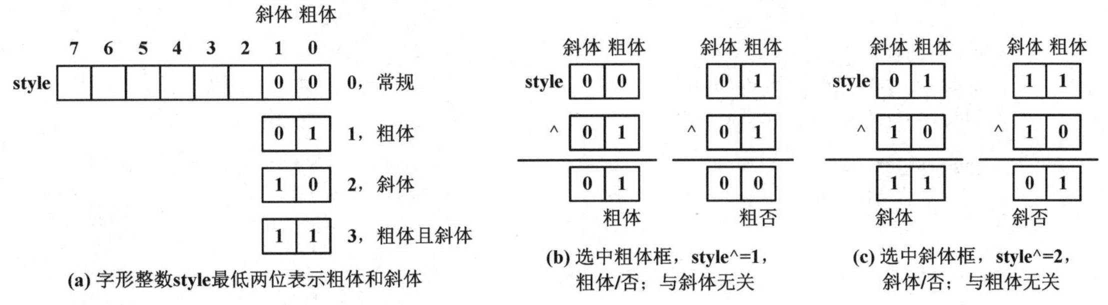

图 6-20　字形整数最低位结构和字形取值，字形的整数异或位运算

程序捕获异常并弹出对话框，提醒用户输入有错，需要重新输入；如果输入的字号值不合适，太大或太小，也需要弹出对话框，提醒用户输入有错。此时，这种逻辑错误也可以采用异常处理方式。程序先自己抛出异常，语句如下，再捕获异常并处理 Exception 对象。

```
throw new Exception(size+"字号超出 20～200 范围。");          // 抛出异常对象
```

④ 组合框插入不重复数据项的通用方法。

在字号组合框中输入字号，如果输入字符串能够转换成整数且字号大小合适，则将输入的字号添加到组合框数据项中。声明通用的 insert(JComboBox, T)方法如下：

```
public <T extends Comparable<? super T>> void insert(JComboBox<T> combox, T x)
```

为了使插入数据项与原有项不重复，首先必须在组合框的数据项中查找，查找不成功时才能插入新字号。由于若干数据项已按升序排列，因此采用二分法查找算法。本例程序中泛型 T 的实际参数是 Integer。

⑤ 使用窗口菜单和快捷菜单。

窗口上添加菜单栏，添加“文件”等菜单，再添加“退出”等菜单项，菜单项响应动作事件。创建快捷菜单对象 popupmenu，其中的菜单项也响应动作事件。使 popupmenu 依附于文本区组件，文本区组件响应鼠标事件，调用语句如下：

```
text.add(popupmenu);                                  // 文本区添加快捷菜单
text.addMouseListener(this);                          // 文本区监听鼠标事件
```

在文本区中单击鼠标右键时，触发鼠标单击事件，执行 MouseListener 接口的 mouseClicked()方法，通过鼠标事件对象 event 调用 event.getButton()方法可获得单击鼠标的哪个键，返回值为 1、2、3 分别表示左、中、右键。调用以下语句，在鼠标单击位置处显示快捷菜单，其中 text 指定快捷菜单所依附的组件，event.getX()，event.getY()获得鼠标单击处的坐标。

```
popupmenu.show(text, event.getX(), event.getY());     // 在鼠标单击处显示快捷菜单
```

当在快捷菜单所依附的组件之外的任何位置单击鼠标时，快捷菜单会自动隐藏。

⑥ “打开”和“保存”按钮的功能是打开和保存文件，其事件处理方法见例 8.7。

6.3.8　表格组件

1. 表格

JTable 组件以表格形式显示多行数据项，每行由多列数据项组成。多行数据项呈线性次序，行号≥0。双击表格中单元格，即可修改表格内容。JTable 没有带滚动条。JTable 类声明如下：

```
public class JTable extends JComponent implements TableModelListener, TableColumnModelListener,
            Scrollable, ListSelectionListener, CellEditorListener, Accessible, RowSorterListener
```

```
{
    public JTable()                                       // 构造空表格
    public JTable(Object data[][], Object title[])       // data 指定数据，title 指定列标题
    public JTable(TableModel model)                       // 构造指定表格模型的表格

    public int getSelectedRow()                           // 返回表格当前选中行号(>0)，没有选中时返回-1
    public int[] getSelectedRows()                        // 返回表格选中多行的行号，没有选中时返回空数组
}
```

2. 表格模型

JTable 数据项的存储及管理操作由表格模型类提供。javax.swing.table.TableModel 是表格模型接口，DefaultTableModel 是实现该接口的默认表格模型类，声明如下：

```
public class DefaultTableModel extends AbstractTableModel implements Serializable
{
    public DefaultTableModel()
    public DefaultTableModel(int rows, int columns)                  //指定行数和列数
    public DefaultTableModel(Object[] titles, int rows)              //指定列标题和行数
    public DefaultTableModel(Object[][] data, Object[] titles)       // 指定数据项和列标题

    public int getRowCount()                                         // 返回行数
    public void setRowCount(int rows)                                // 设置表格模型行数
    public int getColumnCount()                                      //  返回列数
    public int setColumnCount()                                      // 设置列数
    public String getColumnName(int column)                          // 返回指定列的列名
    public Object getValueAt(int row, int column)                    // 返回 row 行 column 列单元的值
    public void setValueAt(Object obj, int row, int column)          // 设置 row 行 column 列单元的值
    public void addRow(Object[] data)                                // 添加一行，data 指定各列值
    public void insertRow(int row, Object[] data)                    // 在 row 行插入，data 指定各列值
    public void removeRow(int row)                                   // 删除指定行
    public void addColumn(Object name)                               // 添加一列，name 指定列标题
    public void addColumn(Object name, Object[] data)                // 添加列，data 数组指定各行值
}
```

【例 6.6】 计算银行贷款，按月还本付息。

本例目的： 演示 JTable 表格和 JSpinner 微调文本行（见 6.3.2 节）组件的使用方法。

功能说明： 计算银行贷款按月还本付息的明细表，程序运行窗口如图 6-21 所示。

计算银行贷款，按月还本付息

贷款金额 100000 元 贷款利率 0.5025 %/月 贷款年限 1 年 还款起始 2,018 年 8 月 计算

还款日期	本金余额（元）	月还本金（元）	月还利息（元）	月还本息（元）	等额本息（元）
2018年08月31日	100000.00	8333.33	502.50	8835.83	8608.02
2018年09月30日	91666.67	8333.33	460.63	8793.96	608.02
2018年10月31日	83333.33	8333.33	418.75	8752.08	608.02
2018年11月30日	75000.00	8333.33	376.88	8710.21	8608.02
2018年12月31日	66666.67	8333.33	335.00	8668.33	8608.02
2019年01月31日	58333.33	8333.33	293.13	8626.46	8608.02
2019年02月28日	50000.00	8333.33	251.25	8584.58	8608.02
2019年03月31日	41666.67	8333.33	209.38	8542.71	8608.02
2019年04月30日	33333.33	8333.33	167.50	8500.83	8608.02
2019年05月31日	25000.00	8333.33	125.63	8458.96	8608.02
2019年06月30日	16666.67	8333.33	83.75	8417.08	8608.02
2019年07月31日	8333.33	8333.33	41.88	8375.21	8608.02
合计				103266.24	103296.24

图 6-21 计算银行贷款，按月还本付息

等额本金还款法是银行贷款归还本息的一种主要方式，在贷款期限内，每月等额偿还贷款本金，贷款利息随贷款本金余额逐月递减。计算公式如下：

$$\text{每月还款额} = \frac{\text{贷款本金}}{\text{贷款期月数}} + (\text{贷款本金} - \text{已归还本金累计额}) \times \text{月利率}$$

图 6-21 中，各列的计算公式如下：

本金余额 = 贷款金额 – 累计已还本金

月还本金 = 贷款金额 ÷ (贷款年限×12 月)

月还利息 = 贷款利率 × 本金余额

月还本息 = 月还本金 + 月还利息

界面描述： 框架内容窗格采用边布局，北边添加一行命令面板，之上添加用于输入贷款条件的文本行、JSpinner 和按钮等组件，使用 JSpinner 显示可微调的年份和月份；框架内容窗格中部添加 JTable 表格组件，显示计算结果，其中“还款日期”一行是表格列标题。

技术要点： ① 使用两个 JSpinner 微调文本行分别表示年月，其表示范围由数值序列模型 SpinnerNumberModel 指定。JSpinner 没有响应改变事件。

② 使用表格显示每月还款明细。通过表格模型操纵表格数据项，当改变贷款年限重新计算时，更改表格模型的行数。表格仅用于输出，没有输入。省略求和功能。

③ 约定每月最后一天还款，判断还款日期是否早于下月，演示 MyDate 类的使用场合。

MyEclipse 设置编译路径包含项目：例 3.2 的 MyDate 类。程序如下。

```
import java.util.*;
import java.awt.event.*;
import javax.swing.*;
import javax.swing.event.*;
import javax.swing.table.DefaultTableModel;
// 计算贷款框架类，继承框架类，响应动作事件
public class LoanJFrame extends JFrame implements ActionListener
{
    private JTextField[] texts;                       // 文本行数组，表示贷款金额、利率、年限
    private JSpinner spin_year, spin_month;           // 微调文本行，表示起始年月
    private MyDate paydate;                           // 起始还款日期
    private JButton button;                           // 计算按钮
    private DefaultTableModel tablemodel;             // 表格模型

    public LoanJFrame()
    {
        super("计算银行贷款，按月还本付息");
        this.setBounds(300, 240, 800, 360);
        this.setDefaultCloseOperation(EXIT_ON_CLOSE);

        // 以下创建命令面板，提供贷款条件的文本行和计算按钮等组件
        JPanel  cmdpanel = new JPanel();              // 命令面板，默认流布局，居中
        this.getContentPane().add(cmdpanel, "North");
        String[] str={"贷款金额","元  贷款利率","%/月   贷款年限","年   还款起始","年","月"};
        String[] str_text={"100000","0.5025","1"};
        this.texts = new JTextField[str_text.length];
        int  i = 0;
        for(i=0; i < str_text.length; i++)            // 添加标签和文本行，表示贷款条件
        {
            cmdpanel.add(new JLabel(str[i]));
            cmdpanel.add(this.texts[i]=new JTextField(str_text[i],6));
        }
```

```
        for(; i<str.length; i++)                        // 命令面板上添加 3 个标签
            cmdpanel.add(new JLabel(str[i]));
        // 以下计算当前日期的下月，为年月微调文本行赋初值
        Calendar  start = Calendar.getInstance();       // 获得当前日期
        int  year= start.get(Calendar.YEAR);            // 当年
        int  month= start.get(Calendar.MONTH)+1;        // 当月，get(Calendar.MONTH)范围是 0～11
        month = month%12+1;                             // 下月
        if(month == 1)                                  // 12 月的下月是次年 1 月
            year++;
        int  day = MyDate.daysOfMonth(year, month);     // 获得指定年月的天数，MyDate 类的静态方法
        this.paydate = new MyDate(year, month, day);    // 约定还款日期初值是下月最后一天
        // 年份数值序列模式，初值为 year 年，范围是 year 年至之后 2 年，步长为 1
        this.spin_year = new JSpinner(new SpinnerNumberModel(year, year, year+2, 1));
        cmdpanel.add(this.spin_year,7);                 // 命令面板添加微调文本行，参数 7 指定插入位置
        // 月份数值序列模式，初值为下月，范围是 1～12，步长为 1
        this.spin_month = new JSpinner(new SpinnerNumberModel(month, 1, 12, 1));
        cmdpanel.add(this.spin_month,9);

        cmdpanel.add(this.button = new JButton("计算"));
        this.button.addActionListener(this);
        // 以下在框架内容窗格中部添加表格
        String[]  titles = {"还款日期","本金余额(元)","月还本金(元)","月还利息(元)","月还本息(元)"};
        this.tablemodel = new DefaultTableModel(titles,1); // 默认表格模型，titles 指定列标题，1 行
        JTable jtable = new JTable(this.tablemodel);       // 创建表格，指定表格模型
        this.getContentPane().add(new JScrollPane(jtable));// 框架内容窗格添加滚动窗格（包含表格）
        this.setVisible(true);
    }
    // 动作事件处理方法，单击计算按钮触发。使用表格显示还款明细，约定每月最后一天还款
    public void actionPerformed(ActionEvent event)
    {
        // 以下获得各文本行表示的贷款数据，未处理数值格式异常
        double  leavings = Double.parseDouble(""+texts[0].getText()); // 贷款本金，本金余额
        double  rate = Double.parseDouble(""+texts[1].getText());     // 贷款月利率
        int months = Integer.parseInt(texts[2].getText())*12;         // 还款月数，由贷款年限计算出
        double  pay = leavings/months;                                // 月还本金
        this.tablemodel.setRowCount(months);                          // 设置表格模型行数
        // 以下获得还款起始日期，预处理还款日期早于下月的错误。
        int year = (Integer)this.spin_year.getValue();                // 还款起始年份
        int month = (Integer)this.spin_month.getValue();              // 还款起始月份
        // 以上 getValue()返回 Object，实际引用 Integer，强制转换，默认调用 intValue()获得 int。
        // 从 SpinnerNumberModel 获得数值类型，若数据有错，不取，恢复原值，因此不需要处理数值格式异常。
        MyDate  alterdate = new MyDate(year, month, MyDate.daysOfMonth(year, month)); // 还款日期
        if(alterdate.compareTo(this.paydate)<0)            // 若修改的还款日期早于下月，则月份错误
        {
            JOptionPane.showMessageDialog(this,"设置还款日期为"+alterdate.toString()+"，月份错误，早于下月。");
            return;
        }
        for(int row=0; row < months; row++)                // 表格每行显示每月还款明细
        {
            this.tablemodel.setValueAt(alterdate.toString(), row,0);                 // 还款日期
            this.tablemodel.setValueAt(String.format("%9.2f",leavings), row, 1);     // 本金余额
```

```
            this.tablemodel.setValueAt(String.format("%9.2f",pay), row, 2);          // 月还本金
            this.tablemodel.setValueAt(String.format("%9.2f",leavings*rate*0.01), row, 3);// 月还利息
            this.tablemodel.setValueAt(String.format("%9.2f",pay+leavings*rate*0.01),row,4); // 月还本息
            month = month%12+1;                                 // 下月
            if(month == 1)
                year++;
            alterdate = new MyDate(year, month, MyDate.daysOfMonth(year, month));
            leavings -= pay;                                    // 本金余额减去月还本金
        }
    }
    public static void main(String[] arg)
    {
        new LoanJFrame();
    }
```

6.4 图形设计

在计算机中，图形与图像是一对既有联系又有区别的概念。它们都是图，但图的产生、处理和存储方式不同。

图形（Graphics）是指通过画图软件绘制的由直线、圆、圆弧、任意曲线等图元组成的画面，称为矢量图形。每个图元具有大小、位置、形状、颜色、维数等属性，不同的图元之间有明确的界限，多个图元可以组合或分解。

矢量图形由特定的画图软件绘制，以矢量图形文件形式存储。矢量图形文件中存储的是一组描述各个图元属性的指令集合，通过画图软件读取这些指令，将其转换为输出设备上显示的图形。矢量图形的优点是对图形中各个图元进行缩放、移动、旋转而不失真，而且它占用的存储空间小。

图像（Image 或 Picture）是由扫描仪、数字照相机、摄像机等输入设备捕捉的真实场景画面产生的映像，经 A/D 转换变成二进制代码，以图像格式文件存储，如 BMP、JPG、GIF 等；通过图像显示软件读取这些文件、转换信息，由显示设备重现原来的景物。

Java 提供在组件上画图的功能，通过画图类 Graphics 对象调用画图方法实现。

1. 坐标点类

java.awt.Point 类表示坐标点，声明如下，方法实现见例 1.2。

```
public class Point extends Point2D implements java.io.Serializable        // 点类
{
    public int x, y;                                      // 点的 X 和 Y 方向坐标，公有权限

    public Point()                                        // 默认值为(0, 0)
    public Point(int x, int y)                            // 构造方法，以(x, y)构造 Point 对象
    public Point(Point p)                                 // 拷贝构造方法
}
```

2. 图形类

java.awt.Graphics 图形类定义了设置图形颜色、字符串字体等属性的方法，以及绘制多种图形的方法，声明如下：

```
public abstract class Graphics extends Object                                    // 图形抽象类
{
    // 以下设置图形属性，包括字体、颜色等
    public abstract Font getFont();                                               // 获得字体
    public abstract void setFont(Font font);                                      // 设置字体
    public abstract Color getColor();                                             // 获取当前颜色
    public abstract void setColor(Color c);                                       // 设置颜色
    // 以下画图，绘制字符串，其中(x, y)坐标指定图形位置
    public abstract void drawString(String str, int x, int y); // 在(x, y)坐标处显示字符串
    public abstract void drawLine(int x1, int y1, int x2, int y2); // 在(x1,y1)、(x2,y2)两点间画一条直线
    // 以下绘制/填充矩形，(x, y)指定其左上角坐标，width、height指定其宽度和长度
    public void drawRect(int x, int y, int width, int height)                    // 画矩形
    public abstract void fillRect(int x, int y, int width, int height);   // 填充矩形，默认实填充
    // 以下绘制/填充椭圆，(x, y)、width、height指定椭圆外切矩形参数；若width==height，则为圆
    public abstract void drawOval(int x, int y, int width, int height);   // 画椭圆
    public abstract void fillOval(int x, int y, int width, int height);   // 填充椭圆
    // 以下绘制/填充闭合多边形，参数x[]、y[]指定n个点的坐标
    public abstract void drawPolygon(int x[], int y[], int n);
    public abstract void fillPolygon(int x[], int y[], int n);
}
```

上述多种画图方法所绘制的图形如图 6-22 所示，setColor(c)方法设置图形的线条颜色。

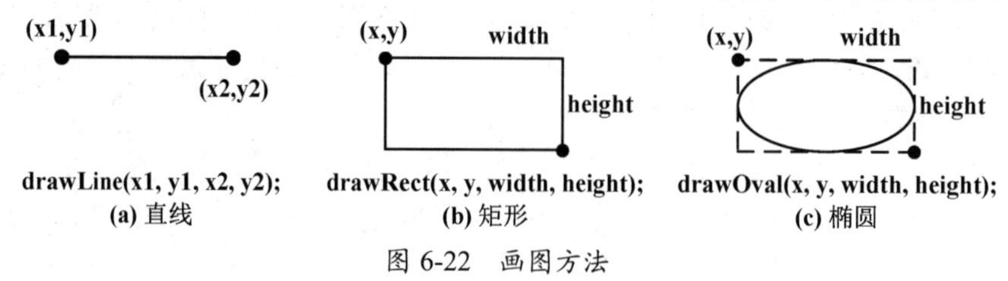

图 6-22　画图方法

3. 组件画图方法

java.awt.Component 类声明以下方法用于绘制图形：

```
public void paint(Graphics g)                         // 组件画图，JVM自动执行
public void repaint()                                 // 调用paint()方法重新画图
public void update(Graphics g)                        // 组件更新，JVM自动执行
```

一个类如果需要在组件上画图，必须声明继承某个组件类，覆盖 paint()方法。在 paint()方法体中，通过 Graphics 对象 g 调用画图方法，在指定组件上画图。

以下情况将自动执行 paint()方法，绘制组件上的图形图像：① 创建组件；② 改变组件大小；③ 窗口被激活，如窗口从最大化、最小化状态还原，或被其他窗口覆盖、当其他窗口关闭或移开。

当更新组件时，自动执行 update()方法。

4. 画布

虽然在任何组件上都可以画图，但由于很多组件上都有标题之类的文字，所以通常在画布上画图。java.awt.Canvas 画布组件用于画图，声明如下：

```
public class Canvas extends Component implements Accessible          // 画布组件
```

一个需要画图的类，声明继承 Canvas 画布组件类，覆盖 paint()方法。

【例 6.7】 四叶玫瑰线的图形设计。

本例目的：演示图形设计方法，使用选择颜色对话框组件（见 6.3.6 节）。

功能说明：四叶玫瑰线的极坐标方程是 $r = a\sin 2\theta$，绘制窗口如图 6-23 所示。

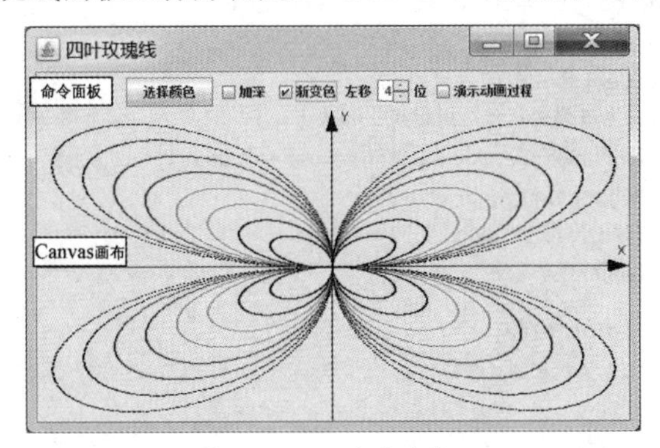

图 6-23　四叶玫瑰线

界面描述：框架内容窗格采用边布局，① 北边添加命令面板，之上添加用于控制画图的选项，单击“选择颜色”按钮，弹出如图 6-15 所示选择颜色对话框，选择一种颜色返回；选中“渐变色”复选框，每圈颜色值递增变化，左移 n 位。② 框架内容窗格中部添加 Canvas 画布组件，显示绘画效果。

技术要点：① 声明 RoseCanvas 画布组件内部类，在 paint()方法中画图。② 框架类实现对画图的多种控制，当改变组件大小、或选择颜色时，重画图形。③ JSpinner 响应改变事件。

程序如下。

```
import java.awt.*;
import java.awt.event.*;
import javax.swing.*;
import javax.swing.event.*;
// 绘制四叶玫瑰线框架类，继承框架类，响应动作事件、数值改变事件
public class RoseJFrame extends JFrame implements ActionListener, ChangeListener
{
    private JButton  button;                                  // 选择颜色按钮
    private JCheckBox[]  checkbox;                            // 复选框数组
    private Color color;                                      // 颜色
    private JSpinner  spin;                                   // 渐变色变化值微调文本行
    private Canvas  canvas;                                   // 画布

    public RoseJFrame()
    {
        super("四叶玫瑰线");                                  // 框架边布局
        Dimension  dim = this.getToolkit().getScreenSize();   // 获得屏幕分辨率
        this.setBounds(dim.width/4, dim.height/4, dim.width/2, dim.height/2); // 设置窗口居中
        this.setDefaultCloseOperation(EXIT_ON_CLOSE);
        // 以下创建命令面板（工具栏作用），并添加组件提供画图属性
        JPanel  cmdpanel = new JPanel();                      // 命令面板，默认流布局，居中
        this.getContentPane().add(cmdpanel,"North");
        cmdpanel.add(this.button = new JButton("选择颜色"));
        this.button.addActionListener(this);
        String[]  str = {"加深", "渐变色", "演示动画过程"};
        this.checkbox = new JCheckBox[str.length];            // 复选框数组
        for(int i=0; i < str.length; i++)
```

```
    {
        cmdpanel.add(this.checkbox[i] = new JCheckBox(str[i]));
        this.checkbox[i].addActionListener(this);          // 复选框监听动作事件
    }
    cmdpanel.add(new JLabel("左移"),3);
    // 微调文本行，参数指定数值序列模式，初值为4，范围是1~8，步长为1
    this.spin = new JSpinner(new SpinnerNumberModel(4, 1, 8, 1));
    this.spin.addChangeListener(this);
    cmdpanel.add(this.spin ,4);
    cmdpanel.add(new JLabel("位"), 5);

    this.color = Color.blue;
    this.canvas=new RoseCanvas();                      // 四叶玫瑰线画布，调用默认构造方法
    this.getContentPane().add(this.canvas,"Center");
    this.setVisible(true);
}
public void actionPerformed(ActionEvent event)         // 动作事件处理方法
{
    if(event.getSource() == this.button)               // 单击"选择颜色"按钮
    {   // 打开颜色选择对话框，单击"确定"按钮则返回选中颜色，单击"取消"按钮则返回null
        Color  color = JColorChooser.showDialog(this, "选择颜色", this.color);
        if(color != null)
        {
            this.color = color;
            this.canvas.repaint();                     // 调用canvas的paint(Graphics)方法，重画
        }
    }
    else if(event.getSource() instanceof JCheckBox)    // 单击复选框
        this.canvas.repaint();                         // 重画
}
public void stateChanged(ChangeEvent event)            // JSpinner响应值改变事件处理方法
{
    this.checkbox[1].setSelected(true);                // 设置渐变色复选框为选中状态
    this.canvas.repaint();                             // 重画
}
// 四叶玫瑰线画布组件类，继承画布组件类，覆盖paint()方法。私有实例内部类，对象嵌套，因为
// 要使用外部类的组件获得颜色、是否渐变、变化值等选项数据
private class RoseCanvas extends Canvas
{
    public void paint(Graphics g)                      // 组件画图方法，覆盖
    {
        if(RoseJFrame.this.checkbox[0].isSelected())   // 若加深复选框为选中状态
            g.setColor(RoseJFrame.this.color.darker()); // 设置加深的颜色
        else
            g.setColor(RoseJFrame.this.color);         // 使用外部类this实例的颜色变量值
        int  x0 = this.getWidth()/2;                   // (x0, y0)是画布组件正中点坐标
        int  y0 = this.getHeight()/2;
        g.drawLine(0,y0,x0*2,y0);                      // 画直线，X轴
        g.drawLine(x0,0,x0,y0*2);                      // 画直线，Y轴
        …                        // 此处画X、Y轴的箭头，调用fillPolygon()填充多边形方法，省略
        int  n = (Integer)RoseJFrame.this.spin.getValue();        // 每圈颜色左移位数
```

```
            for(int length=40; length < 200; length += 20)// 画8圈四叶玫瑰线，length表示每圈最长度
            {
                for(int i=1; i < 1024; i++)                     // 画一圈四叶玫瑰线的若干点
                {
                    double  angle = i*Math.PI/512;              // 角度，Math.PI表示π
                    double  radius = length*Math.sin(2*angle);  // 半径，Math.sin()正弦函数
                    int  x = (int)(radius*Math.cos(angle)*2);   // x坐标，Math.cos()余弦函数
                    int  y = (int)(radius*Math.sin(angle));     // y坐标
                    g.fillOval(x0+x,y0+y,2,2);                  // 填充椭圆，直径小的显示一个点
                }
                // 若外部类this实例的渐变色复选框是选中状态，则逐渐改变画线颜色
                if(RoseJFrame.this.checkbox[1].isSelected())
                    g.setColor(new Color(g.getColor().getRGB()<<n));  // 每圈颜色左移n位
            }
        }
    }
    public static void main(String arg[])
    {
        new RoseJFrame();
    }
}
```

程序设计说明如下。

① 构造方法中，使用以下语句获得屏幕分辨率并设置框架位置和尺寸：

```
Dimension dim = getToolkit().getScreenSize();                          // 获得屏幕分辨率
this.setBounds(dim.width/4,dim.height/4,dim.width/2,dim.height/2);  // 框架居中且尺寸为屏幕的一半
```

调用的相关方法说明如下：

```
public Toolkit getToolkit()                      // 获取当前组件的工具包，Component类声明
public abstract Dimension getScreenSize()        // 获取屏幕大小，Toolkit类声明
public double getHeight()                        // 返回组件高度，Dimension类声明
public double getWidth()                         // 返回组件宽度，Dimension类声明
```

② JDK 7以后，当改变组件大小时，Java虚拟机自动执行其paint()方法重画图形，因此不需要响应组件事件。当执行选择颜色等操作时，必须调用repaint()方法重画图形。

【思考题6-5】 增加上述窗口功能。

① 画*X*轴、*Y*轴箭头，写*X*轴名、*Y*轴名的字符串。

② 增加输入功能，控制画图的大小、圈数和线的粗细等属性。

【例6.8】 拖动鼠标画直线。

本例目的： 演示鼠标事件和鼠标移动事件的使用方法。

功能说明： 在窗口上拖动鼠标，以按下鼠标处的位置为起点start、以拖动鼠标处的位置为终点end画直线，在拖动鼠标过程中显示直线的动态变化轨迹，运行窗口及画线原理如图6-24所示。

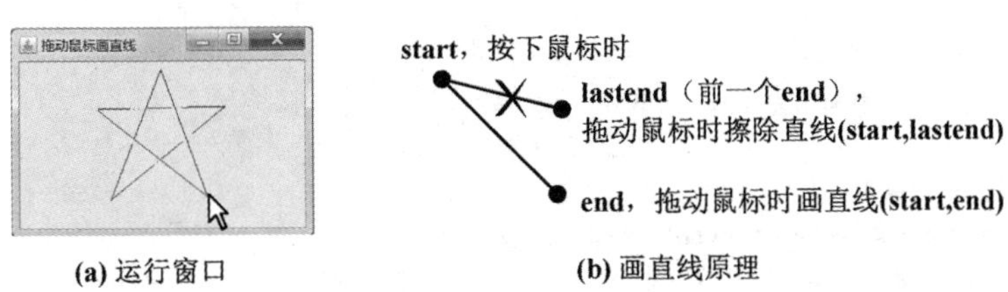

(a) 运行窗口　　(b) 画直线原理

图6-24　画直线，显示画线轨迹

界面描述：在框架内容窗格中部添加画布组件。

技术要点：（1）框架类响应鼠标事件和鼠标移动事件，记住鼠标位置。

① 响应鼠标事件。当按下鼠标时，用 start 记住起点。

② 响应鼠标移动事件。当拖动鼠标时，用 end 记住鼠标当前点，用 lastend 记住鼠标前一个点，用背景色重画（擦除）前一条直线(start,lastend)，再画直线(start,end)。随着拖动鼠标位置的改变，可见一条直线的画线轨迹随之而移动。

（2）声明画直线画布组件内部类，覆盖 paint()方法画图。

程序如下。

```
import java.awt.*;
import java.awt.event.*;
import javax.swing.*;
// 画直线框架类，显示画线轨迹；响应鼠标事件和鼠标移动事件
public class DrawLineJFrame extends JFrame implements MouseListener, MouseMotionListener
{
    private Point  start, end, lastend;               // 分别记录直线的起点、终点、前一条直线的终点
    private Canvas  canvas;                            // 画布组件

    public DrawLineJFrame()
    {
        super("拖动鼠标画直线");
        this.setBounds(400,300,400,300);
        this.setDefaultCloseOperation(EXIT_ON_CLOSE);

        this.start = this.end = this.lastend = null;
        this.canvas = new DrawLineCanvas();
        this.getContentPane().add(this.canvas);              // 添加画布组件
        this.canvas.addMouseListener(this);                  // 画布监听鼠标事件
        this.canvas.addMouseMotionListener(this);            // 画布监听鼠标移动事件
        this.setVisible(true);
    }
    // 以下实现 MouseListener 鼠标事件接口，将鼠标按下点作为直线起点
    public void mousePressed(MouseEvent event)               // 鼠标按下事件处理方法
    {
        this.start = new Point(event.getX(), event.getY());     // 记住鼠标当前点作为直线起点
    }
    public void mouseReleased(MouseEvent event) { }          // 鼠标释放
    public void mouseClicked(MouseEvent event) { }           // 鼠标单击
    public void mouseEntered(MouseEvent event) { }           // 鼠标进入
    public void mouseExited(MouseEvent event) { }            // 鼠标离开
    // 以下实现 MouseMotionListener 鼠标移动事件接口
    public void mouseMoved(MouseEvent event){}               // 鼠标移动
    // 鼠标拖动事件处理方法，每拖动一个点时执行画直线
    public void mouseDragged(MouseEvent event)
    {
        this.lastend = this.end;                             // 鼠标拖动的前一个点
        this.end = new Point(event.getX(), event.getY());  // 鼠标拖动的当前点
        this.canvas.repaint();                     // 擦掉直线(start, lastend)，再画直线(start, end)
    }
```

```java
    private class DrawLineCanvas extends Canvas           // 画直线画布组件内部类，仅画图
    {
        // 画图方法，先用背景色画直线(start, lastend)，即擦除，再用指定颜色画直线(start, end)
        public void paint(Graphics g)
        {
            if(start != null && lastend != null)          // 访问外部类.this.start和end
            {
                g.setColor(this.getBackground());          // 设置画线颜色为背景色
                g.drawLine(start.x,start.y, lastend.x,lastend.y);  // 画直线(start, lastend)，擦除
                g.setColor(Color.blue);                    // 设置画线颜色
                g.drawLine(start.x, start.y, end.x, end.y);// 画直线(start, end)
            }
        }
        public void update(Graphics g)                     // 组件更新，重画之前图形，自动执行
        {
            this.paint(g);
        }
    }
    public static void main(String arg[])
    {
        new DrawLineJFrame();
    }
}
```

【思考题 6-6】

① 如果 DrawLineJFrame 类只响应鼠标事件，运行结果怎样？

② 画矩形、椭圆、多边形等图形，在鼠标拖动过程中，显示改变大小的图形。

③ 画出鼠标经过点的轨迹，构成随意线。运行窗口及画线原理如图 6-25 和图 6-26 所示。

④ 当窗口最小化再还原时，窗口上只剩一条直线，为什么？如何还原画的所有图形？

图 6-25　拖动鼠标随意画线

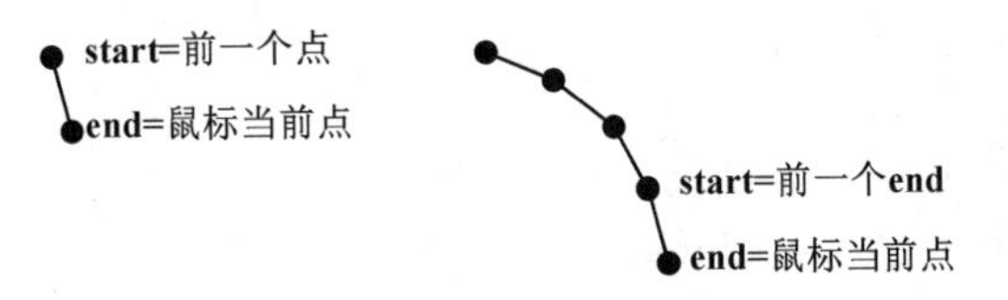

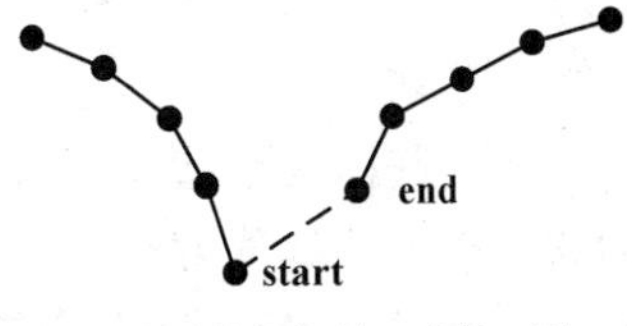

(a) 按下鼠标时，记住(start, end)初值　(b) 拖动鼠标时，画直线(start, end)，由许多连续直线组成一条轨迹　(c) 如果响应鼠标按下事件，则会在两条轨迹间画一条直线

图 6-26　拖动鼠标随意画线原理

习 题 6

（1）AWT 组件

6-1　设计图形用户界面的应用程序需要哪些基础知识？

6-2　什么是组件？组件类与普通类有什么不同？组件是如何分类的？哪些包中有组件？

6-3　什么是容器组件？它有什么特点？容器组件有哪些，各有什么特点？
6-4　窗口与面板有什么不同？框架与对话框有什么不同？
6-5　Java 的布局方式有什么特点？布局方式哪些，各有什么特点？
6-6　怎样表示颜色？颜色类有哪些颜色常量？构造一个颜色对象的参数是怎样的？
6-7　字体类有哪些属性？改变字体的粗体或斜体字形特性需采用什么位运算？举例说明。

（2）事件处理

6-8　什么是事件？事件由谁产生？事件产生时对事件的操作写在哪里？
6-9　解释 Java 语言的委托事件模型。
6-10　是否用户单击任何按钮，Java 虚拟机都会执行 actionPerformed()方法？
6-11　为什么事件处理模型需要采用接口实现？
6-12　如何理解图形用户界面的应用程序是事件驱动的？
6-13　事件类声明在哪些包中？事件类有哪些？每个事件作用于哪些组件？
6-14　是否可以对一个组件注册多个事件监听器？
6-15　一个事件监听器是否可以处理多个组件产生的操作？
6-16　什么是事件源？在事件处理方法中，怎样区分不同的事件源组件？
6-17　窗口有哪些事件？每种事件在什么时候触发？这些事件的触发次序是怎样的？
6-18　按钮组件能够注册哪些事件监听器？文本行组件能够注册哪些事件监听器？文本行和文本区组件能够响应的事件有什么不同？

（3）Swing 组件及事件

6-19　javax.swing.JComponent 声明继承 java.awt.Container 类有什么作用？
6-20　使用 javax.swing.JFrame 与 java.awt.Frame 有什么不同？
6-21　关闭窗口处理方式有几种？分别是怎样的？分别适用于哪些窗口组件？
6-22　JTextField 能够响应 java.awt.event.ActionEvent 和 javax.swing.event.CaretEvent 事件，两事件触发条件有什么不同？需要同时响应两者吗？
6-23　JTextArea 和 JSpinner 能够响应 ActionEvent 事件吗？为什么？
6-24　如果一个文本行用于输入数值，但程序运行时却输入了非数字字符，则结果会怎样？程序中有哪些办法解决这个问题，怎样解决？
6-25　在动作事件处理方法中，怎样获得按钮标题？
6-26　复选框与单选按钮有什么不同？分别用于什么场合？
6-27　在事件处理方法中，怎样知道哪个复选框或单选按钮是被选中的？
6-28　怎样为 JList 列表框赋初值？选中 JList 列表框中数据项时，将触发什么事件？
6-29　列表框的数据项属于什么数据类型？存储在哪里？怎样实现插入、删除等操作？
6-30　如何将 JComboBox 编辑框中新输入的值，加入到下拉列表中，并使新值与下拉列表中原有值不重复？
6-31　JOptionPane 对话框有哪几种形式？调用语句分别是怎样的？返回值类型分别是什么？
6-32　显示 JColorChooser 选择颜色对话框的调用语句是怎样的？返回值类型是什么？
6-33　窗口菜单有什么特点？实现窗口菜单需要哪些菜单组件？怎样设计？
6-34　如何使菜单项显现为分隔条状态？如何使菜单项显现单选或复选状态？
6-35　一个菜单中是否可以加入菜单项？是否可以加入另一个菜单？

6-36　快捷菜单有什么特点？与窗口菜单有什么差别？

6-37　在文本区中，单击右键时欲弹出一个快捷菜单，该怎样设计？

6-38　如果窗口菜单中的某菜单项、快捷菜单中的某菜单项具有相同的菜单标题并执行相同的操作，应该如何设计？

6-39　表格组件采用什么方式管理数据？表格中元素类型是什么？如何获得、设置第 *i* 行第 *j* 列元素？如何插入、删除表格中第 *i* 行？如何增加一行？如何删除表格中所有行？

（4）图形设计

6-40　如果希望在组件上画图，通常在哪些组件上画图？画图程序写在哪里？

6-41　如何重画图形？在什么情况下需要重画图形？

实验 6　图形用户界面设计

1. 实验目的

掌握 Swing 组件的使用方法，理解委托事件处理模型，掌握多种布局方式，掌握窗口菜单和快捷菜单设计方式，熟悉在组件上画图的方法，设计出具有图形用户界面的、能够响应事件并处理异常的应用程序。

2. 实验内容和要求

本章实验的基本要求是：① 采用 Swing 组件设计图形用户界面，使用组件数组；② 响应事件；③ 处理异常，当输入数据错误时，弹出对话框告知错误或者异常。④ 运算正确性判断，数据溢出或超出正常范围内时抛出异常并处理。

（1）按钮、文本行、文本区等基础组件

6-42　计算多种平均值。

输入若干浮点数，计算多种平均值，运行窗口如图 6-27 所示。增加如下要求：

① 声明实现 Averagable 求平均值接口的多个类，提供多种求平均值的方法，详见实验题 4-22。② 使用文本行数组或表格，数值个数可变。③ 指定数值范围，若超出，处理异常，用红色标记错误数据，并弹出对话框，给出错误信息。④ 响应事件；按实际元素个数计算，忽略空值及错误数据，解决除数为 0 的问题。

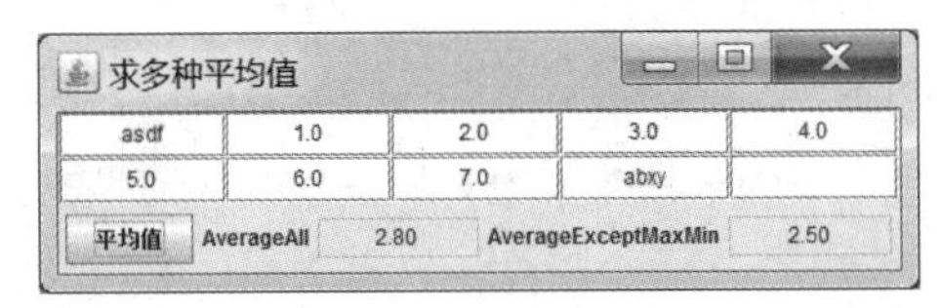

图 6-27　计算多种平均值

6-43　计算加权平均值，方法声明见例 5.1 的思考题。使用文本行数组或表格，数值个数可变。

6-44　计算器。

参照 Windows（标准/科学）计算器功能，实现加、减、乘、除等运算，如图 6-28 所示。增加要求：声明按钮数组；对 0～9 数字操作，采用相同算法解决；解决除数为 0 问题。

6-45　合成颜色值。

分别输入红、绿、蓝三原色十进制整数值，如图 6-29 所示，三原色文本行响应单击事件，显示其对应的二进制值，将三原色值合成一种颜色值显示，对应标签和文本行采用各自颜色显示；使用文本行数组。

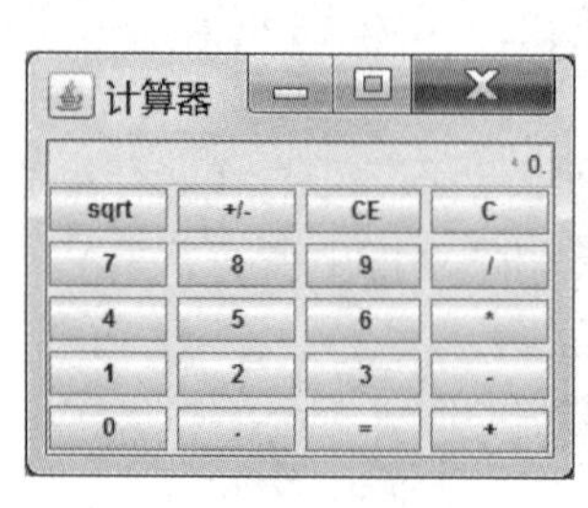

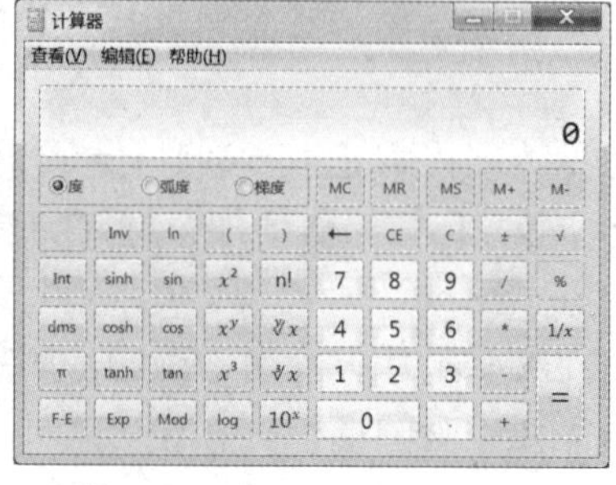

图 6-28　Windows 计算器和科学计算器

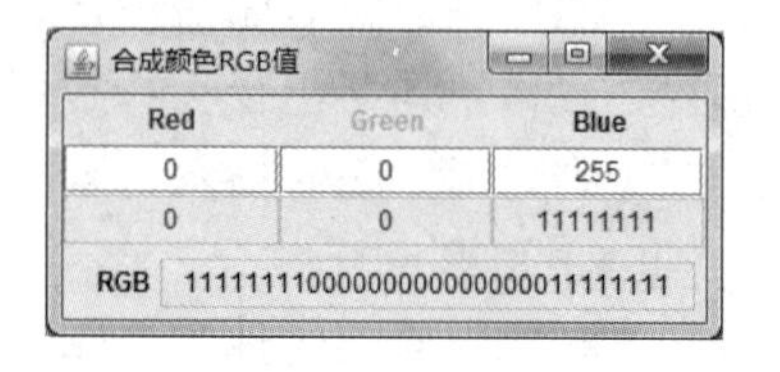

图 6-29　合成颜色值

6-46　整数进制转换。

选择一种整数类型（byte、short、char、int），以一种进制（十、二、四、八、十六）形式输入一个整数，将其（及负数）分别转换成其他进制的补码形式显示，如图 6-30 所示。增加要求：① 采用单选按钮数组表示整数类型，采用文本行数组显示整数的各种进制。② 选择一种整数类型，以此确定各进制的整数位数，十进制有正负号，其他进制为补码形式，当取值为正数或 0 且不足位时，前补 0。③ 设计整数进制转换的通用算法，解决负整数的进制转换问题。

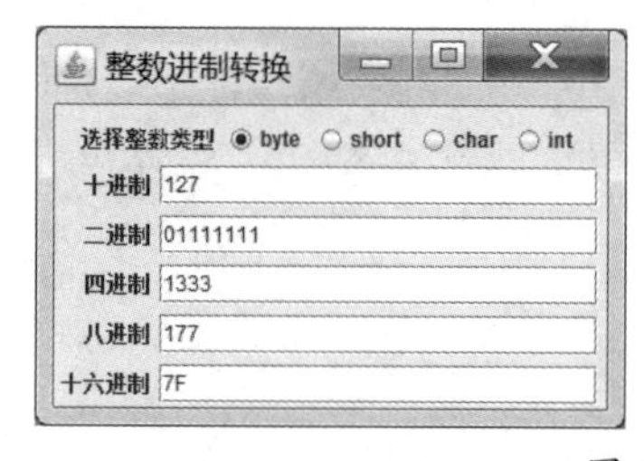

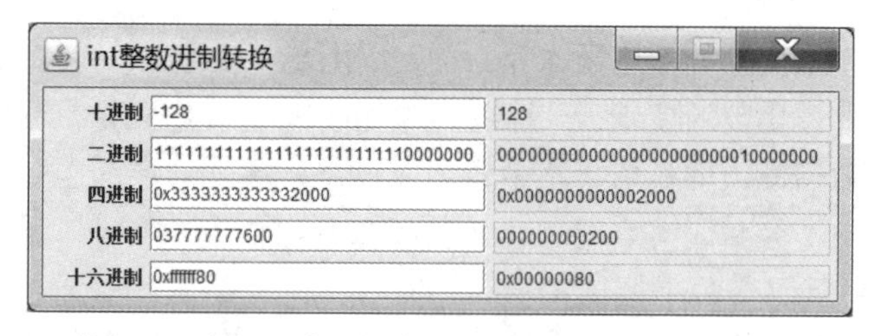

图 6-30　整数（及负数）进制转换

6-47　选择整数计算。

使用复选框显示给定的一组整数，如图 6-31 所示，选中一些；单击“全选”按钮，选中所有复选框；单击“多项选择”按钮，将多个选中整数显示在文本行数组中；在各文本行中输入整数，单击“求和”按钮，将各文本行中的非空字符串转换成整数，再计算和并显示结果。若字符串不能转换成整数，采用对话框提示忽略它，并将该文本行清空。增加要求：① 框架构造方法的参数指定整数个数；② 使用复选框数组和文本行数组；③ 声明对文本行数组的计算方法如下：

```
public int sum(JTextField[] texts)          // 计算文本行数组之和，忽略其中""和不能转换成整数的字符串
```

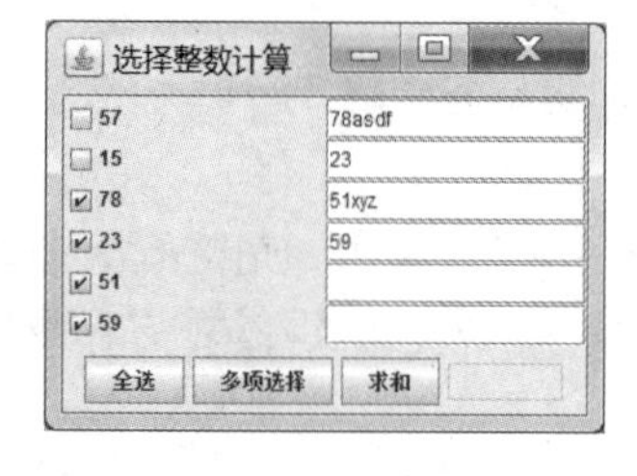

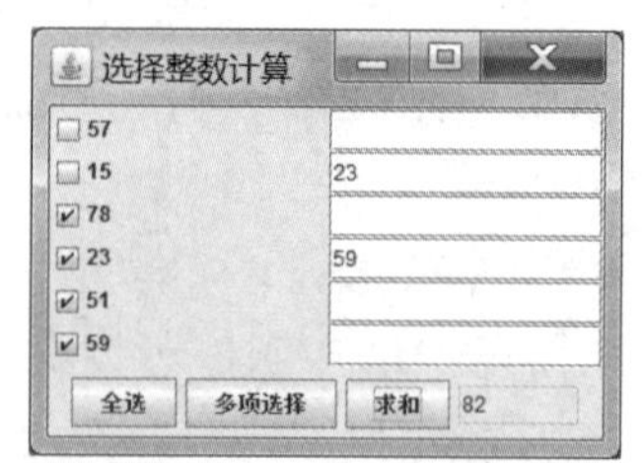

图 6-31　选择整数计算

6-48 随机数序列查找重复值。

输入长度和范围，单击“生成”按钮生成随机数序列，如图 6-32 所示，使用文本行数组分别存储输入数据和结果数据。单击“查找重复值”按钮，将查找到的多个重复值以同一种颜色显示。

（2）列表框、组合框和菜单组件

6-49 算术运算器。

输入若干数值，分别进行加、减、乘、除等算术运算，如图 6-33 所示，运算符没有优先级，顺序运算。增加要求：① 采用文本行数组，操作数个数可变。② 解决除数为 0 的问题。③ 区分“/”为整数除或实数除。

6-50 复数运算器。

输入多个复数，复数个数可变，显示复数加、减等运算结果，如图 6-34 所示，运算符没有优先级，顺序运算。增加要求：① 声明复数类 Complex，详见实验题 3-34，提供复数加、减等运算，提供由字符串构造复数的方法，处理字符串不能转换成复数等异常。② 设计 ComplexJPanel 组件表示复数对象。

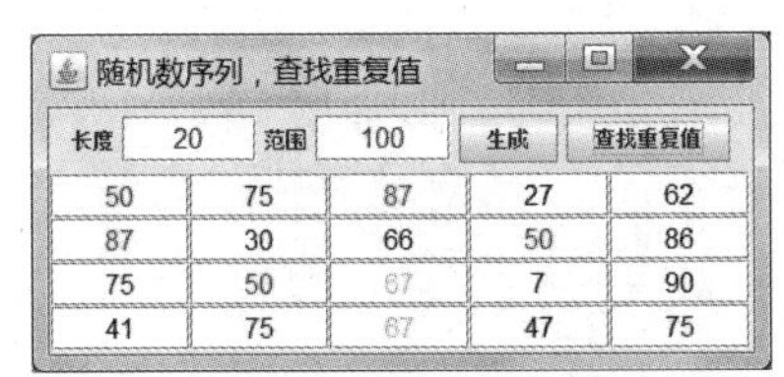

图 6-32 在随机数序列中查找重复值

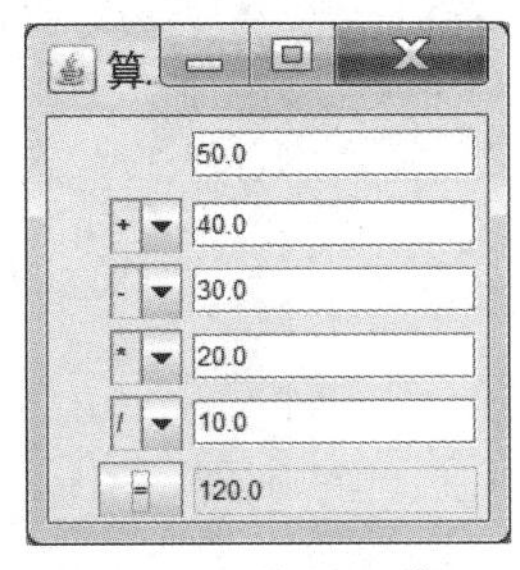

图 6-33 算术运算器

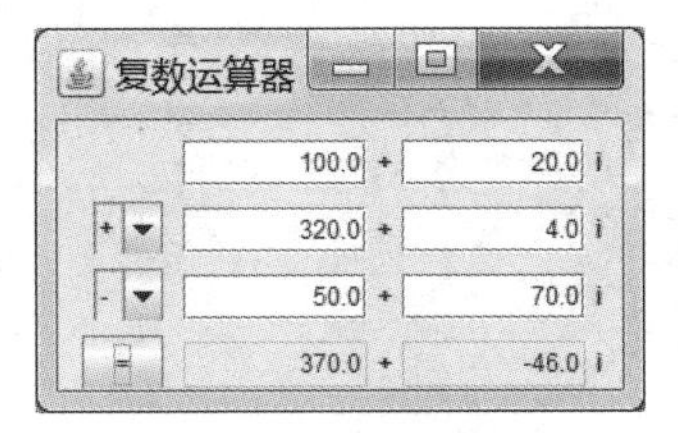

图 6-34 复数运算器

6-51 整数的算术/位运算及二进制显示。

指定一种整数类型（byte、short、char、int、long），输入若干整数，选择算术运算符（+、-、*、/）或位运算符（&、|、^），以竖式方式显示运算结果及各整数的二进制形式，如图 6-35 所示。增加要求：① 二进制位数根据整数类型而定，操作数个数可变。② 可输入的文本行响应文本编辑事件，将整数转换成二进制显示。③ 按钮响应动作事件，计算并显示结果。

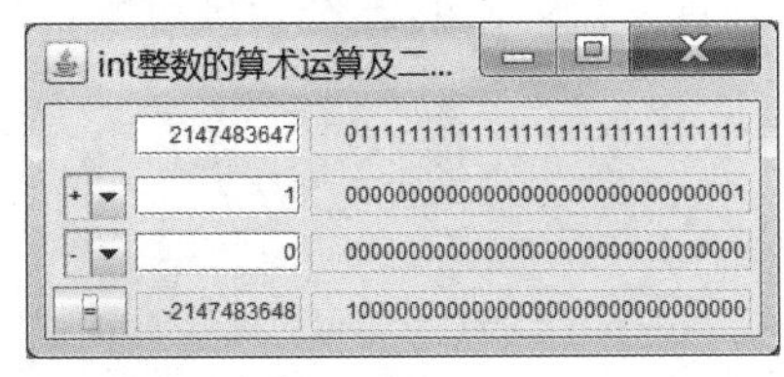

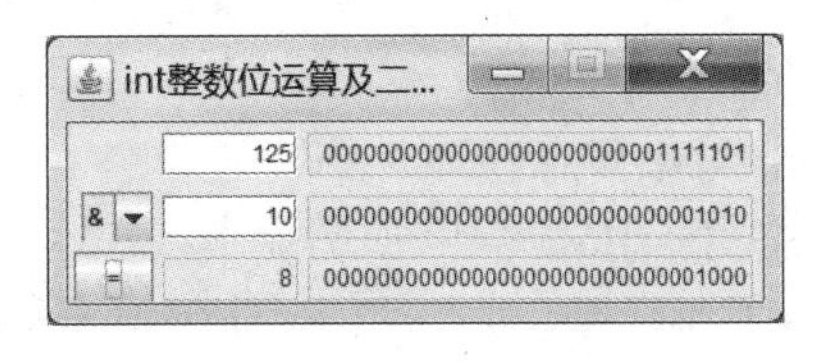

图 6-35 整数的算术/位运算及二进制显示

6-52 车牌号的添加与查找。

在文本行中输入车牌号字符串，单击“添加”按钮，将车牌号添加到列表框中，如图 6-36 所示，使用列表框存储车牌号；单击“查找”按钮，选中列表框中该车牌号。增加要求：① 声明以下成员方法：

```
// 判断str字符串是否表示有效车牌号。车牌号规则：不能是空对象或空字符串；首字符是省份简
```

```
// 称，次字符是大写字母，其后5位是数字或大写字母。
public boolean isPlateNumber(String str)
```

② 当输入字符串不是车牌号时，弹出对话框，说明错误，提醒重新输入。

6-53 集合运算。

使用列表框存储整数集合，进行集合并、差、交运算，如图 6-37 所示。

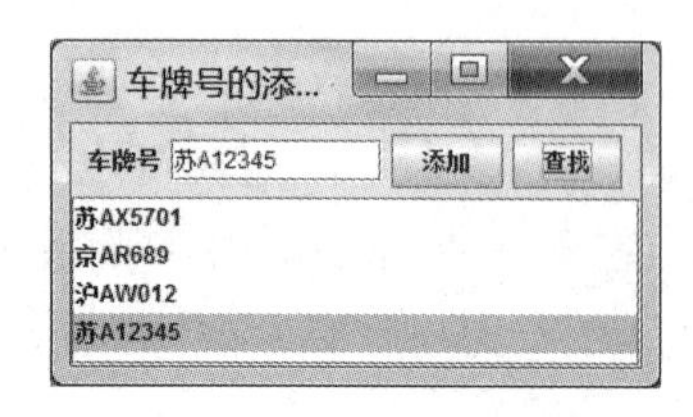

图 6-36 车牌号的添加与查找

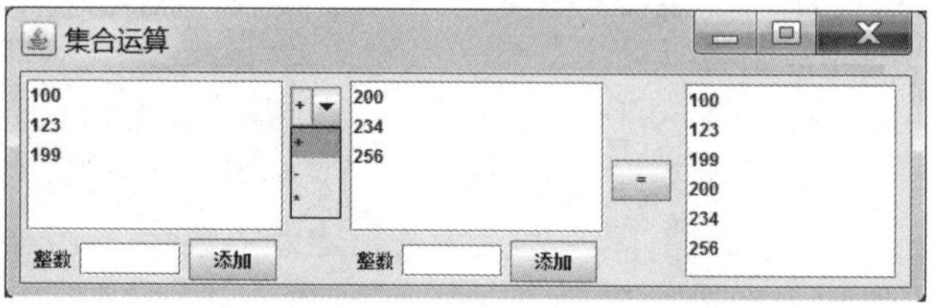

图 6-37 集合运算

6-54 日期运算，制作日期组件和月历组件，如图 6-38 所示。

要求如下：① 使用 JTextFiled 组件输入日期，判断是否正确日期，调用 MyDate 类方法进行日期运算。② 使用 JComboBox 制作日期组件，设置月日组合框的取值范围，各月的天数随着年月而变，与闰年有关。修改日期运算界面，使用日期组件输入日期。

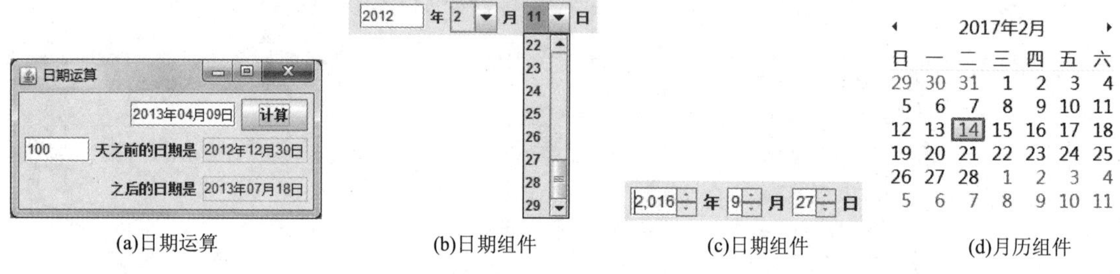

(a)日期运算 (b)日期组件 (c)日期组件 (d)月历组件

图 6-38 日期运算，制作日期组件和月历组件

③ 使用 3 个 JSpinner 制作日期组件，分别设置年月日整数的取值范围。④ 设计月历组件，单击◂或▸按钮，可分别切换到上月或下月的月历。

6-55 Person 对象信息管理，例 6.4 增加功能。

要求如下：① 增加查找组合框数据项，提供 Person 类按省份、城市等多种查找依据；提供按姓氏、出生年份等进行模糊查询。② 使用一种日期组件（实验题 6-54）输入出生日期。③ 设置省份和城市组合框为可编辑的，将输入的省份和城市字符串添加到各组合框数据项。

6-56 Student 对象信息管理。

声明 StudentJFrame 框架类如下：

```
public class StudentJPanel extends PersonJPanel          // Student对象信息面板类
public class StudentJFrame extends PersonJFrame          // Student信息框架类
```

包含 StudentJPanel 对象信息面板，框架如图 6-39 所示。要求如下：① 系与专业成员变量改用组合框编辑，增加两者关联，存储输入元素。② 学号按系与专业自动编号，按学号查找和排序。

6-57 文本编辑器，例 6.5 增加功能。

要求如下：① 实现粗/斜体菜单项功能，并使其与粗/斜体复选框的状态一致。② 制作常用颜色组合框，数据项为 Color 类的颜色常量。使用 JColorChooser 对话框选择颜色，将所选颜色增加到组合框数据项。③ 实现插入日期、字数统计、自动更正、拼写检查等功能。

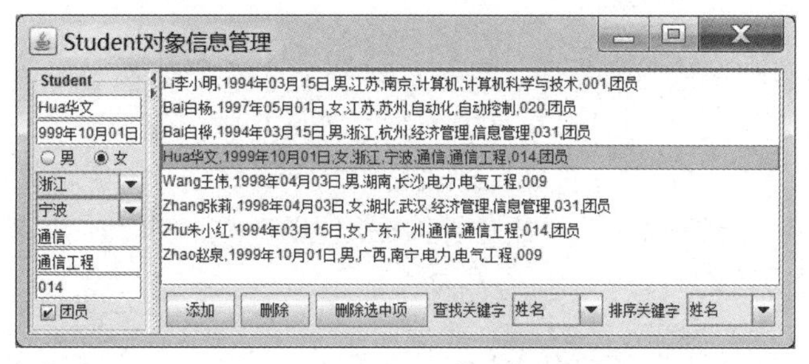

图 6-39　Student 对象信息管理

（3）表格组件

6-58　字符串编码查询器。

要求如下：输入字符串，使用表格显示其中每个字符的 Unicode 值，如图 6-40 所示；在表格中输入编码，显示相应字符。

6-59　计算月工资。

要求如下：使用表格存储某人某年各月工资，如图 6-41 所示，自动生成表格 12 行，输入各月工资，表格增加 2 行，显示总和及平均值（按实际月数计算）。

6-60　计算月工资及个人所得税。

要求如下：① 使用表格显示个人所得税税率表。② 增加 6-18 题的功能，图 6-40 的“工资”列改为“应发工资”，增加 2 列“应缴税”和“税后工资”，计算每月应缴的个人所得税，显示税后工资。

6-61　外币兑换计算器。

要求如下：① 使用表格组件显示指定日期的人民币、美元、欧元、英镑等多种货币的汇率表。使用一种日期组件（实验题 6-54）输入日期。

② 设计外币兑换计算器。某银行的外币兑换计算器如图 6-42 所示，选择原币种和兑换币种，自动查询汇率；输入原币种金额，计算兑换币种金额。

图 6-40　字符串 Unicode 编码查询器

图 6-41　计算月工资

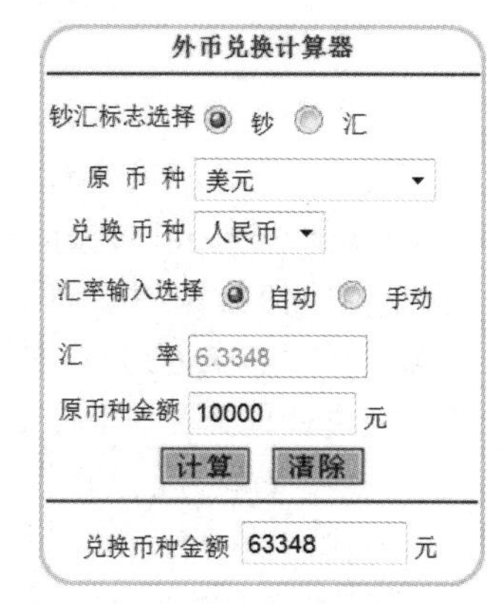

图 6-42　外币兑换计算器

6-62　计步器。

使用表格存储某人某年某月每天走路的步数，分别求周（前 7 天）平均值和月平均值

（按实际天数计算），如图 6-43 所示。

6-63　计算素数。输入一个整数 range，计算 2～range 范围内的所有素数，显示在表格中。

6-64　幻方。

为例 2.6 幻方设计图形用户界面，如图 6-44 所示。要求如下：① 输入矩阵阶数 n 和初始位置，初始位置有 4 种：第 0 行中间列、第 0 列中间行、最后一行中间列和最后一列中间行。② 单击“计算”按钮，在表格中显示计算结果，表格行列数都是 n。③ 处理异常。④ 在表格中输入，判断是否构成幻方阵。⑤ 例 2.6 给出的是奇数阶幻方，研究并计算偶数阶幻方。

图 6-43　计步器

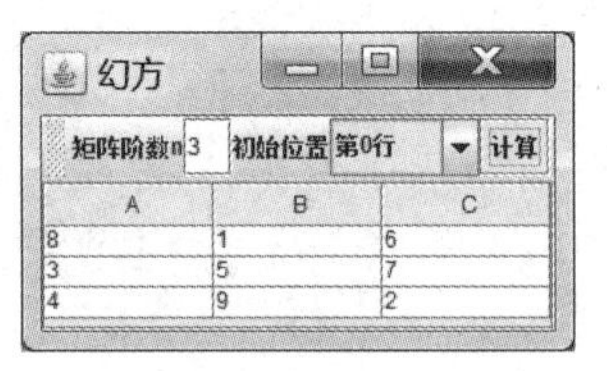

图 6-44　幻方

6-65　显示二维的计算结果，题见实验 2。

为第 2 章的实验题（杨辉三角、螺旋方阵、下标和相等的方阵、约瑟夫环、哥德巴赫猜想、Smith 数、亲密数对、循环移位方阵、二维数组找鞍点、求 n 个数的无重复全排列等）设计图形用户界面，使用表格显示计算结果。声明成员方法实现算法。

6-66　计算银行贷款，例 6.6 增加如下功能。

① 处理数值格式异常。

② 表格第 0 列显示每月最后一天。

③ 表格增加一列，计算等额本息还款金额，见图 6-21。等额本息还款法是指，在贷款期限内，每月以相等的额度平均偿还贷款本息，计算公式：

$$每月还款额=\frac{贷款本金\times月利率\times(1+月利率)^{还款月数}}{(1+月利率)^{还款月数}-1}$$

④ 表格增加一行，计算两种方式的还款总额，见图 6-21。

⑤ 年、月微调文本行之间实现关联，当改变月份影响到年份时，相应地更改年份。

6-67　电话簿，Friend 对象信息管理。要求如下：

① 声明 Friend 类，包括姓名、性别、电话号码和关系等信息，按姓名、关系比较大小。

② 声明 Friend 对象信息面板，使用文本行数组和单选按钮数组输入一个 Friend 对象。

③ 设计框架窗口如图 6-45 所示，使用表格组件显示 Friend 对象，实现添加、删除选中多项操作，分别按姓名、电话号码和关系进行查找，分别按姓名和关系进行排序。

④ 输入的姓名和电话号码不能是空串；声明以下方法判断是否电话号码：

```
// 判断code是否表示电话号码。电话号码规则：不能是空串，全部是数字字符且11位长度
public boolean isPhoneCode(String code)
```

6-68　使用表格实现 Person 对象信息管理。要求如下：

① 将例 6.4 的列表框替换成表格组件显示 Person 对象集合，如图 6-46 所示，实现添

加、删除、删除选中项、查找和排序操作。

② 使用一种日期组件（实验题 6-54）输入出生日期。

图 6-45　电话簿，使用表格组件显示 Friend 对象

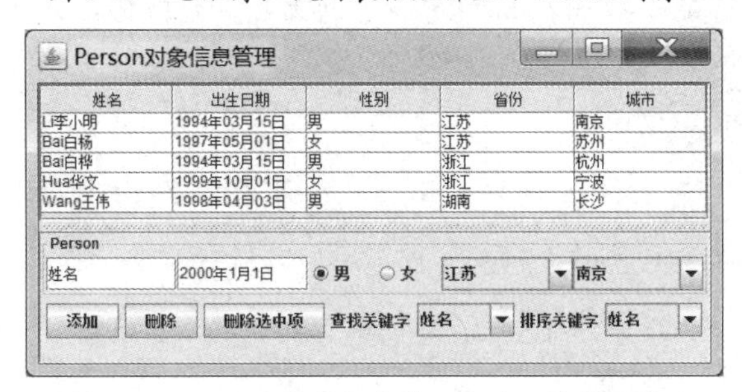

图 6-46　Person 对象信息管理，使用表格组件

6-69　使用表格实现 Student 对象信息管理。要求如下：

将图 6-39 的列表框替换成表格组件显示 Student 对象集合，其他要求见实验题 6-68。

6-70　车辆信息管理。要求如下：

① 声明车辆信息类，包括车辆牌号、车辆类型、车主信息等；声明识别输入的字符是否是有效车辆牌号的成员方法，方法声明见实验题 6-52。

② 框架提供对象面板输入车辆信息，使用表格显示车辆信息，使用命令面板提供添加、删除功能，分别按车辆牌号、车辆类型、车主信息等查找或排序表格中的车辆信息。

6-71　判断 Java 语言的关键字。要求如下：

① 使用一个表格组件显示 Java 语言的所有关键字，每行显示首字母相同的若干关键字，关键字按升序排序。

② 使用文本行数组输入若干字符串，判断各串是否是 Java 语言的关键字，若是，则用蓝色显示，并用复选框标记为选中状态。

6-72　随机数序列排序。要求如下：

① 指定序列长度、序列范围、是否互异特性，使用表格存储创建的一个随机数序列。

② 计算最大值、最小值和平均值等。

③ 指定升序或降序特性，单击“排序”按钮，将随机数序列排序到另一个表格显示。

（4）图形设计

6-73　绘制图形并计算周长和面积。要求如下：

① 例 3.7 的 Figure 图形抽象类增加以下声明，旋转、缩放的方法声明见思考题 3-6。

```
public abstract class Figure
{
```

```
    Color color;                                         // 绘图所用颜色
    public abstract void draw(java.awt.Graphics g);      // 绘制图形
 }
```

Figure 类的每个子类实现 draw()方法，绘制相应图形。

② 设计图形用户界面，选择一种闭合图形，如矩形、椭圆、三角形、等腰三角形、多边形、正五边形、五角星（如图 6-47 所示）等；输入坐标位置、长度和宽度，选择颜色，调用图形对象的 draw(g)方法绘制相应图形，计算该对象的周长和面积。

③ 输入旋转角度，实现图形旋转功能；输入缩放比例，实现图形缩放功能。

图 6-47　五角星

6-74　绘制曲线。

曲线的极坐标方程如下，输入图形大小、位置并选择颜色，画出相应图形；输入缩放比例，实现图形缩放功能。输入旋转角度，实现图形旋转功能。

① 阿基米德螺线　　$r=a\theta$。

② 星形线　　$x^{\frac{2}{3}}+y^{\frac{2}{3}}=a^{\frac{2}{3}}$，即 $x=a\cos^3\theta$，$y=a\sin^3\theta$。

③ 心形线　　$x^2+y^2+ax=a\sqrt{x^2+y^2}$，即 $r=a(1-\cos\theta)$。

④ 对数螺线　　$r=\mathrm{e}^{a\theta} r=e^{a\theta}$。

⑤ 双曲螺线　　$r\theta=a$。

⑥ 伯努利双纽线　　$(x^2+y^2)^2=a^2(x^2-y^2)$，即 $r^2=a^2\cos2\theta$，

或 $(x^2+y^2)^2=2a^2xy$，即 $r^2=a^2\sin2\theta$。

6-75　绘制多叶玫瑰线，如图 6-48 所示，要求如下：

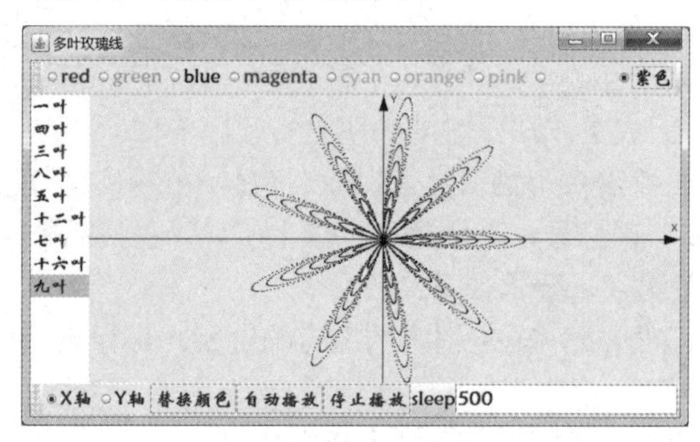

图 6-48　多叶玫瑰线

① 奇数叶玫瑰线，极坐标方程的系数同叶数，如三叶玫瑰线 $r=a\sin3\theta$。

② 偶数叶玫瑰线，极坐标方程的系数为叶数/2，如八叶玫瑰线 $r=a\sin4\theta$。

③ 上述方程是 Y 轴对称的；若以 X 轴对称，则为余弦函数，如四叶玫瑰线 $r=a\sin2\theta$。

6-76　绘制立体图形。

设计图形用户界面，选择一种立体图形，如长方体、椭圆柱、三棱柱、五棱柱、圆锥体等；输入坐标位置、长度、宽度和高度，选择颜色。要求如下：

① 绘制立体图形，计算对象的表面积和体积。

② 输入缩放比例，实现图形缩放功能。

③ 输入旋转角度，实现图形旋转功能。

第 7 章　多线程编程

本章首先介绍进程与线程概念，再介绍 Java 线程对象的新建、启动以及改变线程状态的方法，最后根据并发执行的交互线程之间存在的竞争关系或协作关系，介绍线程互斥和线程同步的实现方法。

7.1　进程和线程

操作系统中的处理器管理负责管理、调度和分配计算机系统的重要资源——处理器，并控制程序执行。程序以进程的形式来占用处理器和系统资源，处理器管理中最重要的是处理器调度，即进程调度，也就是控制、协调进程对处理器的竞争。

7.1.1　进程

1. 进程定义及作用

进程（process）是具有独立功能的程序（program）在某个数据集合上的一次执行活动。进程是操作系统进行资源分配和保护的基本单位[5]。进程是既能描述程序的并发执行，也能共享系统资源的一个基本单位。进程是并发和并行操作的基础。进程具有以下特性。

① 动态性（dynamically）。进程是程序在数据集合上的一次执行过程，是动态概念，经历新建、就绪、运行、阻塞、终止等状态变化而构成它的生命周期。程序是一组有序指令序列，是静态概念，程序作为系统中的一种资源是永久存在的。

② 独立性，是指进程实体是一个能独立运行、独立获得资源、独立接受调度的基本单位。

③ 并发性（concurrency），是指在一段时间内宏观上有多个进程在运行，这些进程被称为并发进程。

④ 共享性（sharing），是指并发进程可共享系统资源。换言之，计算机系统中的所有物理资源，如处理器、内存、磁盘、打印机等，都可供内存中的多个并发执行的进程共同使用，称为资源共享或资源复用。

由于资源有限，而使用资源的进程众多，导致进程对资源的使用方式是竞争的。操作系统对资源进行管理，在相互竞争的进程之间有序地控制软件、硬件资源的分配、使用和回收，使资源能够在多个进程之间共享。

⑤ 制约性。由于并发进程执行进度的不可预测性，当它们在运行时因共享系统资源以及协同工作而产生相互制约关系，因此必须对并发进程的执行次序或相对执行进度加以协调。

2. 进程描述和组成

进程的活动包括占用处理器执行程序以及对相关数据进行操作。程序和数据是进程必需的组成部分，两者刻画进程的静态特征。此外，需要进程控制块（Process Control Block，PCB）

来刻画进程的动态特征，描述进程状态、占用资源状况、记录调度信息等。进程控制块是进程存在的唯一标识。由进程控制块、进程程序块、进程核心栈和进程数据块组成的进程映像（process image）动态记录进程在每一时刻的内容及其状态变化，保障进程正确运行。

3. 进程状态及转换

进程是动态的，其生命周期由新建、就绪、运行、阻塞、终止等状态组成，并在这些状态之间变化，如图 7-1 所示，任一时刻一个进程只能处于一种状态。

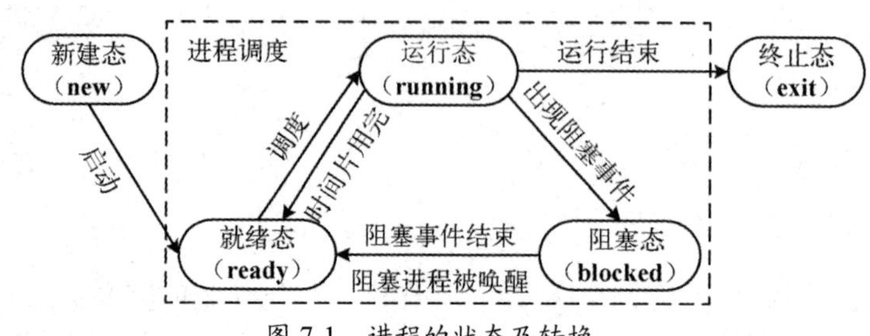

图 7-1 进程的状态及转换

① 新建态（new）：进程被创建后处于新建态，尚未获得系统资源，不具备运行条件。

② 就绪态（ready）：进程被启动后处于就绪态，获得系统资源，具备运行条件，等待系统分配处理器即可运行。

③ 运行态（running）：进程被调度获得处理器，处于运行态。处理器是一种共享资源，操作系统解决处理器资源共享使用的方法是，采用“时分复用共享（time-multiplexed sharing）”，将处理器资源从时间上分割成更小的单位供进程使用。每个进程获得处理器后会占用一段时间，称为时间片（time slice）。当一个进程用完其时间片时，会被剥夺处理器的使用权，再次进入就绪态。因此，从宏观上看，多个并发进程分时地、交替地使用处理器资源。

④ 阻塞态（blocked）：运行态的进程因发生某事件（如等待资源、等待 I/O 操作完成）而无法继续运行、让出处理器后的状态，即进程的执行受到阻塞。当阻塞事件结束时，阻塞进程被唤醒，再次进入就绪态。

⑤ 终止态（exit）：进程完成任务运行结束而终止，之后它将被系统撤销，其占用的资源将被系统收回。

4. 进程队列

一段时间内处于就绪态、阻塞态的并发进程有许多，操作系统采用进程队列（process queue）分别组织处于就绪态和阻塞态的多个进程。队列（queue）是一种具有“先进先出”特点的数据结构，通常基于“先来先服务”的原则，主要操作是入队（插入在队尾）和出队（删除队列首个元素）。

① 就绪队列：让就绪进程排队等待。通常采用优先队列，由进程的优先级决定进程位置。

② 阻塞队列：让阻塞进程排队等待。根据阻塞条件不同，通常设置多个阻塞队列，每个队列对应一种阻塞条件，如等待时间、等待 I/O 操作完成、等待信号量等。

5. 并发程序设计

（1）顺序程序设计

顺序程序设计（sequential programming）方法是将程序设计成顺序执行的操作（指令）序

列，不同程序也按照调用次序严格有序地执行，具有以下特性：

① 执行的顺序性。顺序执行操作序列，只有在前一个操作结束后，才能开始后继操作。

② 环境的封闭性。进程独占资源，资源状态只能由此进程改变，不受外界因素影响。

③ 结果的确定性。允许中断进程的执行过程，进程的执行即使被中断过，也不会对最终结果产生影响。换言之，进程的执行结果仅与初始输入数据有关，而与其执行进度无关。

④ 过程的可再现性。进程针对一个数据集合的执行过程在下一次执行时会重现，即重复执行程序会获得相同的过程和计算结果。

（2）并发程序设计

并发程序设计(concurrent programming)方法是指将程序设计成可与其他程序并发地执行。操作系统为并发进程动态分配资源，调度它们并发执行，并协调它们协同、一致地工作。

从宏观上看，一段时间内有多个并发进程在运行，它们的执行在时间上是重叠的，在进度上是并行（parallel）执行的，按照自己的执行流程分别向前推进。从微观上看，任一时刻一个处理器上只能运行一个进程（互斥方式），所以并发进程只能是分时地交替执行。进程的执行是可被打断的。进程执行完一条指令后，可能被迫让出处理器，等待，被调度后再次获得处理器执行。

总之，并发的实质是进程们以多路复用方式共享处理器等资源。进程并发地执行，充分利用系统资源，充分发挥硬件的并行性，消除处理器和I/O设备的互等现象，提高系统运行效率。同时，进程并发执行产生资源共享的需求，使程序失去封闭性、顺序性、确定性和再现性。

7.1.2 线程

1. 线程定义

在多线程环境中，进程是操作系统中资源分配和保护的基本单位，有一个独立的虚拟地址空间，用来容纳进程映像，并以进程为单位对各种资源（如文件、I/O设备等）实施保护。

线程（thread）是进程中能够并发执行的实体，是进程的组成部分，也是处理器调度和分派的基本单位。允许一个进程包含多个线程，这些线程共享进程所获得的内存空间和资源，为完成某一项任务而协同工作。多线程结构进程（multiple threaded process）如图7-2所示。

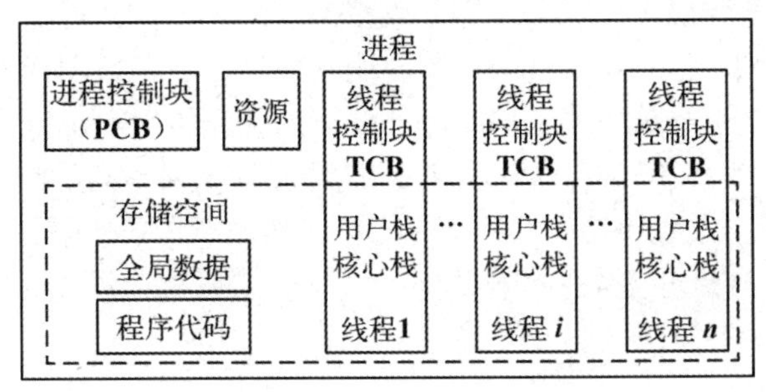

图 7-2　多线程结构进程

2. 线程作用

操作系统在进程之内再引入线程概念的目的是，减少程序并发执行时所付出的时空开销，使得并发粒度更细、并发性更好。

线程机制的基本思路是把进程的两项功能“独立分配资源”和“被调度分派执行”分离。

“独立分配资源”任务仍然由进程完成，作为系统资源分配与保护的独立单位，无须频繁地切换；“被调度分派执行”任务交给线程实体完成，线程作为系统调度和分派的基本单位，会被频繁地调度和切换。

3．线程状态

由于同一进程中的多线程会竞争处理器资源，或者运行中出现阻塞事件，因此线程也有生命周期，包括新建、就绪、运行、阻塞和终止状态。线程状态的转换与进程类似。一个进程的终止将导致该进程中所有线程的终止。

4．线程调度

（1）处理器调度程序

任一时刻一个处理器上只能运行一个线程。当有多个线程处于就绪态时，它们排队等待获得处理器资源。由操作系统的处理器调度程序（scheduler）实现线程间运行的切换，主要包括以下两项任务。

① 调度策略（scheduling policy）：确定就绪态线程竞争使用处理器的原则。

② 调度机制（scheduling mechanism）：根据调度策略，选择就绪队列中的一个线程获得处理器的使用权，处理线程间切换的具体操作，使该线程占用处理器。

处理器调度是操作系统的核心任务，线程调度策略的优劣直接影响到操作系统的性能。

（2）调度方式

一个线程在处理器运行，当它没有运行完时，以下两种方式将中断其运行。

① 线程主动放弃：一个线程运行中受到阻塞而主动让出处理器。

② 线程被剥夺：操作系统采用剥夺式（preemptive）调度策略，根据约定的原则剥夺正在运行线程的处理器使用权，将其移入就绪队列，并选择其他线程运行。剥夺式策略可以避免一个线程长时间独占处理器。常用处理器剥夺原则有以下两种：当运行线程的时间片用完后被剥夺，高优先级线程可剥夺低优先级线程运行。

（3）调度算法原则

线程调度算法的基本原则如下，操作系统将综合这些因素实施线程调度。

① 线程基于“先来先服务”原则，因此就绪态的线程要排队等待。

② 时间片轮转原则。运行中的线程，其时间片用完时，将被剥夺处理器的使用权。

③ 利用优先级调节线程获得服务的次序。线程的优先级（priority）描述线程执行的优先程度，反映线程的重要或紧急程度。调度程序总是选择优先级最高的线程运行。因此，就绪态的线程要按照优先级排队，线程调度按照优先级分类实施“先来先服务”原则。确定线程优先级的方法有多种，如用户提出优先级或操作系统根据约定原则计算优先级等，甚至可由操作系统动态地决定线程优先级。

7.2 Java 的线程对象

Java 语言支持多线程的并发程序设计，提供多线程机制，用于创建、管理和控制线程对象。java.lang 语言包提供 Runnable 接口和 Thread 类实现对线程的操作。

7.2.1 Runnable 接口和 Thread 类

1. Runnable 可运行接口

java.lang.Runnable 接口约定线程的执行方法，声明如下，其中只有一个 run()方法。

```
public interface Runnable                              // 可运行接口
{
    public abstract void run();                        // 线程运行方法，抽象方法
}
```

Runnable 接口约定抽象方法 run()描述线程执行的操作。当一个线程对象被操作系统调度执行时，Java 虚拟机默认执行该线程对象的 run()方法。显然，不同的线程对象，其 run()方法实现不同的操作要求。run()方法表现运行时多态，这就是声明 Runnable 接口的作用。

2. Thread 线程类

java.lang.Thread 类封装线程对象，提供创建、管理和控制线程对象的方法，声明如下，实现 Runnable 接口。

```
public class Thread extends Object implements Runnable        // 线程类，实现 Runnable 接口
{
    public Thread()                                    // 构造方法
    public Thread(String name)                         // name 指定线程名
    public Thread(Runnable target)                     // target 指定线程的目标对象，接口类型
    public Thread(Runnable target, String name)
    public void run()                                  // 线程运行方法，实现 Runnable 接口
    public final String getName()                      // 返回线程名
    public final void setName(String name)             // 设置线程名
    public static int activeCount()                    // 返回当前活动线程数
    public static Thread currentThread()               // 返回当前执行线程对象
    public synchronized void start()                   // 启动线程对象
}
```

线程对象由 Thread 类或其子类声明。构造线程对象时，可指定线程名；如果没有指定线程名，Java 将提供一个线程名。线程对象执行的 run()方法，既可以由线程对象自己提供，也可以委托 target 目标对象提供，目标对象指实现了 Runnable 接口的对象。

Java 提供两种方式实现多线程程序设计：继承 Thread 类和实现 Runnable 接口。

【例 7.1】 奇数/偶数序列线程，继承 Thread 类。

本例目的：体会多个线程并发执行，运行结果的不确定性。

技术要点：声明线程类继承 Thread 类，覆盖 run()方法，提供线程运行方法。

功能说明：设计多线程应用程序，以奇数、偶数区别两个线程。程序如下。

```
public class NumberThread extends Thread               // 线程类，输出奇数/偶数序列；继承 Thread 类
{
    private int  first, n;                             // 序列初值和元素个数
    // 构造方法，name 指定线程名，first、n 分别指定序列初值和和元素个数
    public NumberThread(String name, int first, int n)
    {
        super(name);                                   // 构造线程对象时指定线程名
        this.first = first;
```

```
        this.n = n;
    }
    public void run()                                          // 线程运行方法，覆盖 Thread 的 run()
    {
        long  time1 = System.currentTimeMillis();              // 开始时间
        System.out.print("\n"+this.getName()+"开始时间="+time1+", ");       // 输出线程名和时间
        for(int i=0; i < n; i++)                               // 循环输出 n 个序列值，步长为 2
            System.out.print((first+2*i)+"  ");
        long  time2 = System.currentTimeMillis();              // 结束时间
        System.out.println(this.getName()+"结束时间="+time2+", 耗时"+(time2-time1)+"毫秒。");
    }
    public static void main(String args[])
    {
        System.out.println("currentThread="+Thread.currentThread().getName());// 输出当前线程对象
        Thread thread_odd = new NumberThread("奇数线程",1,20);        // 线程，父类对象引用子类实例
        Thread thread_even = new NumberThread("偶数线程",2,10);
        thread_odd.start();                                    // 启动线程对象
        thread_even.start();
        System.out.println("activeCount="+Thread.activeCount());      // 输出当前活动线程数
    }
}
```

程序两次运行结果如下：

```
currentThread=main
奇数线程开始时间=1509173100210, activeCount=3
偶数线程开始时间=1509173100211, 1  2  3  5  7  4  6  8  9  11  10  12  14  13  15  16  18  20  17
19  21  偶数线程结束时间=1509173100212, 耗时 1 毫秒。
23  25  27  29  31  33  35  37  39  奇数线程结束时间=1509173100213, 耗时 3 毫秒。

currentThread=main
奇数线程开始时间=1509173191006, 1  3  5  7  9  11  13  15  17  19  21  23  25  27  29  31  33  35
37  39  奇数线程结束时间=1509173191006, 耗时 0 毫秒。
activeCount=2
偶数线程开始时间=1509173191007, 2  4  6  8  10  12  14  16  18  20  偶数线程结束时间=1509173191007,
耗时 0 毫秒。
```

注意： 多次运行本程序，调整两序列长度，观察各自被打断的不同运行结果的差异。

程序设计说明如下。

① main 线程。运行 Java 程序的进程默认先执行 main 线程。本例在 main()方法中创建了 thread_odd、thread_even 两个线程对象，调用 start()方法启动这两个线程对象后，当操作系统调度它们运行时，分别执行各自的 run()方法。此时，当前进程中包含了 3 个线程在并发地执行，如图 7-3 所示。

② 线程并发执行。在 main()方法中先启动两个线程对象，再输出 activeCount；运行结果则是，先输出 activeCount=3，再输出两个数据序列。这说明 main 线程先于其他线程执行。

线程启动语句的顺序不能决定线程的执行次序。线程启动后处于就绪态，等待操作系统调度执行，线程何时执行、线程执行次序以及是否被打断均不由程序控制。如果线程执行时间过

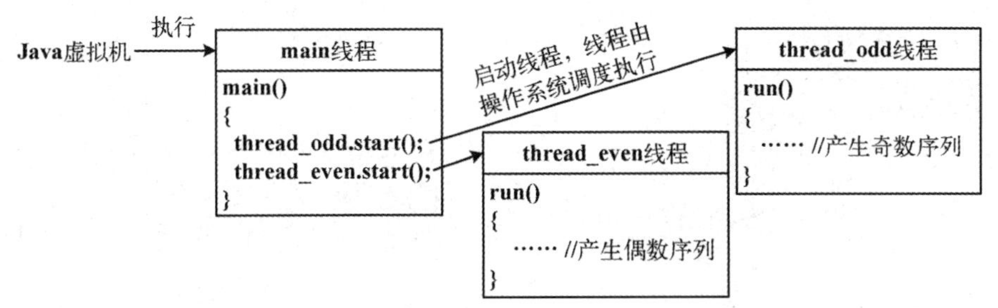

图 7-3　当前进程中 3 个线程并发执行

长或其他原因，线程执行将被中断，等待再次被调度执行。因此，线程的运行结果具有不确定性。本例奇数线程和偶数线程交替地运行，交替输出序列值，多次运行的结果不同。

【例 7.2】　奇数/偶数序列线程，实现 Runnable 接口。

本例目的和功能同例 7.1，技术要点不同，通过实现 Runnable 接口方式设计线程。

程序如下。

```
// 线程的目标对象类，实现 Runnable 接口的类，提供线程运行方法
public class NumberRunnable implements Runnable
{
    private int first,end;                            // 序列初值和终值
    public NumberRunnable(int first, int end)         // 构造方法，first、end 指定序列初值和终值
    {
        this.first = first;
        this.end = end;
    }
    public void run()                                 // 线程运行方法，实现 Runnable 接口
    {
        for(int i=first; i < end; i += 2)
            System.out.print(i+"  ");
        System.out.println("结束! ");
    }
    public static void main(String args[])
    {
        Runnable target = new NumberRunnable(1,20);   // 创建目标对象，提供线程运行方法
        // 以目标对象 target 创建线程对象，thread_odd 执行 target 的 run()方法
        Thread thread_odd = new Thread(target, "奇数线程");
        thread_odd.start();
        new Thread(new NumberRunnable(2, 10),"偶数线程").start();
    }
}
```

本例声明的 NumberRunnable 类实现 Runnable 接口，该类对象 target 是一个 Runnable 接口对象，实现了 run()方法。target 不是线程对象，没有 start()方法。那么，target 对象的作用是什么？

target 对象是线程的目标对象，为一个线程对象提供线程执行的 run()方法。

Thread 类声明带有 Runnable 接口对象的构造方法如下：

```
public Thread(Runnable target)                        // target 指定线程的目标对象
```

Thread 类的 run()方法实现如下，利用 Runnable 接口对象 target 为线程对象提供执行方法。

```
public void run()                                        // 线程运行方法
{
    if(target != null)
        target.run();                                    // 执行目标对象target的run()方法
}
```

当调用 Thread 类无参数的构造方法时，目标对象为空，所创建 Thread 对象的 run()方法也为空。例如：

```
Thread t1 = new Thread();                                // t1的run()方法为空
```

当目标对象非空时，Thread 对象将执行目标对象的 run()方法。例如，以下声明线程对象 thread_odd 的目标对象是 target，意味着 thread_odd 线程执行 target 的 run()方法。

```
Thread thread_odd = new Thread(target, "奇数线程");
```

在例 7.1 中，由于 NumberThread 是 Thread 的子类，声明非空的 run()方法覆盖 Thread 类的 run()方法，因此 NumberThread 对象执行的是自己的 run()方法，从而不需要目标对象。

3. 两种创建线程方式的比较

前两例分别使用两种方式创建线程，效果相同。那么，在实际编程中如何选用这两种方式呢？说明如下。

① 继承 Thread 类，是线程对象。

声明一个线程类继承 Thread 类，并且覆盖 Thread 类的 run()方法，说明线程对象所执行的操作。这种方式的优点是，Thread 类的子类对象就是线程对象，具有 Thread 类声明的方法，且具有线程运行方法。其缺点是不适用于多继承。

② 实现 Runnable 接口，是线程的目标对象。

当一个类已继承一个父类，还要以线程方式运行时，就需要实现 Runnable 接口。一个实现 Runnable 接口的对象本身不是线程对象，它作为一个线程对象的目标对象使用，因此同时需要声明一个 Thread 线程对象。

7.2.2 线程对象的优先级

Java 提供了 10 个等级的线程优先级，分别用 1～10 表示，优先级最低为 1，最高为 10，默认值是 5。Thread 类声明了以下 3 个表示优先级的公有静态常量：

```
public static final int MIN_PRIORITY = 1                 // 最低优先级
public static final int MAX_PRIORITY = 10                // 最高优先级
public static final int NORM_PRIORITY = 5                // 默认优先级
```

Thread 类声明以下两个方法，分别获得、设置线程优先级：

```
public final int getPriority()                           // 获得线程优先级
public final void setPriority(int priority)              // 设置线程优先级
```

每个线程对象在创建时自动获得默认优先级 5，调用 setPriority()方法可改变线程对象的优先级，这样使重要或紧急的线程拥有较高的优先级，从而能够更快地进入运行态。

例如，在例 7.1 的 main()方法中可增加以下调用语句：

```
// 输出当前线程的优先级
System.out.println("main Priority="+Thread.currentThread().getPriority());
// 设置奇数线程优先级为最高，则它将中断main线程，待它执行完，再执行其他线程
thread_odd.setPriority(MAX_PRIORITY);
```

7.2.3 线程对象的生命周期

1. Thread.State 类声明的线程状态

Thread 类的内部枚举类 Thread.State，声明 6 种线程状态如下。

```
public class Thread extends Object implements Runnable
{
    public static enum Thread.State extends Enum<Thread.State> // 线程状态，内部枚举类
    {
        public static final Thread.State NEW                   // 新建态，已创建未启动
        public static final Thread.State RUNNABLE              // 可运行态，就绪和运行
        public static final Thread.State TIMED_WAITING         // 定时等待态，等待时间确定
        public static final Thread.State WAITING               // 等待态，等待时间不确定
        public static final Thread.State BLOCKED               // 阻塞态，等待互斥锁
        public static final Thread.State TERMINATED            // 终止态
    }
    public State getState()                                    // 返回线程的当前状态
}
```

这些是 Java 虚拟机的线程状态，并不是操作系统中的线程状态。说明如下。

① NEW 新建态。new Thread()创建的线程对象处于新建态，系统没有为它分配资源。

② RUNNABLE 可运行态。从操作系统角度看，处于新建态的线程启动后，进入就绪态，再由操作系统调度执行而成为运行态。线程调度由操作系统控制和管理，程序无法控制，无法区分就绪态或运行态。所以，从程序设计角度看，线程启动后即进入可运行态。进入运行态的线程执行其 run()方法。

③ 等待态和阻塞态。在操作系统中，一个运行态的线程因某种原因不能继续运行时，进入阻塞态。导致线程进入阻塞态的原因有多种，如输入/输出、等待消息、睡眠、互斥锁定等。当阻塞事件结束时，线程被唤醒，再次进入就绪态，在就绪队列中排队等待。被调度再次运行时，从上次暂停处继续运行。

阻塞态有 3 种，分别对应不同的阻塞事件：TIMED_WAITING 定时等待态，等待时间确定；WAITING 等待态，时间不确定；BLOCKED 阻塞态，等待互斥锁。

④ TERMINATED 终止态。线程对象停止运行未被撤销时是终止态。导致线程终止有两种情况：运行结束或被强行停止。当线程的 run()方法执行结束时，该线程进入终止态，等待系统撤销对象所占用的资源；当进程被强制停止运行时，该进程中的所有线程将被强行终止。

2. Thread 类中改变和判断线程状态的方法

Thread 类定义了 start()、sleep()、interrupt()等多个改变线程状态的方法，以及 isAlive()、isInterrupted()等判断线程状态的方法。Java 线程对象的状态及变化如图 7-4 所示。

（1）线程启动

start()方法启动新建态的线程对象，isAlive()方法判断线程是否活动状态，声明如下：

```
public void start()                          // 启动新建态的线程对象
public final boolean isAlive()               // 判断线程是否活动状态
```

只有处于新建态的线程对象才能调用 start()方法启动，一个线程只能启动一次，如果一个已启动的线程对象再次调用 start()方法，则抛出 java.lang.IllegalThreadStateException 不合法线程状态的异常。

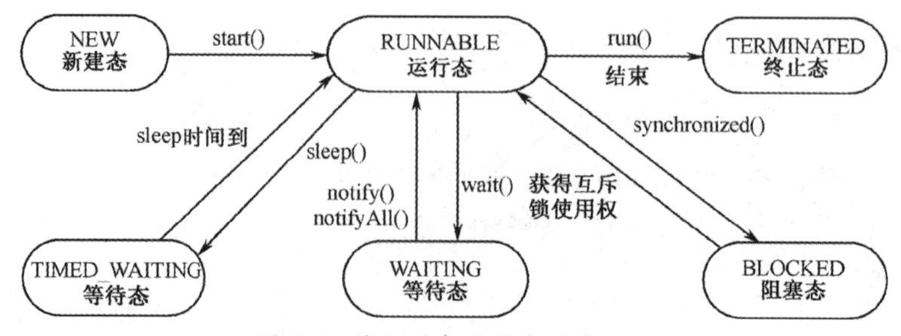

图 7-4 线程对象的状态及变化

当一个线程已启动且未被终止时，isAlive()方法返回 true，此时该线程处于运行态、阻塞态、等待态之一，不能进一步分辨；当一个线程未启动或已终止时，isAlive()方法返回 false。

（2）线程睡眠

sleep()方法使当前线程停止执行若干毫秒，线程由运行态进入等待态，睡眠时间到时线程再次进入运行态。sleep()方法声明如下，参数 millis 指定睡眠毫秒数。

```
public static void sleep(long millis) throws InterruptedException
```

（3）线程中断

interrupt()方法对当前线程设置运行中断标记，与之配合使用的还有判断线程是否中断的方法，声明如下：

```
public void interrupt()                          // 设置当前线程对象运行中断标记
public boolean isInterrupted()                   // 判断线程是否中断
```

interrupt()方法为当前线程设置一个中断标记，便于 run()方法使用 isInterrupted()方法能够检测到。再由 sleep()方法抛出 java.lang.InterruptedException 线程中断异常，程序可捕获这个异常进行中断处理操作。

注意： interrupt()方法只是为线程设置了一个中断标记，并没有中断线程运行，该方法没有抛出异常。一个线程在被设置了中断标记之后仍可运行，isAlive()返回 true。实例方法 isInterrupted()测试线程对象的中断标记，并不清除中断标记。

当抛出一个 InterruptedException 异常时，记录该线程中断情况的标记将被清除，这样再调用 isInterrupted()将返回 false。

7.2.4 使用线程实现动画设计

图形或图像的动画（animation）都是利用人眼的视觉特性形成的。设有一组连续的图形或图像画面，每次显示其中一幅，停留一定时间切换到下一幅，人脑就会产生物体移动或变化的影像。动画设计的原理是：显示或绘制一幅图形/图像，停留一定时间后，擦掉原图（用背景色重画），再重画（错开位置或其他修改）；反复执行擦除、重画，从人的视觉效果来看，就好像图形/图像在移动。

动画设计需要周期性地定时执行某些操作，要控制时间间隔，时间间隔短则移动较快，反之移动较慢。实现动画设计的技术是线程睡眠方法等。

【例 7.3】 滚动字。

本例目的： 使用线程睡眠方法实现动画设计；演示线程对象的生命周期从创建到终止的过程，演示改变线程状态的方法。

功能说明： 采用图形用户界面、使用线程对象演示动画设计技术。滚动字运行窗口如图7-5所示，其中有3个字符串"Welcome"、"Hello"、"Rollby"可向左移动，是否移动以及移动速度由各自其下的命令面板控制。图中，"Welcome"字符串未启动，NEW 新建态；"Hello"字符串启动后运行中，RUNNABLE运行态；"Rollby"字符串启动运行被中断，由TIMED_WAITING定时等待态到TERMINATED终止态。

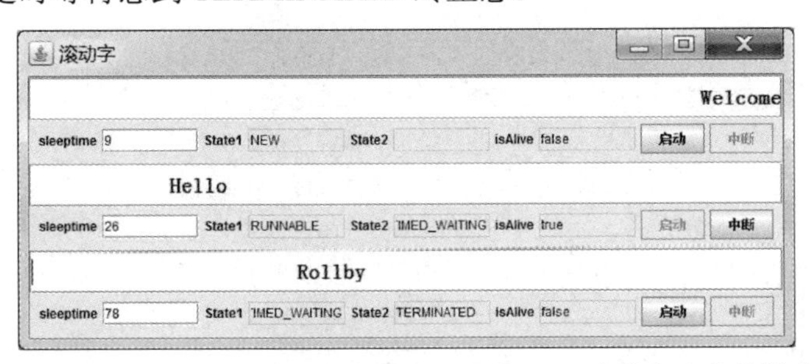

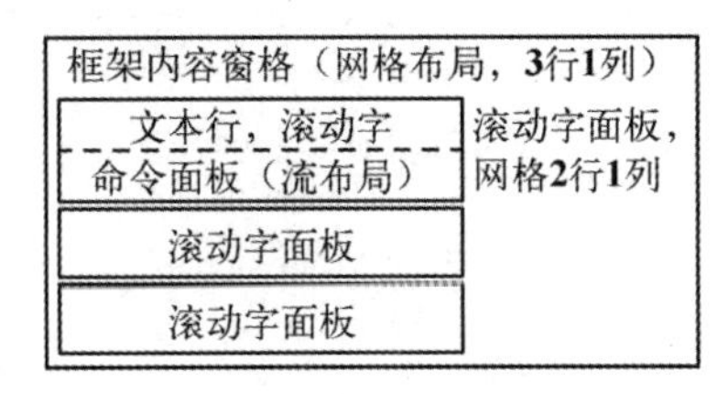

图7-5 滚动字及布局描述

界面描述： ① 框架窗口由多个面板组成，采用网格布局，多行1列，面板数量由滚动字符串数量决定。② 每个滚动字面板采用网格布局，2行1列，上一行放置文本行，其中的字符串向左移动；下一行放置命令面板，其中有多个组件，sleeptime文本行显示线程睡眠时间，以控制字符串的移动速度；state1、state2 文本行显示两个相邻时刻线程的状态；isAlive 文本行显示线程是否活动的标志；单击“启动”按钮，则启动线程，使字符串移动；单击“中断”按钮，则中断线程运行。

技术要点： ① 每个滚动字面板（内部类）对应一个线程对象，由线程对象控制字符串是否移动以及移动速度。② 调用new、start()、sleep()、interrupt()等方法，将改变线程状态；调用getState()方法可获得线程的当前状态。③ 多个字符串可同时移动，即多个线程并发执行，每个线程的启动、运行、移动速度、中断等，均与其他线程无关。程序如下。

```
import java.awt.*;
import java.awt.event.*;
import javax.swing.*;
public class WelcomeJFrame extends JFrame                          // 滚动字框架类
{
    public WelcomeJFrame(String[] texts)       // texts指定移动字符串，数组长度决定窗口中的面板数
    {
        super("滚动字");
        this.setBounds(300, 300, 740, 300);
        this.setDefaultCloseOperation(EXIT_ON_CLOSE);
        if(texts == null || texts.length == 0)
            this.getContentPane().add(new RollbyJPanel("Welcome!"));       // 至少有一行字符串
        else
        {
            this.getContentPane().setLayout(new GridLayout(texts.length,1)); // 网格布局，多行1列
            for(int i=0; i < texts.length; i++)
                this.getContentPane().add(new RollbyJPanel(texts[i]));
        }
        this.setVisible(true);
    }
```

```
public WelcomeJFrame()
{
    this(null);
}
// 以下声明滚动字面板类，私有内部类，实现动作事件监听器接口和可运行接口；对象嵌套
private class RollbyJPanel extends JPanel implements ActionListener, Runnable
{
    JTextField  text_word, texts[];                         // 滚动字文本行；文本行数组
    JButton[]  buttons;                                     // 按钮数组
    Thread  thread;                                         // 线程对象
    int  sleeptime;                                         // 线程睡眠时间
    Font  font = new Font("宋体", 1, 20);                   // 字体
    public RollbyJPanel(String text)                        // 滚动字面板类构造方法
    {
        this.setLayout(new GridLayout(2,1));
        this.text_word = new JTextField(String.format("%65s", text));    // text 后加空格字符串
        this.add(this.text_word);                           // 滚动字文本行
        this.text_word.setFont(font);
        // 以下创建命令面板，添加滚动字、线程状态等文本行，以及启动、中断等按钮
        JPanel  cmdpanel = new JPanel();
        this.add(cmdpanel);
        String[] textstr={"sleeptime","State1","State2","isAlive"}; // 线程睡眠时间和线程状态等
        this.texts = new JTextField[textstr.length];
        for(int i=0; i < this.texts.length; i++)
        {
            cmdpanel.add(new JLabel(textstr[i]));
            cmdpanel.add(this.texts[i] = new JTextField(8));
            this.texts[i].setEditable(false);               // 文本行不可编辑
        }
        this.sleeptime = (int)(Math.random()*100);          // 产生随机数作为间隔时间
        this.texts[0].setText(""+sleeptime);
        this.texts[0].setEditable(true);                    // 文本行可编辑
        this.texts[0].addActionListener(this);              // sleeptime 文本行响应动作事件
        String[]  buttonstr = {"启动", "中断"};
        this.buttons = new JButton[buttonstr.length];
        for(int i=0; i < this.buttons.length; i++)
        {
            cmdpanel.add(this.buttons[i]=new JButton(buttonstr[i]));
            this.buttons[i].addActionListener(this);        // 按钮响应动作事件
        }
        this.buttons[1].setEnabled(false);                  // 设置中断按钮为无效状态
        // 以下创建的线程对象由 thread 引用，线程目标对象是 this，显示线程状态
        this.thread = new Thread(this);
        this.texts[1].setText(""+this.thread.getState());   // 线程状态文本行，NEW 新建态
        this.texts[3].setText(""+this.thread.isAlive());    // 线程是否活动的
    }
    public void run()                            // 线程运行方法，必须是公有方法，必须处理异常
    {
        while(true)
```

```
    {
        try
        {
            String  str = this.text_word.getText();
            this.text_word.setText(str.substring(1)+ str.substring(0,1));
            Thread.sleep(this.sleeptime);                // 线程睡眠，抛出中断异常
        }
        catch(InterruptedException ex)
        {
            break;                                       // 退出循环
        }
    }
}                                                        // run()方法结束，线程对象终止
public void actionPerformed(ActionEvent event)           // 动作事件处理，必须是公有方法
{
    if(event.getSource()==this.texts[0])                 // 单击线程睡眠时间文本行时
    {
        try
        {
            this.sleeptime=Integer.parseInt(this.texts[0].getText());   // 空串抛出异常
        }
        catch(NumberFormatException ex)
        {
            JOptionPane.showMessageDialog(this, "\""+this.text_sleep.getText()
                                          +"\" 不能转换成整数，请重新输入!");
        }
    }
    else if(event.getSource() == this.buttons[0])        // 单击启动按钮时
    {   // 若线程不是 NEW 态（TERMINATED 态，不是 null），表示之前中断了，再重新创建一个线程
        if(this.thread.getState() != Thread.State.NEW)
            this.thread = new Thread(this);
        this.thread.start();                             // 启动线程
        this.texts[1].setText(""+this.thread.getState()); // 线程启动后进入 RUNNABLE 态
        this.buttons[0].setEnabled(false);
        this.buttons[1].setEnabled(true);
        // 下句相邻时刻再次显示，线程睡眠 TIMED_WAITING 态
        this.texts[2].setText(""+this.thread.getState());
    }
    else if(event.getSource() == this.buttons[1])        // 单击中断按钮时
    {
        this.thread.interrupt();                         // 设置当前线程对象中断标记
        this.texts[1].setText(""+this.thread.getState());// 线程 TIMED_WAITING 状态
        this.buttons[0].setEnabled(true);
        this.buttons[1].setEnabled(false);
        // 设置线程中断后，sleep()抛出异常，run()结束，下句显示线程进入 TERMINATED 终止态
        this.texts[2].setText(""+this.thread.getState());
    }
    this.texts[3].setText(""+this.thread.isAlive());     // 线程是否是活动的
}
```

```
    }
    public static void main(String arg[])
    {
        String  texts[] = {"Welcome", "Hello", "Rollby"};
        new WelcomeJFrame(texts);
    }
}
```

程序设计说明如下。

① 声明滚动字面板类为内部类并实现多个接口。

本例需要在一个窗口中添加若干滚动字面板，面板风格相同但数目不确定，且组成较复杂，因此将滚动字面板设计成内部类。根据外部类构造方法的 texts 数组长度，将若干面板添加到外部类的框架窗口中。

由于滚动字面板内部类 RollbyJPanel 只有其外部类使用，因此声明 RollbyJPanel 类为私有成员；由于其中的按钮和文本行组件需要响应动作事件，因此声明 RollbyJPanel 类实现 ActionListener 接口；由于每个滚动字面板都对应着一个线程对象，而 RollbyJPanel 类已继承 JPanel 类，无法再继承 Thread 类，因此声明 RollbyJPanel 类实现 Runnable 接口，其中声明一个线程对象 thread 作为成员变量，RollbyJPanel 类对象是 thread 线程的目标对象。

虽然 RollbyJPanel 类是私有的，但是其中的 run()和 actionPerformed()方法必须是公有的，因为这两个方法在接口中声明公有。

② 线程状态变化。

RollbyJPanel 面板内部类通过其中的 thread 线程对象控制字符串是否移动以及移动速度。启动线程后执行 run()方法，将字符串原第 0 个字符连接到字符串最后，通过线程睡眠控制字符串显示一段时间，再次重新循环移位字符串，实现看起来像是字符串在移动的效果。

线程运行中，单击“中断”按钮，调用 interrupt()方法为当前线程对象设置中断标记，由 sleep()方法获得该中断标记并抛出 InterruptedException 异常。调用 sleep()方法必须捕获并处理 InterruptedException 异常。在异常处理语句中，使用 break 语句退出循环，使 run()方法结束，则线程对象终止。再次单击“启动”按钮，则重新创建一个线程对象并启动。各面板的线程状态变化与其他面板的线程状态无关。

滚动字进程如图 7-6 所示，其中各滚动字面板中的线程在不同时刻有各自的线程状态。

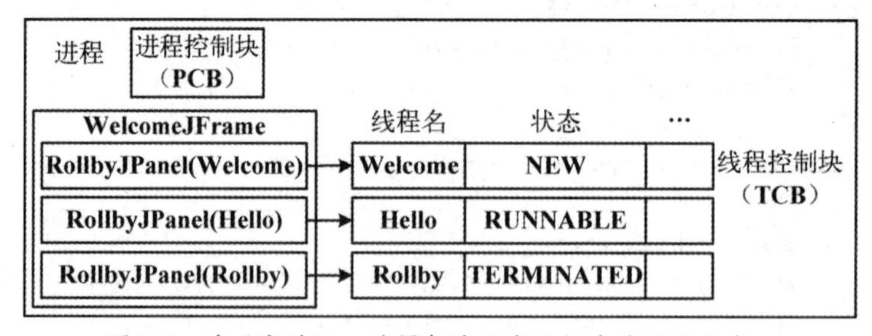

图 7-6　滚动字进程，获得各滚动字面板中线程的状态

③ 在 run()方法中，必须处理异常。

不能声明 run()方法抛出异常，因为 Runnable 接口中声明的 run()方法没有抛出异常。例如：

```
public void run()                          // 实现 Runnable 接口声明的 run()方法
public void run() throws IOException  // 当前类声明的成员方法，与 Runnable 接口无关，不能覆盖 run()
```

【思考题 7-1】① run()方法中的 while(true)语句是否为死循环？循环在什么情况下终止？② 增加滚动字移动方向的单向选择“⊙左 ○右”，如何修改例 7.3 程序？

7.3 线程互斥和线程同步

交互的并发线程之间存在两种制约关系：竞争（间接制约）和协作（直接制约）。必须对交互线程的执行进行有效地控制，才能获得正确结果。具有竞争关系的交互线程存在共享资源冲突问题，采用线程互斥方式解决；具有协作关系的交互线程需要控制关键操作的先后顺序，采用线程同步方式解决。

7.3.1 交互线程，与时序有关的错误

例 7.3 运行时有多个滚动字线程，多个线程并发执行，它们之间没有关联，每个线程执行与否、执行进度均与其他并发线程无关。当一组并发线程分别在不同的变量集合上操作时，称它们是无关的并发线程，即一个线程不会改变另一个线程的变量值。

如果一组并发线程之间需要共享资源或交换数据，则称它们为交互（interation）线程。一组交互线程并发执行时共享一些变量（共享资源），则一个线程的执行可能影响其他线程的执行结果。交互线程之间相互影响和干扰，导致计算结果不正确，通常称为与时序有关的错误。

【例 7.4】 银行账户类，存款、取款交互线程并发执行，与时序有关的错误。

本例目的：演示交互线程在对共享变量进行操作时存在与时序有关的错误。

功能说明：将对银行账户的存款、取款操作分别设计成线程，存款线程与取款线程对同一个账户数据进行操作，此时该账户成为共享变量，多个存款、取款线程就是并发执行的交互线程，可能产生与时序有关的错误，如图 7-7 所示。

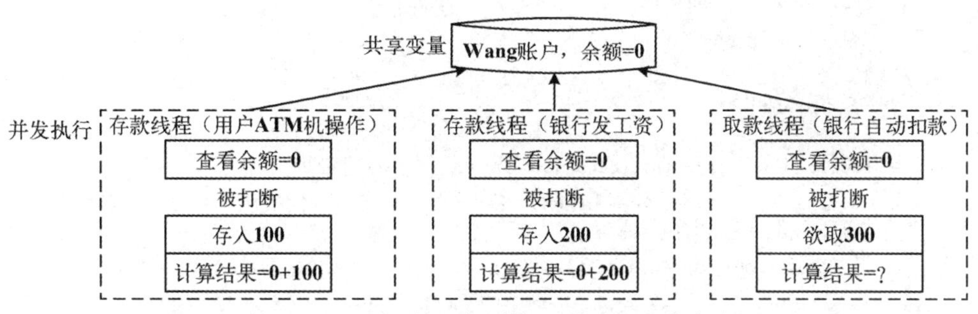

图 7-7 存款、取款交互线程并发执行，产生与时序有关的错误

技术要点：① Account 账户类，记录账户名和金额，提供 put()存款方法和 get()取款方法。

```
public class Account                                   // 账户类
{
    String  name;                                      // 账户名
    double  balance;                                   // 账户余额
    public Account(String name)                        // 构造方法，name 指定账户名
    {
        this.name = name;
        this.balance = 0;
```

```
    }
    public void put(double value)                       // 存款操作，参数为存入金额。提供给存款线程调用
    {
        if(value > 0)
            this.balance += value;                      // 存款操作使余额值增加
    }
    // 取款操作，参数为取款金额，返回实际取到的金额。提供给取款线程调用
    public double get(double value)
    {
        if(value <= 0)
            return 0;
        if(value <= this.balance)
            this.balance -= value;                      // 取款操作使余额值减少
        else                                            // 账户余额不够所取时
        {
            value = this.balance;                       // 取走全部余额
            this.balance = 0;
        }
        return value;                                   // 返回实际取款额
    }
}
```

② SaveThread 存款线程类，提供对指定账户的存款操作。

```
class SaveThread extends Thread                         // 存款线程类
{
    private Account  account;                           // 账户
    private double  value;                              // 存款金额
    public SaveThread(Account account, double value) // 存入 account 账户 value 金额
    {
        this.account = account;
        this.value = value;
    }
    public void run()                                   // 线程运行方法，存款
    {
        double  howmatch = this.account.balance;        // 查看账户余额
        ……              // 此处执行其他操作，线程执行可能被打断；也可调用 sleep(1)语句模拟线程被打断
        this.account.put(this.value);
        System.out.println(this.getClass().getName()+", "+this.account.name+"账户，现有"
                          +howmatch+", 存入"+this.value+", 余额"+this.account.balance);
    }
}
```

③ FetchThread 取款线程类，提供对指定账户的取款操作。

```
class FetchThread extends Thread                        // 取款线程类
{
    private Account  account;                           // 账户
    private double  value;                              // 取款金额
    public FetchThread(Account account, double value)
    {
        this.account = account;
```

```
        this.value = value;
    }
    public void run()                                   // 线程运行方法，取款
    {
        double howmatch = this.account.balance;        // 查看账户余额
        ……              // 此处执行其他操作，线程执行可能被打断；也可调用 sleep(1)语句模拟线程被打断
        System.out.println(this.getClass().getName()+"，"+this.account.name+"账户，现有"
                +howmatch+"，取走"+this.account.get(this.value)+"，余额"+this.account.balance);
    }
    public static void main(String args[])
    {
        Account wang = new Account("Wang");                         // 创建"Wang"账户
        (new SaveThread(wang,100)).start();                         // 对"Wang"账户存款 100 元
        (new SaveThread(wang,200)).start();                         // 对"Wang"账户存款 200 元
        (new FetchThread(wang,300)).start();                        // 从"Wang"账户取款 300 元
        (new SaveThread(new Account("Li"),100)).start();            // 对"Li"账户存款 100 元
    }
}
```

一次运行结果如下，产生了与时序有关的错误。再次运行，每次运行结果不同。

```
SaveThread，Wang 账户，现有 0.0，存入 100.0，余额 300.0        // 有错，三者数据不符
SaveThread，Wang 账户，现有 100.0，存入 200.0，余额 0.0        // 有错，三者数据不符
SaveThread，Li 账户，现有 0.0，存入 100.0，余额 100.0
FetchThread，Wang 账户，现有 300.0，取走 300.0，余额 0.0
```

在 main()方法中，对同一个 Wang 账户启动了 2 个存款线程和 1 个取款线程进行操作，则 Wang 账户就是共享变量，这 3 个交互线程并发执行，见图 7-7。一个线程执行其 run()方法，查看 Wang 账户余额后被迫让出处理器（在……处被打断）；操作系统调度其他交互线程运行，修改了 Wang 账户的共享变量数据；当该线程再次运行时，从被中断语句处继续执行，再进行存/取款操作，而此时 Wang 账户金额已不是其先前查看的金额，导致其运行结果中查看金额、存/取金额和剩余金额三者数据不相符，计算结果不正确。这 3 个线程的执行次序取决于操作系统调度，每次运行不确定，运行结果也不相同。因此，不能保证运算结果正确。

run()方法中也可调用 sleep(1)语句如下，模拟线程执行被打断的情况。

```
try
{
    Thread.sleep(1);                                    // 模拟线程执行被打断
}
catch(InterruptedException ex) { }
```

错误原因：多个并发执行的交互线程交替地访问同一个共享变量，不受限制地修改变量值，实际上干扰了其他交互线程的执行结果。

以下两条语句启动两个并发线程，它们分别对不同账户进行操作，没有共享变量，它们是无关线程，没有交互，就不会相互干扰。

```
(new SaveThread(wang,200)).start();                     // 对 wang 账户存款
(new SaveThread(new Account("Li"),100)).start();        // 对 Li 账户存款
```

类似情况还有，买火车票预订座位，座位是公共资源，若某一时刻有多人预订同一个座位，则产生冲突。

7.3.2 交互线程的竞争与互斥

1. 竞争共享资源

前述例 7.4，从每个存、取款线程的角度看，其 run()方法只对指定账户进行操作，实现了希望完成的任务，算法正确；但是当多个线程同时对一个账户进行操作时，却出现了与时序有关的错误，这是为什么？

因为对同一个账户进行存、取款操作的多个并发线程之间共享一个账户变量，它们是并发执行的交互线程，它们之间存在资源竞争关系。多个交互线程不受限制地修改同一个共享变量值，将相互干扰，从而产生与时序有关的错误。

当多个并发存、取款线程对一个共享账户进行操作时，它们并不知道其他线程的存在。因为竞争共享资源，使得这些原本不存在逻辑关系的线程之间产生交互和制约关系，这是线程间的间接制约关系。操作系统提供线程互斥方式协调线程对共享资源的争用。

2. 线程互斥和临界区管理

线程互斥（mutual exclusion）是指若干线程因相互争夺独占型资源而产生的竞争制约关系。当若干线程都要使用同一共享资源时，任何时刻只能允许其中一个线程占用，其他线程必须等待，直到占有该资源的线程释放它。

操作系统采用临界区管理解决线程互斥问题。需要互斥使用的共享资源称为临界资源（critical resource），即任一时刻只允许一个线程访问某个共享资源。访问临界资源的程序段称为临界区（critical section）。

交互线程的共享变量是一种临界资源。由于与同一共享变量有关的临界区分散在各并发线程中，而线程的执行进度不可预知，如果能够保证一个线程在临界区内执行时，不让另一个线程进入对同一个共享变量操作的临界区，即各交互线程对共享变量的访问是互斥的，那么就不会引发与时序有关的错误。

1965 年，荷兰计算机科学家 E.W.Dijkstra 提出临界区概念。为了正确而有效地使用临界资源，共享变量的并发线程应遵守临界区调度的以下 3 个原则：

- ✠ 一次至多只有一个线程进入临界区内执行。
- ✠ 如果已有线程在临界区中，试图进入此临界区的其他线程应等待。
- ✠ 进入临界区内的线程应在有限时间内退出，以便让等待队列中的一个线程进入。

可把临界区的调度原则总结成三句话：互斥使用，有空让进；忙则要等，有限等待；择一而入，算法可行。其中，“算法可行”指不能因为所选的调度策略造成线程饥饿甚至死锁。

3. 信号量与 PV 操作

Dijkstra 提出了“信号量和 PV 操作”作为进程同步工具。借鉴多种颜色信号灯管理交通的办法，解决进程互斥和进程同步问题。

① 约定一种特殊的共享变量——信号量（semaphore）来控制多个交互进程的运行，设置信号量有多种状态，就像交通信号灯有多种颜色一样。

② 各进程根据信号量的状态确定该谁执行。当一个进程执行时，它先测试信号量的状态，如果信号量状态合适则执行，否则等待，直到被再次调度运行且信号量状态合适时执行。

其中，申请资源的操作称为 P 操作，释放资源的操作称为 V 操作，两者都要更改信号量状态。PV 操作都是原子操作（也称为原语），即执行时不可中断。

例如，多个交互的存取款线程，采用“信号量和 PV 操作”机制互斥地使用临界资源的执行流程如图 7-8 所示，当交互的一个存/取款线程执行、欲进入临界区时，它先询问临界资源是否被锁定，若没有锁定，则申请并获得临界资源（账户）的使用权，加锁（改变信号量状态），

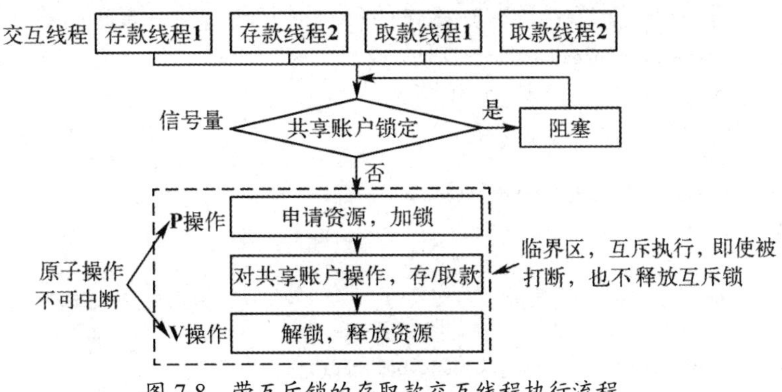

图 7-8 带互斥锁的存取款交互线程执行流程

执行对共享账户的操作，解锁（改变信号量状态），释放对临界资源的使用权；若临界资源已被锁定，则等待，直到该临界资源被解除锁定状态。

4. Java 的线程互斥实现

操作系统提供“互斥锁”机制实现并发线程互斥地进入临界区，对共享资源进行互斥操作。至于操作系统采用什么样的锁（信号灯、只读锁等）以及如何实现加锁和解锁等问题细节，已经由操作系统和 Java 虚拟机处理好了，Java 程序员只需要声明哪个程序段是临界区即可，采用 Java 抽象的锁模型，就能够使并发线程互斥地运行。

Java 提供了 synchronized 关键字实现互斥锁功能，有以下两种用法，锁定范围不同。

（1）互斥语句，锁定一段程序

使用 synchronized 互斥锁定一段程序，语法格式如下，被锁定对象是互斥访问的临界资源。

```
synchronized (对象)                    // “对象”指定被锁定对象，是互斥访问的临界资源
    语句                               // “语句”是临界区，描述线程对临界资源的操作
```

（2）互斥方法，锁定方法体

使用 synchronized 互斥锁定一个方法，语法格式如下：

```
synchronized  方法声明
```

等价于以下声明，锁定范围是方法体，被锁定的临界资源是调用该方法的对象 this。

```
方法声明
{
    synchronized (this)                // 被锁定的临界资源是调用该方法的对象 this
    {
       方法体
    }
}
```

【例 7.5】 存款、取款交互线程竞争使用同一个账户资源，互斥锁定

本例目的：本例题意同例 7.4，对同一个账户（共享变量）进行操作的存款、取款交互线程之间是资源竞争关系，交互线程的共享变量是一种临界资源，任一时刻一个共享变量只能被

一个线程访问。通过“互斥锁定”机制，控制存款、取款线程互斥地使用该账户（临界资源，独占型），则计算结果正确，不会出现例 7.4 与时序有关的错误。

技术要点：① 使用例 7.4 的 Account 类账户。MyEclipse 设置编译路径包含项目：例 7.4。

② 修改例 7.4 的存/取款线程类如下，采用 synchronized 将 run()方法体声明为临界区，锁定对象是当前操作的账户，意即对该账户操作的所有交互线程将互斥地进行操作。

```
public class LockedSaveThread extends Thread                      // 带互斥锁的存款线程类
{
    private Account  account;                                     // 账户，见例 7.4
    private double  value;                                        // 存款金额
    public LockedSaveThread(Account account, double value)        // 方法体省略
    public void run()                                             // 线程运行方法，存款
    {
        synchronized (this.account)                    // 声明临界区，锁定当前账户对象，实现线程互斥
        {
            double howmatch = this.account.balance();
            try
            {
                Thread.sleep(1);                                  // 即使让出处理器，也不解锁
            }
            catch(InterruptedException ex) { }
            this.account.put(this.value);
            System.out.println(this.getClass().getName()+", "+this.account.getName()+"账户：现有"
                                 +howmatch+", 存入"+this.value+", 余额"+this.account.balance());
        }
    }
}
class LockedFetchThread extends Thread                            // 带互斥锁的取款线程类
{
    private Account  account;
    private double  value;
    public LockedFetchThread(Account account, double value)       // 方法体省略
    public void run()                                             // 线程运行方法，取款
    {
        synchronized (this.account)                    // 声明临界区，锁定当前账户对象，实现线程互斥
        {
            double  howmatch = this.account.balance();
            try
            {
                Thread.sleep(1);                                  // 即使让出处理器，也不解锁
            }
            catch(InterruptedException ex) { }
            System.out.println(this.getClass().getName()+", "+this.account.getName()+"账户：现有"
                +howmatch+", 取走"+this.account.get(this.value)+", 余额"+this.account.balance());
        }
    }
    public static void main(String args[])
    {
        Account wang = new Account("Wang");
```

```
            (new LockedSaveThread(wang,100)).start();
            (new LockedSaveThread(wang,200)).start();
            (new LockedFetchThread(wang,300)).start();
        }
    }
```

一种运行结果如下，计算正确。

```
LockedSaveThread，Wang账户：现有0.0，存入100.0，余额100.0
LockedFetchThread，Wang账户：现有100.0，取走100.0，余额0.0
LockedSaveThread，Wang账户：现有0.0，存入200.0，余额200.0
```

【思考题7-2】 修改例7.4程序，声明Account类的put()、get()为互斥方法，则SaveThread、FetchThread类的run()方法中没有互斥语句，也能实现线程互斥。这是管程概念，见7.3.3节。

3．死锁与饥饿问题

在并发操作系统中，处理器调度策略将确定在什么情况下由哪个线程获得资源。有些策略看似合理，却可能使某些线程总是得不到服务。例如，按优先级调度策略，在就绪队列中，优先级较低的线程总是被优先级较高的线程抢先，排队过程中总被插队，等待很长时间也得不到服务。

在极端情况下，资源竞争会引发两个控制问题：① 死锁（deadlock），一组线程因争夺资源陷入永远等待状态；② 饥饿（starvation），一个就绪线程由于其他线程总是优先于它而被调度程序无限期地拖延而不能被执行。例如，一个路口的交通信号灯控制，如果4个方向都是绿灯，汽车抢行造成路堵，这是系统死锁问题，如图7-9(a)所示；如果4个方向都是红灯，谁也不能走，这是系统饥饿问题，如图7-9(b)所示。设线程A、B、C正在排队，此时不停地有优先级高的线程X、Y等插入队列，导致C线程的等待时间加长，C线程饥饿如图7-9(c)所示。

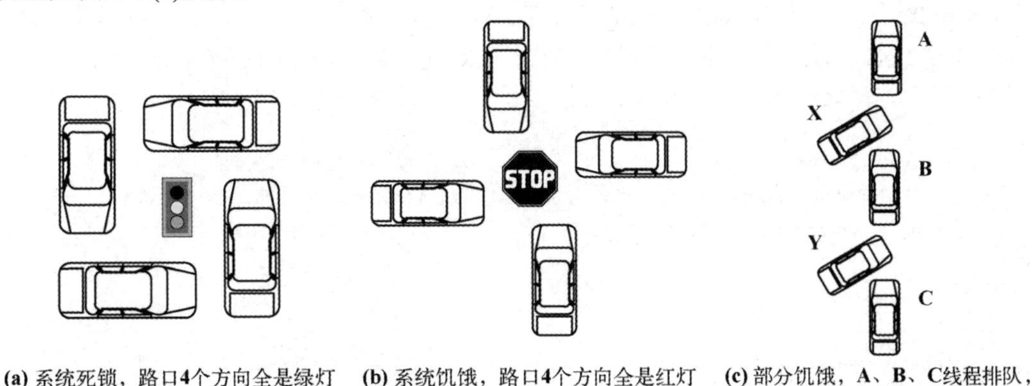

图7-9　死锁与饥饿

交互线程互斥地访问共享资源问题，既要解决死锁问题，又要解决饥饿问题。

7.3.3　交互线程的协作与同步

1．线程通信

操作系统中，生产者-消费者问题（producer-consumer problem）是典型的进程同步问题。

描述如下：有 *n* 个生产者进程和 *m* 个消费者进程并发执行，生产者进程要将所生产的产品提供给消费者进程。设置具有 *k* 个存储单元的缓冲区（Buffer），用于生产者进程与消费者进程进行通信时存放数据，当缓冲区未满时，生产者进程 pi 可将一个产品放入缓冲区；当缓冲区非空时，消费者进程 cj 可从缓冲区取走一个产品，如图 7-10 所示。

【例 7.6】 线程通信，发送线程与接收线程互斥执行，存在可导致错误的缺陷

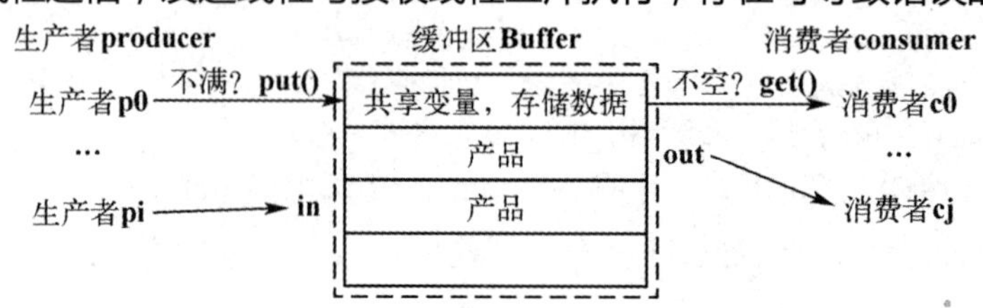

图 7-10　生产者-消费者问题，通过缓冲池传送数据

本例目的：简化生产者-消费者问题，演示没有同步控制的线程通信存在可能导致错误的缺陷。

功能说明：线程通信，一个发送线程 sender 发送一组数据给一个接收线程 receiver。

技术要点：两个线程对象并不能直接发送/接收数据，它们必须约定一个缓冲区 buffer 存放数据，发送线程 sender 调用 put()方法向缓冲区写入数据，接收线程 receiver 调用 get()方法从缓冲区读取数据，从而实现线程通信，如图 7-11 所示。

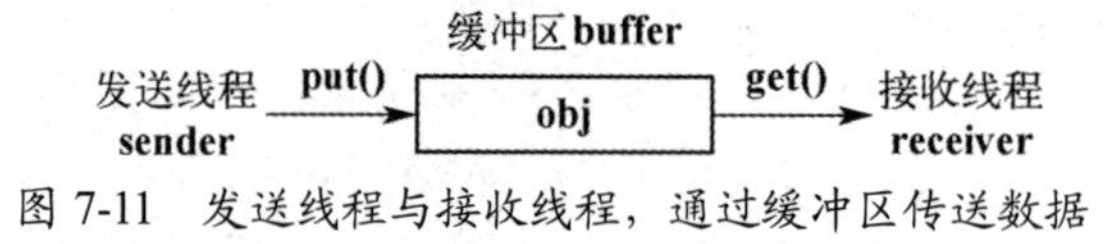

图 7-11　发送线程与接收线程，通过缓冲区传送数据

发送线程和接收线程通过 put()和 get()方法竞争使用 buffer 缓冲区，因此必须声明对同一个缓冲区 buffer 进行操作的 put()和 get()是互斥方法。程序如下。

① 声明 LockedBuffer 缓冲区类如下，提供写入/读取数据操作的 put()和 get()互斥方法。

```
public class LockedBuffer<T>                        // 带互斥锁的缓冲区类，T表示共享变量的数据类型
{
    private T  obj;                                 // 共享变量，临界资源
    // 以下声明put()和get()为互斥方法，方法体是临界区，锁定this.obj共享变量，互斥操作
    public synchronized void put(T obj)             // 向缓冲区写入数据，互斥方法
    {
        this.obj = obj;
    }
    public synchronized T get()                     // 从缓冲区获得数据，互斥方法
    {
        return this.obj;
    }
}
```

② 声明 SendThread1 发送线程类如下，线程 run()方法调用 put()向缓冲区发送若干数据。

```
class SendThread1<T> extends Thread                 // 发送线程类
{
    private LockedBuffer<T>  buffer;                // 互斥缓冲区，存放发送的数据
    private T[]  objs;                              // 发送对象数组
    public SendThread1(T[] objs, Buffer<T> buffer)  // 指定缓冲区
```

```
    {
        this.objs = objs;
        this.buffer = buffer;
    }
    public void run()                                  // 线程运行方法，连续向缓冲区发送数据
    {
        for(int i=0; i < this.objs.length; i++)        // 发送 objs 数组中所有对象
        {
            buffer.put(this.objs[i]);
            System.out.println(this.getClass().getName()+" put : "+this.objs[i]);
        }
        buffer.put(null);                     // 发送 null 作为结束标记。若无此句，则接收线程死循环
        System.out.println(this.getClass().getName()+" put : null");
    }
}
```

③ 声明ReceiveThread1接收线程类如下，线程run()方法调用get()从缓冲区接收若干数据。

```
class ReceiveThread1<T> extends Thread                 // 接收线程类
{
    private LockedBuffer<T>  buffer;                   // 互斥缓冲区，从此获取数据
    public ReceiveThread1(Buffer<T> buffer)
    {
        this.buffer = buffer ;
    }
    public void run()                                  // 线程运行方法，连续从缓冲区接收数据
    {
        T  obj;
        do
        {
            obj = this.buffer.get();                   // 接收对象
            System.out.println("\t\t\t\t"+this.getClass().getName()+" get : "+obj);
        }
        while(obj != null)  ;                          // 以 null 标记结束
    }
    public static void main(String args[])
    {
        LockedBuffer<Integer>  buffer = new LockedBuffer<Integer>();
        Integer[]  objs = {1, 2, 3, 4};
        Thread sender = new SendThread1(objs,buffer); // 发送线程优先级默认为 5
        sender.start();
        Thread receiver = new ReceiveThread1(buffer);
        receiver.setPriority(sender.getPriority()-1); // 设置接收线程优先级小于发送线程优先级
        receiver.start();
    }
}
```

一种程序运行结果如下，存在错误，接收线程并没有接收到发送线程所发送的每个数据。

```
SendThread1 put : 1
SendThread1 put : 2
SendThread1 put : 3
SendThread1 put : 4
                        ReceiveThread1 get : 4
```

```
SendThread1 put : null
                              ReceiveThread1 get : null
```

错误原因：因为一个共享变量（缓冲区）只能存储一个数据，发送线程与接收线程没有约定在传输数据时协同一致的步调，发送线程自顾自地连续发送，而不管接收线程是否接收了该数据，接收线程还没来得及接收的数据就被下一次发送的数据覆盖掉了。

2. 协作关系

例 7.6 进程包含一个发送线程和一个接收线程，它们是两个并发执行的交互线程，为了完成共同的通信任务而分工协作，发送线程发送数据，接收线程接收数据。它们彼此之间有联系，知道对方线程的存在，而且受对方线程执行的影响。它们必须步调一致地协同合作，才能确保数据传送的正确性。发送线程发送一个数据，必须确认该数据被接收之后，才能再发送下一个数据；同样，接收线程必须知道发送线程发送了一个数据后，才能去接收这个数据。因此，这两个线程间具有协作关系，这是直接制约关系。

现在问题的重点是，如何协调两个（多个）线程步调一致地运行？

每个线程都独立地以不可预知的进度推进，具有协作关系线程在需要通信的关键点上必须调整自己的步调以配合其他协作线程。当其中一个线程到达关键点时，如果没有获得其协作线程发来的信号，则应该等待，直到获得了协作线程的信号才被唤醒并继续执行。操作系统对此进行有效控制的手段是线程同步。

3. 线程同步

线程同步（synchronization）是指为完成共同任务的并发线程基于某个条件来协调其活动，因为需要在某些位置上排定执行的先后次序而等待、传递信号或消息所产生的协作制约关系。一个线程的执行依赖于其他协作线程的消息或信号，当一个线程没有得到来自于其他线程的消息或信号时则阻塞自己，让出处理器，在阻塞队列中排队等待，直到消息或信号到达时该线程才被唤醒。

线程同步的主要任务是，对多个交互线程在执行次序上进行协调，使并发执行的诸线程之间能够按照一定的规则（或时序）共享系统资源，并能很好地相互合作，从而使程序的执行具有可再现性。

4. 线程阻塞和唤醒

线程阻塞（block）是指运行中的线程，当运行条件不满足时，主动让出处理器转而等待一个事件，如等待资源、等待 I/O 操作完成、等待事件发生等。因此，阻塞是线程的自主行为，线程通常调用阻塞原语来阻塞自己。

对于被阻塞线程，在该等待事件结束时，必须由与其相关的另一个线程来唤醒（wakeup）它，否则该阻塞线程会因未被唤醒而永远处于阻塞状态。线程通常调用唤醒原语来唤醒其他被阻塞线程。

5. 管程

例 7.5 的 SaveThread、FetchThread 线程类，对账户共享变量的互斥控制分散地写在各线程的 run()方法中，增加了线程的负担，容易产生错误。改进方法是，将针对临界资源的所有访问集中起来进行统一控制和管理，这就是管程的思想。

管程（monitor）是指代表临界资源的数据结构及并发线程在其上执行的一组操作。管程中的操作被请求和释放资源的线程所调用，线程同步地执行管程中的操作，互斥地访问管程中的临界资源。

管程机制包含三部分：条件变量（conditional variable）和 wait、signal 同步操作原语。当一个线程通过管程请求临界资源而未能获得满足（由条件变量指定）时，管程便调用 wait 原语阻塞该线程，并使该线程在该条件变量的阻塞队列中排队；仅当另一线程访问完成并释放该临界资源后，管程才又调用 signal 原语，唤醒该条件变量的阻塞队列中的队首线程。

6. Java 的线程阻塞和唤醒方法

Java 为了实现管程在 java.lang.Object 类声明以下线程阻塞和唤醒方法，都是最终方法。

```
public final void wait() throws InterruptedException        // 使调用的线程阻塞自己
public final void notify()                                  // 唤醒一个等待当前临界资源的阻塞线程
public final void notifyAll()                               // 唤醒所有等待当前临界资源的阻塞线程
```

【例 7.7】 线程通信，发送线程与接收线程同步运行。

本例目的：修改例 7.6，采用管程机制，通过设置信号量、声明互斥方法、使用阻塞和唤醒方法控制交互线程同步运行，实现线程同步通信。

技术要点：① 缓冲区管程，设置是否为空的同步信号量，使 put()或 get()方法同步运行。

声明 BufferMonitor 缓冲区管程类如下，其中 obj 是共享变量，put()和 get()互斥方法针对同一个共享变量 obj 进行存/取操作。增加线程同步控制，逻辑关系应该是（如图 7-12 所示）：当 obj 空时，put()方法执行赋值；get()方法不可执行，线程阻塞直到被唤醒。反之，当 obj 不空时，get()方法执行取值；put()方法不可执行，线程阻塞直到被唤醒。因此，put()和 get()方法必须以 obj 是否空值作为信号量互斥地、同步运行，它们执行流程如图 7-13 所示，put()方法被发送线程调用，get()方法被接收线程调用。

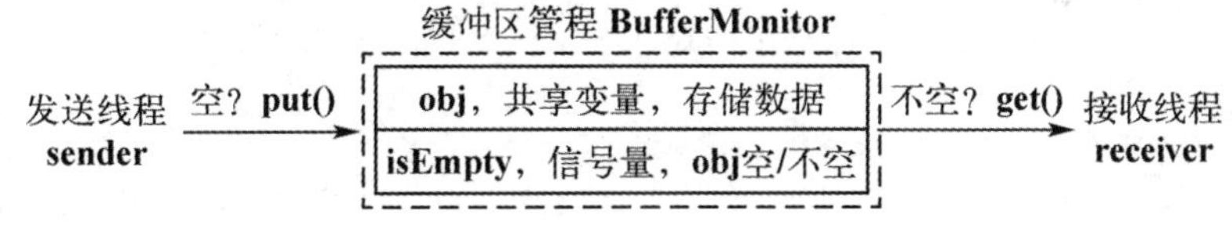

图 7-12 缓冲区设置 isEmpty 信号量显示 obj 是否空状态

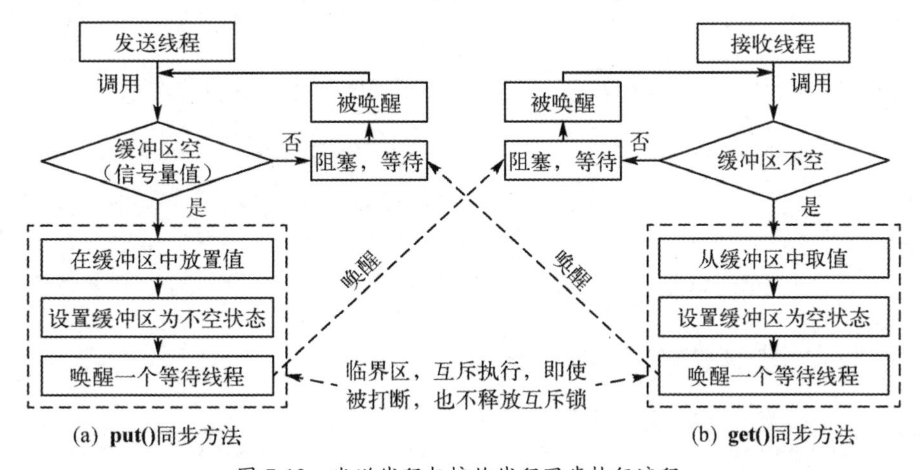

图 7-13 发送线程与接收线程同步执行流程

共享变量 obj 并不能标记自己是否为空的状态。因此，BufferMonitor 缓冲区管程类增加一个同步信号量 isEmpty，显示共享变量 obj 是否为空的状态。空与不空是二值状态，boolean 类型即可。put()和 get()方法根据 isEmpty 信号量状态决定自己是否执行，就像交通信号灯的“红灯停，绿灯行”规则。

在 put()方法体中，先查看 isEmpty 信号量值，若空，则执行赋值、修改 isEmpty 为不空状态、唤醒操作；否则阻塞自己，让出处理器，进入阻塞队列排队等待，直到被唤醒。

在 get()方法体中，先查看 isEmpty 信号量值，若不空，则执行取值、修改 isEmpty 为空状态、唤醒操作，这些操作不能被打断；否则阻塞自己，让出处理器，进入阻塞队列排队等待，直到被唤醒。

在 put()/get()方法体中执行的赋值/取值、修改信号量状态、唤醒等是对临界资源的一系列操作，由互斥锁控制被互斥地执行，即使被打断也不释放互斥锁，因此必须声明 put()、get()为互斥方法。

```
public class BufferMonitor<T>                    // 缓冲区管程类，控制调用其中方法的交互线程同步执行
{
    private T  obj;                              // 共享变量，临界资源
    private boolean  isEmpty = true;             // 显示 obj 是否为空的同步信号量
    // 以下声明 put()和 get()对 this.obj 共享变量互斥操作，并实施了同步控制，两者同步运行
    public synchronized void put(T obj)          // 向缓冲区写入数据，同步方法
    {
        while(!this.isEmpty)                     // 当 this.obj 不空时。管程的条件变量
        {
            try
            { //使调用的线程阻塞自己，让出处理器，进入阻塞队列等待；阻塞线程被唤醒后再次测试条件变量，若空，则循环结束
                this.wait();
            }
            catch(InterruptedException ex) { }
        }
        // 以下临界区，对临界资源操作，互斥锁定
        this.obj = obj;                          // 当 this.obj 空时，为 this.obj 赋值
        this.isEmpty = false;                    // 设置 this.obj 为不空状态，改变信号量状态
        this.notify();                           // 唤醒一个等待当前临界资源的阻塞线程
    }
    public synchronized T get()                  // 从缓冲区获得数据，同步方法
    {
        while(this.isEmpty)                      // 当 this.obj 空时。线程的条件变量
        {
            try
            {
                this.wait();                     // 使调用的线程阻塞自己，让出处理器，进入阻塞队列等待
            }
            catch(InterruptedException ex) { }
        }
        // 以下临界区，对临界资源操作，互斥锁定
        this.isEmpty = true;                     // 设置 this.obj 为空状态，改变信号量状态
        this.notify();                           // 唤醒一个等待当前临界资源的阻塞线程，其进入就绪态
        return this.obj;                         // 返回值
```

```
    }
}
```

② 发送线程和接收线程，分别调用 put()和 get()方法，根据缓冲区中的信号量状态同步运行。两者的 run()方法只需要负责线程执行的操作，不需要进行线程同步控制。

声明 SendThread 发送线程类如下，run()方法中调用 put()同步方法，将 objs 数组中的所有对象依次发送给 buffer 缓冲区，最后发送 null 作为结束标记。

```
public class SendThread<T> extends Thread                       // 发送线程类
{
    private T[]  objs;                                          // 发送对象数组
    private BufferMonitor<T>  buffer;                           // 发送缓冲区管程
    public SendThread(T[] objs, BufferMonitor<T> buffer)
    {
        this.objs = objs;
        this.buffer = buffer;
    }
    public void run()                                           // 线程运行方法，连续向缓冲区发送数据
    {
        for(int i=0; i < this.objs.length; i++)                 // 发送 objs 数组所有对象
        {
            buffer.put(this.objs[i]);
            System.out.println(this.getClass().getName()+" put : "+this.objs[i]);
        }
        buffer.put(null);                                       // 发送 null 作为结束标记
        System.out.println(this.getClass().getName()+" put : null");
    }
}
```

声明 ReceiveThread 接收线程类如下，run()方法中调用 get()同步方法，从 buffer 缓冲区中接收若干对象，null 是结束标记。

```
public class ReceiveThread<T> extends Thread                    // 接收线程类
{
    private BufferMonitor<T>  buffer;                           // 接收缓冲区管程
    public ReceiveThread(BufferMonitor<T> buffer)               // 参数指定缓冲区管程
    {
        this.buffer = buffer;
    }
    public void run()                                           // 线程运行方法，连续从缓冲区接收数据
    {
        T  obj;
        do
        {
            obj = this.buffer.get();                            // 接收对象，以 null 标记结束
            System.out.println("\t\t\t\t"+this.getClass().getName()+" get : "+obj);
        } while(obj != null);                                   // 接收对象，以 null 标记结束
    }
}
```

③ 调用程序如下。

```
class LockedBuffer_ex
{
    public static void main(String args[])
    {
```

```
        BufferMonitor<Integer>  buffer = new BufferMonitor<Integer>();
        Integer[]  objs = {1, 2, 3, 4};
        (new SendThread(objs, buffer)).start();
        (new ReceiveThread(buffer)).start();
    }
}
```

程序运行结果如下，结果正是我们所希望的，实现了线程同步通信。

```
SendThread put : 1
                    ReceiveThread get : 1
SendThread put : 2
                    ReceiveThread get : 2
SendThread put : 3
                    ReceiveThread get : 3
SendThread put : 4
                    ReceiveThread get : 4
SendThread put : null
                    ReceiveThread get : null
```

【思考题 7-3】 修改程序进行测试。① 在 put()和 get()方法中，如果只有 wait()方法而没有 notify()方法，结果会怎样？② 如果发送线程没有发送结束标记 null，结果会怎样？③ 如果接收线程在发送线程之前运行，结果会怎样？

【例 7.8】 发牌。

本例目的：演示一个发送线程和多个接收线程进行线程通信的同步问题，两种信号量：空、次序。

功能说明：设有 4 个人打牌，首先自动发牌。发牌程序包含 1 个发牌线程和 4 个取牌线程，这些线程间存在两种同步问题，如图 7-14 所示，说明如下。

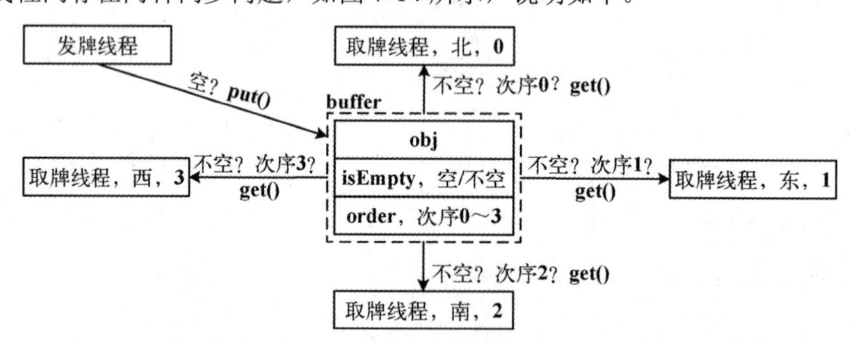

图 7-14　存放牌的同步缓冲区，1 个发牌线程和 4 个取牌线程同步运行

① 约定一个缓冲区 buffer 每次存放一张牌，设置 isEmpty 同步信号量显示是否空状态，控制 put()和 get()方法该谁执行。

② 启动 1 个发牌线程，每次调用 put()方法向 buffer 发出 1～52 之间的一张牌。启动 4 个取牌线程，调用 get()方法从 buffer 取值。由于共享一个存放牌的变量，因此发牌线程和取牌线程必须同步运行，一发一取。

③ 对于每发出的一张牌，同时有 4 个取牌线程在争抢。为了保证一张牌能且仅能被一个取牌线程接收，既不能丢失一张牌，也不能使两个以上取牌线程获得同一张牌，这 4 个取牌线程必须按指定次序轮流执行，因此需要为每个取牌线程约定一个取牌次序。缓冲区再设置一个

信号量 order，表示当前该哪个取牌线程执行，取值为 0～3，每个值指定一个取牌线程执行，按环形轮转方式变化。

④ 发牌线程先执行，在发完一张牌后，唤醒等待 buffer 缓冲区的 4 个取牌线程。4 个取牌线程谁先执行由线程调度而定，不是约定的取牌次序，所以每个取牌线程执行时，首先比较当前取牌次序信号量 order 的值与自己的取牌次序值是否一致，只有次序一致时，才能取到这张牌，否则再等待。这样能够确保每次有且仅有一个取牌线程能够顺利取到这张牌，其他取牌线程将再次等待。

一个取牌线程在取走一张牌后，唤醒等待 buffer 缓冲区的其他线程，包括 1 个发牌线程和 3 个取牌线程。

发牌线程的优先级应该高于取牌线程。因为，取牌线程每次取走一张牌后，接着执行的应该是发牌线程，而不是其他 3 个取牌线程之一。

界面描述：程序运行共有 4 个框架窗口如图 7-15 所示，每个取牌线程对应一个框架窗口，框架中的文本区用于显示取到的所有牌值。

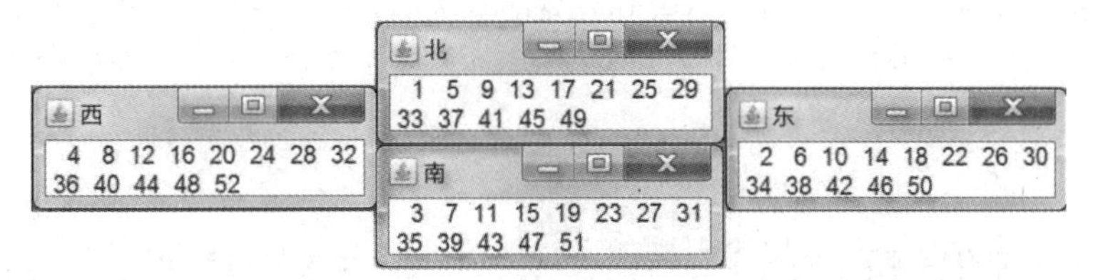

图 7-15　发牌程序运行有 4 个框架窗口，每个框架表示一个取牌线程

技术要点：① 声明 CardBuffer 存放牌的缓冲区管程类如下，设置是否空 isEmpty 和取牌线程次序 order 两个信号量，put()和 get()方法同步运行。

```
// 存放牌的缓冲区管程类，一发多收，多个接收线程约定接收次序；T 约定每张牌的数据类型
public class CardBuffer<T>
{
    private T  obj;                                  // 共享变量，临界资源
    private boolean isEmpty = true;                  // 显示 obj 是否空的同步信号量
    private int  number;                             // 人数，即取牌线程数
    private int  order = 0;                          // 约定取牌线程次序的信号量
    public CardBuffer(int number)
    {
        this.number = number;
    }
    // 以下声明 put()和 get()对 this.obj 共享变量互斥操作，并实施了同步控制，两者同步运行
    public synchronized void put(T obj)              // 向缓冲区写入数据，同步方法
    {
        while(!this.isEmpty)                         // 当 this.obj 不空时
        {
            try
            {
                this.wait();             // 使调用的线程阻塞自己，让出处理器，进入阻塞队列等待
            }
            catch(InterruptedException ex) { }
        }
        // 以下临界区，对临界资源操作，互斥锁定
```

```
        this.obj = obj;                                // 当 this.obj 空时，this.obj 获得值
        this.isEmpty = false;                          // 设置 this.obj 为不空状态
        this.notifyAll();                              // 唤醒所有等待当前临界资源的阻塞线程
    }
    public synchronized T get(int order)               // 取值，order 指定取牌线程次序，同步方法
    {
        while(this.isEmpty || this.order!=order)       // 当 this.obj 空或取牌次序不符时
        {
            try
            {
                this.wait();                  // 使调用的线程阻塞自己，让出处理器，进入阻塞队列等待
            }
            catch(InterruptedException ex) { }
        }
        // 以下临界区，对临界资源操作，互斥锁定
        this.isEmpty = true;                           // 设置 this.obj 为空状态
        this.order = (this.order+1) % this.number;     // 加 1，使取牌次序轮转
        this.notifyAll();                              // 唤醒所有等待当前临界资源的阻塞线程
        return this.obj;
    }
}
```

② 声明 CardSendThread 发牌线程类如下，构造方法设置发牌线程优先级最高；run()方法实现发牌，其中调用 put()同步方法，依次发送牌值 1～cardMax 序列给 buffer 缓冲区，最后发送 null 作为结束标记。

```
public class CardSendThread extends Thread               // 发牌线程类
{
    private CardBuffer<Integer>  buffer;                 // 存放牌的缓冲区管程
    private int  cardMax, number;                        // 最大牌值和人数（取牌线程数）
    // 构造方法，buffer 指定存放牌的同步缓冲区；牌值范围是 1 ~ cardMax；number 指定人数
    public CardSendThread(CardBuffer<Integer> buffer, int cardMax, int number)
    {
        this.buffer = buffer;
        this.cardMax = cardMax;
        this.number = number;
        this.setPriority(Thread.MAX_PRIORITY);           // 设置线程最高优先级 10
    }
    public void run()                                    // 线程运行方法，发牌
    {
        for(int i=1; i <= this.cardMax; i++)             // 连续发指定张数的牌
            this.buffer.put(i);                          // 自动将 i 转换成 Integer 对象
        for(int i=0; i < this.number; i++)               // 向 number 个取牌线程发送结束标记
            this.buffer.put(null);
    }
}
```

③ 声明 CardReceiveThread 取牌框架类如下，run()方法中调用 get()同步方法，将从 buffer 缓冲区中接收的若干张牌值显示在文本区中，null 是结束标记。

```
import java.awt.*;
```

```
import javax.swing.*;
public class CardReceiveJFrame extends JFrame implements Runnable   // 取牌框架类，包含接收线程
{
    private CardBuffer<Integer>  buffer;                       // 存放牌的缓冲区管程
    private JTextArea  text;                                   // 显示牌值的文本区
    private int  order;                                        // 约定取牌线程次序的信号量
    // 构造方法，buffer指定缓冲区，order指定取牌序号，title指定窗口标题，x、y指定窗口坐标
    public CardReceiveJFrame(CardBuffer<Integer> buffer, int order, String title, int x, int y)
    {
        super(title);
        this.setBounds(x,y,290,100);
        this.setDefaultCloseOperation(EXIT_ON_CLOSE);
        this.buffer = buffer ;
        this.order = order;
        this.text = new JTextArea();
        this.getContentPane().add(this.text);
        this.text.setLineWrap(true);                           // 设置文本区自动换行
        this.text.setEditable(false);
        this.text.setFont(new Font("Arial", Font.PLAIN, 20));
        this.setVisible(true);
        new Thread(this).start();                              // 取牌线程，优先级为5
    }
    public void run()                                          // 线程运行方法，取牌
    {
        while (true)
        {
            Integer value = this.buffer.get(this.order);       // 接收对象，不知道接收对象的数量
            if(value == null)                                  // 发送线程发送的结束标记
                return;
            this.text.append(String.format("%4d", value)); // 文本区添加牌
            try
            {
                Thread.sleep(100);                             // 控制显示每张牌的速度
            }
            catch(InterruptedException ex) { }
        }
    }
}
```

④ 发牌程序如下。

```
public class Deal                                              // 发牌程序
{
    public Deal(int cardMax, int number)                   // 牌值范围是1~cardMax; number指定人数
    {
        CardBuffer<Integer>  buffer = new CardBuffer<Integer>(number);
        new CardSendThread(buffer,cardMax,number).start(); // 启动发牌线程，最高优先级
        String  titles[] = {"北", "东", "南", "西"};
        int  x[] = {400, 700, 400, 100}, y[] = {200, 320, 440, 320};
        for(int i=0; i < number; i++)
            new CardReceiveJFrame(buffer,i,titles[i],x[i],y[i]);// 启动number个取牌线程，优先级为5
    }
```

```
        public static void main(String arg[])
        {
            new Deal(52, 4);
        }
    }
```

【思考题 7-4】 修改发牌程序：

① 取消取牌线程之间的次序关系，运行结果会怎样？

② 将人数修改为 3，运行结果会怎样？

③ 增加文本区功能，每行显示 10 个整数。

④ put()和 get()方法中，如果只有 wait()方法而没有 notifyAll()方法，会怎样？

⑤ 如果发送线程没有发送结束标记 null，会怎样？

⑥ 修改发牌线程，发送由 1 ~ 52 组成的随机数序列（见例 12.1）。

习 题 7

（1）进程和线程

7-1 什么是进程？什么是线程？进程与线程的关系是怎样的？

7-2 操作系统为什么要支持多线程技术？

7-3 线程按什么规则排队等待？程序能够控制线程立即执行吗？为什么？

（2）Java 的线程对象

7-4 Java 为什么要支持线程？什么场合需要使用多线程程序设计？

7-5 Java 提供了哪些接口和类实现多线程机制？各有什么作用？怎样启动一个线程？

7-6 以下线程启动后时执行什么方法？执行什么操作？为什么？

```
new Thread().start();
```

7-7 设有 T、R 类声明如下，说明怎样使用这些实例创建、启动线程并执行有效操作？

```
public class T extends Thread              // 继承 Thread 线程类
public class R implements Runnable         // 实现 Runnable 接口
```

7-8 什么是线程的优先级？设置线程优先级有什么作用？

7-9 线程对象的生命周期有哪几种状态？各状态之间是如何变化的？

7-10 Thread 类中有哪些方法能够改变线程的状态？各由什么状态改变到什么状态？

（3）线程互斥

7-11 什么是交互线程？交互线程为什么会产生与时序有关的错误？

7-12 操作系统采用什么策略解决交互线程竞争资源问题，使之不产生与时序有关的错误？如何解决？Java 环境中如何实现？

7-13 什么是共享资源？进程共享资源有什么特点？操作系统采用什么策略有效地管理和控制进程对共享资源的复用？

7-14 什么是临界资源？操作系统声明临界资源用于解决什么问题？

7-15 Java 怎样实现线程互斥？synchronized 关键字是什么含义？

7-16 线程类声明 start()方法（7.2.1 节）为什么要用 synchronized？

7-17 什么是死锁？在什么情况下会产生死锁问题？

7-18　什么是饥饿？在什么情况下会产生饥饿问题？

（4）线程同步

7-19　操作系统采用线程同步策略解决交互线程的什么问题？如何解决？Java 如何实现？

7-20　如果一个线程调用 wait()方法阻塞自己，它将等待到什么时候？

7-21　如果一个线程调用 notify()方法，它唤醒的是谁？

7-22　为什么 wait()和 notify()方法要与 synchronized 同时使用？

7-23　说明 sleep()和 wait()方法的异同。

实验 7　线程设计

1．实验目的

理解进程与线程概念，掌握创建、管理和控制 Java 线程的方法，包括创建 Java 线程对象、改变线程状态、设置线程优先级以控制线程调度等方法，了解并发执行的多线程间存在的各种关系，掌握实现线程互斥和线程同步的方法。

2．实验内容

（1）动画设计

7-24　制作数字时钟标签组件，显示当前日期和时间，每秒刷新。将该标签添加到框架窗口如图 7-16 所示。

图 7-16　数字时钟

7-25　制作数字化倒计时牌，计时单位可以是秒、分或天。例如，奥运会倒计时 100 天。

7-26　制作两位秒数倒计时标签组件，每秒刷新，超过百秒以 A、B、C 等代替十位，用于路口的交通信号灯。秒数为 123 的标签在窗口中运行如图 7-17 所示。

7-27　动态演示算法数据的计算过程：幻方（见例 2.6）；（实验 2）杨辉三角；螺旋方阵；下标和相等方阵；约瑟夫环；哥德巴赫猜想；求 n 个数的最大公约数和最小公倍数。

① 幻方运行窗口如图 7-18 所示，输入矩阵阶数 n、初始位置和 sleeptime 时间，单击“计算”按钮，在表格中以动态方式显示计算结果，每显示一个数停顿 sleeptime 毫秒；单击“Stop”按钮，停止运行。初始位置有 4 种：第 0 行中间列，第 0 列中间行，最后一行中间列，最后一列中间行。

② 螺旋方阵运行窗口如图 7-19 所示，要求同幻方。初始位置有 4 种：$(0,0)$, $(0, n-1)$, $(n-1, 0)$, $(n-1, n-1)$。

7-28　四叶玫瑰线的图形动画设计。

修改例 6.7 程序，实现“演示动画过程”功能，逐点绘制图形；控制绘图速度；控制绘图过程，可随时终止绘制。

7-29　弹弹球。

若干不同颜色的球在跑，球有上/下、左/右方向，跑到窗口边界则换方向继续跑；使用 JSpinner 组件控制球的移动速度。运行窗口如图 7-20 所示。

图 7-17　两位秒数倒计时标签

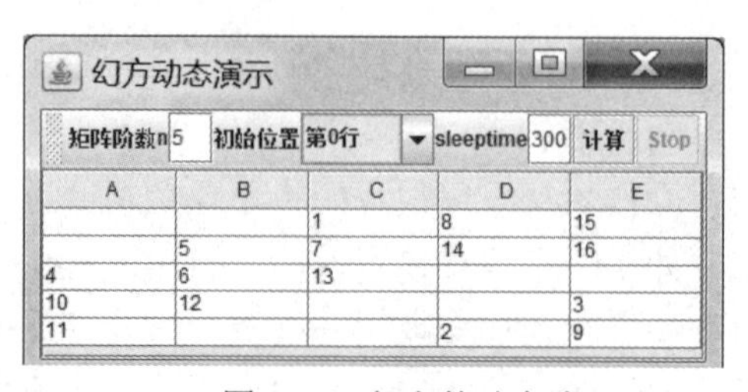

图 7-18　幻方的动态演示

螺旋方阵动态演示

矩阵阶数n 4　初始位置 (0,0)　sleeptime 300　计算　Stop

A	B	C	D
1	2	3	4
12	13		5
11			6
10	9	8	7

图 7-19　螺旋方阵的动态演示

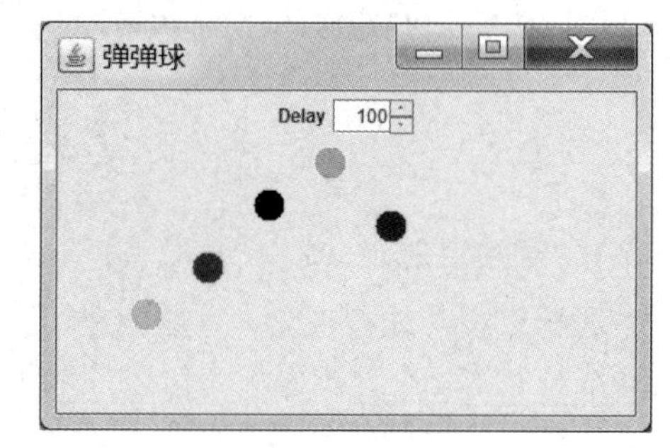

图 7-20　弹弹球

声明 Ball 球类如下。

```
// 球类，描述球的坐标、直径、颜色、移动方向等属性，提供 draw()画图方法实现
public class Ball
{
    int  x, y;                                              // 坐标
    int  diameter;                                          // 直径
    Color  color;                                           // 颜色
    int  right, down;                                       // 运动方向：向右、向下
    public Ball(int x, int y, int diameter, Color color)        // 构造方法
    public Ball()
    public void draw(java.awt.Graphics g)                   // 画图，以颜色、坐标、直径等属性画一个球
}
```

7-30　第 6 章所绘图形的动画设计。

将实验 6 所绘图形设计成动画，演示动态绘图过程，并增加对绘制过程的控制。

7-31　月食动画设计。

画月亮，表现月食过程，逐渐改变两个重叠圆的相对位置显示初月、满月等状态。控制位置、大小、移动速度等属性。

7-32　升旗动画设计。

画一幅由矩形和五角星构成的国旗，画出国旗冉冉升起的过程。控制位置、大小、移动速度等属性。

7-33　图形时钟。

Windows 日期和时间设置界面、Windows 桌面小工具时钟如图 7-21 所示。绘制图形时钟，显示当前时间，时间每秒变化，设置日期和时间。

7-34　多窗口交通信号灯的图形动画设计。

① 交通信号灯类，属性包括方向（东西、南北）、颜色（红、黄、绿）、车道（左转、直行、右转）、显示时间（秒）等。

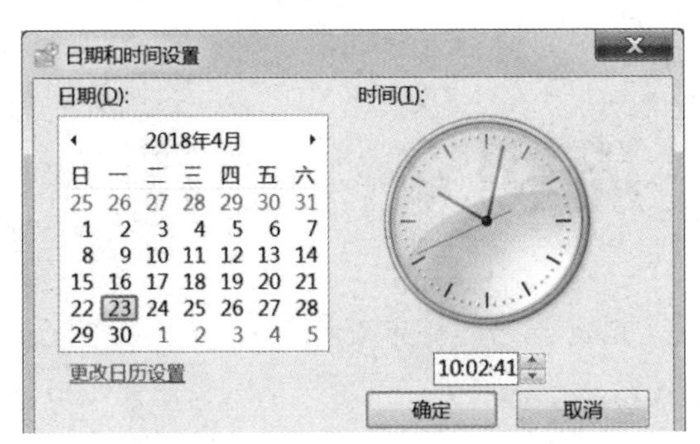

图 7-21 Windows 日期和时间设置，Windows 桌面小工具之时钟

② 图形动画的框架类，设计多个窗口分别控制三、四、五叉路口的交通信号灯，各方向的信号灯同时运行，其中某些方向（东西向、南北向）的信号灯相同。经过指定延时时间间隔，切换信号灯状态。以两位秒数显示倒计时（详见实验题 7-26）。

（2）线程互斥与同步

7-35 弹弹球穿越。

设有两个弹弹球窗口并排相邻，当一个球跑到两个窗口相邻的边界时，不弹回，而是穿越到相邻窗口中继续奔跑，如图 7-22 所示。每个窗口只有与其他窗口相邻的边才能被穿越，如左窗口的右边、可窗口的左边可被穿越。

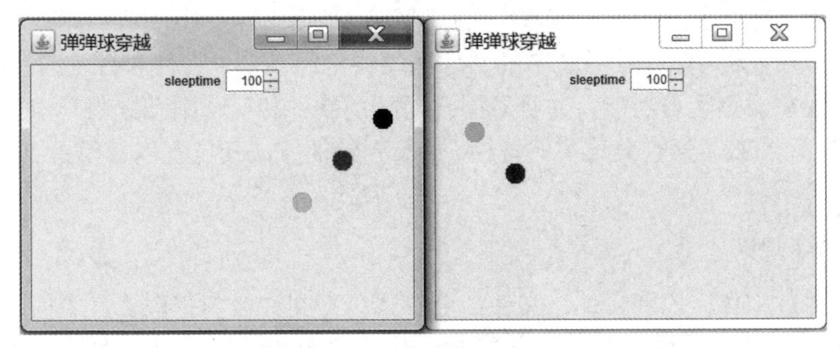

图 7-22 弹弹球穿越窗口

7-36 荷塘夜降彩色雨。

使用两个窗口拼接一个大荷塘，夜降彩色雨，骤雨晚来急，各色雨丝降落荷塘，激起涟漪。调整风向、风力和风速，当风向和风速达到指定值时，雨丝飘落至邻近窗口。

7-37 多窗口绘制曲线，为实验题 6-74 增加功能。

使用多个窗口拼接一种曲线图形，演示曲线图形的动态绘制过程。例如，使用 4 个窗口拼接绘制四叶玫瑰线，每个窗口绘制一瓣玫瑰线。

7-38 同步画图，为思考题 6-6 增加功能。

设有两个画图窗口同时运行，每个窗口包含命令面板和画布组件。采用线程通信，在各窗口中所绘图形将同步传输至其他窗口显示。

第 8 章　流和文件操作

本章先介绍文件和目录概念，再介绍 Java 字节流和字符流的功能和使用方法，最后介绍对文件操作的 File 类、文件过滤器、文件对话框组件等。本章讨论的类在 java.io 包中。

8.1　文件和目录

操作系统用文件概念来组织和管理存放在各种介质上的信息。文件（file）是由信息按一定结构方式组成、可持久保存的抽象机制。文件管理是操作系统不可或缺的重要功能。

8.1.1　文件

文件是操作系统组织和管理信息的基本单位。文件是一组信息的集合，信息按一定结构方式组成；文件可持久保存，通常存储在磁盘、光盘等外部存储介质上，使用时调入内存；文件由文件名所标识，文件名是由字母或数字组成的字母数字串。

文件是一种抽象机制。操作系统中的文件系统约定并实现了文件和目录的存储、组织、操作、检索、分配空间等管理功能，并且对用户隐蔽了硬件和实现细节。用户按照命令对文件/目录进行操作，而不必了解存储设备的特性、信息存储的方法和位置以及设备工作过程等实现细节。

1. 文件命名规则

文件系统通过文件名识别文件。文件命名形式包括文件名与扩展名，中间以“.”分隔。文件名用于识别文件；扩展名表示文件类型，用于文件分类，说明文件内容的内部格式。Windows 操作系统约定了一些文件类型，如.txt 表示纯文本文件，.exe 表示可执行文件，.bmp 表示位图图像文件，.doc 表示 Word 文档等。

Windows 约定文件名通配符“?”和“*”用于为一组文件提供过滤条件，“?”可代替一个任意字符，“*”可代替 0 到多个任意字符。例如，“A?C.txt”表示'A'、'C'之间可以有一个字符的文件名，如“ABC.txt”；“A*.txt”表示文件名以'A'开头的所有文本文件。

2. 文件属性

文件属性指操作系统为文件配置的控制和管理信息，包括以下内容。

① 文件基本属性：文件名和扩展名、文件所有者、文件授权者、文件长度等。

② 文件类型属性：普通文件、目录文件、系统文件、隐藏文件、设备文件等；或者按文件内容分为文本文件、二进制文件等。

③ 文件保护属性：规定谁能够访问文件，以何种方式访问，设置保护密码。常用文件访问方式有可读、可写、可执行、可更新、可删除等。

④ 文件管理属性：文件创建时间、最后访问时间、最后修改时间等。

⑤ 文件控制属性：文件逻辑结构信息，如记录键、记录类型、记录个数、记录长度、成组因子等；文件物理结构信息，如文件所在设备名、物理设备类型、记录存放的盘块号、或文件信息首块盘块号，也可指出文件索引表的位置等。

对设备的访问也是基于文件进行的。例如，标准输入是从键盘设备文件中读取数据，标准输出是向显示/打印设备文件写入数据。

3．文件逻辑结构

在一个文件内部，文件的组织结构是怎样的？文件组织是指文件中信息的配置和构造方式，包含两方面：文件逻辑结构和文件存储结构。文件逻辑结构是从用户角度所观察到的文件中信息的组织方式；文件存储结构是文件在外存储器上的实际存放方式。

文件逻辑结构分为两种形式：流式文件和记录文件。

① 流式文件是一种无结构的文件，文件中数据只是具有顺序关系的信息集合，信息的最小单位是字节或字符，称为字节/字符流式文件。例如，源程序、文本文件等是字符流式文件。

② 记录文件是一种有结构的文件，包含若干记录。记录（record）是文件中按信息在逻辑上的独立含义所划分的信息单位。记录在文件中的排列具有顺序关系，按其出现次序进行顺序编号，0、1、…。文件系统每次操作至少存储、查找或更新一个记录。

记录可被划分成若干个更小的数据项，数据项（item）是具有标识名的最小的不可分割的数据单位。一个记录描述一个对象，一个数据项描述一个对象的某个属性。数据项的集合构成记录，相关记录的集合构成文件。例如，学生基本信息文件由若干学生记录组成，每个记录描述一个学生信息，每个学生记录由学号、姓名、性别等数据项组成。应用程序每次向文件读/写的基本单位是记录，由应用程序实现记录及其数据项的类型描述，以及对一个记录的各数据项所需进行的操作。

流式文件也可看成每个记录只有一个数据项的记录式文件，而任何记录文件都可以看成以字节为单位的流式文件。

4．文件存取方法

存取方法是指读写文件存储器上的物理记录的方法，主要有顺序存取、随机存取等，说明如下，如图 8-1 所示，由文件类型、文件逻辑结构和用户需求等因素决定文件存取方法。

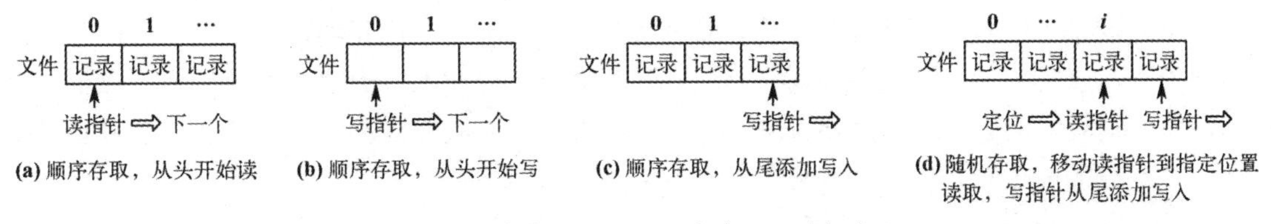

图 8-1　文件存取方法，顺序存取、随机存取

① 顺序存取，只能读或者写文件，按照从前向后顺序地依次读/写文件中的记录。有一个读或写指针记住文件当前记录位置，读/写操作总是读取/写入文件当前记录，再让文件读/写指针推进，指向下一个记录位置。文件添加方式指定写指针从尾开始。

② 随机存取，既能读又能写文件，有两个指针。读指针从头开始，指定一个记录序号，可将读指针移动（定位）到该指定记录序号位置，读取该位置记录，跳过了若干记录。写指针则从尾开始添加写入记录。

8.1.2 目录

文件系统采用目录机制对文件进行有效的组织和管理，并实现文件按名存取，即通过文件路径名搜索到文件的存储位置从而获得文件信息。

1. 文件控制块和目录

文件控制块（File Control Block，FCB）是操作系统为每个文件建立的唯一数据结构，用于对文件进行管理、控制和存取，包含文件名、属性、最后修改时间、存储地址等信息。例如，MS-DOS 的文件控制块 32 字节，如图 8-2 所示。

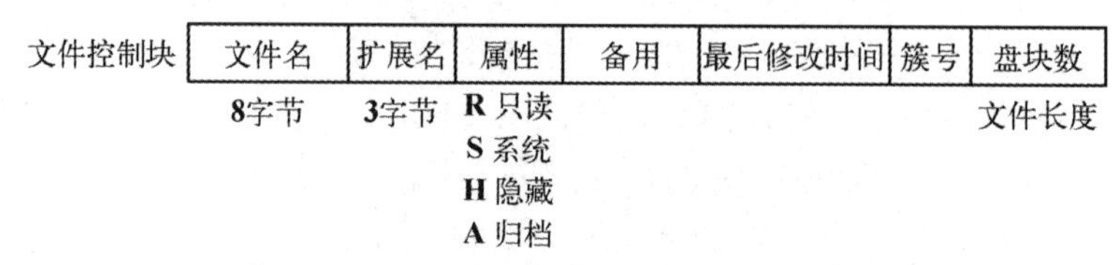

图 8-2 MS-DOS 的文件控制块（32 字节）

目录（directory）是文件的组织形式，是文件系统组织和管理文件的基本单位，Windows 系统称为文件夹（folder）。目录保存它所管理的所有文件的文件控制块 FCB，如图 8-3 所示。目录的基本功能是将文件名转换成此文件信息在磁盘上的物理位置，就像每本书的目录。目录也以文件形式保存，称为目录文件。目录文件至少包含两个目录项：当前目录项“.”和父目录项“..”。

目录项　　　　　　　　　　　　　　　　　　　　　　文件控制块FCB

文件名	扩展名	属性	备用	最后修改时间	簇号	盘块数
X	txt	A		…	…	…
Y	exe	R		…	…	…
子目录名				…	…	…

图 8-3 目录由目录项组成，文件目录项是 FCB

目录由目录项组成，目录项有两种：描述文件的目录项，用文件 FCB 描述一个文件；描述子目录的目录项。

2. 目录的树型层次结构

每个目录都可以包含子目录和文件，每级目录是下一级目录的说明，目录与子目录之间具有层次关系，以根目录为起点形成树型目录结构。Windows 文件系统的树型目录结构如图 8-4 所示，一个磁盘最顶层目录称为根目录，根目录是唯一的；从根目录向下包含多层子目录，而文件是这棵树的叶子结点，因为文件中不能包含另一个文件。

3. 文件路径与文件目录检索

在树型目录结构中，一个文件的路径名由文件路径和文件名组成。一个文件的绝对路径（absolute path）由根目录开始沿各级子目录到达该文件的路径上的所有子目录组成，各子目录名之间用斜线（/）或反斜线（\）分隔，如 D:\Program Files\Java\jdk-9\bin\javac.exe，其中“D:\”指定根目录。一个文件的相对路径（relative path）是由某个指定目录到达该文件的路径，如..\Java\jdk-9\bin\javac.exe，其中“..\”指定上级目录，也称父目录，即指定目录所在的目录。

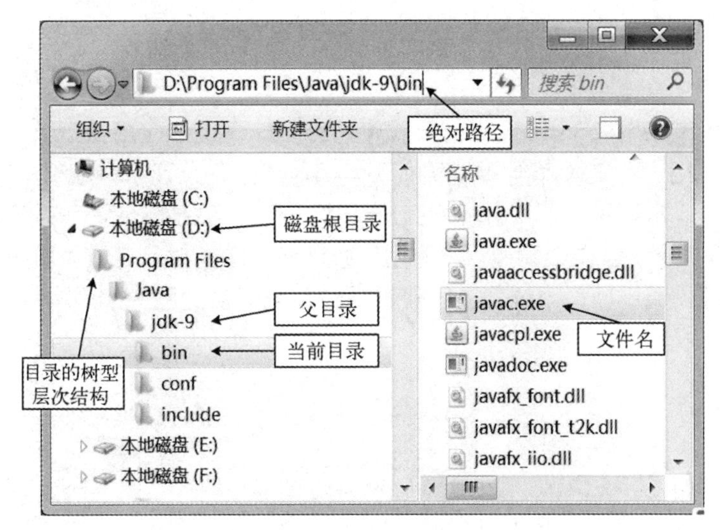

图 8-4　Windows 文件系统的树型目录结构

文件绝对路径名是区分文件的唯一标识，在一个目录中的文件名必须各不相同；在一个磁盘中，所有文件路径名各不相同。已知一个文件路径名，根据目录提供的文件组织信息，操作系统能够将文件路径名转换为文件实际的存储地址。因此，目录机制提供文件的组织、管理和检索功能，同时对用户隐蔽了硬件的实现细节，使用户不必了解文件存储方法、在存储介质上的具体物理位置以及设备实际运作方式，便可检索到文件并读取文件信息。

8.1.3　文件系统

1. 文件系统的功能

文件系统负责文件和目录管理，主要功能有：① 文件按名存取，实现从逻辑文件到物理文件的转换；② 文件目录的建立、维护和检索；③ 文件的查找和定位；④ 文件存储空间的分配和管理；⑤ 提供文件存取方法和文件存储结构；⑥ 实现文件共享、保护和保密；⑦ 提供给用户对文件操作的命令集合，提供给应用程序对文件操作的系统调用集合；⑧ 提供与设备管理交互的统一接口。

2. 对文件和目录的操作

文件系统提供对文件的基本操作有：创建文件、删除文件、复制文件，打开文件、关闭文件，读文件、写文件，设置、获得文件属性，文件重命名，设置文件访问权限，搜索文件等。

文件系统提供对目录的基本操作有：创建目录、删除目录，打开目录、关闭目录，目录列表，移动目录/重命名目录等。

3. 文件系统的接口

针对用户和应用程序两种对象，文件系统通过以下两种方式提供其功能和服务。

（1）命令接口，针对普通用户，人机交互

文件系统以操作命令形式将功能提供给普通用户使用。用户以手动方式对文件和目录等进行操作，实现人机交互功能。文件操作命令包括 MS-DOS 系统提供的 md、cd、dir、type 等命令；Windows 系统提供的资源管理器窗口作为管理文件和目录的图形用户界面，用户在其中使用鼠标以手动方式进行创建、打开、移动、删除文件/目录等操作。

（2）应用程序接口（API）

操作系统以系统调用（system call）形式将系统功能提供给应用程序使用，称为应用程序接口（API）。所有用户手工操作能够实现的功能都能通过系统调用在应用程序中实现。

程序设计语言通常将系统调用进一步封装成库函数，目的是隐藏操作系统内部结构和硬件细节，使系统调用更像一般函数调用。应用程序通过调用库函数就可以访问操作系统管理的各种软件、硬件资源，调用操作系统功能，获得操作系统提供的服务。

8.2 字节流

8.2.1 流的概念

1. 流的作用和意义

（1）流的定义、方向和读/写操作

流（stream）是指一组有顺序的、有起点和终点的字节集合，是对数据传输的总称或抽象。换言之，数据在两个对象之间的传输称为流。

在计算机系统中，数据流动具有方向，数据流动方向由计算机的硬件结构及外部设备的特性决定。数据由外部输入设备流向内存，这个过程称为数据输入，再由内存流向外部输出设备，这个过程称为数据输出。因此，流也具有方向，根据数据流动方向，分为输入流和输出流。

流的基本操作有读操作和写操作，从流中取得数据的操作称为读操作，向流中添加数据的操作称为写操作。一个流只能进行读或写操作中的一种，或者读，或者写，不能同时读和写。所以，对输入流只能进行读操作，对输出流只能进行写操作。

（2）流采用缓冲区技术

程序中，对流进行读/写操作的最小单位是字节，即一次可以写入或读取 1 字节。实际与外部设备之间传输数据采用的是缓冲区技术，将一块内存空间设计成缓冲区，暂时存放待传输的数据。通过缓冲区可以一次读/写若干字节，缓冲区使数据能够以足够大的数据块形式传输，从而能够显著地提高数据传输效率。配备缓冲区的流称为缓冲流（buffered stream）。

当向输出流写入数据时，系统将数据发送到缓冲区，而不是直接发送到外部设备。缓冲区自动记录数据，当缓冲区满时，系统将数据全部发送到相应的设备。如果在缓冲区写满之前就要进行数据传输，称为立即传输（flush）操作。

当从输入流中读取数据时，系统实际是从缓冲区中读取数据的。当缓冲区空时，系统会从相关设备自动读取数据，并读取尽可能多的数据充满缓冲区。

（2）流的作用

设计流的目的是，使数据传输操作独立于相关设备。程序中需要根据待传输数据的不同特性而使用不同的流，数据传输给指定设备后的操作由系统执行设备驱动程序完成。这样，程序中不需要关注设备实现细节，使得一个源程序能够用于多种输入/输出设备，从而增强程序的可重用性。例如，向打印机输出数据与向文件输出数据的操作是一样的，向打印机输出数据实际上就是向打印机设备文件输出数据。

2．流的存在

以下 4 种情况存在数据流动问题：

① 控制台应用程序的标准输入、输出操作。流的方向是从内存角度看的，在标准输入过程中，数据从键盘等输入设备流向内存，这是输入流；在标准输出过程中，数据从内存流向显示器或打印机等输出设备，这是输出流。

② 文件读/写操作。读文件操作中存在输入流，数据从磁盘流向内存；写文件操作中存在输出流，数据从内存流向磁盘。

③ 线程通信。数据从一个线程对象（内存）流向另一个线程对象（内存）。

④ 网络通信。数据从一台计算机的一个进程（内存）通过网络流向另一台计算机的一个进程（内存）。

应用程序通过输入、输出流对外部设备的文件进行读取和写入操作，如图 8-5 所示。

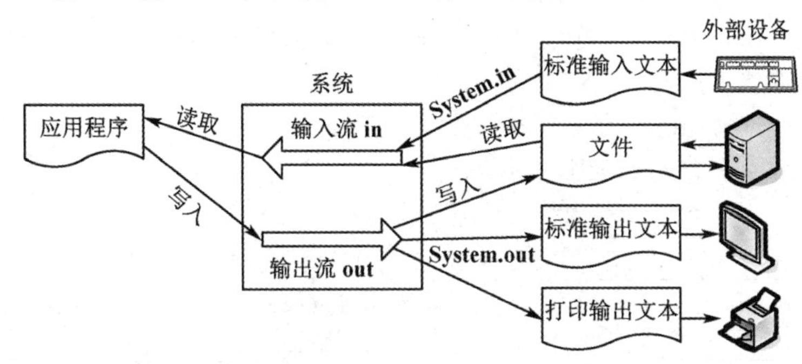

图 8-5　应用程序通过输入/输出流对文件进行读/写操作

3．Java 的流类

按照流中元素的基本单位，Java 的流分为字节流（binary stream）和字符流（character stream）；按照流的方向性，分为输入流和输出流。每种流类都有输入流和输出流两个类。

① 字节流以字节为单位读/写流，用于传输非字符数据，如整数、浮点数、对象等。InputStream 和 OutputStream 是字节输入/输出流的根类。

② 字符流以字符为单位读/写流，仅用于传输字符，包括各种字符集。Reader 和 Writer 是字符输入/输出流类的根类。

8.2.2　抽象字节流

1．InputStream

InputStream 抽象字节输入流类声明如下，其中约定读取字节等操作方法。

```
public abstract class InputStream extends Object implements Closeable
{
    public abstract int read() throws IOException;        // 返回读取的1字节，抽象方法
    public int read(byte[] buffer) throws IOException     // 读取多字节到buffer，返回读取字节数
    public void close() throws IOException                // 关闭字节输入流
}
```

其中，read()抽象方法从输入流中每次读取 1 字节，返回读取的该字节。read(byte[])方法每次读取若干字节到指定缓冲区 buffer，返回实际读取的字节数；如果 buffer 的长度是 0，

则返回 0；如果输入流结束，则返回-1。发生输入、输出错误时，抛出 java.io.IOException 异常。

2. OutputStream

OutputStream 抽象字节输出流类声明如下，其中约定写入字节等操作方法。

```
public abstract class OutputStream extends Object implements Closeable, Flushable
{
    public abstract void write(int value) throws IOException;  // 写入value的最低1字节，抽象方法
    public void write(byte[] buffer) throws IOException        // 将buffer字节数组元素写入字节流
    public void close() throws IOException                     // 关闭字节输出流
}
```

OutputStream 的子类需要实现单字节的 write(int)方法，而其他 write()方法都基于此方法。

【思考题 8-1】 ① write(int)方法写入 1 字节，read()方法读取 1 字节，参数和返回值类型均是 int，而不是 byte，为什么？② read()方法为什么能够将-1 作为输入流结束标记，-1 不是 int 整数吗？解答见 8.2.2 节的例 8.1。

InputStream/OutputStream 是字节输入/输出流的根类。它们的每个子类实现一种特定的字节输入/输出流操作，层次结构如图 8-6 所示，类名默认为 java.io 包。

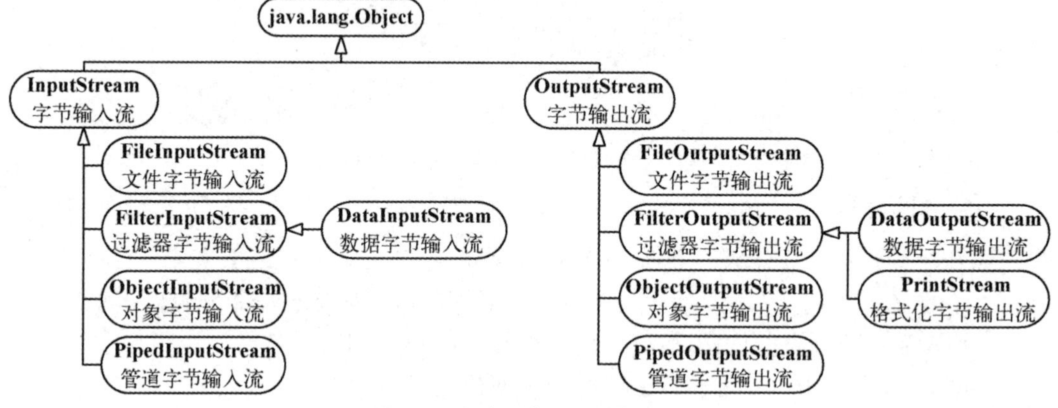

图 8-6　字节流类的层次结构

8.2.3　文件字节流

对文件进行读/写操作中的数据传输功能必须由文件输入/输出流实现。FileInputStream 和 FileOutputStream 类提供按字节读/写文件数据的方法，可读/写任何格式的文件。

1. FileInputStream

FileInputStream 类为读取文件操作提供文件字节输入流，声明如下：

```
public class FileInputStream extends InputStream
{
    public FileInputStream(String filename) throws FileNotFoundException  // filename指定文件名
    public FileInputStream(File file) throws FileNotFoundException        // file指定File文件对象
}
```

FileInputStream 构造方法创建文件字节输入流对象，由文件名字符串或 File 文件对象指定文件。如果指定文件不存在，则抛出 FileNotFoundException 文件未找到异常，它是 IOException

异常的子类。

FileInputStream 类实现了父类 InputStream 声明读取 1 字节的 read()方法，从文件头开始顺序读取，见图 8-1(a)。

2. FileOutputStream

FileOutputStream 类为写入文件操作提供文件字节输出流，声明如下：

```
public class FileOutputStream extends OutputStream
{
    public FileOutputStream(String filename) throws FileNotFoundException // filename 指定文件名
    public FileOutputStream(File file) throws FileNotFoundException      // file 指定 File 文件对象
    public FileOutputStream(String filename, boolean append) throws FileNotFoundException
    public FileOutputStream(File file, boolean append) throws FileNotFoundException
}
```

其中，FileOutputStream 构造方法创建文件字节输出流对象，由文件名字符串或 File 文件对象指定文件。append 参数指定文件的写入方式，默认值为 false（重写方式），数据从文件开始处写入（见图 8-1(b)），这样会覆盖文件中的原有数据，原有数据将丢失；若取值为 true（添加方式），数据添加在原文件末尾（见图 8-1(c)）。

如果指定文件路径正确而文件不存在，则创建一个新文件写入数据；如果指定文件路径错误，如文件夹不存在、文件名是 null 或""，则抛出 FileNotFoundException 文件未找到异常。

FileOutputStream 类实现了父类 OutputStream 声明写入 1 字节的 write(int)方法。

无论输入流或输出流，对流操作执行完后都必须关闭流。

流中的方法都声明抛出异常，调用流方法时必须处理异常，否则不能通过编译。使用流出现异常类的层次结构如图 8-7 所示，类名默认 java.lang 包。

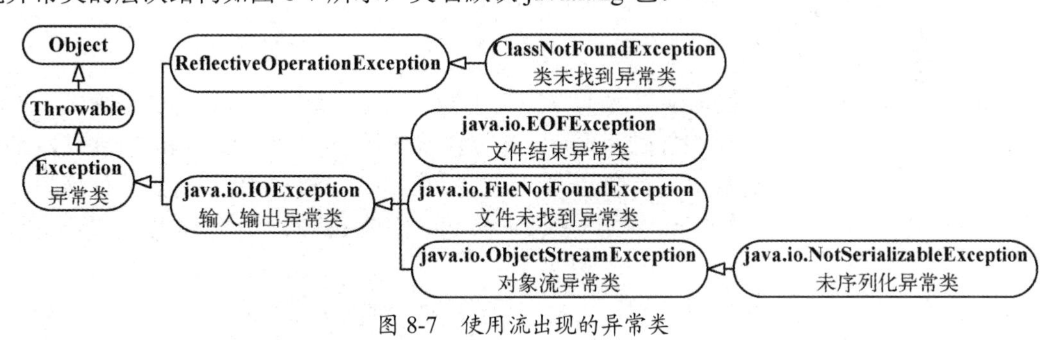

图 8-7　使用流出现的异常类

【例 8.1】 理解并使用字节流。

本例目的：① 演示从字节流中读/写字节的操作，说明字节流的原理；② 验证 int 整数组成，演示整数的位运算。

技术要点：

（1）从字节流中按字节读/写，理解字节流。

```
import java.io.*;
public class FileStream_byte1
{
    public static void main(String[] args) throws IOException          // 抛出异常，交由 JVM 处理
```

```
    {
        // 以下使用文件字节输出流将多个整数-1写入filename指定文件名的文件
        String filename = "fileStream.byte";                        // 指定文件名
        OutputStream out = new FileOutputStream(filename);          // 创建文件字节输出流对象
        out.write(-1);                                              // 写入整数参数的最低1字节
        out.write(-1);
        out.close();                                                // 关闭文件字节输出流
        // 以下使用文件字节输入流从filename指定文件中按字节读取
        InputStream  in = new FileInputStream(filename);            // 创建文件字节输入流
        int  i;                        // 以下in.read()读1字节作为int整数最低1字节，高位补0
        while((i=in.read()) != -1)                                  // 字节流结束返回-1
           System.out.print("  "+i);                                // 按int整数输出
        fin.close();                                                // 关闭文件字节输入流
    }
}
```

程序运行结果如下：

```
255 255
```

写入-1，却读出255。为什么？因为OutputStream类的write(int i)方法向字节流写入int整型i的低位1字节，InputStream类的read()方法从字节流中读取1字节，作为一个int整数的最低1字节，并将该整数的高位3字节补0，如图8-8所示。

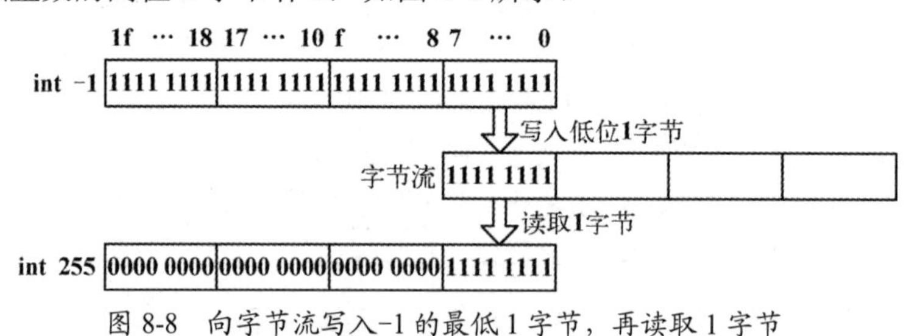

图8-8　向字节流写入-1的最低1字节，再读取1字节

read()和write(int)方法提供按字节读/写字节流的操作，而不管该字节表示什么含义。以int整型作为参数和返回值类型，原因有二：① Java整数默认是int类型，byte和short整数都是按int整数存储和运算，运算后再进行强制类型转换；② read()方法希望通过返回值标记输入流结束，若读取的1字节看成是int整数，则没有负数，因此read()方法能够以-1表示字节流结束。

如果将读取的1字节看成byte整数，执行以下语句，则输出结果是-1。

```
System.out.print("  "+(byte)i);                              // 按byte整数输出
```

（2）从字节流中读写4字节作为1个int整数，整数移位运算，理解字节流。

如果需要从字节流中按int整数格式进行读写操作，则将4字节作为一个单位进行。

以下程序段以拆拼字节方式从字节流中读写int整数，将一个int整数拆分成4字节，从高位到低位分别写入字节流，再分别读取4字节拼成一个int整数。

```
String  filename = "fileStream.int";                         // 指定文件名
OutputStream  out = new FileOutputStream(filename);          // 创建文件字节输出流对象
int  value = -128;
out.write(value>>>24);                  // int整数右移24位，高位补0，即写入int整数最高位1字节
out.write(value>>>16);
```

```
    out.write(value>>>8);
    out.write(value);                                                    // 写入整型最低位1字节
    out.close();                                                         // 关闭文件字节输出流

    InputStream  in = new FileInputStream(filename);                     // 创建文件字节输入流
    while ((value=in.read()) != -1)                                      // 读取1字节，字节流结束返回-1
    {
        int  tmp;
        for(int j=0; j < 3 && (tmp=in.read()) != -1; j++)                // 再读取3字节，拼成一个int整数
            value = value<<8 | tmp;                          // 左移8位，再加入低位1字节，<<的优先级比|高
        System.out.print(value+"  ");                                    // 按int整数输出
    }
    in.close();                                                          // 关闭文件字节输入流
```

将-128分成4字节写入字节流，再读取4字节组成一个int整数，如图8-9所示。

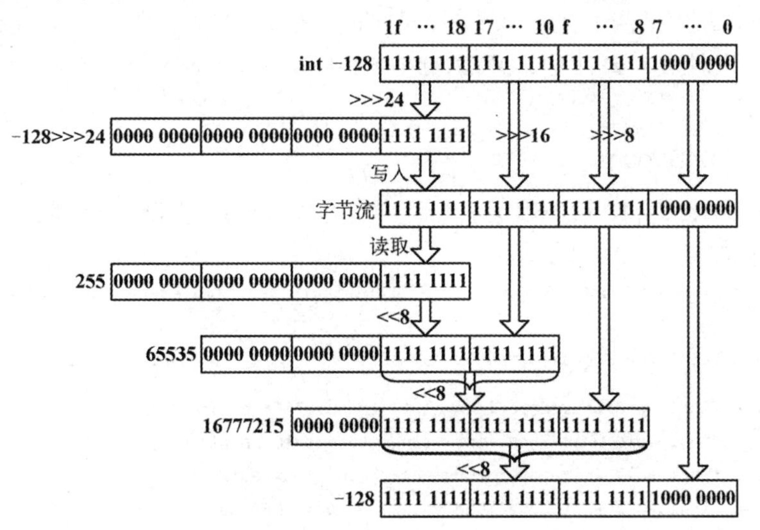

图8-9　-128按字节4次读/写字节流操作

同理，可从字节流读写指定字节表示的short整数、char字符或浮点数等。

本例目的是演示字节流与整数的关系，如果以此方式从文件中读写整数则太麻烦了。好在Java 已将该功能实现为数据字节流。如果需要从文件中读写整数或浮点数，应该使用文件字节流和数据字节流。

【思考题8-2】 ① 向字节流写入1字节-256和256，再各读取1字节，值为多少？② 从字节流读写2字节表示short整数或char字符等。

8.2.4　数据字节流

数据字节流以字节流作为数据源，提供从字节流中读写基本类型数据的方法，包括DataInputStream数据字节输入流类和DataOutputStream数据字节输出流类。

1. DataInputStream

DataInputStream数据字节输入流类以字节输入流作为数据源，声明以下从字节流中读取基本类型数据的若干read()方法，这些read()方法仅返回值不同，不能重载，因此方法名

不同。

```
public class DataInputStream extends FilterInputStream implements DataInput
{
    public DataInputStream(InputStream in)                  // 构造方法，in指定字节输入流作为数据源
    public final byte readByte() throws IOException         // 读取byte整数，1字节，最终方法
    public final short readShort() throws IOException       // 读取short整数，2字节
    public final int readInt() throws IOException           // 读取int整数，4字节
    public final long readLong() throws IOException         // 读取long整数，8字节
    public final float readFloat() throws IOException       // 读取float浮点数
    public final double readDouble() throws IOException     // 读取double浮点数
    public final char readChar() throws IOException         // 读取Unicode字符，2字节
    public final boolean readBoolean() throws IOException // 读取布尔值
}
```

readInt()方法从字节流中连续读取4字节组成一个int整数，算法描述见图8-9。数据字节输入流的结束标记不是-1，而是EOFException文件尾（end of file）异常，它是IOException异常的子类。

2．DataOutputStream

DataOutputStream数据字节输出流类以字节输出流作为数据源，声明以下向字节输出流写入基本类型数据的若干write()方法：

```
public class DataOutputStream extends FilterOutputStream implements DataOutput
{
    public DataOutputStream(OutputStream out)               // 构造方法，out指定字节输出流作为数据源
    public final void writeByte(int value) throws IOException  // 写入byte整数，1字节，最终方法
    public final void writeShort(int value) throws IOException
    public final void writeInt(int value) throws IOException          // 写入int整数，4字节
    public final void writeLong(long value) throws IOException
    public final void writeFloat(float value) throws IOException
    public final void writeDouble(double value) throws IOException
    public final void writeBoolean(boolean value) throws IOException     // 写入布尔值
    public final void writeChar(int value) throws IOException  // 写入Unicode字符，2字节
    public final void writeChars(String s) throws IOException  // 写入字符串
}
```

writeInt(int)方法向字节流连续写入一个int整数的4字节，算法描述见图8-9。

【例8.2】 随机数序列，采用整数文件保存表格组件中整数。

本例目的：① 使用数据字节流读写整数；② 保存表格数据到文件，编辑表格单元格。

功能说明：运行窗口如图8-10所示。① 文本行中输入随机数个数，单击“生成”按钮，生成随机数序列显示在表格中。② 双击表格中单元格可修改表格内容。③ 单击“保存”按钮，将表格中的所有整数存储到指定文件中，忽略其中不能转换成整数的字符串，忽略null单元格。④ 单击“打开”按钮，读取指定文件中整数添加到表格中，若文件不存在，则弹出对话框告知。

界面描述：框架北边添加命令面板，其上添加标签、文本行和按钮；框架中间添加表格。

技术要点：① 生成随机数序列；② 采用整数文件保存随机数序列，使用文件字节流和数据字节流对整数类型文件进行操作，每次读或写一个int整数。程序如下。

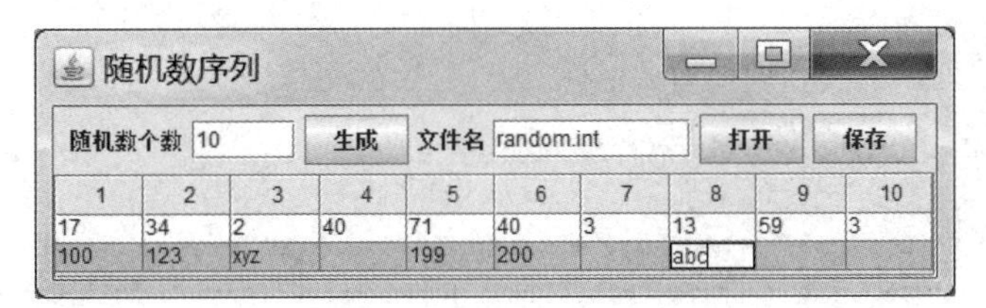

图 8-10　采用整数文件保存随机数序列

```
import java.awt.event.*;
import javax.swing.*;
import javax.swing.table.DefaultTableModel;
import java.io.*;
// 保存随机数序列的框架类，响应动作事件
public class FileRandomJFrame extends JFrame implements ActionListener
{
    protected JPanel  cmdpanel;                                   // 命令面板
    protected JTextField  text_filename, text_count;              // 文本行
    protected DefaultTableModel  tablemodel;                      // 表格模型

    public FileRandomJFrame(String filename)                      // 构造方法，filename 指定文件名
    {
        super("随机数序列");
        this.setBounds(300, 240, 530, 200);
        this.setDefaultCloseOperation(EXIT_ON_CLOSE);
        // 以下在框架北边添加命令面板，其上添加标签、文本行、按钮等组件
        this.cmdpanel = new JPanel();                             // 命令面板，默认流布局，居中
        this.getContentPane().add(this.cmdpanel, "North");
        this.cmdpanel.add(new JLabel("随机数个数"));
        this.cmdpanel.add(this.text_count = new JTextField(10+"", 5));
        this.text_count.addActionListener(this);
        String[]  bstr = {"生成", "打开", "保存"};
        for(int i=0; i < bstr.length; i++)
        {
            JButton  button = new JButton(bstr[i]);
            this.cmdpanel.add(button);
            button.addActionListener(this);
        }
        this.cmdpanel.add(new JLabel("文件名"), 3);
        String[] title = {"1","2","3","4","5","6","7","8","9","10"};
        this.cmdpanel.add(this.text_filename = new JTextField(filename,10),4);
        this.tablemodel = new DefaultTableModel(title, 0);        // 表格模型，0 行 10 列
        JTable jtable = new JTable(this.tablemodel);              // 创建表格，指定表格模型
        this.getContentPane().add(new JScrollPane(jtable));
        this.setVisible(true);
    }
    public void actionPerformed(ActionEvent event)                // 动作事件处理方法，单击按钮
    {
        // 单击“生成”按钮或单击文本行，在 this.tablemodel 表格模型中添加随机数
        if(event.getActionCommand().equals("生成") || event.getSource() == this.text_count)
            random(this.tablemodel, this.text_count);
```

```
        else
        {
            switch(event.getActionCommand())                            // 单击按钮，读或写文件
            {
                case "打开": readFrom(this.text_filename.getText(), this.tablemodel); break;
                case "保存": writeTo(this.text_filename.getText(), this.tablemodel);
            }
        }
    }
    // 添加随机整数到tablemodel表格模型中，个数由text文本行指定；清空tablemodel剩余单元
    protected void random(DefaultTableModel tablemodel, JTextField text)
    {
        try
        {   // 下句将文本行中字符串转换成整数，表示随机数个数，抛出数值格式异常
            int  n = Integer.parseInt(text.getText()), i = 0;
            int  columns = tablemodel.getColumnCount();                  // 获得表格模型列数
            int  rows = (n%columns == 0) ? n/columns : n/columns+1;    // 行数，没有多一行
            tablemodel.setRowCount(rows);                                // 设置表格行数，原来的数据还在
            for(i=0; i < n; i++)                                     // 设置表格模型前n个元素值为随机数
                tablemodel.setValueAt((int)(Math.random()*100), i/columns, i%columns);
            for(i=n; i/columns < rows && i%columns < columns; i++)     // 设置最后一行剩余单元格为空
                tablemodel.setValueAt(null, i/columns, i%columns);
        }
        catch(NumberFormatException ex)                                 // 捕获并处理数值格式异常
        {
            JOptionPane.showMessageDialog(this, "\""+text.getText()+"\"不能转换为整数。");
        }
    }
    // 读取filename整数文件，添加到tablemodel表格模型中。若文件不存在，则忽略。
    // tablemodel引用赋值，在方法体中修改其单元格值，作用于实际参数
    protected void readFrom(String filename, DefaultTableModel tablemodel)
    {
        try
        {
            InputStream  in = new FileInputStream(filename);        // 文件字节输入流
            DataInputStream  datain = new DataInputStream(in);      // 数据输入流，数据源是文件流
            tablemodel.setRowCount(1);                              // 设置表格只有一行，原来的数据还在
            int  i = 0, j = 0;
            while(true)                                             // 不知文件长度
            {
                try
                {
                    for(j=0; j < tablemodel.getColumnCount(); j++)
                        // 从数据字节输入流中读取一个int整数，设置到表格的(i,j)单元格
                        tablemodel.setValueAt(datain.readInt(), i, j);
                    i++;
                    tablemodel.addRow(new Object[tablemodel.getColumnCount()]);     // 表格加1行
                }
                catch(EOFException eof)                         // 当数据字节输入流结束时抛出文件尾异常
                {
```

```
                // 文本行显示整数个数
                this.text_count.setText((i* tablemodel.getColumnCount()+j)+"");
                while(j < tablemodel.getColumnCount())  // 将一行剩余单元格设置为null
                    tablemodel.setValueAt(null, i, j++);
                break;                                  // 退出while(true)循环
            }
        }
        datain.close();                                 // 先关闭数据流
        in.close();                                     // 再关闭文件流
    }
    catch(FileNotFoundException ex)                     // 若文件不存在，则忽略文件
    {
        JOptionPane.showMessageDialog(this, filename+"文件不存在。");
    }
    catch(IOException ex)
    {
        JOptionPane.showMessageDialog(this, "读取文件时数据错误");
    }
}
// 将tablemodel表格模型中所有整数写入filename整数文件，忽略不能转换成整数的字符串
protected void writeTo(String filename, DefaultTableModel tablemodel)
{
    try
    {
        // 下句创建文件字节输出流，若文件存在，则重写；若文件路径正确但文件不存在，则创建
        // 文件，否则抛出文件不存在异常
        OutputStream  out = new FileOutputStream(filename);
        DataOutputStream  dataout = new DataOutputStream(out);   // 数据字节输出流
        int  n = 0;
        for(int i=0; i < tablemodel.getRowCount(); i++)          // 获得表格模型行数
        {
            for(int j=0; j < tablemodel.getColumnCount(); j++)   // 获得表格模型列数
            {  // 下句获得表格指定单元格的对象，父类对象引用子类实例
                Object  obj = tablemodel.getValueAt(i,j);
                // 若表格单元格中是整数，则写入，不写入null
                if(obj != null && obj instanceof Integer)
                {
                    dataout.writeInt(((Integer)obj).intValue()); // 将整数写入数据字节输出流
                    n++;
                }
                // 若表格单元格中是输入或修改的字符串，则转换成整数写入，不写入null
                else if(obj != null && obj instanceof String && !obj.equals(""))
                {
                    try
                    {
                        dataout.writeInt(Integer.parseInt((String)obj));// 将串转换成整数写入流
                        n++;
                    }
                    catch(NumberFormatException ex) {}           // 忽略不能转换成整数的字符串
                }
```

```
            }
            dataout.close();                                        // 先关闭数据流
            out.close();                                            // 再关闭文件流
            this.text_count.setText(n+"");                          // 文本行显示写入的整数个数
        }
        catch(FileNotFoundException ex)          // 文件不存在异常，如文件路径错误、文件名是null或""
        {
            JOptionPane.showMessageDialog(this, "\""+filename+"\"文件不存在。");
        }
        catch(IOException ex)
        {
            JOptionPane.showMessageDialog(this, "写入文件时数据错误");
        }
    }
    public static void main(String[] arg)
    {
        new FileRandomJFrame("random.int");      //参数是文件名，当前文件夹；若无文件，写时创建
    }
}
```

其中，readFrom()方法采用嵌套的 try 语句捕获并处理两种异常：① 如果打开了指定文件，使用数据流从文件流中读取 int 整数，当数据字节输入流结束时，则由 readInt()方法抛出 EOFException 文件尾异常，catch 子句捕获该异常并退出 while(true)循环；② 如果指定文件不存在，new FileInputStream(filename)抛出 FileNotFoundException 异常，则忽略打开文件操作。

writeTo()方法写入表格模型中的整数，obj 获得表格指定单元格的对象，父类对象引用子类实例元素对象，分为两种情况：① 若 obj 引用 Integer 对象，则取得其中的 int 整数写入数据流；② 若在表格中输入或修改了数据，则 obj 引用 String 对象，要将字符串转换成 int 整数再写入数据流，捕获 NumberFormatException 异常，忽略不能转换成整数的字符串。

【思考题 8-3】 若将创建 FileOutputStream 流对象语句改为如下，程序运行结果会怎样？

```
OutputStream  out = new FileOutputStream(filename, true);          // 文件字节输出流，添加方式
```

8.2.5 对象字节流

对字节流的读/写操作也可以以对象为单位，每次读或写一个对象，称为对象字节流，包括 ObjectInputStream 对象字节输入流类和 ObjectOutputStream 对象字节输出流类，它们都以字节流作为数据源。ObjectInputStream 和 ObjectOutputStream 对象字节输入/输出流类声明如下，其中 readObject()、writeObject()方法用于读取和写入一个对象。

```
public class ObjectInputStream extends InputStream                  // 对象字节输入流类
{
    public ObjectInputStream(InputStream in) throws IOException   // 构造方法，数据源是字节输入流
    public final Object readObject() throws IOException, java.lang.ClassNotFoundException // 读对象
}
public class ObjectOutputStream extends OutputStream                // 对象字节输出流类
{
    public ObjectOutputStream(OutputStream out) throws IOException   // 数据源是字节输出流
    public final void writeObject(Object obj) throws IOException     // 写入一个对象
}
```

把一个对象的表示转换成字节流的过程称为序列化（serialization），反之，从字节流中重建对象的过程称为去序列化。对象能够序列化的标记是该类声明实现 java.io.Serializable 序列化接口，Serializable 是标记接口，其中没有方法。如果欲写入的对象没有实现序列化接口，则抛出 java.io.NotSerializableException 异常。

【例 8.3】 采用对象文件保存 Person 对象信息。

本例目的：演示使用对象流，以对象为单位读/写对象文件。响应窗口关闭事件。

功能说明：继承例 6.4 的 Person 对象信息管理框架类，运行窗口同例 6.4，如图 8-11 所示，构造方法中，从指定对象文件中读取对象，显示在列表框中；关闭窗口时，将列表框中的对象写入指定对象文件中。因此，框架必须响应窗口事件。

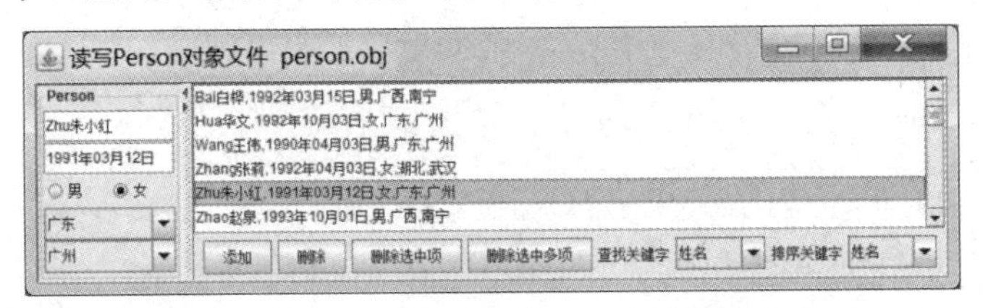

图 8-11 Person 对象信息管理，读/写对象文件

MyEclipse 设置编译路径包含项目：例 3.2 的 MyDate 类，例 3.3 的 Person 类，例 3.5 的 Student 类，例 6.4 的 Person 对象信息管理。

技术要点：① 要写入对象文件的对象必须序列化。

修改例 3.2 和例 3.3 的 MyDate 和 Person 类声明如下，实现 java.io.Serializable 序列化接口。

```
public class MyDate implements Comparable<MyDate>, java.io.Serializable
public class Person implements Comparable<Person>, java.io.Serializable
```

② 支持读/写文件功能的 Person 对象信息管理框架类。

```
import java.awt.event.*;
import java.io.*;
// 继承例 6.4 的 Person 对象信息管理框架类，增加读/写文件功能，当打开、关闭窗口时执行
public class FilePersonJFrame extends PersonJFrame implements WindowListener
{
    private String  filename;                                      // 文件名字符串

    public FilePersonJFrame(Person[] pers, PersonJPanel person, String filename)
    {
        super(pers, person);
        this.filename = filename;
        this.setTitle("读写 Person 对象文件  "+filename);
        this.addWindowListener(this);                              // 框架注册窗口事件监听器
        ListModelObjectFile.readFrom(this.filename, this.listmodel); // 读取对象文件到列表框模型
    }
    public FilePersonJFrame(String filename)
    {
        this(null, new PersonJPanel(), filename);
    }
    public void windowClosing(WindowEvent event)                   // 窗口关闭事件处理方法
    {
        ListModelObjectFile.writeTo(this.filename, this.listmodel);  // 将列表框模型写入对象文件
```

```
    }
    public void windowOpened(WindowEvent event) { }
    public void windowActivated(WindowEvent event) { }
    public void windowDeactivated(WindowEvent event) { }
    public void windowClosed(WindowEvent event) { }
    public void windowIconified(WindowEvent event) { }
    public void windowDeiconified(WindowEvent event) { }
    public static void main(String[] arg)
    {
        new FilePersonJFrame("person.obj");
    }
}
```

③ 列表框组件的对象文件。

```
import javax.swing.*;
import java.io.*;
// 列表框模型对象文件类，为列表框组件提供读写对象文件的通用方法
public class ListModelObjectFile
{
    // 若filename指定文件名的文件存在，则先删除listmodel列表框模型所有数据项，再将从文件中
    // 读取的所有T类对象，添加到列表框模型；若文件不存在，则弹出对话框告知
    public static <T> void readFrom(String filename, DefaultListModel<T> listmodel)
    {
        try
        {
            InputStream  in = new FileInputStream(filename);          // 文件字节输入流
            ObjectInputStream  objin = new ObjectInputStream(in);     // 对象字节输入流
            listmodel.removeAllElements();                            // 删除列表框模型所有数据项
            while(true)
            {
                try
                {
                    listmodel.addElement((T)objin.readObject());      // 列表框模型添加读取的对象
                }
                catch(EOFException eof)                      // 当对象输入流结束时抛出文件尾异常
                {
                    break;
                }
            }
            objin.close();                                            // 关闭对象流
            in.close();                                               // 关闭文件流
        }
        catch(FileNotFoundException ex)                               // 若文件不存在，则忽略文件
        {
            JOptionPane.showMessageDialog(null, "\""+filename+"\"文件不存在。");
        }
        catch(ClassNotFoundException ex)
        {
            JOptionPane.showMessageDialog(null, "指定类未找到错误");
        }
```

```
        catch(IOException ex) { }
    }
    // 将 listmodel 列表框模型中的 T 对象写到 filename 指定文件名的对象文件
    public static <T> void writeTo(String filename, ListModel<T> listmodel)
    {
        try
        {
            OutputStream  out = new FileOutputStream(filename);        // 文件字节输出流
            ObjectOutputStream  objout = new ObjectOutputStream(out); // 对象字节输出流
            for(int i=0; i < listmodel.getSize(); i++)
                objout.writeObject(listmodel.getElementAt(i));        // 写入列表框模型第 i 个对象
            objout.close();                                           // 关闭对象流
            out.close();                                              // 关闭文件流
        }
        catch(FileNotFoundException ex) // 文件不存在异常，如文件路径错误、文件名是 null 或""
        {
            JOptionPane.showMessageDialog(null, "\""+filename+"\"文件不存在。");
        }
        catch(IOException ex) {}
    }
}
```

8.2.6 管道字节流

前面讨论的是存在于文件输入/输出操作中的流问题，数据在内存与外部设备之间流动。此外，数据还可以在内存的两个对象之间流动，如例 7.7 的线程通信、两个线程对象之间传输数据。例 7.7 采用线程同步机制解决线程通信问题，需要设置缓冲区，还要设置信号量来保证多个线程协调一致地同步运行。

管道字节流提供在对象之间传输数据。采用管道流也可以实现例 7.7 的线程通信，创建两个管道流对象：管道输入流和管道输出流，并将两者连接起来，如图 8-12 所示，则管道流作为存储数据的缓冲区，发送线程向管道输出流顺序写入数据，接收线程从管道输入流中顺序读取数据。两个线程不是交互线程，所以线程间没有同步问题。

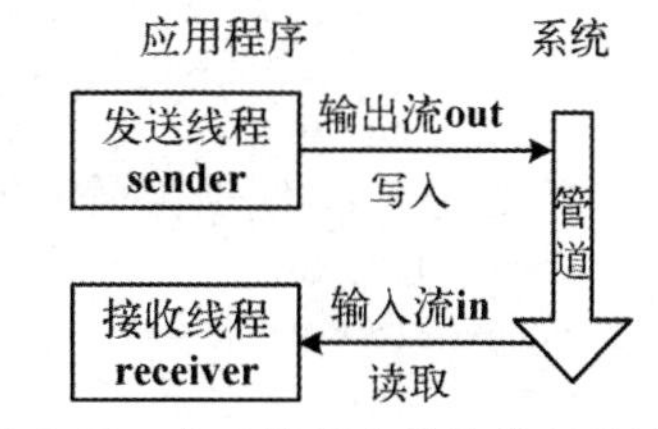

图 8-12　发送线程和接收线程通过管道流传输数据

PipedInputStream 和 PipedOutputStream 管道字节输入/输出流类声明如下：

```
public class PipedInputStream extends InputStream                         // 管道字节输入流类
{
    public PipedInputStream()                                             // 构造方法，没有连接
    public PipedInputStream(PipedOutputStream pout) throws IOException    // 构造并与 pout 连接
    public void connect(PipedOutputStream pout) throws IOException        // 与管道输出流 pout 连接
}
public class PipedOutputStream extends OutputStream                       // 管道字节输出流类
{
    public PipedOutputStream()                                            // 构造方法，没有连接
    public PipedOutputStream(PipedInputStream pin) throws IOException     // 构造并与 pin 连接
```

```
    public void connect(PipedInputStream pin) throws IOException         // 与管道输入流pin连接
}
```

带pin/pout参数的构造方法，在创建当前管道流对象的同时与另一个管道输出流对象pout/pin进行连接。例如：

```
PipedInputStream pin = new PipedInputStream();                          // 创建管道输入流
PipedOutputStream pout= new PipedOutputStream(pin);         // 创建管道输出流，并建立连接，未处理异常
```

【例8.4】 使用管道流实现发牌程序。

本例目的：使用管道字节流，实现例7.8发牌程序功能，运行窗口如图8-13所示。

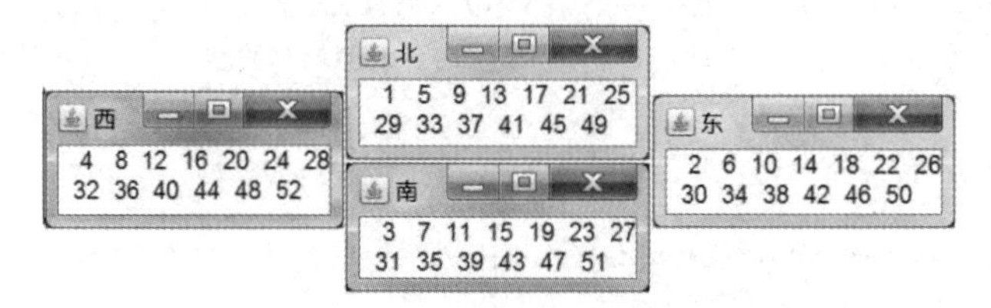

图8-13 使用管道流实现的发牌程序

功能说明：设有一个发送线程sender向管道输出流发送52张牌，另有4个接收线程receiver从管道输入流中接收牌，每个接收线程对象需要一个管道输入流，所以，需要建立4对连接的管道流对象，4组管道流及传送牌如图8-14所示。

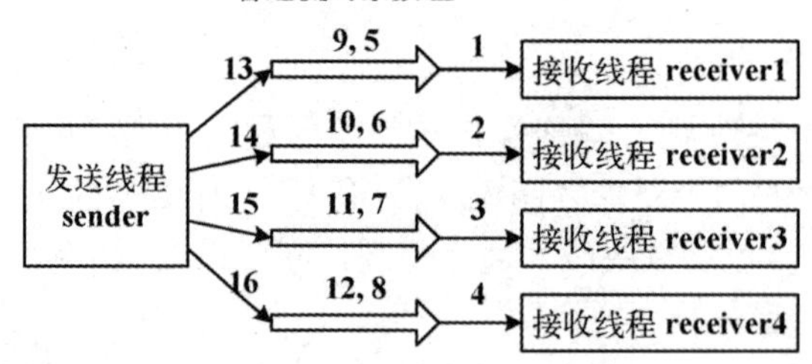

图8-14 发送线程通过管道流向接收线程、传送数据

技术要点：① 使用管道流的发牌程序如下。

```
import java.io.*;
public class PipedDeal                                                 // 使用管道流发牌
{
    // 构造方法，牌值范围是1~cardMax，number指定人数
    public PipedDeal(int cardMax, int number) throws IOException
    {
        // 以下创建管道字节输入/出流对象数组，
        PipedInputStream[] pipedins = new PipedInputStream[number];
        PipedOutputStream[] pipedouts=new PipedOutputStream[number];
        for(int i=0; i < number; i++)
        {
            pipedins[i] = new PipedInputStream();                      // 创建管道输入流对象
            pipedouts[i]= new PipedOutputStream(pipedins[i]);    // 创建管道输出流对象并建立连接
        }
        new CardSendToStreamThread(pipedouts, cardMax).start(); // 创建并启动发牌线程
        String[]  titles = {"北", "东", "南", "西"};
        int  x[] = {300, 550, 300, 50}, y[] = {200, 320, 440, 320};
        for(int i=0; i < number; i++)                                  // 创建并启动number个取牌线程
```

```
            new CardReceiveFromStreamJFrame(pipedins[i], titles[i], x[i], y[i]);
    }
    public static void main(String[] args) throws IOException
    {
        new PipedDeal(52, 4);
    }
}
```

② 声明 CardSendToStreamThread 发牌线程类如下，使用字节流。

```
import java.io.*;
public class CardSendToStreamThread extends Thread   // 使用字节流的发牌线程类
{
    private OutputStream[] outs;                        // 字节输出流对象数组，数组长度表示人数
    private int cardMax;                                // 最大牌值，牌值为 1 ~ cardMax
    // 构造方法，本例调用者传递给 outs 的是管道字节输出流数组
    public CardSendToStreamThread(OutputStream[] outs, int cardMax)
    {
        this.outs = outs;
        this.cardMax = cardMax;
        this.setPriority(Thread.MAX_PRIORITY);         // 设置线程最高优先级 10
    }
    public void run()                                   // 线程运行方法，发牌
    {
        DataOutputStream[]  dataouts = new DataOutputStream[this.outs.length];
        for(int i=0; i < dataouts.length; i++)
            dataouts[i] = new DataOutputStream(this.outs[i]);        // 数据流的数据源是管道字节流
        try
        {
            int  value = 1;
            while(value <= this.cardMax)                // 发牌 1 ~ cardMax
                for(int i=0; value <= this.cardMax && i<dataouts.length; i++)
                    dataouts[i].writeInt(value++);
            for(int i=0; i < dataouts.length; i++)
            {
                dataouts[i].close();                    // 关闭数据字节输出流，抛出 EOFException 异常
                this.outs[i].close();                   // 关闭管道字节输出流
            }                                           // 若无此 for，接收线程捕获的是 IOException 异常
        }
        catch (IOException ex) {}
    }
}
```

③ 声明 CardReceiveFromStreamJFrame 取牌框架类如下，包含线程。

```
import java.awt.Font;
import javax.swing.*;
import java.io.*;
// 使用管道字节流的取牌框架类，实现可运行接口，包含线程
public class CardReceiveFromStreamJFrame extends JFrame implements Runnable
{
    private InputStream  in;                            // 字节输入流
    private JTextArea  text;                            // 显示牌值的文本区
    // 构造方法，本例调用者传递给 in 的是管道字节输入流；title 指定窗口标题；x、y 指定窗口坐标
```

```
    public CardReceiveFromStreamJFrame(InputStream in, String title, int x, int y)
    {
        super(title);
        this.setBounds(x, y, 250, 150);
        this.setDefaultCloseOperation(EXIT_ON_CLOSE);
        this.in = in;
        this.text = new JTextArea();
        this.getContentPane().add(this.text);
        this.text.setLineWrap(true);                          // 设置文本区自动换行
        this.text.setEditable(false);                         // 不可编辑
        this.text.setFont(new Font("Arial", Font.PLAIN, 20));   // 设置字体
        this.setVisible(true);
        new Thread(this).start();                             // 启动取牌线程，this是线程的目标对象
    }
    public void run()                                         // 线程运行方法，取牌
    {
        DataInputStream datain=new DataInputStream(this.in);    // 数据输入流的数据源是管道字节流
        while(true)
        {
            try
            {
                text.append(String.format("%4d",datain.readInt()));   // 文本区添加从数据流读取整数
                Thread.sleep(100);                            // 控制显示每张牌的速度
            }
            catch(IOException | InterruptedException ex)    // 包含EOFException异常
            {
                break;
            }
        }
        try
        {
            datain.close();                                   // 关闭数据字节输入流
            this.in.close();                                  // 关闭管道字节输入流
        }
        catch(IOException ex) {}
    }
}
```

【思考题 8-4】 run()方法中的 while(true)循环何时结束？

综上所述，各种字节流提供的读/写方法如图 8-15 所示。

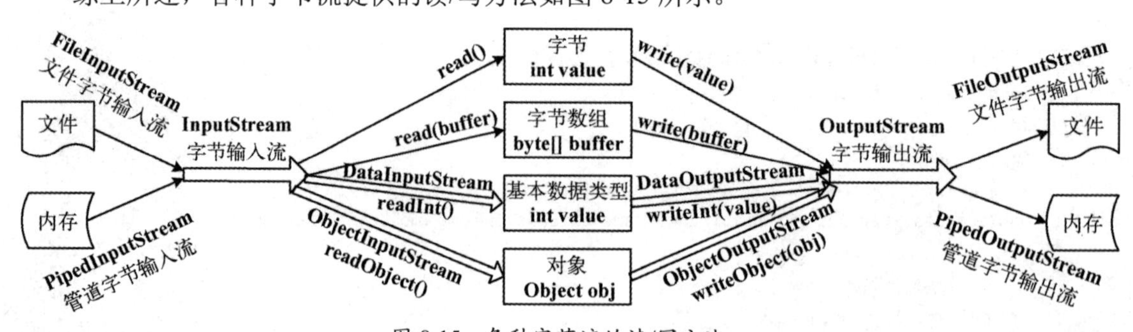

图 8-15 各种字节流的读/写方法

8.3 字符流

8.3.1 字符流类

Java 在 JDK 1.0 时推出了字节流，JDK 1.1 推出了字符流。虽然使用字节流也能读/写字符，但是由于存在多种字符集编码等问题，JDK 1.1 之后，Java 建议使用字符流处理字符，除了 Unicode 字符，还能读写 GBK 等其他字符集编码的字符。

字符流以字符为单位读/写流，包括各种字符集。

1. 抽象字符流

（1）Reader

Reader 抽象字符输入流类声明如下，其中约定读字符等操作方法。

```
public abstract class Reader extends Object implements Readable, Closeable    // 抽象字符输入流类
{
    public int read() throws IOException                          // 读一个字符，返回字符编码
    public int read(char[]buffer) throws IOException              // 读取若干字符到数组，返回读取字符数
    public abstract void close() throws IOException               // 关闭字符输入流
}
```

其中，read()方法从字符流中读取一个字符，返回字符编码。Unicode 字符集的编码范围是 0～65535（0x0000～0xffff）。如果输入流结束，返回-1。

（2）Writer

Writer 抽象字符输出流类声明如下，其中约定写字符的操作方法。

```
public abstract class Writer extends Object implements Appendable, Closeable, Flushable
{
    public void write(int ch) throws IOException                  // 写入一个字符
    public void write(char[] buffer) throws IOException           // 写入字符数组所有元素
    public void write(String str) throws IOException              // 将字符串 str 写入字符输出流
    public abstract void close() throws IOException;              // 关闭字符输出流
}
```

其中 write(int ch)方法将 ch 低 16 位表示的 1 个字符写入字符输出流，忽略 ch 的高 16 位。

【问题】 ① write(int)方法写入 1 个字符，read()方法读取 1 个字符，参数和返回值类型都是 int，而不是 char，为什么？② read()方法为什么能够将-1 作为输入流结束标记？

【答】 以 Unicode 字符集为例，char 字符占用 2 字节表示无符号整数，范围是 0～65535。与 byte、short 相同，Java 将 char 也按 int 整数存储和运算，运算后进行强制类型转换。再者，read()方法需要通过返回值表示输入流结束，用-1 作为输入流结束标记。因此，与 InputStream 和 OutputStream 类相同，read()和 write(int)方法的参数或返回值类型都是 int，而非 char。

Reader 和 Writer 是字符输入/输出流类的根类，它们及其子类的层次结构如图 8-16 所示。

2. 字节/字符转换流

InputStreamReader 和 OutputStreamWriter 将字节流转换成指定字符集的字符流，若没有指定字符集时，按照平台默认字符集转换。两者声明如下：

```
public class InputStreamReader extends Reader                    // 字节输入流转换成字符输入流类
{
```

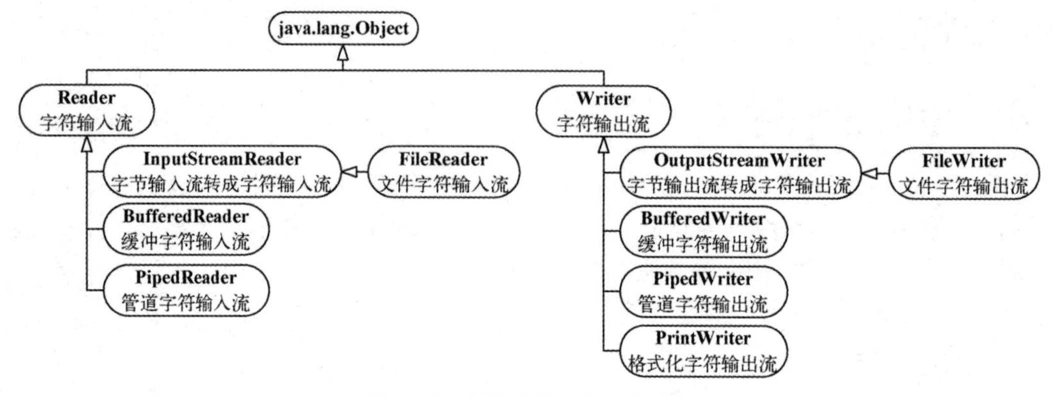

图 8-16　字符流类的层次结构

```
    // 以下构造方法将字节输入流 in 转换成 charset 指定字符集的字符输入流；若 charset 参数缺省，则转换成
    // 默认字符集的字符输入流；若不支持该字符集，则抛出异常
    public InputStreamReader(InputStream in)
    public InputStreamReader(InputStream in, String charset) throws UnsupportedEncodingException
    public String getEncoding()                            // 返回字符集名称字符串
}
public class OutputStreamWriter extends Writer         // 字节输出流转换成字符输出流
{
    public OutputStreamWriter(OutputStream out)        // out 指定字节输出流作为数据源，默认字符集
    public OutputStreamWriter(OutputStream out, Charset charset)         // charset 指定字符集
    public String getEncoding()                            // 返回字符集名称字符串
}
```

OutputStreamWriter 类的 write(int ch)方法，将 ch 表示的字符按 charset 指定字符集编码为字节，写入字节输出流 out 中。InputStreamReader 类的 read()方法，将从字节输入流 in 中读取的若干字节，按 charset 指定字符集解码为字符。

3. 文件字符流

文件字符流以字符为单位对文本文件进行读/写操作。文件字符流是转换流的子类，将从文件字节流获得的字节转换成 Unicode 字符，默认使用本机的字符集编码来读/写字符。

FileReader 和 FileWriter 类声明如下：

```
public class FileReader extends InputStreamReader              // 文件字符输入流类
{
    public FileReader(String filename) throws FileNotFoundException  // 构造，filename 指定文件名
    public FileReader(File file) throws FileNotFoundException    // file 指定 File 文件对象
}
public class FileWriter extends OutputStreamWriter             // 文件字符输出流类
{
    public FileWriter(String filename) throws IOException       // 构造方法，filename 指定文件名
    public FileWriter(String filename, boolean append) throws IOException  // append 指定添加方式
    public FileWriter(File file) throws IOException              // file 指定 File 文件对象
    public FileWriter(File file, boolean append) throws IOException
}
```

4. 缓冲字符输入流

缓冲字符流配有缓冲区，提供读/写一行字符串的方法。BufferedReader 缓冲字符输入流类

声明如下，BufferedWriter缓冲字符输出流类声明省略。

```
public class BufferedReader extends Reader          // 缓冲字符输入流类
{
    public BufferedReader(Reader reader)             // 构造方法，数据源是字符输入流
    public String readLine() throws IOException      // 读取一行字符串，输入流结束时返回null
}
```

【例 8.5】 读写组件文件的通用方法。

声明JTextAreaText类如下，为文本区组件提供读/写文本文件的通用方法。调用者见例8.7。

```
import javax.swing.*;
import java.io.*;
public class JTextAreaText                           // 为文本区组件提供读写文本文件的通用方法
{
    // 将从filename文本文件中读取的字符串添加到text文本区。使用缓冲字符流，逐行读取
    public static void readFrom(String filename, JTextArea text)
    {
        try
        {
            Reader reader = new FileReader(filename);               // 文件字符输入流
            BufferedReader bufrd = new BufferedReader(reader);      // 缓冲字符输入流
            text.setText("");                                       // 清空文本区
            String  line;
            while((line=bufrd.readLine()) != null)     // 读取一行字符串，缓冲字符输入流结束返回null
                text.append(line+"\r\n");              // text文本区添加line字符串，加换行
            bufrd.close();
            reader.close();
        }
        catch(FileNotFoundException ex)                // 若文件不存在，则忽略文件
        {
            if(!filename.equals(""))
                JOptionPane.showMessageDialog(null, "\""+filename+"\"文件不存在。");
        }
        catch(IOException ex) {}
    }
    // 将text文本区中的字符串写入到filename指定的文本文件中
    public static void writeTo(String filename, JTextArea text)
    {
        try
        {
            Writer  wr = new FileWriter(filename);     // 文件字符输出流
            wr.write(text.getText());                  // 写入文本区中的字符串
            wr.close();
        }
        catch(FileNotFoundException ex)       // 文件不存在异常，如文件路径错误、文件名是null或""
        {
            JOptionPane.showMessageDialog(null, "\""+filename+"\"文件不存在。");
        }
        catch(IOException ex) {}
    }
}
```

5. 格式化字符输出流

PrintWriter 格式化字符输出流类声明如下，其中 print()和 println()重载方法将基本数据类型、字符数组、字符串及对象等各数据类型参数值转换成字符串输出。

```
public class PrintWriter extends Writer
{
    public PrintWriter(OutputStream out, boolean flush)    // flush指定是否立即传输，默认false
    public void print(boolean bool)                        // 输出"true"或"false"
    public void print(char ch)
    // 将整数i的取值转换成字符串输出
    public void print(int i)
    public void print(long lg)
    public void print(float f)
    public void print(double d)
    public void print(char[] str)
    public void print(String str)
    public void print(Object obj)                          // 默认调用obj.toString()方法
    public void println()                    // 自动追加换行符，其他重载方法参数同上，省略
}
```

其他还有管道字符流，说明省略。综上所述，各种字符提供的读/写方法如图 8-17 所示。

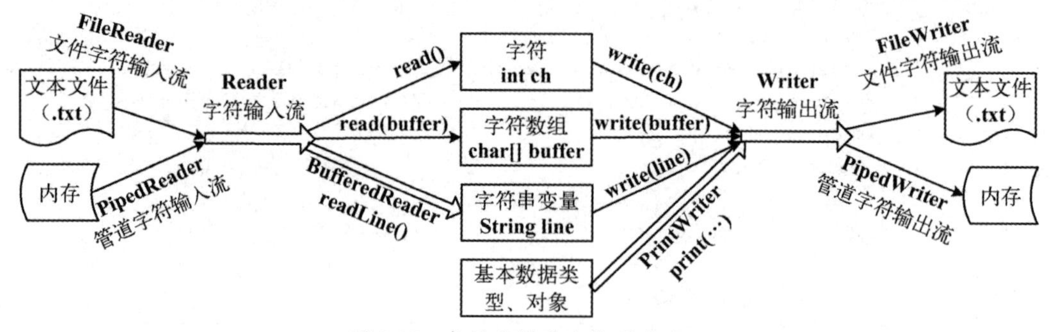

图 8-17　各种字符流的读/写方法

8.3.2 Java 标准输入、输出

在计算机系统中，标准输入指从键盘等外部输入设备中获得数据，标准输出指向显示器或打印机等外部输出设备发送数据。操作系统采用缓冲技术（预输入和缓输出）、虚拟设备（假脱机）等处理输入、输出操作，将标准输入、输出数据以文本文件方式与程序交换，分别称为标准输入文本和标准输出文本。Java 支持基于控制台应用程序的标准输入、输出操作。

1. 标准输入/输出常量

java.lang.System 类声明标准输入/输出常量 in、out 如下，实现标准输入、输出功能。

```
public final class System extends Object
{
    public final static InputStream in = nullInputStream();     // 标准输入常量
    public final static PrintStream out = nullPrintStream();    // 标准输出常量
}
```

System.in 和 System.out 分别从标准输入、输出流中读/写字节，见图 8-5。从语义上看，

它们应该是字符流，但它们的类型都是字节流，这是因为 Java 在 JDK 1.0 时就推出了字节流和标准输入、输出，用字节流实现了读/写字符及不同字符集的编码转换。JDK 1.1 推出了字符流，提供字节流与字符流的相互转换。

2. PrintStream

PrintStream 格式化字节输出流类声明 print()和 println()重载方法，将基本数据类型、字符数组、字符串及对象等数据类型参数值转换成字符串输出。除了 System.out，其他写入字符流应该使用 PrintWriter 类代替 PrintStream。

8.4 文件操作

Java 对文件的操作，除了通过流实现顺序存取的读/写操作，还提供 File 类记载文件属性信息，以及文件过滤器接口和文件对话框类。

8.4.1 文件类及其过滤器

File 文件类记载文件或目录的属性信息，包括文件名、文件长度、最后修改时间、是否只读等文件属性，提供创建文件/目录、删除文件/目录等文件操作方法，等等，总之，在 Windows 资源管理器中进行的文件操作也能够在 Java 应用程序中实现。

在打开、保存、复制文件时，读/写文件中数据内容的操作由流实现，不同类型的文件需要使用不同的流类。

1. 构造文件和目录对象

File 类声明如下，其中提供多种构造文件、目录对象的方法。

```
public class File extends Object implements Serializable, Comparable<File>
{
    public File(String pathname)                    // pathname 指定文件名
    public File(String parent, String child)        // parent 指定目录名，child 指定文件名
    public File(File parent, String child)          // parent 指定目录，child 指定文件名
}
```

在操作系统中，目录也是以文件形式保存的，称为目录文件。所以，一个 File 对象也可以表示一个目录。例如，下列语句分别创建文件对象：

```
File dir = new File(".");                           // 创建一个文件对象，表示当前目录
File dir = new File("../");                         // 表示当前目录的上一级目录
File dir = new File("");                            // 表示当前目录所在盘的根目录
File dir = new File("C:\\");                        // 表示 C 盘根目录 C:\
File file = new File(dir, "myfile.txt");            // 在 dir 指定目录中，以指定文件名创建文件对象
File file = new File("myfile.txt");                 // 在当前目录中，以指定文件名创建文件对象
```

操作系统约定，文件或目录的路径名由斜线（/）或反斜线（\）分隔。而在 Java 的字符串中，“\”之后是转义字符，所以，使用“\”作为路径分隔符时需要使用“\\”。

2. File 类的操作方法

创建一个文件对象后，可以用 File 类提供的方法来获得文件属性信息，对文件进行操作。

```
//（1）访问文件对象
public String getName()                         // 返回文件名，不包含路径名
public String getPath()                         // 返回相对路径名，包含文件名
public String getAbsolutePath()                 // 返回绝对路径名，包含文件名
public String getParent()                       // 返回父文件对象的路径名
public File getParentFile()                     // 返回父文件对象
//（2）获得或设置文件属性
public long length()                            // 返回文件的字节长度
public boolean exists()                         // 判断当前文件或目录是否存在
public boolean canRead()                        // 判断当前文件是否可读
public boolean canWrite()                       // 判断当前文件是否能修改
public boolean isHidden()                       // 判断文件是否是隐藏的
public boolean isFile()                         // 判断当前文件对象是否为文件
public boolean isDirectory()                    // 判断当前文件对象是否为目录
public boolean setReadOnly()                    // 设置文件属性为只读
public long lastModified()                      // 返回文件的最后修改时间
public boolean setLastModified(long time)       // 设置文件的最后修改时间
//（3）文件操作
public int compareTo(File pathname)             // 比较两个文件对象的内容
public boolean renameTo(File dest)              // 文件重命名
public boolean createNewFile() throws IOException  // 创建新文件
public boolean delete()                         // 删除文件或空目录
//（4）目录操作
public boolean mkdir()                          // 创建指定目录，正常建立时返回true
public String[] list()                          // 返回目录的文件列表（文件/目录名字符串）
public File[] listFiles()                       // 返回目录的文件列表（文件/目录对象）
```

3. 文件过滤器接口

在查看文件列表信息时，如果只希望查看一部分文件，可以指定一个过滤条件。Windows操作系统约定通配符“?”和“*”，“?”表示一个字符，“*”表示若干字符，如“*.txt”表示文件扩展名为.txt的文本文件。

在Java程序中，可以通过指定文件过滤条件来实现获得部分文件的功能，该功能需要使用文件过滤器接口和File类的方法共同完成。

（1）FileFilter接口

FileFilter接口声明如下，其中accept()方法实现文件过滤操作。

```
public interface FileFilter                    // 文件过滤器接口
{
    public abstract boolean accept(File file);  // 过滤操作，是否接受file文件对象保留在文件列表中
}
```

（2）File类的listFiles(filter)方法获得过滤后的文件列表

File类的listFiles()方法还有带过滤器参数的重载方法，声明如下：

```
public File[] listFiles(FileFilter filter)         // 返回目录过滤后的的文件列表（文件/目录对象）
```

listFiles(filter)方法首先获得当前目录下的全部文件列表，再对其中每个文件执行过滤器对象filter的accept()方法，按指定条件进行过滤，如果accept()方法返回true，则保留该文件，否则删除。这样，最终能够得到的是经过过滤的文件列表。

【例 8.6】 音乐播放器的文件列表。

本例目的：使用 File 类，显示带过滤器的文件列表，遍历树结构的目录及其所有子目录的方法是递归方法。

功能说明：设在指定项目下创建“我的音乐”文件夹，其中包含各种类型文件，其下还子文件夹，运行窗口如图 8-18 所示，图(b)没有设置过滤条件，文件列表显示全部文件名；图(c)设置过滤条件是“T*.mp3”，文件列表显示过滤过的文件名。

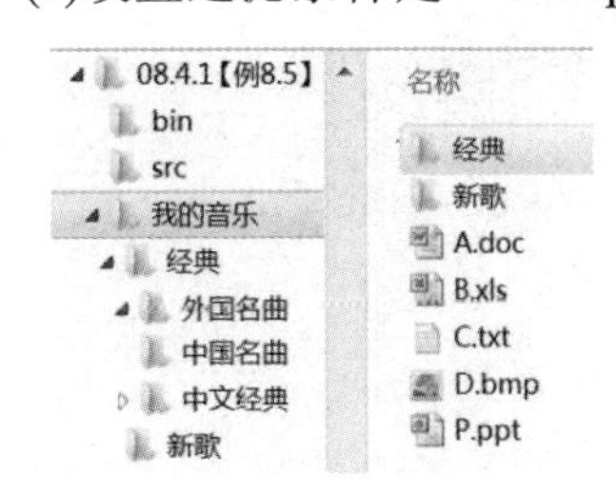

(a) “我的音乐”文件结构

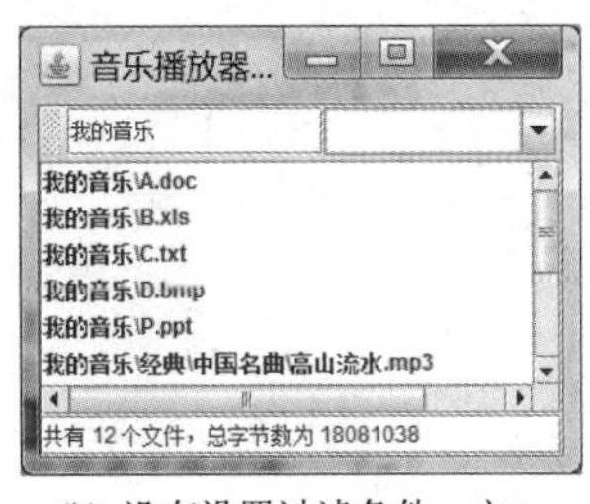

(b) 没有设置过滤条件，文件列表显示全部文件名

(c) 设置过滤条件，文件列表显示过滤过的文件名

图 8-18　音乐播放器的文件列表

界面描述：框架北边添加工具栏，其上有路径文本行和过滤条件组合框；框架中部添加列表框显示文件列表；框架南边添加状态栏，显示文件列表的文件数和总字节数。

技术要点：① 实现文件过滤器接口的类，以文件名作为过滤条件。

声明 PrefixExtFileFilter 文件名过滤器类如下，实现 FileFilter 文件过滤器接口，约定文件名过滤条件是文件名前缀和文件扩展名，如“T*.mp3”，由 accept()方法实现文件过滤操作。

```
import java.io.*;
public class PrefixExtFileFilter implements FileFilter    // 文件名过滤器类，实现文件过滤器接口
{
    private String  prefix = "", extension = "";          // 文件名前缀子串，文件扩展名
    // 构造方法，filterstr 指定过滤条件。算法获得其中的文件名前缀和扩展名分别存储在 prefix 和
    // extension，没有参数或“*.*”都表示所有文件。
    public PrefixExtFileFilter(String filterstr)
    {
        filterstr = filterstr.toLowerCase();              // 将字符串中字母全部转换小写
        int  i = filterstr.indexOf('*');                  // 寻找通配符“*”
        if(i > 0)
            this.prefix = filterstr.substring(0,i);       // “*”之前的字符串是文件名前缀
        i = filterstr.lastIndexOf('.');                   // 寻找最后的'.'
        if(i > 0)
        {
            this.extension = filterstr.substring(i+1);    // “.”后的字符串是文件扩展名
            if(this.extension.equals("*"))                // 识别“*.*”
                this.extension = "";
        }
    }
    public PrefixExtFileFilter()                          // 没有过滤条件，显示所有文件和子目录列表
    {
        this("");                                         // “*.*”同义
    }
```

```
    // 过滤操作，若file文件对象的文件名前缀和扩展名与prefix、extension匹配，
    // 则返回true，接受file文件对象保留在文件列表中
    public boolean accept(File file)
    {
        if(!file.isFile())                                       // 判断指定file对象是否是文件
            return false;
        String filename = file.getName().toLowerCase();     // 将文件名字符串转换成小写字母再比较
        return filename.startsWith(this.prefix) && filename.endsWith(this.extension);
    }
}
```

② 声明显示音乐播放器文件列表的框架类如下，运行窗口如图8-18(b)和(c)所示。

```
import java.awt.event.*;
import javax.swing.*;
import javax.swing.event.*;
import java.io.*;
// 显示音乐播放器文件列表的框架类，响应动作事件
public class ListJFrame extends JFrame implements ActionListener
{
    private JTextField  text_path, text_status;             // 路径文本行，状态文本行
    private JComboBox<String>  combox;                       // 过滤条件组合框
    this.combox.setEditable(true);                           // 组合框可编辑
    private JList<File>  jlist;                              // 显示文件列表的列表框
    private DefaultListModel<File>  listmodel;               // 列表框模型
    private int  count = 0, size = 0;                        // 文件数，所有文件总字节数

    public ListJFrame()
    {
        super("音乐播放器的文件列表");
        this.setBounds(300,240,650,300);
        this.setDefaultCloseOperation(EXIT_ON_CLOSE);
        // 以下添加工具栏，其上添加路径文本行、过滤条件组合框；添加状态文本行
        JToolBar  toolbar = new JToolBar();                  // 工具栏，默认水平方向
        this.getContentPane().add(toolbar,"North");         // 框架北边添加工具栏
        toolbar.add(text_path = new JTextField("我的音乐"));// 路径文本行
        text_path.addActionListener(this);
        this.getContentPane().add(text_status=new JTextField(),"South"); // 框架南边添加状态文本行
        String[] filternames = {"", "*.mp3", "*.wma", "*.*"};           // 过滤条件数据项
        this.combox = new JComboBox<String>(filternames);                // 过滤条件组合框
        this.combox.setEditable(true);                       // 组合框可编辑
        this.combox.addActionListener(this);                 // 组合框注册动作事件监听器
        toolbar.add(this.combox);
        // 以下在框架中间添加列表框
        this.listmodel = new DefaultListModel<File>();       // 列表框模型
        this.jlist = new JList<File>(this.listmodel);        // 列表框，指定列表框模型管理数据项
        this.getContentPane().add(new JScrollPane(this.jlist));  // 框架添加包含列表框的滚动窗格
        this.setVisible(true);
    }
    public void actionPerformed(ActionEvent event)          // 动作事件处理方法
    {
        if(event.getSource() == this.text_path || event.getSource() == this.combox)
```

```
        {
            String  filter = (String)this.combox.getSelectedItem();   // 获得组合框的过滤条件
            if(filter != null)
            {
                this.listmodel.removeAllElements();    // 列表框模型删除所有数据项
                count = 0;   size = 0;                 // count 记录文件数，size 记录所有文件总字节数
                addList(new File(this.text_path.getText()), new PrefixExtFileFilter(filter));
                this.text_status.setText("共有 "+count+" 个文件，总字节数为 "+size);
            }
        }
    }
    // 将 dir 目录文件列表（由 filter 指定过滤条件）中的文件对象，添加到 listmodel 中，并
    // 计算文件数和字节总数，递归方法
    private void addList(File dir, PrefixExtFileFilter filter)
    {
        File[]  files = dir.listFiles(filter);         // 返回dir目录由filter指定过滤条件的文件列表
        count += files.length;                         // 文件数
        for(int i=0; i < files.length; i++)
        {
            this.listmodel.addElement(files[i]);       // 列表框模型添加文件对象
            size += files[i].length();                 // 文件长度
        }
        files = dir.listFiles();             // 返回 dir 目录的文件列表，没有过滤，包含所有文件和子目录
        for(int i=0; i < files.length; i++)            // 继续添加各子目录文件列表中的文件对象
            if(files[i].isDirectory())                 // 判断指定 file 对象是否是目录
                addList(files[i], filter);  // 添加 files[i]子目录文件列表中的文件对象，递归调用
    }
    public static void main(String[] arg)
    {
        new ListJFrame();
    }
}
```

其中，addList()方法两次获得文件列表，参数不同，作用不同。① 调用 dir.listFiles(filter)方法，参数 filter 指定过滤条件，获得 dir 目录过滤过的文件列表，这是为了在列表框中显示文件对象，并计算文件数和字节总数。② 调用 dir.listFiles()方法，没有参数，没有过滤，获得 dir 目录的文件列表，包含所有文件和子目录。这是为了获得所有子目录，再对每个子目录执行递归调用 addList()方法。由于目录包含子目录构成树结构，因此 addList()方法是递归方法。

本例只是获得文件或目录的属性，并未打开文件或保存文件，所有程序中没有使用流。

【思考题 8-5】 ① 保存播放列表文件，采用对象文件保存列表框中的 File 对象。② 保存文件过滤器，采用文本文件保存文件过滤器组合框中的文件过滤字符串。

8.4.2 文件选择对话框组件

Windows“打开”文件对话框如图 8-19 所示，用于选择文件。保存文件对话框类似。

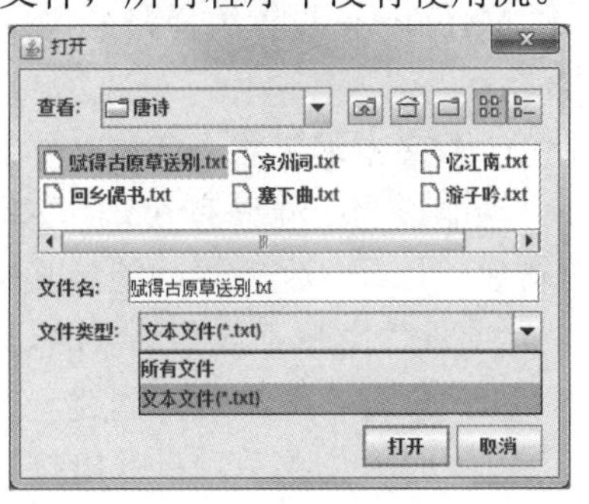

图 8-19 “打开”文件对话框

1. JFileChooser 组件

javax.swing.JFileChooser 文件选择对话框组件类声明如下，可调用打开/保存文件对话框，设置过滤条件，改变查看路径，从文件列表中选择文件。

```
public class JFileChooser extends JComponent implements Accessible
{
    public static final int APPROVE_OPTION = 0;            // 单击对话框的“打开”或“保存”按钮
    public static final int CANCEL_OPTION = 1;             // 单击对话框的“取消”按钮
    public JFileChooser()
    public JFileChooser(String directoryPath)              // 参数指定对话框的初始路径
    public JFileChooser(File directory)
    public void setFileFilter(javax.swing.filechooser.FileFilter filter)      // 设置文件过滤器
    public void setCurrentDirectory(File dir)              // 设置对话框的路径为 dir
    public int showOpenDialog(Component parent) throws HeadlessException // 显示打开文件对话框
    public int showSaveDialog(Component parent) throws HeadlessException // 显示保存文件对话框
    public File getSelectedFile()                          // 返回选中文件
}
```

其中，showOpenDialog()方法显示打开文件对话框，返回 JFileChooser 常量表示单击的是哪个按钮。单击“打开”按钮，返回 APPROVE_OPTION，再调用 getSelectedFile()方法获得选中文件；单击“取消”按钮，返回 CANCEL_OPTION。showSaveDialog()方法显示保存文件对话框，返回值亦然。

注意： JFileChooser 以对话框形式提供选择文件的方式，本身并没有打开或保存文件，必须使用流编写打开或保存文件的程序。

2. JFileChooser 的文件过滤器

打开/保存文件对话框示例见图 8-19，当在“文件类型”组合框中选择一个文件类型时，就设置了一个过滤条件，之后只显示该类型的文件列表。

JFileChooser 使用的文件过滤器是 javax.swing.filechooser.FileFilter 抽象类，声明如下：

```
public abstract class FileFilter extends Object
{
    public abstract boolean accept(File file);             // 过滤操作，file 指定待过滤文件
    public abstract String getDescription();               // 文件类型描述字符串
}
```

【例 8.7】 文本文件编辑器和文件管理器。

本例目的： 模拟 Windows 的文件管理器和编辑文本文件的记事本功能。

MyEclipse 设置编译路径包含项目：例 6.5 的文本编辑器、例 8.5 的读/写组件文件的通用方法。

（1）文本编辑器，增加文件操作

功能说明： 继承例 6.5 的文本编辑器的图形用户界面，如图 8-20 所示，实现对文本文件的新建、打开、保存等功能，其中文本区组件显示指定文本文件内容。

“文件”菜单下各菜单项的功能说明如下：

①“新建”菜单项，创建一个文本文件，文本区空，可输入。

②“打开”菜单项，弹出打开文件对话框（见图 8-19），从中选择一个文本文件；在文本区中显示该文本文件内容，可编辑修改。

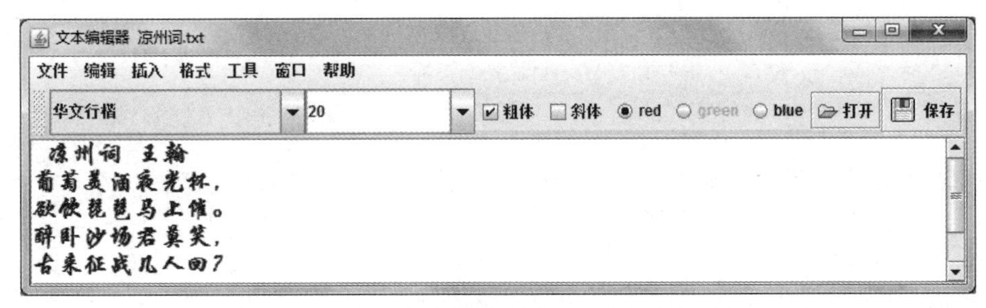

图 8-20　例 6.5 文本编辑器窗口，增加文件功能

③“保存”菜单项，如果文件没有保存过，则弹出保存文件对话框，指定文件名和路径，保存该文件内容；否则只执行保存操作，不打开保存文件对话框。

④“另存为”菜单项，无论文件是否保存过，都要弹出保存文件对话框，指定文件名，选择文件路径，保存文件内容。其中，为打开和保存文件对话框设置“文本文件(*.txt)”过滤器（见图 8-19）。

技术要点：① 使用字符流读写文本文件；② 使用 JFileChooser 文件对话框，打开或保存文件，设置文件过滤器。程序如下。

```
import java.awt.event.*;
import javax.swing.*;
import java.io.*;
// 文本编辑器框架类，继承例 6.5 文本编辑器，实现窗口事件监听器
public class TextEditorJFrame extends EditorJFrame
{
    private File  file;                                          // 文件对象
    protected JFileChooser  fchooser;                            // 文件选择对话框

    public TextEditorJFrame(File file)                           // 构造方法，file 指定文件对象
    {
      super();                                                   // 图形用户界面同例 6.5 文本编辑器
      this.setDefaultCloseOperation(DISPOSE_ON_CLOSE);           // 释放窗口
      this.fchooser=new JFileChooser(new File("唐诗",""));       // 创建文件对话框，指定起始路径
      this.fchooser.setFileFilter(new ExtensionFileFilter("文本文件(*.txt)", "txt"));    // 设置文件过滤器
      this.file = file;                                          // 文件对象
      if(file == null)
          this.file = new File("");
      this.readFrom(this.file, this.text);                   // 读取文本到文本区
      this.setTitle("文本编辑器  "+this.file.getName());      // 标题栏添加文件名
    }
    public TextEditorJFrame()                                // 构造方法
    {
       this(new File(""));
    }
    public void actionPerformed(ActionEvent event)           // 动作事件处理方法，覆盖父类同名方法
    {
       super.actionPerformed(event);                         // 调用父类的动作事件处理方法
       actionMenuItem(event);                                // 文件菜单项的动作事件处理方法
    }
    protected void actionMenuItem(ActionEvent event)         // 文件菜单项的动作事件处理方法
```

```
    {
        String  mitem = event.getActionCommand();           // 菜单项名
        if(mitem.equals("新建"))                             // 单击“新建”菜单项
        {
            this.file = new File("");                       // 创建一个文件
            this.setTitle("文本编辑器  ");                   // 设置框架窗口标题
            this.text.setText("");                          // 清空文本区
            return;
        }
        if(mitem.equals("打开") && fchooser.showOpenDialog(this) == 0)
        {   // 以下当单击“打开”菜单项弹出打开文件对话框且单击了“打开”按钮时，将选中文件读取到文本区
            this.file = fchooser.getSelectedFile();         // 获得文件对话框的选中文件
            this.readFrom(this.file, this.text);            // 读取文件到文本区
            this.setTitle("文本编辑器  "+this.file.getName());   // 为框架窗口标题添加文件名
            return;
        }
        if(mitem.equals("保存") && !this.file.getName().equals(""))
            this.writeTo(this.file, this.text);             // 保存文件内容，不显示文件对话框
        // 以下若保存空文件或执行“另存为”菜单项，弹出保存文件对话框且单击了“保存”按钮，则保存文件内容
        else if((mitem.equals("保存") && this.file.getName().equals("") || mitem.equals("另存为"))
                                                             && fchooser.showSaveDialog(this)==0)
        {
            this.file = fchooser.getSelectedFile();         //获得文件对话框的选中文件
            if(!file.getName().endsWith(".txt"))
                this.file= new File(this.file.getAbsolutePath()+".txt");   // 添加文件扩展名
            this.writeTo(this.file, this.text);             // 保存文件内容
            this.setTitle("文本编辑器  "+this.file.getName());
        }
    }
    // 读取file指定文本中的字符串，添加到text文本区中。方法体省略，详见例8.5
    public void readFrom(File file, JTextArea text)
    // 将text文本区中的字符串写入file指定文本文件中。方法体省略，详见例8.5
    public void writeTo(File file, JTextArea text)
    public static void main(String[] arg)
    {
        new TextEditorJFrame(new File("唐诗\\凉州词.txt"));
    }
}
```

其中，从 JFileChooser.showOpenDialog()和 showSaveDialog()方法的返回值只能知道单击的是文件对话框中的哪个按钮，当单击“打开”或“保存”按钮时，再调用 getSelectedFile()方法获得选中文件；而单击“取消”按钮时，当前文件对象 this.file 仍然是原值。

注意： getSelectedFile()方法仅返回待打开的文件对象，并没有执行打开文件操作，而打开文件的操作需要使用流完成。本例使用字符流读/写文本文件。

（2）JFileChooser 使用的文件过滤器

声明 ExtensionFileFilter 文件过滤器类如下，为 JFileChooser 组件提供以文件扩展名为过滤条件的文件过滤器，在打开或保存文件对话框中使用，实现文件过滤功能。

```
import java.io.File;
// 文件过滤器类，提供以文件扩展名为过滤条件，给 JFileChooser 组件使用；继承 FileFilter 类
public class ExtensionFileFilter extends javax.swing.filechooser.FileFilter
{
    private String description, extension;                  // 文件类型描述，文件扩展名

    public ExtensionFileFilter(String description, String extension)
    {
        this.description = description;
        this.extension = extension.toLowerCase();
    }
    public boolean accept(File file)                        // 过滤操作，file 指定待过滤文件
    {
        return file.getName().toLowerCase().endsWith(this.extension);     // 文件扩展名匹配
    }
    public String getDescription()                          // 文件类型描述字符串
    {
        return this.description;
    }
}
```

（3）文件管理器，使用表格显示文件列表和文件属性

功能说明：文件管理器程序实现新建文件、打开文件、复制文件、删除文件、改变当前目录等功能，图形用户界面及菜单结构如图 8-21 所示，使用表格显示文件列表和文件属性。

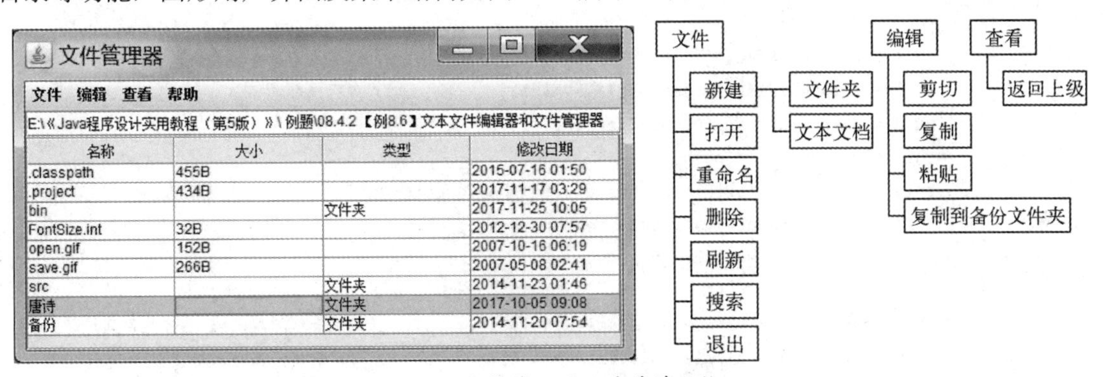

图 8-21　文件管理器及其菜单结构

界面描述：文件管理器框架窗口的北边添加文本行作为地址栏，其中显示当前目录路径；框架中间添加表格组件，显示当前目录的文件列表，表格每一行显示一个文件/目录的名称、大小、类型和修改日期等属性。选中表格某行，可执行菜单命令进行打开文件、删除文件、复制文件等操作。菜单功能说明如下。

① 选中一个文件时，执行“文件▸打开”菜单命令，如果当前选中的是 .txt 文件，将打开文本文件编辑器，否则不执行；执行“文件▸复制到备份文件夹”菜单命令，将当前文件复制到“备份”文件夹中，如果“备份”文件夹不存在，则创建；执行“文件▸删除”菜单命令，将当前选中文件删除。

② 选中一个子目录时，执行“文件▸打开”菜单命令，将进入该子目录，并显示其中的文件名和子目录名；执行“文件▸删除”菜单命令，将删除当前子目录。

③ 执行“查看▸返回上级”菜单命令，返回上一级目录并将路径显示在文本行中。

技术要点：① 使用 JTable 表格显示文件列表和文件属性。② 删除文件列表中指定目录及其中所有子目录和文件的方法，是递归算法。③ 声明使用字节流复制文件方法。程序如下。

```
import java.text.SimpleDateFormat;
import java.util.Date;
import java.awt.event.*;
import javax.swing.*;
import javax.swing.table.DefaultTableModel;
import java.io.*;
// 文件管理器框架类，继承框架类，响应动作事件
public class FileManagerJFrame extends JFrame implements ActionListener
{
    private File dir;                                   // 文件对象，表示指定目录
    private File[] files;                               // 保存指定目录中所有文件
    private JTextField text;                            // 地址栏，显示目录路径
    private JTable jtable;                              // 表格，显示指定目录中所有文件和子目录的属性
    private DefaultTableModel tablemodel;               // 表格模型

    public FileManagerJFrame()
    {
        super("文件管理器");
        this.setBounds(300,200,600,480);                      // 设置窗口位置及大小
        this.setDefaultCloseOperation(EXIT_ON_CLOSE);
        this.addMenu();                                       // 添加窗口菜单
        this.dir = new File(".");                             // 创建表示当前目录的文件对象
        String path = this.dir.getAbsolutePath();             // 获得绝对路径
        path = path.substring(0,path.length()-1);
        this.dir = new File(path);
        this.text = new JTextField(this.dir.getAbsolutePath());      // 显示目录路径
        this.getContentPane().add(this.text,"North");
        this.text.addActionListener(this);
        String[]  titles = {"名称", "大小", "类型", "修改日期"};
        this.tablemodel = new DefaultTableModel(titles,0); // 默认表格模型，titles 指定列标题，0 行
        this.jtable = new JTable(this.tablemodel);            // 创建表格，指定表格模型
        this.getContentPane().add(new JScrollPane(this.jtable));
        listFilesToTableModel();                              // 表格模型显示当前目录的文件列表
        this.setVisible(true);
    }
    private void addMenu()                                    // 添加窗口菜单
    {
        JMenuBar  menubar = new JMenuBar();                   // 菜单栏
        this.setJMenuBar(menubar);                            // 框架上添加菜单栏
        String[]  menustr = {"文件", "编辑", "查看", "帮助"};
        String[][]  menuitemstr = {{"打开", "重命名", "删除", "刷新", "搜索", "▸", "退出"},
                          {"剪切", "复制", "粘贴", "▸", "复制到备份文件夹"},{"返回上级"},{}};
        JMenu[]  menus = new JMenu[menustr.length];           // 菜单数组
        for(int i=0; i < menuitemstr.length; i++)             // 添加菜单和菜单项
        {
```

```
        menus[i] = new JMenu(menustr[i]);                 // 菜单
        menubar.add(menus[i]);                            // 菜单栏中加入菜单
        for(int j=0; j < menuitemstr[i].length; j++)
            if(menuitemstr[i][j].equals("▸"))
                menus[i].addSeparator();                  // 加分隔线
            else
            {
                JMenuItem  menuitem = new JMenuItem(menuitemstr[i][j]);      // 创建菜单项
                menus[i].add(menuitem);                   // 菜单项加入到菜单中
                menuitem.addActionListener(this);         // 菜单项注册动作事件监听器
            }
    }
    JMenu  menu_new = new JMenu("新建");                  // “新建”是“文件”的子菜单
    menus[0].insert(menu_new, 0);                         // 菜单加入到菜单中，成为二级菜单
    String[]  menuitemstr_new = {"文件夹", "文本文档"}; // 以下创建菜单项，添加到“新建”
    for(int i=0; i < menuitemstr_new.length; i++)
    {
        JMenuItem menuitem = new JMenuItem(menuitemstr_new[i]);        // 创建菜单项
        menu_new.add(menuitem);                           // 菜单项加入到菜单中
        menuitem.addActionListener(this);                 // 为菜单项注册动作事件监听器
    }
}
private void listFilesToTableModel()                      // 表格模型显示当前目录的文件列表
{
    this.files = this.dir.listFiles();                    // 返回指定目录的文件对象列表，没有过滤
    for(int i=this.tablemodel.getRowCount()-1; i >= 0; i--)          // 删除表格模型中所有行
        this.tablemodel.removeRow(i);
    this.tablemodel.setRowCount(this.files.length);                  // 设置表格模型行数
    SimpleDateFormat  sdf = new SimpleDateFormat("yyyy-MM-dd hh:mm");
    for(int i=0; i < this.files.length; i++)                         // 表格模型添加行
    {
        this.tablemodel.setValueAt(this.files[i].getName(),i,0);     // 显示文件名
        if(this.files[i].isFile())                                   // File 对象是文件
            this.tablemodel.setValueAt(this.files[i].length()+"B", i, 1);  // 显示文件大小
        if(this.files[i].isDirectory())                              // File 对象是目录
            this.tablemodel.setValueAt("文件夹", i, 2);              // 显示文件类型
        String  d = sdf.format(new Date(files[i].lastModified()));   // 文件修改时间
        this.tablemodel.setValueAt(d, i, 3);
    }
}
public void actionPerformed(ActionEvent event)                 // 动作事件处理方法
{
    if(event.getSource() == this.text)                         // 单击文本行
        this.dir = new File(this.text.getText());              // 进入指定文件夹
    else if(event.getActionCommand().equals("返回上级"))       // 单击“查看▸返回上级”菜单项时
    {
        this.dir = this.dir.getParentFile();
        if(this.dir != null)
            this.text.setText(this.dir.getAbsolutePath());     // 更改文本行，减少刚返回的目录名
```

```
        else
            JOptionPane.showMessageDialog(this, "没有上级目录");
    }
    else if(event.getActionCommand().equals("文件夹"))      // 单击“文件▸新建▸文件夹“菜单项
        new File(this.dir,"新建文件夹").mkdir();              // 为文件对象创建一个目录
    else if(event.getActionCommand().equals("文本文档"))   // 单击“文件▸新建▸文本文档”菜单项
    {
        try
        {
            new File(this.dir, "新建文本文档.txt").createNewFile();    // 为文件对象创建空文件
        }
        catch (IOException ex){}
    }
    int  i = this.jtable.getSelectedRow();      // 返回表格当前选中行号（≥0）；没有选中时返回-1
    if(event.getActionCommand().equals("重命名") && i != -1)      // 单击“文件▸重命名”菜单项
    {
        String  name = (String)this.tablemodel.getValueAt(i,0);
        String  filename = JOptionPane.showInputDialog(this, "文件名", name);  // 输入对话框
        if(filename != null && filename != "")
        {
            if(this.files[i].isFile() && !(filename.endsWith(".txt") || filename.endsWith(".TXT")))
                filename += ".txt";
            this.files[i].renameTo(new File(this.dir,filename));  // 文件对象重命名
        }
    }
    else if(event.getActionCommand().equals("打开") && i!=-1)     // 单击菜单项时
    {
        if(this.files[i].isFile())
        {
            String  fname = this.files[i].getName().toLowerCase();  // 获得选中文件名，字母小写
            if(fname.endsWith(".txt") || fname.endsWith(".java"))  // 匹配文件扩展名
                new TextEditorJFrame(this.files[i]);              // 打开文本文件编辑器
            else
                JOptionPane.showMessageDialog(this, "不能打开这种类型文件");
        }
        else                                                      // 显示选中目录的文件列表
        {
            this.dir = this.files[i];
            this.text.setText(this.dir.getAbsolutePath());
        }
    }
    else if(event.getActionCommand().equals("删除") && i !=- 1)
    {
        if(this.files[i].isFile())                            // 当前是文件，不复制目录
        {
            if(JOptionPane.showConfirmDialog(this, "删除\""+this.files[i].getName()+"\"文件？")==0)
                this.files[i].delete();                       // 删除文件
        }
        else if(JOptionPane.showConfirmDialog(this, "删除\""
```

```
                                +this.files[i].getName()+"\"文件夹中所有子目录和文件？")==0)
            this.deleteDir(files[i]);                         // 删除指定目录中的所有子目录及文件
    }
    if(e.getActionCommand().equals("复制到备份文件夹") && i != -1)
    {
        if(this.files[i].isFile())                            // 仅复制文件，不复制目录
        {
            File dir_copyto = new File(this.dir, "\\备份");    // 创建指定目录
            if(!dir_copyto.exists())                          // 目录不存在时
                dir_copyto.mkdir();                           // 创建目录
            File  file2 = new File(dir_copyto, this.files[i].getName());    // 创建复制的文件
            if(!file2.exists() || this.files[i].lastModified() > file2.lastModified())
            {   // 文件不存在或文件存在且待复制文件日期较新时复制
                copy(this.files[i], file2);                   // 复制文件，使用字节流
                // 将新文件的最后修改时间设置为原文件的最后修改时间
                file2.setLastModified(this.files[i].lastModified());
            }
        }
        listFilesToTableModel();                              // 表格模型显示当前目录的文件列表
    }
}
// 删除dir目录中的所有子目录及文件。因为文件目录结构是树结构，对树的遍历是递归算法
public void deleteDir(File dir)
{
    File[]  files = dir.listFiles();                          // 返回指定目录中所有文件列表
    for(int i=0; i < files.length; i++)
    {
        if(files[i].isDirectory())
            deleteDir(files[i]);                              // 递归调用，参数是子目录
        files[i].delete();                                    // 删除文件或空目录
    }
    dir.delete();
}
// 将file1文件内容复制到file2文件中，重写。通用方法，使用字节流，适用于任意类型文件
public void copy(File file1, File file2)
{
    try
    {
        InputStream  in = new FileInputStream(file1);         // 创建文件字节输入流对象
        OutputStream  out = new FileOutputStream(file2);      // 创建文件字节输出流对象
        byte[]  buffer = new byte[512];                       // 字节缓冲区
        int  n = 0;                                           // 读取字节数
        while((n=in.read(buffer)) != -1)             // 读满字节数组，返回读取字节数，流结束返回-1
            out.write(buffer, 0, n);                          // 写入buffer数组从0开始的n个元素
        in.close();                                           // 关闭输入流
        out.close();                                          // 关闭输出流
    }
    catch(FileNotFoundException ex)                           // 文件不存在异常
    {
```

```
            JOptionPane.showMessageDialog(null, file1.getAbsoluteFile()+"\"文件不存在。");
        }
        catch(IOException ex)                                          // 输入输出异常
        {
            JOptionPane.showMessageDialog(null, "\""+file1.getAbsoluteFile()+"\"文件复制不成功");
        }
    }
    public static void main(String[] arg)
    {
        new FileManagerJFrame();
    }
}
```

程序设计说明如下。

① 删除文件或目录都要确认。删除文件或目录时，弹出确认对话框，单击“是”按钮返回 0，单击“否”按钮返回 1，单击“撤消”按钮返回 2。重命名文件或目录时，弹出输入对话框，返回输入字符串。

② 删除目录是递归算法。File 类的 delete()方法只能删除空目录。如果需要删除非空目录，则必须先将目录中的文件和子目录删除。deleteDir(File dir)方法删除 dir 指定目录中的所有子目录及文件，遇到子目录，先删除其中的所有子目录和文件，再删除 dir 自身。因此，它是后根次序遍历树的递归算法。

③ 文件更新复制。复制指定文件前需要先判断“备份”目录是否存在，如果目录不存在，则创建目录；再判断“备份”目录中是否已有该文件，如果文件不存在，则创建文件并复制，否则根据文件的最后修改时间决定是否复制，当待复制文件的最后修改时间较新时进行文件复制操作。

copy(File file1, File file2)方法使用字节流复制文件，适用于任何类型文件。因为任何类型的文件都是以字节为单位的流式文件，所以使用字节流能够对所有类型文件进行读/写操作。该方法声明 buffer 字节数组作为缓冲区，每次通过输入流对象 in 从 file1 文件中读取若干字节到 buffer 缓冲区，再将 buffer 中字节通过输出流对象 out 写到 file2 文件尾。如果文件较长，需要分若干次读取，每次读取的数据量由缓冲区容量决定，读满为止，read(buffer)方法返回实际读取的字节数，返回-1 表示输入流结束。

【思考题 8-6】 文本编辑器增加功能，使用整数文件保存字号组合框的字号整数；打开或关闭窗口时，自动打开或保存字号整数文件到字号组合框数据项。

习 题 8

（1）文件和目录

8-1 什么是文件？什么是目录？

8-2 文件系统如何实现文件“按名存取”？如何通过文件名查找到文件的存储位置从而获得文件信息？

（2）字节流

8-3 什么是流？流有什么作用？面向对象语言为什么需要使用流？哪些场合需要使用流？

8-4　Java 提供了哪些流类？各种流类之间的关系是怎样的？什么场合需要使用什么流类？

8-5　流与文件操作有什么关系？实际应用中将流类与文件操作结合起来能够实现哪些复杂问题？如何实现？

8-6　InputStream 和 OutputStream 类有什么作用？

8-7　InputStream 的 read()方法为什么能够以-1 表示字节流结束？是否与整数-1 冲突？

8-8　对于文件输入/输出流，在什么情况下会抛出文件不存在异常？举例说明。

8-9　能够将从字节流中读取的 1 字节看成 byte 或 int 整数吗？为什么？

8-10　数据字节流有什么作用？举例说明数据字节流怎样实现其功能。

8-11　对象字节流有什么作用？具有什么特性的对象才能写入字节流？

（3）字符流

8-12　什么是字符流？它与字节流有哪些区别？能够以字节流读/写字符吗？能够以字符流读/写整数吗？Reader 和 Writer 类有什么作用？

8-13　如何判断各种输入流什么时候结束？

8-14　标准输入、输出的作用是什么？Java 怎样实现标准输入、输出功能？标准输入、输出使用的流有什么不同？从标准输入读取的元素格式是什么？与 byte 或 char 有什么不同？为什么能向标准输出写入任意类型值，包括整数、浮点数、字符串、对象等，写入什么信息？

（4）文件操作

8-15　Java 提供了哪些对文件和目录操作的类？程序中对文件和目录能够进行哪些操作？如何操作？

8-16　File 类的作用是什么？怎样获得文件修改时间？如何知道一个 File 对象表示的是文件还是目录？当创建文件流类或 File 类对象时，如果文件名为空，会怎样？会抛出异常吗？

实验 8　流和文件操作

1. 实验目的

理解文件和目录概念，理解流的作用；掌握 Java 提供的各种字节流和字符流的功能和使用方法，熟悉在对象之间通过流传递数据的方法；掌握文件操作的基本方法，掌握 File 类，熟悉文件过滤器接口、文件对话框组件等。

2. 实验内容

8-17　使用文件字节流实现以下通用方法，适用于任意类型文件。

```
// 比较两个文件内容是否相同
public static boolean equals(String filename1, String filename2)
// 复制 filename1 文件内容到 filename2 文件
public static void copy(String filename1, String filename2)
```

8-18　使用数据字节流将指定范围内的所有素数写入整数类型文件。

8-19　将 Java 的关键字保存在文本文件中，判断一个字符串是否为 Java 的关键字。

8-20　对文本文件进行加密和解密操作。

其他实验题详见 12.5 节课程设计选题。

第 9 章　Socket 通信

本章先介绍网络基础知识，再介绍 Socket 通信原理和通信技术。Socket 通信是两台主机的两个进程之间的端 - 端通信，包括基于 TCP 连接的 Socket 通信和基于 UDP 的数据报通信，这些类在 java.net 包中。

本章例题都是综合应用设计示例，采用 JTabbedPane 选项卡窗格等复杂 Swing 组件设计图形用户界面；TCP Socket 通信要使用流。

9.1　网络编程基础

1. 计算机网络与 Internet

计算机网络（computer networks）是指，将地理位置不同的具有独立功能的多台计算机，通过通信设备和通信线路连接起来，在网络软件的管理和协调下，实现资源共享、信息交换和协同工作的计算机系统。

Internet（国际互联网）是由许多不同类型、不同规模的计算机网络和许许多多一同工作、共享信息的计算机主机组成的世界范围内的巨大的计算机网络。

Internet 服务种类很多，主要有 Web 浏览、电子邮件（E-mail）、文件传输（FTP）、远程登录（Telnet）、电子公告板（BBS）、网络传呼（ICQ）、网络电话（IP Phone）等。

2. 客户—服务器模式

客户—服务器（Client/Server，C/S）模式是指一个应用系统整体被分成逻辑上分离的两部分：客户端和服务器。服务器提供某种服务而等待服务请求到达；客户端向指定服务器发出服务请求，服务器接收并处理请求，再向客户端返回处理结果，由客户端提供图形用户界面。

Internet 服务的运行模式都是采用 C/S 模式，每个应用程序都是分成“客户端”和“服务器”两部分在不同的主机上运行。这种应用系统的分布方式使得多台计算机能够分工协作共同完成统一的任务。

注意：“客户机”和“客户端”是两个概念。“客户机”指计算机硬件主机，“客户端”指运行在客户机上的客户端软件；而“服务器”既指服务器硬件，也指服务端软件。

3. TCP/IP

在计算机网络中，为了实现各种服务就要在计算机系统间进行通信。为了使通信双方能正确理解、接受和执行，就要遵守相同的规定，如同两个人交谈时必须采用比方听得懂的语言和语速。在通信内容、怎样通信以及何时通信方面，两个对象要遵从相互可以接受的一组约定和规则，这些约定和规则的集合称为协议（Protocol）。

TCP/IP 协议族是为 Internet 设计的工业标准的协议套件，实现了多个网络的无缝连接。其体系结构分为 4 层：应用层、传输层、网络层、网络接口层（链路层和物理层）。各层包含的主要协议如表 9-1 所示。TCP 和 IP 是 TCP/IP 协议族中最重要的两个协议，以至 TCP/IP 协议族和 TCP/IP 体系结构就以这两个协议的名称来命名。

表 9-1　TCP/IP 协议族及其主要协议

层	协 议 名
应用层	DNS（域名系统），HTTP（超文本传输协议），FTP（文件传输协议），Telnet（远程终端协议），SMTP（简单邮件传输协议），SNMP（简单网络管理协议）
传输层	TCP（传输控制协议），UDP（用户数据报协议）
网络层	IP（网际协议），ARP（地址解析协议），RARP（逆向地址解析协议），ICMP（控制消息协议），IGMP（组管理协议）
网络接口层	以太网，令牌环网，帧中继网，ATM 网，X.25 网，PPP（点对点协议），HDLC

4．IP 协议

TCP/IP 的网络层负责将数据报独立地从信源传送到信宿，解决路由选择、阻塞控制和网络互联等问题。网络层的核心协议是 IP 协议，其他协议见表 9-1。

IP（Internet Protocol，网际协议）是一个无连接的协议，负责将数据从源转发到目的地，主要功能有：IP 寻址、路由选择、分组及重组。

（1）IP 地址

一台计算机采用“IP 地址”标记其在网络中的位置。一个 IP 地址只能标记一台计算机。当一台计算机同时连接到多个网络时，它就有多个 IP 地址，在所连接的每个网络上均有一个 IP 地址。

IP 协议约定了 IP 地址的格式。IP 地址是一个逻辑意义上的地址，其目的是屏蔽物理网络细节，使得 Internet 从逻辑上看起来是一个整体的网络。每个 IP 地址在 Internet 上是唯一的，是运行 TCP/IP 协议的唯一标识。

IP 地址由网络地址和主机地址组成，用以标识特定主机信息。从信息组成的角度来看，这种编码属于分层结构。就像身份证编码的分层结构一样，身份证编码包含了管辖机关和持证人的出生日期等信息。IP 地址采用分层结构使其在 Internet 上寻址很方便，先按 IP 地址中的网络地址找到 Internet 中的一个物理网络，再按主机地址定位找到这个子网中的一台计算机。

4 段的 IP 地址长 32 位，采用“点分十进制地址”格式表示，如 202.119.162.123，将 32 位分为 4 字节，每字节用一个 0～255 的十进制整数表示，整数之间用“.”分隔。

（2）域名系统

Internet 有两种主要的地址识别系统：IP 地址和域名系统。

由于数字形式的 IP 地址难以记忆和理解，Internet 引入字符型的主机命名机制——域名系统。域名系统（Domain Name System，DNS）是指一个命名系统，以及按命名规则产生的名字管理和名字与 IP 地址的对应方法。域名系统主要由域名空间的划分、域名管理和地址转换三部分组成。

TCP/IP 采用分层结构方法命名域名。用“.”将各级域名分开，域的层次次序从右到左，分别称为顶级域名（一级域名）、二级域名、三级域名等。例如，www.edu.cn 表示中国教育和科研计算机网。

（3）IPv4 数据报

IP 协议提供主机间的逻辑通信。IP 提供“尽力而为的服务（best-effort service）”，将尽力而为地在主机间传送数据段（segment），不做任何承诺，不能保证段的交付与否、不能保证段交付的时间、不能保证段中数据的完整性。因此，IP 服务被称为“不可靠”的服务。

传输层上的数据信息和网络层上的控制信息都以 IP 数据报（datagram）形式传输。IP 数据报有两种格式：IPv4 数据报和 IPv6 数据报。

IPv4 数据报由数据报头和数据域两部分组成，数据报头由长度为 20 B 的固定部分和可变长度的选项数据组成，IPv4 数据报头格式如图 9-1 所示。

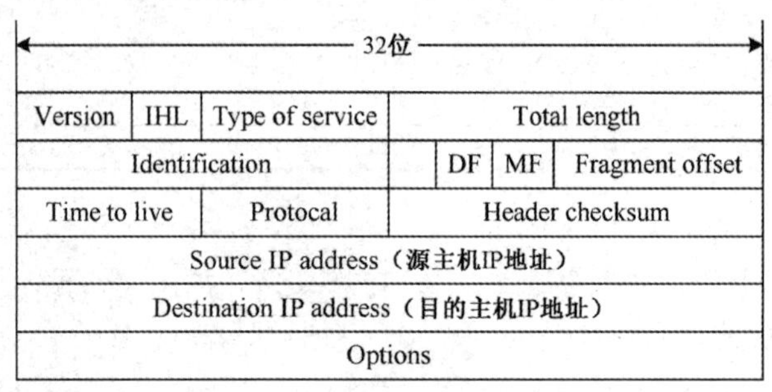

图 9-1　IPv4 数据报头格式

其中，Version 指定版本号，如 IPv4 是 4；IHL 指定数据报头长度；Type of service 指定服务类型；Total length 指定数据报长度，最长 65535 字节；Identification 指定数据报标识；DF（Don't Fragment）指示路由器不分段；MF（More Fragment）说明该片段是否是最后一个；Fragment offset 表示该片段在数据报中的位置；Time to live 计算数据报经过的站段数，数据报每到达一个路由器，该域减 1，减至 0 时数据报被丢弃；Protocal 指定 TCP 或 UDP 协议；Header checksum 指明仅对报头进行校检。

（4）InetAddress 类

java.net.InetAddress 类声明如下，表示 Internet 上一台计算机的主机名和其 IP 地址，提供将主机名解析为其 IP 地址（或反之）的方法。

```
public class InetAddress implements Serializable
{
    public static InetAddress getByName(String host) throws UnknownHostException
    public static InetAddress getByAddress(String host, byte[] addr) throws UnknownHostException
    public static InetAddress getLocalHost() throws UnknownHostException       // 返回本地主机
    public String getHostAddress()                           // 返回 IP 地址字符串
    public String getHostName()                              // 返回主机名
    public String toString()                                 // 返回主机名和 IP 地址字符串
}
```

InetAddress 类没有提供构造方法，由静态方法 getByName()、getByAddress()、getLocalHost() 等返回 InetAddress 实例，host 参数指定主机名或 IP 地址字符串；addr 参数指定分段的 IP 地址，要检查地址格式是否有效。再由 InetAddress 实例调用 getHostAddress()、getHostName()，返回 IP 地址或主机名。例如：

```
InetAddress.getLocalHost().getHostAddress()              // 返回本机的 IP 地址字符串
```

主机名到 IP 地址的解析，通过使用本地机器配置信息和网络命名服务（如域名系统 DNS、网络信息服务（Network Information Service，NIS））来实现。

InetAddress 类的子类 Inet6Address 使用 IPv6 格式地址。

5. 传输层协议

TCP/IP 的传输层负责在源主机和目的主机的两个进程间提供端到端的数据传输服务。传输层协议最基本的任务就是延伸 IP 服务，将 IP 提供的在两个主机之间传输数据的服务，延伸到各主机上运行的诸多进程之间。使用端口（port）指定提供某种服务的网络应用程序的进程，端口序号是 0～65535 之间的整数（16 位）。一些特定网络应用程序约定了专用端口。

传输层有两个协议：TCP 和 UDP。

TCP（Transmission Control Protocol，传输控制协议）是一个面向连接的协议，通过建立 TCP 连接以及采取流量控制、顺序编码、应答和计时器等措施，TCP 保证将数据按序、正确地从源主机中的一个进程传递到目的主机的指定进程。TCP 将 IP 提供的主机间不可靠传输服务转换成为进程间的可靠的数据传输服务。

UDP（User Datagram Protocol，用户数据报协议）是一个无连接的协议，以数据报为单位进行数据传输，每个数据报是一个独立信息，其中包括目标主机的 IP 地址和端口。一个数据报从源主机出发，经过若干路由器，到达目标主机的指定端口，所经过的路径有多种可能，每次可能不同。从源主机发送到目的主机的多个包可能选择不同的路由，也可能按不同的顺序到达。如果目标地址错误，或者某个路由器不正常，将导致数据报丢失，不能到达目的地，因此 UDP 不能保证数据传输的可靠性。

TCP 和 UDP 支持的应用层协议如表 9-2 所示。

表 9-2　传输层协议所支持的应用层协议

传输层协议	应用层协议或功能
TCP	HTTP（超文本传输协议），FTP（文件传输协议），Telnet（远程终端协议），SMTP（简单邮件传输协议）
UDP	DNS（域名系统），RIP（路由选择），SNMP（简单网络管理协议），NFS（远程文件系统），流媒体，IP 电话

6. URL

操作系统使用“文件路径名”来标识一个文件的逻辑地址，能够唯一映射到一个磁盘的物理位置，实现在一个磁盘范围内的文件搜索功能。与此同理，在 Internet 上的文件用 URL 来标识地址，具有唯一性。

URL（Uniform Resource Locator，统一资源定位符）是为标识 Internet 上资源位置而设的一种编址方式。URL 的基本结构由以下 5 部分组成，各部分之间采用不同的分隔符。

```
传输协议:// 主机 [:端口] [/文件] [#引用]
```

其中，“传输协议”指定传输协议名，如 HTTP、FTP、FILE 等，默认为 HTTP；“主机”指定资源所在的计算机名，可以是 IP 地址或主机域名；“端口”指定提供服务的端口号；“文件”指定资源文件的路径名；“引用”指定资源内的某个引用，“端口”“文件”和“引用”是可选项，省略时采用默认值。

9.2 TCP Socket 通信

1. TCP Socket 通信原理

主机的 IP 地址和端口构成一个 48 位的 Socket，用来确定通信的一端，即一个进程。Socket 称为套接字，在网络通信中指一条连接，本意是插座，就像一根电源线，一端是插头，另一端是插座。

TCP 提供可靠的数据传输服务是通过建立 TCP 连接实现的。一条“TCP 连接”连接的两端是 Internet 上分别在两台主机中运行的两个进程，每个进程用一个 Socket 唯一确定。一对 Socket 唯一标识一条 TCP 连接。TCP 连接实现点对点通信，每条 TCP 连接只有两个端点；通过字节流可双向传输数据，如图 9-2 所示。

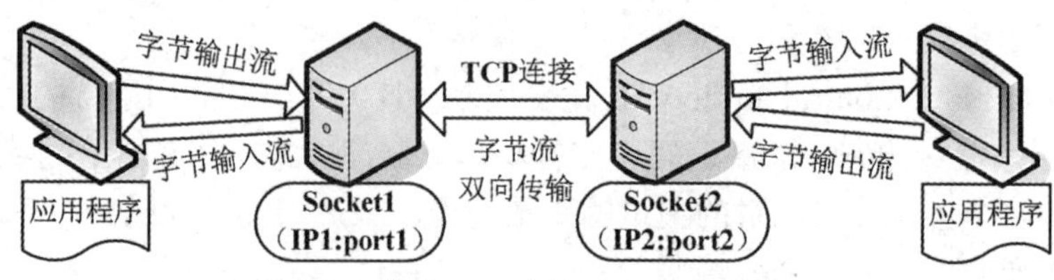

图 9-2　基于 TCP 连接的 Socket 通信

两个进程在通信之前，通过约定的端口建立一条 TCP 连接；当结束通信时，断开该 TCP 连接。这个机制与电话系统类似，一方按照某人的电话号码拨打电话，连接成功响铃；对方听到铃响后接听，双方通话，通话结束则挂断连接。如果遇到电话号码是空号或手机关机，则不能建立连接；如果电话号码错误，则连接对方错误，需要挂断再重拨正确号码。

TCP 连接提供双向字节流传输的可靠服务。发送方的 TCP 将用户送来的字节流划分成独立的数据报交给网络层进行发送，而接收方的 TCP 将接收的数据报重新装配转换成字节流交给应用程序。TCP 还要进行流量控制，以防止接收方由于来不及处理数据而造成缓冲区溢出。

2. TCP Socket 通信的 Java 实现

Java 声明以下 ServerSocket 和 Socket 类实现 TCP Socket 通信。ServerSocket 类提供 TCP 连接服务，Socket 类提供进行通信的 Socket 对象。

```
public class ServerSocket extends Object              // TCP Socket通信的服务端，提供TCP连接服务
{
    public ServerSocket(int port) throws IOException              // 构造方法，指定端口
    public Socket accept() throws IOException                     // 等待接收客户端的连接请求
    public int getLocalPort()                                     // 返回正在监听的端口
    public void close() throws IOException                        // 停止等候客户端的连接请求
}
public class Socket extends Object                                // 提供TCP Socket通信服务
{
    public Socket(String host, int port) throws UnknownHostException, IOException
    public Socket(InetAddress ip, int port) throws IOException   // ip、port指定主机和端口
    public InetAddress getInetAddress()                           // 返回远程对方的IP地址
    public int getPort()                                          // 返回远程对方的端口
    public int getLocalPort()                                     // 返回本地己方的端口
    public InputStream getInputStream() throws IOException        // 返回TCP连接提供的字节输入流
    public OutputStream getOutputStream() throws IOException      // 返回TCP连接提供的字节输出流
    public void close() throws IOException                        // 关闭TCP连接
}
```

若 Socket 的 IP 地址错误，则抛出 java.net.UnknownHostException 异常；若连接不成功，则抛出 java.net.ConnectException 连接异常；若发生 I/O 错误，则抛出 java.io.IOException 异常。

3．TCP Socket 通信流程

实现 Socket 通信的网络应用程序由一个服务端程序和一个客户端程序组成，两端都是 Application 应用程序。服务端程序中包含一个提供 TCP 连接服务的 ServerSocket 对象和一个参与通信的 Socket 对象，客户端程序中只包含一个参与通信的 Socket 对象。服务端的 ServerSocket 对象提供 TCP 连接服务，连接成功后，实际进行通信的是服务端的 Socket 对象和客户端的 Socket 对象。TCP Socket 通信流程如图 9-3 所示。

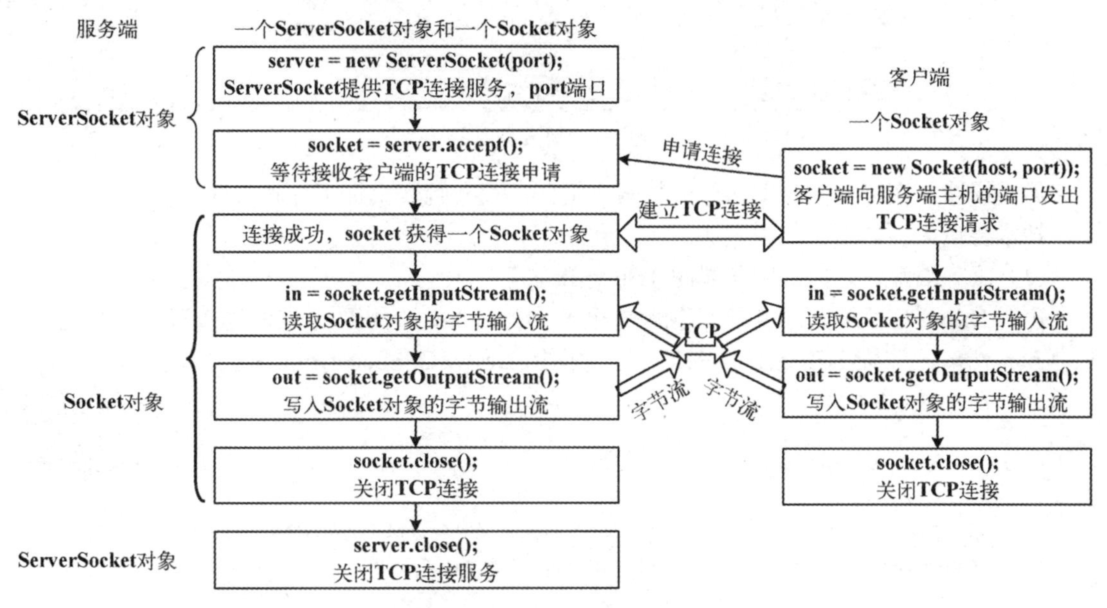

图 9-3　TCP Socket 通信流程

TCP Socket 通信流程说明如下。

① 服务端创建一个 port 指定端口号的 ServerSocket 对象，调用 accept()方法等待接收客户端的连接请求，等待期间当前进程处于阻塞状态。

② 客户端创建一个 Socket 对象，指定服务端主机的 IP 地址（或域名）和端口，发出 TCP 连接请求。

③ 服务端接收到客户端的连接请求，进程继续运行，建立一条 TCP 连接，accept()方法返回一个 Socket 对象，通过该 Socket 对象与客户端的 Socket 对象实现实时数据通信。

④ 服务端和客户端分别通过 Socket 对象创建字节输入流和字节输出流，通过字节输入流获得对方发来的数据，通过字节输出流向对方发送数据。

⑤ 当一方决定结束通信时，向对方发送结束信息；另一方接收到结束信息后，双方分别关闭各自的 TCP 连接。

⑥ ServerSocket 对象关闭，关闭 TCP 连接服务。

【例 9.1】 同步画图，建立一条 TCP 连接。

本例目的：① 理解 TCP Socket 通信原理并掌握其应用设计，使用字节流双向传输对象。② 使用 java.net.InetAddress 类获得当前主机的 IP 地址。

功能说明：先运行服务端程序，可画图，等待客户端申请连接；再运行客户端程序，申请连接，两个窗口建立一条 TCP 连接，窗口标题栏显示各自的主机名、IP 地址和端口，如图

9-4 所示。在一个窗口拖动鼠标绘制图形，同时将图形的每个点对象传输给对方，对方接收点对象在相邻两点之间画一条直线，使得两个窗口呈现出同步运行的效果。

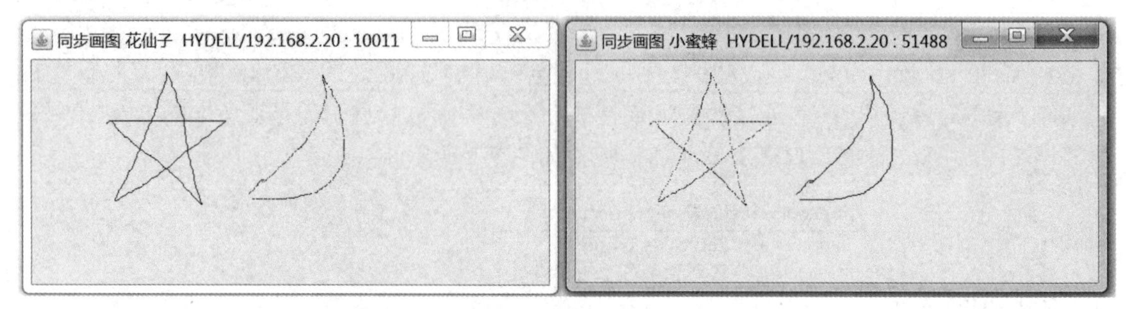

图 9-4　同步画图

界面描述：在框架内容窗格中添加画布组件，画布响应鼠标事件和鼠标移动事件。

技术要点：由如下两个类组成。

（1）服务端程序：提供服务端的 TCP 连接服务

声明 DrawTCPServer 类如下，包含一个 ServerSocket 对象提供 TCP 连接服务，构造方法指定 port 端口，等待 TCP 连接。图形用户界面由 DrawTCPSocketJFrame 类提供。

```
import java.net.*;
import java.io.*;
public class DrawTCPServer                                  // 同步画图服务端，采用 TCP Socket 通信
{
    // 构造方法，name 指定网名，port 指定端口；本机 IP 地址和 port 端口构成服务端的 Socket
    public DrawTCPServer(String name, int port) throws IOException
    {
        ServerSocket  server = new ServerSocket(port);  // ServerSocket 提供 TCP 连接服务，port 端口
        DrawTCPSocketJFrame draw = new DrawTCPSocketJFrame(name);    // 画图程序图形用户界面
        draw.setTitle(draw.getTitle()+" : "+port);
        Socket  socket = server.accept();                   // 等待接收客户端的 TCP 连接申请
        draw.setSocket(socket);
        server.close();                                     // 关闭 TCP 连接服务
    }
    public static void main(String args[]) throws IOException
    {
        new DrawTCPServer("花仙子", 10011);                 // 启动服务端，指定网名和端口
    }
}
```

（2）客户端程序：同步画图的图形用户界面

声明 DrawTCPSocketJFrame 类如下，提供 TCP Socket 通信两端的图形用户界面，见图 9-4，每端包含一个 Socket 对象，采用对象字节流双向传输图形每个点的 Point 对象。使用线程接收数据。

```
import java.awt.*;
import java.awt.event.*;
import java.io.*;
import java.net.*;
import javax.swing.*;
```

```
// 同步画图框架类，继承框架类，响应鼠标事件和鼠标移动事件，显示鼠标轨迹；
// 采用 TCP Socket 通信，使用对象字节流传送鼠标拖动时每个坐标的 Point 点对象；
// 实现 Runnable 接口，作为线程的目标对象，使用线程接收数据
public class DrawTCPSocketJFrame extends JFrame implements MouseListener, MouseMotionListener, Runnable
{
    private Point  start, end;                                    // 分别记录直线的起点、终点
    private Canvas  canvas;                                       // 画布组件
    private Socket  socket;
    private ObjectOutputStream  objout;                           // 对象字节输出流
    // 构造方法，服务端和客户端调用，name 指定网名
    public DrawTCPSocketJFrame(String name) throws IOException
    {   // 框架标题栏显示本机的主机名和 IP 地址
        super("同步画图 "+name+"  "+InetAddress.getLocalHost().toString());
        this.setBounds(400, 300, 580, 300);
        this.setDefaultCloseOperation(EXIT_ON_CLOSE);
        this.start = this.end = null;
        this.canvas = new DrawCanvas();
        this.getContentPane().add(this.canvas);                   // 添加画布组件
        this.canvas.addMouseListener(this);                       // 画布监听鼠标事件
        this.canvas.addMouseMotionListener(this);                 // 画布监听鼠标移动事件
        this.setVisible(true);
        this.objout = null;
    }

    // 构造方法，客户端调用，name 指定自己网名，host 和 port 指定服务端的 Socket
    public DrawTCPSocketJFrame(String name, String host, int port) throws IOException
    {
        this(name);
        Socket  socket = new Socket(host, port);       // 客户端向服务端主机的端口发出 TCP 连接请求
        this.setTitle(this.getTitle()+" : "+socket.getLocalPort());  // 获得本机端口
        this.setSocket(socket);
    }
    public void setSocket(Socket socket) throws IOException    // 连接成功时，设置 Socket，启动线程
    {
        this.socket = socket;
        this.objout = new ObjectOutputStream(this.socket.getOutputStream());//从 Socket 获得字节流
        new Thread(this).start();                                // 使用线程接收数据
    }
    public void run()                        // 线程运行方法，采用字节流接收对方发来的对象，必须处理异常
    {
        try
        {   // 从 Socket 获得字节流，再创建对象字节输入流
            ObjectInputStream  objin = new ObjectInputStream(this.socket.getInputStream());
            while(true)
            {
                try
                {
                    this.start = this.end;                       // start 记住前一个点
                    this.end = (Point)objin.readObject();        // 读取一个对象
```

```
                this.canvas.repaint();                              // 画布画直线(start, end)
            }
            catch(EOFException ex)                                  // 对象输入流结束时抛出该异常
            {
                break;
            }
        }
        objin.close();                                              // 关闭对象流
        this.objout.close();
        this.socket.close();                                        // 关闭 TCP 连接
    }
    catch(IOException | ClassNotFoundException ex) { }              // 捕获多个异常
}
// 以下实现 MouseListener 鼠标事件接口，必须处理异常
// 鼠标按下事件处理方法，将鼠标按下点作为直线起点，建立 TCP 连接后发送给对方
public void mousePressed(MouseEvent event)
{
    this.start = null;
    this.end = new Point(event.getX(), event.getY());               // 记录鼠标当前点坐标
    try
    {
        if(this.objout != null)
            this.objout.writeObject(this.end);                      // 发送给对方鼠标按下位置的点对象
    }
    catch(IOException ex) { }
}
public void mouseReleased(MouseEvent event) { }                     // 鼠标释放
public void mouseClicked(MouseEvent event) { }                      // 鼠标单击
public void mouseEntered(MouseEvent event) { }                      // 鼠标进入
public void mouseExited(MouseEvent event) { }                       // 鼠标离开
// 以下实现 MouseMotionListener 鼠标移动事件接口，必须处理异常
public void mouseMoved(MouseEvent event) { }                        // 鼠标移动
// 鼠标拖动事件处理方法，每拖动一个点执行画直线；建立 TCP 连接后将拖动点发送给对方
public void mouseDragged(MouseEvent event)
{
    this.start = this.end;                                          // start 记住前一个点
    this.end = new Point(event.getX(), event.getY());               // 鼠标当前点
    this.canvas.repaint();                                          // 画直线(start, end)
    try
    {
        if(this.objout != null)
            this.objout.writeObject(this.end);                      // 发送给对方鼠标拖动位置的点对象
    }
    catch(IOException ex) { }
}
// 随意画线画布组件内部类，继承画布组件类，仅画图
private class DrawCanvas extends Canvas
{
    public void paint(Graphics g)                                   // 画图方法
```

```
        {
            if(start != null && end != null)                // 访问外部类this.start和this.end
            {
                g.setColor(Color.blue);                     // 设置画线颜色
                g.drawLine(start.x, start.y, end.x, end.y); // 画直线(start, end)
            }
        }
        public void update(Graphics g)                      // 组件更新，重画之前图形，自动执行
        {
            this.paint(g);
        }
    }
    public static void main(String[] arg) throws IOException
    {
        // 参数指定网名、服务端主机的IP地址和端口；"127.0.0.1"是指定本机的虚拟地址
        new DrawTCPSocketJFrame("小蜜蜂", "127.0.0.1", 10011);
    }
}
```

若在一台主机上模拟服务端和客户端，则使用“127.0.0.1”作为当前主机的虚拟IP地址。

【思考题9-1】 客户端程序增加选择颜色功能，通信双方发送给对方的是Pixel像素类对象（包含颜色的坐标点对象，声明见例4.2），使得画出的图形具有不同的颜色。

4. 多条TCP连接的应用

例9.1建立了一条TCP连接，实现了基于TCP Socket通信的两个进程之间的点对点通信。如果需要同时与多方通信，则需要建立多条TCP连接，创建多组Socket分别进行通信。

【例9.2】 网络发牌，建立多条TCP连接。

本例目的：① 演示TCP Socket通信的应用场景；② 建立多条TCP连接，使用字节流传输整数。

功能说明：1个发牌服务端与4个客户端建立4条TCP连接，发牌服务端发送若干张牌，客户端接收这些牌，运行窗口如图9-5所示，可运行在5台计算机上。

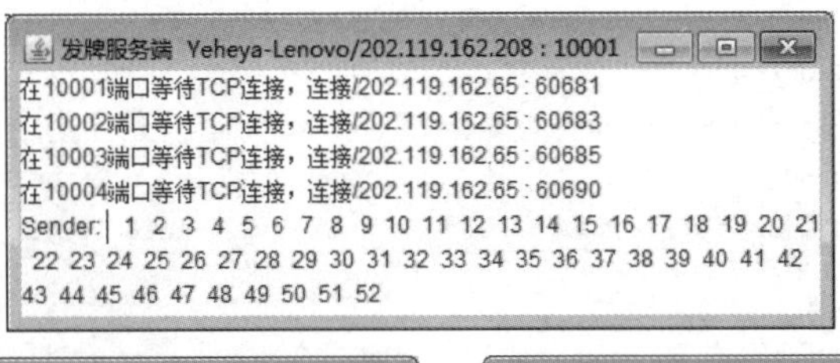

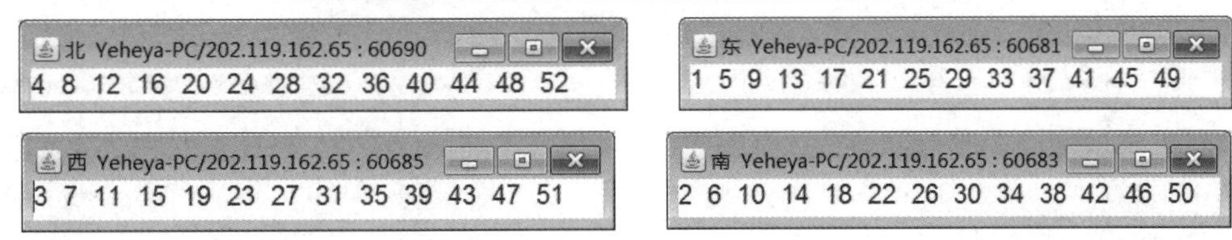

图9-5 发牌服务端与4个接收客户端

技术要点：1个发牌服务端与4个接收客户端建立的4条TCP连接如图9-6所示。

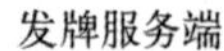

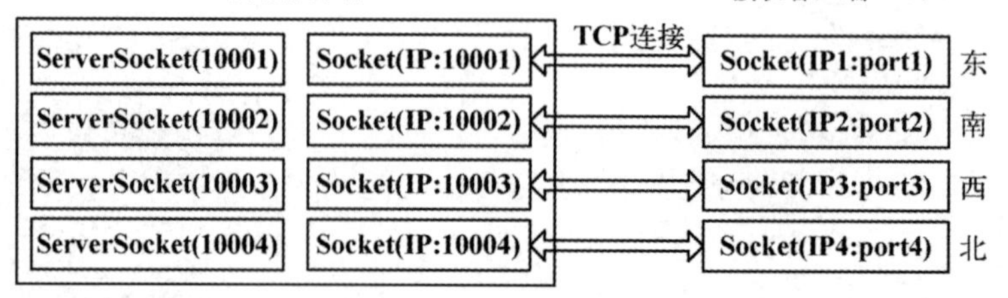

图 9-6　发牌服务端与 4 个客户端的 4 条 TCP 连接

（1）发牌服务端

声明发牌服务端框架类如下，创建 4 个 ServerSocket 对象等待连接，端口 10001～10004，采用 Socket 数组保存与客户端连接的 4 个 Socket 对象。采用数据输出流发送整数。

```
import javax.swing.*;
import java.io.*;
import java.net.*;
public class DealTCPServerJFrame extends JFrame        // 发牌服务端框架类，采用数据输出流发送整数
{
    // 构造方法，port 指定初始端口，牌值范围是 1 ~ cardMax，number 指定人数
    public DealTCPServerJFrame(int port, int cardMax, int number) throws IOException
    {
        super("发牌服务端  "+InetAddress.getLocalHost()+" : "+port);
        this.setBounds(200,200,600,300);
        this.setDefaultCloseOperation(EXIT_ON_CLOSE);
        // 以下在框架内容窗格中部添加文本区
        JTextArea text = new JTextArea();
        text.setLineWrap(true);                                     // 文本区自动换行
        this.getContentPane().add(text);
        this.setVisible(true);
        // 以下使用 Socket 数组存储多条 TCP 连接，每条 TCP 连接向数据流写入整数牌值
        Socket[]  sockets= new Socket[number];
        DataOutputStream[]  dataouts = new DataOutputStream[number]; // 数据字节输出流
        for(int i=0; i < number; i++)                                // 以下连接多个客户端
        {
            text.append(port+"端口等待 TCP 连接，");
            sockets[i] = new ServerSocket(port).accept();            // 等待接收客户端的连接申请
            text.append("连接"+sockets[i].getInetAddress()+" : "+sockets[i].getPort()+"\n");
            dataouts[i] = new DataOutputStream(sockets[i].getOutputStream()); //获得 Socket 字节流
            port++;                                                  // 在下一个端口等待下一个客户端
        }
        text.append("Sender: \n");
        for(int j=1; j <= cardMax; )                           // 以下向多个客户端共发送 cardMax 张牌
        {
            for(int i=0; j <= cardMax && i<dataouts.length; i++,j++)
            {
                dataouts[i].writeInt(j);
                text.append(String.format("%4d",j));
            }
        }
```

```
        for(int i=0; i < number; i++)
        {
            dataouts[i].close();                       // 关闭数据字节流，对方接收到 EOFException 异常
            sockets[i].close();                        // 关闭 TCP 连接
        }
    }
    public static void main(String args[]) throws IOException
    {
        new DealTCPServerJFrame(10001,52,4);       // 启动发牌服务端，约定端口
    }
}
```

（2）接收客户端

声明接收客户端框架类如下，建立 TCP 连接，从 Socket 对象获得字节流，在线程中使用数据输入流接收整数，显示在文本区中，见图 9-5。

```
import javax.swing.*;
import java.io.*;
import java.net.*;
// 接收客户端框架类，在线程中使用数据输入流接收整数
public class CardReceiveSocketJFrame extends JFrame implements Runnable
{
    private JTextArea  text;                                       // 文本区
    private Socket  socket;
    // 构造方法，name 指定客户端自己网名，host 和 port 指定服务端的 Socket
    public CardReceiveSocketJFrame(String name, String host, int port) throws IOException
    {
        super(name+"  "+InetAddress.getLocalHost().toString());       // 本机的主机名和 IP 地址
        this.socket = new Socket(host, port);                          // 客户端请求 TCP 连接
        this.setTitle(this.getTitle()+" : "+socket.getLocalPort());  // 标题栏添加本机端口
        this.setBounds(800,200,500,120);
        this.setDefaultCloseOperation(EXIT_ON_CLOSE);
        // 以下在框架内容窗格中部添加文本区
        this.text = new JTextArea("");
        this.text.setLineWrap(true);                                   // 文本区自动换行
        this.getContentPane().add(this.text);
        this.setVisible(true);
        new Thread(this).start();
    }
    public void run()            // 线程运行方法，采用字节流接收服务端发来的整数牌值，必须处理异常
    {
        try
        {   // 从 Socket 获得字节流，再创建数据字节输入流
            DataInputStream datain = new DataInputStream(this.socket.getInputStream());
            while(true)
            {
                try
                {
                    this.text.append(datain.readInt()+"  ");       // 从数据流中读取整数，添加到文本区
                }
```

```
                catch (EOFException ex)                          // 数据输入流结束时抛出该异常
                {
                    break;
                }
            }
            datain.close();                                      // 关闭数据流
            this.socket.close();                                 // 关闭 TCP 连接
        }
        catch(IOException ex) { }
    }
    public static void main(String[] args) throws IOException
    {   // 接收客户端，指定服务端的 IP 地址和端口；若是本机，则用“127.0.0.1”指定虚拟地址
        new CardReceiveSocketJFrame("东", "202.119.162.208", 10001);
        ……          // "南"、"西"、"北"客户端运行在其他计算机，端口分别是 10002、10003、10004，省略
    }
}
```

🔔注意：若在一台计算机上使用多个 Socket，则端口必须不同。

5. JTabbedPane 选项卡窗格

javax.swing.JTabbedPane 选项卡窗格组件提供层叠型的多页面技术，允许多个组件共享相同界面区域，在有限的空间内叠加多层页面，每页均可添加若干组件，单击页面标题可在多个页面之间切换。JTabbedPane 类声明如下。

```
public class JTabbedPane extends JComponent implements Serializable, Accessible, SwingConstants
{
    public JTabbedPane()                                         // 构造方法
    public void addTab(String title, Component comp)    // 添加一页，title 指定页标题，comp 指定组件
    public void addTab(String title, Icon icon, Component comp)  // 添加一页，icon 指定图标
    public int getTabCount()                                     // 返回选项卡窗格的页数
    public String getTitleAt(int index)                          // 返回第 index 页的选项卡标题
    public void setTitleAt(int index, String title)              // 设置第 index 页标题为 title
    public int getSelectedIndex()                                // 返回当前选中页序号
    public void setSelectedIndex(int index)                      // 设置第 index 页为选中状态
    public void addChangeListener(ChangeListener listener)       // 注册选择事件监听器
}
```

其中，参数 index 指定页序号，范围是 0～getTabCount()-1，超出该范围将抛出 IndexOutOfBoundsException 异常。

单击 JTabbedPane 页标题选择显示页时，触发 javax.swing.event.ChangeEvent 事件，执行 javax.swing.event.ChangeListener 接口中的 stateChanged()方法。调用 setSelectedIndex(index)方法，也将触发 ChangeEvent 事件。

【例 9.3】 多人分别聊天，既是服务端也是客户端。

本例目的：

① 将字节流转换成字符流双向传输字符串。

② 多人分别点对点聊天，每对建立一条 TCP 连接，每窗口既是服务端也是客户端。

③ 使用 JTabbedPane 选项卡窗格组件实现多页技术。

功能说明：每人同时与其他多人分别聊天，三方通信窗口如图 9-7 所示。窗口标题栏显示各自的网名、主机名和 IP 地址。由于每个窗口既要等待 TCP 连接，也可以申请建立 TCP 连接，所以每个窗口既是服务端也是客户端。窗口工具栏显示本机等待 TCP 连接的端口，显示请求连接对方服务端的主机 IP 地址和端口。采用多页技术，分别显示与多人的聊天界面。

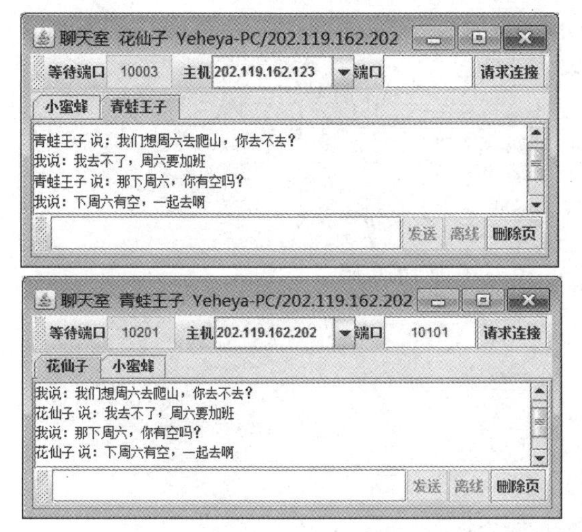

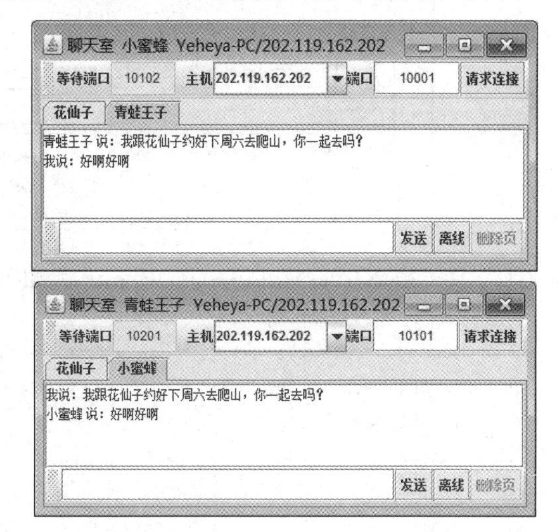

图 9-7　多人分别聊天窗口

界面描述：框架内容窗格：① 北边添加工具栏，其上添加文本行、按钮等组件，分别显示作为服务端的本机等待端口、作为客户端申请连接的服务器 IP 地址和端口。② 中部添加选项卡窗格，每建立一条 TCP 连接，就添加一个 Tab 页，页标签是对方网名，页面添加文本区显示聊天内容，添加文本行和按钮。输入一行字符串，单击“发送”按钮，向对方发送内容；单击“离线”按钮，聊天结束，2 个按钮无效；离线后，可删除页。

技术要点：

① 作为服务端，创建 ServerSocket 对象在指定端口等待连接请求。

② 作为客户端，设置“请求连接”功能，向指定主机的端口发送连接请求。

若请求成功，则建立一对 TCP 连接，选项卡窗格添加一页；使用 Socket 对象进行通信，聊天内容分别显示在页标题是对方网名的一个 Tab 页中。本例三方建立的 3 条 TCP 连接及其 Socket 关系如图 9-8 所示。

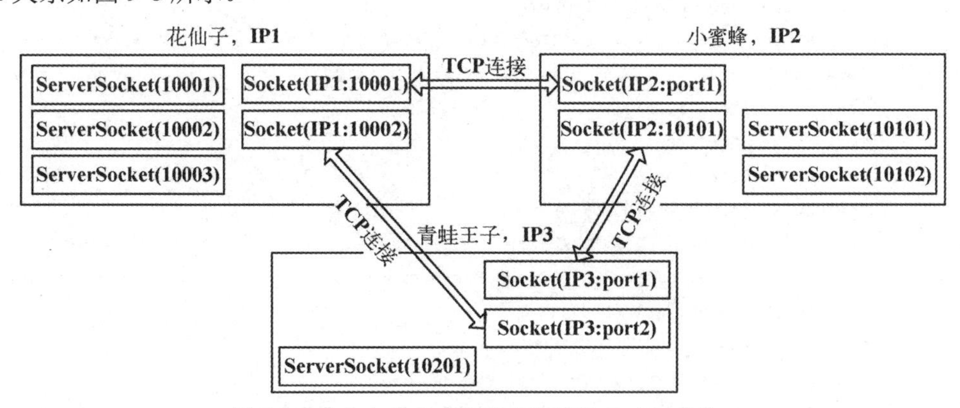

图 9-8　多人分别点对点聊天的 TCP Socket 关系

聊天程序需要传输字符串，但 TCP Socket 提供的是字节流，必须进行转换。发送时，采用 PrintWriter 流输出字符串，自动转换成 OutputStream 字节输出流；接收时，采用 InputStreamReader 流将从 Socket 中获得的 InputStream 字节输入流转换成 Reader 字符输入流，再采用 BufferedReader 流逐行输入字符串，如图 9-9 所示。

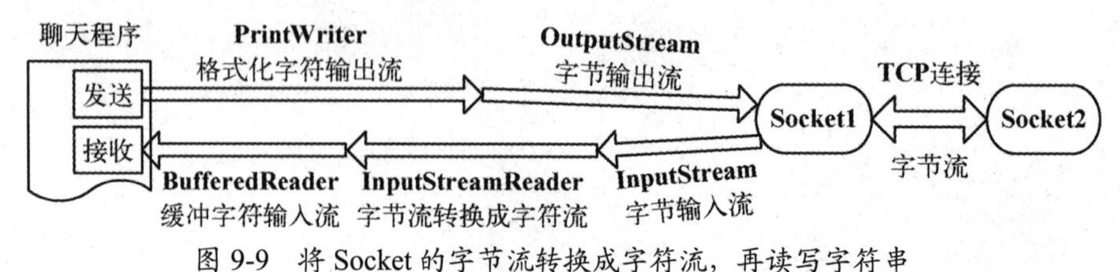

图 9-9　将 Socket 的字节流转换成字符流，再读写字符串

声明 ChatServerMultiSocketJFrame 类如下，上述三方都可使用。

```
import java.awt.*;
import java.awt.event.*;
import javax.swing.*;
import java.io.*;
import java.net.*;
// 多人分别聊天框架类，响应动作事件
public class ChatMultiTCPSocketJFrame extends JFrame implements ActionListener
{
    private String  name;                                    // 网名
    private JComboBox<String>  combox;                       // 输入 IP 地址或域名的组合框
    private JTextField  text_conn;                           // 指定对方端口文本行
    private JTabbedPane  tab;                                // 选项卡窗格，每页显示与一人的聊天记录
    // 构造方法，port 指定初始等待端口，name 指定网名
    public ChatMultiTCPSocketJFrame(int port, String name) throws IOException
    {
        super("聊天室  "+name+"  "+InetAddress.getLocalHost().toString());
        this.setBounds(320,240,580,240);
        this.setDefaultCloseOperation(EXIT_ON_CLOSE);
        // 以下工具栏，显示本机等待 TCP 连接端口、请求连接服务端的主机 IP 地址和端口
        JToolBar  toolbar = new JToolBar();
        this.getContentPane().add(toolbar,"North");
        toolbar.add(new JLabel("等待端口"));
        JTextField  text_local = new JTextField(port+"",4);          // 本机等待端口文本行
        text_local.setHorizontalAlignment(JTextField.CENTER);        // 设置水平对齐方式为居中
        toolbar.add(text_local);
        text_local.setEditable(false);
        toolbar.addSeparator();                                      // 工具栏添加分隔线，留空
        toolbar.add(new JLabel("主机"));
        String[]  address = {"", "127.0.0.1", "202.119.162.123"};    // 已知的 IP 地址
        toolbar.add(this.combox = new JComboBox<String>(address));
        this.combox.setEditable(true);
        toolbar.add(new JLabel("端口"));
        toolbar.add(this.text_conn = new JTextField(6));
        this.text_conn.setHorizontalAlignment(JTextField.CENTER);    // 设置水平对齐方式为居中
        JButton button = new JButton("请求连接");
```

```
        button.addActionListener(this);
        toolbar.add(button);
        this.getContentPane().add(this.tab = new JTabbedPane());     // 添加选项卡窗格
        this.setVisible(true);
      // 以下作为服务端，在 port 开始端口等待连接，每建立一条 TCP 连接，就添加一个 Tab 页
        this.name = name;
        while(true)
        {
            Socket socket=new ServerSocket(port).accept();           // 等待接收客户端的连接申请
            this.tab.addTab(name, new TabPageJPanel(socket));        // tab 添加新页，页中添加面板
            this.tab.setSelectedIndex(this.tab.getTabCount()-1);     // tab 指定新页为选中状态
            port++;                                                  // 在下个端口等待下个客户端
            text_local.setText(port+"");
        }
    }
    public void actionPerformed(ActionEvent event)                   // 单击“请求连接”按钮
    {
        String  host = (String)this.combox.getSelectedItem();        // 获得主机 IP 地址
        int  port = Integer.parseInt(this.text_conn.getText());   // 获得端口号，未处理数值格式异常
        try
        {
            this.tab.addTab(this.name, new TabPageJPanel(new Socket(host, port))); // tab 添加新页
            this.tab.setSelectedIndex(this.tab.getTabCount()-1);     // tab 指定新页为选中状态
         }
         catch(UnknownHostException ex)                              // 未知主机异常
         {
            JOptionPane.showMessageDialog(this, "主机 IP 地址错误。");
         }
         catch(ConnectException ex)                                  // 连接异常
         {
            JOptionPane.showMessageDialog(this, "IP 地址或端口错误，未建立 TCP 连接");
         }
         catch(IOException ex) { }
    }
    // 选项卡窗格一页的面板内部类，包含一个 Socket 和一个线程
    private class TabPageJPanel extends JPanel implements Runnable, ActionListener
    {
        JTextArea  text_receiver;                                    // 显示对话内容的文本区
        JTextField  text_sender;                                     // 输入发送内容的文本行
        JButton[]  buttons;                                          // 发送、离线、删除页按钮
        PrintWriter  cout;                                           // 格式化字符输出流
        Socket  socket;
        TabPageJPanel(Socket socket)                                 // 为每个 socket 构造一个 tab 页
        {
            super(new BorderLayout());
            this.add(new JScrollPane(this.text_receiver=new JTextArea()));
            this.text_receiver.setEditable(false);
            // 以下创建工具栏，输入内容，添加发送等命令按钮
            JToolBar toolbar = new JToolBar();
```

```
    this.add(toolbar,"South");
    toolbar.add(this.text_sender=new JTextField(16));
    this.text_sender.addActionListener(this);
    String[]  strs = {"发送", "离线", "删除页"};
    this.buttons = new JButton[strs.length];
    for(int i=0; i < buttons.length; i++)
    {
        this.buttons[i] = new JButton(strs[i]);
        toolbar.add(buttons[i]);
        this.buttons[i].addActionListener(this);
    }
    this.buttons[2].setEnabled(false);              // 删除页按钮无效
    this.socket = socket;
    (new Thread(this)).start();                     // 启动线程，当前面板作为线程目标对象
}
public void run()                                   // 线程运行方法,将对方发来的字符串添加到文本区
{
    try
    {   // 下句从Socket获得字节输出流，再创建格式化字符输出流，立即flush
        this.cout = new PrintWriter(socket.getOutputStream(),true);
        this.cout.println(name);                    // 发送自己网名给对方，外部类.this.name
        // 以下两句将Socket的字节输入流转换成字符流，再创建缓冲字符流
        Reader reader = new InputStreamReader(socket.getInputStream());
        BufferedReader bufreader = new BufferedReader(reader);
        String  line = bufreader.readLine();        // 接收对方网名
        int  index = tab.getSelectedIndex();        // 当前页在tab中的序号,外部类.this.tab
        tab.setTitleAt(index, line);                // 将对方网名设置为当前页标题
        while((line=bufreader.readLine()) != null && !line.equals("null"))
        {
            tab.setSelectedIndex(index);            // 收到对方信息时显示该页
            this.text_receiver.append(line+"\r\n");
        }
        bufreader.close();
        reader.close();
        this.cout.close();
        this.socket.close();
        this.buttons[0].setEnabled(false);          // 发送按钮无效
        this.buttons[1].setEnabled(false);          // 离线按钮无效
        this.buttons[2].setEnabled(true);           // 删除页按钮有效
    }
    catch(IOException ex){}
}
public void actionPerformed(ActionEvent event)      // 单击tab页上的“发送”等按钮
{
    if(event.getSource() == this.buttons[0])        // 发送
    {
        this.cout.println(name+" 说: "+ this.text_sender.getText());
        this.text_receiver.append("我说: "+ this.text_sender.getText()+"\n");
        this.text_sender.setText("");
```

```
            }
            else if(event.getSource() == this.buttons[1])  // 离线
            {
                this.text_receiver.append("我离线\n");
                this.cout.println(name+"离线\n"+"null");
            }
            else if(event.getSource() == buttons[2])
                tab.remove(this);                           // 删除 tab 当前页
        }
    }                                                       // TabPageJPanel 内部类结束
    public static void main(String[] args) throws IOException
    {
        new ChatMultiTCPSocketJFrame(10001, "花仙子");      // 指定初始等待端口和网名
        ……       // "小蜜蜂"、"青蛙王子"等客户端运行在其他计算机，端口分别是 10101、10201 等，省略
    }
}
```

9.3 UDP Socket 通信

9.3.1 UDP Socket 点对点通信

1. UDP 数据报

UDP（用户数据报协议）是传输层的一个协议，只在 IP 上增加了应用程序多道处理和简单的错误校检功能。UDP 从应用程序接过报文，附上源端口和目的端口以及 length、checksum 字段成为 UDP 段，就直接递交给网络层；网络层将 UDP 段封装在 IP 数据报中，尽力而为地将数据报传递给接收主机。数据报到达接收主机时，UDP 将它交给在指定端口等待接收的进程。其间，两个收发的传输层实体不存在握手过程，因此 UDP 是无连接的。

UDP 段（如图 9-10 所示）封装在 IP 数据报中发送，与 TCP 不同，UDP 不能将数据报分段传输。一个 IPv4 数据报最长 65535 字节。

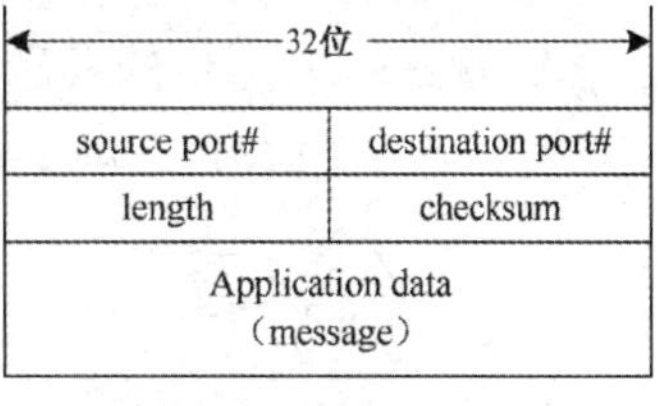

图 9-10　UDP 段结构

DNS（域名服务）是使用 UDP 的一个应用层协议，当运行在主机中的 DNS 程序需要进行查询时，它将组成一个 DNS 查询报文，发给 UDP Socket。在不进行握手过程的情况下，UDP 给报文加上段头后，直接交给网络层。网络层将该段封装在 IP 数据报中后，将数据报发给域名服务器。发出 DNS 的主机将等待域名服务器的应答，如果等不到回答，它有可能向其他域名服务器重发查询报文，或报告无法获得域名信息的结果。

2. DatagramPacket 数据报包类

Java 语言支持的 UDP Socket 通信需要 DatagramPacket 和 DatagramSocket 两个类配合。DatagramPacket 类将待传输数据封装成数据报包对象，再由数据报套接字 DatagramSocket 类提供的 send()和 receive()方法进行发送或接收操作。

DatagramPacket 是数据报包类，待发送和待接收的数据报包格式不同。

（1）待发送的数据报包

以下构造方法创建待发送的数据报包对象，必须指定目标主机的 IP 地址和端口：

```
public DatagramPacket(byte[] data, int length, InetAddress ip, int port)    // 创建待发送数据报包
```

其中，data 字节数组保存包数据，length 指定包长度，length≤data.length；ip 指定目标主机的 IP 地址或域名，port 指定目标主机端口。

（2）待接收的数据报包

以下构造方法创建准备接收的数据报包，接收数据将保存在 data 字节数组中，length 指定读取的字节数。

```
public DatagramPacket(byte[] data, int length)              // 创建待接收数据报包
```

对接收到的数据报包，调用以下方法可获得数据报的属性及其中的数据。

```
public byte[] getData()                                     // 从数据报包的缓冲区中返回数据
public int getLength()                                      // 返回数据报的长度
public InetAddress getAddress()                             // 返回数据报中目标主机的 IP 地址
public int getPort()                                        // 返回数据报中目标主机的端口
```

3．数据报 Socket

DatagramSocket 类提供数据报的投递服务，包括发送和接收，声明如下。

```
public class DatagramSocket extends Object
{
    public DatagramSocket() throws SocketException                       // 构造，绑定一可用端口
    public DatagramSocket(int port) throws SocketException               // 构造，port 指定接收端口
    public void send(DatagramPacket packet) throws IOException           // 发送 packet 数据报包
    public void receive(DatagramPacket packet) throws IOException        // 接收数据报包存于 packet 中
    public void close()                                                  // 关闭 Socket
}
```

若 Socket 的 IP 地址或端口错误，则抛出 java.net.SocketException 异常。

UDP Socket 通信的发送和接收过程说明如下，如图 9-11 所示。

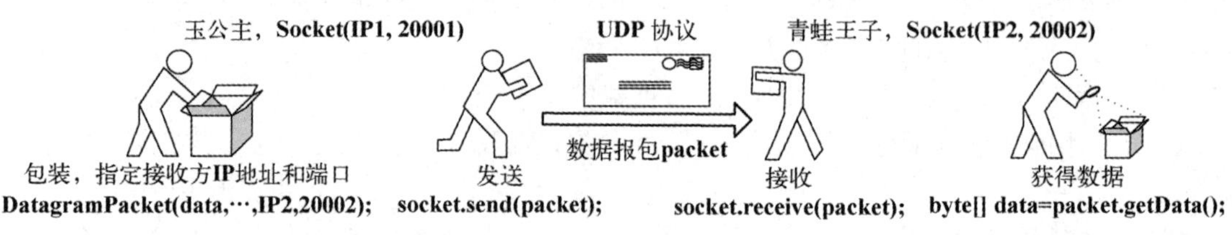

图 9-11　UDP Socket 通信的发送和接收

① 发送方，创建待发送数据报包 packet，其中指定目标主机的 IP 地址和接收端口；调用 DatagramSocket 的 send(packet)方法发送 packet 数据报包，发送端口由 Java 绑定一个可用端口。

② 接收方，创建 DatagramSocket(port)，port 指定接收端口，调用其 receive(packet)方法接收数据报包到 packet；再调用 packet.getData()方法获得 packet 中数据，存于 data 字节数组中。

接收方必须指定接收端口，该接收端口正是发送数据报包中指定的端口。而发送端口可以是任意一个可用端口。

4．字节数组与 String 字符串的双向转换

UDP 数据报采用 byte[]字节数组存储数据，这种以字节为单位的方式能够存储任意类型数据，与字节流原理相同。如果数据报包中的字节数组表示的是字符串，则需要将字节数组与

String 字符串进行双向转换。

String 类声明以下方法：

```
public final class String implements java.io.Serializable, Comparable<String>, CharSequence
{
    public String(byte[] value)                  // 由默认字符集编码的字节数组构造字符串
    public String(byte[] value, int i, int n)    // 由 value 数组中从 i 开始长度为 n 的若干字节构造串
    public String(byte[] value, int i, int n, String charsetName)    // charsetName 指定字符集名称

    public byte[] getBytes()                     // 返回默认字符集编码的字节数组
    public byte[] getBytes(Charset charset)      // 返回 charset 字符集编码的字节数组
}
```

其中，构造方法由 byte[]字节数组构造 String 字符串（Unicode 字符集编码），charsetName 指定字节数组采用的字符集，缺省时使用默认字符集，如中文 Windows 系统默认 GBK；getBytes()方法将字符串转换成字节数组。

【例 9.4】 点对点聊天，采用 UDP Socket 通信。

本例目的：采用 UDP 数据报通信方式实现点对点聊天功能。

功能说明：点对点聊天程序界面如图 9-12 所示，“发送”按钮右边显示本机的发送端口。

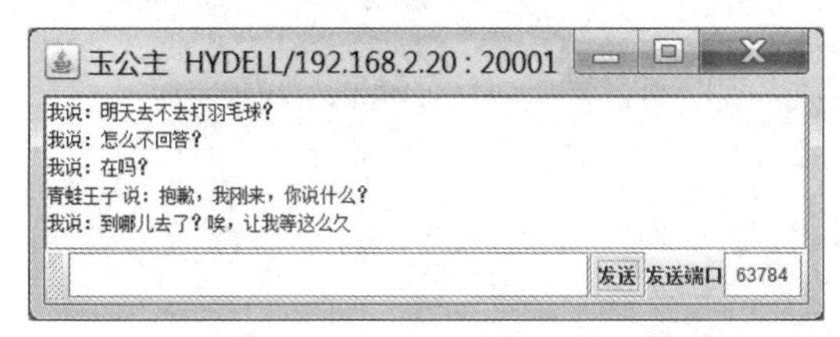

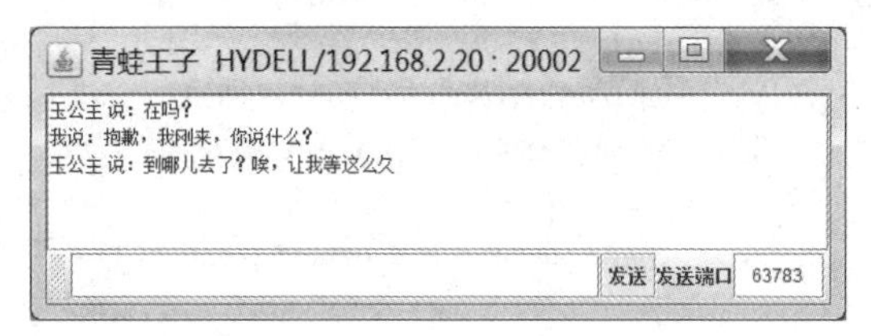

图 9-12 点对点聊天窗口，采用 UDP Socket 通信

技术要点：UDP Socket 通信的发送和接收过程见图 9-11 所示，通信双方程序相同，每方各有两个 DatagramSocket，分别用于发送和接收数据报。程序如下。

```
import java.awt.event.*;
import javax.swing.*;
import java.io.*;
import java.net.*;
// 采用 UDP Socket 通信的点对点聊天程序框架类，继承框架类，响应动作事件
public class ChatUDPJFrame extends JFrame implements ActionListener
{
    private String name;                                    // 网名
    private InetAddress destip;                             // 目标主机名或 IP 地址
    private int destport;                                   // 目标主机的接收端口
    private JTextArea text_receiver;                        // 显示对话内容的文本区
    private JTextField text_sender, text_port;              // 发送内容文本行和发送端口文本行
    // 构造方法，name 指定网名，receiveport 指定本机接收端口；
    // host 指定目标主机名或 IP 地址，destport 指定目标主机的接收端口
    public ChatUDPJFrame(String name, int receiveport,  String host, int destport) throws Exception
    {
        super(name+"  "+InetAddress.getLocalHost().toString()+" : "+receiveport);
        this.setBounds(320,240,400,240);
        this.setDefaultCloseOperation(EXIT_ON_CLOSE);
        // 以下在框架内容窗格中部添加显示对话内容的文本区
```

```
        this.text_receiver = new JTextArea();
        this.text_receiver.setEditable(false);
        this.getContentPane().add(new JScrollPane(this.text_receiver));
        // 以下工具栏中有发送内容、端口文本行和发送按钮
        JToolBar  toolbar = new JToolBar();
        this.getContentPane().add(toolbar,"South");
        toolbar.add(this.text_sender = new JTextField(20));           // 发送内容文本行
        JButton  button = new JButton("发送");
        toolbar.add(button);
        button.addActionListener(this);
        toolbar.add(new JLabel("端口"));
        toolbar.add(this.text_port = new JTextField());               // 发送端口文本行
        this.text_port.setHorizontalAlignment(JTextField.CENTER);     // 设置水平对齐方式为居中
        this.setVisible(true);
        // 以下获得自己网名、目标主机的 IP 地址和接收端口
        this.name = name;
        this.destip = InetAddress.getByName(host);                    // 目标主机名或 IP 地址
        this.destport = destport;                                     // 目标主机的接收端口
        // 以下接收数据报包，解压缩获得包裹内容，将字节序列转换成字符串显示在文本区中
        byte[]  data = new byte[512];                                 // 字节数组，存储数据报包内容
        DatagramPacket  packet = new DatagramPacket(data,data.length); // 创建接收数据报包
        DatagramSocket  datasocket = new DatagramSocket(receiveport);// 创建接收 Socket
        while(datasocket != null)
        {
            datasocket.receive(packet);                               // 接收数据报包到 packet
            // 由 packet 包中字节数组构造字符串，使用默认字符集 GBK
            this.text_receiver.append(new String(packet.getData(),0, packet.getLength())+"\r\n");
        }
    }
    public void actionPerformed(ActionEvent event)                    // 单击“发送”按钮
    {   // 将字符串转换成字节数组，使用默认字符集 GBK；再发送
        byte[]  data = (name+" 说: "+text_sender.getText()).getBytes();
        try
        {
            DatagramPacket packet=new DatagramPacket(data, data.length, destip, destport);
            DatagramSocket datasocket = new DatagramSocket();         // 绑定一个可用端口用于发送
            datasocket.send(packet);                                  // 发送数据报包
            this.text_port.setText(datasocket.getLocalPort()+"");     // 显示本机发送端口
            this.text_receiver.append("我说: "+this.text_sender.getText()+"\n");
            this.text_sender.setText("");
        }
        catch(IOException ex)                                         // 包含 Socket 异常
        {
            JOptionPane.showMessageDialog(this, "IP 地址或端口错误，发送错误。");
        }
    }
    public static void main(String[] args) throws Exception
    {   // 指定网名、本机接收端口、目标主机 IP 地址和接收端口
        new ChatUDPJFrame("玉公主", 20001, "127.0.0.1", 20002);
//      new ChatUDPJFrame("青蛙王子", 20002, "127.0.0.1", 20001);     // 在其他计算机上运行
```

```
    }
}
```

例 9.3 和例 9.4 分别采用 TCP 和 UDP 进行数据通信，都实现了点对点的聊天功能。TCP Socket 先建立连接，确认对方在线再发送信息，所发信息肯定能被对方接收到，若连接中断，则发送失败，发送方捕获异常知道错误进行处理。而 UDP 数据报是不建立连接的，指定目标地址直接发送，若对方进程没有启动，或目标地址错误，或某个路由器不正常，将导致数据报不能到达目的地，此时发送方并不知道。因此，就聊天功能而言，TCP Socket 性能更好。

UDP 主要面向请求/应答式交易型应用，一次交易往往只有一来一回两条报文交换，无连接方式的开销较小，也用于对可靠性要求不高的场合。例如，一个时钟服务器提供时间服务，客户端定时发出请求，服务器向客户端发送当前时间。如果客户端漏掉接收一些数据，服务器也没有必要重发这些数据，因为重发的数据到达客户端时已经不是正确数据了。

9.3.2 UDP 组播通信

分布式系统中，进程间通信有多种类型，除了点对点通信（称为单播），还有一对多通信，称为组播（multicast），以及一对所有通信，称为广播（broadcast）。UDP 数据报通信支持单播和组播。组播通信用于视频会议、推送技术、为用户群进行软件升级、共享白板式多媒体应用等场合。

1. 组播地址

IPv4 地址分为五类，每个地址的最高几位为类型标志，其余分别为网络地址和主机地址，如图 9-13 所示，其中 D 类地址称为组播地址，提供组播服务。

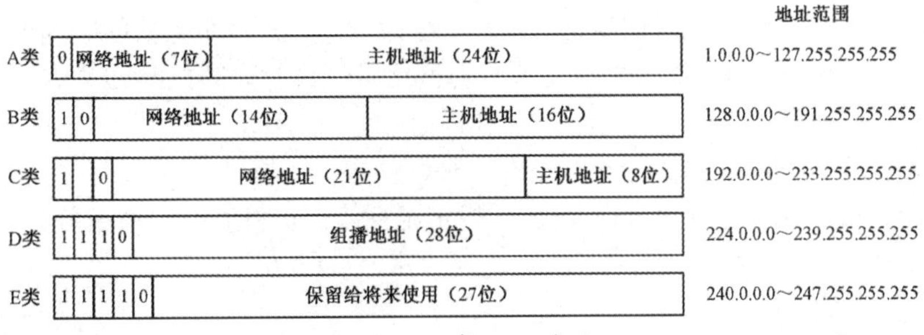

图 9-13　五类 IPv4 地址

2. 组播 Socket

一个组播地址和一个端口构成一个组播 Socket。UDP 组播通信方式是，一个组播 Socket 代表逻辑上的一个组播组，其中可加入多个成员，每个成员可以以组播方式发送和接收信息，一人发送，大家都可以接收到。一个组播地址也可以与多个端口构成多个组播组。IGMP（Internet 组管理协议）负责对 IP 组播的组进行管理，包括组成员的添加和删除等。

MulticastSocket 类声明如下，实现 UDP 组播通信，它是 DatagramSocket 的子类。

```
public class MulticastSocket extends DatagramSocket          // 组播 socket 类，继承数据报 Socket 类
{
    public MulticastSocket(int port) throws IOException          // 构造方法，port 指定端口
    public void joinGroup(InetAddress dip) throws IOException   // 加入组，dip 指定组播地址
    public void setTimeToLive(int ttl) throws IOException       // 设置组播范围
    public void leaveGroup(InetAddress dip) throws IOException  // 离开 dip 组
```

```
}
```

其中，IPv4数据报头格式（见图9-1）中有Time to live域，它是一个计数器，用于计算数据报经过的站段数，数据报每到达一个路由器，该域减1，减至0时数据报被丢弃，从而控制数据报传送的范围。

【例9.5】 控制网络考试时间，采用UDP组播通信。

本例目的：UDP组播通信应用演示，服务端发送，多客户端接收。

功能说明：目前，计算机等级考试等采用基于计算机网络的标准化考试方式，特点是在一定时间范围内先来先做，每人的开始时间和结束时间可以不同，但时间长度相同。其中如何进行时间控制是一项关键技术。如果以各台计算机的时钟来计算时间长度，显然不行。

本例的设计方案是，约定一个组播组，其中在服务器运行的服务器提供时间组播服务，每秒发送服务器的当前时间；在客户机运行的客户端接收时间并显示，每秒刷新，若考试时间到，则弹出对话框，并终止应用程序运行。各窗口如图9-14所示。

图9-14 时间组播，一个发送时间窗口和两个接收时间窗口

技术要点：① 服务端提供时间组播服务，以组播方式每秒将服务器的时间发送给一个组；加入到该组的客户端每秒接收组播时间信息，对网络考试进行时间控制。② 用long整数表示时间，计算时间差。

（1）提供时间组播的服务端程序

声明TimeBroadcastJFrame类如下，加入指定组播组，提供时间组播服务。

```
import javax.swing.*;
import java.net.*;
import java.util.Date;
import java.text.SimpleDateFormat;
public class TimeBroadcastJFrame extends JFrame          // 时间组播服务框架类
{
    private MulticastSocket  mulsocket;                   // 组播套接字
    // 构造方法，group、port分别指定组播地址和端口
    public TimeBroadcastJFrame(String group, int port) throws java.io.IOException
    {
        super("时间组播  "+group+" : "+port);
        this.setBounds(200, 240, 480, 100);
        this.setDefaultCloseOperation(EXIT_ON_CLOSE);
        JLabel  label = new JLabel("",JLabel.CENTER);     // 显示当前时间的标签，居中对齐
        this.getContentPane().add(label);
        this.setVisible(true);
        // 以下加入dip组播地址的组
        InetAddress  dip = InetAddress.getByName(group);  // 组播地址
```

```
        this.mulsocket = new MulticastSocket(port);         // 在 port 端口进行组播通信
        this.mulsocket.setTimeToLive(1);                    // 发送数据报范围为本地网络
        this.mulsocket.joinGroup(dip);                      // 加入组
        // 每秒将当前时间（长整数）发送到 dip 组播组中；时间格式中，HH 表示 24 小时制
        SimpleDateFormat datef = new SimpleDateFormat("yyyy 年 MM 月 dd 日 HH 时 mm 分 ss 秒");
        while(true)
        {
            long  time = System.currentTimeMillis();        // 获得当前时间
            label.setText(datef.format(new Date(time)));    // 按时间格式显示当前时间
            byte[]  data = (time+"").getBytes();        // 将 time 长整数转换成字符串，再转换成字节数组
            DatagramPacket packet=new DatagramPacket(data, data.length, dip, port); // 发送数据报
            try
            {
                this.mulsocket.send(packet);                // 组播发送数据报，可被 dip 组中成员接收到
                Thread.sleep(1000);                         // 每秒发送
            }
            catch(InterruptedException ex)
            {
                JOptionPane.showMessageDialog(this, "发送错误");
                break;
            }
        }
    }
    public static void main(String args[]) throws java.io.IOException
    {
        new TimeBroadcastJFrame("224.116.8.0", 20009);     // 参数设置组播地址和端口
    }
}
```

（2）接收时间组播的客户端程序

声明 ReceiverJFrame 类如下，加入指定组播组，每秒接收组播时间，对网络考试进行时间控制。

```
import java.awt.*;
import javax.swing.*;
import java.net.*;
import java.text.SimpleDateFormat;
import java.util.Date;
public class ReceiverJFrame extends JFrame                  // 接收时间组播框架类
{
    // group 指定组播地址，port 指定服务器组播端口，minutes 指定运行时间（分）
    public ReceiverJFrame(String group, int port, int minutes) throws java.io.IOException
    {
        super("接收时间组播  "+group+" : "+port);
        this.setBounds(320, 240, 500, 120);
        this.setDefaultCloseOperation(EXIT_ON_CLOSE);
        this.getContentPane().setLayout(new GridLayout(2,4));
        // 以下添加组件，显示多个时间
        String[]  labelstr = {"开始时间", "结束时间", "当前时间", "剩余时间"};
        JTextField[]  texts = new JTextField[labelstr.length];
```

```
            for(int i=0; i < texts.length; i++)
            {
                this.getContentPane().add(new JLabel(labelstr[i],JLabel.CENTER));
                this.getContentPane().add(texts[i] = new JTextField());
                texts[i].setEditable(false);
            }
            texts[2].setForeground(new Color(255, 0, 0));            // 以红色显示当前时间
            this.setVisible(true);
            // 以下加入 dip 组播地址的组
            MulticastSocket  mulsocket = new MulticastSocket(port); // 在 port 端口接收组播
            InetAddress  dip = InetAddress.getByName(group);         // 组播地址
            mulsocket.joinGroup(dip);                                // 加入组
            // 以下接收数据包，从中获得当前时间，再计算时间
            byte[]  data = new byte[512];
            DatagramPacket  packet = new DatagramPacket(data, data.length, dip, port); // 待接收数据报包
            mulsocket.receive(packet);                               // 第一次接收
            // 将 packet 包中字节数组转成字符串，再转换成 long 整数
            long  time = Long.parseLong(new String(packet.getData(), 0, packet.getLength()));
            SimpleDateFormat dataf = new SimpleDateFormat("HH:mm:ss");
            texts[0].setText(dataf.format(new Date(time)));          // 显示开始时间
            long  lasttime = time+minutes*60*1000;
            texts[1].setText(dataf.format(new Date(lasttime)));      // 显示结束时间
            while(time < lasttime)                                   // 结束时间未到时运行
            {
                mulsocket.receive(packet);                           // 接收数据报包
                time = Long.parseLong(new String(packet.getData(), 0, packet.getLength()));
                texts[2].setText(dataf.format(new Date(time)));      // 显示当前时间
                texts[3].setText(((lasttime-time)/60000)+"分");      // 显示剩余时间
            }
            JOptionPane.showMessageDialog(this, "考试结束，关闭程序");
            mulsocket.leaveGroup(dip);                               // 离开组
            mulsocket.close();
            System.exit(0);                          // 若考试时间到，则弹出对话框，并终止应用程序运行
        }
        public static void main(String args[]) throws java.io.IOException
        {   // 参数设置组播地址、端口和考试时间长度，在其他计算机上运行也是这句
            new ReceiverJFrame("224.116.8.0", 20009, 60);
        }
    }
```

其中，发送方和接收方需要传输的是表示时间的 long 整数，以下语句通过字符串类实现 long 整数与字节数组的相互转换：

```
byte[] data = (time+"").getBytes();          // 发送方，将 time 长整数转换成字符串，再转换成字节数组
// 接收方，将 packet 包中字节数组转成字符串，再转换成 long 整数
long  time = Long.parseLong(new String(packet.getData(), 0, packet.getLength()));
```

【例 9.6】 聊天群，采用 UDP 组播通信。

本例目的：UDP 组播通信应用演示，全员既可发送，也可接收。

功能说明：聊天群的界面如图 9-15 所示。

图 9-15　聊天群的多个窗口，采用 UDP 组播通信

技术要点：通信各方程序相同，只要加入一个组播组，就可以发送和接收数据报。

声明 ChatMulticastJFrame 类如下，采用 MulticastSocket 类发送和接收数据报。

```
import java.awt.event.*;
import javax.swing.*;
import java.net.*;
// 组播聊天框架类，继承框架类，响应动作事件；采用 UDP 组播通信
public class ChatMulticastJFrame extends JFrame implements ActionListener
{
    private String  name;                                       // 网名
    private InetAddress  dip;                                   // 组播地址
    private MulticastSocket  mulsocket;                         // 组播套接字
    private int  port;                                          // 组播端口
    private JTextField  text_sender;                            // 发送内容文本行
    // 构造方法，name 指定网名，group、port 指定组播地址和端口
    public ChatMulticastJFrame(String name, String group, int port) throws java.io.IOException
    {
        super("造车小队  "+name+"  "+group+": "+port);
        this.setBounds(320, 240, 560, 240);
        this.setDefaultCloseOperation(EXIT_ON_CLOSE);
        // 以下在框架内容窗格中部添加显示对话内容的文本区
        JTextArea  text_receiver = new JTextArea();
        text_receiver.setEditable(false);
        this.getContentPane().add(new JScrollPane(text_receiver));
        // 以下工具栏中有发送内容文本行和发送按钮
        JToolBar  toolbar = new JToolBar();
        this.getContentPane().add(toolbar,"South");
        toolbar.add(this.text_sender = new JTextField(20));
        JButton button = new JButton("发送");
        toolbar.add(button);
        button.addActionListener(this);
        this.setVisible(true);
        // 以下获得自己网名、组播地址和端口
        this.name = name;
        this.dip = InetAddress.getByName(group);
        this.port = port;
        // 以下接收数据报包，解压缩获得包裹内容，将字节序列转换成字符串显示在文本区中
        byte[]  data = new byte[512];
        DatagramPacket  packet = new DatagramPacket(data,data.length);    // 待接收数据报包
```

```
            this.mulsocket = new MulticastSocket(port);                     // 组播 Socket
            this.mulsocket.joinGroup(this.dip);                             // 加入组
            while (this.mulsocket != null)
            {
                this.mulsocket.receive(packet);                             // 接收数据报包
                text_receiver.append(new String(packet.getData(),0,packet.getLength())+"\r\n");
            }
        }
        public void actionPerformed(ActionEvent event)             // "发送"按钮单击事件处理方法
        {
            // 将字符串转换成字节数组，使用默认字符集 GBK；再发送
            byte[]  data = (this.name+" 说： "+this.text_sender.getText()).getBytes();
            try
            {   // 发送
                this.mulsocket.send(new DatagramPacket(data, data.length, this.dip, this.port));
                this.text_sender.setText("");
            }
            catch(java.io.IOException ex)
            {
                JOptionPane.showMessageDialog(this, "IP 地址或端口错误，发送错误。");
            }
        }
        public static void main(String args[]) throws java.io.IOException
        {
           new ChatMulticastJFrame("玉公主", "224.119.81.9", 30001);       // 参数指定网名、组播地址和端口
        // new ChatMulticastJFrame("蜡笔小新", "224.119.81.9", 30001);     // 在其他计算机上运行
        // new ChatMulticastJFrame("青蛙王子", "224.119.81.9", 30001);     // 在其他计算机上运行
        }
}
```

习 题 9

9-1　什么是 URL？

9-2　什么是 Socket 通信？它有什么特点？参与 Socket 通信的主体是谁？

9-3　Socket 通信的基础是什么？Socket 通信是单向的还是双向的？

9-4　Socket 通信为什么需要指定端口？端口由谁指定？端口的数据范围是怎样的？

9-5　Java 语言提供了哪些类实现 TCP Socket 通信？每个类提供哪些功能？

9-6　ServerSocket 和 Socket 类中都有 close()方法，两者有什么不同？

9-7　为什么说 TCP 提供可靠的数据传输，而 UDP 提供不可靠的数据传输？

9-8　TCP Socket 与 UDP 数据报通信比较。

9-9　什么是 UDP 数据报的组播通信？组播地址的作用是怎样的？

9-10　TCP Socket 支持组播功能吗？为什么？

实验 9　Socket 通信

1. 实验目的

理解 Socket 通信原理，掌握使用 ServerSocket 类和 Socket 类进行 TCP Socket 通信的程序设计方法，理解流的作用；熟悉 UDP 数据报通信和组播通信的程序设计方法。

2. 实验内容

9-11　点对点聊天，建立一条 TCP 连接。

点对点聊天的 2 个窗口建立一条 TCP 连接后开始聊天，输入一行字符串，单击“发送”按钮，向对方发送内容；单击“离线”按钮，聊天结束，2 个按钮无效，如图 9-16 所示。窗口标题栏显示各自的主机名、IP 地址和端口。

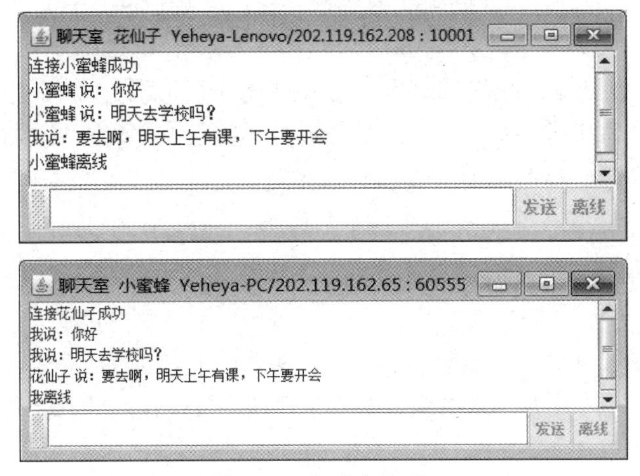

图 9-16　点对点聊天

其他实验题详见 12.5 节课程设计选题。

第 10 章　数据库应用

数据库技术是数据管理的技术，是计算机学科的重要分支，是信息系统的核心和基础。数据库用于有效地管理和存取大量的数据资源。数据库存储的是通用化的相关数据集合，不仅包括数据本身，还包括数据之间的联系。

Java 提供 JDBC（Java DataBase Connectivity，Java 数据库连接）支持数据库应用。JDBC 是基于 Java 的、用于访问关系数据库的应用程序接口，提供多种数据库驱动程序类型，通过执行 SQL 语句来操纵关系数据库，使 Java 应用程序具有访问不同类型数据库的能力。

本章首先回顾关系数据库系统的基本概念和结构化查询语言 SQL，然后介绍 JDBC 提供的连接数据库、执行 SQL 语句、处理结果集的接口和类。本章以 MySQL 数据库为例，使用 JDBC 驱动方式进行数据库应用程序设计。

10.1　关系数据库系统

数据库（DataBase，DB）是长期存储在计算机内、有组织的、可共享的大量数据的集合。数据库中的数据按一定的数据模型组织、描述和存储，具有较小的冗余度、较高的数据独立性和易扩展性，可为各种用户共享[8]。

数据库管理系统（DataBase Management System，DBMS）是位于用户与操作系统之间的数据管理软件，主要功能包括：数据定义、数据操纵、数据库的运行管理、数据库的建立和维护等。

数据库系统（DataBase System，DBS）是由数据库、数据库管理系统（及其应用开发工具）、应用程序和数据库管理员（DataBase Administrator，DBA）组成的存储、管理、处理和维护数据的系统。

10.1.1　关系模型

数据模型（Data Model，DM）是指表示实体与实体之间联系的模型。客观存在、可相互区别的事物称为实体（entity），性质相同的同类实体的集合称为实体集（entity set）。实体的特性可由若干属性（attribute）来刻画。例如，学生实体有学号、姓名、年龄、性别等属性。每个属性有一个值域，其类型可以是整数型、实数型、字符串型等。

关系数据库系统是支持关系模型的数据库系统。用二维表格表示实体集、用关键码进行数据导航的数据模型称为关系模型（relational model），其中数据导航（data navigation）是指从已知数据查找未知数据的过程和方法。关系模型的三个重要组成部分是数据结构、数据操纵和数据完整性规则。

1. 关系模型的数据结构

数据库中的全部数据及相互联系都被组织成关系形式。关系模型的数据结构是关系。

（1）关系

关系（relation）就是一张规范化的二维表（table），表示一个实体集。表中的一行（row）表示一个实体，也称为元组或记录（record）；一列（column）表示实体的一个属性，也称为字段（field），每列都有数据类型，每种数据类型具有取值范围，称为属性的值域（Domain）。

例如，表 10-1 是一张学生信息表，表中的每行表示一个学生实体，表中的每列表示学生实体的某个属性。一个学生实体可以由学号、姓名、性别、出生日期等若干属性列组成。

表 10-1　学生信息表

学　号	姓名	性别	省份	城市	出生日期	系	专　业	团员
1012012001	陈珊	女	广东	广州	1997-02-01	计算机	计算机科学与技术	是
1012012002	李言谦	男	湖北	武汉	1998-10-03	计算机	计算机科学与技术	是
1012012003	杨柳	男	湖南	长沙	1999-05-10	计算机	软件工程	是
0922011002	傅玲玲	女	浙江	绍兴	1997-10-8	经济管理	信息管理与信息系统	是

（2）关系的性质

关系模型要求关系必须是规范化的，关系具有以下性质。

① 列是同质的（homogeneous），即每列具有相同的数据类型。

② 不同的列表示实体不同的属性，列名必须不同，但列的数据类型可以相同。

③ 关系中不允许出现重复的行，即表中的任意两行不能完全相同。

④ 关系中每个属性都是不可分解的，换言之，不允许表中还有表。

⑤ 关系的行或列之间均没有次序。如果改变各行或各列次序，不影响关系的含义。

（3）关系模式

对关系的描述称为关系模式（relation schema），关系模型是由若干关系模式组成的集合。关系模式的格式如下：

　　关系 (列{, 列})

例如，学生信息表、课程表、学生成绩表的关系描述如下，其中带下划线的列为该表的主键。

　　学生信息（<u>学号</u>, 姓名, 性别, 省份, 城市, 出生日期, 系, 专业, 团员, 年级, 班级）

　　课程（<u>课程号</u>, 课程名, 学分, 学时）

　　选修课程（<u>学号</u>, <u>课程号</u>, 学期, 成绩）

（4）主键与外键

能够唯一标识实体的属性集称为主关键字（primary key），简称主键。每张表必须设置主键，使用主键在一张表中唯一识别不同的实体。

例如，如果将姓名设置为学生实体的主键，则学生信息表中不能保存姓名相同的两个学生实体。学号可以唯一识别一个学生，所以设置学号作为学生实体的主键。类似地，设置课程号作为课程表的主键。学生成绩表中的学号和课程号是不唯一的，一个学生可以选修多门课程，不同的学生可以选修相同的课程，因此必须由学号和课程号合起来共同标识一个学生成绩。

如果关系模式 R 中的属性 K 是其他关系模式的主键，那么 K 在关系模式 R 中称为外关键字（foreign key），简称外键。外键用于表达两个关系之间的联系。

例如，上述 3 个表之间是有联系的，学生成绩表中的学号和课程号必须已存在于学生信息表和课程表中，也就是说，只有有效的学号才有资格选修课程，只有已开设的课程才能被选修。所以，学生成绩表通过学号列、课程号列与学生信息表和课程表相关联，此时学生信息表中的学号列和课程表中的课程号列是学生成绩表的外键。

2. 关系模型的数据操纵和数据完整性规则

关系模型的操作主要包括数据查询和数据更新，数据更新包括插入、删除和修改。关系模型中的数据操作是集合操作，操作对象和操作结果都是关系。关系模型的存取路径对用户透明，使数据具有独立性和安全性，同时降低了应用程序的设计难度。

关系数据库中数据必须满足如下 3 类完整性规则。

① 实体完整性规则（entity integrity rule）：要求关系中一行组成主键的属性上不能有空值。如果出现空值，那么主键值就起不了唯一标识实体的作用。

② 参照完整性规则（reference integrity rule）：如果属性集 K 是关系模式 R_1 的主键，K 也是另一关系模式 R_2 的外键，那么，在 R_2 的关系中，K 的取值只允许两种可能：空值或者等于 R_1 关系中的某个主键值。关系模式 R_1 的关系称为“参照关系”，关系模式 R_2 的关系称为“依赖关系”。这条规则的实质是不允许引用不存在的实体。

③ 用户定义的完整性规则：由用户根据特定需求而设置的数据完整性规则约束。

10.1.2 客户-服务器结构的关系数据库系统

为了适应计算机网络的发展，使数据库系统能够应用于计算机网络平台，数据库系统结构由集中式结构向分布式结构发展，“分布计算”概念经历了从处理分布、数据分布到功能分布的演变过程。

1. 数据库的结构与功能分布

客户-服务器结构的关系数据库系统具有数据集中、功能分布的特点，将数据集中存储在数据库服务器上，服务器完成数据库管理系统 DBMS 的核心功能，数据库的建立和维护工作由数据库管理员完成；客户端完成数据处理、数据表示、用户接口等功能。两者之间采用请求-响应模式，即客户端提出服务请求、服务器响应请求并提供数据服务，如图 10-1 所示。

采用客户-服务器结构的关系数据库系统有 Oracle、Sybase、SQL Server、MySQL 等。数据库客户端运行在客户机上，通过网络可以连接指定 IP 地址的数据库服务端。这些数据库通常带有图形化的数据库管理工具，提供数据操纵功能，包括创建和修改数据库、表、视图，执行 SQL 语句等。例如，MySQL 数据库的管理工具是 MySQL Workbench。

2. 数据库连接

数据库具有数据独立性的特点。数据独立性（data independence）是指应用程序与数据库的数据结构之间相互独立。这样，应用程序能够访问各种数据库，数据库也能够支持由各种开发工具所设计的应用程序。

由于数据独立性，应用程序不能直接存取数据库，因此必须通过“数据库连接”机制先与数据库建立连接，才能访问数据库。例如，JDBC 是 Java 语言使用的一种标准接口，为应用程序提供数据库连接和操作方法。

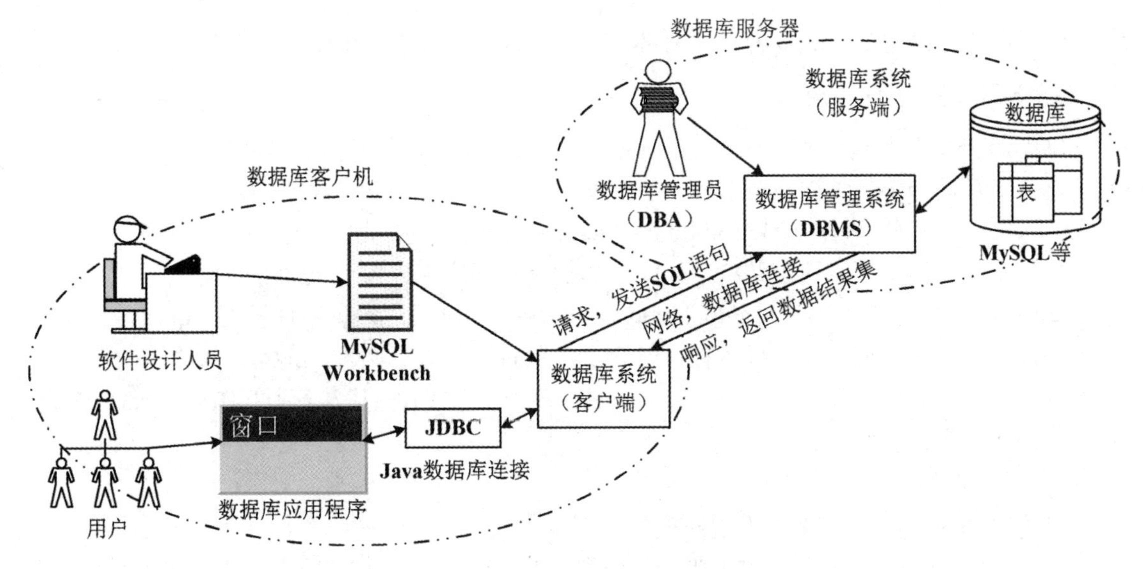

图 10-1 客户-服务器结构的数据库系统

3. 数据库应用程序

数据库应用程序是根据用户需求、将数据存储在数据库、为实现特定功能而开发的应用软件，它运行在数据库客户端，需要通过标准接口与数据库建立连接。

数据库应用程序由软件设计人员使用符合需求的软件工具开发研制，提供图形用户界面，将用户操作转换成规范的数据操作请求向数据库服务端发送。服务端响应请求并将操作执行的数据结果集返回给客户端，由应用程序再显示给用户。

开发数据库应用程序至少要有两种语言：① 主语言，支持数据库应用的程序设计语言，如 Java 语言等；② 数据操纵语言，对数据库中数据进行操作，如 SQL（结构化查询语言）是关系数据库的标准语言。

应用程序中的数据操纵语句由 DBMS 解释执行。

10.1.3 结构化查询语言 SQL

SQL（Structured Query Language，结构化查询语言）是关系数据库的标准语言，对关系模型的发展和商用 DBMS 的研制起着重要的作用。SQL 提供数据定义、数据查询、数据操纵和数据控制功能，具有综合统一、高度非过程化、面向集合等特点。目前，所有关系数据库系统均支持 SQL。

1. SQL 数据库的体系结构

SQL 数据库的体系结构要点如下。

① SQL 模式（schema）是已命名的数据组，由表、授权、规则、约束等组成。

② SQL 表由行集构成，行是列的序列，每列对应一个数据项。

③ 表有 3 种类型：基本表、视图和导出表。基本表（base table）是实际存储在数据库中的表，一个基本表表示一个关系模式；视图（view）是由若干基本表或其他视图定义的表；导出表是执行查询后产生的表。

④ 用 SQL 语句可对基本表和视图进行查询等操作，从用户角度看，视图也是表。

2. SQL 的特点和组成

SQL 是介于关系代数和元组演算之间的一种语言，是面向集合的描述性语言，是非过程性的，大多数语句都是独立执行的，与上下文无关。SQL 由以下 4 部分组成。

① 数据定义语言（Data Definition Language，DDL）：提供数据定义功能，包括定义 SQL 模式、基本表、视图、索引等结构，定义数据的完整性约束、保密限制等约束。

② 数据操纵语言（Data Manipulation Language，DML）：提供数据查询（query）和数据更新功能。查询语句描述并执行各种检索要求；更新语句进行插入、删除、修改等操作。

③ 数据控制语言（Data Control Language，DCL）：包括对基本表和视图的授权、完整性规则的描述、事务处理控制等内容。

④ 嵌入式 SQL 的使用规定。

SQL 的基本元素是命令、子句、运算符和集函数。由这些元素组成的语句可以定义、查询和操纵数据。SQL 不区分字母大小写，习惯上其关键字采用大写形式。SQL 为实现数据定义、查询、操纵和控制等功能，提供了 9 个命令动词，如表 10-2 所示。

表 10-2　SQL 语言的动词

SQL 功能	动　词	说　明
数据定义	CREATE、DROP、ALTER	创建表、删除表、修改表
数据操纵	INSERT、UPDATE、DELETE	插入、更新、删除数据
数据查询	SELECT	查询数据
数据控制	GRANT、REVOKE	授予权限、收回权限

3. 数据定义

SQL 数据定义对基本表的操作包括创建表、修改表和删除表。

（1）创建基本表

创建基本表的语句是 CREATE TABLE，语法格式如下：

```
CREATE TABLE 基本表
(
    列  数据类型  [列级完整性约束]
    {, 列  数据类型  [列级完整性约束]}
    [, 表级完整性约束]
);
```

其中，“基本表”指定基本表名，由多列组成，每列需要声明列名和所属数据类型及长度。

列的数据类型由数据库系统提供，不同的数据库系统支持的数据类型不完全相同。对于同一种数据类型，不同的数据库系统采用的关键字也可能不同。例如，整数类型有 integer 或 int，浮点数类型有 real 或 float，日期时间类型有 datetime 或 timestamp 等。

根据需要，可为指定列声明列级完整性约束条件，包括是否非空（NOT NULL）、是否唯一（UNIQUE）、默认值（DEFAULT）等，没有指定默认值的列其初值是 NULL 和不唯一。

如果完整性约束条件涉及表的多列，则必须定义在表级上。表级完整性约束主要有 3 种子句：主键子句（PRIMARY KEY）、外键子句（FOREIGN KEY）和检查子句（CHECK）。每个基本表的定义中包含了若干列的定义和若干完整性约束。

例如，创建数据库 StudentMIS、创建 person 表语句如下，每行声明一列，说明列名及其数据类型。

```
CREATE DATABASE StudentMIS;                                    /* 创建数据库 */
use StudentMIS;
/* person 表，包含姓名（不空）、出生日期（有默认值）、性别、省份、城市列；
   性别列检查用户定义完整性；姓名列是主键，表级实体完整性约束 */
CREATE TABLE person
(
    name varchar(20) NOT NULL PRIMARY KEY,
    birthdate date DEFAULT '1997-1-1',
    gender char(2) DEFAULT '男' CHECK(gender IN('男', '女')),
    province varchar(20) DEFAULT NULL,
    city varchar(20) DEFAULT NULL
);
```

（2）修改基本表

创建基本表后，可以对基本表结构进行修改操作，包括增加列、修改列的数据类型及宽度、删除完整性约束条件。修改表的 ALTER TABLE 语句语法格式如下：

```
ALTER TABLE 基本表
    [ADD  新列 数据类型 [列级完整性约束]]
    [MODIFY  列 数据类型]
    [DROP  完整性约束]
```

其中，ADD 子句用于增加新列及其完整性约束条件，MODIFY 子句用于修改原有的列定义，DROP 子句用于删除指定的完整性约束条件。

在基本表中增加一列，不会破坏原表中的数据，原有行在新增列上的取值为 NULL，因此增加的列不能定义为 NOT NULL。

（3）删除基本表

删除基本表的 DROP TABLE 语句语法格式如下：

```
DROP TABLE 基本表
```

当一个基本表上没有创建视图或约束时，才能删除它。删除了基本表，也删除了表中所有数据，因此执行删除表的操作一定要格外小心。

4. 数据更新

执行 CREATE 语句只是创建了基本表，表中并没有数据。对表中数据的操作由数据操纵语言提供，数据操纵包括数据查询和数据更新功能。数据更新语句包括插入、修改和删除数据。

（1）插入数据

INSERT 语句将一行数据添加到指定基本表的末尾，语法格式如下：

```
INSERT INTO 基本表
    [(列 1{, 列 2})]
    VALUES (值 1{, 值 2})
```

其中，“列 1”“列 2”指定列名，列名省略表示所有列；VALUES 子句给出各列对应取值，多个取值以“,”分隔，值的次序与列的次序一致，对于没有出现的列，新行数据将取默认值或

NULL；多条语句以“;”分隔。例如，在 person 表中插入数据的语句如下：

```
INSERT INTO person VALUES('陈珊', '1997-02-01', '女', '广东', '广州');   /*插入一行，为所有列赋值*/
INSERT INTO person(name, birthdate, gender)
  VALUES('李言谦','1998-10-03','男');            /*插入一行，为指定列赋值，其他列取值为默认值或 NULL*/
```

🔔**注意**：声明为 NOT NULL 的列不能取 NULL 值；声明 UNIQUE 的列不能取重复的值。

（2）修改数据

UPDATE 语句修改数据，语法格式如下：

```
UPDATE  基本表
    SET  列 = 表达式{, 列 = 表达式}
    [WHERE 条件表达式]
```

UPDATE 语句修改指定基本表中满足 WHERE 子句条件的数据行，SET 子句将指定列数据项值替换为“表达式”的结果值。如果省略 WHERE 子句，则修改表中所有数据行。例如：

```
UPDATE person
  SET province='湖北', city='武汉'
  WHERE name='陈珊';
```

（3）删除数据

DELETE 语句删除数据，语法格式如下：

```
DELETE FROM 基本表
    [WHERE 条件表达式]
```

DELETE 语句从指定基本表中删除满足 WHERE 子句条件的数据行。如果省略 WHERE 子句，则删除表中所有行数据。

5. 数据查询

SELECT 语句查询数据，语法格式如下：

```
SELECT  [ALL | DISTINCT]  列表达式 {, 列表达式}
    FROM  表
    [WHERE  条件表达式]
    [GROUP BY  列 [HAVING  条件表达式]]
    [ORDER BY  列 [ASC | DESC]]
```

SELECT 语句从 FROM 子句指定的表中检索出由 SELECT 子句指定的若干列组成的数据结果集。ALL（默认值，可省略）表示结果集包含所有值，DISTINCT 表示结果集不包含重复值。WHERE 子句给出检索条件；GROUP BY 子句将满足 HAVING 子句指定条件的结果集按照指定列值进行分组；ORDER BY 子句将结果集按照指定列的值排序，ASC 表示升序（默认值），DESC 表示降序。执行 SELECT 语句的结果集是一个导出表，它是相应基本表的一个数据子集。

在 WHERE 子句的条件表达式中，可使用多种运算符。SQL 运算符如表 10-3 所示。

在 SELECT 语句中可使用集函数，用来增强检索功能。集函数如表 10-4 所示。

例如，查询 SELECT 语句如下，显示 person 表的所有列，仅显示以“湖”开头省份或包含“江”省份中的男生，按省份名称升序排序。

```
SELECT *
    FROM person
    WHERE (gender = '男') AND ((province LIKE '湖%') OR (province LIKE '%江%'))
    ORDER BY province;
```

表 10-3　SQL 语言运算符

运算符	含　义
=、!=或<>、<、<=、>、>=	算术比较运算符，相等、不等、大于、大于等于、小于、小于等于
AND、OR、NOT	逻辑运算符，与、或、非，优先级依次是 NOT、AND、OR
IS NULL、IS NOT NULL	判断是否空值
BETWEEN AND、NOT BETWEEN AND	指定取值范围，BETWEEN 后指定范围的下界，AND 后指定上界
LIKE、NOT LIKE	指定需要匹配的字符串，匹配串中使用“%”（百分号）代表任意长度的字符串，“_”（下划线）代表任意单个字符
IN、NOT IN	集合成员资格运算符，判断元素是否在指定集合

表 10-4　SELECT 语句中使用的集函数

<table>
<tr><th>函　数</th><th>功　能</th><th>函　数</th><th>功　能</th></tr>
<tr><td>COUNT([ALL | DISTINCT] *)</td><td>返回表的总行数</td><td>AVG([ALL | DISTINCT] 列)</td><td>返回指定列值的平均值</td></tr>
<tr><td>COUNT([ALL | DISTINCT] 列)</td><td>返回指定列中非空值的个数</td><td>MAX([ALL | DISTINCT] 列)</td><td>返回指定列的最大值</td></tr>
<tr><td>SUM([ALL | DISTINCT] 列)</td><td>返回指定列值的总和</td><td>MIN([ALL | DISTINCT] 列)</td><td>返回指定列的最小值</td></tr>
</table>

显示不同省份名的 SELECT 语句如下，其中 DISTINCT 指定取值唯一。

```
SELECT DISTINCT province
    FROM person;
```

统计各省人数的 SELECT 语句如下，其中 COUNT()是统计指定列元素个数的集函数。

```
SELECT province AS 省份, COUNT(name) AS 人数
    FROM person
    GROUP BY province
    ORDER BY 人数;
```

10.2　MySQL 数据库

MySQL 数据库由瑞典 MySQL AB 公司开发。2008 年，Sun 公司收购 MySQL AB，2009 年，Oracle 公司收购 Sun 公司。目前，MySQL 成为 Oracle 公司一个重要的数据库产品。

MySQL 是一个跨平台的开放源码的关系型数据库管理系统，支持 SQL，支持客户-服务器结构。由于其体积小、速度快、总体拥有成本低，因此被广泛地应用在 Internet 中小型网站，作为网站数据库。

以下以 MySQL 5.7 为例，说明 MySQL 数据库的下载、安装、配置、启动等问题。

10.2.1　安装数据库，启动数据库服务

1．下载、安装及配置 MySQL 数据库服务端

从 http://www.oracle.com 找到 MySQL 的下载地址 https://www.mysql.com/downloads/，下载 MySQL 数据库服务端（MySQL Community Server）mysql-installer-community-5.7.18.0.msi 文件，然后安装 MySQL 5.7 数据库服务端。根据向导提示完成默认安装，其中可选择安装路径。再配置 MySQL 属性，数据库服务的端口（port）号默认为 3306；超级用户名为 root，设置其密码为“1234”。其作为 Windows 的一个服务项，默认服务名为“MySQL57”，如图 10-2 所示，可将“Start the MySQL Server at System Startup”设置为不选中状态，意为手动启动。

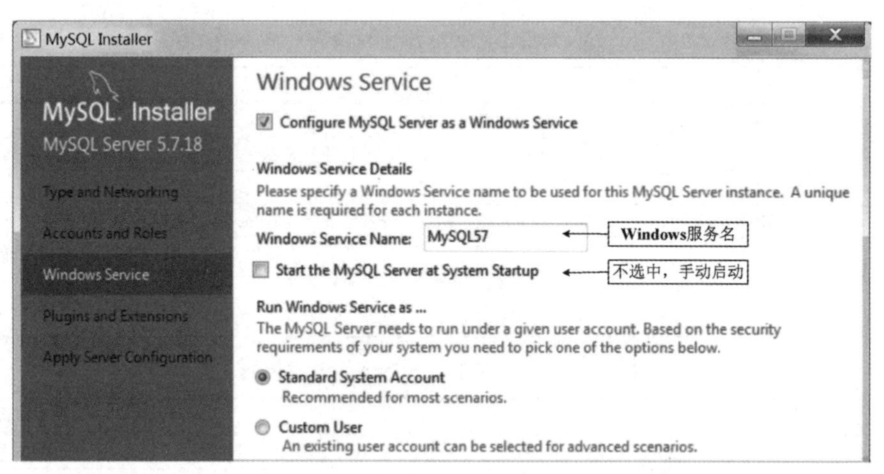

图 10-2　查看 Windows 服务名

2. 启动/停止 MySQL 数据库服务

在 Windows 任务管理器的“服务”页上选中“MySQL57”服务项，执行快捷菜单“启动服务”或“停止服务”，即可启动或停止 MySQL 数据库服务，如图 10-3 所示。

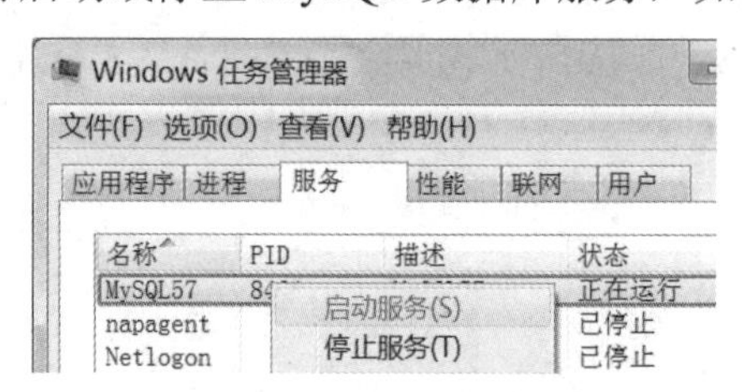

图 10-3　启动/停止 MySQL 数据库服务

10.2.2　MySQL 数据库工作台

MySQL 5.7 带有图形化的数据库管理工具——MySQL 数据库工作台 MySQL Workbench，它提供 MySQL 数据库操纵功能，如创建和修改数据库、表、视图，执行 SQL 语句等。

1. 启动数据库工作台，连接数据库服务器

（1）启动 MySQL 数据库工作台，连接本地数据库

执行“开始”菜单的“MySQL ▸ MySQL Workbench 6.3 CE”命令，在 MySQLWorkbench 主界面中单击“Local instance MySQL57”，选择本地数据库连接，启动 MySQL 数据库工作台。

（2）管理数据库连接

客户端可以连接多个 MySQL 服务器，可创建和管理多条数据库连接。

在 MySQL 数据库工作台中执行 Database ▸ Manage Connections 菜单命令；在 Manage DB Connections 对话框中选中“Local instance MySQL57”，可修改该数据库连接属性，如图 10-4 所示。单击 New、Delete 按钮，可创建、删除数据库连接。

2. 数据操纵

MySQL 数据库工作台包含菜单、工具栏、导航视图、Query 编辑器、Output、Result 等部

分，如图 10-5 所示。

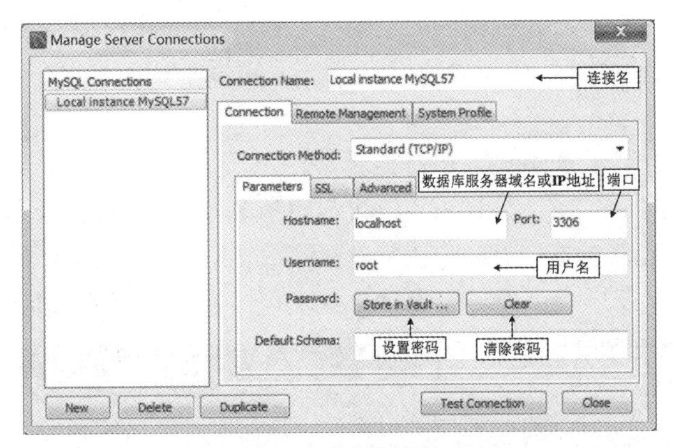

图 10-4　管理数据库连接

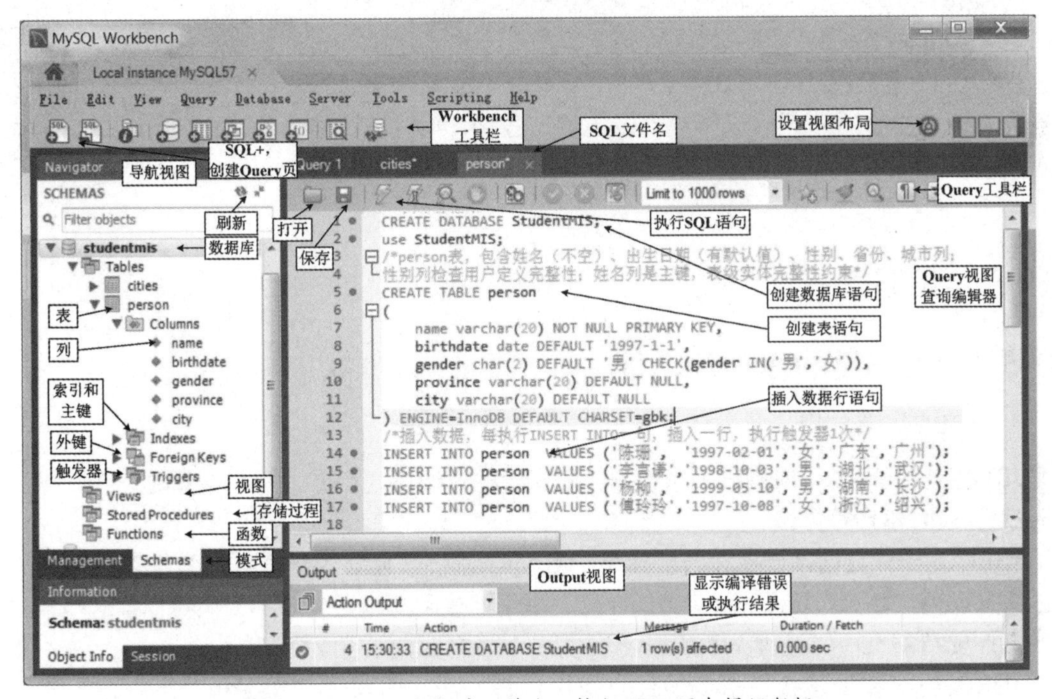

图 10-5　MySQL 数据库工作台，执行 SQL 语句操纵数据

MySQL 数据库工作台提供的数据操纵功能，有命令操作和执行 SQL 语句两种方式，以下通过执行 SQL 语句实现创建数据库、创建表、插入数据等功能。

（1）Query 视图，查询编辑器，编辑并执行 SQL 语句

执行“File ▸ New Query Tab”菜单命令，创建 Query 页。在 Query 页中输入 SQL 语句并执行，创建 studentmis 数据库和 person 表，插入数据。单击 Query 编辑器工具栏的以下按钮，执行相应功能。

① Open 打开按钮：打开指定 SQL 文件，显示在当前 Query 页。

② Save 保存按钮：将 SQL 语句保存到 person.sql 文件，Query1 页标题随之改为 person。

③ Execute 执行按钮：执行 SQL 语句，编译错误或执行结果显示在 Output 视图。

（2）导航视图，查看数据库、表、列等的树结构

创建数据库和表后，单击导航视图的刷新按钮，或选择快捷菜单命令“Refresh All”，导航视图将以树结构显示数据库、表和列等。单击各对象前的三角箭头，可展开相应对象，查看其中内容。

（3）生成查询语句，查看数据查询结果集

在导航视图中选定一个表，如 person，执行快捷菜单命令“Select Rows”，创建新 Query 页，其中显示自动生成的 Select 语句和执行结果集（Result），如图 10-6 所示。结果集以网格（Grid）、表单（Form）等形式呈现，以每种形式呈现时都可编辑修改数据、插入行。

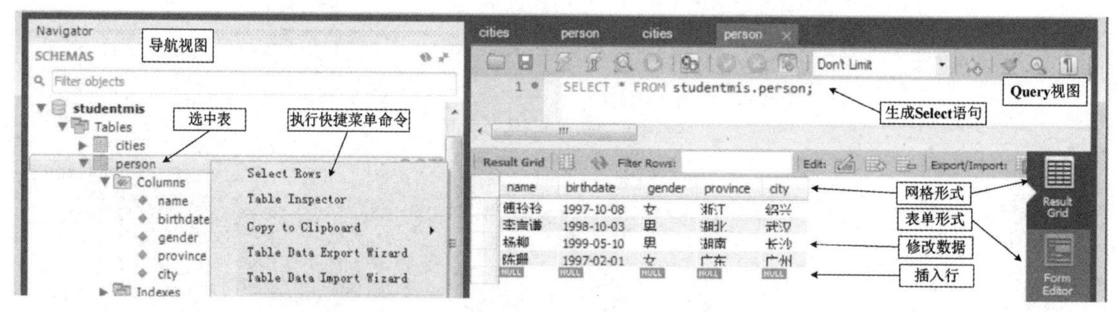

图 10-6　生成 Select 语句，查看数据查询结果集

10.3　JDBC

10.3.1　JDBC 的作用和功能

1. JDBC 及其作用

JDBC 是基于 Java 的操纵关系数据库的应用程序接口（API），提供数据库连接、操纵数据、执行 SQL 语句等方法。

JDBC 是一种数据库连接和访问标准，由 Java 语言、数据库开发商和 Java 数据库应用程序三方共同遵守执行。Java 语言声明 JDBC，用于连接和操纵数据库的一组接口，这些接口由各数据库支持的 JDBC 驱动程序（driver）实现，并被 Java 应用程序调用。

JDBC 充分体现了接口机制的优点。接口将方法声明与方法实现相分离，使得“一种声明，多种实现”。Java 语言声明 JDBC 的接口提供给应用程序调用，但是这些接口的实现不是应用程序所能完成的，必须由 JDBC 驱动程序完成。由数据库开发商提供每种数据库的 JDBC 驱动程序，实现 JDBC 的接口。因此，对于 Java 数据库应用程序来说，通过 JDBC 操纵各种数据库的方法是相同的。换言之，Java 数据库应用程序是跨平台的，能够运行于各种数据库上。

2. JDBC 基本功能和组成

JDBC 是按照面向对象思想设计的，完全用 Java 语言编写。由 java.sql 包中的接口和类提供 JDBC 基本功能实现，说明如下，关系如图 10-7 所示。

① java.lang.Class 类指定 JDBC 驱动程序类型。

② DriverManager 类管理 JDBC 驱动程序，建立与指定数据库的连接。

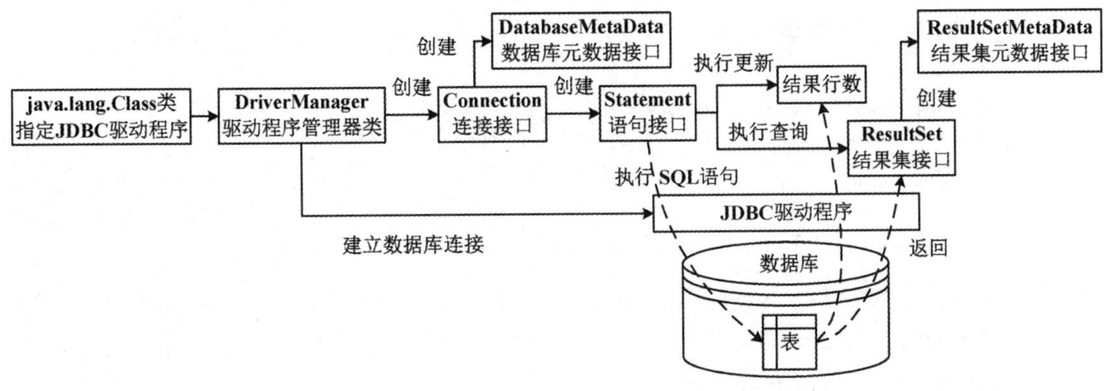

图 10-7 JDBC 基本功能和组成

③ 通过 Connection 数据库连接接口对象，创建 DatabaseMetaData 数据库元数据接口对象，获得数据库属性信息，包括驱动程序、数据库、表、列的属性等。

④ 通过 Connection 对象创建 Statement 语句接口对象，通过 Statement 对象执行 SQL 语句，执行数据更新的 SQL 语句，返回结果影响的行数；执行数据查询的 SQL 语句，返回 ResultSet 结果集接口对象，遍历结果集。

⑤ 通过 ResultSet 对象创建 ResultSetMetaData 结果集元数据接口对象，获得表结构。

JDBC 驱动程序必须实现 Driver、Connection、Statement 和 ResultSet 等接口。Driver 接口用于装载和管理 JDBC 驱动程序，应用程序中不直接使用它，而是通过 DriverManager 类使用 Driver 接口提供的功能；其他接口在应用程序中是需要使用的。

JDBC 数据库应用程序设计与普通 Java 应用程序设计的不同之处有以下两点：

① 不能调用 new 运算符创建 JDBC 中类的实例，而由指定类的方法创建另一个类的实例。

② Connection、Statement、ResultSet 等接口已由指定 JDBC 驱动程序实现，因此数据库应用程序中可以声明这些接口的对象引用实例。

10.3.2 指定 JDBC 驱动程序

1. JDBC 驱动程序路径

MySQL 5.7 数据库安装程序中已经包含 JDBC 驱动程序（MySQL Connector/J），安装后的默认路径是 C:\Program Files (x86)\MySQL\Connector.J 5.1\mysql-connector-java-5.1.41-bin.jar。

2. 向 MyEclipse 项目添加 MySQL JDBC 驱动程序包

MyEclipse 的数据库应用项目需要通过设置 JDBC 驱动程序的编译路径，添加指定数据库提供的 JDBC 驱动程序包。

在 MyEclipse 的 Project 树视图中，选中操纵数数据库的项目，执行快捷菜单“Build Path ▸ Config Build Path...”，在项目属性对话框的 Libraries 页中单击“Add External JARs...”按钮，如图 10-8 所示；在随后弹出的 JAR Selection 对话框中，选择 MySQL JDBC 驱动程序包文件名。添加后，图 10-8 中将显示 JDBC 驱动程序包及其路径。

图 10-8　MyEclipse 项目设置编译路径，添加 MySQL JDBC 驱动程序包

如果将 JDBC 驱动程序 mysql-connector-java-5.1.41-bin.jar 复制到 MyEclipse 使用的 JDK 文件夹 C:\Program Files\Java\jdk1.8.0_121\jre\lib\ext 中，则所有 MyEclipse 项目都能引用该包。

3. 在应用程序中指定 JDBC 驱动程序

java.lang.Class 类声明以下 forName()方法以字符串形式指定类名：

```
public static Class<?> forName(String className) throws ClassNotFoundException
```

在 Java 数据库应用程序中，首先需要指定 JDBC 驱动程序。例如：

```
Class.forName("com.mysql.jdbc.Driver");                // 指定 MySQL JDBC 驱动程序
```

10.3.3　连接数据库

DriverManager 类和 Connection 接口实现连接数据库功能，DatabaseMetaData 接口用于获取数据库的属性信息。

1. 驱动程序管理器

DriverManager 驱动程序管理器类装载指定 JDBC 驱动程序，创建与指定数据库的连接对象，声明如下：

```
public class DriverManager extends Object                                  // 驱动程序管理器类
{
    public static Connection getConnection(String url) throws SQLException    // 返回数据库连接对象
    // 参数 url 指定 JDBC 数据源的 URL，user 指定数据库用户名，password 指定用户密码
    public static Connection getConnection(String url,String user, String password) throws SQLException
}
```

JDBC 使用 URL（统一资源定位符，见 9.1 节）表示 JDBC 驱动程序和数据源的位置。JDBC 的 URL 语法格式如下：

```
jdbc:子协议:数据源
```

其中，“jdbc”表示这个 URL 指定一个 JDBC 数据源，“子协议”指定 JDBC 驱动程序类型，“数据源”指定数据源名。例如，以下创建与 MySQL 数据库的连接对象：

```
// MySQL 数据库 url，包括 JDBC 驱动程序、数据库服务器域名、数据库名、用户名和密码
String url = "jdbc:mysql://localhost/studentmis?user = root&password = 1234";
Connection conn = DriverManager.getConnection(url);       // 创建与 url 指定数据库的连接对象
```

2. 连接数据库

Connection 数据库连接接口声明如下，它负责管理 Java 应用程序和数据库之间的连接，并创建数据库元数据对象和 Statement 语句对象。

```
public interface Connection extends Wrapper                 // 数据库连接接口
{
```

```
    DatabaseMetaData getMetaData() throws SQLException;    // 获取数据库元数据
    Statement createStatement() throws SQLException;       // 创建执行 SQL 的语句对象
    Statement createStatement(int type,int concurrency) throws SQLException;// 参数指定结果集属性
    void close() throws SQLException;                      // 关闭数据库连接
}
```

3. 数据库元数据

DatabaseMetaData 数据库元数据接口声明如下，管理连接数据库的属性信息（称为元数据），包括驱动程序名及版本、数据库 URL、数据库名及版本、用户名，以及关系模式、基本表结构、存储过程等。

```
public interface DatabaseMetaData extends Wrapper              // 数据库元数据接口
{
    String getDriverName() throws SQLException;                // 返回驱动程序名称
    String getDriverVersion() throws SQLException;             // 返回驱动程序版本号
    String getURL() throws SQLException;                       // 返回连接数据库的 URL
    String getDatabaseProductName() throws SQLException;       // 返回数据库产品名称
    String getDatabaseProductVersion() throws SQLException;    // 返回数据库产品版本号
    String getUserName() throws SQLException;                  // 返回数据库的用户名
}
```

【例 10.1】 连接 MySQL 数据库服务端，获得 studentmis 数据库属性信息。

本例用 JDBC 驱动程序连接 MySQL 数据库，获得 studentmis 数据库属性信息。程序如下。

```
import java.sql.*;
public class GetDBAbout
{
    public static void main(String args[]) throws Exception
    {
        Class.forName("com.mysql.jdbc.Driver");                // 指定 MySQL JDBC 驱动程序
        String  url = "jdbc:mysql://localhost/studentmis?user=root&password=1234";
        Connection  conn = DriverManager.getConnection(url);   // 连接 url 指定数据库
        DatabaseMetaData dbmd = conn.getMetaData();            // 获得所连接数据库的属性信息
        System.out.println("JDBC 驱动程序: "+dbmd.getDriverName()+", "+dbmd.getDriverVersion()
                +"\nJDBC URL: "+dbmd.getURL()+"\n 数据库: "+dbmd.getDatabaseProductName()
                +",版本:"+dbmd.getDatabaseProductVersion()+",用户名:"+dbmd.getUserName());
        conn.close();                                          // 关闭数据库连接
    }
}
```

程序运行结果如下：

```
JDBC 驱动程序: MySQL Connector Java, mysql-connector-java-5.1.41
JDBC URL: jdbc:mysql://localhost/studentmis?user=root&password=1234
数据库: MySQL, 版本: 5.7.18-log, 用户名: root@localhost
```

10.3.4 执行 SQL 语句

Statement 语句接口管理和执行 SQL 语句，能够执行数据定义、数据更新和数据查询语句等 SQL 语句，三者的返回值类型不同，所以 Statement 接口声明多个 execute()方法如下：

```
public interface Statement extends Wrapper                     // 执行 SQL 语句接口
{
```

```
    int executeUpdate(String sql) throws SQLException;          // 执行数据定义和数据更新 SQL 语句
    ResultSet executeQuery(String sql) throws SQLException;     // 执行数据查询 SQL 语句
    void close() throws SQLException;                           // 关闭语句
}
```

Statement 对象由 Connection 对象调用 createStatement()方法创建。

1. 执行数据定义和数据更新 SQL 语句

在 SQL 的数据定义语句中，对基本表的操作包括创建表、修改表和删除表。这些操作只需要执行一次，而且应该由数据库管理员完成，通常在数据库提供的管理工具中操作，普通用户没有修改表结构的操作权限，因此这些操作不属于数据库应用程序的功能。应用程序能够操作的是临时表，可创建和修改临时表。

调用 Statement 的 executeUpdate()方法，可执行数据定义和数据更新 SQL 语句。执行数据定义的 SQL 语句，创建和修改临时表，没有返回值；执行数据更新的 SQL 语句，包括 INSERT、UPDATE、DELETE 语句，返回执行所影响的行数。例如：

```
Statement stmt = conn.createStatement();                // 创建执行 SQL 语句的 Statement 对象
String  sql = "INSERT INTO  person  VALUES ('吴小泽', '2000-01-1', '男', '江苏', '南京');";
int  count = stmt.executeUpdate(sql);                   // 执行 SQL 语句，返回执行成功影响的行数
sql = "UPDATE  person  SET province = '江苏', city = '盐城'   WHERE name = '吴小泽';";
count = stmt.executeUpdate(sql);                        // 执行 SQL 语句，更新一行
stmt.close();
```

注意：如果程序执行多次，必须插入不同主键的行，主键不能取重复值。

2. 执行数据查询 SQL 语句

调用 Statement 的 executeQuery()方法，可执行数据查询的 SELECT 语句，返回值为数据查询结果集 ResultSet 接口对象。例如：

```
String  sql = "SELECT * FROM person ";                  // SELECT 语句
ResultSet rset = stmt.executeQuery(sql);                // 执行 SELECT 语句，返回结果集 ResultSet
```

10.3.5 处理数据查询结果集

数据查询的结果集是基本表经过关系运算得到的一个子集，它仍然是一个关系，也称为导出表。导出表结构与基本表结构并不相同，通常导出表的列数、行数均不大于基本表。

与数据查询结果集有关的接口主要有两个：ResultSet 和 ResultSetMetaData。ResultSet 接口提供存储数据查询返回的结果集，ResultSetMetaData 接口从结果集中获得表的属性信息（称为元数据），包括各列名、列的数据类型等表结构信息。

1. 数据查询结果集

ResultSet 数据查询结果集接口声明对结果集的操作方法，包括确定当前行、移动行、获得或设置列值等，说明如下。

（1）当前行

与数组通过下标访问指定位置的元素相似，ResultSet 对象使用“当前行（current row）”概念表示将要对结果集进行操作的位置，行序号≥1。当前行由一个指针（cursor）指向，这个指针是默认的，由 Java 管理，应用程序中不需要直接使用指针，可以调用 ResultSet 接口中的

以下方法移动或获得指针位置，为之后对当前行的操作做准备。

```
public interface ResultSet extends Wrapper                    // 数据查询结果集接口
{
    int getRow() throws SQLException;                         // 获得当前行位置
    boolean first() throws SQLException;                      // 设置当前行指针指向第一行
    boolean previous() throws SQLException;                   // 指向当前行的前一行
    boolean next() throws SQLException;                       // 指向当前行的后一行
    boolean last() throws SQLException;                       // 指向最后一行
    boolean absolute(int row) throws SQLException;            // 指向第 row（≥1）行
    void beforeFirst() throws SQLException;                   // 指向第一行之前
}
```

例如，获得 rset 结果集行数的语句如下，采用迭代方式遍历结果集。

```
int  rowCount = 0;
while(rset.next())                                            // 迭代遍历结果集，获得结果集行数
    rowCount++;
```

当执行 SELECT 语句返回一个 ResultSet 结果集对象时，当前行指针指向第一行之前；执行一次 next()方法，将当前行指针向后移动一行，如果有下一行，则返回 true，循环继续，否则返回 false，遍历结束。如果需要再次遍历结果集，则先调用 beforeFirst()方法，将当前行指针指向第一行之前，然后调用 next()方法，从前向后迭代。如果需要从后向前遍历结果集，则先调用 last()方法，将当前行指针指向最后一行，再调用 previous()方法，从后向前迭代。

（2）获得当前行指定列的数据项值

ResultSet 接口声明了一组 get()方法返回当前行指定列的数据项值，参数分别是列名或列序号，列序号≥1，返回值数据类型不同。其中，返回 Object、String 类型的 get()方法声明如下，其他方法声明省略。

```
Object getObject(String columnName) throws SQLException;
Object getObject(int columnIndex) throws SQLException;
String getString(String columnName) throws SQLException;
String getString(int columnIndex) throws SQLException;
```

例如，以下循环语句获得 rset 结果集第 1 列的全部数据项值。

```
while(rset.next())                        // 迭代遍历结果集
    rset.getString(1)                     // 返回当前行指定列值的字符串，无论列的数据类型是什么
```

当生成 ResultSet 对象的 Statement 对象关闭、Statement 对象重新执行 SQL 语句时，ResultSet 对象将自动关闭。

2. 结果集元数据

ResultSetMetaData 结果集元数据接口声明如下，从数据查询结果集获得表的属性信息，包括表名、列数、列名、列的数据类型、列宽度等属性信息。

```
public interface ResultSetMetaData extends Wrapper                  // 结果集元数据接口
{
    int getColumnCount() throws SQLException;                       // 返回列数
    String getColumnName(int column) throws SQLException;           // 返回列名
    String getColumnTypeName(int column) throws SQLException;       // 返回列数据类型名
    int getColumnDisplaySize(int column) throws SQLException;       // 返回列的最大字符宽度
}
```

例如，从结果集中获得列数的语句如下：

```
ResultSetMetaData  rsmd = rset.getMetaData();                          // 创建结果集元数据对象
int  columns = rsmd.getColumnCount();                                  // 获得列数
```

综上所述，在 JDBC 数据库应用程序中，采用 JDBC 主要方法流程描述如图 10-9 所示。

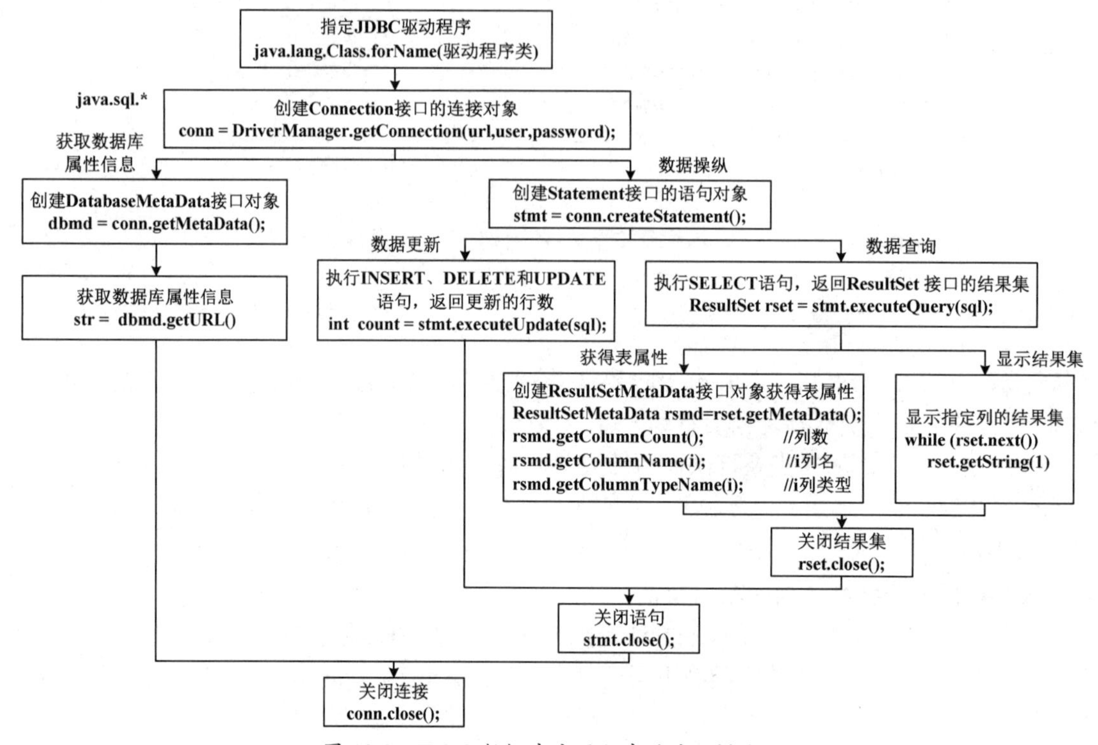

图 10-9　JDBC 数据库应用程序的流程描述

【例 10.2】 显示数据查询结果集，增加计算列。

本例目的：设计执行数据查询并显示结果集的通用功能方法；设计增加计算列等特定功能方法。

功能说明：执行指定表（如 person）的数据查询，使用 JTable 表格组件显示查询结果集，其中获得列名作为 JTable 表格列标题，运行窗口如图 10-10 所示，增加"年龄"列。

浏览person表

name	birthdate	gender	province	city	年龄
吴小泽	2000-01-01	男	江苏	盐城	18
傅玲玲	1997-10-08	女	浙江	绍兴	21
李言谦	1998-10-03	男	湖北	武汉	20
陈珊	1997-02-01	女	湖北	武汉	21
杨柳	1999-05-10	男	湖南	长沙	19

图 10-10　显示 person 表的数据查询结果集，增加年龄计算列

程序如下。

```
import javax.swing.*;
import javax.swing.table.DefaultTableModel;
import java.sql.*;
import java.util.Calendar;
```

```
public class QueryJFrame extends JFrame                        // 数据查询框架类
{
    private Connection conn;                                   // 数据库连接对象
    private DefaultTableModel tablemodel;                      // 表格模型
    // driver 指定 JDBC 驱动程序，url 指定数据库 URL，table 指定数据库表，按 sortColumn 排序
    public QueryJFrame(String driver, String url, String table, String sortColumn)
                                     throws ClassNotFoundException, SQLException
    {
        super("浏览"+table+"表");
        this.setBounds(300,240,600,400);
        this.setDefaultCloseOperation(EXIT_ON_CLOSE);
        Class.forName(driver);                                 // 指定 JDBC 驱动程序
        this.conn = DriverManager.getConnection(url);          // 返回数据库连接对象
        this.tablemodel = new DefaultTableModel();             // 默认表格模型，没有列标题，0 行
        JTable  jtable = new JTable(this.tablemodel);          // 创建表格，指定表格模型
        this.getContentPane().add(new JScrollPane(jtable));// 框架内容窗格添加滚动窗格（包含表格）
        query(table, sortColumn, this.tablemodel);             // 执行数据查询，结果集显示在 tablemodel
        addAge(this.tablemodel);                               // 表格模型增加年龄计算列
        this.setVisible(true);
    }
    // 执行 table 表数据查询，按 sortColumn 排序，查询结果集显示在 tablemodel 表格中。通用方法
    public void query(String table, String sortColumn, DefaultTableModel tablemodel) throws SQLException
    {
        String  sql = "SELECT * FROM "+table;
        if(sortColumn != null && sortColumn != "")
            sql += " ORDER BY "+sortColumn;
        query(sql, tablemodel);
    }
    // 执行 sql 表示的数据查询 SELECT 语句，将查询结果集显示在 tablemodel 表格中。通用方法
    public void query(String sql, DefaultTableModel tablemodel) throws SQLException
    {
        Statement  stmt = this.conn.createStatement();         // 创建语句对象
        ResultSet  rset = stmt.executeQuery(sql);              // 执行数据查询 SELECT 语句
        // 以下获得表中列数及各列名，作为表格组件的标题
        ResultSetMetaData  rsmd = rset.getMetaData();          // 返回表属性对象
        int  count = rsmd.getColumnCount();                    // 获得列数
        for(int j=1; j <= count; j++)                      // 将各列名添加到表格模型作为列标题，序号≥1
            tablemodel.addColumn(rsmd.getColumnLabel(j));
        // 以下将结果集中各行数据添加到表格模型，一次遍历
        Object[]  columns = new Object[count];                 // 创建列对象数组，数组长度为列数
        while(rset.next())                                     // 迭代遍历结果集，从前向后访问每行
        {
            for(int j=1; j <= columns.length; j++)             // 获得每行各列值
                columns[j-1] = rset.getString(j);
            tablemodel.addRow(columns);                        // 表格模型添加一行，参数指定各列值
        }
        rset.close();
        stmt.close();
    }
```

```
    // 表格模型增加年龄计算列
    public void addAge(DefaultTableModel tablemodel) throws SQLException
    {
        int  thisYear = Calendar.getInstance().get(Calendar.YEAR);           // 获得当前年份
        int  column = tablemodel.getColumnCount();                           // 获得表格列数
        tablemodel.addColumn("年龄");                                         // 表格添加一列
        // 以下遍历表格模型，每行设置年龄计算列值
        for(int row=0; row < tablemodel.getRowCount(); row++)
        {
            String  birthdate = (String)tablemodel.getValueAt(row, 1);       // 获得出生日期列
            String  year = birthdate.substring(0, 4);                        // 获得出生日期的年份
            int age = thisYear - Integer.parseInt(year);                     // 计算年龄，未处理异常
            tablemodel.setValueAt(age, row, column);                         // 设置年龄计算列值
        }
    }
    public static void main(String args[]) throws ClassNotFoundException, SQLException
    {
        String  driver = "com.mysql.jdbc.Driver";                     // 指定 MySQL JDBC 驱动程序
        String  url = "jdbc:mysql://localhost/studentmis?user=root&password=1234";// 指定数据库 URL
        new QueryJFrame(driver, url, "person", "province");      // 查询 person 表，按 province 排序
    }
}
```

【例 10.3】 交叉统计表。

本例目的：使用 JDBC 实现数据库应用的复杂功能。

功能说明：交叉统计表 (Crosstab) 指，指定一个表（如 person)，指定其中两列（如省份和性别）进行动态分类统计元素个数（人数)，运行窗口如图 10-11 所示。

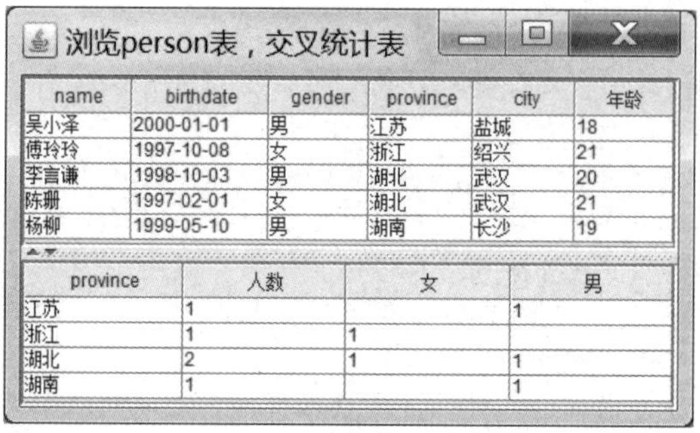

浏览person表，交叉统计表

name	birthdate	gender	province	city	年龄
吴小泽	2000-01-01	男	江苏	盐城	18
傅玲玲	1997-10-08	女	浙江	绍兴	21
李言谦	1998-10-03	男	湖北	武汉	20
陈珊	1997-02-01	女	湖北	武汉	21
杨柳	1999-05-10	男	湖南	长沙	19

province	人数	女	男
江苏	1		1
浙江	1	1	
湖北	2	1	1
湖南	1		1

图 10-11　person 表按省份和性别的交叉统计表

界面描述：在框架的内容窗格中添加一个分割窗格，上部是例 10.2 的数据查询表格；下部增加一个表格组件，显示交叉统计表。

技术要点：交叉统计表的行数和列数是动态变化的，图 10-11 的各行是省份列的不重复取值，各列是性别列的不重复取值。程序如下。

```
import java.awt.*;
import javax.swing.*;
import javax.swing.table.DefaultTableModel;
import java.sql.*;
// 交叉统计表框架类，继承例 10.2 数据查询框架类
```

```
public class CrosstabQueryJFrame extends QueryJFrame
{
    private DefaultTableModel crosstabmodel;              // 交叉统计表的表格模型
    // 构造方法，driver 指定 JDBC 驱动程序，url 指定数据库 URL，table 指定数据库表，
    // 按 sortColumn 排序；row、column 分别指定交叉统计表的行和列
    public CrosstabQueryJFrame(String driver, String url, String table, String sortColumn,
                    String row, String column)  throws ClassNotFoundException, SQLException
    {
        super(driver, url, table, sortColumn);
        this.setTitle(this.getTitle()+"，交叉统计表");
        // 获得父类内容窗格中的组件，查询表格
        JComponent  comp = (JComponent)this.getContentPane().getComponent(0);
        JSplitPane  split = new JSplitPane(0,comp,null);   // 垂直分割窗格，上部添加父类的查询表格
        this.getContentPane().add(split);                  // 框架内容窗格添加分割窗格
        split.setDividerLocation(this.getHeight()/2);      // 设置垂直分隔条的位置
        split.setOneTouchExpandable(true);                 // 提供一键展开按钮，快速展开/折叠分隔条
        this.crosstabmodel = new DefaultTableModel();      // 交叉统计表的表格模型，没有列标题，0 行
        JTable jtable = new JTable(this.crosstabmodel);    // 创建表格，指定表格模型
        split.add(new JScrollPane(jtable));                // 分割窗格添加滚动窗格（包含表格）
        crosstab(table, row, column, this.crosstabmodel);  // 计算交叉统计表，结果显示在表格组件
        this.setVisible(true);
    }
    // 对 table 表的 row、column 列计算交叉统计表，结果显示在 tablemodel 中
    public void crosstab(String table, String row, String column, DefaultTableModel tablemodel) throws SQLException
    {
        String  sql = "SELECT "+row+" , COUNT(*) AS 人数  FROM " + table +
                    " GROUP BY "+row+" ORDER BY "+row;    // 按 row 列（省份）分类统计人数
        query(sql, tablemodel);                   // 执行父类的数据查询，tablemodel 添加执行 sql 的结果集
        int  col = tablemodel.getColumnCount();           // 表格当前列数
        sql = "SELECT DISTINCT "+column+" FROM "+table;    // 获得列（性别）的不重复取值
        Statement  stmt = this.conn.createStatement();     // 创建语句对象
        ResultSet  rset = stmt.executeQuery(sql);          // 执行数据查询 SELECT 语句
        while(rset.next())              // 迭代遍历结果集，将列（性别）取值添加到表格，作为表格列标题
            tablemodel.addColumn(rset.getString(1));
        // 为上述添加的每列填写计算的统计值
        for(int j=col; j < tablemodel.getColumnCount(); j++)
        {
            sql = "SELECT "+row+", COUNT(*) FROM "+table +
                " WHERE "+column+"='"+tablemodel.getColumnName(j)+"' GROUP BY "+row;    // 列名
            stmt = this.conn.createStatement();                    // 创建语句对象
            rset = stmt.executeQuery(sql);                         // 执行数据查询 SELECT 语句
            boolean  next = rset.next();            // 获得结果集首个元素，迭代遍历；不能作为循环条件
            for(int i=0; i < tablemodel.getRowCount() && next; i++)
            {
                if(tablemodel.getValueAt(i,0).equals(rset.getString(1)))
                {
                    tablemodel.setValueAt(rset.getString(2), i, j);
```

```
                next = rset.next();             // 当比较相等时，才获得结果集下个元素，迭代遍历
            }
        }
    }
    rset.close();
    stmt.close();
}
public static void main(String args[]) throws ClassNotFoundException, SQLException
{
    String  driver = "com.mysql.jdbc.Driver";                   // 指定 MySQL JDBC 驱动程序
    String url = "jdbc:mysql://localhost/studentmis?user=root&password=1234"; // 指定数据库 URL
    new CrosstabQueryJFrame(driver, url, "person", "province", "province", "gender");
}
}
```

3. 通过 ResultSet 结果集更新表

通过结果集可以对数据库中的指定表进行更新，包括插入、删除和修改数据操作，前提是结果集是可更新的，在创建 Statement 对象时指定结果集属性。

（1）创建语句时，指定结果集数据敏感和可更新

Connection 接口中还有一个带参数的 createStatement()方法，声明如下：

```
Statement createStatement(int type, int concurrency) throws SQLException;
```

其中，参数 type 指定结果集是否可滚动，取值为 ResultSet 以下常量之一：

```
int  TYPE_FORWARD_ONLY = 1003;                      // 指针只能从前向后移动，默认值
int  TYPE_SCROLL_INSENSITIVE = 1004;                // 结果集可滚动、对数据更新不敏感
int  TYPE_SCROLL_SENSITIVE = 1005;                  // 结果集可滚动、对数据更新敏感
```

对数据更新是否敏感是指，当执行插入、删除、更新等其他 SQL 语句改变了表中数据时，当前结果集中的数据是否能够随之更新。

参数 concurrency 指定能否通过结果集更新表，取值为 ResultSet 的以下常量之一：

```
int  CONCUR_READ_ONLY = 1007;                       // 只读，默认值
int  CONCUR_UPDATABLE = 1008;                       // 可更新
```

例如，下列语句在创建 Statement 对象 stmt 时指定结果集的属性为数据敏感和可更新。

```
Statement  stmt = conn.createStatement(1005, 1008);     // 创建语句，指定结果集数据敏感和可更新
```

（2）支持数据敏感和可更新功能的方法

ResultSet 接口支持数据敏感和可更新功能的方法如下：

```
void updateInt(String column, int x) throws SQLException;      // 将当前行 column 列数据更新为 x
void updateString(int column, String x) throws SQLException;   // 将当前行第 column 列数据更新为 x
void updateRow() throws SQLException;                           // 当前行数据更新
void insertRow() throws SQLException;                       // 在表中插入一行
void deleteRow() throws SQLException;                       // 删除当前行并提交
void moveToInsertRow() throws SQLException;                 // 移动到插入行
void moveToCurrentRow() throws SQLException;                // 移动到插入前的当前行
void refreshRow() throws SQLException;                      // 用数据库中的最近值刷新当前行
```

当结果集属性为可更新时，调用 ResultSet 接口的一组 update()方法，分别以整数或字符串形式更改当前行指定列数据，再调用插入、删除和更新方法实现当前行的数据更新，见例 12.7。

习 题 10

10-1 什么是数据库？什么是数据库系统？

10-2 什么是关系数据库系统？关系模型有哪些特点？用什么形式表达一个关系？

10-3 在关系模型中，表由哪些成分组成？每个成分的作用是什么？

10-4 什么是主键？主键表达关系的什么性质？为什么每张表必须设计主键？使用主键时必须遵循什么完整性规则？怎样为一个表声明主键？

10-5 什么是外键？外键表达关系的什么性质？在什么情况下需要设计外键？使用外键时必须遵循什么完整性规则？

10-6 客户-服务器结构的关系数据库系统有什么特点？由哪几部分组成？各部分的功能是什么？划分各部分的基本原则是什么？

10-7 客户端向数据库服务器发送什么信息？服务器返回给客户端什么信息？

10-8 数据库应用程序怎样连接数据库？

10-9 关系数据库的标准语言是什么？它有什么特点和功能？由哪几部分组成？

10-10 SQL 有哪些基本功能？对应的语句有哪些？

10-11 什么是 JDBC？

10-12 执行一条 SQL 语句需要创建哪几个 Java 对象？它们分别实现什么功能？

10-13 执行数据更新或数据查询的 SQL 语句，将各返回什么样的结果？

10-14 为什么声明 java.sql 中接口变量就能引用相应实例？这些接口由谁实现？

10-15 什么是元数据？怎样获得数据库元数据？怎样获得表元数据？

实验 10 数据库应用

1. 实验目的

了解数据库系统、关系模型、客户-服务器模式等基本概念，掌握 SQL 的数据定义、数据操纵和数据查询等语句的语法；掌握创建数据库及表的操作，了解客户-服务器结构数据库应用程序的设计环节；熟悉 JDBC 提供的接口和类，掌握指定驱动类型、连接数据库、执行 SQL 语句、处理结果集等操作方法；进一步理解 Java 接口机制的作用。

2. 实验内容

10-16 用户注册和登录。

（1）创建 User 用户表，包括用户名和密码。

（2）设计用户注册和登录窗口如图 10-12 所示，输入用户名和密码进行注册或登录操作。

图 10-12 用户注册和登录

注册操作：在用户表 User 中增加一行，用户名不能重复。登录操作：使用输入的用户名和密码在用户表 User 中查找，查找成功，则允许登录。使用对象文件记住在本机登录的用户名，显示在“用户名”组合框中。

第 11 章　基于 JSP 的 Web 应用

JSP 是目前实现 Web 应用的技术成熟、功能强、性能好、效率高的一种动态网页技术。

本章首先简要介绍 Web 应用的基础知识，然后介绍 JSP 动态网页技术，包括：动态网页概念和 Web 应用的客户-服务器结构，JSP 文档，JSP 引擎 Tomcat 的安装和 JSP 文档的运行方法，JSP 基本语法、隐含对象、编译指令，以及数据库应用等。

11.1　Web 浏览基础

1. Web 服务

Web（World Wide Web，WWW，万维网或全球信息网）是以超文本标记语言（HTML）和超文本传输协议（HTTP）为基础，以友好的接口提供 Internet 信息查询、文件搜索等服务的浏览系统。WWW 不是普通意义上的物理网络，而是查询信息服务的集合标准。

Web 服务器提供 Web 服务，基本单位是 Web 网页，每页包含文字、图形、图像、声音、动画等多媒体信息，以及指向其他 Web 页的超链接。

多个相关的 Web 页组成一个 Web 站点，其中 Web 站点的首页也称为主页（Home page）。一个 Web 站点中的多页之间，以及多个 Web 站点之间，通过超链接相连，这样可以方便地接通世界上任何一个 Internet 站点。

从硬件角度看，Web 服务器指放置 Web 站点的计算机；从软件角度看，Web 服务器是指提供 Web 功能的服务程序。Web 浏览就像 Internet 上一个超大型图书馆，一个 Web 站点就是图书馆中的一本书，而一个 Web 页是书的一页。

2. HTTP

HTTP（HyperText Transfer Protocol，超文本传输协议）是 Internet 上传输超文本的通信协议。HTTP 是 TCP/IP 协议族中的应用层协议，是 Web 的核心。

Web 服务采用客户-服务器模式，服务端提供 Web 服务，客户端应用程序是浏览器，也称为浏览器/服务器（Browser/Server，B/S）模式，如图 11-1 所示，是客户-服务器模式的特例。

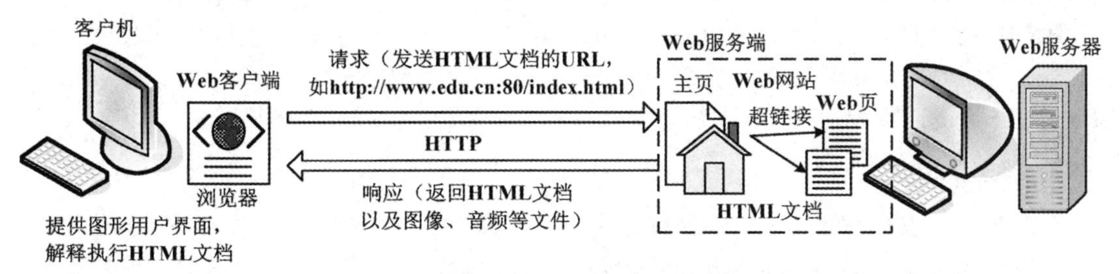

图 11-1　Web 服务的浏览器/服务器模式

Web 服务通过两部分程序实现：Web 服务器程序和客户端浏览器程序。浏览器通过图形用户界面提供视图和表示逻辑，实现向 Web 服务器发送请求并显示网页的功能；Web 服务器提供计算逻辑和事务处理，实现搜索指定文件并返回 HTML 文档等功能。两者之间通过交换 HTTP 报文来完成网页请求和响应，HTTP 定义了这些报文的结构及交换报文的规则。

HTTP 约定端口 80 提供 Web 服务，Web 网站主页文件名默认是 index.html。在 Internet 上的一个文件用一个 URL（统一资源定位符，见 9.1 节）来唯一标识。例如：

```
http://www.edu.cn:80/index.html
```

HTTP 采用请求-响应模型。Web 服务的执行过程是：① 当用户在浏览器地址栏中输入一个 Web 站点的 URL 或单击一个超链接时，浏览器就向服务器发出一个 HTTP 请求（request），该请求被送往由 URL 指定的 Web 服务器；② Web 服务器接收到请求，搜索指定文件，将指定 Web 页的 HTML 文档及相关的图像、音频等文件作为响应（response）传送给客户端；③ 客户端由浏览器解释执行 HTML 文档，显示成图形用户界面的 Web 页面。

这种分布式应用程序结构使得运行在不同主机上的许多客户端可以共享（同时访问）运行在同一服务器上的相同页面。

3. HTML

HTML（HyperText Markup Language，超文本标记语言）是编写 Web 网页的标准语言，定义了 Web 文档浏览和部署的基本格式。HTML 提供标题（title）、编辑框（input）、表格 table、单选按钮（radio）、列表（select）、图像（image）、超链接（hyperlink）等信息描述格式，提供表单（form）将用户输入的数据提交给 Web 服务器，以及嵌入电子表格、视频、音频和其他应用程序等方式。

HTML 文档由 HTML 标记和文本组成。HTML 标记是描述信息的命令，HTML 以标记标志及排列各对象。标记本身以< >标志，标记内的内容称为元素，HTML 标记不区分字母大小写形式。HTML 文档以<html>标记开头，以</html>标记结尾，中间包括两部分内容：头部（head）和主体（body）。头部描述浏览器所需的信息，主体包含所要说明的具体内容。

HTML 文档基本结构如下：

```
<html>
  <head>
    <title>页标题</title>
  </head>
  <body>
    主体
  </body>
</html>
```

HTML 文档的文件扩展名是 .htm 或 .html，以文本文件形式存储。所以，可以使用记事本等文本编辑器创建和编辑 HTML 文档。HTML 文档中必须指定字符集（charset），如 GB2312、GBK、UTF-8 等，每种字符集都包含 ASCII，但是汉字等字符编码各不相同。

4. 静态文档

创建 HTML 文档有静态和动态两种方式，相应 HTML 文档称为静态文档、动态文档。

静态文档（static document）是由用户使用文本编辑器创建和编辑的，通常其中的内容不会改变，在浏览器中每次查看效果相同。例如，Java 提供查看 Java API 功能的帮助文档是 ..\docs\api\index.html 文件（见 1.2 节），打开它，在浏览器中运行（如图 11-2(a)所示），执行浏览器的快捷菜单“查看源”，可查看 index.html 源文件，如图 11-2(b)所示。

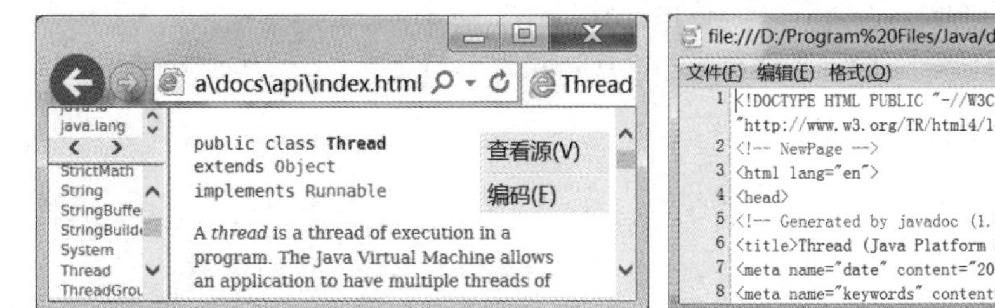

(a) 在浏览器中 Java API 文档..\docs\api\index.html

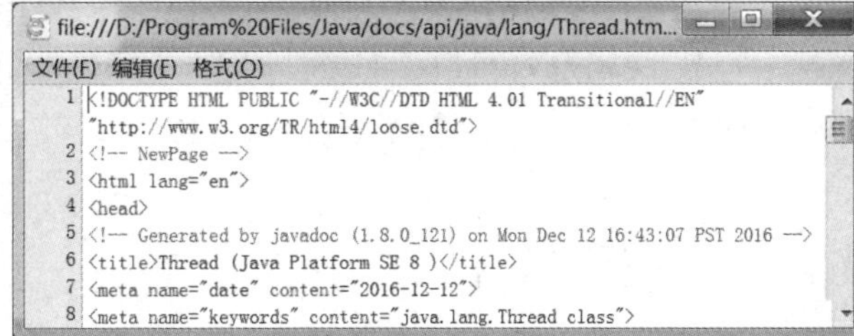

(b) 查看 index.html 源文件

图 11-2　运行 HTML 文档、查看 Web 页面的 HTML 源文件

静态文档网页的优点是，Web 服务器负担轻，只要完成文件搜索功能即可，传输效率高；缺点是功能欠缺，不能满足实际应用需求，交互性差。

5. 动态文档

动态文档（dynamic document）是当浏览器访问 Web 服务器时由应用程序动态创建的。应用程序根据浏览器的不同请求，创建不同内容的 HTML 文档。由于对浏览器每次请求的响应都是临时生成的，因此用户通过动态文档所看到的内容可根据需要不断变化。

由于 HTML 是一种标记语言，有其特长，但它不是程序设计语言，在功能方面受到限制。这种功能欠缺由 HTML 本身无法解决，因此 Web 技术发展方向是将 HTML 与程序设计语言结合，即在 HTML 文档中嵌入程序设计语言的代码或功能。HTML 较早的一种嵌入技术是 Java Applet。

6. Java Applet 应用程序

Java 是最早提供动态网页技术的语言，于 1995 年 JDK 1.0 时推出 Applet 技术来实现 Web 应用。Applet 是能够嵌入在 Web 页面中运行的一种特殊容器，Applet 应用程序能够实现 Application 应用程序的所有功能。

Java 将 Applet 应用程序的 .class 类文件嵌入 HTML 文档中。嵌入 Applet 的 Web 页存储在 Web 服务器上。当用户在客户端通过浏览器请求查看一个 Web 页时，Web 服务器响应请求，将该网页的超文本文档传回给（下载）客户机，超文本由浏览器解释执行，而嵌入在超文本中的 Applet 由浏览器中的 Java 解释器解释执行。所以，Applet 是由客户端浏览器解释执行的 Web 应用程序，其运行原理如图 11-3 所示。

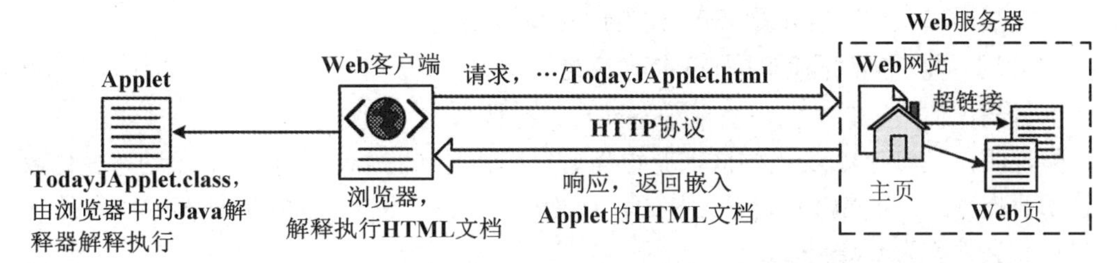

图 11-3　Applet 应用程序的运行原理

Applet 使得 Web 网页具有动态特性和人机交互能力，弥补了静态页面功能的严重欠缺。Applet 技术体现了 Java 的嵌入式特性。Applet 是 Java 崛起的法宝，对于 Java 的发展和壮大具有不可磨灭的功绩。

随着 Web 应用功能需求增强，Applet 技术显现出缺点，它运行在客户端，嵌入在 HTML 中的 class 由浏览器解释执行，增加了浏览器的负担，降低了运行效率。显然，在浏览器中执行纯 HTML 文档是效率最高的方法，因此 Web 技术的发展方向是引入运行在 Web 服务端的动态网页技术。

11.2 JSP 技术

11.2.1 JSP 原理

1. 动态网页技术

动态网页（dynamic page）是指，当浏览器访问 Web 服务器时，在服务器执行应用程序，根据浏览器的不同请求，动态创建不同内容的 HTML 文档，再将该 HTML 文档返回给客户端的浏览器。这样，通过执行 Web 服务器的应用程序扩充了网页功能，增强了网页的动态特性。

最早的动态网页技术是 CGI（Common Gateway Interface，公共网关接口），目前主要有 ASP（Active Server Page）、JSP（Java Server Page）、PHP（Personal Home Page）等。

ASP 是 Microsoft 公司推出的动态网页技术，在 HTML 文档中嵌入 VBScript 和 JavaScript 脚本语言。ASP 运行于 .NET 平台，基于 Windows 操作系统，因此不具有跨平台特性。因为嵌入的是脚本语言，所以 ASP 每次执行都必须重新编译。因此，当访问量较大时，性能降低很多，速度较慢。

2. JSP 文档

JSP 是 Sun 公司 1999 年推出的一种动态网页技术标准，是将 Java 代码直接嵌入到 HTML 文档中的一种标记语言，运行于 Web 服务端。JSP 具有跨平台、运行效率高、数据库连接方便、安全性好等优点，是目前功能最强、效率最高的动态网页制作技术。

JSP 采用一次编译、多次多处执行的运行方式，当客户端第一次请求 JSP 页面时，服务器编译并执行 JSP 文档，再次请求时只执行不重新编译。因此，JSP 比 ASP 执行效率高，当访问量较大时，性能没有明显降低。

JSP 支持 JavaBean（Java 对象组件技术）和 EJB（Enterprise JavaBean，企业级 JavaBean）。

JSP 文档是在 HTML 文档中嵌入 Java 代码得到的，文件扩展名为 .jsp。以下通过例 11.1 了解 JSP 文档形式，如何运行及 JSP 语法将在稍后介绍。

【例 11.1】 显示当前日期时间的 JSP 文档。

本例目的：使用 JSP 文档，演示动态网页设计技术。

功能说明：在 HTML 文档中嵌入获得当前日期和时间的 Java 语句，显示动态变化数据。

技术要点：JSP 文档内容如下。其中，<%@ %>中是 JSP 编译指令，<% %>中是嵌入的 Java 语句。文件名为 today.jsp。

```
<%@ page language = "java" impor t= "java.util.*" import = "java.text.*"
        contentType = "text/html; charset = GBK" %>       <%--JSP 编译指令--%>
<html>
  <head><title>当前日期时间</title></head>
  <body>
```

```
        <strong><font color = "blue" face = "华文楷体" size = "4">          <%--设置字体和颜色--%>
          <%=new SimpleDateFormat("yyyy年MM月dd日 E HH时mm分ss秒").
                format(new Date())%><br></font></strong>               <%--常量和表达式 --%>
    </body>
  </html>
```

JSP 文档区分了静态数据和动态数据，HTML 标记表示静态数据，嵌入 Java 代码的执行结果则是动态数据。

3. 基于 JSP 提供 Web 浏览服务的 Web 应用

基于 JSP 的 Web 应用结构仅支持 Web 浏览服务的如图 11-4 所示，通常称为两层浏览器/服务器结构。

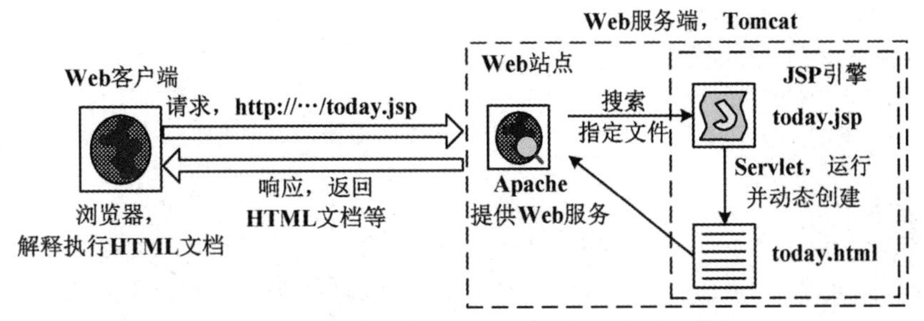

图 11-4　Web 浏览服务（两层浏览器/服务器结构）

Web 服务器提供的是搜索文件并返回 HTML 文档的服务，它并没有处理 JSP 文档的能力，处理 JSP 文档的是 JSP 引擎（JSP Container）。JSP 引擎的作用是，编译并执行嵌入 HTML 文档的 Java 代码，将执行结果动态生成 HTML 文档。

JSP 文档的执行过程如下：

① 客户端浏览器发送 today.jsp 页面请求命令给指定 Web 服务器。

② Web 服务器接收请求，将搜索到的 today.jsp 交由 JSP 引擎处理。

③ JSP 引擎编译并执行 JSP 文档中嵌入的 Java 代码，Servlet 将运行结果输出在动态创建的 today.html 文档中，再将 today.html 返回给 Web 服务器。

④ Web 服务器将 today.html 返回给客户端。

⑤ 由客户端浏览器解释执行 today.html 文档。

11.2.2 运行 JSP

构建 JSP 的运行环境，最基本的配置要有 Web 服务器和 JSP 引擎，这些都可由 Tomcat 服务器提供。

1. Tomcat

以下介绍在 Windows 系统中 Tomcat 的安装、启动，以及运行 JSP 的方法。

（1）安装 Tomcat

Tomcat 运行在 Java 虚拟机上，因此安装 Tomcat 之前需要确定已安装好 JDK。

从 http://tomcat.apache.org 的“32-bit/64-bit Windows Service Installer”选项下载文件 apache-tomcat-8.0.42.exe。运行它来安装 Tomcat 8.0，显示基本配置中默认 HTTP 连接端口是

8080，设置管理员用户名是 admin 以及密码；指定 JDK 安装路径，如图 11-5 所示。默认安装路径为 C:\Program Files\Apache Software Foundation\Tomcat 8.0，可设置 Tomcat 安装路径。

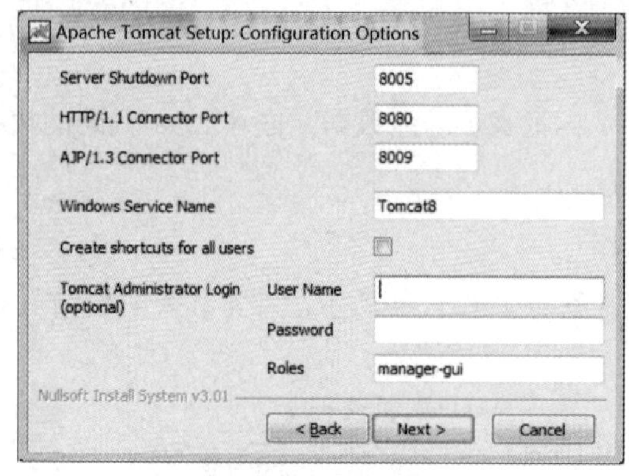

(a) 显示 Tomcat 基本配置

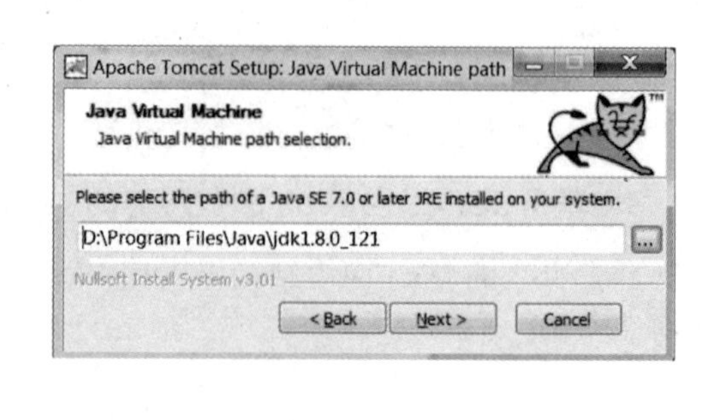

(b) 指定 JDK 安装路径

图 11-5　安装 Tomcat 时，显示 Tomcat 基本配置，指定 JDK 安装路径

（2）启动/关闭 Tomcat 服务器

执行安装路径的..\Tomcat 8.0\bin\tomcat8w.exe 文件，打开 Tomcat 属性窗口，如图 11-6 所示，在 General 页上单击 Start 按钮启动 Tomcat；停止 Web 服务时，单击 Stop 按钮停止 Tomcat。

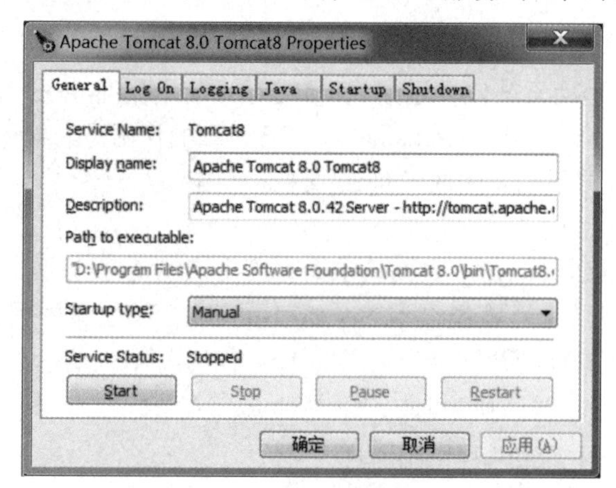

图 11-6　启动/关闭 Tomcat 服务器

（3）显示 Tomcat 主页

打开浏览器，在地址栏输入 http://localhost: 8080，显示 Tomcat 主页，如图 11-7 所示，该页面文件名为 index.jsp。

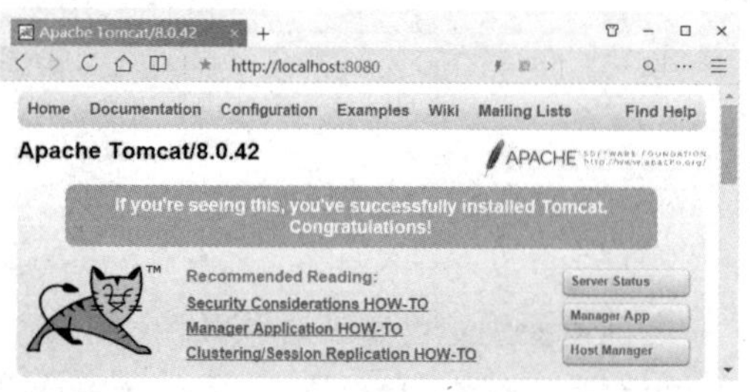

图 11-7　Tomcat 主页

（4）Web 服务目录

Tomcat 默认 Web 服务的根目录路径是..\Tomcat 8.0\webapps\ROOT，其中有 Tomcat 主页的 JSP 文档 index.jsp，如图 11-8 所示。Tomcat 各目录说明如表 11-1 所示。

在 webapps 目录下的任何一个子目录都可以作为一个 Web 服务目录。

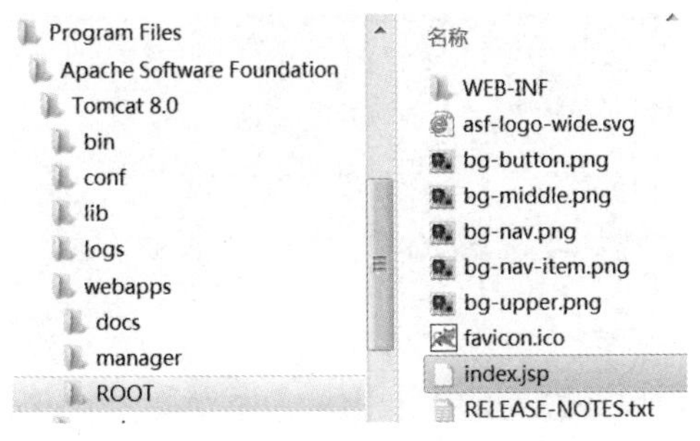

图 11-8　Tomcat 默认的 Web 目录结构

表 11-1　Tomcat 目录结构

目录名称	功能说明
bin	包含启动和停止等批处理文件
conf	包含各种配置文件
lib	包含 Tomcat 使用的各种.jar 文件
logs	Tomcat 的日志文件
webapps	包含一些 Web 应用的范例
docs	包含关于 Tomcat 的各种文档
work	放置 Tomcat 运行期间的临时文件

（5）运行 JSP 文档

将例 11.1 的 today.jsp 文档保存到 Tomcat 默认 Web 服务的 ROOT 目录中，打开浏览器，在地址栏中输入 http://localhost:8080/today.jsp，即可看到指定 JSP 文档的运行结果。

将用户的 JSP 文档全部存放在 ROOT 目录中并不是一个好办法，应该将用户文档分类存放。在 webapps 目录中创建 time 子目录，将 JSP 文档保存在该子目录中，JSP 文档的 URL 地址中需要包含该子目录名，如 http://localhost:8080/time/today.jsp，在浏览器中的运行效果如图 11-9 所示。执行浏览器窗口的“查看源”菜单命令，可见当前 HTML 文档。

(a) 在浏览器中运行JSP文档

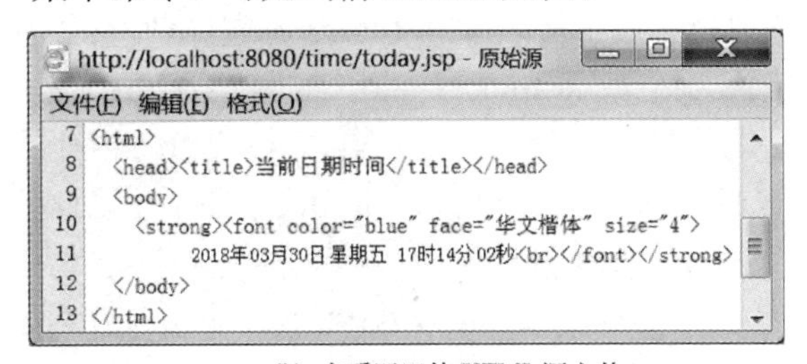

(b) 查看返回的 HTML 源文件

图 11-9　运行 JSP 文档、查看返回的 HTML 源文件

由此可见，JSP 文档执行结果返回客户端的是纯 HTML 文档，JSP 文档中嵌入的 Java 代码已被编译执行并获得结果。

2. 在 MyEclipse 中创建 Web 应用、运行 JSP

在 MyEclipse 中，通过创建 Web 应用项目可运行 JSP 文档。

（1）为 MyEclipse 配置 Tomcat 服务器

MyEclipse 2015 带有 Tomcat 7.0，以下更新配置为 Tomcat 8.0。

① 执行“Window ▸ Preferences”菜单命令，在 Preferences 对话框的左窗格中展开“MyEclipse ▸ Servers”，选中“Runtime Environments”；右边服务器运行环境表格中显示的“MyEclipse Tomcat v7.0”是 MyEclipse 2015 自带的版本，如图 11-10(a)所示。此时，其中没有 Apache Tomcat v8.0 项，单击“Add”按钮。

② 打开 New Server Runtime Environment 对话框，如图 11-10(b)所示，在选择运行环境类型的列表框中，展开 Tomcat，选中“Apache Tomcat v8.0”，单击“Next”按钮。

③ 在下个 New Server 对话框中（如图 11-10(c)所示），单击“Browse”按钮，选择 Apache Tomcat 8.0 安装路径。单击“Finish”按钮，返回到 Preferences 对话框，其中可见“Apache Tomcat v8.0”项，见图 11-10(a)。

(a) 配置服务器运行环境

(b) 选中“Apache Tomcat v8.0”　　(c) 指定 Tomcat 服务器安装路径

图 11-10　MyEclipse 配置 Tomcat 服务器

（2）创建 Web 项目，设置 Web 服务目录

执行 MyEclipse 的“File ▸ New ▸ Web Project”菜单命令，打开 New Web Project 对话框，在“Project name”文本行中输入项目名，将“Java version”选择为 JDK 1.8、“target runtime”选择为 Apache Tomcat v8.0，如图 11-11(a)所示，单击“Next”按钮；出现 New Web Project 对话框，“Context root”文本行中的 Web 服务目录名默认同项目名，输入 Web 服务目录名，如图 11-11(b)所示，单击“Finish”按钮，则创建一个 Web 应用项目。项目结构见图 11-8。

（3）创建 JSP 文档

执行“File ▸ New ▸ JSP”菜单命令，打开 Create a new JSP page 对话框，默认“File Path”为“项目/WebRoot”，在“File Name”文本行中输入文件名 today.jsp，如图 11-13 所示；单击“Finish”按钮，则创建一个 JSP 文档。

（4）编辑 JSP 文档

创建的 today.jsp 存储在当前 Web 项目的 WebRoot 目录下，打开它，在 Source 视图中进行编辑，见图 11-12。

(a) 创建 Web 项目

New Web Project

Context root: time ⑤Web服务目录

Content directory: WebRoot

☑ Generate index.jsp welcome file

☐ Generate web.xml deployment descriptor

⑥单击

< Back　Next >　Finish

(c) 设置 Web 服务目录

图 11-11　创建 Web 项目、设置 Web 服务目录

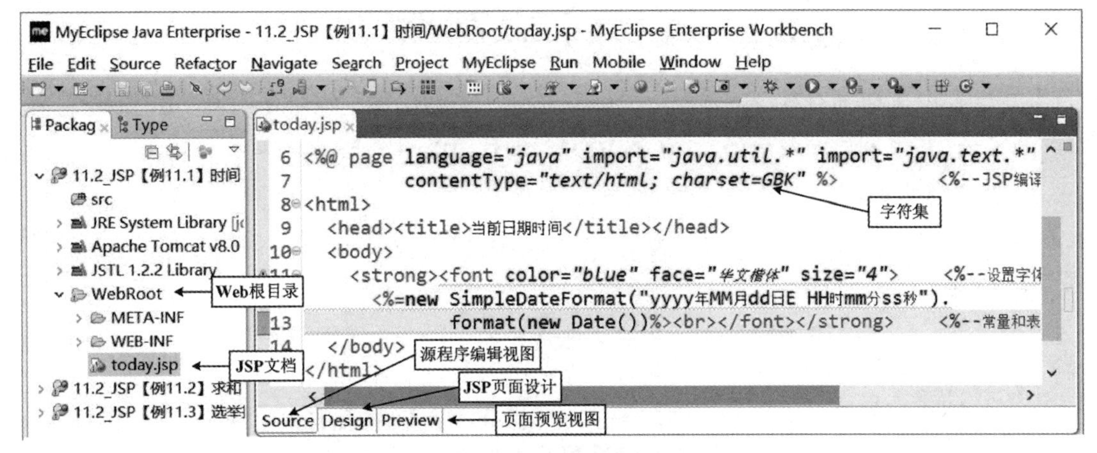

图 11-12　编辑 JSP 文档

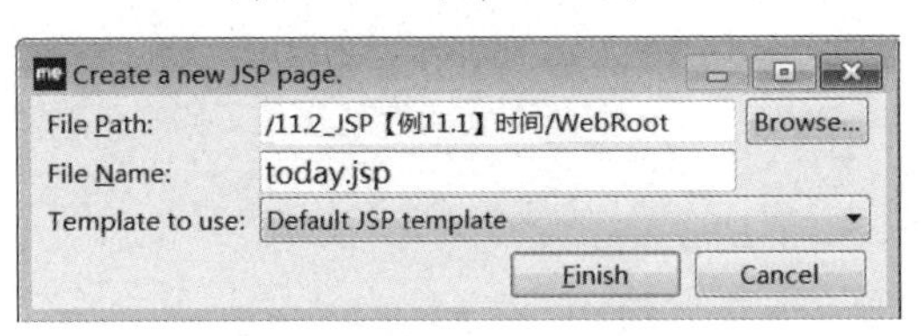

图 11-13　创建 JSP 文档

（5）在 MyEclipse 中运行 JSP，自动部署到 Web 根目录，同步更新

在 MyEclipse 中可以运行 today.jsp。在 today.jsp 编辑视图下执行"Run As ▸ MyEclipse Server Application"菜单命令，打开 Run on Server 对话框，选择运行的 Tomcat 服务器，如图 11-14 所示，单击"Finish"按钮，在 MyEclipse 中的运行结果如图 11-15 所示。之后，Servers 视图中显示 Tomcat 服务器的状态及其中部署的项目。

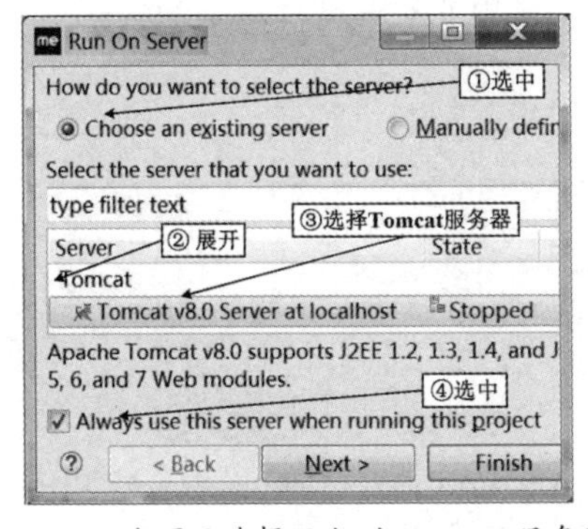

图 11-14　为项目选择运行的 Tomcat 服务器

图 11-15　在 MyEclipse 中运行 today.jsp

再次运行，执行"Run ▸ Run on Server"或"Run ▸ today.jsp"菜单命令；或者，在 Web Browse 页面的地址栏中输入 URL，单击▶按钮运行。MyEclipse 自动将当前 Web 项目部署到其指定 Tomcat 服务器路径下的 Web 服务目录，如..\Tomcat 8.0\webapps\time（如图 11-16 所示），每次运行，同步更新。

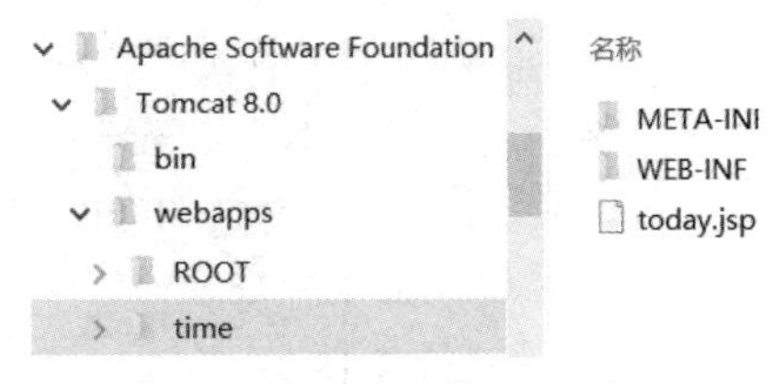

图 11-16　同步部署 Web 项目

11.2.3 JSP 语法

JSP 文档中包括 HTML 和 JSP 两种类型标记。HTML 标记符号是< >，JSP 标记符号是<% %>，多字符之间不能有空格。JSP 标记用于在 HTML 文档中嵌入 Java 代码。

1. JSP 基本语法

JSP 基本语句主要包括：声明、表达式、注释和 Scriptlet。

（1）声明

声明变量、对象或方法的 JSP 标记的语法格式如下：

```
<%! 变量、对象、方法声明 %>
```

一条声明语句可以声明相同数据类型的多个变量或对象，多个变量之间用“,”分隔；声明语句不能分在两行写；声明语句以分号结束。例如：

```
<%! int i=0, j=0; %>
<%! String s= "hello"; %>
```

（2）表达式

输出表达式值的 JSP 标记的语法格式如下：

```
<%=表达式%>
```

“表达式”必须能够计算出确定值，并且其中的变量或对象必须已声明过。例如：

```
<%=s%>
<%=new java.util.Date()%>
```

（3）注释

JSP 文档中允许使用的注释有 3 种，如表 11-2 所示。

表 11-2 JSP 注释语句

种　类	表 示 形 式	说　　明
HTML 注释	<!-- 注释 -->	HTML 标记注释
JSP 注释	<%-- 注释 --%>	JSP 标记注释，HTML 文档中不可见
Script 注释	<%//注释　%> 或 <%/*注释　*/%>	在 Script 中使用的 Java 语言注释，HTML 文档中不可见

（4）Scriptlet

Scriptlet 脚本程序用于在 JSP 文档中嵌入一段 Java 代码，其 JSP 标记的语法格式如下：

```
<% Java 代码 %>
```

其中，“Java 代码”可以包含多行语句。

Scriptlet 的输出方式与 Java 语言不同，不使用 System.out.print()。变量采用表达式的 JSP 标记显示其值；常量采用 HTML 输出方式，直接将常数或字符串写在 HTML 文档中。

2. JSP 编译指令

JSP 编译指令声明在编译时 JSP 引擎对 JSP 文档的操作。JSP 编译指令的语法格式如下：

```
<%@ 编译指令 {属性 = "属性值"} %>
```

JSP 编译指令有 page、include 和 taglib。每种编译指令都有多个属性，在 JSP 编译指令声明时，需要设置多组属性值。

（1）page 编译指令

page 编译指令设置 JSP 文档的全局属性。page 编译指令及其部分属性的语法格式如下：

```
<%@ page [language = "java"]
        [contentType = "MIME 类型[;charset = 字符集]" | "text/html; charset = ISO-8859-1 "]
        [import = "包.类 | 包.*"] %>
```

其属性说明如下。

① language 属性指定 JSP 脚本中使用的编程语言，默认是 Java 语言。

② contentType 属性设置 JSP 文档的 MIME 类型和字符集。MIME（Mulitipurpse Internet Mail Extension，多用途互联网邮件扩展）属性指定浏览器对文档的操作方式，默认 text/html 表示按文本解释文档中的字节，文本格式为 HTML；image/gif 类型表示识别图像，图像类型是 GIF。默认字符集是 ISO-8859-1。

注意：ISO-8859-1 字符集不支持中文。如果一个 JSP 文档包含中文汉字，则必须通过以下编译指令设置 GBK 等汉字字符集，否则 MyEclipse 保存该文件时将提示存在字符集错误。

```
<%@ page contentType = "text/html; charset = GBK" %>
```

③ import 属性声明在 JSP 文档中导入包，默认导入的包有：java.lang、javax.servlet、javax.servlet.http。

（2）include 编译指令

include 编译指令在当前页面中插入另一个文件，语法格式如下：

```
<%@ include  file = "文件 URL 或相对路径"  %>
```

【例 11.2】 求和，在 JSP 文档中声明函数。

本例目的：演示在 JSP 文档中嵌入 Java 代码，包括函数声明及调用。

功能说明：产生一个 10 以内的随机数 n，并计算 $1 \sim n$ 之和。

sum.jsp 文档如下。

```
<%@ page contentType="text/html; charset=GBK" %>
<html>
  <head><title>求和</title></head>
  <body>
    <%! int sum(int n)                                    // 声明函数
        {
            int  s = 0;
            for(int i=1; i <= n; i++)
                s += i;
            return s;
        } %>
    <%  int  n = (int)(Math.random()*10);%>               <% // 声明变量，产生随机数 %>
    Sum(1+…+<%=n%>) = <%=sum(n)%>                         <% /*声明函数*/ %>
  </body>
</html>
```

运行结果如图 11-17 所示。

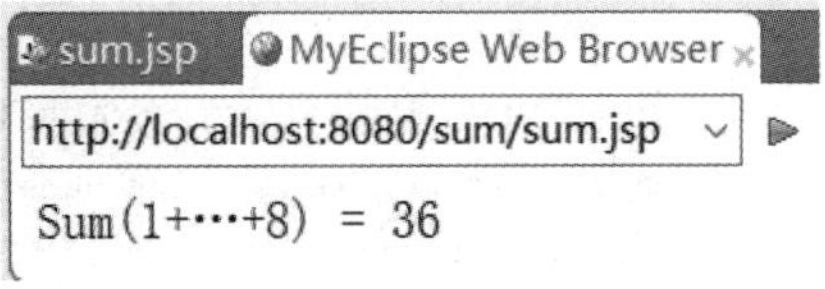

【思考题 11-1】 *① 为 n 值增加输入功能。② 以表达式形式显示计算过程和结果，并将数字和运算符分别设置成不同的颜色。*

sum.jsp　MyEclipse Web Browser
http://localhost:8080/sum/sum.jsp
Sum(1+…+8) = 36

图 11-17　求和的运行结果页面

3. JSP 隐含对象

JSP 隐含对象（implicit objects）由 JSP 引擎自动生成及管理，可以在 JSP 文档的表达式和脚本程序中使用，但不能在 JSP 声明中直接引用隐含对象。JSP 隐含对象包括 request、response、out、application 和 session。

（1）request 对象，请求

Web 应用的数据传递包括两方面：客户端发送请求和服务器返回响应的执行结果。

request 对象包含客户端向服务器发出的请求信息，可以获得客户端提交的数据信息，以及 Web 服务器的参数。

request 对象的类是 org.apache.catalina.connector.RequestFacade，主要方法声明如下：

```
String getParameter(String parameter)          // 获得客户端提交的parameter参数值
```

（2）response 对象，响应

response 对象包含服务器向客户端做出的应答信息。response 对象包含的响应信息有：MIME 类型的定义、编码方式、保存的 Cookie、连接到其他 Web 资源的 URL 等。

response 对象的类是 org.apache.catalina.connector.ResponseFacade。

（3）out 对象，输出

out 对象用于在 JSP 文档的 Scriptlet 中输出数据。

out 对象的类是 org.apache.jasper.runtime.JspWriterImpl，主要方法声明如下：

```
void print(String str)
void println(String str)
```

（4）session 对象，会话

session 对象保存客户端浏览器信息，一个浏览器有一个 session 对象。在使用一个浏览器的多个 JSP 页面之间，可以通过设置和获得 session 对象的指定属性值，共享或传递数据。

当浏览器第一次访问一个 JSP 页面时，JSP 引擎创建一个 session 对象，并为其分配一个 ID 用作唯一标识；刷新页面，不会分配新的 session 对象。当在一个客户端打开多个浏览器时，JSP 引擎将创建多个 session 对象。

session 对象也有生命周期。当关闭浏览器或设置的时间期限到时，session 对象结束。

session 对象的类是 org.apache.catalina.session.StandardSessionFacade，主要方法声明如下：

```
Object getAttribute(String name)          // 返回 session 对象的 name 属性值。指定属性不存在时返回
null
void setAttribute(String name, Object value)          // 设置session对象的name属性值为value
String getId()          // 返回session的ID号，ID号由JSP引擎分配
```

（5）application 对象，应用

application 对象保存服务器的 JSP 引擎信息，一个 Web 应用项目有一个 application 对象。在访问一个 Web 应用项目的所有客户端浏览器之间，可以通过设置和获得 application 对象的指定属性值，来共享或传递数据。当启动 Tomcat 时，JSP 引擎创建一个 application 对象，该 application 对象将一直存在，直到关闭 Tomcat。

application 对象的类是 org.apache.catalina.core.ApplicationContextFacade，主要方法如下：

```
Object getAttribute(String name)          // 返回name属性值
void setAttribute(String name, Object value)          // 设置name属性值为value
```

session 和 application 对象都是通过字符串形式传递变量的值。

【例 11.3】 选举投票。

本例目的：基于 JSP 的 Web 应用综合设计示例。实现 JSP 文档的输入、提交、响应功能，

使用 JSP 隐含对象，在多个 JSP 文档之间传递参数；调用指定包的类及方法；使用集合框架。

功能说明：选举投票过程为：先输入候选人，再选举投票，最后显示投票结果。运行页面如图 11-18 所示。

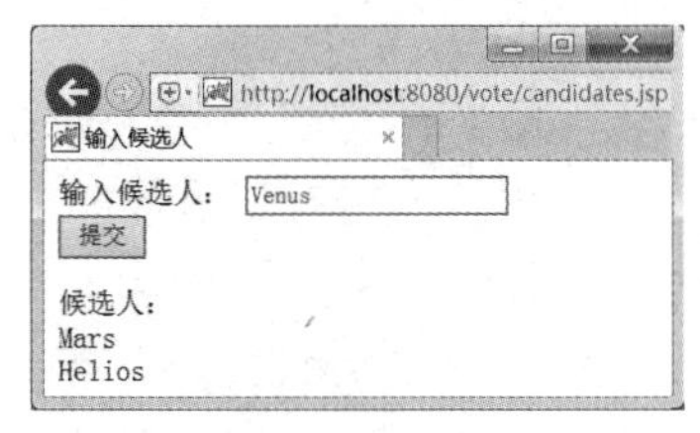

(a) 输入候选人页面

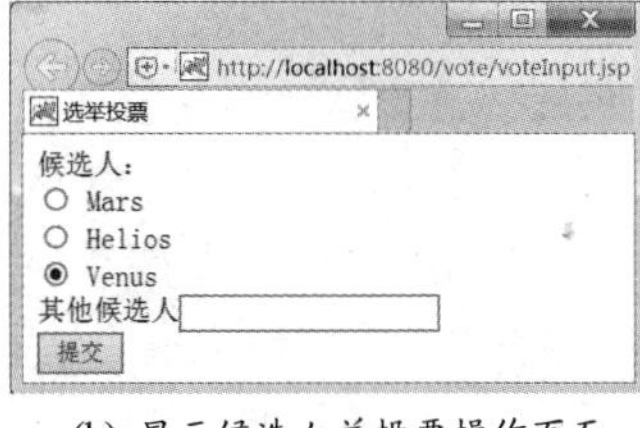

(b) 显示候选人并投票操作页面

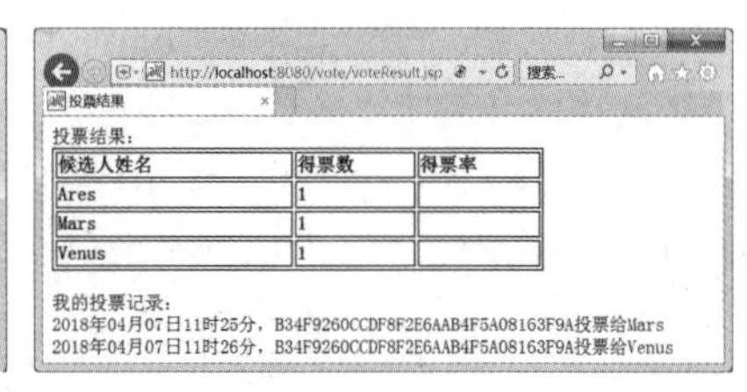

(c) 显示投票结果页面

图 11-18 选举投票的相关页面

（1）输入候选人页面

HTML 提供表单（form）给用户输入信息。表单包括表单标签、表单域和表单按钮。

candidates.jsp 文档如下，使用表单提供输入页面，运行页面如图 11-18(a)所示，输入候选人姓名，单击“提交”按钮，页面显示提交输入的所有候选人。

```
<%@ page language = "java"  import = "java.util.*"  import = "design.*" contentType = "text/html; charset = GBK" %>
<html>
  <head><title>输入候选人</title></head>
  <body>
    <form name = "form1" method = "post" action = "candidates.jsp">       <%--表单,提交给自己--%>
     输入候选人: <input type = text  name = "name"><br>                    <%--输入 name--%>
                <input type = "submit"  value = "提交"><br>               <%-- “提交” 按钮--%>
    </form>
    <% // 以下响应请求，显示输入的所有候选人
       // 获得属性值
       List<String> candidates=(ArrayList<String>)application.getAttribute("candidates");
       if(candidates == null)
          candidates=new ArrayList<String>();                    // 数组列表，存储候选人集合
       String  name = request.getParameter("name");              // 使用 request 对象获得表单提交 name 值
       if(name != null && !name.equals(""))
        {
           candidates.add(name);                                 // 列表中添加当前输入的候选人
           // 设置 application 对象 candidates 属性值
           application.setAttribute("candidates", candidates);
        } %>
    候选人: <br>
    <%=design.MyCollection.toString(candidates)%>               <% // 调用方法, 返回集合元素字符串 %>
  </body>
</html>
```

其中的难点说明如下。

① 表单中，action 指定提交给下一个文档进行处理，该页面提交给自己；单击“提交”按钮，将 input 输入框中的文本作为 name 变量值以字符串形式提交，发出请求。

② 页面响应请求，使用 JSP 隐含对象 request 获得 HTML 表单提交的 name 变量字符串。

③ 因为需要存储候选人集合，所以采用 Java 集合框架的 ArrayList 数组列表（详见 12.1 节）。每次页面获得一个 name 值，就加入候选人集合。

④ 由于所有客户端浏览器公用这一个候选人集合，因此将其设置为 application 对象属性。每加入一个候选人，就重新设置 candidates 属性，页面响应时获得 candidates 属性。

⑤ 创建 design 包，其中存放包含 toString()通用方法的 MyCollection 类；JSP 文档调用 design.MyCollection.toString(candidates)返回字符串，将结果嵌入到 HTML 文档并显示。

如果将大段程序以及多种方法声明嵌入在 JSP 文档中，无疑将降低 JSP 文档的可读性及运行效率。而且，在 JSP 文档中声明的方法也不能在其他 JSP 文档中调用。JSP 推荐的做法是，使用 Java 语言设计包含通用功能的类，在 JSP 文档中调用这些类中的方法。

在 MyEclipse 创建当前 Web 项目，Web 服务名为 vote；执行“File ▸ New ▸ Package”菜单命令，创建 design 包，在该包中创建 MyCollection 类声明如下，其中包含通用方法。

```
package design;                                        // 声明包
import java.util.*;
public class MyCollection                              // 为集合类增加通用方法
{
    // 返回集合所有元素描述字符串，使用迭代器遍历集合，通用方法
    public static <T> String toString(Collection<T> coll)
    {
        Iterator<T>  it = coll.iterator();             // 返回迭代器，集合元素类型是 T
        String  str = "";
        while(it.hasNext())                            // 若有后继元素，遍历集合
           str += it.next()+"<br>";
        return str;
    }
}
```

MyEclipse 中的当前 Web 项目结构如图 11-19(a)所示，其中可见包含的 design 包及 MyCollection 等类。运行时，MyEclipse 将 .class 文件同步部署到 Web 服务目录 vote 下的 design 子目录中，如图 11-19(b)所示。

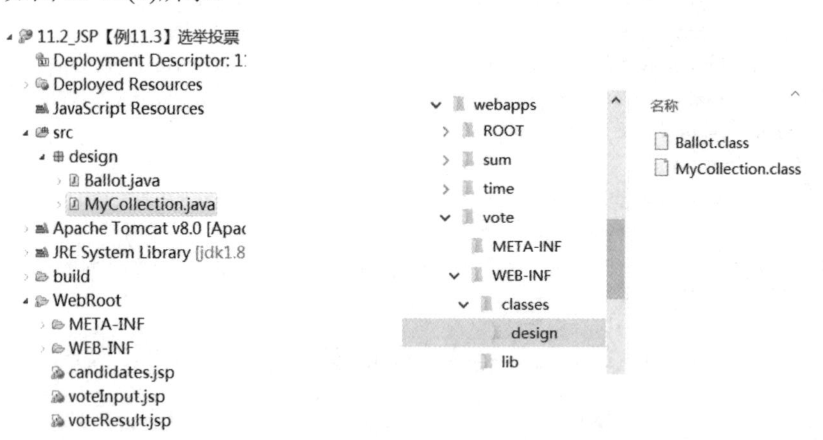

(a) 在 MyEclipse Web 项目 design 包中声明的类　　(b) class 文件被同步部署到指定 Web 服务目录中

图 11-19 在 Web 项目的包中声明的类，其 class 文件将被同步部署到指定 Web 服务目录中

（2）选举投票操作页面

voteInput.jsp 文档如下，运行页面见图 11-18(b)，采用单选按钮显示所有候选人，选中其中之一进行投票操作，也可输入其他候选人提交。

```
<%@ page language = "java" import = "java.util.*" import = "java.text.*" contentType = "text/html; charset = GBK" %>
```

```
<html>
  <head><title>选举投票</title></head>
  <body>
    <form name = "form1" method = "post" action = "voteResult.jsp">    <%--提交给另一JSP处理--%>
      候选人: <br>
    <% // 以下采用单选按钮显示所有候选人，选中一人或输入其他候选人后提交
      // 获得属性
      List<String>  candidates = (ArrayList<String>)application.getAttribute("candidates");
      for(int i=0; i < candidates.size(); i++) {%>
          <input type = "radio" name = "name" value = "<%=candidates.get(i)%>">
                                          <%out.print(candidates.get(i));%><br>  <% }%>
      其他候选人<input type = text name = "other"><br>
      <input type = "submit" value = "提交"><br>
    </form>
    <%String time = new SimpleDateFormat("yyyy年MM月dd日HH时mm分").format(new Date());
     session.setAttribute("time", time);     // 将提交时间通过session对象传递给下一个JSP文档%>
  </body>
</html>
```

其中的难点说明如下。

① 从application对象的candidates属性获得ArrayList存储的候选人集合。

② 表单中采用单选按钮（radio）显示所有候选人，用户选中一个单选按钮，通过name提交的是当前选中单选按钮的字符串。在编辑框中输入的其他候选人通过other属性提交。

③ 在图11-18(b)页面中单击“提交”按钮，在提交候选人数据的同时还提交了当前时间，组成“我的投票记录”数据，在下一个JSP页面（见图11-18(c)）中可见。通过设置session对象的指定属性，可以实现在一个浏览器的多个JSP页面之间传递数据。例如，在图11-18(b)页面中，session.setAttribute("time", time)语句设置session对象的time属性值；在图11-18(c)页面中，session.getAttribute("time")语句将获得session对象的time属性值。

（3）投票结果页面

voteResult.jsp文档如下，显示投票结果和我的投票记录，运行页面见图11-18(a)。

```
<%@ page language = "java" import = "java.util.*" import = "design.*" contentType = "text/html; charset = GBK" %>
<html>
  <head>
  <title>投票结果</title></head>
  <body>
    <% // 以下使用request对象获得表单提交的name值，若name为空，则获得其他候选人姓名
      String  name = request.getParameter("name");
      if(name == null)
          name = request.getParameter("other");
      // 以下使用树映射map存储投票结果，map元素为(姓名,计数值)，将name的计数值+1
      Map<String, Integer>  map = (TreeMap)application.getAttribute("map");   // 获得map属性值
      if(map == null)
          map = new TreeMap<String,Integer>();                     // 树映射，存储投票结果
      if(name != null && !name.equals(""))
      {
          Integer  value = map.get(name);                          // 获得关键字name映射的整数对象
          int  count = value==null ? 0 : value.intValue();         // 转换成int整数，计数+1
```

```
            map.put(name, new Integer(count));                    // 映射增加元素，关键字相同时，替换
            application.setAttribute("map", map);                 // 设置 map 属性值
        }%>
        投票结果：
    <table border = "1">                                    <%--表格，border 参数指定边框风格--%>
        <tr><td width = "200"><b>候选人姓名</b></td>            <%--width 参数指定单元格宽度--%>
            <td width=  "100"><b>得票数</b></td>
            <td width = "100"><b>得票率</b></td>
        </tr>
    <% Set<String>  set = map.keySet();                           // 返回关键字集合
        Iterator<String>  it = set.iterator();                     // 返回迭代器，集合元素类型是
String
        while(it.hasNext())                                       // 遍历集合，若有后继元素
        {
            String  key = it.next();
            Integer value = map.get(key);    %>
            <tr><td width="200"><b><%=key%></b></td>
                <td width="100"><b><%=value%></b></td>
                <td width="100"><b></b></td>
            </tr>
    <% }%>
    </table><br>
    <%// 以下采用树集合存储我的选票集合并列表显示，一张选票 Ballot(投票人，时间，选修人)
        String  time = (String)session.getAttribute("time");
        Set<BallotTicket>  record = (TreeSet<BallotTicket>)session.getAttribute("record");
        if(record == null)
            record = new TreeSet<Ballot>();                            // 树集合，存储我的选票集合
        if(name != null && !name.equals(""))
        {
            record.add(new Ballot(session.getId()+"", time, name));   // 选票集合添加一张选票
            session.setAttribute("record", record);                    // 设置 record 属性值
        }%>
    我的投票记录：<br>
    <%=design.MyCollection.toString(record)%>                    <%//调用方法，返回集合元素字符串%>
  </body>
</html>
```

其中的难点说明如下。

① 采用 Java 集合框架的 Map 映射存储投票结果，元素为(姓名字符串, 计数值)。TreeMap 树映射按关键字姓名字符串排序，详见 12.1 节。每次获得 name 值后，就将 name 计数值+1。

② 由于所有客户端浏览器公用这一个投票结果，因此将 map 设置为 application 对象属性。每次修改 map，都要重新设置 map 属性，页面响应时获得 map 属性。

③ 采用 Java 集合框架的 Set 集合存储“我的选票集合”并列表显示，元素为选票 Ballot(投票人, 时间, 候选人)，TreeSet 树集合按元素排序，详见 12.1 节。每次获得一个 name 值，再从 session 对象的 time 属性获得 voteInput.jsp 文档设置传递来的“投票当前时间”，然后在 record 选票集合中添加一张选票 Ballot。

④ 在 design 包中声明 Ballot 选票类如下，供 JSP 文档调用。因为要作为 TreeSet 树集合

的元素，所以 Ballot 类必须实现可比较接口，提供比较对象大小的 compareTo()方法。

```
package design;                                         // 声明包
public class Ballot implements Comparable<Ballot>       // 选票类，实现可比较接口
{
    String  name, time, candidate;                      // 投票人、投票时间、候选人
    public Ballot(String name, String time, String candidate)
    {
        this.name = name;
        this.time = time;
        this.candidate = candidate;
    }
    public String toString()
    {
       return this.time+"，"+this.name+"投票给"+this.candidate;
    }
    public int compareTo(Ballot ballot)                 // 按投票时间比较对象大小
    {
       return this.time.compareTo(ballot.time);
    }
}
```

【思考题 11-2】 增加以下功能。

① 统计所有票数，计算每人的得票率，按每人得票率降序排序显示。

② 多选。例如，选举班委，在 7 个候选人中选举 5 人。

③ 增加投票限制，限制每个人只能投票一次。

11.2.4 基于 JSP 提供数据库应用服务的 Web 应用

JSP 引擎支持对数据库操作，除了 Web 服务器，还需要数据库服务器。从结构上看，存在两对客户-服务器关系，浏览器与 Web 服务器是实现 Web 应用的一对客户-服务器关系；而在 Web 服务器上运行的 JSP 引擎在执行 JDBC API 对数据库操作时，是以数据库客户端身份连接数据库服务器的，它们之间是实现数据库应用的一对客户-服务器关系，因此这种结构通常称为三层浏览器-服务器结构，如图 11-20 所示。

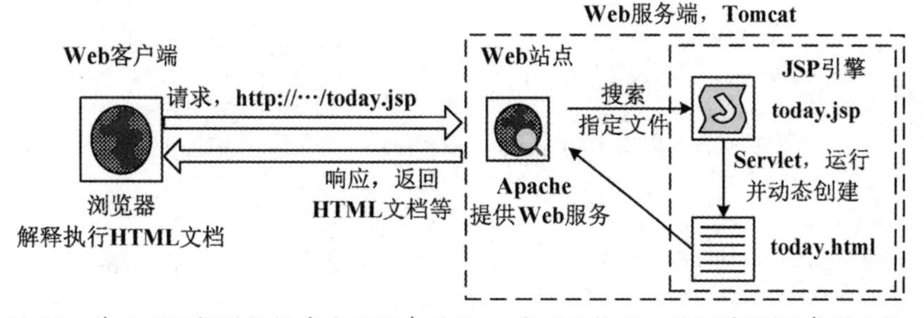

图 11-20 基于 JSP 提供数据库应用服务的 Web 应用结构（三层浏览器/服务器结构）

【例 11.4】 Web 页面显示数据库指定表的数据查询结果集。

本例目的：设计基于 JSP 的数据库应用程序。

功能说明：使用第 10 章创建的 MySQL 数据库 studentmis，从 person 表中获得数据查询

结果集，将其中数据以表格形式显示在 Web 页面中，运行界面如图 11-21 所示。

技术要点：① 在 MyEclipse 中创建当前项目，先将 JDBC 驱动程序 mysql-connector-java-5.1.41-bin.jar（详见 10.3 节）复制到当前项目的 lib 目录下，如图 11-22 所示；再启动 Tomcat，则 Tomcat 能够使用 JDBC。

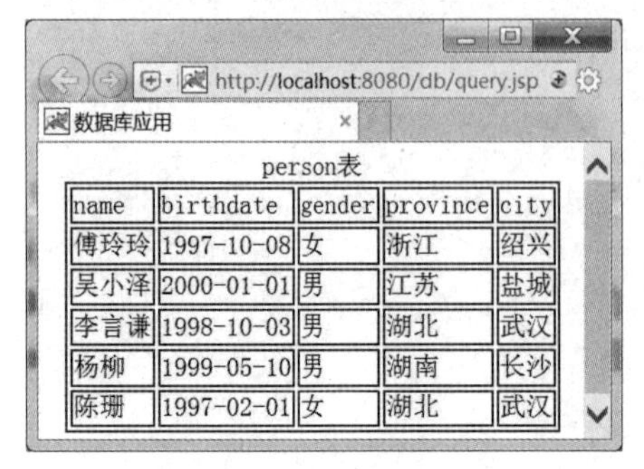

person表

name	birthdate	gender	province	city
傅玲玲	1997-10-08	女	浙江	绍兴
吴小泽	2000-01-01	男	江苏	盐城
李言谦	1998-10-03	男	湖北	武汉
杨柳	1999-05-10	男	湖南	长沙
陈珊	1997-02-01	女	湖北	武汉

图 11-21　数据查询结果集

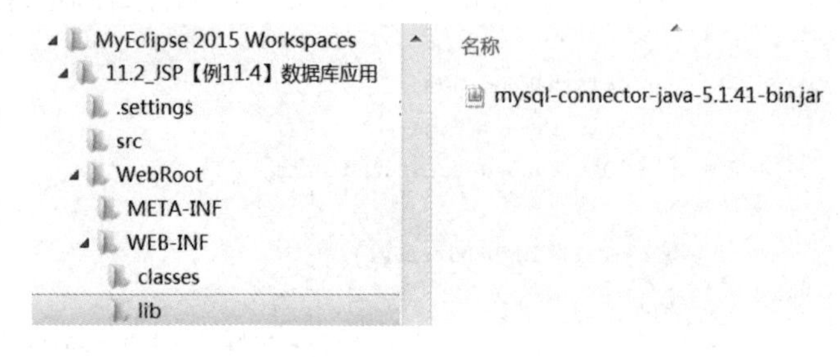

图 11-22　数据库应用项目的 lib 下包含 JDBC 驱动程序

② query.jsp 文档如下：

```
<%@ page language = "java"  import = "java.sql.*"  contentType = "text/html; charset = GBK" %>
<html>
  <head><title>数据库应用</title></head>
  <body>
    <% // 以下连接 driver、url 指定数据库，获得 table 表的数据查询结果集
       String  driver = "com.mysql.jdbc.Driver";                   // MySQL JDBC 驱动程序
       String  url = "jdbc:mysql://localhost/studentmis?user=root&password=1234"; // 指定数据库 URL
       String  table = "person";                                   // 表名
       String  sql = "SELECT *  FROM "+table+";";                  // 查询语句
       try
       {
          Class.forName(driver);                                   // 指定 JDBC 驱动程序
          Connection  conn = DriverManager.getConnection(url);     // 创建连接对象
          Statement  stmt = conn.createStatement();                // 创建语句对象
          ResultSet  rset = stmt.executeQuery(sql);                // 执行数据查询 SELECT 语句
          ResultSetMetaData  rsmd = rset.getMetaData();            // 返回表属性对象
          int  count = rsmd.getColumnCount();                      // 获得列数
       %>
       <center><%=table%>表<br>                                     <!--显示表名-->
       <table border=1>                                            <!--表格，参数指定边框风格-->
          <tr><% for(int j=1; j <= count; j++) {%>                  <!--表格标题行-->
                <td><%=rsmd.getColumnLabel(j)%></td>               <!--表格列标题-->
            <%}%>
          </tr>
          <% while(rset.next()) {%>                                 <!--遍历结果集-->
          <tr><% for(int j=1; j <= count; j++) {%>                  <!--显示数据库表中一行数据-->
                <td><%=rset.getString(j)%></td>                    <!--一列数据-->
            <% }%>
          </tr>
       <% }%>
       </table></center>
```

```
    <% rset.close();
       stmt.close();
       conn.close();
    }
    catch(Exception ex)
    {
        ex.printStackTrace();
    } %>
  </body>
</html>
```

习 题 11

11-1 Web 浏览服务需要哪些支持因素？Web 应用结构是怎样的？

11-2 HTML 适用于什么场合？有什么特点？由谁运行它？

11-3 什么是静态网页？什么是动态网页？区别的标志是什么？

11-4 什么是动态网页技术？它在服务器执行还是在客户端执行？主要特点是什么？

11-5 什么是 JSP？JSP 有什么特点？JSP 与 Java 有什么关系？

11-6 基于 JSP 的 Web 应用结构有什么特点？

11-7 什么是 JSP 引擎？它安装在哪里？具有什么功能？

11-8 JSP 文档与 HTML 文档有什么关系？JSP 文档能够在 JDK 中运行吗？它需要在什么环境中运行？

11-9 简述 JSP 文档的执行过程。

11-10 JSP 文档由谁对其进行编译、执行？在什么时候进行编译？第一次执行与其后执行有什么不同？

11-11 JSP 中定义了哪些标记？它们扩展了 HTML 的哪些功能？

11-12 JSP 有哪些隐含对象？各对象的作用是什么？

11-13 什么是 request 对象？什么是 response 对象？两者之间有何差别？

11-14 什么是 application 对象？什么是 session 对象？两者之间有何差别？

实验 11 基于 JSP 的 Web 应用设计

1．实验目的

理解 Web 应用基础知识；熟悉 HTML；了解动态网页概念和 Web 应用的客户-服务器结构；理解 JSP 技术设计动态网页原理及 JSP 文档的执行过程，掌握安装 Tomcat 和运行 JSP 文档方法，掌握 JSP 基本语法、隐含对象、编译指令等设计出符合需求的 JSP 文档。

2．实验内容

11-15 求和，在 JSP 页面中输入、计算并显示结果表达式。

求和的 JSP 页面如图 11-23 所示。

在编辑框中输入数值后，单击“=”，提交变量值给该文档自己；页面再次运行，使用

request 对象获得提交变量值，计算并显示结果表达式。创建 design 包和 Calculation 类，其中包含计算并显示结果表达式的方法，供 JSP 文档调用。

11-16　显示幂值。

输入一个整数作为幂值，计算各幂次值并用表格显示，运行界面如图 11-24 所示。

图 11-23　求和

图 11-24　显示幂值

第 12 章　综合应用设计

程序设计是计算机学科各专业本科学生必修的专业基础课，是培养软件设计能力的重要课程。开设程序设计课程的目的不仅是让学生学习一门计算机语言，记住一些语法，更重要的是学习程序设计的思想和方法，培养程序设计能力。

怎样培养程序设计能力？程序设计语言提供的语法规则和设计原则只廖廖数语，如循环、数组等，问题是如何有效地组织它们来表达我们心中所想？就像骑自行车，要领是掌握平衡技术，如何掌握？纸上谈兵是不可能掌握平衡技术的，必须经过一定训练。

相对于 C++语言，Java 语言并未增加多少语法规则和面向对象的新概念，但 Java API 声明的类和方法却不计其数，不可能全部背住，重要的是理解和掌握要领。这些道理说起来容易做起来难，所以程序设计训练是必须的，细细体会并逐步积累经验是每个程序员必须经历的过程，否则不能成长。

本章以课程设计等综合实践性环节为背景，着眼于设计中等规模并具有一定难度的应用程序。本章首先介绍 Java 集合框架，再介绍 JList、JTable、JTree 等复杂 Swing 组件的使用方法，以及多文档界面的概念及设计方法，最后给出课程设计的要求和参考选题。

12.1　集合框架

Java 使用集合对象描述并实现数学中的集合概念及集合运算。一个集合对象就是一个容器，能够容纳一组 Java 对象，集合中的元素是一组具有相同特性的对象。

在 java.util 包中，Java 为集合、列表、映射等常用数据结构声明了一组接口，提供顺序表、循环双链表、平衡二叉树、散列表等方式来实现这些接口，并提供管理对象的排序等算法，称为集合框架（Collections Framework）。

集合框架以接口和实现这些接口的类的形式，为集合运算约定了统一的方法声明，并提供不同的运算实现和算法实现；增强了 Java API 功能，减少了软件开发工作量，提供软件协同工作的能力，使软件具备可重用性。

集合框架的设计简明扼要，层次分明，按照功能分为 List 列表、Set 集合和 Map 映射，接口约定集合操作的抽象方法声明，每个类给出一种特定实现，如表 12-1 所示。

表 12-1　集合框架中的主要接口和类

接　口	实现接口的类			
	一维数组	循环双链表	平衡二叉树	散列表
ist 列表	ArrayList	LinkedList		
Set 集合			TreeSet	HashSet
Map 映射			TreeMap	HashMap

由这些接口以及实现这些接口的类组成一个树形层次体系，如图 12-1 所示，默认 java.util 包。

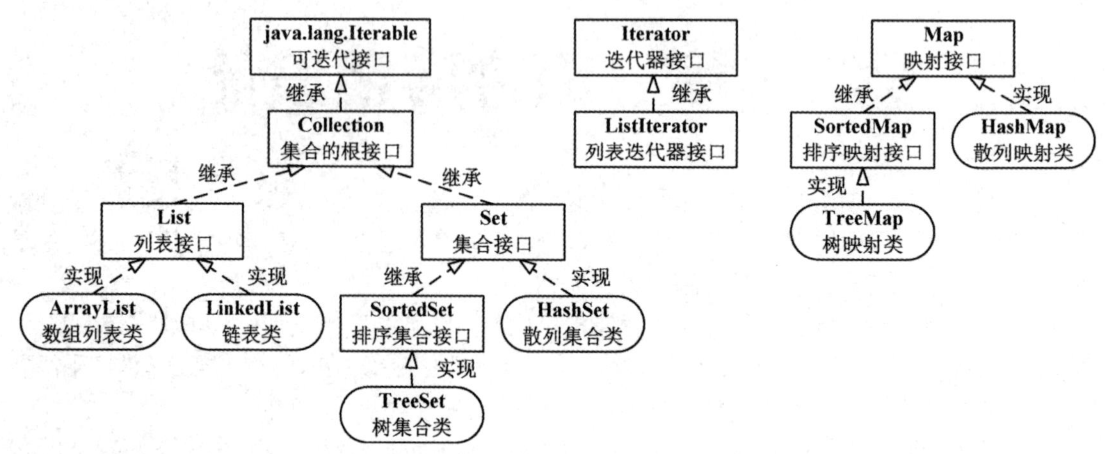

图 12-1　集合框架中的接口和实现这些接口的类的继承关系

12.1.1　集合

1. Collection 集合根接口

Collection 是集合的根接口，为集合约定基本操作方法，声明如下，包括获得迭代器、判断空集合、是否包含特定元素、增加元素、删除元素、集合运算、获得子集等。方法修饰符为 public abstract。

```
public interface Collection<T> extends Iterable<T>        // 集合的根接口，T表示集合元素类型
{
    boolean isEmpty();                                     // 判断集合是否为空
    int size();                                            // 返回集合的元素个数
    boolean contains(Object key);                          // 判断是否包含关键字为 key 元素
    boolean add(T x);                                      // 增加元素 x
    boolean remove(Object key);                            // 删除首次出现的关键字为 key 元素
    void clear();                                          // 删除所有元素
    Object[] toArray();                                    // 返回包含当前集合所有元素的数组
    // 以下方法描述集合运算，参数是另一个集合
    boolean equals(Object obj);                            // 比较 this 和 obj 引用的集合是否相等
    boolean containsAll(Collection<?> coll);               // 判断是否包含 coll 的所有元素，子集
    boolean addAll(Collection<? extends T> coll);          // 添加 coll 的所有元素，集合并
    boolean removeAll(Collection<?> coll);          // 删除 this 中也包含在集合 coll 的元素，集合差
    boolean retainAll(Collection<?> coll);          // 保留 this 中那些也包含在集合 coll 的元素，集合交
}
```

其中，“?”是通配符，Collection<?>是所有 Collection<T>的父类，“? extends T”表示 T 及其所有子类，详见 4.4 节。

2. 迭代

Java 语言采用迭代方式实现对集合中的元素进行遍历和删除操作。

迭代遍历是指，约定访问集合元素的一种次序，从集合中首个元素开始访问，再获得当前元素的后继元素继续访问，重复直到访问完所有元素。迭代功能由 Iterable 可迭代接口和 Iterator、ListIterator 迭代器接口实现。

（1）Iterable 可迭代接口

java.lang.Iterable 可迭代接口，声明以下获得迭代器的方法。

```
public interface Iterable<T>                           // 可迭代接口，T指定返回迭代器的元素类型
{
    public abstract Iterator<T> iterator();            // 返回 java.util.Iterator 迭代器接口对象
}
```

（2）Iterator 迭代器接口

java.util.Iterator 迭代器接口声明如下，方法修饰符为 public abstract。

```
public interface Iterator<T>                           // 迭代器接口，T指定元素类型
{
    boolean hasNext();                                 // 判断是否有后继元素，若有则返回 true
    T next();        // 返回后继元素。若无后继元素，则抛出 java.util.NoSuchElementException 异常
    void remove();                                     // 删除迭代器对象表示的集合当前元素
}
```

Collection 接口继承 Iterable 接口，表示其支持迭代器，因此每个实现 Collection 接口的集合对象都可使用一个迭代器对象对集合进行遍历或删除操作。例如，以下使用迭代器遍历集合。

```
Collection<T>  coll = new ArrayList(10);          // Collection 接口对象 coll 引用实现该接口的类的实例
Iterator<T>  it = coll.iterator();                // 返回迭代器对象
while(it.hasNext())                               // 若有后继元素，则遍历集合
    it.next()                                     // 获得后继元素
```

也可调用 it.remove()方法删除迭代器表示集合的当前元素。每次调用 it.next()方法后，只能执行一次 it.remove()方法，删除一个元素；如果需要再次删除元素，必须再次调用 it.next()方法来确定当前元素。

具有迭代功能的集合对象，都可使用 for 语句的逐元循环进行遍历。例如：

```
for(T value : coll)        // 逐元循环遍历 coll 集合，value 获得 coll 集合中的每个元素，没有删除功能
    System.out.print(value.toString()+" ");
```

3. 列表

列表是指元素有线性次序且可重复的集合。每个元素由序号（index）表示元素之间的次序关系，以及区别重复元素；列表元素可以是空值 null。

List 接口约定列表的操作方法；实现 List 接口的类有 ArrayList 和 LinkedList；ListIterator 列表迭代器接口提供访问前驱元素和后继元素的双向操作。

（1）List 列表接口

List 列表接口声明如下，它继承 Collection 接口，增加通过序号识别元素的集合操作方法，序号 i 的范围为 0～size()-1。方法修饰符为 public abstract。

```
public interface List<T>  extends Collection<T>        // 列表接口，T指定元素类型
{
    // 以下方法对指定位置（第 i 个）元素进行基本操作
    T get(int i);                                      // 返回列表中第 i 个元素，若列表空，则返回 null
    T set(int i, T x);                                 // 将第 i 个元素替换为 x
    void add(int i, T x);                              // 插入 x 作为第 i 个元素
    boolean add(T x);                                  // 在列表最后增加元素 x
    T remove(int i);                                   // 删除第 i 个元素，返回被删除元素
    // 以下两方法查找元素，由 equals(obj)方法比较对象相等；若不存在，则返回-1
```

```
    int indexOf(Object key);                          // 返回首次出现的关键字为 key 元素序号
    int lastIndexOf(Object key);                      // 返回最后出现的关键字为 key 元素序号

    List<T> subList(int begin, int end);                  // 返回由从 begin ~ end 元素组成的子表
    boolean addAll(Collection<? extends T> coll);         // 在列表最后增加集合 coll 的所有元素
    boolean addAll(int i, Collection<? extends T> coll); // 在 i 处插入 coll 所有元素（按 coll 元素次序）
}
```

（2）ArrayList 数组列表类

ArrayList 数组列表类声明如下：使用一维数组存储元素，实现 List 接口声明的操作，具有随机存取特性。当元素很多时，插入、删除元素时需要移动其他元素，平均时间效率较低。

```
public class ArrayList<T> extends AbstractList<T> implements List<T>, RandomAccess, Cloneable,
                            java.io.Serializable        // 数组列表类，实现 List 接口
{
    public ArrayList()                                 // 构造空列表，容量为 10
    public ArrayList(int size)                         // 构造空列表，容量为 size
    public ArrayList(Collection<? extends T> coll)     // 构造列表，包含 coll 所有元素（次序相同）
}
```

（3）LinkedList 链表类

LinkedList 链表类声明如下：使用循环双链表实现 List 接口，插入、删除元素时不需要移动元素，但不具有随机存取特性；提供队列和栈的操作。

```
public class LinkedList<T> extends AbstractSequentialList<T> implements List<T>, Deque<T>,
        Cloneable, Serializable                        // 链表类，实现 List 接口
{
    public LinkedList()                                // 构造空列表
    public LinkedList(Collection<? extends T> coll)    // 构造列表，包含 coll 集合所有元素
}
```

4. Collections 集合操作类

Collections 类为集合提供查找、排序等操作方法，声明如下。

```
public class Collections extends Object              // 集合操作类
{
    <T> T max(Collection<? extends T> coll, Comparator<? super T> comp)   // 返回最大值
    <T> T min(Collection<? extends T> coll, Comparator<? super T> comp)   // 返回最小值
    void shuffle(List<?> list)                        // 洗牌，打散，将 list 中元素随机排列
    <T extends Comparable<? super T>> void sort(List<T> list)             // 对 list 列表排序
    <T> void sort(List<T> list, Comparator<? super T> comp)               // 对 list 列表排序
    // 以下二分法查找排序列表 list 中关键字与 key 相等元素，查找成功则返回序号，否则返回-1
    <T> int binarySearch(List<? extends Comparable<? super T>> list, T key)
    <T> int binarySearch(List<? extends T> list, T key, Comparator<? super T> comp)
}
```

其中，方法修饰符为 public static，comp 参数是比较 T 对象大小的比较器。

【例 12.1】 增加例 7.8 的功能，发牌线程发送随机数序列。

本例目的：① 使用列表存储集合元素，使用迭代器遍历集合；② 使用 Collections 类的 shuffle(List<?>)方法，将列表中元素随机排列。

功能说明：修改例 7.8 的发牌线程类如下，发送由 1～52 组成的随机数序列，运行窗口如图 12-2 所示。

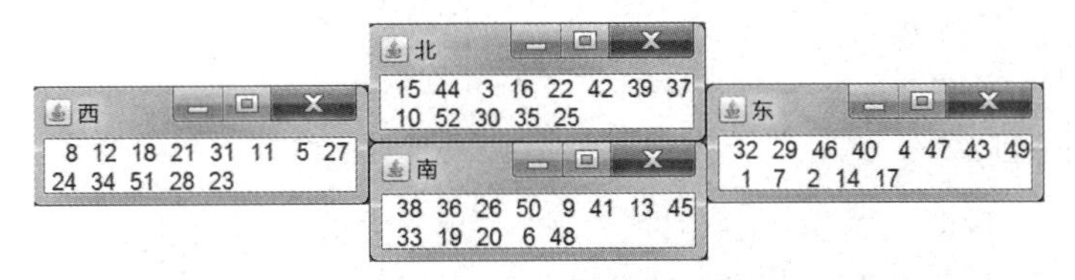

图 12-2　发牌线程发送由 1 ~ 52 组成的随机数序列

技术要点：① 构造方法先将牌值 1～cardMax 序列保存在 ArrayList<Integer>数组列表 list 中，调用 Collections.shuffle(list)方法将 list 中元素打散成随机排列。

② run()方法使用迭代器遍历 list 集合，连续发牌，调用 put()同步方法，将 list 列表中的所有对象依次发送给 buffer 缓冲区。

```
import java.util.*;
public class CardSendThread extends Thread                    // 发牌线程类，发送随机数序列
{
    private CardBuffer<Integer> buffer;                       // 存放牌的缓冲区管程
    private int number;                                       // 人数，即接收线程数
    private java.util.List<Integer> list;                     // 列表接口对象，可引用数组列表或链表
    // 构造方法，buffer 指定缓冲区；牌值范围是 1 ~ cardMax；number 指定人数
    public CardSendThread(CardBuffer<Integer> buffer, int cardMax, int number)
    {
        this.buffer = buffer;
        this.number = number;
        this.setPriority(Thread.MAX_PRIORITY);                // 设置线程最高优先级 10
        this.list = new ArrayList<Integer>(cardMax);          // list 引用数组列表
//      this.list = new LinkedList<Integer>();                // list 引用链表
        for(int i=1; i <= cardMax; i++)
            list.add(new Integer(i));                         // 列表中添加整数对象
        java.util.Collections.shuffle(list);                  // 将列表的元素序列打散成随机数序列
    }
    public void run()                                         // 线程运行方法，发牌
    {
        Iterator<Integer> it = this.list.iterator();          // 返回迭代器，集合元素类型是 Integer
        while(it.hasNext())                                   // 遍历集合，连续发牌。若有后继元素
            this.cardbuffer.put((Integer)it.next());          // 则将后继元素放入缓冲区
        for(int i=0; i < this.number; i++)                    // 向 number 个取牌线程发送结束标记
            this.buffer.put(null);
    }
}
```

5. Set 无序集合

Set 接口声明没有约定元素次序且不重复的集合，元素不能是 null。Set 接口也具有迭代功能，其迭代遍历集合的次序由子类确定。Set 接口有以下两种存储及实现：① HashSet 散列集合类，使用散列表存储，实现集合查找、插入、删除元素等操作；② TreeSet 树集合类，使用平衡二叉树存储，元素按指定关键字排序，实现 Set 的子接口 SortedSet 约定的排序集合查找、插入和删除元素等操作。

12.1.2 映射

1. Map 映射接口

Map<K, V>接口声明从关键字到值的一对一映射，关键字不能重复，每个关键字只能映射到一个值，K、V 分别指定关键字和值的数据类型。

Map<K, V>映射接口声明如下，约定义查找、插入、删除和集合视图等操作方法。

```
public interface Map<K, V>                        // 映射接口，K、V 分别指定关键字和值的数据类型
{
    public abstract boolean isEmpty()             // 判断是否空
    public abstract int size()                    // 返回元素个数
    public abstract boolean containsKey(Object key)        // 判断是否包含关键字为 key 元素
    public abstract boolean containsValue(Object value)    // 判断是否包含值为 value 元素
    public abstract V get(Object key)             // 获得关键字 key 映射的值
    public abstract V put(K key, V value)         // 添加元素(键, 值)，关键字相同时，替换元素
    public abstract V remove(Object key)          // 删除关键字为 key 元素，返回被删除的值
    public abstract Set<K> keySet()               // 返回关键字集合
    public abstract Collection<V> values()        // 返回值集合
    public abstract void clear()                  // 删除所有元素
}
```

2. 映射类

Map<K, V>接口有两种实现：HashMap<K, V>和 TreeMap<K, V>。

（1）HashMap<K, V>散列映射类

HashMap<K, V>散列映射类声明如下，使用散列表存储元素，实现 Map<K, V>接口。

```
public class HashMap<K,V>  extends AbstractMap<K,V>
            implements Map<K,V>, Cloneable, java.io.Serializable  // 散列映射类
{
    public HashMap()
    public HashMap(int capacity)                               // capacity 指定初始容量
}
```

（2）TreeMap<K, V>树映射类

TreeMap<K, V>树映射类声明如下，使用平衡二叉树存储元素，实现 Map<K, V>的子接口 SortedMap<K, V>排序映射接口，按关键字排序。构造方法指定比较器，比较元素大小；缺省时，默认使用 Comparable<T>接口比较大小。

```
public class TreeMap<K,V>  extends AbstractMap<K,V>
            implements NavigableMap<K,V>, Cloneable, java.io.Serializable    // 树映射类
{
    private final Comparator<? super K> comp;              // 比较器，私有、最终成员变量
    public TreeMap()                          // comp=null，默认 K 实现 Comparable<? super K>接口
    public TreeMap(Comparator<? super K> comp)            // comp 指定比较器
}
```

映射应用见例 11.3。

12.2 反射

Java 提供类的反射（reflection）机制用于动态获得类或接口的类型信息和成员信息，包括 java.lang 包中的 Class、Package 类和 java.lang.reflect 反射包中的 Field 成员变量、Constructor 构造方法、Method 成员方法、Modifier 修饰的类。Method 类似 C++中的“函数指针”功能。

1. Class 类

反射机制开始于 Class 类，使用一个 Class 对象可获得当前类的类型信息和成员信息。

（1）获得 Class 对象

通过以下 3 种方式可获得一个 Class 对象：

```
Object  obj = new String("abc");                    // obj 可引用任何类的实例
Class  c = obj.getClass();                          // 获得指定对象 obj 引用实例所属类的 Class 对象
Class  c = String.class;                            // 获得指定类 String 的 Class 对象
Class.forName("java.lang.String");                  // 获得指定类名字符串（包含包名）的 Class 对象
```

（2）类型信息

通过指定类或接口的 Class 对象获得其类型信息，包括：是否为类、接口、数组、基本类型或枚举类型，类型修饰符，父类及所在包等。例如：

```
this.getClass().getName()                           // 返回当前对象所属类名字符串，声明见 4.3.1 节
```

（3）成员信息

通过指定类或接口的 Class 对象获得其成员信息，包括类的所有成员变量、构造方法、成员方法和内嵌类型。其中，获得指定类的成员变量信息的成员方法如下：

```
public Field[] getFields() throws SecurityException         // 返回类中所有公有成员变量
// 返回类中声明的成员变量，包含私有成员变量，不包含父类声明的成员变量
public Field[] getDeclaredFields() throws SecurityException
// 返回类中名为 name 的成员变量
public Field getDeclaredField(String name) throws NoSuchFieldException, SecurityException
// 返回类中名为 name 的公有成员变量
public Field getField(String name) throws NoSuchFieldException, SecurityException
```

2. Field 成员变量类

java.lang.reflect.Field 类提供指定类或接口的成员变量信息，包括数据类型、访问权限等。

```
public final class Field extends AccessibleObject implements Member       // 成员变量类
{
    public String getName()                              // 返回成员变量名字符串
    // 返回 obj 引用实例的当前成员变量值，如果该值是基本类型值，则返回其包装类对象
    public Object get(Object obj) throws IllegalArgumentException, IllegalAccessException
    public Class<?> getType()                            // 返回当前成员变量声明数据类型的 Class 对象
}
```

【例 12.2】 增加例 6.5 的功能，获得颜色常量的字符串。

本例目的： 使用反射技术。

功能说明： 在例 6.5 的文本编辑器（见图 6-19）的工具栏中，有一组颜色单选按钮用于控制文本区显示字符串的颜色。EditorJFrame 类中声明表示颜色及其字符串的两个数组如下：

```
protected Color[]  colors = {Color.red, Color.green, Color.blue};    // 颜色常量对象数组
```

```
private String[]  colorname = {"red", "green", "blue"};          // 颜色常量名字符串数组
```

上述两个数组表示的是一个含义。本例希望只用 colors 数组提供颜色，再算出各颜色的字符串。修改例 6.5 的程序如下，其他语句省略。

```
import java.lang.reflect.Field;                                        // 反射包的类
public class EditorJFrame extends JFrame implements ActionListener, MouseListener
{
    protected Color[] colors = {Color.red, Color.green, Color.blue};      // 颜色常量对象数组
    private String[]  colorname;                                        // 颜色常量名字符串数组
    public EditorJFrame()
    {  ……
        this.colorname = toString(this.colors);
    }
    // colors 指定颜色常量数组，返回各颜色对应的字符串数组
    public String[] toString(Color[] colors)
    {
        String[]  str = new String[colors.length];
        Field[]  fields = Color.class.getFields();              // 获得 Color 类中所有成员变量
        for(int i=0; i < colors.length; i++)
        {
            for(int j=0; j < fields.length; j++)        // 在 fields 数组中顺序查找 colors[i]颜色常量
            {
                try
                {
                    if(colors[i].equals(fields[j].get(colors[i])))         // 比较两个颜色常量值
                    {
                        str[i] = fields[j].getName();             // 获得 fields[j]成员变量名字符串
                        break;
                    }
                }
                catch (IllegalAccessException ex) {}            // 无效存取异常
            }
        }
        return str;
    }
}
```

其中，调用 Class 类的 getFields()方法获得 Color 类的所有成员变量（颜色常量）存储在 fields 数组中，将 colors[i]的各颜色依次在 fields 数组中查找，若找到（colors[i]与 fields[j].get(colors[i])颜色常量比较相等），则调用 Field 的 getName()方法获得 fields[j]成员变量名字符串，保存在 str 字符串数组中。

12.3 使用复杂 Swing 组件

第 6 章介绍了 JList 列表框、JTable 表格组件及其数据模型，它们的数据项具有线性结构。本节介绍列表框和表格的多项选择、单元渲染器等复杂功能；再介绍更复杂的 JTree 树组件，树中的数据项具有树结构。本节介绍的布局和组件都在 javax.swing 包中。

12.3.1 BoxLayout 盒式布局和 Box 容器

BoxLayout 盒式布局管理器以水平或垂直方向放置组件，当改变容器大小时，多个组件将不会换行/列布局，而是调整组件大小仍然在一行/列排列。BoxLayout 类声明如下：

```
public class BoxLayout extends Object implements LayoutManager2, Serializable // 盒式布局管理器类
{
    public static final int X_AXIS                       // 水平轴常量，指定组件从左到右放置
    public static final int Y_AXIS                       // 垂直轴常量，指定组件从上到下放置
    public BoxLayout(Container target, int axis)         // target 指定容器，axis 指定方向轴常量
}
```

Box 是使用 BoxLayout 的轻型容器，声明如下。使用见例 12.4。

```
public class Box extends JComponent implements Accessible              // 盒式容器类
{
    public Box(int axis)                                 // axis 指定 BoxLayout 的方向轴常量
}
```

12.3.2 列表框

1. 列表框多项选择

JList 列表框数据项默认是多选的，使用 Alt 或 Ctrl 键可选择列表框多个数据项。

DefaultListModel 列表框模型类声明以下方法，获得列表框选中的多个数据项，返回列表集合对象。如果列表框空，或没有选中一项，则抛出 ClassCastException 异常：

```
public List<T> getSelectedValuesList()                  // 返回列表框选中多个数据项的列表对象
```

2. 列表框单元渲染器

列表框单元渲染器指，将列表框各单元“画”成指定组件的模样，以约定的属性和状态显示。ListCellRenderer 接口声明如下：

```
public interface ListCellRenderer<T>                    // 列表框单元渲染器接口
{
    public abstract Component getListCellRendererComponent(JList<? extends T> jlist, T value,
                int index, boolean isSelected, boolean cellHasFocus);    // 返回经渲染的组件
}
```

对 JList 列表框的每个单元执行 getListCellRendererComponent()方法，方法参数传递列表框的当前数据项及状态，返回渲染成的组件及状态。参数含义为：jlist 指定列表框；value 指定列表框当前数据项值，即 list.getModel().getElementAt(index)值；index 指定当前数据项序号；isSelected 指定当前数据项是否被选中；cellHasFocus 指定数据项是否拥有焦点。

JList 列表框类声明以下方法设置单元渲染器，参数表示委托 render 对象实现单元渲染器：

```
public void setCellRenderer(ListCellRenderer<? super T> render)          // 设置单元渲染器对象
```

【例 12.3】 预览字体，使用列表框单元渲染器。

本例目的： 使用列表框单元渲染器，深刻理解接口的作用。

功能说明： 使用列表框存储系统所有字体名字符串，将各单元渲染成复选框组件，各复选框分别以其标题表示的字体名显示，如图 12-3 所示；当在列表框选中一种字体名时，将预览文本区中的字符串以该字体名显示。

图 12-3　预览字体

技术要点：

（1）预览字体框架类

```
import java.awt.*;
import javax.swing.*;
import javax.swing.event.*;
// 预览字体框架类，继承框架类，响应列表框选择事件
public class FontsListJFrame extends JFrame implements ListSelectionListener
{
    private JList<String>  jlist;                             // 列表框，存储系统字体名
    private JTextArea  text;                                  // 文本区，预览字体
    public FontsListJFrame()
    {
        super("系统字体预览");
        this.setBounds(400,200,500,300);
        this.setDefaultCloseOperation(EXIT_ON_CLOSE);
        GraphicsEnvironment ge=GraphicsEnvironment.getLocalGraphicsEnvironment();
        String[]  fontsName = ge.getAvailableFontFamilyNames(); // 获得所有系统字体名字符串
        this.getContentPane().add(new JScrollPane(this.jlist=new JList<String>(fontsName)));
        this.jlist.addListSelectionListener(this);            // 列表框监听选择事件
        this.jlist.setCellRenderer(new FontNameListRenderer()); // 列表框设置单元渲染器
        this.getContentPane().add(this.text=new JTextArea(" Welcome  欢迎"),"South");
        this.setVisible(true);
    }
    public void valueChanged(ListSelectionEvent event)        // 在列表框中选择数据项时触发
    {   // 下句以列表框选中数据项作为字体名设置字体(字体名,粗体,字号)
        this.text.setFont(new Font((String)jlist.getSelectedValue(), Font.BOLD, 56));
    }
    public static void main(String[] args)
    {
        new FontsListJFrame();
    }
}
```

（2）字体列表框单元渲染器类

设 JList 列表框已存储所有系统字体名字符串，声明 FontNameListRenderer 类如下，将 JList 列表框各单元渲染成复选框，实现列表框单元渲染器接口的 getListCellRendererComponent() 方法，使用 JList 各单元的属性值设置复选框的属性值，各复选框分别以其标题表示的字体名显示，选中项以红色显示且背景为浅灰色。因字体不同，每个复选框的高度不同，列表框将自动调节各单元高度。

```
import java.awt.*;
```

```
import javax.swing.*;
// 字体名列表框单元渲染器类，继承JCheckBox复选框类，实现列表框单元渲染器接口；
// 设列表框存储字体名字符串，将列表框单元渲染成复选框，分别以各自字体名显示。
public class FontNameListRenderer extends JCheckBox implements ListCellRenderer<Object>
{
    // 设置复选框属性。参数：jlist是列表框，value是jlist当前数据项，isSelected是否被选中
    public Component getListCellRendererComponent(JList<?> jlist, Object value, int index,
                                                  boolean isSelected, boolean cellHasFocus)
    {
        this.setText(value.toString());                       // 设置复选框标题是列表框当前数据项
        this.setFont(new Font(value.toString(), Font.BOLD, 16));      // 设置字体，value是字体名
        this.setSelected(isSelected);                         // 设置选中状态是列表框当前项的选中状态
        this.setForeground(isSelected ? Color.red : Color.black);          // 选中项标题红色显示
        this.setBackground(isSelected ? Color.lightGray : Color.white);    // 选中项背景浅灰色
        return this;                                          // 返回渲染过的复选框组件
    }
}
```

在FontsListJFrame类的构造方法中，以下语句委托一个FontNameListRenderer对象将列表框的各单元渲染为复选框组件：

```
this.jlist.setCellRenderer(new FontNameListRenderer());                    // 列表框设置单元渲染器
```

上述列表框单元渲染器也能作用于组合框。在例6.5的EditorJFrame类的构造方法中增加以下语句，使字体组合框数据项以各自字体显示。

```
this.combox_name.setRenderer(new FontNameListRenderer());                  // 组合框设置单元渲染器
```

【例12.4】 列表框多项选择与数据移动。

本例目的：① BoxLayout布局和Box容器；② 列表框多项选择，数组列表；③ 列表框单元渲染器；④ 文件过滤器接口。

功能说明：在当前项目的“国旗”目录中保存了若干国家的国旗图标文件，用国家名命名，如brazil.gif等。使用列表框显示这些国旗图标的文件名，在其中可一次选择多个，如图12-4所示。使用Ctrl或Shift键可选中列表框中多个数据项。单击“>”按钮，将左边源列表框的多个选中项复制到右边结果列表框中；单击“>>”按钮，将左边源列表框的全部数据项复制到右边结果列表框中。

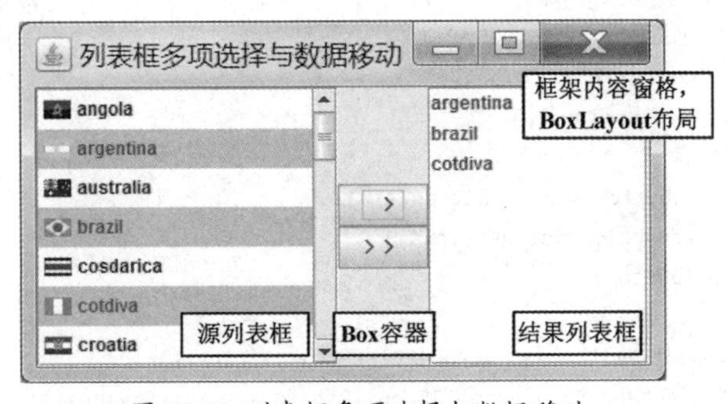

图12-4 列表框多项选择与数据移动

界面描述：框架内容窗格采用BoxLayout盒式水平布局，依次添加源列表框、Box容器和结果列表框。① 源列表框显示国旗图标和文件名；② Box容器呈盒式垂直布局，容纳两个按钮；③ 结果列表框显示选择结果。

技术要点：

（1）框架类

声明框架类如下，其中获得“国旗”目录下经过过滤的文件列表，将文件名添加到源列表框，并将列表框单元渲染成加图标的复选框。

```
import java.awt.event.*;
import javax.swing.*;
import java.io.*;
import java.util.*;
// 列表框多项选择与数据移动框架类，继承框架类，响应动作事件，实现文件过滤器接口
public class ListMultiSelectJFrame extends JFrame implements FilenameFilter, ActionListener
{
    private JList<String> jlist_source;                                    // 源列表框
    private DefaultListModel<String> listmodel_source, listmodel_dest;     // 列表框模型
    public ListMultiSelectJFrame()
    {
        super("列表框多项选择与数据移动");
        this.setBounds(200,200,450,300);
        this.setDefaultCloseOperation(EXIT_ON_CLOSE);
        BoxLayout layout = new BoxLayout(this.getContentPane(),BoxLayout.X_AXIS);
        this.getContentPane().setLayout(layout);              // 设置框架内容窗格为盒式水平布局
        // 以下创建源列表框，其中添加指定目录下的文件名
        this.listmodel_source = new DefaultListModel<String>();           // 源列表框模型
        File[]  files = new File("国旗","").listFiles(this);               // 获得过滤的文件列表
        for(int i=0; i < files.length; i++)
        {
            int  index = files[i].getName().lastIndexOf(".gif");          // 查找文件扩展名
            // 源列表框模型添加文件名（不包含文件扩展名）
            this.listmodel_source.addElement(files[i].getName().substring(0,index));
        }
        this.jlist_source = new JList<String>(this.listmodel_source);     // 创建列表框
        this.getContentPane().add(new JScrollPane(this.jlist_source));
        this.jlist_source.setCellRenderer(new IconRenderer());            // 设置单元渲染器
        // 以下添加 Box 容器，在其上添加按钮
        Box  box = new Box(BoxLayout.Y_AXIS);                           // Box 容器以盒式垂直布局
        this.getContentPane().add(box);
        String[]  buttonstr = {"  >",">>"};
        for(String str:buttonstr)
        {
            JButton  button = new JButton(str);
            button.addActionListener(this);
            box.add(button);
        }
        this.listmodel_dest = new DefaultListModel<String>();             // 结果列表框模型
        this.getContentPane().add(new JScrollPane(new JList<String>(listmodel_dest)));
        this.setVisible(true);
    }
    public boolean accept(File file)                         // 文件过滤方法，实现文件过滤器接口
    {
```

```
            return file.getName().toLowerCase().endsWith(".gif");            // 文件扩展名匹配
        }
        public void actionPerformed(ActionEvent event)          // 动作事件处理方法，单击按钮
        {
            switch (event.getActionCommand())
            {
                case "  >":                          // 单击“>”按钮，复制源列表框选中多项到结果列表框
                try
                {   // 下句当列表框选中多项时，返回列表集合对象
                    ArrayList<String> list = (ArrayList<String>)this.jlist_source.getSelectedValuesList();
                    for(String str : list)
                       this.listmodel_dest.addElement(str);          // 列表框模型添加数据项
                }
                catch(ClassCastException ex)                 // 如果列表框空，或没有选中一项，则抛出异常
                {
                    JOptionPane.showMessageDialog(this, "列表框空，或没有选中数据项，不能操作");
                }
                break;
              case ">>":                             // 单击“>>”按钮，复制源列表框所有数据项到结果列表框
                 int  count = this.listmodel_source.getSize();       // 获得源列表框的数据项数
                 this.listmodel_dest.removeAllElements();            // 删除结果列表框所有数据项
                 for(int i=0; i < count; i++)                        // 结果列表框模型添加数据项
                    this.listmodel_dest.addElement(listmodel_source.elementAt(i));
            }
        }
        public static void main(String arg[])
        {
            new ListMultiSelectJFrame();
        }
    }
```

（2）图标列表框单元渲染器类

设 JList 列表框已存储图标文件名字符串，声明 IconListRenderer 类如下，将 JList 列表框各单元渲染成复选框，各项添加图标。

```
    import java.awt.*;
    import javax.swing.*;
    // 图标列表框单元渲染器类，继承 JCheckBox 复选框类，实现列表框单元渲染器接口；
    // 设列表框存储图标文件名字符串，将列表框单元渲染成复选框，添加图标。
    public class IconListRenderer extends JCheckBox implements ListCellRenderer<Object>
    {
        // 设置复选框属性。参数：jlist 是列表框，value 是 jlist 当前数据项，isSelected 是否被选中
        public Component getListCellRendererComponent(JList<?> list, Object value,
                                                int index, boolean isSelected, boolean cellHasFocus)
        {
            this.setText(value.toString());                          // 设置复选框标题是列表框当前数据项
            this.setSelected(isSelected);                            // 设置选中状态是列表框当前项的选中状态
            this.setForeground(isSelected ? Color.red : Color.black);          // 选中项标题红色显示
            this.setBackground(isSelected ? Color.lightGray : Color.white);    // 选中项背景浅灰色
            this.setIcon(new ImageIcon(".\\国旗\\"+value.toString()+".gif")); // 添加图标
            return this;                                             // 返回渲染过的复选框组件
```

```
    }
}
```

12.3.3 表格

1. 表格单元渲染器

javax.swing.table.TableCellRenderer 表格单元渲染器接口声明如下：

```
public interface TableCellRenderer                                    // 表格单元渲染器接口
{
    public abstract Component getTableCellRendererComponent(JTable jtable, Object value,
        boolean isSelected, boolean hasFocus, int row, int column);  // 返回经渲染的组件
}
```

JTable 表格组件声明以下方法设置单元渲染器：

```
public void setDefaultRenderer(Class<?> column, TableCellRenderer render) // 设置单元渲染器
```

表格模型声明以下方法获得第 i 列的 Class 对象：

```
public Class<?> getColumnClass(int i)                                 // 获得第 i 列的 Class 对象
```

2. 表格模型事件

当在表格模型中插入、删除或修改数据项时，触发 javax.swing.event.TableModelEvent 表格模型事件，事件监听器接口和事件类声明如下：

```
public interface TableModelListener extends EventListener           // 表格模型事件监听器接口
{
    public abstract void tableChanged(TableModelEvent event)         // 当表格模型数据项改变时触发
}
public class TableModelEvent extends java.util.EventObject          // 表格模型事件类
{
    public static final int INSERT = 1, UPDATE = 0, DELETE = -1;    // 插入、修改、删除数据项
    public int getColumn()                                           // 返回事件的列
    public int getFirstRow()                                         // 返回第一个被更改的行
    public int getLastRow()                                          // 返回最后一个被更改的行
    public int getType()                      // 返回事件类型，取值为 INSERT、UPDATE 和 DELETE
}
```

DefaultTableModel 默认表格模型类声明以下方法：

```
public class DefaultTableModel extends AbstractTableModel implements Serializable
{
    public void addTableModelListener(TableModelListener listener)  // 注册表格模型事件监听器
}
```

12.3.4 多文档界面

一个功能较强的应用程序通常由多个功能相对独立的模块组成，每个模块至少有一个窗口。当同时打开多个窗口时，窗口之间相互重叠，屏幕上就会显得杂乱无章。此时需要对这些窗口进行有效组织和管理。

多文档界面技术提供了一种有效组织和管理多个窗口的方式，通过一个框架窗口来管理多个功能窗口，使之具有统一的风格，各功能窗口之间协同工作，窗口切换时也井然有序。Java 支持多文档界面技术。

1. SDI 与 MDI

Windows 应用程序的图形用户界面有两种风格：单文档界面和多文档界面。

① 单文档界面（Single Document Interface，SDI）的应用程序由一个窗口构成，运行时只能处理一个文件，当需要处理多个文件时，必须同时打开多个应用程序，这样任务栏上就有多个任务在运行，如 Windows 的记事本、画图等程序都是 SDI 风格。SDI 的优点是程序简单而短小，可为 Windows 本身所携带。

② 多文档界面（Multiple Document Interface，MDI）的应用程序由一个框架窗口和多个文档窗口组成，可同时打开多个文档窗口编辑多个文件，不必启动多个任务。例如，Microsoft Excel 表格处理软件就是 MDI 界面风格的应用程序。

框架窗口和文档窗口有各自的标题栏，框架窗口的标题栏显示任务名，文档窗口的标题栏显示当前文件名；两者标题栏上各有一组按钮，控制窗口最小化、最大化和关闭等操作。多个文档窗口可以按层叠、级联等方式排列，其中只有一个窗口是活动的，显示在屏幕最前面，其余窗口呈非活动状态，各窗口的活动状态可以切换。文档窗口不会超出框架窗口范围；关闭一个文档窗口，不会影响其他文档窗口或框架窗口，而关闭框架窗口，则关闭其中的所有文档窗口。

2. 桌面窗格与内部框架

Java 提供了 JDesktopPane 和 JInternalFrame 两个组件来实现多文档界面。JDesktopPane 桌面窗格容纳并管理一组 JInternalFrame 内部框架。内部框架是一个类似框架的子窗口，可以放置在其他容器中，提供拖动、调整大小、最大化、最小化、关闭、标题显示和支持菜单栏等功能，内部框架的大小和位置不能超出桌面窗格。两个类声明如下：

```
public class JDesktopPane extends JLayeredPane implements Accessible     // 桌面窗格
{
    public JDesktopPane()                                          // 创建桌面窗格
    public JInternalFrame[] getAllFrames()                         // 返回桌面窗格中的所有内部框架
    public JInternalFrame getSelectedFrame()                       // 返回桌面窗格中当前活动内部框架
}
public class JInternalFrame extends JComponent                     // 内部框架
{   // 选中内部框架
    public void setSelected(boolean selected) throws java.beans.PropertyVetoException
}
```

多文档界面的组件层次如图 12-5 所示，使用容器的 add()方法实现，将 JDesktopPane 添加到 JFrame 的内容窗格，将若干 JInternalFrame 对象添加到 JDesktopPane，再添加所需组件到 JInternalFrame 的内容窗格。

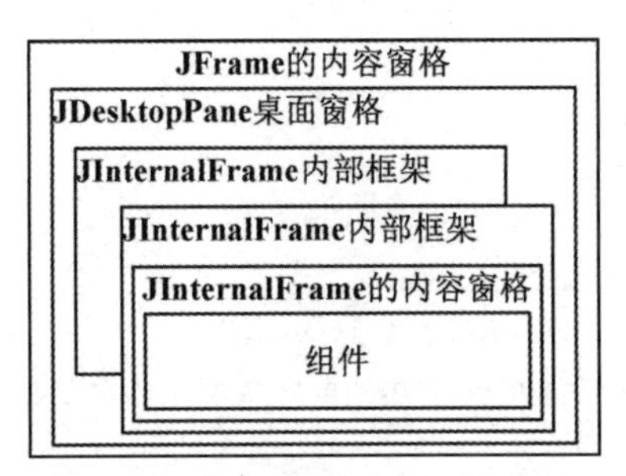

图 12-5　多文档界面的组件层次

JInternalFrame 内部框架监听的不是 WindowEvent 事件，而是 InternalFrameEvent 内部框架事件。InternalFrameListener 事件监听器接口声明如下。

```
public interface InternalFrameListener extends EventListener
{
    public abstract void internalFrameOpened(InternalFrameEvent event);        // 打开时
    public abstract void internalFrameActivated(InternalFrameEvent event);     // 激活时
    public abstract void internalFrameDeactivated(InternalFrameEvent event);   // 失去焦点时
    public abstract void internalFrameIconified(InternalFrameEvent event);     // 最小化
    public abstract void internalFrameDeiconified(InternalFrameEvent event);   // 最小化再恢复
    public abstract void internalFrameClosing(InternalFrameEvent event);       // 关闭时
    public abstract void internalFrameClosed(InternalFrameEvent event);        // 关闭后
}
```

【例 12.5】 增加例 8.7 的功能，多文档界面的文本文件编辑器。

本例目的：使用多文档界面，综合应用设计。

功能说明：将例 8.7 的文本文件编辑器修改成多文档界面，运行窗口如图 12-6 所示。

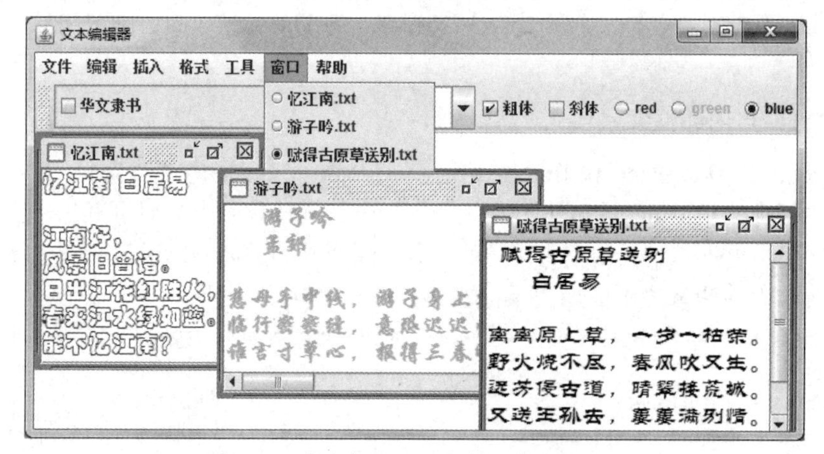

图 12-6　多文档界面的文本文件编辑器

通过“打开”菜单项或按钮可打开多个文本文件，每个文件使用一个内部框架显示，可拖动、调整大小、最大化、最小化、关闭内部框架。操作格式工具栏上的组件可改变文本区的字体和颜色。将文件名添加到窗口菜单下作为单选按钮菜单项，切换内部框架时，各单选按钮菜单项的状态随之改变；关闭内部框架时，删除相应菜单项。执行“保存”或“另存为”菜单项，可保存当前内部框架中的文本。

MyEclipse 设置编译路径包含项目：例 6.5，例 8.5 和例 8.7 的文本文件编辑器。

程序如下。

```
import java.awt.event.*;
import javax.swing.*;
import javax.swing.event.*;
import java.io.*;
import java.beans.PropertyVetoException;
// 多文档界面的文本文件编辑器类，继承例 8.7 的文本编辑器
public class MDITextEditorJFrame extends TextEditorJFrame
{
    private JDesktopPane  desktop;                          // 桌面窗格
```

```
private ButtonGroup  buttongroup;                            // 按钮组
public MDITextEditorJFrame(File file)                        // 构造方法，file指定文件对象
{
    super();
    this.setDefaultCloseOperation(EXIT_ON_CLOSE);
    this.getContentPane().remove(1);          // 删除框架内容窗格中的text文本区，例6.5声明
    this.desktop=new JDesktopPane();          // 桌面窗格
    this.getContentPane().add(desktop);       // 将桌面窗格添加到框架的内容窗格
    this.buttongroup = new ButtonGroup();     // 按钮组
    new TextJIFrame(file);                    // 创建显示文本文件的内部框架
}
public MDITextEditorJFrame()                  // 构造方法
{
    this(new File(""));
}
// 显示文本文件的内部框架类，内部类，实现内部框架窗口事件监听器接口
private class TextJIFrame extends JInternalFrame implements InternalFrameListener
{
    File  file;                                              // 文本文件
    JTextArea  text;                                         // 文本区
    JRadioButtonMenuItem  rbmenuitem;                        // 单选菜单项
    TextJIFrame(File file)   // 构造方法，创建内部框架，读取file文本文件内容并显示在text文本区
    {
        super("", true, true, true, true);
        this.setSize(640, 480);
        this.addInternalFrameListener(this);                 // 注册内部框架窗口事件监听器
        desktop.add(this);                                   // 桌面窗格添加内部框架
        JInternalFrame inner=desktop.getSelectedFrame();     // 获得桌面窗格当前选中内部框架
        if(inner != null)                                    // 设置各内部框架级联显示
            this.setLocation(inner.getX()+50, inner.getY()+50);
        this.text = new JTextArea();
        this.text.setFont(new Font("宋体", 1, 30));          // 设置文本区字体
        this.text.add(MDITextEditorJFrame.this.popupmenu);  // 文本区添加外部类的快捷菜单
        // 文本区注册鼠标事件监听器，由外部类当前实例提供事件处理方法
        this.text.addMouseListener(MDITextEditorJFrame.this);
        this.getContentPane().add(new JScrollPane(this.text));

        this.rbmenuitem = new JRadioButtonMenuItem(this.getTitle(),true);   // 单选菜单项
        this.rbmenuitem.addActionListener(MDITextEditorJFrame.this);   // 注册动作事件监听器
        MDITextEditorJFrame.this.buttongroup.add(this.rbmenuitem);
        // 外部类的按钮组和窗口菜单添加当前单选菜单项
        MDITextEditorJFrame.this.menus[5].add(this.rbmenuitem);
        this.file = file;
        if(file == null)                                     // 文件对象不空时
            this.file = new File("");
        rbmenuitem.setText(this.file.getName());             // 以文件名设置单选菜单项标题
        this.setTitle(this.file.getName());
        JTextAreaText.readFrom(this.file, text); // 读取file文件内容显示在text文本区，见例8.5
        this.setVisible(true);
```

```
    }
    // 以下方法实现InternalFrameListener接口
    public void internalFrameOpened(InternalFrameEvent event){}         // 打开时
    public void internalFrameActivated(InternalFrameEvent event)        // 激活内部框架时
    {
        MDITextEditorJFrame.this.text=this.text;   // 改变外部类text，使工具栏作用于当前text
        this.rbmenuitem.setSelected(true);                 // 设置对应单选菜单项为选中状态
    }
    public void internalFrameDeactivated(InternalFrameEvent event){}  // 失去焦点时
    public void internalFrameIconified(InternalFrameEvent event){}    // 最小化
    public void internalFrameDeiconified(InternalFrameEvent event){}  // 最小化再恢复
    // 关闭内部框架时，外部类的按钮组和窗口菜单删除当前单选菜单项
    public void internalFrameClosing(InternalFrameEvent event)
    {
        MDITextEditorJFrame.this.buttongroup.remove(this.rbmenuitem);
        MDITextEditorJFrame.this.menus[5].remove(this.rbmenuitem);
    }
    public void internalFrameClosed(InternalFrameEvent e){}             // 关闭后
}                                                               // TextJIFrame内部类结束
public void actionPerformed(ActionEvent event)          // 动作事件处理方法，覆盖父类方法
{   // 调用父类的动作事件处理方法，其中调用的actionMenuItem(event)方法执行本类的方法实现，运行时多态
    super.actionPerformed(event);
    if (event.getSource() instanceof JRadioButtonMenuItem)              // 单击单选菜单项
        // 设置当前单选菜单项对应文件的内部框架为选中状态
        this.setSelected(new File(event.getActionCommand()));
}
protected void actionMenuItem(ActionEvent event)     // 菜单项的动作事件处理方法，覆盖父类方法
{
    if(event.getActionCommand().equals("新建"))
    {
        new TextJIFrame(null);                                  // 创建内部框架
        return;
    }
    if(event.getActionCommand().equals("打开") && fchooser.showOpenDialog(this)==0)
    { // 以下当单击“打开”菜单项后弹出打开文件对话框且单击了“打开”按钮时，读取选中文件到文本区
        File  file = fchooser.getSelectedFile();          // 获得文件对话框的当前选中文件
        if (!this.setSelected(file))                            // 查找file文件是否已打开
            new TextJIFrame(file);                    // 创建内部框架，读取file文件并显示在文本区
        return;
    }
    if(desktop==null)
        return;
    TextJIFrame  inner = (TextJIFrame)desktop.getSelectedFrame();     // 返回当前活动的内部框架
    if(inner == null)
        return;
    if(event.getActionCommand().equals("保存") && !inner.file.getName().equals(""))
        JTextAreaText.writeTo(inner.file, inner.text);                  // 保存文件内容，见例8.5
    else if((event.getActionCommand().equals("保存") && inner.file.getName().equals("") ||
            event.getActionCommand().equals("另存为")) && fchooser.showSaveDialog(this) == 0)
```

```
        {   // 保存空文件或执行"另存为"菜单项时，显示保存文件对话框，且单击“保存”按钮
            inner.file = fchooser.getSelectedFile();
            if(!inner.file.getName().endsWith(".txt"))
                inner.file = new File(inner.file.getAbsolutePath()+".txt");    // 添加文件扩展名
            inner.setTitle(inner.file.getName());                              // 更改内部框架标题
            JTextAreaText.writeTo(inner.file, inner.text);                    // 保存文件内容，见例8.5
            inner.rbmenuitem.setText(inner.file.getName());                   // 单选按钮菜单项改名
        }
    }
    public boolean setSelected(File file)                  // 查找file文件是否已打开，打开则设置选中状态
    {
        JInternalFrame inners[] = desktop.getAllFrames();          // 返回桌面窗格中的所有内部框架
        int  i = 0;
        for(i=0; i < inners.length; i++)                           // 查找file文件是否已打开
        {
            File f = ((TextJIFrame)inners[i]).file;
            if(file.getName().equals(f.getName()))
                break;
        }
        if(i < inners.length)
        {
            try
            {
                inners[i].setSelected(true);                       // 选中内部框架，不重复打开
                return true;
            }
            catch(PropertyVetoException pve) { }
        }
        return false;
    }
    public static void main(String arg[])
    {
        new MDITextEditorJFrame(new File("唐诗\\忆江南.txt"));
    }
}
```

12.3.5 树

JTree组件提供一个用树型结构分层显示数据项的视图，树中的数据项称为结点（node）。一棵树只有一个根结点，带有子结点的称为分支结点，没有子结点的称为叶子结点。

JTree以垂直方式显示，每行显示一个结点。单击分支结点前的展开“+”或收缩“-”标记，可展开子树显示其子结点，可选中一个或多个结点（见图12-7）。

使用JTree组件需要多个接口和类的配合。JTree组件并不存储数据，由TreeModel树模型存储和管理具有树结构的结点数据项，TreeNode接口表示树的结点；选中树结点时触发TreeSelectionEvent树选择事件。

1. 树组件

javax.swing.JTree类声明如下，提供树组件的构造方法、获得树模型、选中结点等方法。

```
public class JTree extends JComponent implements Scrollable, Accessible
{
    public JTree()
    public JTree(TreeNode root)                             // 构造方法，root 指定根结点
    public JTree(TreeModel model)                           // 构造方法，model 指定树模型
    public TreeModel getModel()                             // 返回当前树模型
    public Object getLastSelectedPathComponent()            // 返回选中第一个结点的最后一个路径组件
    public void addSelectionRow(int row)                    // 选中指定序号的结点
    public void expandPath(TreePath path)                   // 展开指定路径
    public void addTreeSelectionListener(TreeSelectionListener tsl)    // 注册树选择事件监听器
    public int getRowForLocation(int x, int y)              // 返回指定位置处结点的行号
    public void setSelectionRow(int row)                    // 设置指定行号的结点为选中状态
    public void setCellRenderer(TreeCellRenderer render)    // 设置树单元渲染器
}
```

其中，javax.swing.tree.TreePath 类表示树中由结点序列组成的一条路径。

2. 树模型

javax.swing.tree.DefaultTreeModel 默认树模型类实现 TreeModel 树模型接口，声明如下：

```
public class DefaultTreeModel implements Serializable, TreeModel
{
    public Object getRoot()                                 // 返回树的根结点
    public void setRoot(TreeNode root)                      // 设置 root 为根结点
}
```

3. 树结点

javax.swing.tree.DefaultMutableTreeNode 默认可变树结点类声明如下。其中，TreeNode 树结点接口声明获得结点属性的若干方法，其子接口 MutableTreeNode 可变树结点接口声明可变化的树的插入、删除和更改结点对象等操作的方法。

```
public interface TreeNode                                   // 树结点接口
public interface MutableTreeNode extends TreeNode           // 可变树结点接口
public class DefaultMutableTreeNode implements Cloneable, MutableTreeNode, Serializable
{
    public DefaultMutableTreeNode()                         // 构造方法，创建结点
    public DefaultMutableTreeNode(Object obj)               // 创建指定数据域的结点
    // 获得或设置结点属性
    public int getChildCount()                              // 返回孩子结点数
    public TreeNode getChildAt(int i)                       // 返回第 i 个孩子结点
    public int getIndex(TreeNode child)                     // 返回 child 孩子结点的序号
    public TreeNode getParent()                             // 返回父母结点，若无，则返回 null
    public void setParent(MutableTreeNode parent)           // 设置父母结点为 parent
    public boolean isLeaf()                                 // 判断当前结点是否为叶子
    public boolean isRoot()                                 // 判断当前结点是否为树的根
    public TreeNode getRoot()                               // 返回包含当前结点的树的根结点
    public int getLevel()                                   // 返回结点的层次
    public int getDepth()                                   // 返回以当前结点为根的子树的深度
    public int getSiblingCount()                            // 返回兄弟结点数
    public Object getUserObject()                           // 返回结点的对象
    public void setUserObject(Object obj)                   // 设置结点对象为 obj
```

```
    public TreeNode[] getPath()                                  // 返回从根到达当前结点的路径
    public Object[] getUserObjectPath()                          // 返回从根到达当前结点的路径
    // 树的插入和删除操作
    public void add(MutableTreeNode child)                       // 添加最后一个孩子结点
    public void insert(MutableTreeNode child, int i)             // 插入 child 作为当前结点第 i 个孩子
    public void remove(int i)                                    // 删除当前结点序号为 i 的孩子结点
    public void remove(MutableTreeNode child)                    // 删除当前结点的孩子结点 child
    public void removeAllChildren()                              // 删除当前结点的所有孩子结点
    public void removeFromParent()                               // 删除以当前结点为根的子树
}
```

4. 树的选择事件

JTree 响应选择事件，选中树结点时触发 javax.swing.event.TreeSelectionEvent 选择事件，树的选择事件监听器接口是 javax.swing.event.TreeSelectionListener。两者声明如下：

```
public interface TreeSelectionListener extends EventListener
{
    public abstract void valueChanged(TreeSelectionEvent event);     // 选中树中结点时触发
}
public class TreeSelectionEvent extends EventObject
{
    public TreePath getPath()                                        // 返回当前选中结点的路径
}
```

5. 树的单元渲染器

TreeCellRenderer 接口声明树的单元渲染器，声明如下：

```
public interface TreeCellRenderer                                    // 树单元渲染器接口
{
    public abstract Component getTreeCellRendererComponent(JTree tree, Object value, boolean
        selected, boolean expanded, boolean leaf, int row, boolean hasFocus);  // 返回渲染后的组件
}
```

DefaultTreeCellRenderer 默认树单元渲染器类实现 TreeCellRenderer 接口，将结点渲染成标签组件，两者声明如下：

```
// 默认树单元渲染器类，将结点渲染成标签组件
public class DefaultTreeCellRenderer extends JLabel implements TreeCellRenderer
{
    public void setOpenIcon(Icon icon)                               // 设置分支结点展开时的图标
}
```

【例 12.6】 采用分类树的 Person 对象信息管理，以树结构显示中国省份和城市。

本例目的：使用 JTree 树组件，理解树结构；使用表格组件；使用反射技术。

功能说明：修改例 6.4 和例 8.3，使用 JTree 树组件存储和管理具有树结构的多个省份和城市，提供插入、删除、存取文件等操作；使用表格组件显示 Person 对象信息，并提供添加、删除、查找、排序、存取文件等操作；使用反射技术获得 Person 对象所有成员变量名和值，如图 12-7 所示。

界面描述：采用两个分割窗格将框架的内容窗格分割成三部分。先添加一个水平分割的分割窗格，左边添加包含树的滚动窗格；右边添加一个垂直分割的分割窗格，上边添加包含表

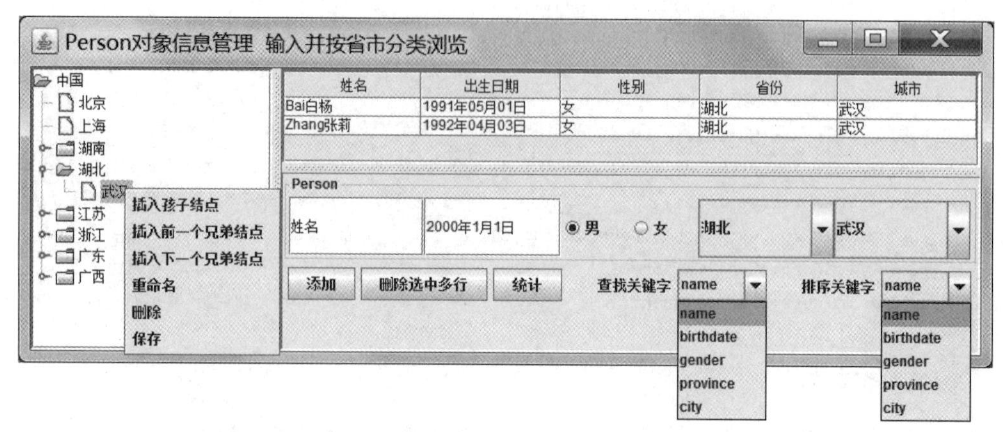

图 12-7 Person 对象信息管理，以树结构显示中国城市

格的滚动窗格，下边添加一个对象输入和命令面板，面板采用网格布局，2 行 1 列，分别添加一个 Person 对象面板和一个包含按钮和组合框的命令面板。

框架内容窗格的布局层次如图 12-8 所示。

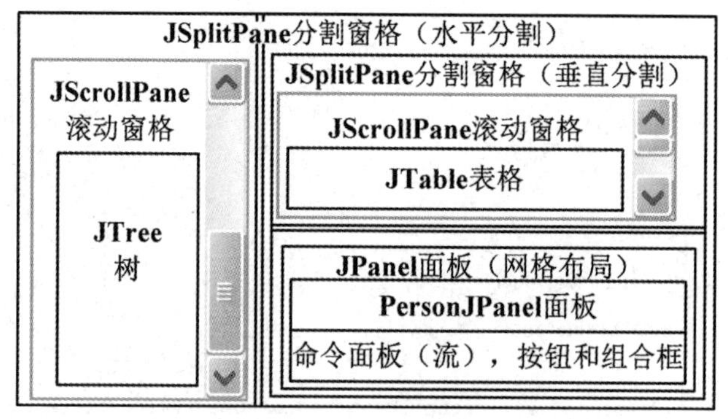

图 12-8 采用两个分割窗格分割成三部分的布局层次

操作和功能详细说明如下。

① JTree 树组件从指定文本中获得初值，以树结构显示多个省份和城市名，由其快捷菜单提供插入、删除、重命名、保存等操作命令；树组件响应树的选择事件，当选中树的一个结点时，表格显示树当前选中省或市的对象信息；同时改变省份和城市组合框取值。

② Person 对象面板中的省份组合框初始获得树中所有省份值作为数据项。当组合框改变省份值时，将树中该省份下的所有城市名添加到城市组合框。

③ 使用对象文件保存 Person 对象信息。创建 LinkedList<Person>循环双链表对象 list 存储和管理多个 Person 对象。当创建应用程序时，从指定对象文件中读取对象信息到 list 列表；当关闭窗口时，将 list 列表中的所有对象写入指定对象文件。

④ 单击命令面板上的“添加”按钮，获得 Person 对象面板的 Person 对象，添加到 list 列表中，并在表格中显示。

⑤ 可使用 Shift、Ctrl 键和鼠标选中表格多行，单击命令面板的“删除选中多行”按钮，将删除表格中选中的多行，同时删除列表中的相应 Person 对象。

⑥ 查找和排序组合框获得 Person 对象的所有公有成员变量名（使用反射技术）作为数据项，提供按指定成员变量进行查找或排序的依据。

MyEclipse 设置编译路径包含项目：例 3.2 的 MyDate 类，例 3.3 的 Person 类，例 3.5 的 Student 类，例 6.4 的 Person 对象信息管理，例 8.3 的对象流文件。

技术要点：

（1）Person 对象信息管理框架类

声明 Person 对象信息管理框架类 CityTreePersonJFrame 如下，图形用户界面见图 12-7。

```
import java.util.*;
import java.awt.*;
import java.awt.event.*;
import javax.swing.*;
import javax.swing.event.*;
import javax.swing.table.*;
import javax.swing.tree.*;
import java.lang.reflect.Field;                          // 反射包的类
// Person 对象信息管理框架类（以树结构显示中国城市），响应树选择事件、动作事件、窗口事件
public class CityTreePersonJFrame extends JFrame
                        implements TreeSelectionListener, ActionListener, WindowListener
{
    private String  objectFilename;                      // 对象文件名
    private MutableJTree  tree;                          // 树组件，支持插入和删除操作
    protected DefaultTableModel  tablemodel;             // 表格模型
    protected JTable  jtable;                            // 表格组件
    private LinkedList<Person>  list;                    // 循环双链表，列表元素为 Person 实例
    protected PersonJPanel  person;                      // Person 对象信息面板，见例 6.4
    public JComboBox<String>[]  comboxs;                 // 选择查找、排序关键字组合框
    protected JPanel  cmdpanel;                          // 命令面板
    protected Field[]  fields;                           // Person 实例成员变量数组
    // 构造方法，treeFilename 参数指定保存树结点的文件名，objectFilename 指定对象文件名，
    // titles 指定表格标题，person 指定对象信息面板
    public CityTreePersonJFrame(String treeFilename, String objectFilename, String[] titles, PersonJPanel person)
    {
        super("Person 对象信息管理  输入并按省市分类浏览");
        this.setBounds(100, 100, 800, 400);
        this.setDefaultCloseOperation(EXIT_ON_CLOSE);
        this.addWindowListener(this);                    // 注册窗口事件监听器
        this.objectFilename = objectFilename;
        this.list = new LinkedList<Person>();            // 创建空的循环双链表
        CollectionFile.readFrom(this.objectFilename, this.list);    // 读取指定对象文件到列表
        this.tree = new MutableJTree(treeFilename);      // 创建可编辑的树，参数指定文件名
        this.tree.addTreeSelectionListener(this);        // 树监听选择事件器
        // 以下创建水平分割窗格，左边添加树组件，右边添加垂直分割窗格
        JSplitPane  split_hor = new JSplitPane(1,new JScrollPane(this.tree),null);
        split_hor.setDividerLocation(120);               // 设置垂直分隔条的位置
        this.getContentPane().add(split_hor);

        JSplitPane split_ver = new JSplitPane(JSplitPane.VERTICAL_SPLIT);      // 垂直分割窗格
        split_ver.setDividerLocation(260);               // 设置水平分隔条的位置
        split_hor.add(split_ver);                        // 水平分割窗格右边添加垂直分割窗格

        this.tablemodel = new DefaultTableModel(titles,0); // 默认表格模型，指定列标题，0 行
```

```
        this.jtable = new JTable(this.tablemodel);          // 创建空表格，指定表格模型
        split_ver.add(new JScrollPane(jtable));             // 垂直分割窗格上边添加包含表格的滚动窗
格
        JPanel panel = new JPanel(new GridLayout(2,1));     // 输入和命令面板
        split_ver.add(panel);                               // 添加到垂直分割窗格下边
        this.person = person;                               // Person对象信息面板，见例6.4
        panel.add(this.person);
        this.person.setLayout(new GridLayout(1,6));         // Person对象信息面板1行6列
        this.person.combox_province.removeActionListener(this.person);    // 取消原动作事件监听器
        // 重新注册Person对象信息面板中省份组合框的动作事件监听器，由this处理事件
        this.person.combox_province.addActionListener(this);
        // 将树根的所有孩子结点添加到Person对象信息面板中的省份组合框。组合框添加
        // 首个元素时，导致选中数据项改变，触发动作事件，添加城市组合框数据项
        this.tree.addChild(this.tree.root, this.person.combox_province);
        // 返回Person的所有公有成员变量
        this.fields = Reflection.getFields(person.get(),titles.length);
        this.tree.addSelectionRow(0);                  // 选中树的根结点，触发TreeSelectionEvent事件

        panel.add(this.cmdpanel = new JPanel());            // 添加命令面板
        String[][]  str = {{"添加", "删除选中多行"}, {"查找关键字", "排序关键字"}};
        for(int i=0; i < str[0].length; i++)                // 添加按钮
        {
            JButton  button = new JButton(str[0][i]);
            button.addActionListener(this);
            this.cmdpanel.add(button);
        }
        this.comboxs = new JComboBox[str[1].length];
        for(int i=0; i < str[1].length; i++)                // 添加查找、排序关键字组合框
        {
            this.cmdpanel.add(new JLabel(str[1][i]));
            // 添加组合框，组合框数据项是Person实例的所有公有成员变量
            this.cmdpanel.add(comboxs[i]=new JComboBox<String>(Reflection.toString(fields)));
            this.comboxs[i].addActionListener(this);        // 组合框注册动作事件监听器
        }
        this.setVisible(true);
    }
    public void valueChanged(TreeSelectionEvent event)      // 树选择事件处理方法，选中结点时触发
    {
        if(event != null)
            this.tree.expandPath(event.getPath());          // 展开当前选中结点
        TreeNode  node = (TreeNode)this.tree.getLastSelectedPathComponent();    // 当前选中结点
        if(node != null && node == this.tree.root)                              // 若选中根结点
            addTable(new ProvinceCityFilter("", ""));       // 添加列表全部数据到表格
        else if(node != null && node.getParent() == this.tree.root)             // 若选中省份结点
        {   // 设置省份组合框值，为树选中省份结点值，触发省份组合框动作事件，将更改城市组合框的数据项
            this.person.combox_province.setSelectedItem(node.toString());
            addTable(new ProvinceCityFilter(node.toString(), ""));         // 添加选中省份数据到表格
        }
        else  if(node  !=  null  &&  node.getParent()  !=  null  &&  node.getParent().getParent()  ==
```

```
this.tree.root)
        {                                                          // 若选中城市结点
            // 设置省份组合框值为树选中城市结点的父结点，触发省份组合框动作事件
            this.person.combox_province.setSelectedItem(node.getParent().toString());
            this.person.combox_city.setSelectedItem(node.toString());        // 设置城市结点
            // 添加选中省份、城市数据到表格
            addTable(new ProvinceCityFilter(node.getParent().toString(), node.toString()));
        }
    }
    // 在 list 列表中查找指定省份和城市元素，委托 filter 过滤器指定查找条件，将其元素添加到表
    // 格模型。若省市均为""，表示全部数据；若城市为""，表示当前省份中的全部城市。
    // SearchFilter<T>是查找条件过滤器接口，稍后解释。
    public <T extends Person> void addTable(SearchFilter<T> filter)
    {
        for(int i=this.tablemodel.getRowCount()-1; i >= 0; i--)          // 清空表格
            this.tablemodel.removeRow(i);
        for(Iterator<Person> it=this.list.iterator(); it.hasNext(); )     // 迭代器
        {
            T  per = (T)it.next();
            // 以下由 filter 过滤器指定查找条件，若查找成功，则表格添加一行，数组指定各列值
            if(filter.accept(per))
               this.tablemodel.addRow(Reflection.toArray(per, this.fields));
        }
    }
    public void actionPerformed(ActionEvent event)                 // 动作事件处理方法
    {
        if(event.getSource() == this.person.combox_province)     // 省份组合框选择数据项
        {
            String province = (String)this.person.combox_province.getSelectedItem(); // 获得当前省份
            TreeNode  node = this.tree.search(province);          // 在树中查找指定省份结点
            if(node != null)                          // 查找成功,将省份的所有孩子结点添加城市组合框
                this.tree.addChild(node, this.person.combox_city);
        }
        else if(event.getActionCommand().equals("添加"))          // 单击“添加”按钮
        {
            Person  per = this.person.get();
            this.tablemodel.addRow(Reflection.toArray(per, this.fields)));    // 表格模型添加一行
            this.list.add(per);                                   // 列表添加一个对象
        }
        else if(event.getActionCommand().equals("删除选中多行"))
            removeSelectedAll(this.jtable, this.tablemodel, this.list);
        else if(event.getSource() == this.comboxs[0])             // 查找组合框
        {   // 获得查找组合框当前选中项字符串，即以该成员变量作为查找依据
            String  fieldname = (String)this.comboxs[0].getSelectedItem();
            // 添加表格，参数指定按 this.person.get()的 fieldname 成员变量值进行过滤操作
            addTable(new FieldFilter<Person>(this.person.get(), fieldname));
        }
        else if(event.getSource() == this.comboxs[1])             // 排序组合框
        {   // 获得成员变量名作为排序关键字
```

```
        String  fieldname = (String)this.comboxs[1].getSelectedItem();
        // 列表排序，比较器对象指定 Person 对象按 fieldname 成员变量比较对象大小
        Collections.sort(this.list, new CompareField<Person>(fieldname));
        if(this.tree.getSelectionRows()[0] == 0)              // 当前选中根结点
            addTable(new ProvinceCityFilter("", ""));         // 添加列表全部数据到表格
        else
            this.tree.setSelectionRow(0);   // 选中树的根结点，触发树的选择事件，为表格添加数据项
    }
}
// 将 jtable 表格的选中多行数据，在 tablemodel 表格模型和 list 列表集合中全部删除
void removeSelectedAll(JTable jtable, DefaultTableModel tablemodel, LinkedList<Person> list)
{
    if(tablemodel.getRowCount() == 0)
        JOptionPane.showMessageDialog(this, "表格空，不能删除数据项。");
    else
    {
        int[]  rows = jtable.getSelectedRows();               // 表格选中多行的行号
        if(rows.length == 0)
            JOptionPane.showMessageDialog(this, "请选择表格的数据项。");
        else if(JOptionPane.showConfirmDialog(this, "删除选中多行？")==0)    // 确认对话框
        {
            for(int i=rows.length-1; i >= 0; i--)
            {
                Person  per = get(this.tablemodel, rows[i]);   // 返回表格模型指定行表示的对象
                list.remove(per);                          // 列表删除对象，以 equals()查找识别对象
                tablemodel.removeRow(rows[i]);                // 表格中删除一行，指定行号
            }
        }
    }
}
public Person get(TableModel tablemodel, int i)   // 返回 tablemodel 表格模型第 i 行表示的对象
{                                                 // 表格各列为：姓名、出生日期、性别、省份、城市
    return new Person((String)tablemodel.getValueAt(i,0), (MyDate)tablemodel.getValueAt(i,1),
              (String)tablemodel.getValueAt(i,2), (String)tablemodel.getValueAt(i,3),
              (String)tablemodel.getValueAt(i,4));
}
public void windowClosing(WindowEvent event)                   // 关闭窗口事件处理方法
{
    CollectionFile.writeTo(this.objectFilename, this.list);       // 将列表元素写入指定对象文件
}
public void windowOpened(WindowEvent event) { }
public void windowActivated(WindowEvent event) { }
public void windowDeactivated(WindowEvent event) { }
public void windowClosed(WindowEvent event) { }
public void windowIconified(WindowEvent event) { }
public void windowDeiconified(WindowEvent event) { }
public static void main(String[] args)
{
    String[]  titles = {"姓名","出生日期","性别","省份","城市"};    // 指定表格列标题
```

```
            new CityTreePersonJFrame("cities.txt", "persons.obj", titles, new PersonJPanel());
        }
    }
```

其中，Person 对象面板中的省份组合框响应动作事件，但执行的操作与例 6.4 不同，需要先取消原动作事件监听器，即不执行例 6.4 的事件处理方法；再重新注册动作事件监听器，由 this 引用的本类实例提供动作事件处理方法，在树中查找当前省份下的所有城市名。

（2）查找条件过滤器

本例将所有对象存储在 list 列表中，采用表格显示 list 列表中某些对象信息。那么，根据什么条件选择数据？本例采用过滤器技术，声明查找条件过滤器接口如下：

```
import java.lang.reflect.Field;                              // 反射包的类
public interface SearchFilter<T>                             // 查找条件过滤器接口
{
    public abstract boolean accept(T obj);                   // 过滤操作，提供是否接受的过滤条件
}
```

以下两种情况需要将选择列表中的数据在表格中显示，指定的过滤条件不同。

① 选中树的省份或城市结点，表格显示选中省份或城市的对象信息。

声明 ProvinceCityFilter 过滤器类如下，对 Person 对象按省份、城市进行过滤操作。

```
// Person 对象的省份城市过滤器类，实现查找条件过滤器接口，对 Person 对象按省份、城市过滤
class ProvinceCityFilter implements SearchFilter<Person>
{
    String  province, city;                                  // 省份、城市字符串
    public ProvinceCityFilter(String province, String city)
    {
        this.province = province;
        this.city = city;
    }
    // 实现过滤操作，若 per 对象的省市值与 province、city 指定省份城市字符串匹配，则返回 true
    public boolean accept(Person per)
    {
        return (province.equals("") || per.province.equals(province) && (city.equals("") ||
                per.city.equals(city)));                     // ""表示忽略条件，意为全部
    }
}
```

addTable(SearchFilter<Person> filter)方法接收 ProvinceCityFilter 实例作为参数，在 list 列表中查找，委托 filter 过滤器指定查找条件。算法对每个 list 列表元素 per 执行 filter.accept(per)方法，若 per 满足 filter 指定条件，返回 true，则将 per 添加到表格模型中。若省市均为""，表示全部数据；若城市为""，表示当前省份中的全部城市。

② 按对象的指定成员变量查找。

声明 FieldFilter 过滤器类如下，对 T 对象按 key 的 fieldname 成员变量值进行过滤操作。

```
// 对象的成员变量过滤器类，实现查找条件过滤器接口，对象按指定成员变量进行过滤
class FieldFilter<T> implements SearchFilter<T>
{
    Field  field;                                            // 成员变量
    Object  keyvalue;                                        // field 成员变量值
    // 构造方法，key 指定 T 类对象，fieldname 指定 T 类的成员变量名
```

```
        public FieldFilter(T key, String fieldname)
        {
            try
            {
                this.field=key.getClass().getField(fieldname);// 获得key对象名为fieldname的成员变量
                this.keyvalue = this.field.get(key);               // 获得key对象field成员变量值
            }
            catch (NoSuchFieldException ex) { }                   // 无此成员变量异常
            catch (IllegalAccessException ex) { }                 // 无效存取异常
        }
        // 实现过滤操作，若obj对象的field成员变量值与keyvalue匹配，则返回true。null或""忽略条件
        public boolean accept(T obj)
        {
            try
            {
                return keyvalue == null || keyvalue.equals(field.get(obj));
            }
            catch (IllegalAccessException ex) { }                 // 无效存取异常
            return false;
        }
    }
```

查找组合框选择 Person 对象的一个成员变量名时，触发动作事件，调用语句如下：

```
    addTable(new FieldFilter<Person>(this.person.get(), fieldname));
```

由 Person 对象面板获得的 Person 对象提供查找实例的各成员变量值，查找组合框选择的一个成员变量名作为 fieldname 值构造过滤器，如查找 name 成员变量，值为“李小明”；查找 birthday 成员变量，值为“1992 年 3 月 5 日”，null 或""表示忽略条件。在 list 列表中查找满足 filter 过滤器指定条件的元素，将查找到元素添加到表格模型中。

（3）使用反射技术的通用方法

声明 Reflection 类如下，为所有对象提供使用反射技术的通用方法。

```
    import java.lang.reflect.Field;                          // 反射包的类
    public class Reflection                                  // 使用反射技术的通用方法
    {
        // 返回obj引用实例的所有公有成员变量（已知n个），不包括私有成员变量。
        // 调整成员变量次序为父类的在前，子类的在后
        public static Field[] getFields(Object obj, int n)
        {
            Class<?>  c = obj.getClass();                    // 获得obj引用实例所属的类
            // 获得c类的所有公有成员变量，包括父类声明的，子类成员变量在前，父类的在后
            Field[]  fields_super = c.getSuperclass().getFields();
            // 获得c类中声明的成员变量，包含私有成员变量，不包括父类的成员变量
            // 对于Person，返回6列，包含count；对于Student，返回5列，包含count
            Field[]  fields_sub = c.getDeclaredFields();
            Field[]  fields = new Field[n];
            int  i = 0;
            for(i=0; i < fields_super.length; i++)           // 合并两个成员变量数组
                fields[i] = fields_super[i];
            for(int j=0; i < n; i++, j++)
```

```
            fields[i] = fields_sub[j];
        return fields;
    }
    public static String[] toString(Field[] fields)       // 返回 fields 成员变量数组元素的描述字符串
    {
        String[]  str = new String[fields.length];
        for(int i=0; i < str.length; i++)
            str[i] = fields[i].getName();                  // 获得成员变量名字符串
        return str;
    }
    // 设 obj 引用实例的所有成员变量保存在 fields 数组，返回保存 obj 引用实例的所有成员变量值的对象数组
    public static Object[] toArray(Object obj, Field[] fields)
    {
        Object[]  arow = new Object[fields.length];
        for(int i=0; i < fields.length; i++)
        {
            try
            {
                arow[i] = fields[i].get(obj);              // 获得 obj 引用实例的 fields[i]成员变量值
            }
            catch (IllegalAccessException ex)              // 无效存取异常
            {
                break;
            }
        }
        return arow;
    }
}
```

（4）按对象的指定成员变量排序

声明 CompareField 比较器类如下，按 T 对象的 fieldname 成员变量比较对象大小，提供按 fieldname 成员变量排序的规则。默认 fieldname 成员变量实现 Comparable 接口，可比大小。

```
import java.lang.reflect.Field;
import java.util.Comparator;
// 按 T 对象的 fieldname 成员变量比较对象大小的比较器类。默认 fieldname 实现 Comparable 接口
public class CompareField<T> implements Comparator<T>
{
    String fieldname;                                      // 成员变量名
    public CompareField(String fieldname)                  // 构造方法，fieldname 指定 T 类的成员变量名
    {
        this.fieldname = fieldname;
    }
    public int compare(T t1, T t2)   // 比较 t1、t2 对象大小，两对象按 fieldname 成员变量值比较大小
    {
        try
        {
            Field  field = t1.getClass().getField(fieldname);    // 获得 fieldname 指定的成员变量
            return ((Comparable)field.get(t1)).compareTo((Comparable)field.get(t2));  // 比较两值大小
        }
```

```
        catch(NoSuchFieldException ex) { }                          // 无此成员变量异常
        catch(IllegalAccessException ex) { }                        // 无效存取异常
        return -1;                                                  // 没有执行到，仅语法意义
    }
}
```

排序组合框选择 Person 对象的一个成员变量名时，触发动作事件，对列表排序，调用语句如下，比较器对象指定 Person 对象按 fieldname 成员变量比较对象大小。

```
Collections.sort(this.list, new CompareField<Person>(fieldname));
```

由 java.util.Collections 类的 sort()方法提供列表的排序功能。

（5）集合对象文件的通用方法

声明 CollectionFile 类如下，为集合提供读写对象文件的通用方法。

```
import java.util.*;
import javax.swing.*;
import java.io.*;
public class CollectionFile                        // 集合对象文件类，为集合提供读写对象文件的通用方法
{
    // 将从filename指定文件名的对象文件中读取的T类对象，添加到coll集合中。可接受LinkedList<T>等子类实例
    public static <T> void readFrom(String filename, Collection<T> coll)
    {
        try
        {
            InputStream  in = new FileInputStream(filename);          // 文件字节输入流
            ObjectInputStream  objin = new ObjectInputStream(in);     // 对象字节输入流
            coll.clear();                                             // 清空集合
            while(true)
            {
                try
                {
                    coll.add((T)objin.readObject());                  // 集合添加读取的对象
                }
                catch (EOFException ex)                          // 当对象输入流结束时抛出文件尾异常
                {
                    break;
                }
            }
            objin.close();                                            // 关闭对象流
            in.close();                                               // 关闭文件流
        }
        // 捕获多个异常，若文件不存在，读/写数据错误，类未找到，则结束操作
        catch (IOException | ClassNotFoundException ex) { }
    }
    // 将coll集合中的所有T类对象，写到filename指定文件名的对象文件。
    public static <T> void writeTo(String filename, Collection<T> coll)
    {
        try
        {
            OutputStream  out = new FileOutputStream(filename);       // 文件字节输出流
```

```
            ObjectOutputStream objout = new ObjectOutputStream(out); // 对象字节输出流
            for(T obj : coll)                         // 逐元循环，obj获得list列表中的每个元素
                objout.writeObject(obj);                              // 写入集合当前的对象
            objout.close();                                           // 关闭对象流
        }
        catch(IOException ex) { }                             // 包含文件不存在异常
    }
}
```

（6）可编辑的树组件

MutableJTree类声明可编辑的树组件，带有一个快捷菜单，提供重命名、插入结点、删除子树、保存等操作命令。用树的横向凹入表示法将树中各结点对象值保存在指定文本文件中，当创建树组件时，从指定文本文件中读取树结点并显示；执行保存操作时，将树组件中的所有结点对象写入指定文本文件。

树的横向凹入表示法是树的一种线性表示法，采用逐层缩进形式表示结点之间的层次关系。每行表示一个结点，孩子结点相对于父母结点缩进一个制表符Tab位置。例如，图12-7所示城市树的横向凹入表示法如下：

```
中国
  北京
  上海
  江苏
        南京
        苏州
```

MutableJTree类声明如下。

```
import java.awt.event.*;
import javax.swing.*;
import javax.swing.tree.*;
import java.io.*;
// 可编辑的树组件类，带有快捷菜单，提供插入结点和删除子树功能；响应鼠标事件、动作事件；
// 以树的横向凹入表示法，将树中各结点对象值保存在指定文本文件中。
public class MutableJTree extends JTree implements MouseListener, ActionListener
{
    private DefaultTreeModel  treemodel;                          // 树模型
    DefaultMutableTreeNode  root;                                 // 根结点
    private String  filename;                                     // 文件名
    private JPopupMenu  popupmenu;                                // 快捷菜单
    private JMenuItem[]  menuitems;                               // 菜单项数组

    public MutableJTree(String filename)         // 构造一棵树，filename参数指定保存树结点的文件名
    {
        super();
        this.filename = filename;
        this.treemodel = (DefaultTreeModel)this.getModel();      // 获得默认树模型
        this.root = null;
        this.readFrom(filename);                    // 从filename指定文本文件中读取树结构
        this.popupmenu = new JPopupMenu();                        // 快捷菜单对象
        String mitems[] = {"插入孩子结点", "插入前一个兄弟结点", "插入下一个兄弟结点", "重命名", "删除", "保存"};
        this.menuitems = new JMenuItem[mitems.length];
```

```
        for(int i=0; i < this.menuitems.length; i++)
        {
            this.menuitems[i] = new JMenuItem(mitems[i]);
            this.popupmenu.add(this.menuitems[i]);          // 加入菜单项
            this.menuitems[i].addActionListener(this);      // 为菜单项注册动作事件监听器
        }
        this.add(this.popupmenu);                           // 树组件添加快捷菜单
        this.addMouseListener(this);                        // 树组件注册鼠标事件监听器

        DefaultTreeCellRenderer renderer = new DefaultTreeCellRenderer();    // 默认树单元渲染器
        renderer.setOpenIcon(new ImageIcon("open.gif"));  // 设置展开时的图标
        this.setCellRenderer(renderer);                     // 设置树单元渲染器
    }
    // 以下方法实现 MouseListener 鼠标事件接口
    public void mouseClicked(MouseEvent event)              // 单击鼠标时触发
    {
        if(event.getButton() == 3)                          // 单击鼠标右键
        {
            int  row = this.getRowForLocation(event.getX(), event.getY());// 获得鼠标位置处结点行号
            if(this.root == null || this.root != null && row != -1)
            {
                this.setSelectionRow(row);                  // 设置指定行号的结点为选中状态
                for(int i=1; i < this.menuitems.length; i++)
                    this.menuitems[i].setEnabled(true);     // 菜单项有效
                if(this.root == null)                       // 空树
                {
                    this.menuitems[3].setEnabled(false);    // 重命名菜单项无效
                    this.menuitems[4].setEnabled(false);    // 删除菜单项无效
                }
                if(this.root == null || row == 0)           // 空树或选中根结点
                {
                    this.menuitems[1].setEnabled(false);    // 插入前一兄弟菜单项无效
                    this.menuitems[2].setEnabled(false);    // 插入下一兄弟菜单项无效
                }
                this.popupmenu.show(this,event.getX(),event.getY());  // 在鼠标单击处显示快捷菜单
            }
        }
    }
    public void mousePressed(MouseEvent event) { }
    public void mouseReleased(MouseEvent event) { }
    public void mouseEntered(MouseEvent event) { }
    public void mouseExited(MouseEvent event) { }
    public void actionPerformed(ActionEvent event)          // 单击菜单项时触发执行
    {
        if (event.getActionCommand().equals("保存"))
        {                         // 将树中所有结点以树的横向凹入表示法写入指定文本文件
            this.writeTo(this.root, this.filename);
            return;
        }
```

```
DefaultMutableTreeNode  selectnode = null, parent = null;
selectnode = (DefaultMutableTreeNode)this.getLastSelectedPathComponent(); // 当前选中结点
if(event.getActionCommand().equals("重命名"))
{
    String s = JOptionPane.showInputDialog("名称", selectnode.getUserObject().toString());
    if(s != null)                             // 输入对话框返回非空串表示单击的是确定按钮
        selectnode.setUserObject(s);          // 设置选中结点的对象值
    return;
}
if (event.getActionCommand().startsWith("插入"))              // 三个“插入结点”菜单项
{
    String  nodename = JOptionPane.showInputDialog("名称");   // 输入对话框，没有初值
    if(nodename != null)                                     // 单击“确定”按钮
    {
        DefaultMutableTreeNode node = new DefaultMutableTreeNode(nodename); // 创建结点
        if(this.root == null && selectnode == null)
          this.root = node;                                  // 空树中插入根结点
        else if(event.getActionCommand().equals("插入孩子结点"))
            selectnode.add(node);                            // 添加最后一个孩子结点
        else                                                 // 插入兄弟结点
        {  // 获得父母结点，parent!=null，因为根结点没有这个菜单项
            parent = (DefaultMutableTreeNode)selectnode.getParent();
            if(event.getActionCommand().equals("插入前一个兄弟结点"))
              // 插入结点作为其父母结点的指定序号的孩子结点
              parent.insert(node, parent.getIndex(selectnode));
            else                                             // 插入下一个兄弟结点
              parent.insert(node, parent.getIndex(selectnode)+1);
           selectnode = parent;                   // 准备展开当前插入结点的父母结点
        }
       this.treemodel.setRoot(this.root);         // 设置树模型的根结点，使 JTree 显示修改
       this.expandPath(new TreePath(selectnode.getPath()));  // 展开选中结点
    }
    return;
}
if(event.getActionCommand().equals("删除") && JOptionPane.showConfirmDialog(null,
  "删除"+selectnode.toString()+"结点及其子树?")==0)          // 单击确认对话框的“Yes”按钮
{
    if(selectnode == root)                                   // 选中根结点
    {
        this.root = null;                                    // 删除以 root 为根的树
        this.treemodel.setRoot(this.root);         // 设置树模型的根结点，使 JTree 显示修改
    }
    else
    {
        parent = (DefaultMutableTreeNode)selectnode.getParent();   // 获得父母结点
        selectnode.removeFromParent();             // 删除以 selectnode 结点为根的子树
        this.treemodel.setRoot(this.root);         // 设置树模型的根结点
        this.expandPath(new TreePath(parent.getPath()));      // 展开当前删除结点的父母结点
    }
```

```
        }
    }
    // 读取 filename 文本文件，以树横向凹入表示法存储的结点字符串，插入到以 root 为根的树中
    private void readFrom(String filename)
    {
        try
        {
            BufferedReader  bufr = new BufferedReader(new FileReader(filename)); // 缓冲字符输入流
            String  line = "";
            while((line=bufr.readLine()) != null)          // 读取一行字符串，输入流结束时返回 null
                insert(this.root, line);                    // 将 line 插入到以 node 为根的子树中
            bufr.close();
        }
        catch (IOException ex) {}                           // 若文件不存在，则不读取，空树
        this.treemodel.setRoot(this.root);                  // 设置 root 为当前树模型的根结点
    }
    // 将 str 插入到以 node 为根的子树中，由 s 包含的若干'\t'确定其层次和插入位置，递归方法
    private void insert(DefaultMutableTreeNode node, String str)
    {
        if(this.root == null)
            this.root = new DefaultMutableTreeNode(str);   // 创建根结点
        else
        {
            str = str.substring(1);                         // 去除 s 串中一个前缀'\t'
            if(str.charAt(0) != '\t')                       // str 中不包含'\t'，表示一个结点值
               node.add(new DefaultMutableTreeNode(str));  // 插入 str 作为 node 最后一个孩子结点
            else                                  // 将 str 插入到以 node 的最后一个孩子结点为根的子树中
                insert((DefaultMutableTreeNode)node.getLastChild(), str);       // 递归调用
        }
    }
    // 将以 root 为根的树中所有结点对象，以树的横向凹入表示法写入 filename 指定文本文件
    public void writeTo(DefaultMutableTreeNode root, String filename)
    {
        try
        {
            Writer  wr = new FileWriter(filename);          // 文件字符输出流
            wr.write(preorder(root,""));           // 将一棵树中从根开始各结点对应的字符串写入文本文件
            wr.close();
        }
        catch (IOException ex) { }
    }
    // 先根次序遍历以 node 为根的子树，获得树的横向凹入表示串，tab 参数指定缩进量，递归
    private String preorder(DefaultMutableTreeNode node, String tab)
    {
        String  str = "";
        if(node != null)
        {
            str = tab + node.toString()+"\r\n";
            int  n = node.getChildCount();                         // 获得孩子结点个数
```

```
            for(int i=0; i < n; i++)
                str += preorder((DefaultMutableTreeNode)node.getChildAt(i), tab+"\t"); // 递归调用
        }
        return str;
    }
    // 将树中 node 结点的所有孩子结点元素添加到 combox 组合框中
    public void addChild(TreeNode node, JComboBox<String> combox)
    {
        if(node != null)
        {
            if(combox.getItemCount() > 0)
                combox.removeAllItems();                // 删除组合框中原有全部对象
            int  n = node.getChildCount();              // 获得当前结点的孩子结点数
            for(int i=0; i < n; i++)                    // 组合框添加当前结点的所有孩子结点
                combox.addItem(node.getChildAt(i).toString());
        }
    }
    // 在树中查找首次出现的值为 str 的结点，查找成功，则返回查找到的结点，否则返回 null
    public TreeNode search(String str)
    {
        return search(this.root, str);
    }
    // 在以 node 为根的子树中查找首次出现的值为 str 的结点，先根次序遍历，递归算法
    private TreeNode search(DefaultMutableTreeNode node, String str)
    {
        if(node == null || str == null)
            return null;
        if(node.toString().equals(str))
            return node;
        int  n = node.getChildCount();                      // 获得孩子结点个数
        for(int i=0; i < n; i++)
        {
            TreeNode find = search((DefaultMutableTreeNode)node.getChildAt(i), str);  // 递归调用
            if(find != null)
                return find;
        }
        return null;
    }
}
```

12.4 数据库应用

数据库应用程序是管理信息系统的一个重要组成部分。管理信息系统（Management Information System，MIS）是一种由人、计算机（包括网络）和管理规则组成的集成化系统，为一个企业或组织的作业、管理和决策提供信息管理和信息支持。管理信息系统主要由计算机及其网络系统、数据库、应用软件、数据管理机构及维护人员四部分构成。

第 10 章介绍了基于 JDBC 的数据库应用程序的设计原理和方法。本节给出一个管理信息系统中 JDBC 数据库应用程序的设计实例，介绍从创建数据库、设计表结构到对多张表进行数据插入、删除、更新、查询和统计等多种功能的设计过程，并使用表格等复杂组件设计图形用户界面，为课程设计等综合实践性环节提供范例。

【例 12.7】 世界杯足球赛成绩统计。

本例目的：JDBC 数据库应用程序范例，在表格组件中修改数据，通过数据敏感且可更新的结果集，更新数据库表中的数据。

功能说明：① 采用 C/S 结构的 MySQL 数据库系统，创建数据库，创建多张表，建立多表间的关联。② 设计 JDBC 数据库应用程序，提供数据输入、删除、更新、浏览、查询和统计等功能。

技术要点：图形用户界面采用多文档界面，包括以下功能的子窗口。

① 输入参赛队信息，分组浏览参赛队。

② 由参赛队信息生成比赛记录表，记录每场比赛的对阵双方，输入比赛记录，包括赛程安排和比赛结果。

③ 计算小组赛积分榜。根据比赛记录表，统计每组各队的积分，计算小组排名。

（1）创建数据库 WorldCup2018 及表

启动 MySQL 数据库工作台，以数据库管理员身份创建“世界杯足球赛数据库 WorldCup2018”，创建“小组赛成绩表”，记录各组的球队以及按组计算的小组赛积分和排名情况，主键是球队。SQL 语句如下：

```
CREATE DATABASE worldcup2018;                          // 创建数据库 WorldCup2018
use worldcup2018;
// 小组赛成绩(组别, 球队, 场次, 胜, 平, 负, 进球, 失球, 净胜球, 积分, 排名)
CREATE TABLE TeamScore
(
    xgroup char(1) NOT NULL,
    teamname char(20) NOT NULL,
    completed int(4) DEFAULT '0',
    win int(4) DEFAULT '0',
    tie int(4) DEFAULT '0',
    loss int(4) DEFAULT '0',
    goalsfor int(4) DEFAULT '0',
    goalsagaint int(4) DEFAULT '0',
    netvalue int(4) DEFAULT '0',
    score int(4) DEFAULT '0',
    rank int(4) DEFAULT '0',
  PRIMARY KEY (teamname)
) ENGINE = InnoDB DEFAULT CHARSET = gbk;
```

再创建“比赛记录表”，记录赛程安排及每场比赛结果，SQL 语句如下。

```
// 比赛记录(组别, 球队 1, 球队 2, 场次, 比赛时间, 队 1 进球数, 队 2 进球数, 比赛地点)
CREATE TABLE MatchRecord
(
    number int(4) DEFAULT NULL,
    fixture datetime DEFAULT NULL,
    xgroup char(1) NOT NULL,
```

```
    teamname1 char(20) NOT NULL,
    teamname2 char(20) NOT NULL,
    goalsfor1 int(4) DEFAULT NULL,
    goalsfor2 int(4) DEFAULT NULL,
  PRIMARY KEY (teamname1,teamname2),
  FOREIGN KEY(teamname1) REFERENCES TeamScore(teamname),
  FOREIGN KEY(teamname2) REFERENCES TeamScore(teamname)
) ENGINE = InnoDB DEFAULT CHARSET = gbk;
```

主键是参赛的两个队，两队必须非空，两者的组合必须唯一，如（俄罗斯/沙特）、（俄罗斯/乌拉圭）等，但次序无关，如（俄罗斯/沙特）和（沙特/俄罗斯）视为一个组合。

“比赛记录表”中，球队 1 和球队 2 列的取值必须是小组赛成绩表中的球队列值，因此“小组赛成绩表”中的球队列是“比赛记录表”中球队 1 和球队 2 所在列的外键。

（2）设计多文档界面的 JDBC 数据库应用程序

JDBC 数据库应用程序的多文档界面及菜单结构如图 12-9 所示。

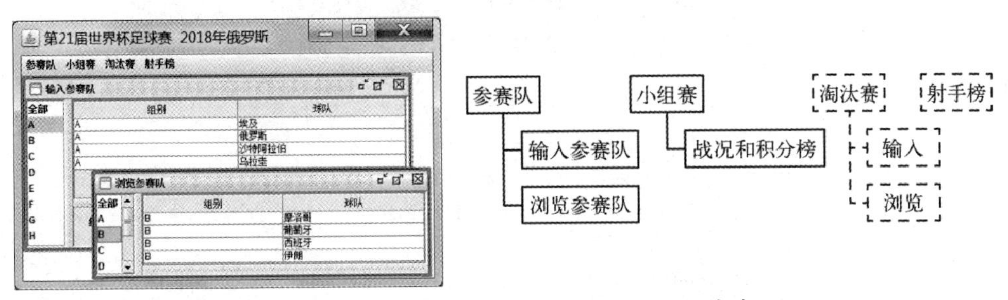

图 12-9　世界杯足球赛成绩统计的多文档界面及菜单结构

界面描述：多文档界面，单击菜单项可打开相应内部框架；多个内部框架以级联方式显示；如果该内部框架已打开，则选中它，不重复打开。程序如下。

```
import java.awt.event.*;
import java.beans.PropertyVetoException;
import javax.swing.*;
import java.sql.*;
// 多文档界面的数据库应用程序框架类，响应动作事件
public class MDIWorldcupJFrame extends JFrame implements ActionListener
{
    private Connection conn;                                        // 数据库连接对象
    private JDesktopPane desktop;                                   // 桌面窗格
    // 构造方法，参数 driver、url 指定 JDBC 驱动和数据库路径
    public MDIWorldcupJFrame(String driver, String url) throws ClassNotFoundException, SQLException
    {
        super("第 21 届世界杯足球赛  2018 年俄罗斯");
        this.setSize(1024,600);
        this.setLocationRelativeTo(null);                           // 将窗口置于屏幕中央
        this.setDefaultCloseOperation(EXIT_ON_CLOSE);
        this.getContentPane().add(desktop=new JDesktopPane());      // 框架内容窗格中添加桌面窗格
        JMenuBar  menubar = new JMenuBar();                         // 菜单栏，以下添加窗口菜单
        this.setJMenuBar(menubar);
        String[][] menustr = {{"参赛队","输入参赛队","浏览参赛队"}, {"小组赛","战况和积分榜"},
                              {"淘汰赛","输入","浏览"}, {"射手榜"}};
```

```
    JMenu[]  menu = new JMenu[menustr.length];
    for(int i=0; i < menu.length; i++)
    {
       menubar.add(menu[i] = new JMenu(menustr[i][0]));          // 菜单栏添加菜单
       for(int j=1; j < menustr[i].length; j++)
       {
          JMenuItem menuitem = new JMenuItem(menustr[i][j]);    // 菜单添加菜单项
          menu[i].add(menuitem);
          menuitem.addActionListener(this);
       }
    }
    this.setVisible(true);
    Class.forName(driver);                                       // 指定 JDBC 驱动程序
    this.conn = DriverManager.getConnection(url);                // 返回数据库连接对象
}
// 动作事件处理方法，单击菜单项时，分别打开相应内容框架，不重复打开
public void actionPerformed(ActionEvent event)
{
  try
  {
     String  menustr = event.getActionCommand();                // 获得单击菜单项名
     JInternalFrame[]  inners = desktop.getAllFrames();        // 返回桌面窗格中的所有内部框架
     int  i = 0;
     while(i < inners.length && !inners[i].getTitle().equals(menustr))
        i++;                                             // 查看当前菜单项对应的内部框架是否已打开
     if(i < inners.length)                                      // 若打开，则设置选中状态
        inners[i].setSelected(true);                            // 选中内部框架，不重复打开
     else                                                       // 查找不成功时打开内部框架
     {
        JInternalFrame  inframe = null;                         // 内部框架对象
        String[]  team = {"组别","球队"};                       // 表的列中文标题
        switch(menustr)
        {
           case "浏览参赛队":
              inframe = new BrowseJInFrame(this.conn,"TeamScore",team,"xgroup","xgroup");
              break;
           case "输入参赛队":
              inframe = new InputTeamJInFrame(this.conn,"TeamScore",team,"xgroup","xgroup");
              break;
           case "战况和积分榜":
              String[] teamscore = {"组别","球队","已赛场数","胜","平","负","进球",
                                           "失球","净胜球","积分","排名"};
              String[] matchrecord = {"场次","比赛时间","组别","球队 1","球队 2",
                                     "队 1 进球数","队 2 进球数","比赛地点"};
              inframe = new InputMatchJInFrame(this.conn, "TeamScore", teamscore, "xgroup",
                         "xgroup, rank", "MatchRecord", matchrecord, "xgroup, number");
        }
        inframe.setTitle(menustr);
        desktop.add(inframe);                                   // 添加内部框架到桌面窗格
```

```
            JInternalFrame  inner = desktop.getSelectedFrame();
            if(inner != null)                                      // 设置各内部框架级联显示
                inframe.setLocation(inner.getX()+50, inner.getY()+50);
            inframe.setSelected(true);                             // 选中当前内部框架
          }
        }
        catch(SQLException | PropertyVetoException ex) { }
    }
    public static void main(String args[]) throws ClassNotFoundException, SQLException
    {
        String  driver = "com.mysql.jdbc.Driver";          // 指定 MySQL JDBC 驱动程序
        String  url = "jdbc:mysql://localhost/worldcup2018?user=root&password=1234";
        new MDIWorldcupJFrame(driver, url);
    }
}
```

（3）分组浏览参赛队

声明分组浏览参赛队内部框架类如下（见图 12-9），采用三分布局，先水平分割，左边采用列表框显示小组名，按升序排序；右边再垂直分割，右上部采用表格显示 TeamScore 表的组别和球队两列，右下部组件为空。响应列表框选择事件，当选中列表框的小组名时，表格中则显示当前小组的参赛队信息。

```
import javax.swing.*;
import javax.swing.event.*;
import javax.swing.table.*;
import java.sql.*;
// 分组浏览参赛队内部框架类，响应列表框选择事件
class BrowseJInFrame extends JInternalFrame implements ListSelectionListener
{
    protected String table;                                  // 数据库中的表名
    protected String list_column;                            // 表中分类的列
    protected String sort_columns;                           // 排序依据的多列
    protected JList<String> jlist;                           // 列表框，显示分类列的不重复值
    protected DefaultListModel<String> listmodel;            // 默认列表框模型
    protected JTable jtable;                                 // 表格组件，显示数据库中指定表内容
    protected DefaultTableModel tablemodel;                  // 默认表格模型
    protected JSplitPane split_ver;                          // 垂直分割窗格
    protected Statement stmt;                                // 语句对象
    protected ResultSet rset_team;                           // 结果集
    // 构造方法，参数依次指定数据库连接、表名、列的中文标题、分类的列、排序依据的多列
    BrowseJInFrame(Connection conn, String table, String[] columnNames, String list_column,
                                                 String sort_columns) throws SQLException
    {
        super("", true, true, true, true);
        this.setSize(500, 300);
        this.listmodel = new DefaultListModel<String>();   // 以下创建列表框
        this.listmodel.addElement("全部");
        this.jlist = new JList<String>(this.listmodel);
        this.jlist.addListSelectionListener(this);         // 列表框监听选择事件
```

```
        // 以下创建水平分割窗格，左边添加列表框，右边添加垂直分割窗格
        JSplitPane  split_hor = new JSplitPane(1, new JScrollPane(this.jlist), null);
        this.getContentPane().add(split_hor);
        split_hor.setDividerLocation(50);                    // 设置垂直分隔条的位置
        this.tablemodel = new DefaultTableModel(columnNames,0);
        this.jtable = new JTable(this.tablemodel);                 // 创建表格
        split_ver = new JSplitPane(0,new JScrollPane(this.jtable),null);// 垂直分割窗格上部添加表格
        split_hor.add(split_ver);
        // 以下创建语句，执行数据查询，表格中显示“全部”数据
        this.stmt = conn.createStatement(1005, 1008);              // 创建语句，结果集数据敏感和可更新
        this.table = table;
        this.list_column = list_column;
        this.sort_columns = sort_columns;
        query(table,listmodel);                                    // 查询设置列表框模型值
        query(table, "", sort_columns, tablemodel);                // 查询设置表格模型值，""表示全部
        this.setVisible(true);
    }
    // 查询 table 表，将表中 list_column 列的所有不重复值添加到列表框模型中
    public void query(String table, DefaultListModel<String> listmodel) throws SQLException
    {   // 获得指定列不重复的值
        String  sql="SELECT  DISTINCT  "+this.list_column+"  FROM  "+table+"  ORDER  BY
"+this.list_column;
        ResultSet  rset = this.stmt.executeQuery(sql);             // 执行数据查询语句，返回结果集
        while(rset.next())                                         // 迭代遍历结果集
            listmodel.addElement(rset.getString(1));               // 添加当前行指定列值到列表框模型
        rset.close();
    }
    // 列表框选择事件处理方法，当选中列表框数据项时触发。
    // 以列表框选中项为条件，在 table 表中查询满足条件的数据行，将结果集显示在表格模型中
    public void valueChanged(ListSelectionEvent event)
    {
        String  item = this.jlist.getSelectedValue();              // 列表框选中数据项
        if(item != null)
        {
            String  where = "";                                    // ""表示全部
            if(!(item.equals("全部")))
                where = this.list_column + " = '"+item+"'";
            this.rset_team = query(table,where,sort_columns,tablemodel);    // 查询，设置表格模型
        }
    }
    // 将 table 表中满足 where 子句的多行添加到 tablemodel 表格模型中，按 sort_columns 排序
    public ResultSet query(String table,String where,String sort_columns,DefaultTableModel tablemodel)
    {
        for(int i=tablemodel.getRowCount()-1; i >= 0; i--)         // 清空表格
            tablemodel.removeRow(i);                               // 删除表格模型第 i 行
        String  sql = "SELECT * FROM "+table;                      // 创建数据查询 SQL 语句
        if(where != "")
            sql += " WHERE " +where;
        sql += " ORDER BY "+sort_columns;
        try
        {
```

```
            ResultSet  rset = this.stmt.executeQuery(sql);        // 执行数据查询语句
            ResultSetMetaData  rsmd = rset.getMetaData();         // 返回结果集元数据对象
            String[]  columns = new String[rsmd.getColumnCount()];  // 创建列对象数组，长度为列数
            while(rset.next())                                    // 迭代遍历结果集
            {
                for(int i=1; i <= columns.length; i++)      // 数组保存当前行所有列值，列序号≥1
                    columns[i-1] = rset.getString(i);
                tablemodel.addRow(columns);                 // 表格模型添加一行，触发表格模型事件
            }
            return rset;
        }
        catch(SQLException ex) { }
        return null;
    }
}
```

（4）输入参赛队

参赛队共有32支，分为8个小组，小组名只能为“A”～“H”，限制每组有且仅有4个参赛队。输入参赛队界面如图12-10所示，在比赛之前提供输入参赛队信息的操作。

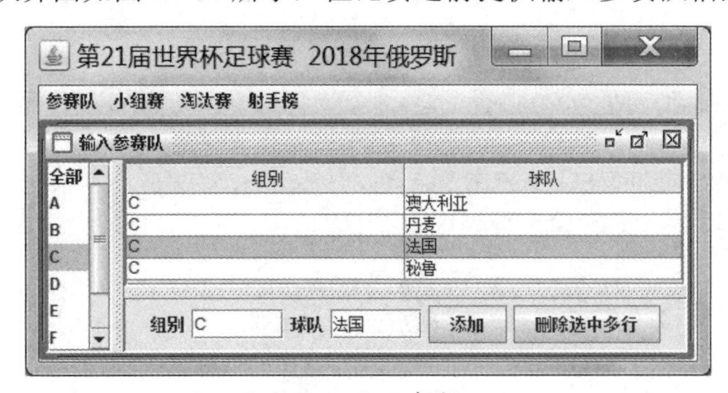

图12-10 输入参赛队

声明输入参赛队内部框架类如下，继承分组浏览参赛队内部框架类，在三分布局的右下部增加命令面板，输入组件和球队后执行添加操作，当添加一行时，判断要求是新的组别，队名不重复，一组中不能超过4个队。选中表格多行后执行删除操作。

JTable响应表格模型事件，双击表格的某球队单元格，可修改该球队名；不能修改组名。设置结果集为数据敏感且可更新，当修改表格中数据时，通过结果集可更新数据库表中数据。

```
import java.awt.event.*;
import javax.swing.*;
import javax.swing.event.*;
import javax.swing.table.*;
import java.sql.*;
// 输入参赛队内部框架类，继承分组浏览内部框架类，响应动作事件、表格模型事件
class InputTeamJInFrame extends BrowseJInFrame implements ActionListener, TableModelListener
{
    private JTextField[]  texts;                               // 输入指定表各列的文本行数组
    // 构造方法，参数依次指定数据库连接、表名、列的中文标题、分类的列、排序依据的多列
    InputTeamJInFrame(Connection conn, String table, String[] columnNames, String list_column,
                                         String sort_columns) throws SQLException
    {
```

```
        super(conn, table, columnNames, list_column,sort_columns);    // 分组浏览参赛队内部框架类
        this.tablemodel.addTableModelListener(this);              // 注册表格模型事件监听器
        split_ver.setDividerLocation(this.getHeight()-90);        // 设置水平分隔条位置
        // 以下创建命令面板，添加文本行数组输入对象属性，添加控制按钮
        JPanel  cmdpanel = new JPanel();                          // 面板默认流布局
        split_ver.setRightComponent(cmdpanel);                    // 垂直分割窗格下部添加命令面板
        this.texts = new JTextField[columnNames.length];
        for(int i=0; i < columnNames.length; i++)                 // 添加输入列
        {
            cmdpanel.add(new JLabel(columnNames[i], JLabel.RIGHT));
            cmdpanel.add(this.texts[i] = new JTextField(6));
        }
        String[]  buttonstr = {"添加", "删除选中多行"};
        for(int j=0; j < buttonstr.length; j++)                   // 添加按钮
        {
            JButton  button = new JButton(buttonstr[j]);
            cmdpanel.add(button);
            button.addActionListener(this);
        }
    }
    public void actionPerformed(ActionEvent event)                // 动作事件处理方法
    {
        switch(event.getActionCommand())                          // 单击按钮
        {
            case "添加":
                String xgroup=this.texts[0].getText();            // 组别
                 // 若在table数据库表中插入(组别, 队名)元素，则列表框添加组名并选中
                if(add(this.table, xgroup, this.texts[1].getText()))
                    // 在listmodel中查找、插入并选中xgroup，从1开始；更新表格模型
                    insert(this.listmodel, xgroup, 1);
                break;
            case "删除选中多行":
                removeSelectedAll(this.jtable, this.tablemodel, this.table, this.listmodel);
                break;
        }
    }
    // 若串不空、组别范围合适、组不满、队名不重复，则在table表中插入(xgroup, name)行，返回是否插入
    private boolean add(String table, String xgroup, String name)
    {
        if(xgroup.equals("") || name.equals(""))
        {
            JOptionPane.showMessageDialog(this, "错误，组别和队名不能是空串。");
            return false;
        }
        xgroup = xgroup.toUpperCase();                            // 改成大写字母
        if(xgroup.compareTo("A")<0 || xgroup.compareTo("H")>0)
        {
            JOptionPane.showMessageDialog(this, "组别错误，"+xgroup+"超出A~H范围。");
            return false;
```

```
    }
    try
    {
       String  sql = "SELECT COUNT("+list_column+") FROM "+this.table+
                    " WHERE "+list_column+"='"+xgroup+"'";      // 统计 xgroup 组的队数
        ResultSet  rset = this.stmt.executeQuery(sql);         // 执行数据查询语句
        rset.next();
        if(rset.getInt(1) >= 4)                                // 结果值
        {
            JOptionPane.showMessageDialog(this, xgroup+"组已有 4 个队，不能添加。");
            return false;
        }
        sql = "SELECT COUNT(" +list_column +") FROM "+this.table+
                    " WHERE "+list_column+"='"+xgroup+"'"+" AND teamname='"+name+"'";
        rset = this.stmt.executeQuery(sql);                     // 查询 xgroup 组中 name 队
        rset.next();
        if(rset.getInt(1) >= 1)                      // 结果值≥1，表示 name 队已存在
        {
            JOptionPane.showMessageDialog(this, xgroup+"组已有"+name+"队，不能添加。");
            return false;
        }
        sql = "INSERT INTO "+this.table+"(xgroup, teamname)"+" VALUES('"+xgroup+"', '"+name+"')";
        if(this.stmt.executeUpdate(sql) == 0)        // 数据库表中插入一行，结果表示影响的行数
        {
            JOptionPane.showMessageDialog(this, "插入数据不成功。");
            return false;
        }
    }
    catch (SQLException ex) {}
    return true;
}
// 已知列表框数据项按 T 类升序排序，T 实现 Comparable<? super T>接口。
// 将 x 对象插入到 listmodel 列表框模型中，不插入重复项。采用二分法查找，从 begin 开始
public <T extends Comparable<? super T>>void insert(DefaultListModel<T> listmodel,T x,int begin)
{
    int  end = listmodel.getSize()-1, mid = end;
    while(begin <= end)                                      // 边界有效
    {
        mid = (begin+end)/2;                                 // 中间位置，当前比较元素位置
        if(x.compareTo(listmodel.elementAt(mid)) == 0)       // 比较对象大小，若相等，则不插入
        {
            if(this.jlist.getSelectedIndex() == mid)         // 选中项，不会触发列表框选择事件
                valueChanged(null);                          // 执行列表框选择事件处理方法
            else
                this.jlist.setSelectedIndex(mid);        // 选中 mid 数据项，触发列表框选择事件
            return;
        }
        if(x.compareTo(listmodel.elementAt(mid)) < 0)        // 若 x 对象小
            end = mid-1;                                     // 则查找范围缩小到前半段
```

```
            else
                begin = mid+1;                                      // 否则查找范围缩小到后半段
        }
        listmodel.insertElementAt(x, begin);          // 查找不成功，插入 x 到 listmodel 的第 begin 项
        // 列表框选中的第 begin 项触发列表框选择事件，表格中显示满足条件的结果集
        this.jlist.setSelectedIndex(begin);
    }
    // 将 jtable 表格的选中多行数据，在 tablemodel 表格模型和 table 数据库表全部删除
    private void removeSelectedAll(JTable jtable, DefaultTableModel tablemodel,
                                            String table, DefaultListModel<String> listmodel)
    {
        if(tablemodel.getRowCount() == 0)
            JOptionPane.showMessageDialog(this, "表格空，不能删除数据项。");
        else
        {
            int[]  rows = jtable.getSelectedRows();                    // 表格选中多行的行号
            if(rows.length == 0)
                JOptionPane.showMessageDialog(this, "请选择表格的数据项。");
            else if(JOptionPane.showConfirmDialog(this, "删除选中多行？") == 0)  // 确认对话框，Yes
            {
                for(int i=rows.length-1; i >= 0; i--)
                {
                    String  xgroup = (String)tablemodel.getValueAt(rows[i],0);       // 组别
                    String  name = (String)tablemodel.getValueAt(rows[i],1);         // 队名
                    String  sql = "DELETE FROM "+table+" WHERE (teamname='"+name+"')";
                    try
                    {
                        if(this.stmt.executeUpdate(sql)==1)            // 执行 DELETE 语句，删除一行
                        {
                            tablemodel.removeRow(rows[i]);             // 表格模型删除指定行
                            // 在 table 表中查询，若 xgroup 组中没有元素，则删除 listmodel 列表框中相应组名
                            sql = "SELECT COUNT(" +list_column +") FROM "+table+
                                  " WHERE "+list_column+"='"+xgroup+"'";
                            ResultSet  rset = this.stmt.executeQuery(sql);
                            rset.next();
                            if(rset.getInt(1) == 0)
                                listmodel.removeElement(xgroup);       // 列表框删除数据项
                        }
                    }
                    catch(SQLException ex) { }
                }
            }
        }
    }
    // 表格模型事件处理方法，当表格模型插入、修改、删除数据项值时触发
    public void tableChanged(TableModelEvent event)
    {
        // 以下仅当修改表格模型值时，用表格模型当前编辑值更新结果集并提交数据库
        if(event.getType() == TableModelEvent.UPDATE)
        {
```

```
            int  row = event.getFirstRow(), col=event.getColumn();  // 获得表格模型当前修改的行和列
            if(col == 0)
                JOptionPane.showMessageDialog(this, "不能修改组别。");
            else if(row != -1 && col != -1 && col == 1)          // 修改参赛队名
            {
                try
                {
                    String  value = (String)tablemodel.getValueAt(row, col);  // 获得表格模型修改值
                    this.rset_team.absolute(row+1);                // 设置结果集当前行
                    this.rset_team.updateString(col+1, value);    // 用表格模型修改值设置结果集列
                    this.rset_team.updateRow();                 // 将结果集当前行提交数据库，更新数据库
                }
                catch(SQLException ex) { }
            }
        }
    }
}
```

（5）小组赛比赛记录和积分榜

小组赛比赛记录包括赛程安排和比赛结果，输入比赛记录并计算积分榜如图 12-11 所示。

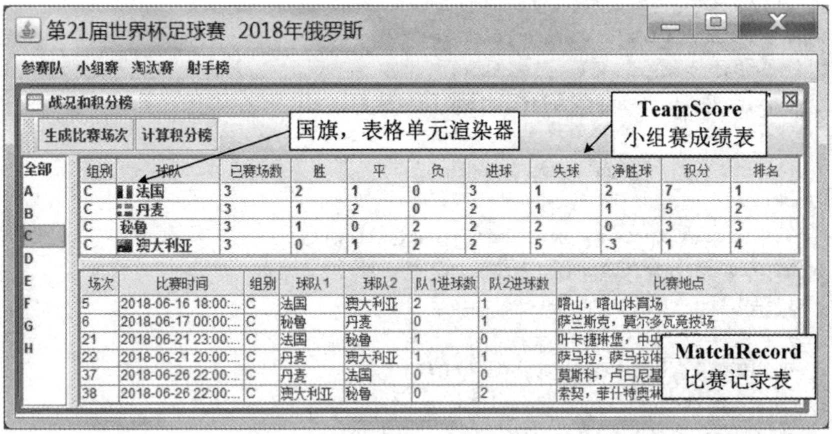

图 12-11　输入比赛记录并计算积分榜

界面描述：战况和积分榜内部框架类，也继承分组浏览参赛队内部框架，三分布局的右上部表格显示 TeamScore 小组赛成绩表所有列，表中数据由计算得到，不可修改，为参赛队显示国旗图像；右下部增加表格，显示 MatchRecord 比赛记录表所有列，按场次排序。

操作说明：① 初始。当输入完参赛队信息，打开“战况和积分榜”时，右上部“小组赛成绩表”中只有组别和球队两列有值，其他列值为 0，右下部比赛记录表为空。

② 单击“生成比赛场次”按钮，生成选中组或全部组的比赛场次，每组有 6 场比赛，在右下部的“比赛记录表”中显示，可以分组浏览。

③ 输入比赛记录表。在比赛之前输入赛程安排信息：场次、比赛时间和比赛地点等列；在比赛之后输入比赛结果。

④ 输入比赛结果后，单击“计算积分榜”按钮，计算选中组或全部组球队的比赛成绩，根据已赛场数、胜负场数、进失球数、净胜球数信息，计算球队的积分和小组排名。

声明战况和积分榜内部框架类如下。

```
import java.awt.event.*;
import javax.swing.*;
import javax.swing.table.*;
import javax.swing.event.*;
import java.sql.*;
// 战况和积分榜内部框架类，继承分组浏览内部框架类，响应动作事件、表格模型事件
class InputMatchJInFrame extends BrowseJInFrame implements ActionListener, TableModelListener
{
    private String table2;                                         // 数据库中的表名
    private String sort_columns2;                                  // 指定排序依据的列
    private JTable jtable2;                                        // 表格组件
    private DefaultTableModel tablemodel2;                         // 表格模型
    private ResultSet rset_match;                                  // 结果集
    // 构造方法，参数指定两组表名、列标题、分类的列和排序依据的列
    InputMatchJInFrame(Connection conn, String table, String[] columnNames, String list_column,
        String sort_columns, String table2, String[] columnNames2, String sort_columns2) throws SQLException
    {
        super(conn, table, columnNames, list_column, sort_columns);  // 浏览参赛队内部框架类
        this.setSize(800, 400);
        // 为表格第 2 列设置单元渲染器，添加图标
        this.jtable.setDefaultRenderer(tablemodel.getColumnClass(2), new IconTableCellRenderer());
        JToolBar  toolbar = new JToolBar();                        // 以下创建工具栏并在其中添加 2 个按钮
        this.getContentPane().add(toolbar,"North");
        String[]  buttonstr = {"生成比赛场次","计算积分榜"};
        for(int j=0; j < buttonstr.length; j++)
        {
            JButton  button = new JButton(buttonstr[j]);
            toolbar.add(button);
            button.addActionListener(this);
        }
        // 以下创建表格并添加到垂直分割窗格下部
        this.tablemodel2 = new DefaultTableModel(columnNames2,0);     // 表格模型
        this.jtable2 = new JTable(this.tablemodel2);
        split_ver.setDividerLocation(this.getHeight()/2);             // 设置水平分隔条的位置
        split_ver.setRightComponent(new JScrollPane(this.jtable2));  // 垂直分割窗格下部添加表格
        this.tablemodel2.addTableModelListener(this);                 // 注册表格模型事件监听器
        this.table2 = table2;                           // 以下执行数据查询，“比赛记录”表格中显示数据
        this.sort_columns2 = sort_columns2;
        this.rset_match = query(table2, "", sort_columns2, tablemodel2);
    }
    // 列表框选择事件处理方法，当列表框中选择数据项时触发。覆盖父类同名方法。
    // 以列表框选中项为条件，增加在 table2 表中查询，将结果集显示在 tablemodel2 表格模型中
    public void valueChanged(ListSelectionEvent event)
    {
        super.valueChanged(event);                      // 调用父类同名方法,设置右上表格组件的表格模型
        String  item = this.jlist.getSelectedValue();                  // 列表框选中项
        if(item != null)
        {
            String  where = "";
```

```
            if(!(item.equals("全部")))
                where = this.list_column + " = '"+item+"'";
            this.rset_match = query(table2, where, sort_columns2, tablemodel2);
        }
    }
    // 表格模型事件处理方法，当表格模型插入、修改、删除数据项值时触发。
    // 仅当修改表格模型值时，用表格模型当前编辑值更新结果集并提交数据库
    public void tableChanged(TableModelEvent event)
    {
        if(event.getType() == TableModelEvent.UPDATE)
        {
            int  row = event.getFirstRow(), col=event.getColumn();  // 获得表格模型当前修改的行和列
            if(col==2 || col==3 || col==4)
                JOptionPane.showMessageDialog(this, "不能修改组别和参赛队。");
            else if(row != -1 && col != -1 && col != 2 && col != 3 && col != 4)
            {
                try                                                  // 不能修改组别、两个参赛队
                {
                    String  value = (String)tablemodel2.getValueAt(row, col); // 获得表格模型修改值
                    this.rset_match.absolute(row+1);                 // 设置结果集当前行
                    this.rset_match.updateString(col+1,value);      // 用表格修改值设置结果集指定列
                    this.rset_match.updateRow();                 // 将结果集当前行提交数据库，更新数据库
                }
                catch(SQLException ex) { }
            }
        }
    }
    public void actionPerformed(ActionEvent event)                   // 动作事件处理方法
    {
        switch(event.getActionCommand())                             // 单击按钮时
        {
            case "生成比赛场次":  insertmatch();  break;
            case "计算积分榜":  updateScore();  break;
        }
    }
    // 从 TeamScore 获得参赛队，生成循环赛的比赛场次，插入到 MatchRecord 表中；
    // 若选中一组，则生成该组的比赛场次；若不选中或选中“全部”，则生成全部组的比赛场次
    private void insertmatch()
    {
        String  sql = "SELECT xgroup,teamname FROM "+this.table, where="";
        String  item = this.jlist.getSelectedValue();               // 列表框选中项
        if(item != null && !(item == "全部"))                       // 选中组
            where = " WHERE "+this.list_column + " = '"+item+"'";
        sql += where+" ORDER BY "+this.list_column;
        try
        {
            ResultSet  rset = this.stmt.executeQuery(sql);          // 获得指定组或全部组的队名
            int  rowCount = 0;
            while(rset.next())                                       // 迭代遍历结果集，获得结果集行数
```

```
                rowCount++;
            rset.beforeFirst();                              // 将结果集当前行指针指向第一行之前
            String[][]  teams = new String[rowCount][2];
            for(int i=0; rset.next(); i++)                   // 获得所有组和队
            {
                teams[i][0] = rset.getString(1);             // 获得 xgroup
                teams[i][1] = rset.getString(2);             // 获得 teamname
            }
            rset.close();
            for(int i=0; i < teams.length; i++)              // 比赛记录表插入若干比赛记录
                for(int j=i+1; j < 4*(1+i/4); j++)           // 比赛记录每行有组和两个参赛队
                    stmt.executeUpdate("INSERT INTO matchrecord(xgroup,teamname1,teamname2)"+
                            " VALUES ('"+teams[i][0]+"', '"+teams[i][1]+"', '"+teams[j][1]+"')");
            // 从 table2 表中查询满足 where 条件的行，按 sort_columns2 列排序，添加到表格模型中
            this.rset_match = query(table2, where, sort_columns2, tablemodel2);
        }
        catch(SQLException ex) { }
    }
    private void updateScore()                               // 计算积分榜
    {
        try
        {
            int  count = this.tablemodel.getRowCount();      // 获得表格模型行数
            String  sql;
            ResultSet  rset;
            for(int i=0; i < count; i++)
            {
                String  teamname = (String)this.tablemodel.getValueAt(i,1);     // 队名
                sql = "SELECT count(*) FROM matchrecord "+
                      "WHERE teamname1='"+teamname+"' AND (goalsfor1 is not null) or "+
                      "teamname2='"+teamname+"' AND (goalsfor2 is not null)";
                rset = stmt.executeQuery(sql);
                rset.next();
                int  completed = rset.getInt(1);                                // 已赛场次
                sql = "SELECT count(*) FROM matchrecord "+
                      "WHERE teamname1='"+teamname+"' AND (goalsfor1>goalsfor2) or "+
                      "teamname2='"+teamname+"' AND (goalsfor1<goalsfor2)";
                rset = stmt.executeQuery(sql);
                rset.next();
                int  win = rset.getInt(1);                                      // 胜场数
                sql = "SELECT count(*) FROM matchrecord  WHERE (teamname1='"+teamname+
                           "' or teamname2='"+teamname+"') AND (goalsfor1=goalsfor2)";
                rset = stmt.executeQuery(sql);
                rset.next();
                int  tie = rset.getInt(1);                                      // 平场数
                sql = "SELECT count(*) FROM matchrecord "+
                      "WHERE teamname1='"+teamname+"' AND (goalsfor1<goalsfor2) or "+
                      "teamname2='"+teamname+"' AND (goalsfor1>goalsfor2)";
                rset = stmt.executeQuery(sql);
```

```
            rset.next();
            int  loss = rset.getInt(1);                          // 负场数
            sql = "SELECT sum(goalsfor1) FROM matchrecord "+ "WHERE teamname1='"+teamname+"'";
            rset = stmt.executeQuery(sql);
            rset.next();
            int  goalsfor = rset.getInt(1);                      // 队 1 的进球数
            sql = "SELECT sum(goalsfor2) FROM matchrecord "+ "WHERE teamname2='"+teamname+"'";
            rset = stmt.executeQuery(sql);
            rset.next();
            goalsfor += rset.getInt(1);                          // 添加队 2 的进球数
            sql = "SELECT sum(goalsfor2) FROM matchrecord "+ "WHERE teamname1='"+teamname+"'";
            rset = stmt.executeQuery(sql);
            rset.next();
            int  goalsagainst = rset.getInt(1);                  // 队 1 的失球数
            sql = "SELECT sum(goalsfor1) FROM matchrecord "+ "WHERE teamname2='"+teamname+"'";
            rset = stmt.executeQuery(sql);
            rset.next();
            goalsagainst += rset.getInt(1);                      // 添加队 2 的失球数
            rset.close();
            // 净胜球为 goalsfor-goalsagainst，积分为 win*3+tie
            sql = "UPDATE TeamScore SET completed="+completed+" ,win="+win+" ,tie="+tie+
                  ",loss="+loss+", goalsfor="+goalsfor+", goalsagaint="+goalsagainst+
                  ", netvalue="+(goalsfor-goalsagainst)+", score="+(win*3+tie)+
                  " WHERE teamname='"+teamname+"'";
            stmt.executeUpdate(sql);                       // 执行 UPDATE 语句更新表中指定行
        }
        for(int i=0; i < count; i+=4)                      // 计算小组排名
        {
            String  xgroup = (String)this.tablemodel.getValueAt(i, 0);
            sql = "SELECT teamname FROM TeamScore WHERE xgroup='"+xgroup+
                  "' ORDER BY score DESC, netvalue DESC, goalsfor DESC";
            rset = stmt.executeQuery(sql);                 // 获得当前小组按积分排序的结果集
            String[]  teams = new String[4];
            for(int j=0; rset.next(); j++)                 // 将排序的 4 个队名保存在数组中
                teams[j] = rset.getString("teamname");
            for(int j=0; j < teams.length; j++)            // 更新一个小组的各队排名
                stmt.executeUpdate("UPDATE TeamScore SET rank="+(j+1)+
                                   " WHERE teamname='"+teams[j]+"'");
        }
        valueChanged(null);                                // 刷新两个表格组件显示
    }
    catch(SQLException ex) { }
  }
}
```

（6）表格单元渲染器

在图 12-11 所示的小组赛成绩表中，各球队名前分别显示了其国旗，采用的是表格单元渲染器技术。声明表格单元渲染器类如下，将表格单元格渲染成带图标的标签组件。约定在当前项目文件夹下的“国旗”子文件夹中保存各国国旗的图标 GIF 文件，文件名同球队名（国名）。

```
import java.awt.*;
import javax.swing.*;
import javax.swing.table.*;
// 图标表格单元渲染器类，继承标签组件类，实现表格单元渲染器接口，将表格单元格渲染成带图标的标签组件
public class IconTableCellRenderer extends JLabel implements TableCellRenderer
{
    public Component getTableCellRendererComponent(JTable table, Object value, boolean isSelected,
                                                   boolean hasFocus, int row, int column)
    {
        this.setText(value.toString());                                 // 显示球队名
        this.setIcon(new ImageIcon("国旗/"+value.toString()+".gif"));  // 设置图标，文件名同球队名
        return this;
    }
}
```

（7）淘汰赛成绩

输入淘汰赛的赛程安排和比赛结果，保存在比赛记录表中。以树结构显示淘汰赛的比赛结果，如图 12-12 所示，这是一棵满二叉树。

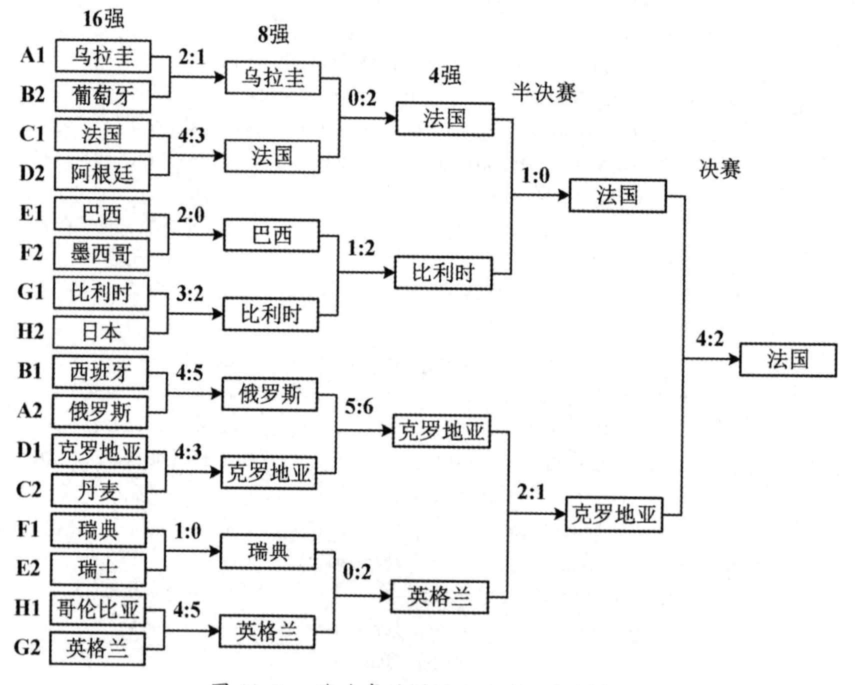

图 12-12　淘汰赛的树结构（满二叉树）

12.5　课程设计的要求和选题

课程设计是巩固所学理论知识、提高程序设计能力的重要实践环节。课程设计的目的是，使学生能够综合应用 Java 基础知识和基本方法，编写实用有效的应用程序，体会软件设计的全过程，深入理解和进一步巩固所学知识，培养自学能力，培养独立分析问题和解决问题的作风和能力，提高软件设计能力，为今后进行系统软件和应用软件的开发研究打下坚实基础，培养刻苦钻研精神和严谨的治学作风。

课程设计的任务是：综合运用 Java 语言的基础知识和面向对象设计的基本原则，独立编制一个具有中等规模的、一定难度的、解决实际问题的应用程序；进行课题的需求分析、设计方案准备、编程、运行、调试、完善等软件设计的各环节；撰写课程设计报告，说明设计目的、题目、题意分析、设计特点、设计方案、功能说明、实现手段、源程序清单、运行结果及结果分析、设计经验和教训总结、存在问题及改进措施等。

课程设计选题的要求如下。

① 采用 Swing 组件设计图形用户界面，使用组件数组；使用菜单；使用多文档界面技术。

② 响应事件。

③ 处理异常，当程序运行中出现异常时，弹出对话框告知并处理异常。

④ 使用线程演示算法的动态过程。

⑤ 从指定文件中读取原始数据，并将运算结果写入文件。使用带有过滤器的打开和保存文件对话框选择文件名和路径；说明采用什么格式文件，采用什么流，比较多种格式文件的操作区别。

⑥ 实现基于 Socket 通信的网络应用程序。

参考选题如下。

1. 图形用户界面、文件

（1）列表框和组合框

12-1* 集合存储与运算，实验题 6-53 增加功能。

① 使用列表框显示集合元素（升序），输入或产生随机数序列作为集合元素，声明产生随机数序列的成员方法；指定元素范围；删除列表框选中的多个元素。

② 输入多个集合，个数可变，提供集合的并、交、差运算并显示运算结果。

③ 采用整数文件保存集合元素，提供文件读写操作。

12-2 Person 对象信息管理，例 6.4、实验题 6-55 和例 8.3 增加功能。**

① 使用一种日期组件（实验题 6-54）输入出生日期。

② 列表框添加快捷菜单，包含打开、保存菜单项，使用文件选择对话框选择文件。

③ 删除选中多项。将例 6.4 框架命令面板中的“删除选中项”按钮修改为“删除选中多项”按钮，当列表框选中多项时，实现删除选中多项的功能。

④ 将列表框单元渲染成复选框，便于多项选择。

⑤ 按姓氏分类浏览。以列表框显示姓氏分类，要求见题 12-13。

⑥ 设置省份和城市组合框可编辑，将添加的省份和城市字符串存储到各组合框中。

12-3* Student 对象信息管理，实验题 6-56 增加功能。**

使用 StudentJPanel 面板将 Student 对象保存到对象文件，其他要求同题 12-2。

12-4 文本文件编辑器，例 6.5、实验题 6-57 和例 8.7 增加功能。

① 使用整数文件保存字号组合框的字号整数。当打开窗口时，读取文件中的整数按值排序插入到组合框，不插入重复项；若增加了字号，则在关闭窗口时，将所有字号的整数值写入到指定整数文件中。

② 将字体名列表框和字号列表框的单元渲染成复选框，分别以各自字体或字号显示。

③ 工具栏采用颜色组合框保存典型颜色，将组合框单元渲染成复选框，分别以各自颜色

显示，如图 12-13 所示。使用 JColorChooser 对话框选择颜色，添加所选颜色到组合框数据项。

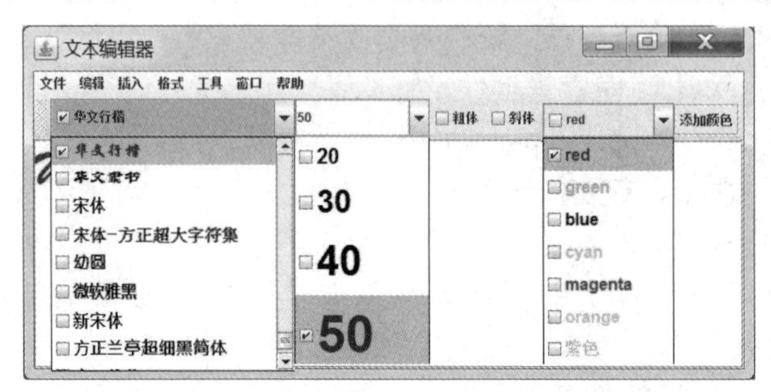

图 12-13 字体名、字号和颜色组合框渲染器

④ 在光标当前位置插入其他的文本文件。

⑤ 实现插入日期、字数统计、自动更正、拼写检查等功能。

⑥ 制作查找和替换对话框，在文本区中查找、替换和替换全部字符串，提供区分字母大小写、全字匹配等选项。如 Word 应用程序的“查找和替换”对话框如图 12-14 所示。

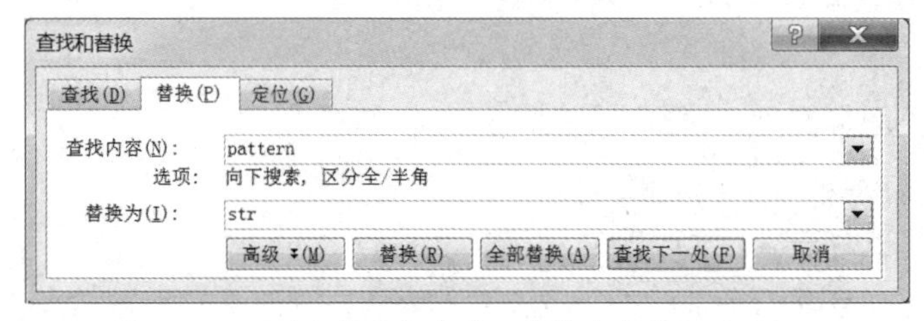

图 12-14 Word 应用程序的“查找和替换”对话框

⑦ 制作字体对话框（类似 Word 中的），实现对选中字符串设置字体和颜色功能。

12-5** Java 源程序编辑器。

① 将例 8.7 的文本文件编辑器改进成 Java 源程序编辑器，实现打开和保存文件，剪切、复制、粘贴、查找、替换字符串等功能。

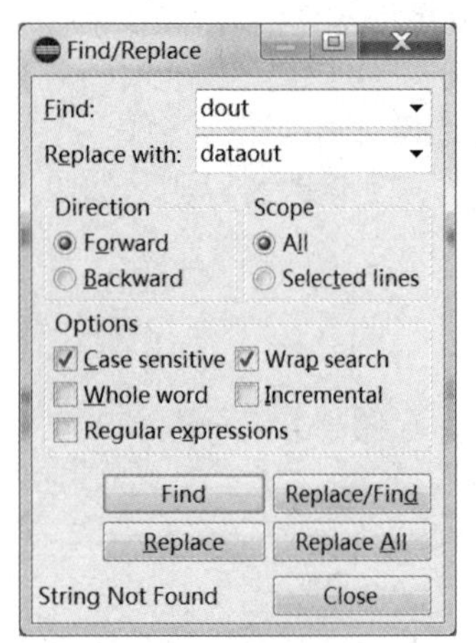

图 12-15 Find/Replace 对话框

② 将 Java 的关键字以蓝色显示，见实验题 6-71。

③ 判断标识符，将错误的标识符以红色下划线形式标记。

④ 识别 if、switch、while、do-while、for、return、break 等语句中的语法错误。

⑤ 定时自动更新文件，并创建备份文件。

⑥ 统计 Java 源程序中各关键字的出现次数。

⑦ 制作查找和替换对话框，在文本区中查找、替换和替换全部字符串，提供区分字母大小写、全字匹配等选项。MyEclipse 的 Find/Replace 对话框如图 12-15 所示。

⑧ 打开多个文件，以 JTabbedPane 选项卡窗格显示多个文件。

（2）表格

12-6 计算银行贷款增加功能，例 6.6 和实验题 6-66 增加功能。

① 使用一种日期组件（实验题 6-54）输入每月还款日期。

② 添加“打开”“保存”按钮，采用数据文件保存贷款金额、利率、年月等参数；采用对象文件或文本文件保存表格中的计算结果，先写入表格行列数和表格列标题。

③ 将表格中的每月还款金额制作成条形图、柱状图等形式并显示。

12-7　统计获奖名单。

已知某项比赛的获奖名额方案保存在文件中，如一～三等奖的获奖名额分别为 x、y、z 名等。设有 n 人报名参加比赛，各人成绩保存在指定文件中；读取成绩文件，统计获奖名单。

12-8*　随机数序列计算和排序，例 8.2 增加功能。

① 计算最大值、最小值和平均值等功能。

② 在表格中输入整数，允许输入八进制和十六进制整数。

③ 增加“范围”文本行，生成指定范围内的随机数序列。

④ 寻找表格中相同的整数，增加“互异”复选框，选中时生成互异随机数序列。

⑤ 指定升序或降序特性，增加“排序”按钮和一个表格组件显示排序结果，采用分割窗格容纳两个表格。

⑥ 采用一种排序算法，动态演示整数排序，采用不同的风格显示刚刚改变的整数。

⑦ 添加“打开”“保存”按钮，采用对象文件保存表格模型中的整数对象。

12-9*　矩阵存储与运算。

① 使用表格显示矩阵元素，输入或产生随机数作为矩阵元素，指定矩阵阶数和元素范围。

② 输入多个矩阵，阶数可变，提供矩阵相加、相乘、转置等运算并显示结果。

③ 采用整数文件保存矩阵阶数和元素，提供文件读写操作。

12-10*　计算工资及所得税。**

计算某人指定年份各月收入的个人所得税，运行窗口如图 12-16 所示，要求如下。

① 添加税率表格组件，显示计算所得税依据的数据，图中是 2011 年版税率。采用文件保存税率表，读取文件显示在税率表格中；若修改再写入文件。采用数据字节流读写文件。

② 添加月收入表格组件，输入每月收入；根据上述税率表格中数据，计算应缴所得税额及税后工资，计算总数和平均值。

③ 将某人指定年份的月收入情况及计算结果写入一个文本文件，再读取，采用字符流。

④ 采用选项卡窗格显示某人指定年份的月收入情况及计算结果。

所得额	税率（%）	速算扣除数（元）
3500	0	0
1500	3	0
4500	10	105
9000	20	555
35000	25	1005
55000	30	5500
80000	35	5505
100000	45	13505

月份	收入	所得税	税后工资
一月	3500.0	0.00	3500.00
二月	5000.0	45.00	4955.00
三月	5500.0	95.00	5405.00
四月	6000.0	145.00	5855.00
五月	6500.0	195.00	6305.00
六月	7000.0	245.00	6755.00
七月	7500.0	295.00	7205.00
八月	8000.0	345.00	7655.00
九月	8500.0	445.00	8055.00
十月	9000.0	545.00	8455.00
十一月	9500.0	645.00	8855.00
十二月	10000.0	745.00	9255.00
年终奖	11000.0	330.00	10670.00
年薪	97000.00	4075.00	92925.00
月平均	7461.54	313.46	7148.08

图 12-16　计算工资及所得税

12-11　银行外币兑换记录，实验题 6-61 增加功能。

① 采用文件保存指定日期的汇率表，提供文件读写操作。

② 输入日期、姓名，选择源货币和兑换货币，输入金额，计算兑换货币金额。

③ 将每次输入和计算结果记录在银行货币兑换明细表中，采用文件保存该表。

12-12　计步器，实验题 6-62 增加功能。

采用整数文件或对象文件保存表格元素和计算结果，按照某人、某年、某月，分别保存成不同文件；提供文件读写操作。

12-13　按姓氏分类的电话簿，实验题 6-67 增加功能。**

① 约定 Friend 对象按姓氏分类。

② 采用一种集合存储 Friend 对象集合，采用对象文件保存集合元素，提供文件读写操作，提供定时保存文件功能。

③ 按姓氏分类浏览。将框架内容窗格布局修改成三分结构（如图 12-17 所示），增加水平分割窗格，左边是分类列表框，右边是实验题 6-67 的垂直分割窗格，包含表格、对象面板和命令面板。

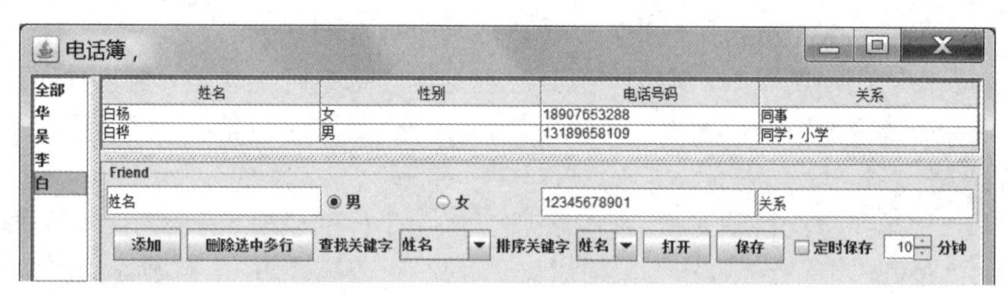

图 12-17　按姓氏分类的电话簿

分类列表框的元素是姓氏字符串，升序排序显示。当添加对象时，自动添加列表框中的姓氏，不重复；当删除对象时，只有集合中没有该姓氏时，才能删除列表框中的姓氏。

分类列表框响应选择事件，当选中一项时，表格只显示符合条件的对象信息。

12-14　手机信息管理。**

① 通讯录管理，提供显示、修改、插入、删除操作，以及查找和排序功能。

② 通话清单管理，分别给出已接、未接或打出、接入的标记，提供按姓名或时间排序等功能。

③ 短消息管理，将短消息分别存储在收件箱、发件箱、草稿箱中；提供短消息群发功能，即在通讯录中选择多个数据项；提供自动回复功能。

12-15*　Person 对象信息管理的分类浏览和统计，实验题 6-68 增加功能。**

① 按姓氏分类浏览，要求见题 12-13。

② 多条件查询功能，用户指定多个查找条件，如姓名、出生日期、省份、城市，各条件可进行模糊查询，如姓氏、生日、以“江”开头的省份等；多条件之间进行与、或等运算。

③ 统计功能，统计各省份人数以彩色饼图、柱图等显示；按省份和性别分类统计人数，称为交叉统计表（Crosstab），使用映射技术实现，使用表格显示统计结果，如图 12-18 所示。

12-16*　Student 对象信息管理的分类浏览和统计，实验题 6-69 增加功能。**

要求见题 12-15。

12-17*　学生课程成绩多级统计。**

① 声明学生课程成绩表类，包含课程、学号、成绩等信息。

② 使用表格输入一个班级一门课程的学生成绩；保存学生成绩文件，文件名是“班级名-课程名-成绩”。

③ 约定优、良、中、及格、不及格等各段分值范围，分别统计各段分值人数并使用表格显示结果；保存成绩统计结果文件，文件名是“班级名-课程名-成绩统计”。

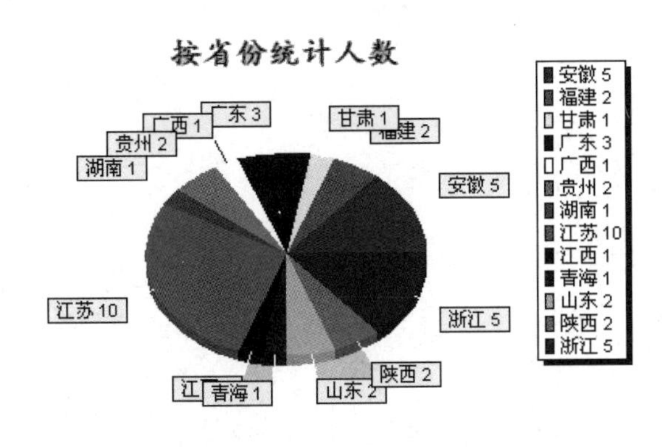

人数统计	性别		
省份	男	女	人数
安徽	5		5
福建	1	1	2
甘肃	1		1
广东	2	1	3
广西	1		1
贵州	2		2
湖南	1		1
江苏	8	2	10
江西	1		1
青海		1	1
山东	2		2
陕西	1	1	2
浙江	3	2	5
合计	28	8	36

图 12-18　统计各省份人数

④ 使用选项卡窗格输入一个班级多门课程的学生成绩，每门课程占一页，页名是课程名。

12-18　车辆信息管理按省份分类浏览，实验题 6-70 增加功能。**

① 采用对象文件保存输入的所有车辆信息，写入，读取。

② 车辆信息按省份分类浏览，如京、沪、苏等，要求见题 12-13。

12-19　单项选择题机考和自动批阅。**

① 设一份试卷有若干道单项选择题。准备一个考题文件和标准答案文件。

② 考试界面：输入准考证号和考生姓名；读取考题文件，逐个显示题目和 ABCD 选项；考生操作选择答案；记录考生每题答案。

③ 自动批阅：与标准答案比对批改，显示考生成绩并保存成文件。

④ 统计一个班试卷的平均分、各题的得分率等，将结果存入文件。

⑤ 采用随机次序显示题目，ABCD 选项也可调换次序，实现上述功能。

12-20　诗词库。**

① 声明诗词作品类，包括编号、诗词名、作者、朝代、诗词文、背景等信息。

② 诗词库管理功能，收集著名的唐诗宋词，动态维护诗词库。按朝代分类输入、查询、浏览等，要求见题 12-13；按朝代作者分类统计作品数量，要求见题 12-15。

12-21　图书信息管理。**

① 声明 Book 书类，包括分类、书号、书名、作者、出版日期、出版社、简介等信息，分类信息有：小说、教材、漫画等。

② 图书信息管理功能，输入、查询、分类浏览等要求见题 12-13，分类统计要求见题 12-15。

（3）画图

12-22　拖动鼠标随意画线，集合，对象文件，例 6.8 思考题增加功能。**

在画布组件上拖动鼠标随意画线，画出鼠标经过点的轨迹，运行窗口如图 12-19 所示。

① 声明 Pixel 像素类，继承 java.awt.Point 类，包括一个颜色对象，声明见实验题 3-37。

② 框架增加命令面板，添加“选择颜色”按钮，采用指定颜色画图。

③ 使用集合保存轨迹的所有点坐标，集合元素是像素。最小化再恢复时，重画集合中所有像素点，可见原图。

④ 添加“打开”、“保存”按钮，将图形的所有像素点保存到对象文件，再读取重画图。

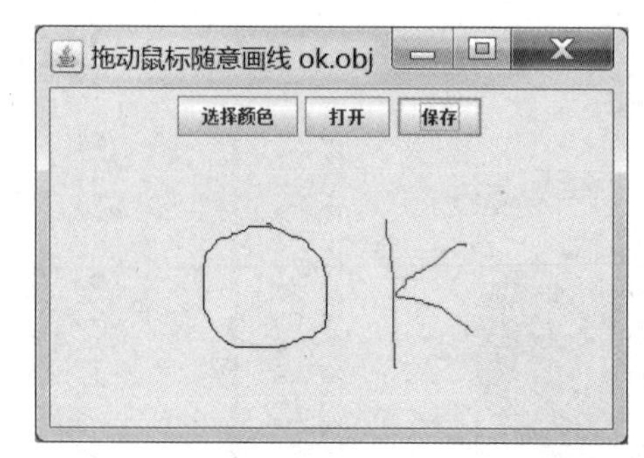

图 12-19　拖动鼠标随意画线，集合，对象文件

12-23　绘制曲线，实验题 6-74 增加题 12-22 的③④集合和文件功能。

12-24　绘制立体图形，实验题 6-76 增加题 12-22 的③④集合和文件功能。

12-25　制作画图程序，增加题 12-22 的③④集合和文件功能。**

① 工具栏增加选择画笔颜色和填充色、选择图形形状（直线、椭圆、矩形、圆角矩形或鼠标拖动的随意线等）、选择填充方式（实线、虚线、斜虚线等），增加橡皮和取色等功能。

② 设计典型多边形组件，如正五边形、五角星等，绘制多边形图形，计算面积，以多种填充模式填充多边形；拖动边框可以改变大小。

2. 多线程编程、文件

12-26　幻方，例 2.6、实验题 6-64、实验题 7-27 增加功能。

① 将表格中的计算结果写入整数文件或对象文件，首先写入阶数。

② 从文件中读取到表格。

实现第 2 章实验题：杨辉三角、螺旋方阵、下标和相等的方阵、约瑟夫环、哥德巴赫猜想等，要求同幻方题。

12-27　判断幻方阵。

① 输入阶数 n，在表格中输入整数，以构造 n 阶幻方阵。一旦判断出输入的不是幻方阵，则弹出对话框告知。此时可申请“悔棋”功能，依次退回若干数据，重新输入。

② 若输入的是幻方阵，则写入整数文件；下次打开文件，读取整数到表格，逐个显示。

12-28　多叶玫瑰线自动播放，实验题 6-75 增加功能。**

（1）绘制多幅多叶玫瑰线图形。

① 使用两个单选按钮数组分别表示多种颜色和 X、Y 轴，单击各单选按钮重画。另外需要一个对象数组存储多种颜色。

② 使用列表框显示各叶玫瑰线名，选中列表框数据项，使用对应颜色重画。

③ 替换颜色功能。选中一个单选按钮，单击“替换颜色”按钮，使用 JColorChooser 对话框选择一种颜色，替换当前单选按钮颜色；使用 JOptionPane 的输入对话框为该颜色命名。

（2）自动播放，使用线程。

⑤ 输入时间间隔整数 sleep，处理异常；单击“自动播放”按钮，按照列表框数据项次序，使用各对应颜色重画各叶玫瑰线，由 sleep 时间控制自动播放速度，使用线程技术实现；单击“停止播放”按钮，将随时中断自动播放。

（3）使用流读写文件。

⑥ 玫瑰线名文本。准备“Rose.txt”文本文件，每行包含“一叶”等玫瑰线名。读取文本文件每行，添加到列表框模型，作为列表框数据项。

⑦ 颜色名文本和颜色对象文件。使用“ColorNames.txt”文本记住颜色名字符串，每行包含一种颜色名；读取文本每行，作为各颜色单选按钮的标题。使用“Colors.obj”对象文件记住颜色对象。如果替换了颜色，将更新这两个文件。

12-29　随机运动的彩色弹弹球，实验题 7-29 增加功能。**

① 声明 Ball 球类，描述球的坐标、直径、颜色、移动方向、动力和速度等属性，提供 draw(Graphics)方法以实例的坐标、直径、颜色等属性画球。

② 画出若干 2D 风格的彩色弹弹球，每个球获得大小不等的初始动力和速度，运动方向也各不相同，运行过程中速度逐渐减小，双击它，使它再获得动力。

③ 设计球属性设置对话框，添加若干球，设置每个球的属性。

④ 将每个球属性写入对象文件保存，再读取演示动画。

12-30　弹弹球穿越窗口，实验题 7-35 增加功能，采用文件保存球属性，要求同题 12-29。**

12-31　荷塘夜降彩色雨，见实验题 7-36，增加题 12-22③④集合和文件功能。**

12-32　多窗口绘制曲线，见实验题 7-37，增加题 12-22③④集合和文件功能。**

12-33　同步画图，实验题 7-38 和题 12-25 增加功能。**

12-34　饥饿小鱼。**

① 选择多种图形表示大大小小的各种鱼或动物，利用线程技术使各种鱼移动。

② 制订游戏和计分规则，如每种鱼按照什么路线行进，当不同种类的鱼相遇时谁会被吃掉等。

③ 采用对象文件保存各种鱼或动物对象属性，提供文件读写操作。

3. 文件列表、文件

12-35*　音乐播放器的文件列表，例 8.6 增加功能。**

① 选择顺序、随机等播放次序；

② 保存播放列表文件，采用对象文件保存列表框中的 File 对象；提供增加、删除、查找和排序功能；使用打开文件对话框增加文件时，可选择文件夹，增加该文件夹中的所有音频文件及其所有子文件夹中的所有音频文件；设置文件对话框过滤器。

③ 保存文件过滤器，采用文本文件保存文件过滤器组合框中的文件过滤字符串；组合框可编辑，可添加输入项。

④ 按歌手分类浏览，要求同题 12-13。

⑤〖可选〗播放 MP3 等音频格式文件；控制音量和播放进度；歌词滚动播放。

12-36*　文件管理器，例 8.7 增加功能。**

① 增加状态栏，计算并显示文件数、目录数、当前目录中文件总字节数。

② 创建文件或目录时，对于“新建文本文件”和“新建文件夹”名，在当前目录中查找，若已存在，则新文件（夹）名依次添加“复件（1）”“复件（2）”等。

③ 实现任意目录中文件的移动和复制功能，使用剪切板；定制对话框，复制文件时，如

果原文件存在，则询问是否更新文件；复制文件夹时，询问是否合并文件夹。

④ 实现搜索文件功能。

4. Socket 通信，文件

12-37*** 基于 TCP Socket 通信的裁判评分。

设某体育比赛，由 1 个裁判长和 n 个裁判员要给运动员评分，如图 12-20 所示。

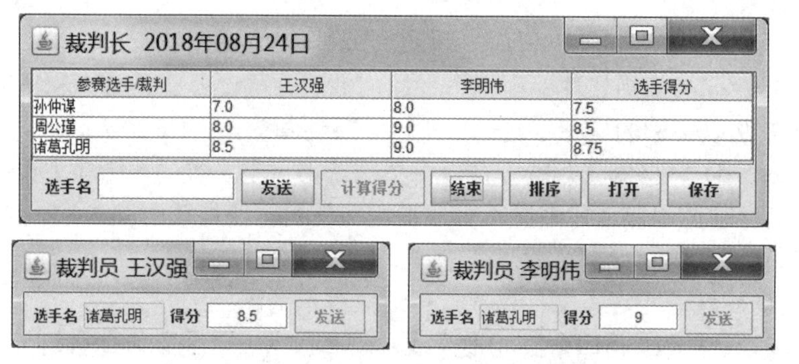

图 12-20 基于 TCP Socket 通信的裁判评分

① 启动裁判长程序，等待连接；启动裁判员程序，请求 TCP 连接。裁判长程序每连接一个裁判员，则表格增加一列，列名是裁判员姓名。

② 裁判长输入参赛选手名，向各裁判员发送选手名字符串。

③ 裁判员接收选手名，在规定时间内，输入得分并发回。

④ 裁判长接收一个选手的多个得分，计算平均值并在表格显示得分。计算规则由平均值接口约定（见实验题 4-22），或去掉最高最低分再求平均值，跳水增加难度系数等。

⑤ 比赛结束，关闭 TCP 连接。裁判长将各选手得分排序，给出名次，将比赛结果存入指定日期的文件。

⑥ 裁判员可打开裁判长窗口，查看指定日期的比赛结果，但没有操作权限。

12-38*** 基于 Socket 通信的外币兑换及统计，实验题 6-61 和题 12-11 增加功能。

① 人民银行总行窗口，使用表格组件显示人民币、美元、欧元、英镑等多种货币的汇率表，每日修改，存于指定文件中。

② 各地储蓄所获得每日货币汇率文件，使用表格组件显示，不能修改。

③ 储蓄所根据汇率表进行各种货币兑换，记录兑换明细，统计各种货币每日兑换金额。将每日兑换货币明细和金额上传到其所属分理处。

④ 各分理处汇总，将结果上传到支行；支行汇总，再上传到总行。

12-39*** 基于 Socket 通信同步幻方，例 2.6、实验题 6-64、实验题 7-27、题 12-26 增加功能。

基于 Socket 通信的两个幻方阵窗口同时运行，单击“计算”按钮，将一方的输入数据和计算结果传输给对方，使得两个窗口呈现出同步运行的效果。

12-40** 基于 Socket 通信的对弈幻方，题 12-27 增加功能。

基于 Socket 通信的两个幻方阵窗口同时运行，对弈方式，双方在表格中轮流输入整数，一旦判断出不是幻方阵，则判决该方输，也可申请“悔棋”功能。

12-41** 基于 Socket 通信的商店 POS 系统。

① 服务端，输入应付金额，检查正确时发送金额。

② 刷卡器，接收金额；设计密码输入器，输入密码，电子签名，发送刷卡信息。

③ 服务端，接收刷卡信息，记录刷卡明细，包括当前日期时间、刷卡信息等。

④ 服务端，统计每日/月营业额。

12-42　基于 TCP Socket 通信的同步随意画线，例 9.1 增加功能，其他要求见题 12-22。**

12-43　基于 Socket 通信的同步绘制曲线，题 12-23 增加功能。**

12-44*　基于 Socket 通信的点对点聊天室，实验题 9-1 或例 9.4 增加功能。**

① 每次发送，自动发送当前时间。

② 复制功能，将文本区中的若干选中字符串复制到文本行中。

③ 使用文本文件保存组合框表示的 IP 地址或主机名，当打开窗口时，读取文本文件中的字符串并添加到组合框；增加数据项后，在关闭窗口时，将所有 IP 地址或主机名字符串写入指定文本文件中。

④ 将聊天记录存储到文件中；提供再次打开聊天记录的界面，提供按日期查询功能。

⑤ 声明好友类，约定好友属性；用文件存储好友信息，实现增加、删除好友信息等功能。

⑥ 将文本区中对方和己方的字符串以不同的格式区别显示。

⑦ 发送带格式的字符串，字符串格式是指字体、颜色、对齐方式等。

⑧ 使用图像作为好友头像；增加若干图标作为表情，发送表情图标。

⑨ 增加对方信息到达时的语音提示。

⑩ 传送任意类型、任意大小的文件给对方。

12-45　基于 Socket 通信的多人聊天室，例 9.3 增加功能，要求见题 12-44。**

5．多文档界面，文件

12-46**　多文档界面的文本文件编辑器，增加例 12.5 功能，要求见题 12-4。**

12-47**　采用多文档界面的 Java 源程序编辑器，要求见题 12-5，采用多文档界面代替选项卡窗格显示多个文件。**

12-48**　采用多文档界面的手机信息管理，要求见题 12-14。**

12-49**　采用多文档界面的 Person 对象信息管理与统计，要求见题 12-15，提供多条件查询和统计等功能界面。**

12-50***　采用多文档界面的 Student 对象信息管理与统计，要求见题 12-16，提供多条件查询和统计等功能界面。**

6．树、文件

以下题目采用树组件显示分类信息，采用文本文件保存分类树信息。

12-51**　电话簿采用关系树分类浏览，关系树信息如同学、小学同学、中学同学、大学同学等，要求见题 12-13。**

12-52**　车辆信息管理采用省市树分类浏览，要求见题 12-18，分类树信息如京、京 A、京 B，沪、沪 A、沪 B 等。**

12-53**　音乐播放器的文件列表采用国家、歌手树分类浏览，要求见题 12-35。**

12-54****　采用分类树的 Student 对象信息管理与统计，例 12.6 增加功能。**

① 使用表格实现 Student 对象信息管理，如图 12-21 所示，框架继承 CityTreePersonJFrame

类，以树结构显示系和专业，学号按系、专业和年级自动编号。

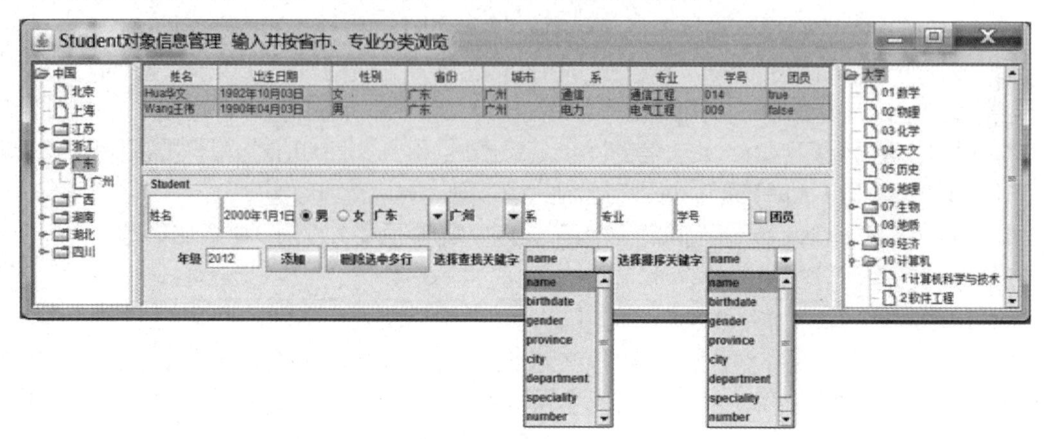

图 12-21　Student 对象信息管理，城市树，专业树

② 动态交叉统计表，按省份和专业分类统计人数，使用表格显示统计结果。

7. 算法设计、文件

12-55　二十四点牌戏问题。

① 一副扑克牌，去掉王牌，J、Q、K、A 分别算作 11、12、13 和 1 点。每次从 52 张中随机抽出 4 张。要求将这 4 张牌的牌点通过加、减、乘、除运算的组合，凑成 24 点。规则是：所抽出的 4 张牌，每张牌都必须使用，且每张牌只能使用一次。

② 采用 Socket 通信，4 张牌分别由 4 个客户端发出。

12-56**　九宫排序。

一个 3×3 的棋盘，初始状态有一个位置空着，其他位置元素为 1～8 之中随机一个，各位置元素不重复，如图 12-22(a)所示；逐步移动元素，使其成为按某种约定进行排序的目标状态，如图 12-22(b)所示。元素移动的限制是，只能将与空位置相邻的元素与空位置交换。

从指定文件获得九宫排序的一个初始排列。分别实现演示版和人操作版程序，设计图形用户界面显示九宫图的状态，对于任意给定的一个初始状态，给出排序过程中的移动步伐，或不能移动信息，棋盘大小也可设定为 $n \times n$。人机交互版要响应鼠标和键盘事件，实现通过鼠标拖动数据及通过←、→、↑、↓键移动数据的功能。

12-57***　走迷宫。

迷宫如图 12-23 所示，有一个入口和一个出口，其中白色单元表示通路，黑色单元表示路不通。寻找从入口到出口的路径，每步只能从一个白色单元走到相邻的白色单元，直至出口。设计图形用户界面提供迷宫大小、入口及出口位置和初始状态等，演示走迷宫的过程和结果。

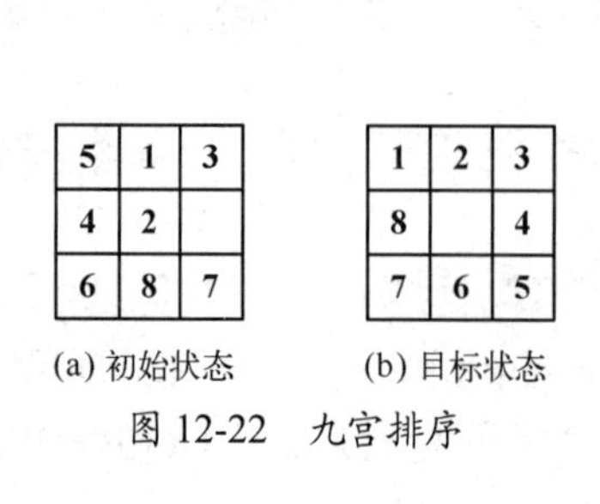

图 12-22　九宫排序

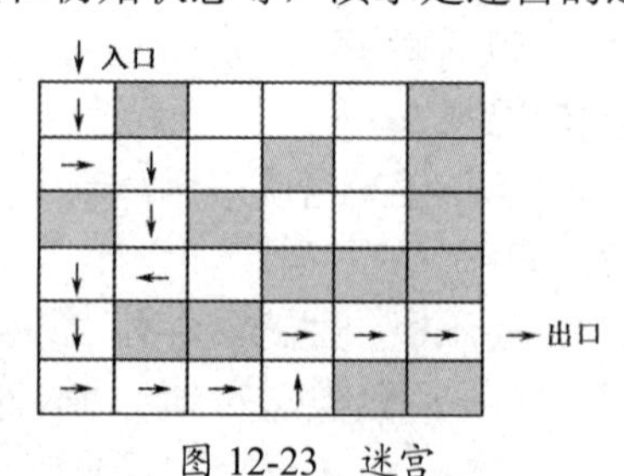

图 12-23　迷宫

12-58**　骑士游历。**

在国际象棋的棋盘（8 行×8 列）上，一个马要遍历棋盘，即到达棋盘上的每一格，并且每格只到达一次。设马在棋盘的某一位置(x, y)，按照“马走日”的规则，下一步有 8 个方向可走，如图 12-18 所示。设计图形用户界面，指定初始位置(x_0, y_0)，探索出一条或多条马遍历棋盘的路径，描绘马在棋盘上的动态移动情况。

12-59***　连珠五子棋。**

现代职业连珠五子棋的专用棋盘为十五路，呈正方形，横竖各有 15 条平行线，构成 225 个交叉点；棋盘正中点称为“天元”，四边 4 个三三点称为“小星”，如图 12-25 所示。

对局双方分别执黑白子，连珠五子棋的比赛规则如下：

① 黑先、白后，从天元开始相互顺序在横竖线的交叉点上交替落子，最先在棋盘横向、竖向、斜向形成连续的相同色五个棋子的一方为胜。

② 黑棋禁手判负、白棋无禁手。禁手是对局中被判为负的行棋手段。黑棋禁手包括“三三”“四四”“长连”，黑方只能“四三”胜。图中，b 点为“四三”胜，e 点为“三三”禁手，a、f 点为“四三三”禁手，c、d 点为“四四”禁手。

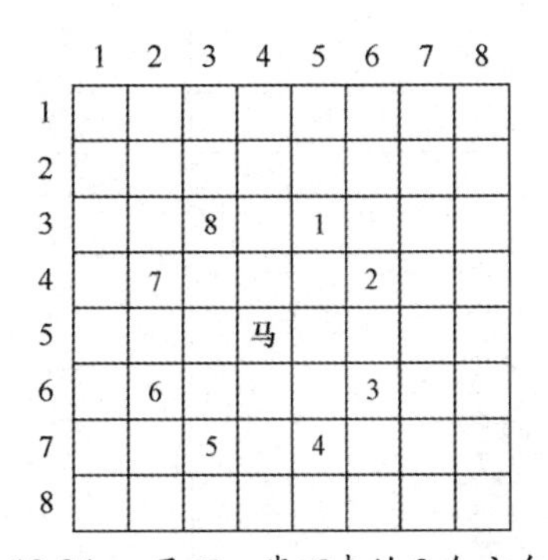

图 12-24　马下一步可走的 8 个方向

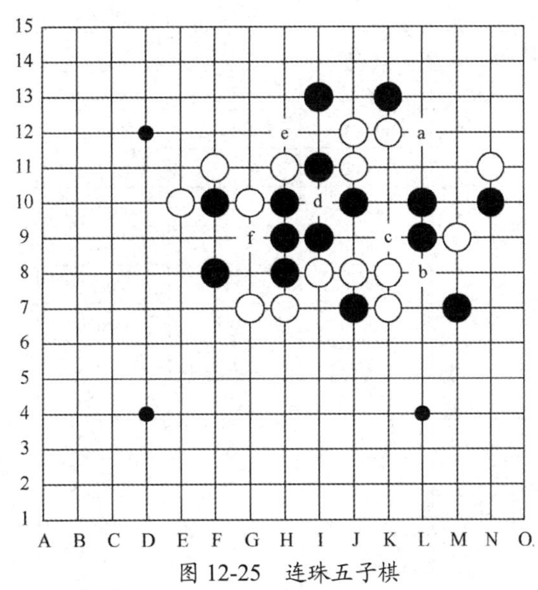

图 12-25　连珠五子棋

设计连珠五子棋应用程序，功能要求如下：

① 单机版或采用 Socket 通信的下棋程序，双方交替落子，判断胜负。

② 询问是否能悔棋，悔几步。“悔棋”功能是指依次退回最后的若干步再重新下棋。

③ 设定每步的时间间隔，计时，读秒，时间用完者负。“读秒”是指，当一方的时间间隔将要用完时，如剩余 10 秒，按倒计时方式提醒，10、9、…、3、2、1。

④ 保存棋局每一步到文件；再“复盘”，打开文件读取数据，逐步显示，动态演示下棋过程。。

12-60***　斯诺克台球比赛模拟。**

若干彩球按规则排列，击白球撞开它们，则多球同时运动，各球之间进行弹性碰撞，碰撞或撞边均要改变运动轨迹。画出各彩球，显示其运动轨迹，演示两人比赛过程。

附录 A　ASCII 字符与 Unicode 值

<table>
<tr><th>ASCII 字符</th><th>Unicode 值</th><th>ASCII 字符</th><th>Unicode 值</th><th>ASCII 字符</th><th>Unicode 值</th><th>ASCII 字符</th><th>Unicode 值</th></tr>
<tr><td>NUL</td><td>\u0000</td><td>（空格）</td><td>\u0020</td><td>@</td><td>\u0040</td><td>`</td><td>\u0060</td></tr>
<tr><td>SOH</td><td>\u0001</td><td>!</td><td>\u0021</td><td>A</td><td>\u0041</td><td>a</td><td>\u0061</td></tr>
<tr><td>STX</td><td>\u0002</td><td>"</td><td>\u0022</td><td>B</td><td>\u0042</td><td>b</td><td>\u0062</td></tr>
<tr><td>ETX</td><td>\u0003</td><td>#</td><td>\u0023</td><td>C</td><td>\u0043</td><td>c</td><td>\u0063</td></tr>
<tr><td>EOT</td><td>\u0004</td><td>$</td><td>\u0024</td><td>D</td><td>\u0044</td><td>d</td><td>\u0064</td></tr>
<tr><td>ENQ</td><td>\u0005</td><td>%</td><td>\u0025</td><td>E</td><td>\u0045</td><td>e</td><td>\u0065</td></tr>
<tr><td>ACK</td><td>\u0006</td><td>&</td><td>\u0026</td><td>F</td><td>\u0046</td><td>f</td><td>\u0066</td></tr>
<tr><td>BEL（响铃）</td><td>\u0007</td><td>'</td><td>\u0027</td><td>G</td><td>\u0047</td><td>g</td><td>\u0067</td></tr>
<tr><td>BS（退格）</td><td>\u0008</td><td>(</td><td>\u0028</td><td>H</td><td>\u0048</td><td>h</td><td>\u0068</td></tr>
<tr><td>HT（制表）</td><td>\u0009</td><td>)</td><td>\u0029</td><td>I</td><td>\u0049</td><td>i</td><td>\u0069</td></tr>
<tr><td>LF（换行）</td><td>\u000A</td><td>*</td><td>\u002A</td><td>J</td><td>\u004A</td><td>j</td><td>\u006A</td></tr>
<tr><td>VT</td><td>\u000B</td><td>+</td><td>\u002B</td><td>K</td><td>\u004B</td><td>k</td><td>\u006B</td></tr>
<tr><td>FF</td><td>\u000C</td><td>,</td><td>\u002C</td><td>L</td><td>\u004C</td><td>l</td><td>\u006C</td></tr>
<tr><td>CR（回车）</td><td>\u000D</td><td>-</td><td>\u002D</td><td>M</td><td>\u004D</td><td>m</td><td>\u006D</td></tr>
<tr><td>SO</td><td>\u000E</td><td>.</td><td>\u002E</td><td>N</td><td>\u004E</td><td>n</td><td>\u006E</td></tr>
<tr><td>SI</td><td>\u000F</td><td>/</td><td>\u002F</td><td>O</td><td>\u004F</td><td>o</td><td>\u006F</td></tr>
<tr><td>DLE</td><td>\u0010</td><td>0</td><td>\u0030</td><td>P</td><td>\u0050</td><td>p</td><td>\u0070</td></tr>
<tr><td>DC1</td><td>\u0011</td><td>1</td><td>\u0031</td><td>Q</td><td>\u0051</td><td>q</td><td>\u0071</td></tr>
<tr><td>DC2</td><td>\u0012</td><td>2</td><td>\u0032</td><td>R</td><td>\u0052</td><td>r</td><td>\u0072</td></tr>
<tr><td>DC3</td><td>\u0013</td><td>3</td><td>\u0033</td><td>S</td><td>\u0053</td><td>s</td><td>\u0073</td></tr>
<tr><td>DC4</td><td>\u0014</td><td>4</td><td>\u0034</td><td>T</td><td>\u0054</td><td>t</td><td>\u0074</td></tr>
<tr><td>NAK</td><td>\u0015</td><td>5</td><td>\u0035</td><td>U</td><td>\u0055</td><td>u</td><td>\u0075</td></tr>
<tr><td>SYN</td><td>\u0016</td><td>6</td><td>\u0036</td><td>V</td><td>\u0056</td><td>v</td><td>\u0076</td></tr>
<tr><td>ETB</td><td>\u0017</td><td>7</td><td>\u0037</td><td>W</td><td>\u0057</td><td>w</td><td>\u0077</td></tr>
<tr><td>CAN</td><td>\u0018</td><td>8</td><td>\u0038</td><td>X</td><td>\u0058</td><td>x</td><td>\u0078</td></tr>
<tr><td>EM</td><td>\u0019</td><td>9</td><td>\u0039</td><td>Y</td><td>\u0059</td><td>y</td><td>\u0079</td></tr>
<tr><td>SUB</td><td>\u001A</td><td>:</td><td>\u003A</td><td>Z</td><td>\u005A</td><td>z</td><td>\u007A</td></tr>
<tr><td>ESC</td><td>\u001B</td><td>;</td><td>\u003B</td><td>[</td><td>\u005B</td><td>{</td><td>\u007B</td></tr>
<tr><td>FS</td><td>\u001C</td><td><</td><td>\u003C</td><td>\</td><td>\u005C</td><td>|</td><td>\u007C</td></tr>
<tr><td>GS</td><td>\u001D</td><td>=</td><td>\u003D</td><td>]</td><td>\u005D</td><td>}</td><td>\u007D</td></tr>
<tr><td>RS</td><td>\u001E</td><td>></td><td>\u003E</td><td>^</td><td>\u005E</td><td>~</td><td>\u007E</td></tr>
<tr><td>US</td><td>\u001F</td><td>?</td><td>\u003F</td><td>_</td><td>\u005F</td><td>DEL</td><td>\u007F</td></tr>
</table>

附录 B　Java 语言的关键字

关键字	说　明	关键字	说　明
assert	断言	abstract	声明抽象类、声明抽象方法
boolean	布尔类型	break	中断一个循环，中断 switch 语句的一个 case 子句
byte	字节整数类型	catch	异常处理语句的子句，用于捕获一个异常对象
case	switch 语句的子句	char	字符类型
class	声明一个类	continue	中断当前循环，进入下一轮循环
default	switch 语句的缺省子句	do	根据条件先执行后判断的循环语句
double	双精度浮点数类型	else	if 语句当条件不成立时执行的子句
extends	声明一个类继承一个父类，声明一个接口继承多个父接口		
false	boolean 类型常量，“假”值	final	声明最终变量或常量，声明最终类，声明最终方法
float	单精度浮点数类型	finally	异常处理语句的子句，无论是否捕获异常都将执行
for	for 循环语句	if	根据条件实现两路分支的选择语句
implements	实现接口	import	导入一个包中的类或接口
instanceof	判断一个对象是否是指定类及其子类的实例，结果为 boolean 类型		
int	整数类型	interface	声明一个接口
long	长整数类型	native	声明本地方法
null	空值，引用类型常量	new	申请数组存储空间，创建实例并分配存储空间
private	声明类的私有成员	package	声明当前文件中的类或接口所在的包
protected	声明类的保护成员	public	声明一个公有类或接口，声明类或接口的一个公有成员
short	短整数类型	return	从一个方法返回，从一个方法返回一个值
static	声明静态成员，也称类成员	super	引用父类成员，调用父类的构造方法
synchronized	声明互斥语句、互斥方法	switch	根据表达式取值实现多路分支的选择语句
this	引用当前对象，引用当前对象的成员，在构造方法中调用该类的另一个构造方法		
throw	抛出一个异常对象	throws	一个方法声明可能抛出异常
transient	声明一个临时变量	true	boolean 类型常量，“真”值
void	声明一个方法没有返回值	try	异常处理语句的子句，界定可能抛出异常的程序块
volatie	表示两个或多个变量必须同步地发生变化		
while	根据条件先判断后执行的循环语句		

附录 C　Java 基本数据类型

表 C-1　Java 基本数据类型

分　类	数 据 类 型	字节	取 值 范 围	默认值
布尔	boolean	1	false,true	false
整数	字节型 byte	1	-128～127，即-2^{7}～$2^{7}-1$	0
	短整型 short	2	-32768～32767，即-2^{15}～$2^{15}-1$	0
	整型 int	4	-2 147 483 648～2 147 483 647，即-2^{31}～$2^{31}-1$	0
	长整型 long	8	-9 223 372 036 854 775 808～9 223 372 036 854 775 807，即-2^{63}～$2^{63}-1$	0
字符	char	2	0～65535，\u0000～\uFFFF	\u0000
浮点数	单精度浮点数 float	4	负数范围：$-3.4028234663852886\times10^{38}$～$-1.40129846432481707\times10^{-45}$， 正数范围：$1.40129846432481707\times10^{-45}$～$3.4028234663852886\times10^{38}$	0.0f
	双精度浮点数 double	8	负数范围：$-1.7976931348623157\times10^{308}$～$-4.94065645841246544\times10^{-324}$， 正数范围：$4.94065645841246544\times10^{-324}$～$1.7976931348623157\times10^{308}$	0.0

表 C-2　转义字符

转 义 字 符	实 际 指 代	对应的 **Unicode** 值
\b	退格 BS	\u0008
\t	制表符 Tab	\u0009
\n	换行符	\u000A
\r	回车符	\u000D
\"	双引号	\u0022
\'	单引号	\u0027
\\	反斜杠	\u005C

附录 D　Java 语言的运算符及其优先级

<table>
<tr><th>优先级</th><th>分类</th><th>结合性</th><th>运 算 符</th><th>操 作 数</th><th>说　　明</th></tr>
<tr><td rowspan="5">1
（高）</td><td rowspan="4">双目括号</td><td rowspan="5">左</td><td>.</td><td>对象（左）、对象成员（右）</td><td>引用对象成员</td></tr>
<tr><td>[ ]</td><td>数组（左）、下标（中）</td><td>引用数组元素</td></tr>
<tr><td>()</td><td>表达式</td><td>表达式嵌套</td></tr>
<tr><td>()</td><td>方法（左）、参数列表（中）</td><td>方法调用</td></tr>
<tr><td rowspan="7">单目运算符</td><td>++　—</td><td rowspan="2">整数变量，字符变量</td><td>后增，后减</td></tr>
<tr><td rowspan="6">2</td><td rowspan="6">右</td><td>++　—</td><td>预增，预减</td></tr>
<tr><td>+　-</td><td>数值</td><td>正数，负数</td></tr>
<tr><td>~</td><td>整数，字符</td><td>按位取反</td></tr>
<tr><td>!</td><td>布尔值</td><td>逻辑非</td></tr>
<tr><td>new</td><td>数组元素类型，类</td><td>为数组分配空间，创建对象</td></tr>
<tr><td>()</td><td>类型（中）</td><td>强制类型转换</td></tr>
<tr><td>3</td><td rowspan="2">算术</td><td rowspan="16">左</td><td>*　/　%</td><td rowspan="2">数值</td><td>乘法，除法，取余</td></tr>
<tr><td rowspan="2">4</td><td>+　-</td><td>加法，减法</td></tr>
<tr><td>字符串</td><td>+</td><td>字符串</td><td>字符串连接</td></tr>
<tr><td rowspan="3">5</td><td rowspan="3">位</td><td><<</td><td rowspan="3">整数，字符</td><td>左移位</td></tr>
<tr><td>>></td><td>右移位</td></tr>
<tr><td>>>></td><td>无符号右移位</td></tr>
<tr><td rowspan="3">6</td><td rowspan="5">关系</td><td><　<=</td><td rowspan="2">数值</td><td>小于，小于等于</td></tr>
<tr><td>>　>=</td><td>大于，大于等于</td></tr>
<tr><td>instanceof</td><td>对象（左）、类（右）</td><td>判断对象是否属于类及子类</td></tr>
<tr><td rowspan="2">7</td><td>==</td><td rowspan="2">基本类型数据，引用</td><td>等于</td></tr>
<tr><td>!=</td><td>不等于</td></tr>
<tr><td>8</td><td rowspan="3">逻辑位</td><td>&</td><td rowspan="3">整数，字符，布尔值</td><td>位与，逻辑与</td></tr>
<tr><td>9</td><td>^</td><td>位异或，逻辑异或</td></tr>
<tr><td>10</td><td>|</td><td>位或，逻辑或</td></tr>
<tr><td>11</td><td rowspan="2">逻辑</td><td>&&</td><td rowspan="2">布尔值</td><td>逻辑与</td></tr>
<tr><td>12</td><td>||</td><td>逻辑或</td></tr>
<tr><td>13</td><td>条件</td><td rowspan="2">右</td><td>? :</td><td>布尔值和任意类型值</td><td>条件运算</td></tr>
<tr><td>14
（低）</td><td>赋值</td><td>=　+=　-=　*=　/=
%=　&=　^=　|=
<<=　>>=　>>>=</td><td>变量（左）、表达式（右）</td><td>赋值</td></tr>
</table>

附录 E　java.lang 包 API（部分）

1．Object 类

```
public class Object
{
    public Object()                                              // 构造方法
    public String toString()                                     // 返回当前对象的描述字符串
    public boolean equals(Object obj)                            // 比较当前对象与 obj 是否相等
    protected void finalize() throws Throwable                   // 析构方法
    public final Class<?> getClass()                             // 返回当前对象所属的类的 Class 对象
    public final void wait() throws InterruptedException         // 等待
    public final void wait(long timeout) throws InterruptedException      // 等待指定时间
    public final void notify()                                   // 唤醒一个等待线程
    public final void notifyAll()                                // 唤醒所有等待线程
}
```

2．Math 数学类

```
public final class Math extends Object                           // Math 最终类
{
    public static final double E = 2.7182818284590452354;    // 静态常量 e
    public static final double PI = 3.14159265358979323846;// 静态常量 π
    public static double abs(double x)                           // 返回 x 的绝对值|x|，有重载方法
    public static double random()                                // 返回一个 0.0~1.0 之间的随机数
    public static double pow(double x, double y)                 // 返回 x 的 y 次幂
    public static double sqrt(double x)                          // 返回 x 的平方根值
    public static int round(float x)                             // 将 float 浮点数 x 转换成 int 值
    public static long round(double x)                           // 将 double 浮点数 x 转换成 long 值
    public static double sin(double x)                           // 返回 x 的正弦值
    public static double cos(double x)                           // 返回 x 的余弦值
    public static double tan(double x)                           // 返回 x 的正切值
    public static double acos(double x)                          // 返回 x 的反余弦值
    public static double asin(double x)                          // 返回 x 的反正弦值
    public static double atan(double x)                          // 返回 x 的反正切值
    public static double exp(double x)                           // 返回 e 的 x 次幂
    public static double log(double x)                           // 返回 x 以 e 为底的对数值
    public static double log10(double x)                         // 返回 x 以 10 为底的对数值
}
```

3．Comparable 可比较接口

```
public interface Comparable<T>                                   // 可比较接口，T 通常是当前类
{
    public abstract int compareTo(T cobj);                       // 比较两个对象大小
}
```

4. 基本数据类型包装类

（1）Integer 整数类

```
public final class Integer extends Number implements Comparable<Integer>
{
    public static final int MIN_VALUE = 0x80000000;          // 最小值常量，值为-2^31
    public static final int MAX_VALUE = 0x7fffffff;          // 最大值常量，值为 2^31-1

    public Integer(int value)                                // 构造方法
    public Integer(String str) throws NumberFormatException// 由字符串 str 构造整数对象

    public int intValue()                                    // 返回当前对象中的整数值
    public static int parseInt(String str) throws NumberFormatException  // 将 str 按十进制转换为整数
    // 将串 str 按 radix 进制转换为正整数，radix 取值为 2～16，不能转换时抛出数值格式异常
    public static int parseInt(String str, int radix) throws NumberFormatException
    public String toString()                                 // 返回整数值的十六进制字符串
    public static String toBinaryString(int i)               // 将 i 转换成二进制补码字符串
    public static String toOctalString(int i)                // 将 i 转换成八进制补码字符串
    public static String toHexString(int i)                  // 将 i 转换成十六进制补码字符串
    public boolean equals(Object obj)                        // 比较两个对象是否相等
    public int compareTo(Integer iobj)                       // 比较两个对象值大小，返回-1、0 或 1
}
```

（2）Double 浮点数类

```
public final class Double extends Number implements Comparable<Double>
{
    public Double(double value)                              // 由 double 值构造浮点数对象
    public Double(String str) throws NumberFormatException  // 由 str 串构造浮点数对象
    // 将串 str 转换为浮点数，不能转换时抛出数值格式异常
    public static double parseDouble(String str) throws NumberFormatException
    public double doubleValue()                              // 返回当前对象中的浮点数值
}
```

5. String 字符串类

```
public final class String implements java.io.Serializable, Comparable<String>, CharSequence
{
    public String()                                          // 构造方法，构造空串
    public String(byte[] value)                              // 由默认编码的字节数组构造字符串
    public String(byte[] value, int i, int n)    // 由 value 数组中从 i 开始长度为 n 的若干字节构造串
    public String(char[] value)                              // 由 value 字符数组构造字符串
    public String(char[] value, int i, int n)    // 由 value 数组中从 i 开始长度为 n 的若干字符构造串
    public String(String original)                           // 拷贝构造方法

    public int length()                                      // 返回字符串的长度
    public boolean isEmpty()                                 // 判断是否空串，即串长度 length()为 0
    public char charAt(int i)                                // 返回第 i（i≥0）个字符
    public boolean equals(Object obj)                        // 比较 this 串与 obj 引用的串是否相等
    public boolean equalsIgnoreCase(String str)          // 比较 this 与 str 是否相等，忽略字母大小写
    public String substring(int begin)                       // 返回从 begin（≥0）开始到串尾的子串
    public String substring(int begin, int end)              // 返回从 begin 开始到 end-1 的子串
```

```
    public static String format(String format, Object... args) // 返回format指定格式字符串，可变形参
    public String toUpperCase()                     // 返回将所有小写字母转换成大写的字符串
    public String toLowerCase()                     // 返回将所有大写字母转换成小写的字符串
    public int compareTo(String str)                // 比较this与str串的大小，返回两者差值
    public int compareToIgnoreCase(String str)      // 比较this与str串的大小，忽略字母大小写
    public boolean startsWith(String prefix)        // 判断this串是否以prefix为前缀子串
    public boolean endsWith(String suffix)          // 判断this串是否以suffix为后缀子串
    public String trim()                            // 返回this串删除所有空格后的字符串
    public String[] split(String regex)             // 以regex为分隔符拆分串，返回拆分的子串数组

    public int indexOf(int ch)                      // 返回ch在字符串中的首次出现的序号
    public int indexOf(int ch, int begin)           // 返回ch从begin开始首次出现的序号
    public int indexOf(String s)                    // 返回当前串中首次与s串匹配子串的序号
    public int indexOf(String s, int begin)         // 返回从begin开始首次与s串匹配子串的序号
    public int lastIndexOf(int ch)                  // 返回ch在当前串中最后出现的序号
    public int lastIndexOf(int ch, int begin)       // 返回ch从begin开始最后出现的序号
    public int lastIndexOf(String str)              // 返回当前串中最后与str串匹配子串的序号
    public int lastIndexOf(String str, int begin)   // 返回从begin开始最后与str串匹配子串的序号

    public byte[] getBytes()                        // 返回默认字符集编码的字节数组
    public char[] toCharArray()                     // 返回字符数组
    public String replace(char old, char ch)        // 返回将串中所有old字符替换为ch的串
    public String replaceFirst(String pattern, String str)   // 将首次出现pattern串替换为str
    public String replaceAll(String pattern, String str)     // 将所有pattern子串替换为str
}
```

6. Class 类操作类

```
public final class Class<T> implements java.io.Serializable, java.lang.reflect.GenericDeclaration,
                                java.lang.reflect.Type, java.lang.reflect.AnnotatedElement
{
    public String getName()                         // 返回当前类名字符串
    public Class<? super T> getSuperclass()         // 返回当前类的父类
    public Package getPackage()                     // 返回当前类所在的包
    // className指定类名或接口名，返回与指定类或接口相关联的Class对象
    public static Class<?> forName(String className) throws ClassNotFoundException

    public Field[] getFields() throws SecurityException     // 返回类中所有公有成员变量
    // 返回类中声明的成员变量，不包含父类声明的成员变量
    public Field[] getDeclaredFields() throws SecurityException
    // 返回类中名为name的成员变量
    public Field getDeclaredField(String name) throws NoSuchFieldException, SecurityException
    // 返回类中名为name的公有成员变量
    public Field getField(String name) throws NoSuchFieldException, SecurityException
}
```

7. Package 包类

```
public class Package extends Object implements AnnotatedElement
{
    public String getName()                         // 返回包名字符串
}
```

8. System 系统类

```
public final class System extends Object                    // System最终类
{
    public final static InputStream in = nullInputStream();       // 标准输入常量
    public final static PrintStream out = nullPrintStream();      // 标准输出常量
    public final static PrintStream err = nullPrintStream();      // 标准错误输出常量
    public static viod arraycopy(Object src, int srcPos, Object dst, int dstPos, int length)
    // 将src数组从srcPos下标开始的length个元素复制到dest数组从destPos开始的存储单元中
    public static void exit(int status)                           // 结束当前运行程序
    // 获得当前日期和时间，返回从1970-1-1 00:00:00开始至当前时间的累计毫秒数
    public static long currentTimeMillis()
    public static Properties getProperties()                      // 获得系统全部属性
    public static String getProperty(String key)                  // 获得指定系统属性
}
```

9. Throwable 和 Exception 异常类

```
public class Throwable implements Serializable
{
    public Throwable()
    public Throwable(String message)
    public String getMessage()                                    // 获得异常信息
    public String toString()                                      // 获得异常对象的描述信息
    public void printStackTrace()                                 // 显示异常栈跟踪信息
}
public class Exception extends Throwable                          // 异常类
{
    public Exception()
    public Exception(String message)
}
```

10. Runnable 可运行接口和 Thread 线程类

```
public interface Runnable                                         // 可运行接口
{
    public abstract void run();                                   // 描述线程操作的线程体
}
public class Thread extends Object implements Runnable            // 线程类
{
    public Thread()                                               // 构造方法
    public Thread(String name)                                    // name指定线程名
    public Thread(Runnable target)                                // target指定线程的目标对象
    public Thread(Runnable target, String name)

    public void run()                                             // 描述线程操作的线程体
    public final String getName()                                 // 返回线程名
    public final void setName(String name)                        // 设置线程名
    public static int activeCount()                               // 返回当前活动线程数
    public static Thread currentThread()                          // 返回当前执行线程对象
    public Sting toString()                  // 返回线程字符串描述，包括名字、优先级和线程组

    //线程优先级
```

```
    public static final int MIN_PRIORITY=1                        // 最低优先级，常量
    public static final int MAX_PRIORITY=10                       // 最高优先级
    public static final int NORM_PRIORITY=5                       // 默认优先级
    public final int getPriority()                                // 获得线程优先级
    public final void setPriority(int priority)                   // 设置线程优先级
    // 线程状态与改变方法
    public static enum Thread.State extends Enum<Thread.State>    // 线程状态，内部枚举类
    {
        public static final Thread.State NEW                      // 新建态，已创建未启动
        public static final Thread.State RUNNABLE                 // 运行态，正在执行
        public static final Thread.State BLOCKED                  // 阻塞态，等待监控锁
        public static final Thread.State WAITING                  // 等待态，等待时间不确定
        public static final Thread.State TIMED_WAITING            // 等待态，等待时间确定
        public static final Thread.State TERMINATED               // 终止态
    }
    public State getState()                                       // 返回当前线程状态
    public void start()                                           // 启动线程对象
    public final boolean isAlive()                                // 判断线程是否活动状态
    public static void sleep(long millis) throws InterruptedException    // 线程睡眠millis毫秒
    public void interrupt()                                       // 设置当前线程对象运行中断标记
    public boolean isInterrupted()                                // 判断线程是否中断
    public static boolean interrupted()                           // 判断线程是否中断
}
```

11. java.lang.reflect.Field 类

```
public final class Field extends AccessibleObject implements Member   // 成员变量
{
    public String getName()                                       // 返回成员变量名字符串
    // 返回obj引用实例的当前成员变量值，如果该值是基本类型值，则返回其包装类对象
    public Object get(Object obj) throws IllegalArgumentException, IllegalAccessException
    public Class<?> getType()                     // 返回当前成员变量声明数据类型的Class 对象
}
```

附录 F　MyEclipse 常用菜单命令

主菜单	菜 单 项	功 能 说 明	菜 单 项	功 能 说 明
File 文件	New ▸	新建 Java Project 项目、Class 类、Interface 接口、Package 包、Web 项目等		
	Open File ...	打开文件	Close	关闭当前文件
	Save	保存当前文件	Close All	关闭所有文件
	Save As ...	另存当前文件	Move ...	移动文件到其他项目
	Save All	保存工作区中的所有文件	Rename ...	重命名当前文件
	Print ...	打印	Refresh	刷新当前项目
	Switch Workspace ▸	切换工作区	Import ...	导入
	〈文件名列表〉	最近打开过的文件	Export ...	导出
	Exit	退出		
Edit 编辑	Undo	撤销	Cut	剪切
	Redo	重做	Copy	复制
	Delete	删除	Paste	粘贴
	Select All	全部选中	Find / Replace ...	查找、替换
	Add Bookmark ...	添加书签	Add Task ...	添加任务
Source	Toggle Comment	将选中多行设置为注释行		
Refactor 重构	Rename ...	重命名项目、类、接口、包		
	Move ...	移动		
Project 项目	Open Project	打开项目	Close Project	关闭项目
	Build Automatically	即时编译		
	Properties	设置当前项目属性，包括配置编译路径、添加 JAR 包等		
Run 运行	Run As	选择作为 Application 或 Applet 应用运行		
	Run Configurations	设置指定项目的运行属性，包括选择运行的类、设置命令行参数等		
	Toggle Breakpoint	设置或清除断点	Debug As	进入调试状态
	Run to Line	运行至光标所在行	Resume	运行至下一个断点
	Step Into	跟踪进入函数内部	Terminate	停止调试
	Step Over	将函数调用作为一条语句，一次执行完		
	Step Return	调试过程中从函数体中返回函数调用语句		
Window 窗口	New Window	新建 MyEclipse 窗口	New Editor	为当前文件新建编辑器
	Open perspective ▸	选择显示透视图，有 Debug、Java、Java Browsing 等		
	Show View ▸	选择显示视图，有 Ant、Console、Declaration、Error Log、Hierarchy、Javadoc、Navigator、Outline、Package Explorer、Problems、Progress、Search、Tasks、Debug 和 Variables 等		
	Reset perspective	复位透视图		
	Save perspective As...	保存透视图，保存定制的视图布局组合		
	Preferences	设置环境属性，包括更新 JDK、修改编辑区的字体和颜色、设置默认字符集等		

参考文献

[1] Ivor Horton. Java 2 编程指南. 北京：电子工业出版社，2001.

[2] Russel Winder 等. Java 软件开发（第二版）. 北京：人民邮电出版社，2004.

[3] 布雷恩等. Java 2 精要语言详解与编程指南. 北京：清华大学出版社，2002.

[4] 许满武等. Java 程序设计. 北京：高等教育出版社，2006.

[5] 费翔林. 操作系统教程（第 5 版）. 北京：高等教育出版社，2014.

[6] 汤小丹. 计算机操作系统（第 5 版）. 西安：西安电子科技大学出版社，2014.

[7] 冯博琴等. 计算机网络. 北京：高考教育出版社，2004.

[8] 萨师煊等. 数据库系统概论. 北京：高等教育出版社，2000.

[9] 施伯乐等. 数据库系统教程（第 2 版）. 北京：高等教育出版社，2003.

[10] Tom Myers 等. Java XML 编程指南. 北京：电子工业出版社，2001.

反侵权盗版声明